딥스카이 원더스

지은이 수 프렌치Sue French

《스카이 앤드 텔레스코프》의 유명 필진 중 한 명이며, 30년 이상 하늘을 관측해온 별지기. 천문학에 대한 그녀의 관심은 대학 시절 수강한 물리학 수업에서 시작되었다고 한다. 이후 천체물리학을 접하게 되면서 천체관측에 빠져들게 되었다. 그녀의 남편인 앨런은 관측 결과를 함께 나누던 사람 중 한 명이었다.

그녀는 광범위한 관측 경험을 쌓는 한편, 18년간 플레네타리움에서 교육자로 재직했다. 또 천문학 연구를 지원하는 미국에서 가장 오래된 단체인 더들리 천문대 이사회의 명예 이사이기도 하다.

그녀의 망원경은 스키넥터디 인근, 그녀의 집 뒷마당에 세워져 있다. 하지만 집에서의 관측에만 머물지 않고 남편과 함께 정기적으로 여러 곳을 다니며 다양한 관측지에서 관측을 진행하고 있으며, 다른 별지기들과 관측지에 따른 관측 정보를 공유하고 있다.

옮긴이 이강민

서강대학교 국문과를 졸업하고 LG CNS에서 시스템 엔지니어로 재직하였다. 영어공부를 할 목적으로 NASA에서 발표되는 뉴스들을 번역 하다가 밤하늘의 매력에 빠져버리고 말았다. 2017년부터 한국아마추어천문학회의 천문지도사 연수를 총괄하는 연수국장을 맡아 아마추어 천문학의 대중화에 힘쓰고 있으며, 현재는 경남 산청 간디마을에서 밤하늘 관측 및 집필활동을 계속하고 있다.

천체사진 제공 김도익

천체사진작가. 한국아마추어천문학회 경기지부 사진 강사로 활동하고 있다. 현재 삼성 디스플레이 수석연구원으로 근무 중이다.

천체사진 제공 이지수

천체사진작가. 한국아마추어천문학회 경기지부 지부장으로 활동하고 있다. 2017년 이후 한국천문연구원에서 주관하는 천체사진 공모전에 서 3년 연속 수상하였다. 현재 서울동북중학교에서 과학교사로 재직 중이다.

천체 스케치 제공 박한규

천문 작가. 대상을 그림으로 담아내는 별지기. 부산천문동호회 회원으로, 현재 흉부외과 전문의로 진해에서 요양병원을 운영하고 있다.

딥스카이 원더스

별지기를 위한 천체관측 가이드

SKY & TELESCOPE

수 프렌치 지음 | 이강민 옮김

DEEP-SKY WONDERS

동아시아

차례

머리말

우주는 거대한 공간입니다. 망원경으로 바라본 밤하늘은 그곳이 어느 방향이든 어마어마하게 많은 별을 보여주죠. 처음엔 모든 별이 다 똑같아 보입니다. 그저 어떤 것은 더 밝게 빛난다는 정도의 구분만 가능하죠. 하지만 대중 속의 개개인이 모두 다르듯, 별 하나하나도 모두 개성을 가지고 있습니다. 그리고 모든 사람이 저마다 자신만의 성격과 경험을 가지고 있듯, 별들도 자신만의 역사를 가지고 있죠. 하지만 망원경으로 바라보는 하늘에는 말 그대로 수백만 개의 별이 있습니다. 이런 방식으로는 대상의 특성을 알기란 불가능하죠. 따라서 하늘을 보려면 무엇을 볼 것인지 선택해야 합니다.

별들 사이에 흐리게 떠 있는 천체들이 있습니다. 이들이야말로 별지기들이 보고자 하는 것들이죠. 바로 성단과 성운, 은하와 같은 딥스카이Deep-sky 천체들입니다. 밤하늘을 훑어본 경험이 있는 분이라면 수천 개의 별을 훑고 나서야 딥스카이 천체 하나를 간신히 찾을 수 있다는 것을 알고 있을 겁니다. 밤하늘에서 별들이 압도적인 숫자를 차지하고 있기 때문이죠.

이처럼 당황스러운 상황에 직면하면 2개의 상반된 위험 속에서 길을 잡아나가기란 어려운 일이 됩니다. 많은 별지기들은 몇 안 되는 딥스카이 천체를 찾는 방법을 배우고, 그것들을 몇 번이고 방문하게 되죠. 새로운 대상을 찾아내고 대상을 만끽하는 것은 멋진 일일 것입니다. 하지만 더이상 새로운 대상을 찾지 못하고 그저 기존 천체를 계속 방문한다면 아무리 멋진 천체라도 곧 따분해지고 말죠.

다른 별지기들은 뭔가 새로운 대상이 찾아질 때까지 하늘의 특정 부분을 무작위로 훑어보기도 하죠. 이것 역시 멋진 일입니다. 하지만 새로운 뭔가를 발견할 수 있는 기회는 정말 드물게 찾아오죠. 대상의 위치를 기록하고 대상의 이름을 알아내고 대상이 가지고 있는 특성을 다른 천체 또는 유사한 천체와 비교하기도 합니다. 그저 대상을 이른 시간에 찾아보고 곧바로 다른 대상을 찾아보고 한다면 새로 눈에 들어온 별들은 그저 다 똑같아 보입니다.

저는 관측을 나가면 익히 알고 있는 대상을 다시 방문해보기도 하고 새로운 대상을 찾아보기도 합니다. 하지만 가장 선호하는 방법은 앞선 이들의 경험을 참고하는 것입니다. 수 프렌치Sue French의 《스카이 앤드 텔레스코프 Sky&Telescope》 기고문을 담당하기 시작하면서 어떤 대상을 찾아봐야 할지 고민이 없어졌습니다. 저는 수 프렌치의 칼럼에서 표와 삽화를 담당했습니다. 이 작업을 담당하던 중, 대상을 찾아가는 데 사용된 방법이 독자들에게 유용한 것인지 아닌지를 판단하려면 우선 저 스스로 수 프렌치의 설명대로 대상을 찾아봐야 한다는 걸 알게 되었죠.

수 프렌치는 진정한 별지기라 할 수 있는 분입니다. 그녀는 달이 없는 청명한 밤하늘이라면 관측을 하지 않는 일이 거의 없죠. 동시에 그녀는 작가이기도 합니다. 자신이 설명하는 대상의 과학적 배경, 역사적 배경, 대상에 얽혀 있는 전승 등을 찾는 데 몇 날 며칠을 노력하기도 하죠. 그녀는 전 세계 유명한 별지기들 및 천문학자들과 허심탄회한 대화를 나누기도 하고, 국제적으로 열리는 별파티에 참여하는 한편 인터넷에서도 활발한 활동을 하고 있습니다. 대중 관측회 봉사자로서, 전직 플라네타리움 교육자로서 그녀는 초심자의 관점을 날카롭게 파악해내죠.

하늘에 관한 지식에 있어, 수 프렌치와 어깨를 나란히 할 수 있는 작가 겸 별지기인 사람들은 많지 않습니다. 그리고 수 프렌치처럼 독창적으로 관측 대상을 선택해낼 수 있는 사람들도 거의 없죠. 그녀의 안내서 대부분은 잘 알려진 대상에 대한 새로운 통찰은 물론, 잘 알려지지 않은 천체목록상에 기록되어 있는, 잘 보이진 않지만 환상적인 천체들에 대한 내용들로 채워져 있습니다. 그녀는 안내마다 초보자들이 충분히 찾을 수 있을 만한 천체들과, 숙련된 관측자들에게도 도전적인 천체를 최소 하나 이상 담으려고 노력했습니다.

몇 년 전《스카이 앤드 텔레스코프》는 수 프렌치의 60개 칼럼을 모아 『천체특선Celestial Sampler』이라는 이름의 책을 낸 적이 있습니다. 그 책은 정말 훌륭한 책이었죠. 하지만 약간의 한계도 있었습니다. 그 책에 담긴 대상은 구경 4인치(약 100밀리미터)를 넘기지 않는 작은 망원경으로 관측할 수 있는 것들로 한정되어 있었죠.

그에 반해 이 책은 수준을 더 높이고 있습니다. 이 책에는 수 프렌치가 작은 망원경으로 관측을 진행하면서 기록한 23개 장과, 손으로 들 수 있는 쌍안경부터 15인치(381밀리미터) 반사망원경에 이르기까지 다양한 구경의 망원경으로 관측한 기록을 담은 77개의 새로운 장이 담겨 있습니다. 진정 모든 이의 모든 망원경을 위한 책이 된 것이죠. 따라서 이 책은 여러분이 어떤 장비를 가지고 있든, 여러분의 수준이 어느 정도이든 오랫동안 즐겁고 유익한 안내서가 될 것입니다. 이 책을 통해 우주를 만나는 법을 익히기 시작하세요. 그리고 이 책과 함께 실력을 늘려가며 배움이 끊임없이 이어지는 나날을 보내시기 바랍니다.

《스카이 앤드 텔레스코프》부편집장

토니 플랜더스Tony Flanders

일러두기

- 본문 괄호 안의 글은 옮긴이라는 표시가 있는 경우를 제외하고는 모두 저자가 쓴 것이다.
- 본문 중 굵은 글씨는 원서에서 강조한 부분이다.
- 본문에 쓰인 용어는 한국천문학회의 『천문학용어집』과 『표준국어대사전』을 중심으로, 순우리말 위주로 사용했다.
- 책은 『 』, 논문집, 저널, 신문은 《 》, 논문, 기사는 「 」, 시, 예술작품, 방송 프로그램, 영화는 〈 〉로 구분했다.

모서리은하: 측면이 우리에게 보이는 은하

정면은하: 평평한 전면이 우리에게 보이는 은하

미리내: 은하수. 우리은하.

별지도: 성도.

온하늘별지도: 하늘 전체를 나타낸 별지도. 전천(全天) 성도.

자리별: 공식적인 별자리는 아니지만, 특정 형태를 구성하고 있는 별들의 모임(Asterism). 특정 무리 또는 패턴을 보이는 별의 정렬 양상(예: 북두칠성).

으뜸별: 다중별계에서 가장 밝은 별.

짝꿍별: 동반성. 쌍성(雙星)에서 밝기가 주성(主星)보다 어두운 별.

빛공해: 광해.

별지기: 아마추어 천문가 등, 별을 보는 사람을 가리키는 말.

비껴보기: 주변시. 매우 희미한 천체를 보기 위해, 대상을 시야의 중심에서 비껴놓고 보는 관측 방법.

바로보기: '비껴보기'와는 반대로, 대상을 똑바로 바라보는 관측 방법.

겨울을 장식하는 아름다운 보석

그 유명한 페르세우스 이중성단 외에도
1월의 높은 하늘을 장식하는 보석은 많습니다.

북반구의 중위도 지방에 사는 사람들에게 1월의 밤은 혹독한 추위부터 떠올리게 합니다. 그러나 1월의 밤하늘에는 얼어붙은 손가락과 코끝을 보상하고도 남는 멋진 천체들이 있습니다. 상쾌하고 건조한 공기는 평소 볼 수 없는 투명한 대기를 만들어 우리를 유혹하고, 우리는 이 유혹에 끌려 별이 총총 빛나는 밤하늘로 나가게 되죠. 그러니 옷을 든든하게 갖춰 입고, 저와 함께 겨울 밤하늘 여행을 떠나보시죠. 페르세우스자리 북쪽부터 그 이웃 별자리인 카시오페이아자리까지의 하늘이 이번에 우리가 훑어볼 곳입니다.

먼저 **M76**에서 시작하겠습니다. 이 작은 행성상성운은 '작은 아령(the Little Dumbbell)', '역기(Barbell)', '코르크(Cork)', '나비(Butterfly)'와 같은 별명을 가지고 있습니다. 청백색의 4등급 별인 페르세우스자리 피(∅) 별에서 출발하여 M76을 찾아가보도록 하죠. 우선 저배율 망원경 화각에서 페르세우스자리 피 별을 남쪽 모서리에 위치시킵니다. 그러면 선명한 주황색 빛을 띤 7등급의 별이 북쪽에 보일 겁니다. M76은 바로 이 별의 서북서쪽

12분 지점에 있습니다.

제가 가진 105밀리미터 굴절망원경에서 127배율로 보면 M76은 거의 코르크 마개와 같은 모습으로 보입니다. M76은 확연하고 선명하게 드러나는 막대 모양을 하

출처 : 『스카이 아틀라스(Sky Atlas) 2000.0』

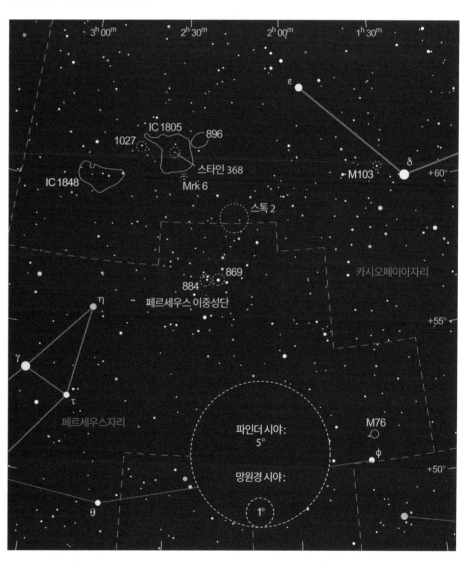

행성상성운 M76의 중심에 보이는 직사각형은 대부분의 별지기들이 쉽게 볼 수 있습니다. 이 독특한 모양 때문에 코르크 또는 작은 아령과 같은 별명이 붙었죠. 이 사진은 윌리엄 C. 매클로플린(William C. McLaughlin)이 12.5인치(317.5밀리미터) 반사망원경(f/9)으로 오리건에서 촬영한 것으로 21개의 CCD 사진을 합성한 것입니다.

고 있습니다. 가운데가 약간 조인 듯한 이 막대는 북동쪽에서 남서쪽으로 가로지르고 있죠. 이 성운은 누덕누덕 기운 헝겊처럼 보입니다. 그리고 남서쪽의 구체가 더 밝게 보이죠. M76은 매우 희미하게 보이는 3개의 별이 만든 직각삼각형의 빗변 위에 위치하고 있습니다. 만약 빛공해가 있는 곳에서 관측한다면 산소III 필터 또는 협대역 필터가 관측에 도움이 될 것입니다.

저는 뉴욕주 북쪽, 애디론댁Adirondack 산맥의 어두운 하늘 아래에서 이 성운의 2개 구체가 희미한 지역을 중간에 두고 떨어져 있는 모습을 볼 수 있었습니다. M76이 가지고 있는 2개의 구체는 존 루이스 에밀 드레이어Johan L. E. Dreyer의 『성운과 성단에 대한 신판일반천체목록NGC, New General Catalogue of Nebulae and Clusters of Stars(런던 1888)』에는 따로 등재되었습니다. 2개의 구

페르세우스 이중성단은 밤하늘에서 가장 아름다운 모습을 연출하는 천체 중 하나입니다.
사진: 로버트 젠들러(Robert Gendler)

체 중 남서쪽 부분은 NGC 650으로, 북동쪽 부분은 NGC 651로 등재되었죠. 저는 간혹 이 성운의 장축으로부터 고리 모양으로 뿜어져 나오며 날개 모양을 연상시키는 거의 투명에 가까운 희미한 형상을 보곤 합니다. 이 날개들은 오랫동안의 노출을 이용한 사진에서 M76의 모습을 훨씬 나비에 가까운 모습으로 만들어줍니다.

우리의 다음 목표는 그 유명한 **페르세우스 이중성단**입니다. 맨눈으로도 볼 수 있는, 고대로부터 알려진 아름다운 천체죠. 1월의 온 하늘 별지도를 이용하여 이 성단을 찾아보세요. 우선 W모양의 카시오페이아자리 감마(γ) 별과 델타(δ) 별을 찾습니다. 그리고 이 두 별을 잇는 가상의 선을 그으세요. 이 두 별 거리의 2배 이상 선을 계속 이어나가면 페르세우스 이중성단을 만날 수 있습니다. 이 성단은 미리내의 검은 띠에 파묻혀 있는 희미한 조각처럼 보입니다.

이 한 쌍의 성단은 1도 시야를 가득 채우긴 하지만 좀 더 짧은 초점거리를 가진 망원경을 이용하여 1.5도 또는 그 이상의 화각으로 보면 훨씬 더 멋진 모습을 볼 수 있습니다.

성단을 감싸고 있는 더 넓고 어두운 하늘을 본다면 이 성단의 현란한 아름다움을 훨씬 더 제대로 느낄 수 있습

니다. 이 성단은 실제 짝을 이루고 있는 성단으로서 나이도 비슷하고 우리와 떨어져 있는 거리도 비슷합니다.

이 성단 중 동쪽에 자리 잡은 성단은 **NGC 884**입니다. 저의 105밀리미터 굴절망원경에서 68배율로 보면 이 성단에서 매우 희미한 별들을 80개까지 볼 수 있습니다. 중심에서 남서쪽으로는 밝은 별들로 이루어진 2개의 작은 점이 가까이 붙어 있는 모습을 볼 수 있습니다. NGC 884는 한 움큼 정도의 주황색 별들로 얼룩져 있습니다. 이 중 2개의 별은 양 성단으로부터 버림받은 별인 듯 보입니다. 이 주황색의 별

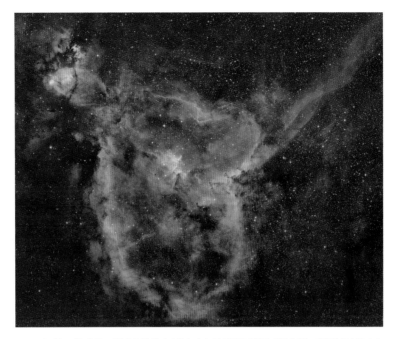

IC 1805는 하트성운이라는 이름으로 잘 알려져 있습니다. 이 사진은 복잡하게 얽혀 있는 성운의 모습을 수소, 산소, 황 복사선을 이용해 잡아낸 것입니다. 제천에서 촬영하였습니다.
사진: 이지수

들은 모두 변광성입니다. 작은 망원경을 이용한다면 이 변광성의 밝기가 최대치에 근접했을 때 그 빛깔을 훨씬 더 쉽게 알아볼 수 있을 것입니다.

서쪽에 자리 잡은 성단은 **NGC 869**입니다. 이 성단은 자신의 짝꿍보다는 약간 더 어둡게 보이지만 별들은 좀 더 집중된 양상을 보입니다. 여기에는 확연히 밝게 빛나는 2개의 별이 보입니다. 저는 여기서 희미한 별들을 약 60개 정도 셀 수 있습니다. 중심에 자리 잡은 밝은 별은 남동쪽으로 그릇 모양의 별들을 거느리고 있습니다. 캘리포니아의 별지기인 론 바누키치리Ron Bhanukitsiri는 자신의 102밀리미터 굴절망원경을 통해 불타오르는 눈과 눈썹을 봤다고 기록하고 있습니다.

다음으로는 **스톡 2**(Stock 2)라는 천체를 만나보죠. NGC 869로부터 북쪽으로 굽이쳐 흐르는 6등급과 8등급의 별들로 이루어진 띠를 쫓아가면 스톡 2를 만날 수 있습니다. 50밀리미터 쌍안경을 이용하면 페르세우스 이중성단과 스톡 2가 한 시야에 담깁니다. 스톡 2는 그 자체가 1도 너비에 걸쳐 있으므로, 저배율의 광각 접안

렌즈(아이피스)를 사용하여 관측해야 합니다.

제 작은 굴절망원경에서 47배율로 관측하면 10여 개씩 뭉친 별들이 느슨하게 흩뿌려져 있는 모습을 볼 수 있습니다. 여기서 가장 밝은 별들은 머리는 서쪽으로, 다리는 동쪽으로 벌리고 선 막대 인간의 모습을 연출하고 있죠. 그의 팔은 마치 자신의 알통을 과시하듯 들어올려져 있습니다. 그래서 매사추세츠의 별지기인 존 데이비스John Davis는 스톡 2에 알통사내성단(the Muscle Man Cluster)이라는 이름을 붙였습니다. 정말 적절한 이름이지 않나요?

다음으로 우리가 갈 곳은 성운의 형상이 느껴지는 성단 IC 1805입니다. 이 성단은 스톡 2로부터 북동쪽으로 3도 지점에 자리 잡고 있죠. 68배율로 봤을 때 성단의 중심에는 40여 개의 별이 거칠게 모여 있으며 여기에 가장 밝은 별(루키다, Lucida)도 자리 잡고 있습니다('루키다'는 여러 별들이 모여 있는 곳에서 가장 밝게 빛나는 별을 일컫는 라틴어입니다). 그리고 희미한 복사를 방출해내는 8등급의 별들로 이루어진 두 팔이 보이죠. 중심별은 **스타인**

IC 1805 하트성운에서 하트가 모이는 부분에 물고기 모양으로 돌출된 곳이 NGC 896입니다. 수소, 산소, 황 필터를 이용하여 촬영한 사진을 합성하였습니다. 영월에서 촬영하였습니다.

사진: 김도익

368(Stein 368)이라는 이름의 이중별입니다. 희미한 짝꿍별이 동쪽으로 10초 거리에 있죠.

제 망원경의 배율을 17배로 낮추면 3.6도의 시야를 보여주는데 이 시야에서는 성단을 둘러싸며 광대하게 펼쳐져 있는 성운의 형상을 볼 수 있습니다. 산소Ⅲ필터를 사용하면 그 모습을 좀 더 선명하게 볼 수 있죠. 가장 밝은 지역에는 성단 자체와 함께 동쪽으로 뻗어나가면서 성단의 북쪽으로 휘어져 올라가는 폭넓은 띠가 담겨 있습니다. 이 띠의 동쪽 측면에서 시작되는 좀 더 희미한 고리는 성단의 남쪽으로 휘어져 내려가서 서쪽에서 다시 솟구쳐 오르죠.

1.5도 정도에 걸쳐 뻗어 있는 2개의 고리는 모두 불완

전하게 보입니다. 작고 밝게 빛나며 외따로 떨어져 있는 성운인 NGC 896은 이 성단에서 북서쪽으로 1도 지점에 자리 잡고 있습니다. 검은 밤하늘이라면 이 천체들로 구성된 큰 덩어리가 30밀리미터 쌍안경에서 쉽게 눈에 들어옵니다.

IC 1805에서 동쪽으로 1.2도 지점에는 또 다른 성운인 NGC 1027이 자리 잡고 있습니다. 87배율에서 봤을 때, 17분 폭에 희미한 별들 40여 개에 의해 느슨하게 둘러싸여 있는 7등급의 별을 볼 수 있습니다. 이 성단에서 비교적 밝은 별들은 중심별로부터 한 바퀴 반의 나선을 그리는 듯한 모습을 보여주고 있습니다. 별들이 만드는 이 흥미로운 점은 IC 1805의 남남서쪽 1도 아래에 자리 잡고 있습니다.

87배율에서 마카리안 6(Markarian 6, Mrk 6)은 선명하게 보이는 성단은 아닙니다만 그 모양은 눈길을 끕니다. 남북으로 가로지르며 약간의 곡선을 그리고 있는 8.5등급에서 9.7등급의 별 4개를 찾아보세요. 좀 더 침침한 5개의 별이 남쪽 끄트머리에 모여 화살촉 모양을 만들고 있으며 3개의 별이 북쪽에서 화살 깃 모양을 만들고 있습니다.

저는 이곳에서 너무나 많은 매력적인 광경을 보아왔습니다. 그래서 이들을 나누기 위해 더 많은 지면을 할애받았으면 좋겠다는 생각도 했죠. 그러나 이 많은 아름다운 천체를 차차 알아가는 것도 관측의 기쁨 중 하나입니다.

페르세우스자리와 카시오페이아자리가 만나는 지점의 성단과 성운들

대상	분류	밝기	각크기	거리(광년)	적경	적위	MSA	U2
M76	행성상성운	10.1	1.7′	4,000	1시 42.3분	+51° 35′	63	29R
NGC 884	산개성단	6.1	30′	7,000	2시 22.3분	+57° 08′	62	29L
NGC 869	산개성단	5.3	30′	7,000	2시 19.1분	+57° 08′	62	29L
스톡 2 (Stock 2)	산개성단	4.4	60′	1,000	2시 15.6분	+59° 32′	46	29L
IC 1805	산개성단	6.5	20′	6,000	2시 32.7분	+61° 27′	46	29L
IC 1805	발광성운	-	96′×80′	6,000	2시 32.8분	+60° 30′	46	29L
스타인 368 (Stein 368)	이중별	8.0, 10.1	10″	6,000	2시 32.7분	+61° 27′	46	29L
NGC 896	발광성운	7.5	20′	6,000	2시 24.8분	+62° 01′	46	29L
NGC 1027	산개성단	6.7	20′	3,000	2시 42.6분	+61° 36′	46	29L
마카리안 6 (Mrk 6)	산개성단	7.1	6′	2,000	2시 29.7분	+60° 41′	46	29L

M76의 크기는 이 성운에서 확연히 보이는 밝은 막대의 길이를 표시한 것입니다. MSA와 U2는 각각 『밀레니엄 스타 아틀라스(the Millenium Star Atlas)』와 『우라노메트리아 2000.0(Uranometria 2000.0)』 2판을 말합니다.

북쪽의 밤하늘

기린자리와 카시오페이아 자리 경계부에는 별이 많지 않지만,
또 다른 풍부한 볼거리가 자리 잡고 있습니다.

우리가 관측하는 모습을 보노라면, 그때그때 한시적으로 볼 수 있는 천체는 애써 기다립니다. 반면에 1년 내내, 밤새 우리와 함께 있는 별자리는 대수롭지 않게 여기는 것 같습니다. 아마 이러한 대접을 받는 것이 북반구의 중위도 지역에서 북극점 주위를 도는 기린자리의 운명인지도 모르겠습니다.

기린자리는 17세기 초에 생겨난 '근대'의 별자리입니다. 이 별자리는 플랑드르Flandre의 지도제작자인 페트로스 프란키우스Petrus Plancius 덕분에 탄생하였습니다. 그는 어느 별자리에도 속하지 않는 희미한 별들이 자리 잡은 지역을 독특한 모양으로 채우곤 했죠. 사실 북쪽 하늘에서는 전혀 기린의 모습을 찾을 수 없습니다. 그저 페트로스 프란키우스가 찍은 점들이 하늘에 흩뿌려져 있을 뿐이죠.

이번 1월 하늘 여행에서 우리는 기린자리의 남서쪽 지역을 돌아볼 것입니다. 기린의 뒷다리 쪽에 해당하는 이 지역에서 카시오페이아 여왕의 발끝을 만나게 되죠. 작은 망원경으로 무장한 열정에 찬 별지기라면 이곳에서 별다른 노력이나 수고 없이도 크고 작은 멋진 천체들을 만날 것입니다.

카시오페이아자리와 기린자리의 경계에 굳건하게 서 있는 산개성단 **스톡 23**(Stock 23)에서 시작해보죠. 스톡 23은 종종 뉴욕의 별지기인 존 파지모John Pazmino의 이름을 따서 파지모의 성단(Pazmino's Cluster)이라고 부르기도 합니다.

존 파지모는 친구의 4.3인치(110밀리미터) 굴절망원경을 이용하여 페르세우스 이중성단을 찾던 중 우연히 이 성단을 발견했습니다. 그의 발견은 1978년《스카이 앤드 텔레스코프Sky & Telescope》의 3월「딥스카이 원더스Deep-Sky Wonders」에 실려 여러 별지기들의 주목을 받았습니다.

쌍안경으로 바라본 스톡 23은 마치 용자리의 머리를 이루는 별들처럼, 4개의 별이 불규칙한 사다리꼴을 구성하고 있는 작은 별 무리처럼 보입니다. 저는 105밀리미터 굴절망원경을 이용하여 87배율로 봤을 때, 7.5등급과 이보다 약간 더 희미한 27개의 별들

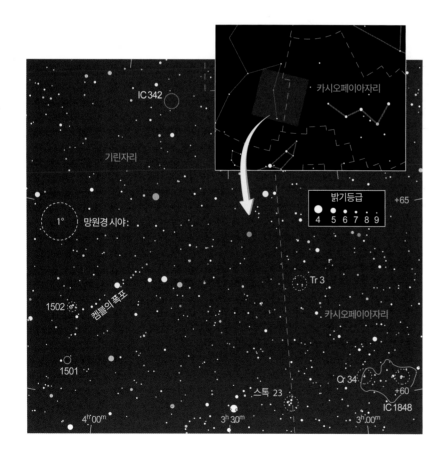

이 지름 13분의 폭 안에 흩뿌려져 있는 모습을 볼 수 있었습니다. 이 별들 중 대부분은 남서쪽에 2개의 돌출부를 가진 채로 북서쪽에서 남동쪽으로 가로지르고 있는 타원형 위에 도열해 있었습니다. 그 독특한 모양은 마치 점잇기 놀이를 하자고 말하는 것 같았죠. 저는 여기에서 중간이 접힌 귀를 가진 토끼의 모습이 생각나곤 합니다. 그중 한쪽 귀의 아랫부분에는 서로 거의 붙어 있는 이중별 스트루베 362(Σ 362)가 자리 잡고 있습니다.

스톡 23은 제가 아직 보지 못한, 성운기가 있는 천체를 품고 있습니다. 하지만 제가 이 지역을 훑어봤을 때 이보다는 밝은 성운을 서북서쪽 2도 지점에서 본 적이 있죠. 세로 1.5도, 가로 0.75도로 보이는 **IC 1848**은 저배율의 광시야 접안렌즈에서 최상의 모습을 보여줍니다. 저는 제 작은 굴절망원경에서 아무런 필터를 사용하지 않고서도 17배율과 28배율로 이 천체의 모습을 볼 수 있었습니다. 협대역광해필터를 사용하면 그 모습을 약간은 더 좋게 볼 수 있습니다. 산소Ⅲ필터와 수소베타필터 모두 훨씬 더 나은 모습을 보여주죠. 물론 관측 결과는 가지고 있는 망원경의 구경, 그리고 얼마나 어두운 하늘 아래에서 관측을 하였는가에 따라 달라집니다. 광대역 화각에서는 북쪽과 동쪽, 그리고 서쪽을 따라 가장 밝게 퍼져 있는 성운의 모습을 볼 수 있습니다.

이 성운에는 2개의 산개성단이 존재하는데 이 성단들 역시 선명하게 보이지는 않습니다. 서쪽 성단은 **IC 1848**이라는 등재명을 공유하고 있으며 넓은 간격을 두고 떨어져 있는 스트루베 306 AG(Σ 306 AG)라는 이중별을 감싸고 있습니다. 저는 68배율에서 지름 18분 폭에 수많은 희미한 별들이 뿌려져 있는 모습을 보았

황과 수소, 산소의 이온화 복사선을 뿜어내는 IC 1848 내부에, 밝은 별들이 담겨 있습니다. 사람의 눈으로는 이 희미한 복사선을 볼 수 없기 때문에, 성운은 그저 부드러운 은백색으로 보입니다. 사진의 폭은 약 2와 1/3도입니다.

사진: 김도익

리에 자리 잡고 있죠.

트럼플러 3으로부터 동쪽으로 5도 지역을 훑어보면 밤하늘에서 가장 주목할 만한 자리별 중 하나를 만나게 될 것입니다. 캐나다인 루션 J. 켐블Lucian J. Kemble은 7×35 쌍안경으로 이 지역을 훑던 중 정말 우연히도 한 무리의 천체를 맞닥뜨렸습니다. 그는 이 천체를 "희미한 별들이 북서쪽에서 산개성단 NGC 1502까지 연달아 뛰어내리는 듯한 아름다운 폭포"라고 묘사했습니다. 켐블은 자신의 설명을 그림과 함께 월터 스콧 휴스턴Walter Scott Houston에게 보냈습니다. 그리고 휴스턴은 이를 1980년 12월 《스카이 앤드 텔레스코프》의 「딥스카이 원더스」 칼럼에 게재했죠. 나중에 또 다른 칼럼을 통해 휴스턴은 이 아름다운 별들의 도열을 '켐블의 폭포'(Kemble's Cascade)라고 불렀고 결국 이것이 이 천체의 이름으로 굳어졌습니다.

켐블의 폭포는 2.5도의 길이로 도열해 있으며 7등급에서 9등급의 별들로 구성되어 있습니다. 5등급의 별 하나가 별들이 이어진 선의 중간에 자리 잡고 있습니다. 제 작은 굴절 망원경에서 17배율에 3.6도의 시야각을 제공해주는 광시야 접안렌즈를 사용하면 20여 개의 별들이 늘어선 아름다운 모습을 볼 수 있습니다. 켐블의 폭포의 남동쪽 끝자락 근처에는 NGC

습니다. 남쪽과 동쪽으로는 별들이 보다 조밀하게 모여 있죠. 동쪽으로는 **콜린더 34**(Collinder 34, Cr 34)라는, 좀 더 규모도 크고 8등급과 9등급의 별 한 쌍이 중심을 잡고 있는 산개성단을 볼 수 있습니다. 이 중심부에서 별들이 방사상으로 뻗어 나오며 늘어서 있는 모습도 볼 수 있죠.

스톡 23의 북쪽 3.2도 지점에서는 **트럼플러 3**(Trumpler 3, Tr 3)이라는 성단을 찾아볼 수 있습니다. 이 성단은 87배율에서 약간은 더 선명하게 보입니다. 저는 여기서 희미한 빛을 뿜어내는 35개의 별들을 볼 수 있었습니다. 9등급 이상의 희미한 빛을 가지고 있는 이 별들은 경계가 불분명하게 몰려 있죠. 중심에서 서쪽으로는 북쪽과 남쪽으로 가장 밝은 별 3개가 나란히 줄지어 있습니다. 또 다른 밝은 별 하나는 성단의 동쪽 모서

목성과 거의 같은 각크기를 가진 NGC 1501을 망원경으로 보면 물결치는 희미한 타원형으로 보입니다. 이 CCD 확대 사진에서는 14등급의 중심별이 그 모습을 밝게 드러내고 있습니다. 이 사진은 20인치(508밀리미터) 리치크레티앙 망원경으로 촬영된 것으로서 사실 이 별을 보려면 많은 노력이 필요합니다. 사진의 위쪽이 북쪽입니다.

사진: 애덤 블록 (Adam Block)/ NOAO /AURA /NSF

우리에게 정면을 드러내며 나선 팔을 늘어뜨리고 있는 은하 IC 342는 하늘에서 거의 보름달만큼의 영역을 차지하고 있습니다. 코네티컷주, 에이번에서 로버트 젠들러가 촬영한 이 사진에는 이 은하의 세세한 구조가 잘 드러나 있습니다. 로버트 젠들러는 12.5인치(317.5밀리미터) 망원경에 SBIG ST-10E 카메라를 이용하여 이 사진을 촬영하였습니다.

1502라는 아름다운 성단이 있죠. 이 성단은 7등급으로 빛나는 한 쌍의 황백색 별인 스트루베 485(Σ485) 주위를 감싸고 있는 수많은 희미한 별들로 구성되어 있습니다. 68배율로 이 성단을 봤을 때 땅딸막한 삼각형 안에 모여 있는 25개의 별을 볼 수 있었습니다.

NGC 1502에서 1.4도 남쪽으로 내려오면 작은 행성상성운 NGC 1501을 찾을 수 있습니다. 이 성운은 제 105밀리미터 망원경에서 68배율로 봤을 때 매우 작지만 선명하게 밝은 빛을 가진 둥근 원형으로 보였습니다. 구경을 늘려나가면 조금씩 더 드러나는 이 행성상성운의 특색을 볼 수 있죠. 이 성운의 특징으로는 약간은 어두운 중심부와 약간은 밝게 빛나는 북동쪽과 남서쪽 테두리, 희미한 중심별과 약간의 타원형을 가진 형태를 들 수 있습니다.

우리의 마지막 관측 대상은 IC 342입니다. 콜드웰 5(Caldwell 5)라는 이름으로도 불리는 천체죠. 이 천체는 국부은하군 너머에 존재하는 은하로서는 가장 가까운 곳에 자리 잡은 은하에 속합니다. 켐블의 폭포 북서쪽 끄트머리에서 시작하여 1.8도 북쪽으로 움직이면 4등급의 주황색 별과 함께 동쪽 20분 지점의 노란색 7등급 별을 볼 수 있습니다. 여기서 북쪽으로 1.6도 이동한 후 서쪽으로 약간만 움직이면 주황색 별이 나옵니다.

여기서 6등급의 하얀색 별과 7등급의 짙은 노란색을 가진 별이 역시 유사한 거리를 두고 떨어져 있는 것을 볼 수 있을 것입니다. 4개의 별이 평행사변형을 그리고 있는 모습이 파인더에서 쉽게 눈에 띌 것입니다. IC 342는 이 중에서 하얀 별의 북쪽 54분 거리에 중심을 두고 있습니다. 이 하얀색 별을 저배율에서 남쪽 모서리에 두면 IC 342가 북쪽 모서리 근처에서 그 모습을 드러냅니다.

거대한 규모를 자랑하지만 표면 밝기는 밝지 않은 이 은하를 더 잘 보기 위해서는 반드시 은하를 시야 중심에 놓아야 합니다. 105밀리미터 굴절망원경에서 28배율로 보면 희미한 별들이 반짝이며 증기를 뿜어내는 듯한 모습을 연출하는 멋진 모습을 볼 수 있습니다. 타원형을 보이는 이 은하의 장축은 북쪽에서 남쪽을 가로지르며 12분의 길이로 뻗어 있습니다. 유명한 별지기인 스테판 제임스 오미라Stephen James O'Meara는 자신의 105밀리미터 굴절망원경을 이용하여, 검은 하늘을 가진 지역에서 IC 342의 주요 나선 팔 3개를 식별할 수 있었다고 합니다.

IC 342는 마페이 1(Maffei 1) 은하군의 일원이기도 합니다. 이 은하는 상대적으로 가까운 거리인 1,100만 광년 거리에 위치하며, 그 밝기는 미리내와 거의 비슷하고 북반구에서 가장 밝게 빛나는 은하 중 하나입니다. 그런데도 이 은하에 그다지 주목하지 않는 이유는 망원경을 통해 보면 알 수 있습니다. 그것은 바로 우리의 관측 위치 때문이죠. IC 342 는 미리내 평단면에서 고작 10.6도 위에 있습니다. 이 지점은 미리내의 많은 가스와 먼지구름에 의해 상당 부분이 가려지는 지점입니다.

1월의 밤, 멀리 북쪽에 보이는 풍경들

대상	분류	밝기	크기	거리(광년)	적경	적위	MSA	U2
스톡 23 (Stock 23)	산개성단	5.6	14′	-	3시 16.3분	+60° 02′	45	28R
IC 1848	발광성운	7.0	100′×50′	6,500	2시 53.5분	+60° 24′	45	28R
IC 1848	산개성단	6.5	18′	6,500	2시 51.2분	+60° 24′	45	28R
콜린더 34 (Cr 34)	산개성단	6.8	24′	6,500	2시 59.4분	+60° 34′	45	28R
트럼플러 3 (Tr 3)	산개성단	7.0	23′	-	3시 12분	+63° 11′	45/32	17L
캠블 1 (Kemble 1)	자리별	4.0	150′	-	3시 57.4분	+63° 04′	31/43	16R
NGC 1502	산개성단	5.7	7′	2,700	4시 7.8분	+62° 20′	43	16R/28L
NGC 1501	행성상성운	11.5	52″	4,200	4시 07분	+60° 55′	43	28L
IC 342	나선은하	8.3	21′	1,100만	3시 46.8분	+68° 06′	31	16R

각크기는 천체목록 또는 사진집에서 따온 것입니다. 대부분의 천체는 망원경을 통해 봤을 때 조금은 더 작게 보입니다. 거리는 모두 빛이 1년 동안 가는 거리인 광년으로 표시하였으며 최신 연구 결과를 근거로 하였습니다. MSA와 U2 열에는 각각 『밀레니엄 스타 아틀라스』와 『우라노메트리아 2000.0』 2판의 차트 번호가 기입되어 있습니다.

천상의 강을 항해하기

천상의 강 에리다누스를 따라 굽이치는 별들이
당신을 우주의 장관으로 안내할 것입니다.

천상의 강 에리다누스의 발원지는 오리온자리에서 가장 밝은 광채를 쏟아내는 별 리겔(Rigel) 근처에 자리 잡고 있습니다. 이 거대한 강물은 에리다누스강자리 베타(β) 별인 쿠르사(Cursa)에서 시작하여 굽이굽이 흐르기를 계속하며 하늘에서 여섯 번째로 큰 별자리를 만듭니다. 이번 여행은 이 강의 발원지 근처에서 시작하여 에리다누스강자리의 북쪽 언저리까지로 한정하겠습니다.

"2배, 2배 고난도 재앙도(Double, double toil and trouble)"

윌리엄 셰익스피어의 작품 〈맥베스Macbeth〉에 등장하는 문구는 우리가 찾고자 하는 천체인 마녀머리성운(the Witch Head Nebula) IC 2118에 잘 어울리는 문구인 것 같습니다. 마녀머리성운은 시각적 모순을 가진 천체입니다. 이 천체는 쌍안경으로 쉽게 찾아볼 수 있습니다. 하지만 다른 망원경들로는 찾아보기가 쉽지 않죠. 망원경을 이용하여 마녀머리성운을 찾으려면 우선 저배율 접안렌즈를 이용하여 시야의 동쪽에 쿠르사를 위치시키고 거기서 남쪽 방향을 훑어 내려가야 합니다. 넓은 화각을 보여주는 작은 망원경이 이 거대한 성운을 찾는데 더 나을 것입니다.

저는 플로리다 키스 제도Florida Keys에서 매년 열리는 겨울 관측회를 통해 1년에 한 번은 꼭 마녀머리성운을 찾아봅니다. 비록 그곳의 하늘이 특별나게 어두운 것은 아니지만 지금 제가 사는 뉴욕주 북부에서보다 훨씬 높은 고도에서 이 성운을 만날 수 있기 때문입니다. 제105밀리미터 굴절망원경에서 실시야각 3.6도를 제공해주는 17배율로 관측해보면 북쪽 끝에서 약간 동쪽으로

천상의 강 에리다누스는 여러 번 꺾이고 휘어지기를 반복하며 남쪽을 향해 흐릅니다. 북반구의 별지기들은 이 그림처럼 첫 번째로 크게 꺾인 지점을 1월의 밤하늘에서 쉽게 찾아볼 수 있을 것입니다.

휘어진 모습을 보이며 남북을 가로지르는, 2도에 걸쳐 뻗어 있는 이 성운의 모습을 볼 수 있습니다. 이 성운은 동쪽 측면에서 훨씬 더 선명한 경계를 보여주는데 이 부분은 모습이 불규칙적이긴 하지만 중심 근처에서 선명한 팽대부를 보여줍니다. 큰 망원경을 이용하여 어쩔 수 없이 좀 더 좁은 지역을 보게 되는 관측자라면 한번 관측에 특정 부분만을 보게 되며, 따라서 마녀머리성운을 찾는 것이 어렵게 느껴질 수밖에 없습니다.

마녀머리성운은 독특한 푸른빛을 띠는 성운입니다. 이 성운의 푸른빛은 근처에 있는 별 리겔의 빛을 반사해내기 때문입니다. 하지만 특정 파장에서 빛을 반사하는 가스상 성운으로서는 특별하게 밝은 것도 아닙니다. 상황이 이런데도 많은 별지기들이 다양한 성운필터를 이용하여 괜찮은 관측을 했다고 보고하고 있습니다. 따라서 이 성운은 또 하나의 겉 다르고 속 다른 특징을 가진 성운이라 할 수 있겠습니다. IC 2118에 도전해보세요. 그래서 마녀에게 넋이 나가게 될지, 아니면 마녀를 저주하게 될지 직접 확인해보세요.

자, 이제 아래로 항해하며 인상적인 삼중별 에리다누스강자리 **오미크론²**(o^2)를 만나보죠. 으뜸별은 4등급의 금빛으로 빛나는 별이지만 희미한 짝꿍별들이 이 삼중별계를 주목할 만한 가치가 있는 곳으로 만들고 있습니다. 동남동쪽으로 83초 거리에 보이는 10등급의 둘째 별은 작은 망원경으로 볼 수 있는 몇 안 되는 백색왜성들 중 하나입니다. 이 작은 별은 그 크기가 지구 지름의 1.5배밖에 되지 않지만, 질량은 태양 질량의 반에 육박합니다. 만약 이곳의 물질로 동전 하나를 만든다면, 그 질량은 동전 4만 개와 맞먹을 것입니다!

세 번째 짝꿍별은 이 삼중별계를 더더욱 독특하게 만들어줍니다. 11등급의 이 적색왜성은 백색왜성의 북북서쪽으로 9초 거리에 있습니다. 대기가 안정된 상태라면 이 한 쌍의 별은 70배율에서 충분히 분해해 볼 수 있습니다. 이 적색왜성의 질량은 태양 질량의 5분의 1에 불과하지만 그 지름은 1.25배 더 큽니다. 이 왜성들은 지구와의 근접성으로 인해 일반적으로 사용하는 망원경으로도 쉽게 볼 수 있습니다. 이 삼중별까지의 거리는 16.5광년으로 이들은 우리와 가장 가까운 이웃별들 중 한 부분을 구성하고 있습니다.

로버트 젠들러가 촬영한 IC 2118의 모습. 10개의 사진을 이어 붙인 이 사진에는 마녀머리성운의 세세한 모습이 잘 드러나 있습니다. 오른쪽 모서리에 보이는 별은 3등급의 에리다누스강자리 람다(λ) 별입니다. 이 사진의 3도의 폭을 담고 있으며 남쪽은 위쪽입니다.

이제 여기서 방향을 아래로 꺾어 남쪽으로 5도 떨어진 지역에 자리 잡고 있는 행성상성운 NGC 1535를 만나보겠습니다. NGC 1535까지 갈 때 중간지점에서 오미크론²와 매우 유사한 색조를 띠는 5등급의 별 에리다누스강자리 39 별을 만나볼 수 있습니다. 이 별과 8등급의 별들이 함께 연출해내는 삼각형의 동쪽 1도 지점에서 NGC 1535를 찾아보세요. 영국의 아마추어 천문학자였던 윌리엄 라셀William Lassell은 1853년 1월 7일에 이 행성상성운을 발견하고는 다음과 같이 묘사하였습니다. "이것은 가장 흥미롭고 특이한 천체로, 이런 종류의 천체는 여태 본 적이 없다. 11등급 정도로 보이는, 밝기가 또렷한 별이 원형 성운의 정중앙에 자리 잡고 있다. 이 원형 성운에서 가장 밝게 빛나는 부분은 모서리이다. 그

리고 이 밝은 성운이, 이보다는 훨씬 크지만 훨씬 더 희미한 성운 위에 같은 중심점을 갖는 대칭을 유지하면서 겹쳐져 있다."

라셀은 자신이 만든 24인치(610밀리미터) 적도의식 반사망원경을 이용하여 565배율로 이 행성상성운을 관측하였습니다. 작은 망원경을 이용하여 저배율로 이 행성상성운을 보면 마치 푸른빛의 별처럼 보입니다. 제 굴절망원경에서 127배율로 보면 약간은 타원형을 띤 작은 원반을 볼 수 있습니다. 간혹 그 중심에 반짝 빛나는 밝은 점을 보곤 하죠. 6인치(152밀리미터) 망원경에서부터는 라셀이 찬탄을 금치 못한 두 겹으로 겹쳐진 흔적이 보이기 시작합니다. 제가 가지고 있는 10인치(254밀리미터) 반사망원경에서 170배율로 관측해보면 중심의 별이 선명하게 그 모습을 드러냅니다. 중심 쪽으로 약간 진한 색을 보이는 밝고 푸른빛의 고리가 얇고 희미한 헤일로halo에 의해 둘러싸인 모습을 볼 수 있죠. 몇몇 별지기들은 이 고리에서 초록빛 그림자를 느끼곤 합니다. 뉴멕시코주의 별지기인 그랙 크링클로Greg Crinklaw는 이 어여쁜 성운에 '클레오파트라의 눈'이라는 별명을 붙여주었습니다.

이곳에서 서쪽으로 이동하면 우리에게 거의 모서리를 드러내고 있는 나선은하 NGC 1247을 만나게 됩니다. '평평한' 원반을 볼 수 있는 은하들이야말로 제가 좋아하는 관측 대상이죠. NGC 1247은 이고르 D. 카라첸체프Igor D. Karachentsev와 그의 동료들이 펴낸 「개정판 평평한 은하 목록the Revised Flat Galaxy Catalogue」에 등록된, 너비 대비 최소 7배 이상의 길이를 보여주는 4,236개 은하 중 하나입니다. NGC 1247은 에리다누스강자리 제타(ζ) 별의 남남서쪽으로 2도 지점에 자리 잡고 있습니다. 이 은하는 이 별과 이 별로부터 서북서쪽, 그리고 동남동쪽의 좀 더 넓게 짝을 이루고 있는 10등급의 별들 사이 3분의 1지점에 자리 잡고 있죠. 저는 이 천체가 너무나 희미하여 제 작은 굴절 망원경으로는 보이지 않을 것이라고 생각했기 때문에, 10인치(254밀리미터) 반사망

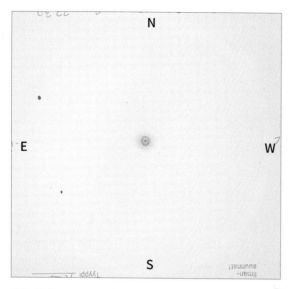

에레 카한페(Jere Kahanpää)는 핀란드 요베스퀼레(Jyvaskyla)에서 6인치(152.4밀리미터) 반사망원경으로 관측하면서 NGC 1535를 그렸습니다. 그는 266배율에서 중심의 별을 쉽게 볼 수 있었고, 안쪽 고리의 동쪽 모서리가 반대쪽 모서리보다 약간 더 밝게 보인다는 것에 주목했습니다. 그림의 화각은 11분이며 위쪽이 북쪽입니다.

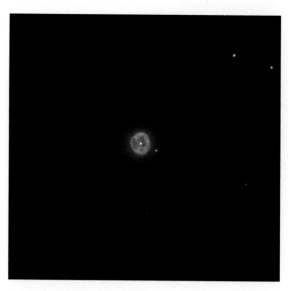

NGC 1535가 마치 깊은 우주를 유영하는 거대한 해파리처럼 세세한 모습을 드러내고 있습니다. 망원경의 접안렌즈를 통해 눈으로 볼 때는 이러한 모습을 볼 수는 없습니다. 외곽 껍데기의 폭은 50초입니다. 애덤 블록은 20인치(508밀리미터) 반사망원경에 CCD 카메라를 부착하여 이 사진을 촬영하였습니다.

사진: 애덤 블록 / NOAO / AURA / NSF

원경을 이용하여 이 은하를 찾아보았습니다. 44배율에서 이 은하를 찾아내고 나서 170배율로 좀 더 확대해서 관측했죠. 방추 형태를 띠고 있는 이 은하는 동북동쪽에서 서남서쪽으로 3분에 걸쳐 뻗어 있었습니다. 이 은하는 중심 근처로 갈수록 약간은 밝은 양상을 보여주었으며 중심지역의 북쪽으로 아주 희미한 별이 겹쳐 보였습니다. 제가 이 은하를 관측할 때 하늘은 약간 연무가 껴 있었습니다. 그래서 하늘의 상태만 좋다면 이 은하를 좀 더 작은 망원경으로도 볼 수 있으리라 생각합니다. 이 은하가 좀 더 작은 구경에서도 관측할 수 있다는 것을 알았다면 이 은하를 관측하는 데 좀 더 흥미를 느꼈을 것입니다.

NGC 1247을 지나면 에리다누스강은 남쪽으로 꺾어졌다가 에리다누스강자리 타우(τ)라는 이름을 공유하고 있는 9개의 별이 늘어선 선을 따라 동쪽으로 흐릅니다. 이 9개의 타우별은 요한 바이어(Johann Bayer)가 이 기다란 별자리를 따라 늘어선 별들에 순서를 부여할 때 그리스 문자를 아끼려고 노력한 결과입니다.

화려한 막대나선은하 NGC 1300은 붉은빛이 섞인 주

황색 별인 에리다누스강자리 타우[4] 별의 정북쪽 방향으로 2와 1/3도 지점에 자리 잡고 있습니다. 우리에게 거의 정면을 보이는 이 은하는 4인치(101.6밀리미터) 구경의 작은 망원경으로도 볼 수 있습니다. 그러나 중간을 가로지르는 막대를 보려면 최소 10인치(254밀리미터) 구경은 되어야 하죠.

저는 10인치(254밀리미터) 반사망원경을 이용하여 70배율에서 NGC 1300을 찾아낸 후 118배율과 170배율로 이 은하를 상세히 관찰했습니다. 이 은하는 동남동쪽에서 서북서쪽으로 가로지르는 희미한 막대에서 부드럽게 밝게 빛나는 핵을 보여줍니다. 막대보다 더 희미하게 보이는 헤일로는 막대와 동일한 정렬을 하고 있는 장축을 가진 타원형을 띠고 있죠. 이 헤일로 속에 조각조각 보이는 몇몇 형체들이 이 은하의 나선 구조에 대한 단서를 주고 있었습니다.

118배율로 관측했을 때는 동일 시야의 북북서쪽 20분 지점에서 NGC 1297도 볼 수 있습니다. 이 작고 희미한 은하는 중심 쪽으로 갈수록 약간은 더 밝게 보였으며 북쪽 경계에 14등급의 별을 이고 있었습니다.

우리에게 거의 정면을 보여주고 있는 아름다운 은하 NGC 1300은 이 은하를 막대나선은하로 분류하게 만들어주는 가로막대를 지닌 적당한 예에 해당하는 은하입니다. 사진에서 북쪽은 상단 오른쪽이며 좌우 폭은 7분입니다. 좀 더 넓은 각도로 이곳을 관측한다면 NGC 1297도 함께 볼 수 있습니다.

사진: 니콜 비스(Nicole Bies) / 에시드로 헤르난데즈(Esidro Hernandez) / 애덤 블록 / NOAO / AURA / NSF

배율을 70배로 줄인 광시야 접안렌즈를 사용하면 북쪽으로 아름다운 이중별 **허셜3565**(h3565)도 볼 수 있습니다. 바짝 붙어 있는 6등급과 8등급의 별들은 제게는

각각 하얀색과 황금색으로 보였습니다.

좀 더 동쪽으로 멀리 나가 에리다누스강자리 타우[5] 별의 북북동쪽 2.5도 지점 및 에리다누스강자리 20 별의 남동쪽 1.5도 지점에 자리 잡은 **NGC 1407**로 가보겠습니다. NGC 1407은 에리다누스 A 은하군에서 가장 밝게 빛나며 가장 규모도 큰 타원은하입니다. 이 은하는 55밀리미터 구경의 작은 망원경으로도 관측이 가능하죠. 좀 더 큰 망원경에서 이 은하는 좀 더 밝게 보이지만 대부분의 소형 및 중형 아마추어 망원경에서는 본질적으로 다를 게 없는, 좀 더 밝은 중심과 별상의 핵을 지닌 작고 둥근 은하로 보입니다.

여기서 남서쪽으로 12분 지점에 보이는 **NGC 1400**은 이보다는 좀 더 작고 약간은 더 흐리게 보이는 동일한 형태의 이웃 은하입니다. 비록 NGC 1400은 NGC 1407이나 은하군 내의 다른 은하들보다 훨씬 느린 시선속도를 보이지만 이 은하 역시 에리다누스강자리 A 은하군의 일원일 것으로 생각되고 있습니다. 그러나 이 은하가 왜 유독 느린 시선속도를 보이는지는 여전히 규명되지 않고 있죠.

에리다누스강자리 A 은하군은 약 6,500만 광년 거리에 있으며 에리다누스 은하단에 종속되는 하위 은하군입니다. 이와 같은 은하군들은 최종적으로 거대 은하단으로 통합될 것입니다. 만약 NGC 1407 주위의 희미한 은하들을 담고 있는 별지도를 가지고 있다면 이들을 모두 찾아보려 생각할지도 모르겠습니다. 그렇다면 이들을 밝기가 줄어드는 순서인 NGC 1452, 1394, 1391, 1440, 1393, 1383 순으로 찾아본다면 매우 쉽게 찾을 수 있을 것입니다.

대상	분류	밝기	크기	적경	적위	MSA	U2
IC 2118	반사성운	-	180′×60′	5시 4.8분	- 7° 13′	279	137L
에리다누스강자리 오미크론²(o^2) 별(o²Eridani)	삼중별	4.4, 9.5, 11.2	83″, 9″	4시 15.3분	- 7° 39′	282	137R
NGC 1535	행성상성운	9.4	48″×42″	4시 14.3분	- 12° 44′	306	137R
NGC 1247	"평평한" 은하	12.5	3.4′×0.5′	3시 12.2분	- 10° 29′	309	138R
NGC 1300	막대나선은하	10.4	6.2′×4.1′	3시 19.7분	- 19° 25′	332/333	156R
NGC 1297	렌즈상은하	11.8	2.2′×1.9′	3시 19.2분	- 19° 06′	332/333	156R
허셜3565(h3565)	이중별	5.9, 8.2	8″	3시 18.7분	- 18° 34′	332/333	156R
NGC 1407	타원은하	9.7	4.6′×4.3′	3시 40.2분	- 18° 35′	332	156R
NGC 1400	렌즈상은하	11.0	2.3′×2.0′	3시 39.5분	- 18° 41′	332	156R

각 크기는 천체목록 또는 사진집에서 따온 것입니다. 대부분의 천체들은 망원경을 통해 봤을 때 조금은 더 작게 보입니다. 거리는 모두 빛이 1년 동안 가는 거리인 광년으로 표시하였으며 최신 연구 결과를 근거로 하였습니다. MSA와 U2 컬럼에는 각각 『밀레니엄 스타 아틀라스』와 『우라노메트리아 2000.0』 2판의 차트 번호가 기입되어 있습니다.

천상의 미녀들

별들이 총총히 들어선 1월의 하늘은
모든 구경의 망원경을 위한 딥스카이 향연을 제공합니다.

이 시기 밤하늘 높은 고도에서는 찬란하게 빛나는 이중별 **알마크**(Almach)가 화려한 별들이 휩쓸고 있는 안드로메다자리의 동쪽 끝을 장식하고 있습니다. 1804년 독일계 영국 천문학자였던 윌리엄 허셜William Herschel은 가장 아름다운 천체 중 하나로 알마크를 꼽으면서 다음과 같이 말했습니다. "두 별의 색깔이 만들어내는 인상적인 차이는 태양과 행성의 관계를 떠오르게 합니다. 서로 다른 크기가 만들어내는 대비 역시 이러한 생각에 상당히 일조를 하죠." 허셜은 2등급의 으뜸별을 붉은빛과 백색 빛이 섞인 별로서, 그리고 5등급의 짝꿍별을 "초록빛으로 기운 청명한 파란색"으로 묘사했습니다.

안드로메다자리 감마 별로 알려진 알마크는 별지기라면 누구나 찾아보고 싶어 하는 이중별이지만 모든 사람에게 같은 색깔로 보이지는 않습니다. 제 105밀리미터 굴절망원경에서 87배로 보면 황금색과 푸른색을 띤 한 쌍의 별이 보입니다만 10인치(254밀리미터) 반사망원경에서 짝꿍별은 하얀색으로 보입니다. 알마크의 으뜸별은 K3 등급의 주황색 거성으로서 이 별을 태양의 위치에 가져다 놓으면 표면은 수성의 공전궤도까지를 채우게 될 것입니다.

알마크에서 동쪽으로 3.4도 지점에서는 모서리를 드러내고 있는 인상적인 은하 **NGC 891**을 만날 수 있습니다. 제 105밀리미터 굴절망원경에서 87배율로 관측해보면 별빛이 가득 들어찬 하늘에 북북동쪽으로 날카

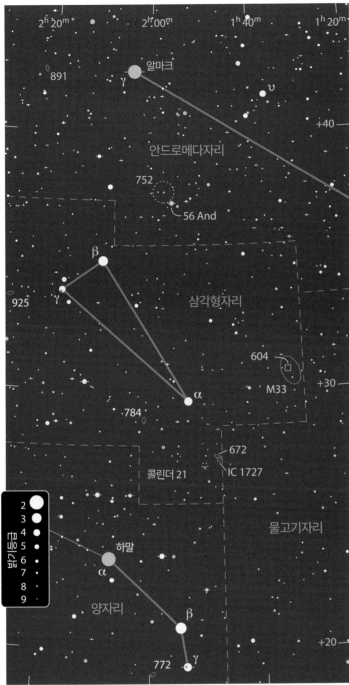

경에서 118배율로 관측하면 밝은 중심부와 함께 얼룩덜룩한 얼룩이 드러나면서 매우 인상적인 모습을 연출하죠. 전체적인 크기는 1.6분×11분으로 보이며 남쪽 끄트머리는 11등급의 별이 장식하고 있습니다. 171배율로 보면 그 중심핵은 2.5분 길이의 평평한 타원형을 형성하고 있는 모습을 볼 수 있는데 이것이 NGC 891의 얇은 중심 팽대부입니다. 핵을 가로지르는 부분에서 가장 선명하게 모습을 드러내고 있는 검은 띠는 은하를 가로로 횡분할하고 있으며 13등급의 별 하나가 은하의 북쪽 끄트머리에서 동쪽 측면으로 자리 잡고 있습니다. 나선은하의 평평한 원반은 우리에게 원형에 가까워지거나 반대로 원형에서 멀어지거나 하는 모습을 보여주는데, 우리 시선에 거의 모서리를 드러낼 때는 항상 타원형을 보여줍니다. NGC 891은 거의 정확하게 우리에게 모서리를 드러내고 있어 우리는 마치 연필처럼 얇은 은하의 옆모습을 즐길 수 있게 되었습니다. 은하를 횡분할하고 있는 먼지 띠는 연기 입자보다도 작은 매우 미세한 먼지 알갱이들로 구성되어 있습니다. 만약 우리가 비슷한 시점을 볼 수 있는 위치에서 미리내를 본다면 미리내 역시

로운 모서리를 드러내고 있는 6분 각 길이의 희미한 천체를 볼 수 있습니다. 은하의 중심에서 정북쪽으로는 12등급의 별 하나가 은하의 서쪽 측면을 장식하고 있습니다.

NGC 891은 구경을 늘려갈수록 확연히 달라지는 모습을 감상할 수 있는 은하입니다. 10인치(254밀리미터) 구

NGC 891과 상당히 비슷하게 보일 것입니다.

이제 산개성단 **NGC 752**(콜드웰 28, Caldwell 28)로 가봅시다. 이 성단은 알마크의 남남서 방향으로 4.6도 지점에서 찾아볼 수 있습니다. 14×70 쌍안경을 이용하여 NGC 752를 보면 중간 밝기 및 희미한 밝기를 지닌 60여 개의 별이 거의 1도 영역에 걸쳐 흩뿌려져 있는,

우리에게 모서리를 드러내고 있는 나선은하 NGC 891에서는 선명한 먼지 대역이 은하를 횡분할하고 있는 모습을 볼 수 있습니다. 이처럼 날씬한 은하의 옆모습은 안드로메다자리가 우리에게 보여주는 선물이죠. 이 은하는 작은 망원경으로 쉽게 볼 수 있습니다만, 이 먼지 대역을 잡아내기 위해서는 최소 8인치(203.2밀리미터) 이상의 구경이 필요합니다. 사진의 폭은 1/4도입니다.
사진: 애덤 블록 / NOAO / AURA / NSF

매우 아름다운 별 무리의 모습을 볼 수 있습니다. 넓은 간격을 두고 있는 이중별 **안드로메다자리 56**(56 And) 별이 남남서쪽 측면에 자리를 잡고 있는데 23쪽에서 그 위치를 찾아볼 수 있을 겁니다. 제 작은 굴절망원경에서 47배율로 바라보면 약 90여 개의 별을 볼 수 있습니다. 이 별들은 십자가 형태로 서로 교차하며 늘어서 있죠. 이 별 중 가장 밝은 별은 금빛으로 빛나는 6등급의 별로서 바로 이 별이 황금색과 주황색으로 빛나는 안드

북반구의 천체 사진가들에게 최고의 촬영대상 은하로 꼽히는 삼각형자리의 나선은하 M33의 특징 중 하나는 바로 큰 크기입니다. 하지만 이는 안시관측을 하는 별지기들에게는 관측을 어렵게 하는 요소이기도 하죠. M33은 달보다도 더 크기 때문에 그 빛은 넓게 분산되며, 따라서 표면 밝기가 더 밝은 작은 천체보다 대기의 투명도에 훨씬 큰 영향을 받습니다.
사진: 김도익

로메다자리 56을 구성하는 별 중 하나입니다. 10인치(254밀리미터) 반사망원경을 이용하여 44배율로 관측하면 87분의 시야각을 거의 채우며 낙오성들을 거느리고 있는 NGC 752의 밝고 화려한 모습을 볼 수 있죠. 별들이 만들어내는 뚜렷한 곡선이 화면을 가득 채우고 여러 측면에서 짝을 짓고 있는 별들도 볼 수 있습니다. 많은 별이 그 색깔을 알 수 있는 단서를 보여주고 있으며 중심으로부터 남쪽에 작은 삼각형을 이루고 있는 3개의 별은 황금빛으로 빛나고 있습니다. 10억 년 이상의 나이를 가지고 있는 이 성단은 수많은 별이 붉은색 거성으로 진화해가며 다채로운 색깔을 띠게 되었습니다.

NGC 752의 남쪽에서 우리는 3개의 별로 이루어진 자리별을 볼 수 있습니다. 이 별들이 삼각형자리로 정의되었으며 그중 끄트머리를 향하고 있는 별이 삼각형자리 알파 별입니다. 바람개비은하라고 불리곤 하는 나선은하 M33은 이 알파 별의 서북서쪽 4.3도 거리에 있습니다. 이 은하는 250만 광년 거리에 위치하고 있으며, 국부은하군을 구성하고 있는 일원입니다. NGC 891의 경우는 이 은하보다 12배나 더 멀리 떨어져 있죠. 상대적으로 가까운 거리에도 불구하고 바람개비은하는 찾아내기가 쉽지만은 않은 은하입니다. 이 은하의 빛은 넓

은 구역에 걸쳐 퍼져 있기 때문에 표면 밝기가 그리 밝지 않습니다. 그렇지만 M33은 매우 어두운 하늘 아래에서라면 맨눈으로도 찾아볼 수 있는 은하입니다. 그리고 중간 크기의 망원경을 이용하여 나선 구조를 볼 수 있는 몇 안 되는 은하 중 하나죠. 간혹 관측회에서 M33을 찾을 수 없다고 말하는 사람들이 있습니다. 제가 사람들에게 이 은하를 보여주면 이처럼 크고 희미한 은하를 볼 거라고는 기대하지 않았다고 이야기하곤 하죠.

제 105밀리미터 굴절망원경에 68배율 광시야 접안렌즈를 사용하면 1.15도의 시야를 보여주는데 극단적으로 희미한 이 은하의 헤일로 외곽은 북북동쪽에서 남남서쪽까지 전체 시야의 3/4을 가득 채웁니다. 이 은하의 너비는 전체 길이의 반을 약간 넘어서는 수준입니다. 거대하면서도 약간 더 밝게 빛나는 헤일로 안쪽 부분은, 남북을 가로지르며 동서로 뻗은 작은 핵을 감싸고 있습니다. 10인치(254밀리미터) 반사망원경을 이용하여 70배율로 관측하면 미묘한 나선구조를 볼 수 있습니다. 서쪽에서 자라나온 나선팔 하나는 북쪽을 휘감고 돌죠. 이 나선팔에 균형을 잡는 또 다른 나선팔이 동쪽에서 시작되어 남쪽을 휘감아 돕니다. 수많은 별이 은하의 정면을 가로지르며 흩뿌려져 있고, 매우 희미한 몇몇 별들이 그 중심에서 빛을 내고 있습니다. 헤일로 안쪽 부분과 중심핵은 심하게 얼룩져 있으며 2분의 중심부는 희미한 별들이 뭉쳐져 있는 은하핵을 품고 있습니다.

M33은 NGC 또는 IC 목록으로 등재되는데 충분한 밝기를 가진 수많은 성운과 별구름을 보유하고 있습니다. 이 중에서 가장 눈에 띄는 것은 **NGC 604**라는 거대한 별 생성구역입니다. 이 천체는 M33의 중심에서 북동쪽으로 11등급의 별 바로 옆인 12분 거리에 자리 잡고 있죠.

제 작은 굴절망원경에서 저배율로 관측해보면 NGC 604와 이 11등급의 별은 마치 한쪽이 초점이 잡히지 않은 이중별처럼 보입니다. 그러나 87배율로 보면 NGC 604는 보풀과 같은 느낌을 확실하게 드러내 보이기 시작합니다. 10인치(254밀리미터) 반사망원경에서 118배율로 보면 밝고 넓은 중심부를 지니고 북서쪽에서 남동쪽으로 뻗은 1분의 타원형 천체를 볼 수 있습니다. NGC 604는 특이하게 큰 규모를 가진 성운입니다. 이 성운의 폭은 1,500광년인데, 이 크기는 M42 오리온성운보다 무려 50배나 큰 수치입니다.

삼각형자리 알파 별로부터 남남서쪽으로 2.5도 아래에는 흥미로운 3개의 관측 대상이 자리 잡고 있습니다. 가장 눈에 띄는 것은 **콜린더 21**(Collinder 21)입니다. 105밀리미터 굴절망원경에서 68배율로 봤을 때 북동쪽 사분면이 움푹 들어간 6분 원의 외곽을 따라 늘어선 13개의 별이 바로 콜린더 21입니다.

이 원의 북서쪽 테두리에는 이중별 스트루베 172(Σ172)가 멋지게 어울리는 한 쌍의 10등급 별들과 함께 빛나고 있습니다. 10인치(254밀리미터) 또는 그보다 큰 구경의 망원경을 가진 별지기라면 이 별 무리에서 가장 밝게 빛나는 별인 남쪽 테두리의 황백색 별을 분해해 보도록 시도해볼 수 있을 것입니다. **번헴 1313**(β1313)은 0.6초 간격으로 떨어진 거의 동일한 별들로 구성된 이중별입니다.

로웰 천문대의 브라이언 스키프Brian Skiff는 21인치(533.4밀리미터) 반사망원경을 이용하여 콜린더 21의 광도계 탐사를 진행한 바 있습니다. 그의 연구는 콜린더 21에 위치한 대부분의 별은 거리가 모두 다르고, 따라서 진정한 의미에서 무리를 형성한 것이 아니라는 점을 시사하고 있습니다. 스키프는 나중에 각 별의 고유 운동을 분석하여 이 별들이 움직이는 방향이 제각각임을 보여줌으로써 콜린더 21이 하나의 별 무리가 아니라는 가설을 확정했죠. 스키프는 또한 작은 원의 북쪽 테두리에 있는 10등급의 붉은 별이 이 자리별의 배경을 장식하는 다른 별들과 함께 자리 잡은 변광성임을 알아냈습니다.

콜린더 21에서 북서쪽 37분 지점에서는 **NGC 672**라는 은하를 만나볼 수 있습니다. 콜린더 21에서 가장 밝게 빛나는 별과 정북쪽에 비슷한 밝기로 빛나는 또 다른 별은 NGC 672와 함께 작은 이등변삼각형을 구성합니다. 제 작은 굴절망원경에서 87배로 관측하면 동북동쪽에서 서남서쪽으로 2분에 걸쳐 뻗어 있는 희미한 은하를 볼 수 있습니다. 10인치(254밀리) 굴절망원경에서 118배율로 관측해보면 NGC 672는 13등급의 별 3개가 만든 삼각형에 포위되어 있는데 이 중 2개의 별은 서쪽 끄트머리에 늘어서 있습니다. NGC 672는 5분 길이와 1/3분의 너비를 가지고 있습니다. 그 빛은 불규칙하고 얼룩투성이인 타원형 핵으로 갈수록 약간씩 밝아지죠.

NGC 672는 남서쪽 8분 지점에 자신보다 훨씬 낮은 표면 밝기를 가진 IC 1727과 공간을 나눠 가지고 있습니다. IC 1727은 2분 길이와 1분 정도의 너비를 가지고 있죠. NGC 672는 2,600만 광년 거리에 있으며 IC 1727과 중력조석작용을 겪고 있습니다.

1월의 보석들

대상	분류	밝기	각크기/각분리	적경	적위	MSA	U2
알마크(Almach)	이중별	2.3, 5.0	9.7"	2시 03.9분	+42° 20'	101	44L
NGC 891	은하	9.9	11.7'×1.6'	2시 22.6분	+42° 21'	101	44L
NGC 752	산개성단	5.7	75'	1시 57.6분	+37° 50'	123	62L
안드로메다자리 56 별 (56 And)	이중별	5.8, 6.1	201"	1시 56.2분	+37° 15'	123	62L
M33	은하	5.7	71'×42'	1시 33.9분	+30° 40'	146	62L
NGC 604	무정형성운	10.5	1.0'×0.7'	1시 34.5분	+30° 47'	146	62L
콜린더 21(Collinder 21)	자리별	8.2	7.0'	1시 50.2분	+27° 05'	145	80L
스트루베 172(Σ172)	이중별	10.2, 10.4	17.7"	1시 50.0분	+27° 06'	145	80L
번헴 1313(β1313)	이중별	8.6, 9.4	0.6"	1시 50.2분	+27° 02'	145	80L
NGC 672	은하	10.9	6.0'×2.4'	1시 47.9분	+27° 26'	146	80L
IC 1727	은하	11.5	5.7'×2.4'	1시 47.5분	+27° 20'	146	80L

각크기 또는 각분리 값은 최근 천체 목록을 참고한 것입니다. 각 천체의 크기에 대한 인상은 대부분 목록상에 있는 크기보다는 작게 느껴지며 장비의 구경과 배율에 따라 다양하게 느껴집니다. MSA와 U2는 각각 『밀레니엄 스타 아틀라스』와 『우라노메트리아 2000.0』 2판에 기재된 차트 번호를 의미합니다.

별빛 고래를 찾아서

우리는 12월의 천상의 바다를 항해하며
고래가 머무는 심연을 측정할 수 있습니다.

나는 아르고 호에 올랐다네.
그리고 바다뱀과 날치자리까지 뻗은 극한의 경계 너머까지
별빛 고래를 추격하였다네.

허먼 멜빌*Herman Melville*, 『모비딕*Moby-Dick*』, 1851

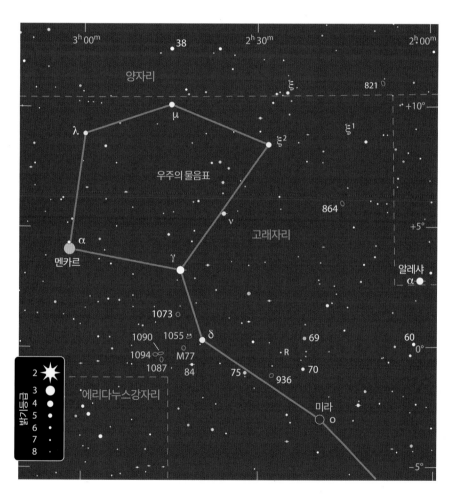

든 별은 밤마다 서쪽을 향한 여행을 계속하기 때문에 고래자리는 하늘을 거슬러 헤엄치는 것처럼 보입니다. 고래의 머리 부분은 동쪽으로 더 멀리, 그리고 꼬리보다도 더 높게 떠 있어 하늘에 가장 오래 떠 있고, 히아데스성단의 V자 모양이 둥그런 이 고래의 머리를 지목하고 있기 때문에 쉽게 찾을 수 있습니다.

우리의 여행을 **고래자리 누**(ν)라는 이중별로부터 시작해보겠습니다. 이 별은 고래머리를 구성하는 원형의 별들 중 고래자리 감마(γ) 별과 크시^2(ξ^2) 별 중간지점에 자리 잡고 있습니다. 제 105밀리미터 굴절망원경으로 보면 동쪽으로 희미한 짝꿍별을 거느린 사랑스러운 노란색 으뜸별을 볼 수 있

고래는 가장 거대한 창조물입니다. 그래서인지 고래자리 역시 광활하게 펼쳐져 있죠. 고래자리는 바다뱀자리, 처녀자리, 큰곰자리에 이어 네 번째로 큰 별자리입니다. 모

비록 고래자리는 사방 1,200평방도 이상을 차지하고 있는 네 번째로 큰 별자리이지만 메시에 천체는 나선은하 M77 하나만 있습니다. 1913년 로웰 천문대의 V.M.슬리퍼(V.M.Slipher)는 M77의 분광데이터를 통해 이 천체가 초속 1,000킬로미터 이상의 속도로 우리로부터 멀어지고 있다는 것을 알아냄으로써, 1920년대에 에드윈 허블(Edwin Hubble)이 우주가 팽창하고 있다는 사실을 발견하는 데 초석이 되었습니다. 이 사진의 폭은 11분이며 북쪽은 위쪽입니다.

사진: 로버트 젠들러

습니다. 대기가 안정된 상태일 때는 47배율에서도 이 두 별을 분해해 볼 수 있지만, 안정되어 있지 않을 때는 이보다 2배 이상의 배율이 필요합니다. 윌리엄 H. 스미스William H. Smyth는 자신이 만든 '베드포드 목록Bedford Catalogue'에서 고래자리 뉴 별의 짝꿍별에 대해 "1833년 5.9인치(149.86밀리미터) 굴절망원경을 통해 열심히 찾아본 결과 살짝 짝꿍별을 볼 수 있었다"라고 적었습니다. 왕립천문학회 월보에는 1873년 윌리엄 노블William Noble이 같은 별을 4.2인치(106.68밀리미터) 망원경으로 상대적으로 쉽게 찾았다고 적혀 있으며 토마스 윌리엄 웹Thomas William Webb은 1861년 5.5인치(139.7밀리미터) 망원경으로 쉽게 이 별을 찾을 수 있었다고 적혀 있습니다. 노블은 "수수께끼 속의 이 별은 변광성임에 틀림없다"

라고 기록하였습니다. 하지만 저는 이 별이 변광성임을 확증할 만한 증거를 찾을 수 없었습니다. 이러한 차이는 단순히 관측자와 장비, 그리고 관측 당시의 하늘 조건이 달랐기 때문이라고 쉽게 생각할 수도 있겠지만, 이 이중별을 지속적으로 관측하는 것은 흥미로운 일이 되리라 생각합니다. 고래자리 뉴 별은 캘리포니아의 별지기인 다나 패치크Dana Patchick가 우주의 물음표(Cosmic Question Mark)라 이름 붙인 애교 있는 자리별의 바닥에 위치하고 있습니다. 이 물음표에서 뉴 별은 점에 해당하죠. 6등급과 7등급에 해당하는 5개의 별이 뉴 별의 북쪽에서 물음표 형상을 구성하고 있습니다. 2도 크기의 이 천상의 물음표는 제가 가지고 있는 8×50 파인더에서 그 모습을 멋지게 보여주었으며, 작은 쌍안경으로도 쉽게 그 모습을 찾을 수 있었습니다.

고래자리 감마(γ) 별은 뉴 별보다는 좀 더 노력이 필요한 이중별입니다. 제 작은 굴절망원경에서는 백색의 으뜸별이 서북서쪽에 자리 잡은 창백한 노란색의 짝꿍별로부터 127배율에서 간신히 분리되어 보였습니다. 북서쪽으로 14분 거리에 있는 10등급의 적색왜성이 이 이중별과 동일한 고유운동(천구상에 보이는 겉보기 운동)을 보이는 것으로 보아 이들은 물리적으로 하나의 계에 속하는 별일 것으로 생각되고 있습니다. 만약 그게 사실이라면 이 적색왜성은 자신의 짝꿍별들로부터 최소 2만 1,000AU나 떨어져 있는 것이며 한 번 자신의 짝꿍별들을 도는 데 최소 150만 년이 걸린다는 뜻입니다. 이 별들은 82광년이라는 가까운 거리에 위치하고 있습니다.

고래자리에는 메시에 천체가 딱 하나 존재합니다. 바로 나선은하 M77인데, 고래자리 델타(δ) 별에서 동남동쪽으로 52분 지점에 있습니다. 제 105밀리미터 굴절망원경에서 127배율로 보면 북북동쪽으로 누워 약간의 타원형을 띤 2.5분의 헤일로를 볼 수 있습니다. 이 헤일로는 작고 밝은 핵과 별상의 은하핵을 휘감고 있습니다. 이 은하핵과 유사한 밝기를 가진 별 하나가 은하의 동남동쪽 모서리 바깥쪽에 자리 잡고 있습니다. 10인치

(254밀리미터) 반사망원경에서 213배율로 관측하면 헤일로를 장식하고 있는 미묘한 나선팔을 볼 수 있습니다. 동쪽의 나선팔은 은하를 북쪽으로 휘감고 있으며 서쪽의 나선팔은 은하를 남쪽으로 휘감고 있습니다.

이제 고래자리 델타 별과 M77을 잇는 선의 중간지점 북쪽에 있는 7등급과 8등급의 별 한 쌍을 봅시다. 넓은 간격을 두고 있는 이 한 쌍의 별에서 6분 아래에 나선 은하 NGC 1055가 자리 잡고 있습니다. 제 굴절망원경으로 87배율에서 관측해보면 방추형으로 동남동쪽으로 비스듬하게 누워 있는 4분×1분의 천체를 볼 수 있습니다. 미약하게 빛나는 은하 중심부에서 북북서쪽 모서리에 희미한 별 하나가 자리 잡고 있습니다.

5,000만 광년 거리에 위치하는 NGC 1055와 M77은 서로의 중력에 묶여 있을 것으로 생각되고 있습니다. 이 은하군에는 NGC 1087도 포함되어 있습니다. M77로부터 1/2도 동쪽으로 광활하게 펼쳐진 공간을 보면 남북으로 자리 잡은 8.2등급과 9.8등급의 별 한 쌍을 볼 수 있습니다. 이 중에서 더 밝은 별을 저배율 시야에서 북서쪽으로 두면 10등급 별의 남쪽 6분 지점에서 NGC 1087이 시야에 들어오게 됩니다. 이 은하를 제 105밀리미터 굴절망원경에서 87배율로 보면 중간급의 희미한 은하로 보이며, 고른 밝기를 가지고 2분×1.2분의 크기로 남북으로 뻗은 타원형으로 볼 수 있습니다. 북쪽으로 1/4도 지점에는 같은 공간을 차지하는 NGC 1090이 보이는데 이 천체는 극도로 희미하게 보입니다.

10인치(254밀리미터) 반사망원경에서 115배율로 관측하면 이 은하들은 좀 더 밝게 보이게 되고, 동일한 시야에 또 하나의 은하인 NGC 1094가 그 모습을 드러냅니다. NGC 1094는 NGC 1090보다 표면 밝기가 더 밝지만, 크기가 아주 작아서 찾아보기는 더 어렵습니다. 이 은하를 찾으려면 9.7등급의 별 남쪽으로 4와 1/2분 지점을 찾아봐야 합니다. 배율을 213배로 높이면 훨씬 쉽게 NGC 1094를 찾을 수 있지만, 여전히 그 세부 모습을 볼 수는 없습니다. NGC 1090은 확실한 타원형을 하고 있

으며 동남동쪽에서 서북서쪽으로 2분 길이로 뻗어 있습니다. NGC 1087은 세로로 2와 1/2분과 이 길이의 반 정도에 해당하는 너비를 가지고 있죠. 이 은하는 중심으로 갈수록 차츰 밝아지는 양상을 보이며 높은 질감이 느껴지는 은하입니다.

이 지역에 머무는 동안 M77의 남남서쪽 2/3도 지점에서 **고래자리 84**라는 어여쁜 이중별도 볼 수 있습니다. 이 별은 이 지역에서 가장 밝은 별이죠. 10인치 (254밀리미터) 반사망원경에서 166배율로 관측하면 상당히 희미한 주황색 짝꿍별을 북서쪽에 거느린 노란색 으뜸별을 볼 수 있습니다. 이 이중별 역시 71광년밖에 떨어져 있지 않은 가까운 이중별입니다.

우리의 마지막 관측 대상은 **고래자리 오미크론(ο)** 별입니다. 이 별은 처음으로 알려진 주기성변광성입니다. 별의 밝기가 변할 수 있다는 사실은 네덜란드의 성직자이자 아마추어 천문가였던 데이비드 파브리키우스David Fabricius가 처음으로 발견한 것으로 인정받고 있습니다. 그는 1596년 최대 밝기에 도달한 이 별을 관측하였는데 당시 그는 이 별을 신성으로 생각했었죠.

이 별은 요한 바이어에 의해 1603년 『우라노메트리아Uranometria』에 처음으로 기록되었으며 오늘날 사용되는 이 별의 이름 '미라(Mira, 'The Wonderful'이라는 뜻)'는 1642년, 요하네스 헤벨리우스Johannes Hevelius에 의해 명명되었습니다. 미라의 주기성은 1638년 네덜란드의 조한 포켄스 홀바르다Johann Fokkens Holwarda에 의해 처음으로 결정되었습니다. 이 별의 밝기 변화 평균치는 11개월의 간격을 두고 3.5도에서 9도를 왕래하는데 개개의 밝기 최고치와 최저치 차이는 이 이상일 수도 있습니다. 오늘날 미라의 밝기를 알아내기 위해서는 전미변광성관측자협회(the American Association of Variable Star Observers, AAVSO) 홈페이지(https://www.aavso.org)에서 밝기곡선발생기를 이용해보면 됩니다. 별이름을 입력하는 곳에 'Mira'라고 입력하고 엔터를 쳐보세요. 그러면 현재 미라의 밝기가 어느 정도인지 뿐 아니라, 지금 이

별이 밝아지는 중인지 어두워지는 중인지도 알 수 있는 그래프가 나옵니다.

미라는 불안정한 적색왜성으로서 그 껍데기는 천천히 그리고 약간은 일정하지 않게 팽창과 수축을 반복하고 있습니다. 오늘날 이와 유사한 속성을 보이는 별들을 미라형 변광성으로 분류하고 있죠. 미라는 별의 고래라고 할 수 있는 별로서 최대 크기가 태양 직경의 330배를

넘는 별입니다.

우리는 고래를 계속 찾을 것이라네.
아직 맞닥뜨리지 못한 많은 고래들이 있다네.

- 허먼 멜빌

고래자리의 여러 천체들. 아직 꼬리까지는 가지 않았답니다.

대상	분류	밝기	각크기/각분리	적경	적위	MSA	U2
고래자리 뉴(ν) 별(ν Ceti)	이중별	5.0, 9.1	7.9″	2시 35.9분	+5° 36′	239	99L
우주의 물음표 (Cosmic QuestionMark)	자리별	3.9	2.1°×0.7°	2시 36.3분	+6° 42′	239	99L
고래자리 감마(γ) 별 (γ Ceti)	다중별	3.6, 6.2, 10.2	2.3″, 14′	2시 43.3분	+3° 14′	238	119L
M77	나선은하	8.9	7.1′×6.0′	2시 42.7분	-0° 01′	262	119L
NGC 1055	나선은하	10.6	7.6′×2.6′	2시 41.7분	+0° 27′	262	119L
NGC 1087	나선은하	10.9	3.7′×2.2′	2시 46.4분	-0° 30′	262	119L
NGC 1090	나선은하	11.8	4.0′×1.7′	2시 46.6분	-0° 15′	262	119L
NGC 1094	나선은하	12.5	1.5′×1.0′	2시 47.5분	-0° 17′	262	119L
고래자리 84별(84 Ceti)	이중별	5.8, 9.7	3.6″	2시 41.2분	-0° 42′	262	119L
고래자리 오미크론(o) 별(o Ceti)	변광성	3 1/2-9	-	2시 19.3분	-2° 59′	264	119R

각크기는 최근 천체 목록을 참고한 것입니다. 각 천체의 크기에 대한 인상은 대부분 목록상에 있는 크기보다는 작게 느껴지며 장비의 구경과 배율에 따라 다양하게 느껴집니다. MSA와 U2는 각각 『밀레니엄 스타 아틀라스』와 『우라노메트리아 2000.0』 2판에 기재된 차트 번호를 의미합니다. 이 지역에 위치하는 이번 달의 모든 천체들은 《스카이 앤드 텔레스코프》 호주머니 별지도, 표 4에 모두 기재되어 있습니다.

페르세우스의 휘날리는 망토

1월 저녁, 높은 하늘까지 올라오는 페르세우스자리의 미리내는
깊은 우주의 천체를 찾아 나선 별지기들에게 훌륭한 사냥터를 제공합니다.

페르세우스는 멋진 관측 대상을 엄청나게 많이 소유하고 있습니다. 이는 페르세우스자리가 미리내 평면과 겹쳐 있기 때문이죠. 페르세우스자리는 19세기의 고전 『별과 함께한 1년Round the Year with the Stars』에서 가레트

P. 세르비스Garrett P. Serviss가 기록했듯이 마치 휘날리는 망토처럼 미리내의 후광을 두르고 있습니다. 미르팍(Mirfak) 또는 알게니브(Algenib)라는 이름으로 알려져 있는 페르세우스자리에서 가장 밝게 빛나는 별—알게니

미리내 평면을 두 발로 딛고 선 별자리 페르세우스는 다양한 성단의 고향입니다. 그중에서도 맨눈으로 관측할 수 있고 쌍안경 관측으로도 최상의 모습을 보여주는 성단은 멜로테 20입니다. 이 성단은 페르세우스자리 알파 별인 미르팍(Mirfak) 주위에 직경 5도에 걸쳐 모인 별들로 구성되어 있습니다.
사진: 아키라 후지(Akira Fujii)

브라는 이름은 페가수스자리 감마(γ) 별로 더 많이 사용됩니다—은 별들이 가득 들어찬 페르세우스의 왕국에 잠겨 있으며, 바로 이곳이 우리의 여행이 시작되는 지점입니다.

페르세우스자리 알파(α) 별인 미르팍은 그 이름 자체가 페르세우스자리 알파 성단이라는 뜻이며 이 성단은 **멜로테 20**(Melotte 20, Mel 20)이라는 이름으로도 알려져 있습니다. 교외에 자리 잡은 제 집에서 하늘을 올려다보면 미르팍의 남동쪽에 흩뿌려져 있는 희미한 별들을 맨눈으로 볼 수 있습니다. 연무처럼 보이는 덩어리는 이곳에 별들이 뭉쳐 있다는 것을 알려주죠. 이 성단은 매우 거대하고, 쌍안경으로 볼 수 있는 최상의 대상이기도 합

니다. 저는 떨림방지장치가 부착된 12×36 쌍안경으로 4도×2.5도 영역에서 20개의 밝은 별들과 70개의 희미한 별들을 보았습니다. 많은 별이 황백색의 미르팍으로부터 구부러져 나와 주황색의 페르세우스자리 시그마(σ) 별을 품고 있는 고리까지 인상적인 S자 형태로 늘어서 있습니다. 드문드문 날이 빠진 듯한 이 일련의 별들에서는 미르팍으로부터 북서쪽에 있는 노란 별까지의 흐름이 눈에 잡힙니다. 태양과 같은 노란색의 이 별은 넓은 간격을 두고 짝꿍별을 거느리고 있죠. 멜로테 20은 600광년 거리에 위치하며 5,000만 년의 나이를 먹은 진정한 성단입니다. 동시에 탄생한 대규모의 별 가족들이 느슨하게 서로 얽혀 있죠. 비록 한 무리의 별들이 우주 공간을 함께 헤쳐나가기는 하지만, 서로를 묶어주는 중력이 약해지면 더 이상 서로 연관되지 않은 별 무리가 형성되기도 합니다.

크기는 더 작지만 좀 더 고밀도로 몰려 있는 산개성단 **M34**는 페르세우스자리 카파(κ) 별과 인상적인 식이중별인 페르세우스자리 베타(β) 별, 즉 알골(Algol)과 함께 이등변삼각형을 구성하고 있습니다. 이 성단의 어렴풋한 빛은 작은 파인더에서는 쉽게 뭉뚱그려 보이지만 개중에서 큰 별 하나는 구분해낼 수 있습니다. 제 105밀리미터 굴절 망원경을 이용하여 127배율로 관측하면 75개의 밝고 희미한 별들이 사방 1/2도 지역에 몰려 있는 것을 볼 수 있죠. 이 직사각형의 중심부에는 사각형 내의 대각선 하나를 따라 정렬한 밝은 별들을 볼 수 있습니다. 이 별들 중 많은 별이 짝을 이루고 있죠. 깊은 노란색을 가진 가장 밝은 별이 이 사각형의 남쪽 측면 한가운데 자리 잡고 있으며 두 번째로 밝은 별은 반대편에 은은한 주황색으로 빛나고 있습니다. M34는 멜로테 20보다 5배는 더 나이를 먹은 성단이며 1,600광년 거리로 떨어져 있어서 대부분의 별이 희미하게 보입니다.

M34에서 가장 밝은 별의 동쪽 1/2도 지점을 살펴보면 9분 크기의 곡선을 그리고 있는 9등급부터 11등급까지의 별 5개를 만나게 됩니다. 이 중 가장 서쪽에서 가

페르세우스자리에는 그 유명한 페르세우스 이중성단을 포함한 다양한 관측 대상들이 있음에도 불구하고 18세기 프랑스의 혜성 사냥꾼이었던 샤를 메시에(Charles Messier)가 작성한 유명한 천체 목록에는 단 2개만이 포함되어 있습니다. 산개성단 M34와 행성상성운 M76이 바로 그것입니다. 사진의 천체는 쌍안경으로도 쉽게 찾아볼 수 있는 M34로서 사진의 폭은 3/4도이며 북쪽이 위쪽입니다.

사진: 베른하르트 후블(Bernhard Hubl)

지만 망원경이 크면 클수록 좋은 궁합을 만들어내죠.

아벨 4를 촬영한 사진들을 보면 아벨 4의 서북서쪽 48초에 채 못 미치는 지점에 16등급의 은하가 있음을 알 수 있습니다. 우리에게 모서리를 드러내고 있는 이 나선은하는 종종 CGCG 539-91로 잘못 언급되곤 하는데 CGCG 539-91이 은하목록상에 포함되어 있긴 해도 실제로는 아벨 4를 말하는 것입니다. 대신 이 은하의 정확한 등재명은 상당히 복잡한 이름인 2MASXJ024520004233270입니다. 비록 기억하기는 사실상 불가능해 보이지만, 이 이름은 이 은하가 '2마이크론 파장으로 조사한 전천 탐사를 통해 추가된 천체 목록(the Two Micron All Sky Survey extended-source catalog)'에 등재되어 있으며 하늘에서 어느 좌표에 위치하고 있는지를 알려주고 있습니다. (J 뒤에 등장하는 숫자가 이 은하의 좌

장 밝게 빛나는 별이 동서로 2분 떨어진 이중별인데 행성상성운 **아벨 4**(Abell 4)는 이 짝꿍별의 북북서쪽 1.6분 지점에 자리 잡고 있습니다. 이 행성상성운을 아는 사람은 많지 않죠. 10인치(254밀리미터) 반사망원경을 이용하면 저배율에서 이 희미한 성운을 잡아낼 수 있습니다. 아벨 4는 166배율에서 산소Ⅲ 필터나 협대역필터를 사용하면 비껴보기를 통해 형체가 명확하지 않은 원반의 모습으로 단속적으로 눈에 띄게 됩니다. 213배율에서는 훨씬 쉽게 찾을 수 있죠. 제 느낌에 산소Ⅲ 필터는 배경을 약간은 어둡게 만들어준다고 생각됩니다. 하

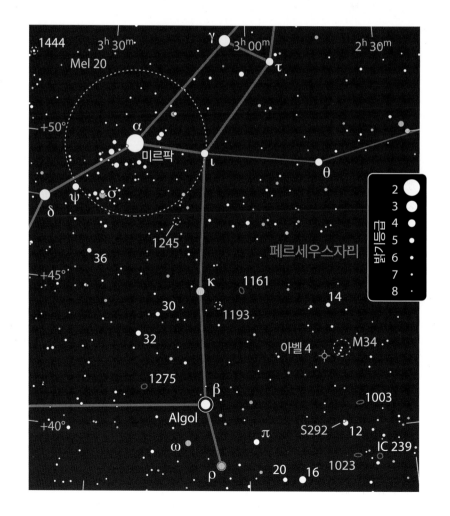

표로서 02452000는 적경 2시 45분 2초를 의미하며 4233270은 적위 42도 33분 27초를 의미합니다. 좌표 앞에는 해당 천체를 발견한 탐사프로그램명이나 프로젝트명, 또는 해당 프로젝트의 결과로 작성된 목록의 약어가 기재됩니다. 2MASX는 'the Two Micron All SkySurvey extended-source catalog'의 약자입니다_옮긴이) 24인치(609.6밀리미터) 이하 구경의 망원경을 가진 그 누구에게서도 이 은하를 관측했다는 얘기를 들어본 적이 없습니다.

자, 이제 M34에서 남쪽으로 2와 1/2도 내려와 페르세우스자리 12별로 가봅시다. 이 별은 중간 정도의 어두운 하늘이라면 맨눈으로도 볼 수 있는 별입니다. 이 노란별의 바로 북동쪽에 있는 이중별 **스트루베 292**(∑292)는 제 작은 굴절망원경에서는 17배율에서 줄다리기를 시작합니다. 7.6등급의 청백색 으뜸별은 페르세우스자리 12별 쪽으로 23초 지점에 8.2등급의 백색 짝꿍별을 거느리고 있습니다. 스트루베 292에 대한 감상을 끝낸 후 저배율에서 스트루베 292를 동쪽 측면에 놓고 1과 1/4도 정도를 살펴보면 남쪽으로 페르세우스자리에서 가장 밝게 빛나는 은하인 **NGC 1023**을 만나게 됩니다. 제 105밀리미터 굴절망원경에서 17배율로는 동서방향으로 놓인 타원형 얼룩을 찾아내기가 쉽지 않습니다. 이는 남쪽 측면에 있는 한 쌍의 별이 집중을 방해하기 때문입니다. 그러나 NGC 1023을 87배율에서 보면 별상의 은하핵을 향해 밝기가 증가하며 확연히 밝게 빛나는 타원형 중심부를 볼 수 있습니다.

이 은하의 너비는 1.3분이며 매우 희미한 나선팔이 약 3.6분의 길이로 펼쳐져 있습니다. 10인치(254밀리미터) 반사망원경에서 220배율로 보면 각 끄트머리에 12등급의 별을 떨어뜨려놓고 있는 7.5분×1.7분의 은하를 볼 수 있습니다. 은하 중심부의 밝게 빛나는 윤곽은 중심으로 갈수록 더 둥근 형태를 띠며 은하 중심 바로 서쪽 옆으로는 13.9등급의 별 하나가 자리 잡고 있습니다. 사진으로 보면 NGC 1023의 동쪽 끄트머리에는 마치 대롱대롱 매달려 있는 듯 보이는 왜소은하가 자리 잡고 있습니다. 이 왜소은하의 위치를 정확하게 알고 있음에

페르세우스자리에서 가장 밝은 은하 NGC 1023입니다. 중간 구경의 망원경을 이용하여 이 은하를 찾아볼 수 있으며 8인치(203.2밀리미터) 또는 그 이상의 구경을 이용하면 더 나은 모습을 볼 수 있습니다. NGC 1023의 동쪽 경계에 밝게 보이는 것은 동반은하입니다. 이 은하는 그리 어둡지 않은 곳에서는 찾기가 쉽지 않습니다. 사진의 폭은 1/2도이며 북쪽이 위쪽입니다.
사진: POSS-II / 캘테크(Caltech) / 팔로마

도 불구하고 제 10인치(254밀리미터) 반사망원경으로는 이 왜소은하 NGC 1023A를 구분해내지 못했습니다. 제가 할 수 있는 최상의 설명은 '이 동반은하가 없다고 가정했을 때보다 NGC 1023이 좀 더 넓게 보이는 것 같다' 정도입니다. 미묘하게 더 넓게 보이는 지역은 NGC 1023의 동쪽 끄트머리에서 남쪽에 보이는 13.7등급의 별 부근입니다.

이제 M34보다 훨씬 작고 훨씬 고밀도로 별들이 몰려 있는 세 번째 산개성단을 방문해보겠습니다. **NGC 1245**는 페르세우스자리 카파 별로부터 미르팍 방향으로 중간에 약간 못 미치는 지점에 자리 잡고 있으며 카파 별과 미르팍을 잇는 가상의 선에서 약간 서쪽으로 자리 잡고 있습니다. 이 성단은 제 105밀리미터 굴절망원경을 이용하여 17배율로 봤을 때 남남동쪽 모서리에 8등급의 별들이 몽글몽글 빛나는 모습을 보여주었습니다. 122배까지 배율을 높여갈수록 더 많은 별이 나타났으며 지름 8분의 안개가 낀 듯한 지역에서 25개의 초롱초

롱 빛나는 빛을 볼 수 있었습니다. 10인치(254밀리미터) 반사망원경을 이용하여 213배율에서 관측했을 때는 얼룩덜룩한 안개 같은 대상을 70여 개의 별이 반짝이며 뭉쳐져 있는 모습으로 분해해 볼 수 있었습니다. NGC 1245는 9,800광년 거리에서 수백여 개의 별들이 몰려 빛나고 있는 천체이며, M34보다 나이가 3배 이상 많습니다.

이보다 훨씬 희미한 별 무리 NGC 1193은 페르세우스자리 카파 별 남서쪽 47분 지점에 흩뿌려져 있습니다. 가냘프게 빛나는 이 별 무리를 제 105밀리미터 굴절망원경을 이용하여 87배율로 관측했을 때 서쪽 모서리에서 두드러져 보이는 12등급의 별을 만날 수 있었습니다. 여기서 서북서쪽으로 4.5분 지점에는 넓은 간격을 두고 짝을 지은 채로 부드럽게 빛나는 별이 자리 잡고 있었습니다. 이 중에서 더 흐린 별은 주황색을 띠고 있었습니다. 비록 NGC 1193은 별들을 매우 많이 보유하고 있는 성단이긴 하지만 1만 7,000광년이라는 장대한 거리로 떨어져 있다 보니 별들은 매우 희미하게 보입니다. 매우 어둡고 대기가 안정된 하늘에서 10인치(254밀리미터) 망원경에 고배율을 사용한다고 하더라도 희뿌연 별들 사이에서 고작 10여 개의 별들을 구분해낼 수 있을 정도입니다. NGC 1193은 그 연령이 80억 년으로 추정되는데 이는 산개성단으로서는 예외적으로 오래된 나이에 해당합니다.

페르세우스의 전리품들

대상	분류	밝기	각크기/각분리	적경	적위	MSA	U2
멜로테 20(Mel 20)	산개성단	2.3	5°	3시 24.3분	+49° 52'	78	43L
M34	산개성단	5.2	35'	2시 42.1분	+42° 45'	100	43R
아벨 4(Abell 4)	행성상성운	14.4	22"	2시 45.4분	+42° 33'	100	43R
스트루베 292(Σ292)	이중별	7.6, 8.2	23"	2시 42.5분	+40° 16'	100	43R
NGC 1023	은하	9.4	7.4'×2.5'	2시 40.4분	+39° 04'	100	61L
NGC 1245	산개성단	8.4	10'	3시 14.7분	+47° 14'	78	43L
NGC 1193	산개성단	12.6	3'	3시 5.9분	+44° 23'	99	43R

각크기는 최근 천체 목록을 참고한 것입니다. 각 천체의 크기에 대한 인상은 대부분 목록상에 있는 크기보다는 작게 느껴지며 장비의 구경과 배율에 따라 다양하게 느껴집니다. MSA와 U2는 각각 『밀레니엄 스타 아틀라스』와 『우라노메트리아 2000.0』 2판에 기재된 차트 번호를 의미합니다. 이 지역에 위치하는 이번달의 모든 천체들은 《스카이 앤드 텔레스코프》 호주머니 별지도, 표 13에 모두 기재되어 있습니다.

페르세우스자리의 원호

페르세우스자리의 미리내는
환상적인 성단과 성운을 한가득 보듬고 있습니다.

페르세우스자리의 부채꼴 원호를 구성하는 다양한 천체들은 눈에 띄는 자리별입니다. 여기에 어떤 별들이 포함되느냐에 따라 그 형태는 다르게 보이죠. 제가 발견한 가장 초기 자료는 이 패턴을 페르세우스자리 감마(γ) 별과 알파(α) 별, 델타(δ) 별로부터 시작하고 있었습니다. 이들은 큰곰자리 방향으로 매우 큰 원호를 그리며 오목하게 들어가 있죠.

저는 프랑스의 천문학자 조제프-제롬 르프랑수아 드 랄랑드Joseph-Jerome Lefrancais de Lalande가 이 자리별에 이름을 부여한 최초의 인물이라는 것을 알아냈습니다. 그는 1764년 그의 저서 『천문학Astronomie』에서 이 자리별을 페르세우스의 현장(어깨에 대각선으로 두르는 띠)라고 불렀습니다. 그러나 프랑스다운 느낌을 듬뿍 담고 있었던 이 명칭은 1800년대 중반에 페르세우스의 아치(the Arc of Perseus)라는 이름으로 변경되었습니다. 한편 1830년 12월에 발행된 《임페리얼 매거진Imperial Magazine》에서는

페르세우스자리의 원호(the Segment of Perseus)라는 이름이 붙었습니다. 이미 그 뜻이 잘 알려진 '원호(Segment)'라는 단어는 의미를 더 선명하게 만들었죠.

그럼 페르세우스자리의 원호에서 가장 북쪽에 있는 감마 별의 동쪽 1도 지점에서 여행을 시작하겠습니다. 이곳에서 우리는 NGC 1220을 발견할 수 있습니다. 이 산개성단을 105밀리미터 굴절망원경에서 47배율로 관측해보면 작고 꽤 희미하며 흐릿한 점의 형태로 보입니다. 이 성단은 남남동쪽을 지목하며 7등급과 8등급의 별 3개가 만드는 21분 길이의 이등변삼각형의 북쪽 8분 지점에서 부드러운 빛을 쏟아내고 있습니다. 87배율에서는 별들이 과립상을 보여주기 시작하죠. 2개의 희미한 빛 점이 단속적으로 보이는데 그중 하나는 1.5도로 퍼져 있는 연무의 남쪽 경계에 자리 잡고 있습니다. 10인치(254밀리미터) 반사망원경을 이용하여 43배율로 보면 삼각형을 이루는 별 중 NGC 1220에 가장 가까운

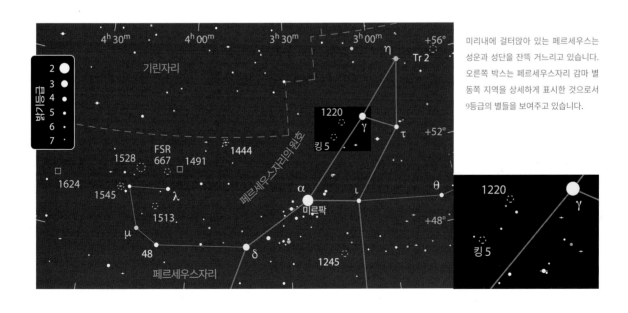

미리내에 걸터앉아 있는 페르세우스는 성운과 성단을 잔뜩 거느리고 있습니다. 오른쪽 박스는 페르세우스자리 감마 별 동쪽 지역을 상세하게 표시한 것으로서 9등급의 별들을 보여주고 있습니다.

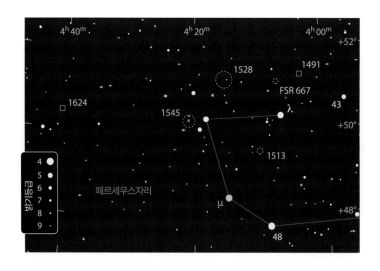

별은 주황색으로 보입니다. 그리고 이 별과 성단 사이 중간지점에 한 쌍의 희미한 별이 자리 잡고 있죠. 115배율에서는 연무에서 과립상의 별들이 나타나기 시작하며 남북으로 길쭉한 타원형의 모습을 보여줍니다. 이 배율에서는 서쪽 경계 바깥쪽에 있는 별 하나를 포함하여 6개의 별이 식별되기 시작합니다. 배율을 213배로 올리면 중심에 모여 있는 10개의 별이 그 모습을 드러내죠. 그중 북쪽에 있는 별 하나는 서로 가깝게 붙어 있는 이중별입니다. 서쪽 측면으로는 소수의 별이 약간 떨어진 채로 자리 잡고 있죠. NGC 1220은 6,000만 년밖에 되지 않은 대단히 젊은 성단입니다. 이 성단은 5,900광년 거리의 페르세우스 나선팔에 위치하죠. 페르세우스 나선팔은 우리 태양을 안쪽 모서리에 감싸고 있는 오리온 나선팔로부터 바깥쪽으로 휘어 도는 나선팔입니다.

한편 NGC 1220 근처에 자리 잡은 **킹 5**(King 5)는 10억 살의 나이를 먹은 작은 성단입니다. 이 성단은 NGC 1220의 남동쪽 47분 지점, 그리고 8.7등급 별의 서남서쪽 9분 지점에서 찾을 수 있습니다. 제 작은 굴절망원경으로 본 이 성단은 환영과 같이 보입니다. 87배율에서는 북동쪽 끄트머리에 11등급의 별을 지고 있는, 3과 1/2분의 희미한 빛을 비껴보기로 간신히 볼 수 있습니다. 이 11등급의 별을 10인치(254밀리미터) 반사망원경에서 43배율로 보면 남남동쪽과 남서쪽으로 4분으로 벌리고 선 희미한 별들과 함께 정삼각형을 이루는 모습을 볼 수 있습니다. 115배율에서는 양털구름과 같은 연

무 위에 겹쳐진 15개의 별을 볼 수 있습니다. 눈에 띄는 대부분의 희미한 천체들은 이 삼각형 안에 자리 잡고 있으며 남쪽 경계에는 상대적으로 밝은 별들이 있습니다. 213배율에서는 수많은 희미한 별들이 드러납니다. 저는 동서로 뻗은 4분×6분의 타원형 지역에서 25개~30개 정도의 별을 구분해볼 수 있었는데, 서쪽은 별들이 약간 덜 몰려 있었습니다. 질량이 적은 성단은 수억 년 정도 유지되죠. 그에 반해 킹 5는 이보다 훨씬 오랜 시간을 버텨오고 있습니다. 그 이유는 이 성단을 구성하고 있는 6,000여 개의 별들이 서로 흩어지지 않을 만큼의 중력을 행사하고 있기 때문입니다. 별이 밀집한 정도는 킹 5가 어린 성단처럼 보이게 만들지만 킹 5의 나이를 짐작할 수 있는 단서는 별의 분포에서 엿볼 수 있습니다. 성단에서는 시간이 지날수록 무거운 별들이 중심지역으로 가라앉게 되고, 가벼운 별들은 외곽 쪽에 위치하게 되죠. 이를 통해 킹 5의 나이가 생각보다 오래되었다는 것을 알 수 있습니다. 킹 5 역시 페르세우스 나선팔에 자리 잡고 있으며 우리로부터 6,200광년 떨어져 있습니다.

자, 이제 페르세우스의 원호에서 가장 남쪽에 자리 잡은 페르세우스자리 델타 별로 쭉 내려가볼까요? 4등급의 별 페르세우스자리 48이 정동쪽에 자리 잡고 있는데 이 별은 비슷한 밝기의 별인 페르세우스자리 뮤 (μ) 별 및 람다(λ) 별과 직각삼각형을 이루고 있습니다. 뮤 별로부터 람다 별까지 중간에서 살짝 더 간 지점에 산개성단 **NGC 1513**이 자리 잡고 있죠. NGC 1513은 105밀리미터 굴절망원경에서 17배율로도 쉽게 찾을 수 있습니다. 북북동쪽 경계에 9.6등급의 별을 거느리고 8분으로 퍼져 있는 안개처럼 보이죠. 47배율에서는 4개의 희미한 별과 적은 수의 매우 희미한 별들이 분해되고, 87배율에서는 16개의 별이 식별됩니다. 비교적 밝은 별들이 만든 곡선이 성단의 동쪽 반을 모서리로부터 8분 정도 거리를 두고 감싸고 있죠.

10인치(254밀리미터) 반사망원경을 이용하여 115배율

에서 관측해보면 40개의 별이 보입니다. 이 중 대부분의 별이 만드는 형상이 저에게는 오리처럼 보입니다. 9.6등급의 별과 그 짝꿍별이 북북서쪽에서 오리의 꼬리를 구성하고 있고 성단의 남쪽 경계에 자리 잡고 있는 희미한 별이 부리의 끝을 장식하고 있는 것처럼 보이죠. 오리의 몸통은 NGC 1513의 서쪽 지역 반으로 채워져 있으며 서쪽으로 성단을 벗어나 있는 11등급의 별이 오리의 둥그런 배 바로 아래에 자리 잡고 있습니다. 오리의 머리 부분에는 대부분의 밝은 별들이 들어차 있으며 이 별들은 성단의 남동쪽 사분면을 구성하고 있죠. 당신도 꽥꽥 울고 있는 오리를 볼 수 있나요? NGC 1513은 4,300광년 거리에 있으며 오리온 나선팔에서 태양계 반대편에 자리 잡고 있습니다.

페르세우스자리 뮤 별로부터 람다 별을 관통하여 반 정도를 더 확장해보면 발광성운 **NGC 1491**에서 가장 밝은 지역을 볼 수 있게 됩니다. 제 작은 굴절 망원경을 이

용하여 47배율로 관측해보면 남북으로 4분 길이의 타원형을 이루고 있는 꽤 밝은 성운을 볼 수 있습니다. 성운의 동쪽 경계 바깥쪽에는 11등급의 별도 하나 보이죠.

협대역성운필터는 대상을 더 잘 보이게 해주며 동쪽으로 좀 더 희미하게 보이는 성운 같은 형상도 볼 수 있게 해줍니다. 10인치(254밀리미터) 반사망원경에 이 필터를 사용하면 성운의 밝은 지역으로부터 뻗어 나와 북쪽과 동쪽, 남동쪽으로 1/4도까지 넓게 퍼져 있는 성운의 형상을 볼 수 있습니다. 이 형상은 산소Ⅲ필터에서 더 크게 보이며 배경 속으로 차츰 사그라지는 모습을 보여주죠.

2007년《왕립천문학회 월보the Monthly Notices of the Royal Astronomical Society》에는, 프로브리히Froebrich와 숄츠Scholz, 라프테리Raftery가 적외선으로 수행한 체계적 관측 결과가 실려 있습니다. 이 관측에는 산개성단일 가

오른쪽: 좌측 모서리 근처에 삐뚤빼뚤하게 늘어서 있는 별들은 성단일 가능성이 있는 천체 FSR 667입니다. 이 성단은 저배율 망원경에서 마치 NGC 1491과 짝을 이루는 성단인 것처럼 보입니다.
사진: POSS-II / 캘테크 / 팔로마

아래쪽: 발광성운 NGC 1491은 보통 망원경으로도 충분히 그 모습을 잘 볼 수 있습니다. 성운 관측에 특화된 성운필터가 있다면 더 나은 모습을 볼 수 있죠.
사진: 브라이언 룰라(Brian Lula)

위쪽: NGC 1624는 자신이 탄생한 불타오르는 가스구름에 둘러싸여 있는, 전형적인 갓 태어난 성단에 해당하는 천체입니다.
사진: 숀 워커(Sean Walker) / 셸던 파보르스키(Sheldon faworski)

왼쪽: 마리오 위간드(Mario Weigand)가 촬영한 이 사랑스러운 사진에는 NGC 1528이 연출하는 미묘한 별 먼지(오른쪽 위)의 모습과 이보다는 좀 더 거칠게 배열되어 있으면서 상대적으로 더 밝은 NGC 1545(왼쪽 아래)의 차이가 잘 드러나 있습니다.

능성이 있는 흥미로운 대상 FSR 667이 포함되어 있죠. 몇 년 전 동일한 성단을 캘리포니아의 별지기인 다나 패치크Dana Patchick가 저에게 보여준 적이 있습니다. 그는 1980년 자신의 8인치(203.2밀리미터) 반사망원경으로 이 성단을 우연히 발견했다고 했죠. 패치크는 이 성단을 삐뚤이성단(the Squiggle Cluster)이라고 부르면서 이 성단에는 약 10여 개의 별이 멋진 곡선을 이루고 있으며 중간 지점에는 가장 밝은 12.7등급의 별이 자리 잡고 있다고 말했습니다.

페르세우스자리 람다 별의 북쪽 49분 지점 약간 동쪽에서 이 삐뚤이성단을 찾아보세요. 이 성단을 105밀리미터 굴절망원경에서 17배율로 봤을 때는 작은 보풀처럼 보였습니다. 127배율에서는 남북으로 사인곡선을 그리고 있는 7분 각의 선상에서 12개의 별을 볼 수 있었죠. 가장 밝은 별은 자신의 짝꿍별과 바짝 붙어 있는 모습을 보여줍니다. 삐뚤이성단은 관측할 만한 가치가 충

분히 있는 작은 성단입니다.

이 성단에서 1.3도 동쪽을 바라보면 NGC 1528이 눈에 들어오죠. 105밀리미터 굴절망원경에서 47배율로 본 NGC 1528은 매우 아름답습니다. 1/3도 너비에 45개의 별이 불규칙하게 모여 있죠. 북동쪽 경계 너머에 자리 잡은 2개의 9등급 별은 점점이 박힌 등껍질을 가진 천상 생명체의 반짝이는 두 눈이 되어주고 있습니다. 제10인치(254밀리미터) 반사망원경에서는 75개의 별을 볼수 있었으며 이 중에서 붉은빛을 띠는 몇몇 보석들이 눈길을 잡아끌었습니다. 보석을 두른 이 우주 생명체는 두 눈을 구성하는 별 사이와 그 바깥쪽으로 4개의 별로 만들어진 기다란 코를 가지고 있었습니다.

NGC 1528의 남동쪽 1.3도 지점으로 내려오면 NGC 1545라는 산개성단을 만나게 됩니다. 이 성단은 그 중심에 화려한 삼중별인 사우스 445(South 445)를 거느리고 있습니다. 넓은 간격을 유지하고 있는 이 삼중별은

서남서쪽을 가리키는 날씬한 이등변삼각형 모양을 하고 있습니다. 제 작은 굴절망원경에서 68배율로 관측해 보면 7등급의 으뜸별은 주황색으로, 북북서쪽 8등급의 두 번째 짝꿍별은 노란색으로, 그리고 삼각형의 뾰족한 끝을 구성하고 있는 9등급의 세 번째 짝꿍별은 푸른색으로 보입니다. 대부분 흐리게 보이는 30여 개의 별은 여러 방향으로 가지를 치며 삼각형 바깥쪽으로 빠져나가고 있었습니다. 이 성단의 북쪽 끄트머리에는 8등급의 주황색 별이 북쪽으로 9등급의 짝꿍별을 거느린 이중별 스트루베 519(Σ519)가 자리 잡고 있습니다.

FSR 667까지의 거리는 확인되지 않았습니다만 그다음 3개의 NGC 성단은 모두 우리와 NGC 1513 사이의 오리온 나선팔 내에 자리 잡고 있습니다.

우리의 마지막 관측 대상은 **NGC 1624**입니다. 발광성운이자 산개성단인 이 천체는 NGC 1545의 동쪽 3.1도 지점에 자리 잡고 있죠. 이 천체는 제 105밀리미터 굴절망원경에서 28배율로 봤을 때 중심에 희미한 별을 거느리고 있는 작은 보풀과 같이 보였습니다. 127배

율에서는 지름 4분의 얇은 그물에 잡힌 5개의 희미한 별들이 그 모습을 드러내죠. 여섯 번째로 보이는 별은 성운의 서북서쪽 테두리에 걸터앉아 있습니다.

NGC 1624는 지금까지 우리가 거쳐온 천체 중 가장 멀리 떨어져 있는 천체입니다. 이 천체까지의 거리는 약 2만 광년으로서 페르세우스 나선팔 너머 미리내의 가장 외곽을 돌고 있는 나선팔에 자리 잡고 있을 것으로 추정되고 있습니다.

넓은 시야의 이점

65도에서 100도 사이의 넓은 겉보기 시야를 보여주는 접안렌즈는 거대한 성단을 보는 데 특히 많은 도움을 줍니다. 넓은 시야를 제공해주는 접안렌즈는 각각의 별들을 구분해 보기 충분할 만큼의 배율을 사용할 수 있게 해주는 한편, 충분히 주변 하늘을 볼 수 있게 해줌으로써 별들이 속해 있는 성단 전체의 모습을 보여줍니다.

별 무리와 빛의 구름들

대상	분류	밝기	크기	적경	적위
NGC 1220	산개성단	11.8	2′	3시 11.7분	+53° 21′
킹 5(King 5)	산개성단	-	6′	3시 14.7분	+52° 42′
NGC 1513	산개성단	8.4	12′	4시 09.9분	+49° 31′
NGC 1491	발광성운	8.5	21′	4시 03.6분	+51° 18′
FSR 667	산개성단	8.9	7′	4시 07.2분	+51° 10′
NGC 1528	산개성단	6.4	21′	4시 15.3분	+51° 13′
NGC 1545	산개성단	6.2	18′	4시 21.0분	+50° 15′
NGC 1624	성운과 성단	11.8	5′	4시 40.6분	+50° 28′

각크기 및 각분리는 최근 천체 목록을 참고한 것입니다. 시각적으로 보이는 천체의 크기는 대부분 목록상에 있는 크기보다는 작게 느껴지며 장비의 구경과 배율에 따라 다양하게 느껴집니다.

마차부자리

가장 멋진 성운과 성단이 장식하고 있는 별자리

그대가 말들의 목을 풀고
옆구리에 채찍을 휘둘렀습니다.
그대가 달린 길은 우리가 아는 길이 아니었고 우리 눈으로부터 감춰져 있습니다.
어둠을 가르는 바람처럼 전차 바퀴는 빠르게 질주하였으며
그대가 지나간 길의 불꽃이 세계의 얼굴에 밤을 드리웠습니다.

앨저넌 찰스 스윈번*Algernon Charles Swinburne*, 〈에레크테우스*Erechtheus*〉, 1876

신화에 따르면 에레크테우스Erechtheus(또는 에리크토니오스 Erichthonius)는 그리스의 신 헤파이스토스의 아들이지만 불멸을 선사받은 사람은 아니었습니다. 에레크테우스는 말 네 필이 끄는 전차quadriga를 처음으로 만든 사람인데 그 전차를 타고 하늘 바로 아래까지 이르렀다고 합니다. 신들은 이에 감동해서 그를 하늘의 마차부자리가 되게 했죠.

우리 여행을 마차부자리에 위치한 별빛 왕국인 **멜로테 31**(Melotte 31, Mel 31)에서 시작해보겠습니다. 멜로테 31은 중심에 자리 잡고 있는 황금색의 마차부자리 16별과 함께 35개의 별이 2와 1/4도 영역에 타원형으로 모여 있는 자리별입니다. 멜로테 31은 도심 외곽에서 맨눈으로도 희끄무레하게 보입니다. 시골 하늘 아래에서라면 이 중 몇몇 별들을 분간해낼 수 있죠.

이 별 무리는 파인더나 쌍안경, 저배율의 작은 망원경으로도 쉽게 찾을 수 있습니다. 마차부자리 16 별로부터 19 별까지 이어진 밝은 별들은 특히 눈길을 잡아끌죠.《스카이 앤드 텔레스코프》의 수석 편집자인 앨런 맥로버트Alan MacRobert는 오래전부터 이 깜찍한 자리별을 퐁퐁 튀어 오르는 미노(Minnow, 작은 물고기)로 불러왔습니다. 반면 캘리포니아의 별지기인 로버트 더글러스 Robert Douglas는 마차부자리의 프라이팬이라고 불렀죠. 인상적인 모양에도 불구하고 멜로테 31을 구성하고 있는 별들은 서로 관련이 없는 별들로 보입니다.

이 자리별은 영국의 천문학자였던 필리버트 자크 멜로테Philibert Jacques Melotte의 이름을 딴 것입니다. 그는 이 천체를 1915년 정리한 『프랭클린-애덤스의 도판에 보이는 성단 목록A Catalogue of Star Clusters shown on the Franklin-Adams Chart Plates』의 245개 목록 중 하나로 포함했죠. 멜로테는 또한 목성의 달 중 하나인 파시파에(Pasiphae)의 발견자로도 알려져 있습니다. 제 105밀리미터 굴절망원경에서 28배율로 관측해본 미노는 발광성운 IC 410 및 이 성운에 파묻혀 있는 산개성단 NGC 1893과 함께 시야를 나눠 갖고 있습니다.

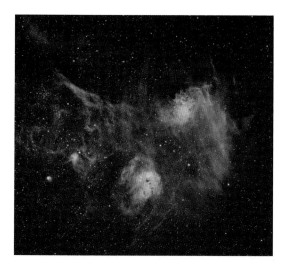

깊은 노출을 이용한 이 사진에는 IC 405와 IC 410, IC 417이 40페이지 별지도와 같이 배열되어 있습니다. 이 성운들은 실제로는 하나의 성운에서 가장 밝게 보이는 부분들입니다. 멜로테 31의 밝은 별들이 IC 405와 IC 410 사이에서 찬란하게 빛나고 있습니다. 왼쪽 모서리에서 약간 위로 보이는 별 무리는 M38입니다.

사진: 이지수

IC 405를 확대하여 찍은 이 사진에는 촘촘하게 뒤엉켜 있는 IC 405의 복잡한 모습이 잘 드러나 있습니다. 마차부자리 AE 별이 쏟아내는 강력한 복사가 주위 먼지들을 이온화시키면서 IC 405의 인상적인 모습을 만들냅니다. 마차부자리 AE 별은 강력한 별빛으로 인해 '불타는 별'이라는 애칭이 있으며, IC 405역시 이 이름을 이어받아 '불타는별성운'이라는 애칭으로 불립니다.

사진: 이지수

이 별들은 9등급의 별들이 만들어낸 삼각형 틀 안에 거칠게 모여 있으며 동쪽 끝자락은 거의 투명하게 보이는 안개 속에 잠겨 있습니다. 성단의 직경은 약 12분입니다. 반면 성운은 최소 19분에 걸쳐 펼쳐져 있죠. 배율을 76배로 높이면 9등급에서 13등급 사이의 별 40개를 볼 수 있습니다. 성운은 불규칙한 형태에 누덕누덕한 질감을 보여주는데, 동쪽에는 희미하게 움푹 들어간 곳이 있으며 성단 중심부 바로 서쪽으로는 어두운 얼룩이 보이죠.

NGC 1893은 60개의 별들을 보여주며 10인치(254밀리미터) 반사망원경으로 70배율로 감상하면 그 크기는 2배로 보입니다. 저는 여러 개의 밝은 별들이 만들고 있는 형태에서 지팡이 모양 사탕 2개가 서로 교차하고 있는 모습을 떠올리곤 합니다. 북동쪽 부분에서 가장 밝게 빛나는 별은 금빛으로 빛나고 있죠. IC 410은 서쪽으로 성단의 가장자리에 있는 9등급 별까지 뻗어 있으며 희미한 성운의 형상이 멋진 이중별 에스핀 332(Espin 332)까지 이어져 있습니다. 이 이중별은 8.9등급의 으뜸별과 9.5등급의 짝꿍별로 이루어져 있습니다. 짝꿍별은 으뜸

별의 남서쪽에 자리 잡고 있죠. 성단의 중심에 있는 금빛 별로부터 10등급의 별을 향해 3분의 1지점에 있는 작고 밝은 점이 무엇인지 궁금하여 이 지역을 고배율로 관측해본 적이 있습니다. 고배율에서 훨씬 나은 모습을 볼 수 있었고, 훨씬 더 강한 밝기를 보이는 지역을 쉽게 찾아볼 수 있었습니다.

그곳에는 희미한 별 하나가 자리 잡고 있었습니다. 그리고 이보다 더 희미한 별 하나가 남쪽 모서리에 파묻혀 있었습니다. 이 밝은 지역이 IC 410의 혜성형성운 중 하나인 시마이스 130(Simeis 130)의 머리 부분을 표시해 주고 있습니다.

올챙이(Tadpoles)라는 별명을 가지고 있는 이들 혜성형성운들은 성단으로부터 쏟아져 나오는 별폭풍과 복사에 의해 침식되고 있는 고밀도 가스와 먼지 덩어리입니다. 저는 시마이스 130으로부터 북서쪽으로 4분 지점에 위치하고 있는 또 다른 올챙이성운인 시마이스 129(Simeis 129)의 머리는 물론 성단의 반대방향을 향하고 있는 이 올챙이들의 꼬리도 아직 보지 못했습니다.

미노로부터 북서쪽으로 0.75도 지점에서 폭발형 변

IC 410과 이 성운이 품고 있는 성단 NGC 1893을 수소 알파 필터로 촬영한 데이비드 유라세비치(David Jurasevich)의 사진. 저자는 10인치(254밀리미터) 반사망원경을 이용하여 남쪽 올챙이 성운인 시마이스 130을 관측하였습니다만 이보다 희미한 북쪽 올챙이성운 시마이스 129는 관측하지 못했습니다.

광성인 마차부자리 AE 별을 찾을 수 있습니다. 청백색의 이 별은 밝기 5.4등급 및 6.1등급 사이에서 불규칙한 변화를 계속하고 있죠. 이 폭주성은 약 250만 년 전 오리온별생성복합지역(Orion star-forming complex)으로부터 분출되어 나온 별입니다. 2개의 이중별계가 가깝게 스쳐지나가면서 별들 간의 자리바꿈이 일어났고, 그 결과 편심궤도를 돌고 있는 이중별 오리온자리 요타(ι) 별과, 빠른 속도로 탈출하고 있는 마차부자리 AE 별 및 비둘기자리 뮤(μ) 별을 만들어낸 것으로 추정되고 있습니다. 마차부자리 AE 별은 발광 및 반사성운인 IC 405가 빛을 뿜어낼 수 있도록 하는 주요 에너지원으로 작용하고 있습니다. 이러한 일은 천문학적 기준으로 볼 때 최근에 발생한 일입니다.

독일의 천문학자인 막스 볼프는 1903년 마차부자리 AE 별을 감싸고 있는 성운과 같은 물질들이 "마치 거대한 홍염처럼 파열되고 있는 여러 개의 거대한 불꽃들에 의해 불타고 있는 듯이 보인다"라고 기록했습니다. 그는 이 천체를 연구할 만한 가치가 있는 '불타오르고 있는 별'이라고 생각했고, 그래서 이 성운의 이름이 '불타는별성운(the Flaming Star Nebula)'으로 알려지게 되었습니다.

제 105밀리미터 굴절망원경에서 17배율로 관측해보면 마차부자리 AE 별 근처의 성운기와 북서쪽 8분 지점에서 창백한 노란색으로 빛나는 7.7등급의 별을 선명하게 볼 수 있습니다. 만약 수소베타필터를 가지고 있다면 IC 405는 당신이 충분히 만족할 만한 상대적으로 드문 천체 중 하나가 될 것입니다. 협대역필터 역시 IC 405를 보는 데 도움이 될 수 있죠. 제 망원경의 좌우가 반전된 상에서 동서를 가로지르며 이 지역을 살펴보면 성운기를 가진 1.5도 크기의 J 모양을 보게 됩니다. 하늘에서 이 J 모양의 덩어리는 반대로 뒤집혀 보입니다만 갈고리 형태에서 밝은 지역이 바로 '불타는별성운'을 형성하고 있습니다.

자, 이제 동쪽으로 움직여 5등급의 별, 마차부자리 피(φ) 별로 가봅시다. 마차부자리 피 별은 뉴욕의 별지기인 벤 카카치Ben Cacace가 '체셔 고양이(the Cheshire Cat. 『이상한 나라의 앨리스』에 등장하는, 미소짓는 고양이_옮긴이)'라고 이름 붙인 1.5도 크기의 자리별 내에 있습니다. 웃는 얼굴을 만드는 6개의 별이 북북동쪽 끄트머리에 있고, 그 오른쪽으로 두 눈을 이루는 별들이 있습니다. 마차부자리 피 별과, 두 눈을 이루는 별 중 북쪽 별은 제 105밀리미터 굴절망원경에서 17배율로 관측했을 때 노란빛이 강한 주황색으로 보입니다. 여기서 가장 어두운 별도 6.9등급이나 되기 때문에, 대부분의 쌍안경에서 찾기 쉬운 대상입니다.

체셔 고양이 입 부분의 북쪽 구석은 화려한 산개성단인 M38이 장식하고 있습니다. 체셔 고양이의 입을 벗어나서 마차부자리 피 별 바로 옆에는 산개성단 스톡 8(Stock 8)이 IC 417을 감싸는 흐릿한 망토를 구성하고 있습니다. 이들을 105밀리미터 굴절망원경에서 47배율

IC 405 및 IC 410과 마찬가지로 IC 417(오른쪽)과 샤프리스 2-237 역시 거대한 하나의 성운에서 가장 밝은 두 지점입니다.
사진: POSS-II / 캘테크 / 팔로마

로 보면 여러 희미한 별들을 거느린 희미한 연무조각처럼 보입니다. 이중에서 가장 밝은 별은 중심 부근에서 빛나고 있는 9등급의 별이죠. 이 별을 76배율에서 보면

이중별로 분해됩니다(스트루베 707).

으뜸별의 남동쪽 18초 지점에 11등급의 짝꿍별이 보이죠. 별들이 희박하게 있는 이 성단에는 11개의 별들이 6.5분에 걸쳐 남북으로 타원형으로 도열해 있습니다. 반면 성운은 이보다는 약간 더 길고 동쪽으로 좀 더 길게 뻗어 있죠. 스톡 8은 10인치(254밀리미터) 반사망원경에서 118배율로 봤을 때 훨씬 풍부한 모습을 보여줍니다. 저는 11분으로 펼쳐진 지역에서 느슨하게 엮여 있는 중간 밝기의 별을 35개에서 40개 정도 볼 수 있었죠.

IC 417은 성단에서 좀 더 별들이 밀집한 지역을 품고 있으며 8분 정도를 차지하고 있습니다. IC 417을 제 작은 굴절망원경에서 47배율로 관측해보면 크기는 좀 더 작지만 좀 더 선명하게 보이는 성운인 **샤프리스 2-237**(sharpless 2-237, Sh 2-237)과 함께 시야에 들어옵니다.

샤프리스 2-237은 매우 밝게 빛나기 때문에 그 속에 파묻혀 있는 성단 NGC 1931은 거의 보이지 않습니다.
사진: 알 페라요니와 앤디 페라요니(Al and Andy Ferayorni) / 애덤 블록 / NOAO / AURA / NSF

그 중심에 자리한 11등급의 별은 성운 전체의 빛을 압도하고 있습니다만 배율을 87배율로 높이면 훨씬 더 나은 모습을 보여주죠. 이 별은 다른 3개의 희미한 별들과 함께 만들고 있는 3.5분의 네모상자에서 북서쪽 모서리를 구성하고 있습니다. IC 417은 별과 가까이 붙어 매우 밝게 보이며 날카롭게 사그라지는 바깥 지점까지 약 3.5분의 폭을 가지고 있습니다.

샤프리스 2-237과 관련이 있는 성단인 **NGC 1931**은 10인치(254밀리미터) 반사망원경에서 고배율 관측을 할 때 그 모습을 드러내기 시작합니다. 밝은 별 하나가 날씬한 삼각형을 구성하고 있는 3개의 가장 밝은 별들과 함께 사중별처럼 보이는데 이 별은 삼각형을 구성하고 있는 별들의 북동쪽에 자리 잡고 있습니다. 여기에 나머지 여러 별이 남쪽에서 서남서쪽을 가로지르며 뿔뿔이 흩어져 자리 잡고 있죠. 여기서 다룬 3개의 성단은 모두 하늘에서 가장 어린 축에 속하는 성단입니다. 이 중에서 가장 오래된 성단의 나이가 400만 년이 채 되지 않았으며 여전히 새로운 별들이 탄생하고 있습니다.

별들의 전차와 불의 구름들

대상	분류	밝기	각크기/각분리	적경	적위
멜로테 31 (Mel 31)	자리별	-	135'	5시 18.2분	+33° 22'
NGC 1893 / IC 410	성단/성운	7.0	40'×30'	5시 22.6분	+33° 22'
에스핀 332 (Espin 332)	이중별	8.9, 9.5	14.8"	5시 21.4분	+33° 23'
IC 405	밝은 성운	-	30'×20'	5시 16.6분	+34° 25'
체셔 고양이	자리별	3.9	90'	5시 27.3분	+34° 52'
스톡 8 (Stock 8) / IC 417	성단/성운	-	15'	5시 28.1분	+34° 25'
NGC 1931 / 사프리스 2-237 (Sh 2-237)	성단/성운	-	7'	5시 31.4분	+34° 15'

각크기 및 각분리는 최근 천체 목록을 참고한 것입니다. 시각적으로 보이는 천체의 크기는 대부분 목록상에 있는 크기보다는 작게 느껴지며 장비의 구경과 배율에 따라 다양하게 느껴집니다.

오리온의 칼 여행하기

준비하세요!
가장 작은 망원경으로도 오리온의 칼을 끝에서 끝까지 볼 수 있습니다.

경이로운 밝은 별자리 오리온은 한겨울 높은 곳에서 남녘 하늘을 가로질러 갑니다. 2월의 온하늘별지도를 보면 오리온은 '남쪽'이라고 방위가 적힌 부분의 위쪽에 자리 잡고 천구의 적도를 가로지르며 서 있죠. 베텔게우스(Betelgeuse)와 벨라트릭스(Bellatrix)가 오리온의 어깨를, 리겔(Rigel)과 사이프(Saiph)가 오리온의 두 다리를 구성하고 있습니다. 중간에는 오리온의 허리띠로 비스듬하게 놓여있는 3개의 별이 보입니다.

시골부터 도시 근교 어디서든 이 3개의 별이 만든 선 또는 이 3개의 별이 만든 오리온의 허리띠에 매달린 4개의 희미한 별을 볼 수 있을 것입니다. 바로 오리온의 칼이죠. 오리온의 칼은 작은 망원경으로도 충분히 관측 가능한 환상적인 성운과 성단으로 뒤덮여 있습니다.

M42. 오리온의 칼의 가운데에 자리 잡은 M42는 맨눈으로도 독특하게 보일 것입니다. 만약 당신이 있는 곳의 하늘이 매우 어둡고 당신의 시력이 좋다면 이 별을 자세히 살펴봤을 때 약간 보풀이 인 모습을 볼 수 있을 겁니다. 쌍안경을 통해 보거나 괜찮은 파인더를 통해 보면 이 의심은 확신이 되죠. 망원경을 통해 보면 그 안에서 갓 태어난 별들에 의해 불타오르는 가스와 검은 먼지가 뒤섞인, 광활한 별들의 육아실인 그 유명

한 오리온 대성운이 모습을 드러냅니다. 처음 봤을 때는 몇 안 되는 별을 뒤덮고 있는 부채꼴의 희미한 빛을 볼 것입니다. 그러나 인내를 갖고 찬찬히 살펴보고 연구해

오리온의 칼 전체 모습. 사진의 세로 높이는 2도이며 북쪽이 위쪽, 동쪽이 왼쪽입니다. 오리온 성운 중심 부는 46쪽의 고배율 사진을 통해 확인할 수 있습니다.
사진: 김도익

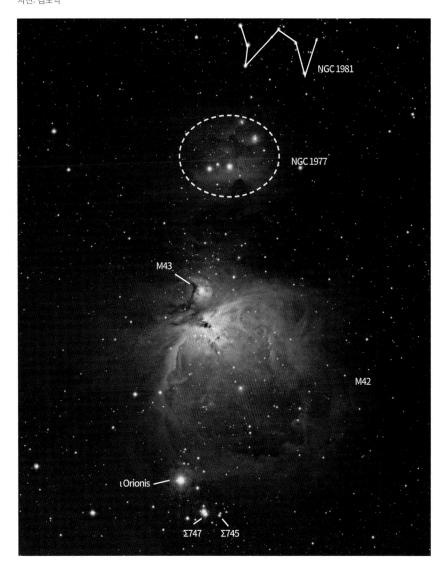

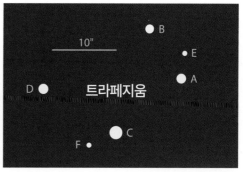

오리온성운의 내부를 보여주는 이 확대 사진에는 많은 안시관측자들이 목격해온 초록빛 색조가 드러나 있습니다. 트라페지움의 별들은 시각적으로 가장 밝은 형태를 만들어내고 있습니다. 대기 안정도가 괜찮은 밤이라면 오른쪽 그림을 이용하여 트라페지움의 다섯 번째와 여섯 번째 별인 트라페지움 E와 F 별을 찾아보세요.
사진: 릭 천문대(Lick Observatory)

보세요. 여러 군데에 주의를 기울여보세요. 마치 친구의 집을 찾아가듯이 다른 날에도 이곳을 관측해보세요. 그러면 이 복잡 미묘한 장관 속에서 수많은 모습을 보고 익힐 수 있게 될 것입니다.

우선은 저배율의 넓은 시야로 관측해보세요. 내부의 가장 밝은 별을 감싸고 있는 성운에서 가장 밝은 부분을 볼 수 있을 것입니다. 성운기를 가진 희미한 아치들은 북서쪽과 남남동쪽으로 뻗어나가며 그 사이에서 빛나고 있는 훨씬 더 희미한 지역을 감싸고 있습니다. 빛공해가 없는 곳에서 저의 105밀리미터 굴절망원경을 이용하여 관측했을 때 이 휘어진 아치가 2/3도 너비의 닫힌 고리를 형성하고 있음을 볼 수 있었습니다. 이 아치는 오리온자리 요타(ι) 별 및 요타 별과 연관이 있는 남쪽의 별들을 스쳐 지나가죠. 이 장면은 관측연습을 통해 그 모습을 완전하게 볼 만한 충분한 가치가 있는 장면입니다!

이제 40배에서 80배의 중간 배율로 관측을 시도해보세요. 성운에서 가장 밝은 지역은 얼룩진 모습을 보여줍니다. 얼룩이 뒤섞인 그 모습을 그 어느 사진에서보다도

훨씬 입체적으로 볼 수 있죠. 많은 사람이 이곳에서 명확한 초록 색조를 느낄 수 있다고 하는데, 이는 사진에서 일반적으로 나타나는 분홍빛이나 붉은색과는 완전히 다릅니다. 우리 눈은 강력하고 깊은 붉은색을 만들어내는 수소 복사에는 둔감하지만 이중이온화산소에서 방출되는 초록색 복사는 잘 인식해냅니다.

북동쪽에서 성운의 밝은 부분으로 불룩 들어간 우주먼지의 검은 돌출부에 주목하세요. 이 암흑성운은 물고기 주둥이(the Fish's Mouth)라는 이름으로 알려져 있습니다. 배율을 125배로 올리면 얼룩이 진 밝은 부분은 좀 더 명확하게 그 모습을 드러냅니다. 그 모습은 마치 양털구름이나 높쎈구름이 가득한 하늘을 떠올리게 합니다.

트라페지움(사각형성단). 중간 또는 그 이상의 고배율로 보면 가장 밝은 별들이 다중별계를 이루는 모습을 선명하게 볼 수 있습니다. 바로 이것이 오리온자리 세타[1](θ[1]) 별로서 그 유명한 트라페지움입니다. 심지어는 60밀리미터 망원경으로 보더라도 4개의 가장 밝은 별들이 날렵한 사다리꼴로 도열해 선 모습을 볼 수 있습니다(하지만 너무 작은 망원경으로 보면 이 중 하나는 너무 희미하게 나타나죠).

이 4개의 별은 서쪽에서 동쪽으로 순서대로 A, B, C, D로 구분됩니다. C 별이 가장 밝게 빛나며 B 별이 가장 희미하죠.

더 큰 망원경을 이용하여 고배율로 관측한다면 알아보기가 쉽지 않은 2개의 별을 더 찾아낼 수 있습니다. 각 별들을 날카로운 점으로 초점을 맞춰내기 위해서는 대기가 상당히 안정된 상태라야 합니다. 90밀리미터 망원경을 사용한다면 트라페지움 E 별을 식별해낼 수 있을 것입니다. 이 별은 사다리꼴상에서 A 별과 B 별이 만드는 사선을 왼쪽으로 끼고 있습니다. 트라페지움 F 별은 좀 더 찾아보기가 어려워서 최소 100밀리미터 이상 구경의 망원경이 있어야 합니다. 이 별은 트라페지움 C 별의 빛에 파묻혀 있어 찾기가 쉽지 않죠. 보통 수준의 대기 안정도 상태에서 이 별을 구분해낼 수 있는 망원경은 없습니다.

M43. 아직 오리온성운 관측은 끝나지 않았습니다. 물고기 주둥이의 바로 북쪽에는 7등급의 별 하나가 자리 잡고 있습니다. 어두운 하늘이라면 60밀리미터 망원경에서 작고 둥근 빛무리를 두르고 중심에서 약간 벗어나 있는 모습을 볼 수 있습니다. M43을 제 105밀리미터 굴절망원경으로 봤을 때 사진에서 봐온 쉼표 모양의 익숙한 모습으로 볼 수 있었습니다. 북동쪽을 향하고 있는 이 쉼표의 꼬리 부분은 머리 부분보다 희미하게 보이죠.

NGC 1977 (그리고 NGC 1975와 NGC 1973). 북쪽으로 0.5도 이동하면 매우 희미한 성운기에 갇혀 있는 성기고 커다란 별 뭉치를 만나게 됩니다. 제 105밀리미터 굴절망원경에서는 거의 동서로 수평하게 놓여진 5등급의 별 2개와 그 주변에 흩뿌려져 있는 희미한 15개의 별들을 볼 수 있죠. 이 2개의 가장 밝은 별은 미묘하게 대비되는 색채를 보여줍니다. 서쪽에 자리 잡고 있는 오리온자리 42별은 오리온자리에서 갓 태어난 대부분의 무거운 별들과 마찬가지로 청백색을 띠고 있죠. 그러나 동쪽에 자리 잡은 오리온자리 45별은 황백색을 띱니다.

저는 어두운 하늘에서 이곳에 있는 모든 별이 몇몇 내부 구조를 보여주는 희미하고 길쭉한 모양의 빛무리에 파묻혀 있는 것을 봤습니다. 이 반사성운에서 가장 밝은 부분은 2개의 가장 밝은 별로 휘돌아 들어가 양쪽 방향으로 그 사이를 통과하고 있죠. 이 천체들 북쪽에 어두운 대역이 자리 잡고 있는데 몇몇 희미하게 느껴지는 성운기가 이곳 너머까지 확장되어 있습니다.

NGC 1981. NGC 1977의 바로 북쪽에서 또 하나의 느슨한 성단을 찾을 수 있습니다. 이 성단은 쌍안경이나 작은 망원경으로도 쉽게 찾을 수 있죠. 6등급에서부터 10등급까지의 별 약 10개 정도가 마치 통통 튀어 오르는 공의 궤적을 그리듯이 동서 1/3도 너비로 도열해 있습니다. 동쪽 선을 만들고 있는 3개의 별이 가장 밝고 남북으로 거의 수직으로 서 있는데 이 별들이 오리온의 칼의 희미한 북쪽 끝단을 형성하고 있습니다. 이 지역을 105밀리미터 굴절망원경을 통해 보면 약 10여 개의 희미한 별들이 나타나죠.

오리온자리 요타 (ι) **별.** 오리온의 칼의 가장 아래 끝을 장식하는 별이 이곳에서 가장 밝은 별인 3등급의 오리온자리 요타 별이며 이 별은 오리온성운에서 남쪽 0.5도 지점에 자리 잡고 있습니다. 요타 별은 작은 망원경으로도 볼 수 있는 매력적인 삼중별입니다. 많은 관측자들이 여기서 백색과 파란색, 짙은 주황색의 별을 보죠.

요타 별의 2개 짝꿍별 중 밝기가 더 밝은 별은 7.7등급이며 으뜸별의 남동쪽 11초 지점에 자리 잡고 있습니다. 이들은 50배 이상의 배율에서 관측할 수 있습니다. 이 2개 별과 으뜸별 모두 뜨거운 청백색의 별이지만 이처럼 별들이 서로 아주 가깝게 위치하게 되면 비교적 희미한 별이 훨씬 흐릿하게 보이게 됩니다. 요타 별의 두 번째 짝꿍별은 11등급입니다. 이 별을 보기 위해서는 105밀리미터 이상 구경의 망원경이 필요하며 으뜸별의 동남동쪽으로 50초 지점에서 볼 수 있죠. 이 별은 종종 짙은 붉은색으로 인식됩니다.

스트루베 747 (Struve 747). 오리온자리 요타 별 바로 남서쪽으로는 넓은 간격을 두고 있는 이중별 스트루베

747(Σ747)을 볼 수 있습니다. 서로 36초의 간격을 두고 빛나는 이 별들은 각각 4.8등급과 5.7등급으로 빛납니다. 쌍안경으로 지속적으로 관측하다 보면 이 둘을 분리해 볼 수 있습니다.

이 한 쌍의 별 바로 서쪽으로, 요타 별로부터 떨어져 있는 거리의 반쯤 정도에 희미하지만 눈길을 사로잡는 이중별 **스트루베 745**(Σ745)를 볼 수 있습니다. 이 이중별은 8등급과 9등급의 별들로 이루어져 있으며 서로 28초 떨어져 있습니다. 그러나 이 별은 진짜 이중별은 아닌 것으로 보입니다. 2개의 별 중 하나는 우리로부터 1,800광년 거리에 위치하고 있지만 다른 별은 훨씬 더 가까이 위치하고 있기 때문입니다.

오리온의 칼 여행은 하늘에서 2도에 약간 못 미치는 폭을 훑어갑니다. 만약 당신이 가지고 있는 망원경에서 25배율 이하의 배율을 만들어내는 괜찮은 접안렌즈가 있다면 이곳 전체를 한눈에 조망할 수 있을 것입니다. 그 광경은 밤하늘에서 볼 수 있는 가장 장엄한 모습 중 하나죠. 북반구에 사는 별지기들은 1월과 2월, 혹한의 밤을 피하고 싶을지도 모르겠습니다. 그러나 겨울의 밤하늘에서는 가장 아름다운 천상의 풍경들이 우리를 유혹하죠. 이 정도면 옷을 든든하게 갖춰 입고 밤을 보낼 충분한 가치가 있는 셈입니다.

사냥꾼 사냥

대상	분류	밝기	거리(광년)	적경	적위
M42	무정형성운	3.0	1,300	5시 35.0분	-5° 25'
트라페지움(Trapezium)	다중별	5.1, 6.4, 6.6, 7.5	1,300	5시 35.3분	-5° 23'
M43	무정형성운	9.0	1,300	5시 35.5분	-5° 17'
NGC 1977/5/3	성단+성운	~4	1,600	5시 35.3분	-4° 49'
NGC 1981	산개성단	4.2	1,300	5시 35.2분	-4° 26'
오리온자리 요타 별	삼중별	2.9, 7.0, 9.7	1,800	5시 35.4분	-5° 55'
스트루베 747(Σ747)	이중별	4.7, 5.5	1,800	5시 35.0분	-6° 00'
스트루베 745(Σ745)	광학적 이중별	8.4, 8.7	-	5시 34.8분	-6° 00'

호디에르나의 마차부자리

마차부자리의 세 성단은 성운을 찾아 나선
17세기 시실리의 한 천문학자에게 우리를 안내합니다.

2월의 밤, 북반구 중위도에서는 마차부자리가 머리 위에 자리 잡고 있습니다. 찬란하게 빛나는 별인 마차부자리 알파 별 카펠라(Capella)를 비롯한 밝은 별들이 만들어내는 독특한 육각형이 이 별자리를 찾기 쉽게 만들어주죠. 마차부자리는 작은 망원경으로도 쉽게 볼 수 있는 보석을 무척 많이 품고 있는 천체입니다.

산개성단 M38(위쪽)과 NGC 1907(아래쪽)은 마차부자리의 중심에 파묻혀 있습니다. M38에는 300개 이상의 별들이 있고, 몇몇 별들은 중심으로부터 방사상으로 뻗어나오는 모양으로 도열해 있습니다. NGC 1907은 100개 이상의 별들이 모여 있는 작지만 밀도 높은 성단이며 M38로부터 남남서쪽으로 0.5도 지점에 자리 잡고 있습니다.
사진: 숀 워커 / 셸던 파보르스키

마차부자리의 육각형을 이루고 있는 별 중 하나는 그 이웃 별자리인 황소자리에도 속합니다. 하나의 별을 서로 다른 별자리가 공유하는 것이 예전에는 드문 일이 아니었습니다. 그러나 1930년 국제천문연맹이 별자리의 경계를 발표할 때 이 별은 황소자리에 할당되었죠. 그래서 이 별의 공식적인 이름은 황소자리 베타(β) 별입니다.

여기서 우리가 주목할 것은 M36과 M37, M38입니다. 이 세 산개성단은 시실리의 조반니 호디에르나Giovanni Hodierna(1597-1660)에 의해 발견되었습니다. 조반니 호디에르나는 조안바티스타 오디에르나Gioanbatista Odierna라는 이름으로도 알려져 있죠. 1654년 출판된 그의 관측 목록이 담긴 작은 책이 최근에서야 발견되었습니다. 호디에르나는 이 성단을 '네뷸로세(nebulosae)'라고 분류하였습니다. 이 분류는 '맨눈으로 봤을 때는 작고 희뿌연 구름처럼 보이지만 망원경을 통해 봤을 때 별들이 서로 가까이 몰려 있는 천체'를 의미합니다.

마차부자리 육각형의 가운데에 파묻혀 있는 M38로부터 여행을 시작해보겠습니다. 이 성단은 황소자리 베타 별에서 정북방향으로 7.2도 지점에 자리 잡고 있으며 황소자리 베타 별 및 마차부자리 요타(ι) 별과 함께 거의 정삼각형의 구도를 이루고 있습니다. M38은 파인더에서 작고 희뿌연 점처럼 보입니다. 105밀리 굴절

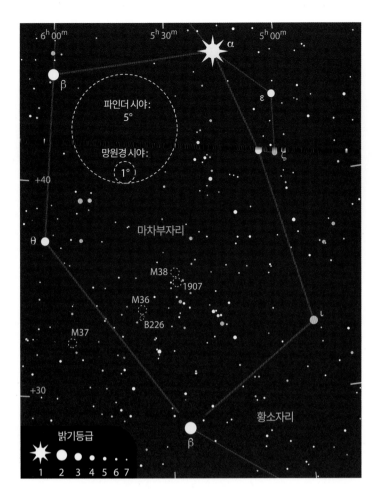

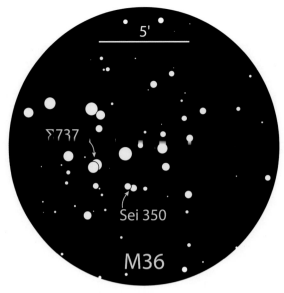

이 표를 포함한 이번 장의 모든 사진에서 북쪽은 위쪽이며 동쪽은 왼쪽입니다. 큰 동그라미는 일반적인 파인더의 시야(5도)를 나타내며 작은 동그라미는 작은 망원경의 저배율 접안렌즈 시야(1도)를 나타냅니다. 접안렌즈를 통해 북쪽을 찾으려면 망원경을 북극성 쪽으로 살짝 밀면 됩니다. 이때 새로운 하늘이 들어오는 방향이 바로 북쪽입니다(직각 천정미러를 쓴다면 좌우대칭상을 보여줄 것입니다. 지도에 맞는 상을 보려면 이 표를 함께 가지고 가세요). 작은 망원경으로 관측한계를 확인하려면 M36의 중심부를 겨냥해보면 됩니다. 그곳에서 서로 가깝게 붙어 있는 이중별인 스트루베 737(Σ737)과 샤이너 350(Sei 350)을 찾아보세요.

망원경에서 68배율로 보면 8등급과 이보다 희미한 별 60여 개가 20분의 폭 내에 자리 잡은 것을 볼 수 있죠. 그러나 그 경계가 명확하게 나뉘는 것은 아닙니다. 이 성단은 명확한 형태를 띠고 있습니다. 그리고 5분에 걸쳐 별들이 거의 없는 텅 빈 공간 한가운데 자리 잡은 9.7등급의 별을 거느리고 있죠. 여러 밝은 별들이 이 중심의 검은 지역으로부터 4개의 팔이 뻗어 나오듯 방사형으로 펼쳐져 나오는데, 그 양상은 서남서쪽에서 동북 동쪽으로 더 길게 뻗은 십자가처럼 보입니다. M38에서 가장 밝은 별은 8.4등급의 노란빛을 내는 별입니다. 이 별은 성단의 동북동쪽 끄트머리에서 십자가의 발판을 만들어주고 있습니다. 배율을 87배로 늘리면 더 희미한 별들이 모습을 드러내면서 별의 숫자는 약 80개까지 증가합니다.

제 망원경은 87배율에서 53분의 실시야각을 보여줍니다. 이 시야각은 M38과 그 이웃 성단인 NGC 1907

을 한시야로 볼 수 있게 만들어주죠. 이 작은 성단은 M38의 남남서쪽에 자리 잡고 있으며 지름은 약 6분입니다. 제 굴절망원경으로 수많은 희미한 별들이 희뿌연 배경 위에 뿌려져 있는 것을 볼 수 있었습니다. 이 희미한 별들 중 중심에서 동쪽에 있는 별들이 약간은 더 밝게 보였죠. 여기에 균형을 잡아주는 10등급의 별 한 쌍이 남남동쪽 끄트머리를 장식하고 있었습니다.

M36은 M38의 남동쪽으로 2.3도 약간 못 미치는 지점에 자리 잡고 있습니다. 이 성단은 황소자리 베타 별 및 마차부자리 세타(θ) 별과 함께 땅딸막한 이등변삼각형을 이루고 있으며 파인더로도 관측할 수 있습니다. 제 굴절망원경에서 87배율로 관측해보면 15분 폭에 중간정도의 밝기를 가진 별들과 희미한 별들 50여 개가 느슨하게 묶여 있는 것을 볼 수 있습니다. 비교적 밝은 별들로 이루어진 여러 개의 구부러진 팔들이 중심으로부터 뻗어 나오는 형상을 연출하고 있죠. 중심으로부터

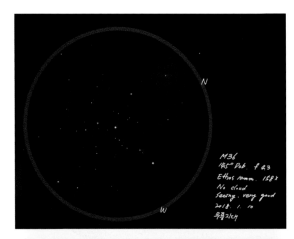

M36
14.5" Dob. f 4.3
Ethos 10mm 158x
No cloud
Seeing. very good
2018. 1. 10
무룡지대

Messier 38
= NGC 1907
14.5" Dobsonian
1584mm f 4.3
Ethos 16mm
Seeing good
cloud good
brightness fair
2019. 2. 11
자굴산 무룡지대

Messier 37
14.5" Dobsonian
1584mm f 4.3
Ethos 16mm
Seeing good
cloud good
brightness fair
2019. 2. 11
자굴산 무룡지대

이 스케치는 마차부자리의 유명한 3개의 산개성단인 M36, M37, M38로, 눈으로 바라본 각 성단의 모습을 잘 표현하고 있습니다. 사람의 눈은 사진기와 달리 빛을 오랫동안 담아놓을 수 없기 때문에, 망원경으로 본 천체는 천체사진에서와 달리 주로 은백색으로 보입니다. 물론 눈으로 바라본 천체의 모습도 사람마다 모두 다릅니다. 어두운 곳일수록, 오래 바라보고 있을수록 대상은 더욱 선명하게 모습을 드러내죠. 각 스케치에는 관측할 당시의 망원경과 하늘 상태, 장소, 일시가 기록되어 있습니다. 이 스케치는 2018년 1월 10일, 자굴산에서 14.5인치(368밀리미터) 구경의 돕소니언 망원경으로 관측한 것입니다. 당시 하늘의 상태는 시상, 구름이 몰려 있는 정도, 하늘의 어두운 정도 모두 관측하기에 좋았다고 기록되어 있습니다. '시상(Seeing)'이란 망원경을 통해 별을 바라볼 때 별빛이 동그랗게 안정적으로 모아진 정도입니다. 대기가 안정된 상태일수록 별의 상이 안정되는데, 이를 '시상이 좋다'라고 표현합니다. 같은 망원경이라도 배율은 접안렌즈의 초점거리에 따라 달라집니다. 여기서도 세 천체 모두 같은 망원경을 사용했지만, 접안렌즈는 에토스 10밀리미터(M36)와 에토스 16밀리미터(M37, M38) 두 가지를 사용했습니다('에토스'는 접안렌즈의 상표명, 밀리미터 수는 초점거리). 따라서 배율은 1584/10, 1584/16으로, 각각 158배(M36), 99배(M37, M38)입니다(1584는 망원경의 초점거리).

그림: 박한규

모서리로부터 약 10분에 걸쳐 펼쳐져 있죠.

마지막으로 만나볼 산개성단은 M37입니다. 이 성단은 M36으로부터 동남동쪽으로 3.7도 지점에 있으며 세 성단 중 가장 밝은 성단입니다. 마차부자리 육각형에서 M36이 자리 잡고 있는 만큼의 거리를 바깥쪽으로 움직여 이 성단을 찾아보세요. M37은 호디에르나의 세 마차부자리 성단 중에서 가장 멋진 성단입니다. 제 굴절망원경에서 87배율로 바라본 M37은 중심에 9.1등급의 주황색 별을 두고 그 주위로 눈보라가 휘날리듯 희미한 별들이 몰려 있는 모습을 보여주었습니다. 무리를 이루고 있는 듯한 각 별들의 집단 사이사이를 꿰차고 있는 검은 띠들도 볼 수 있습니다. 별들이 만들어내는 이 아름답고도 혼란스러운 풍경은 제가 좋아하는 풍경 중 하나입니다.

조반니 호디에르나는 갈릴레오가 주창한 새로운 사상의 중요성을 이해한 시실리 최초의 천문학자 중 한 명입니다. 그의 관측 장비는 단순한 갈릴레오식 굴절망원경이었으며 배율은 20배였습니다. 관측 가능한 한계 밝기는 약 8등급이었죠. 그는 체계적으로 하늘을 훑었고, 100개의 지도로 구성된 별지도의 발간을 계획했죠. 이곳에 자신이 발견한 성운들을 담으려고 했습니다. 그러나 호디에르나는 이 일을 완수하지 못했습니다. 그의

동남동쪽으로는 한 쌍의 9등급의 별(Σ737)을 볼 수 있으며 남쪽으로는 좀 더 넓은 간격으로 짝을 짓고 있는 10등급의 별(Sei 350)을 볼 수 있습니다. 성단의 남쪽으로는 별들이 마치 푹 패어 없어진 듯한 빈 공간을 볼 수 있습니다. 그 크기는 M36과 거의 비슷하죠. 이것은 암흑성운 **바너드 226**(B226)입니다. 이 성운은 M36의 남쪽

마차부자리의 다른 성단과 마찬가지로 산개성단 M36 역시 미리내를 배경에 두고 있는 희미한 별처럼 보입니다. 배율을 높여가면 별들이 몰려 있는 중심을 분해해 볼 수 있죠.

마차부자리에서 가장 아름답고 가장 인기 있는 성단은 M37입니다. 별들과 검은 띠에 의해 둘러싸여 있는 중심의 주황색 별을 찾아보세요.

관측 목록으로는 아주 적은 수의 예만이 남아 있는데도 불구하고, 여기에는 46개의 천체가 포함되어 있죠. 어떤 대상은 자리별 정도에도 미치지 못하고, 또 어떤 것들은 관측 대상이 무엇이었는지 명확하지도 않습니다. 하지만 그가 관측한 몇몇 성운 중 최소 10개는 최초 발견자로 인정받기에 충분합니다. 망원경이 이제 막 사용되기 시작했던 때라는 점을 감안하면, 이러한 결과는 정말 예상 밖의 결과입니다. 당시 여러 다른 천문단체에서 발견한 천체라고는 오리온성운 하나뿐이었기 때문입니다. 호디에르나는 "하늘에서 보이는 모든 감탄할 만한 천체"들은 망원경의 관측한계만 아니라면 모두 별로 분해되어 보일 수 있을 거라 믿었습니다. 호디에르나는 이 별들의 겉보기밝기를 그들의 고유 밝기뿐 아니라 그 거리까지를 고려하여 계산하였습니다. 그는 별들의 배열이 불규칙하게 보이는 것은 별들이 우주의 다른 지점에 대해 정렬하고 있기 때문일 것이라고 생각했습니다. 당시의 종교적 분위기 속에서 태양을 우주의 중심에 놓는 것은 여전히 위험한 생각이었습니다. 그러나 호디에르나는 매우 용감하게 토론에 임했으며, 가설로 한정하긴 했지만 우주의 중심은 훨씬 더 멀리 있다고 생각했습니다. 당시 호디에르나는 상대적으로 외딴 지역에 살았고, 항성천문학에 대한 일반적인 관심 역시 부족했기 때문에 그의 발견과 사상들에 대해 남겨진 것은 거의 없습니다. 마차부자리의 성단을 볼 때는 이것을 기억했으면 좋겠습니다. 우리가 가지고 있는 망원경 중 가장 조악한 것이라도 호디에르나에게는 얼마나 놀라운 장비였을지를 생각해본다면 지금 우리의 상황에 충분히 감사할 수 있다는 사실을 말입니다.

대상	분류	밝기	거리(광년)	적경	적위
M38	산개성단	6.4	4,300	5시 28.7분	+35° 50′
NGC 1907	산개성단	8.2	4,500	5시 28.0분	+35° 19′
M36	산개성단	6.0	4,000	5시 36.0분	+34° 08′
스트루베 737(Σ737)	이중별	9.1, 9.2	4,000	5시 36.4분	+34° 08′
샤이너 350(Sei 350)	이중별	10.3, 10.3	4,000	5시 36.2분	+34° 07′
바너드 226(B226)	암흑성운	N/A	N/A	5시 37.0분	+33° 45′
M37	산개성단	5.6	4,400	5시 52.5분	+34° 33′

거인의 방패

오리온자리에 도열한 별들이
우리를 좀 더 가까이 다가오라고 유혹합니다.

이제 쌍둥이 바로 옆에 솟아오르는 오리온을 바라보라.
그의 쭉 뻗은 팔은 하늘의 반을 가로지르고 있다.
그의 발걸음은 모자람이 없는 전진을 계속하며
별들의 왕국을 거침없이 내딛는다.

마르쿠스 마닐리우스*Marcus Manilius*, 『천문학*Astronomica*』

하늘을 가로지르며 뻗어 있는 오리온의 팔을 묘사한 1세기 라틴어로 쓰인 원본과는 달리, 토마스 크릭Thomas Creech에 의해 17세기 번역된 이 멋진 시는 오리온의 과장된 크기를 시적 허용으로 묘사하고 있습니다. 어쨌거나 우리는 이 웅장한 별자리의 위엄에 깊은 인상을 받지 않을 수 없습니다.

우리의 눈은 오리온의 몸통을 장식하고 있는 밝은 별들에 속절없이 끌려들어 가지만, 약간 어둡긴 해도 오리온의 외곽에도 많은 별이 담겨 있습니다. 그러니 방향을 돌려 오리온의 방패로 가보죠. 이곳은 오리온의 쭉 뻗은 팔에 사자가죽이 걸쳐져 있는 것으로 묘사되기도 합니다. 2월의 온하늘별지도에서 3등급부터 5등급의 별들이 자오선을 따라 늘어서며 만든 곡선을 볼 수 있을 것입니다. 오리온의 방패는 오리온의 칼에서 밝은 천체들을 즐기다가 그냥 지나치게 되곤 하는 곳이지만 한번 방문해보기만 한다면 자신만의 매력으로 충분한 보상을 주는 곳입니다.

산개성단 **NGC 1662**부터 여행해봅시다. 4.6등급 밝기의 오리온자리 파이¹(π^1) 별과 8×50 파인더의 시야를 공유하고 있는 NGC 1662는 약간의 희미한 별들을 거느리고 있는 작은 성운처럼 보입니다. 제 105밀리미터 굴절망원경에서 47배율로 보면 20분의 크기 안에

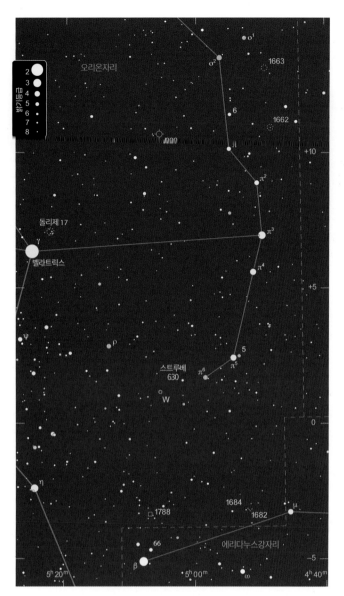

〈스타트렉〉의 열혈 팬인 러셀 사이프(Russell Sipe)는 별들이 성기게 모여 있는 NGC 1662에서 클링온 전함을 본다고 합니다. 오른쪽 사진은 1/3도 폭을 담아낸 NGC 1662의 사진으로서 북쪽이 위쪽입니다.

왼쪽: 스카이 아틀라스 2000.0(Sky Atlas 2000.0)에서 발췌
오른쪽 위: 《스카이 앤드 텔레스코프》 삽화
오른쪽 아래: POSS-II/ 캘테크 /팔로마

12개의 희미한 별들로 둘러싸인 꽤 밝은 별 9개를 볼 수 있습니다. 10인치(254밀리미터) 뉴턴식 반사망원경에서 70배율로 관측해보면 30개의 별들을 볼 수 있죠. 여기서 가장 밝게 빛나는 별 대부분은 하트 모양을 구성하고 있는데 이 하트모양은 성단의 바깥쪽 서남서쪽을 지목하며 놓여 있습니다. 하트에서 2개의 둥근 구체 부분은 다중별 허셜684(h684)를 구성하는 4개의 별들이 만든 고리에 의해 묶여 있죠. 으뜸별은 뚜렷한 노란색으로 빛나며 남쪽 중심부의 짝꿍별 하나는 이보다 희미하게 보

입니다. 다섯 번째 짝꿍별은 북서쪽으로 10초 떨어져 있죠. 북쪽 둥근 구체에서 가장 밝게 빛나는 별 역시 주목할 만한 노란색 별입니다.

캘리포니아의 별지기인 러셀 사이프Russell Sipe는 NGC 1662에서 다른 사람과는 완전히 다른 모습을 본다고 합니다. 그는 여기서 〈스타트렉Star Trek〉의 클링온 전함을 본다고 하더군요. 고리 모양은 전함의 앞쪽으로 돌출해 나온 모양을, 그리고 둥근 구체를 이루고 있는 가장 밝은 별들은 구부러진 날개를 나타낸다고 합니다.

이곳에서 북쪽으로 2.2도를 이동하면 **NGC 1663**이 보입니다. 이 천체는 제 작은 굴절망원경에서 그다지 눈에 띄는 성단은 아닙니다. 87배율에서 10등급과 11등급의 별 3개가 남서쪽 경계를 따라 곡선을 그리고 있죠. 그리고 매우 희미한 별 몇 개가 사인 곡선을 그리며 성단의 북쪽 부분을 관통하고 있습니다. 나머지 부분에는 상대적으로 별들이 드물게 분포하는데, 12등급 또는 이보다 더 희미한 약간의 별들만이 존재하고 있습니다. 10인치(254밀리미터) 반사망원경에서 44배율로 관측해보면 성단의 남서쪽 1.5도 시야에서 카시오페이아를 연상시키는 W모양의 자리별이 발견됩니다. 배율을 118배율로 높이면 이 빈약한 별 무리에서 18개의 별들을 볼 수 있죠.

최근의 연구에 따르면 NGC 1663은 산개성단으로부터 남겨진 잔해일 것이라고 합니다. 이러한 잔해는 구성원을 거의 잃어버린 아주 오래된 성단의 잔류물이죠. 만약 NGC 1663이 진짜 성단이고 우연히 별들이 몰려 있는 것처럼 보이는 것이 아니라면 NGC 1663의 나이는 약 20억 년일 것이고 이곳까지의 거리는 2,000광년일 것입니다. 이곳에서 3개의 밝은 별은 앞쪽에 위치한 별로 추정됩니다.

우리의 다음 목표는 행성상성운 **존키어 320**(Jonckheere 320, J320)입니다. 이 성운은 오리온자리 파이¹(π^1) 별의 동북동쪽 2.7도 지점에 자리 잡고 있으며 파이¹ 별 및 오리온자리 6 별과 함께 날씬한 이등변삼각형을 구성하고 있습니다. 파인더를 이용하여 이 행성상성운뿐 아니라 동쪽으로 15분 거리에 있는 8등급의 별 한 쌍도 쉽게 찾아볼 수 있을 것입니다. 8등급의 별 한 쌍을 낮은 배율로 보는 연습을 하다 보면 남쪽 별의 서쪽 12분 지점에서 약간 더 희미한 별을 볼 수 있을 것입니다. 존키어 320은 이 3개의 별과 함께 눌린 사다리꼴을 구성하고 있습니다.

이 행성상성운은 제 105밀리미터 굴절망원경에서 28배율로도 잘 보입니다. 물론 이때는 마치 별처럼 보이죠. 이 성운은 87배율부터 별과는 다른 상을 보여주기 시작하고 127배율에서는 매우 작은 원반처럼 보입니다. 이 성운은 초록빛 색조를 보여주는 산소Ⅲ필터와 궁합이 맞는 천체입니다. 산소Ⅲ필터를 이용하면 남남동쪽 4.6분 지점에 있는 8.8등급의 별만큼이나 밝게 보이죠. 10인치(254밀리미터) 반사망원경에서 저배율로 관측해보면 동쪽으로 가장 밝게 빛나는 3개의 "별 들"이 3분 내에 위치하고 있는 것을 볼 수 있습니다. 170배율로 관측해보면 동남동쪽에서 서북서쪽으로 흐르는 청회색의 작은 타원형이 모습을 드러냅니다. 큰 망원경을 가진 별지기라면 거의 남북으로 도열한 매우 희미한 팽창부를 찾아봐야 합니다. 존키어 320은 거의 1광년에 육박하는 꽤 큰 규모의 행성상성운입니다. 그럼에도 이 성운이 작게 보이는 것은 2만 광년이라는 매우 먼 거리 때문입니다.

자, 이제 오리온의 어깨 근처에서 잠깐 멈춰볼까요? 여기서 우리는 앙증맞은 자리별 **돌리제 17**(Dolidze 17)을 찾게 될 겁니다. 오리온자리 감마(γ) 별 또는 벨라트릭스(Bellatrix)의 북서쪽 1도 지점을 보면 약간은 스테이플 모양 비슷하게 도열한 8등급의 별 5개를 볼 수 있습니다. 이 별들의 바로 동쪽으로 비슷한 밝기의 또 다른 별이 있는데 저는 이 별까지 포함해서 그 전체 모습이 16분 길이의 핼러윈 캔디콘의 모습을 닮았다고 생각합니다. 이 달콤한 사탕은 가장 작은 망원경으로도 충분히 볼 수 있을 만큼 밝고 큽니다. 작은 망원경으로 볼 수 있는 또 다른 선물은 오리온자리 5 별로부터 남동쪽으로 쭉 뻗은 화려한 하늘입니다. 제 작은 굴절망원경에서 3.6도의 시야를 담아내는 17배율로 보면 이 지역을 한눈에 볼 수 있죠.

붉은 주황색의 별로부터 시작하여 남동쪽으로 훑어 내려가면 청백색의 파이⁵(π^5) 별과 주황색의 파이⁶(π^6) 별, 그리고 이중별 **스트루베 630**(Σ630) 및 붉은색의 **오리온자리 W** 별을 만날 수 있습니다. 저배율로 스트루베 630을 관측하면 백색의 8등급 짝꿍별을 북동쪽으로 거느린 청백색의 7등급 으뜸별을 볼 수 있습니다. 오리

마치 안개 낀 밤에 다가오는 자동차 전조등처럼 NGC 1788의 별들이 자신을 담고 있는 성운으로부터 빛을 뿜어냅니다. 이 사진은 뉴욕 베스탈의 코페르니쿠스 천문대에서 촬영된 것으로 20인치(508밀리미터) 반사망원경에 SBIG ST-9E CCD 카메라를 부착하여 12분간 노출하여 촬영한 것입니다. 사진을 촬영한 사람은 조지 노르만딘George Normandin입니다. 북쪽이 위쪽이며 사진의 가로 및 세로 폭은 각각 16분입니다.

온자리 W 별은 탄소별입니다. 이 별의 대기에 존재하는 탄소분자들이 마치 필터처럼 작용하면서 이 별을 하늘에서 가장 붉은 별로 만들어주고 있죠. 이 별의 밝기는 약 7개월을 한 주기로 하는 다양한 변화를 보여주는데 이 짧은 주기가 모여 약 7년에 달하는 대주기를 구성하고 있습니다. 최근의 짧은 주기 동안 이 별은 5.5등급과 7.5등급 사이를 왔다 갔다 하고 있죠.

오리온자리 W 별에서 남쪽으로 몇 도만 내려가면 **NGC 1788**이라는 밝은 반사성운을 만나게 됩니다. 이 성운을 찾아내는 데는 3등급의 별인 에리다누스자리 베타(β) 별로부터 접근하는 방법이 가장 쉽습니다. 파인더 상에서 에리다누스자리 베타 별의 북북서쪽 30분 지점

에 있는 5등급의 에리다누스 66 별을 찾을 수 있습니다. 여기서 정북 방향 1.3도 지점에 성운이 자리 잡고 있죠. 에리다누스자리 베타 별과 NGC 1788은 제 작은 굴절망원경에서 22배율로 볼 때 한 화각에 들어옵니다. NGC 1788은 10등급 별의 남동쪽을 감싸며 퍼져 있는 모습으로 쉽게 눈에 들어오죠. 87배율에서 성운의 가장 밝은 부분은 남동쪽 부분이며 희미한 별쪽으로 점점 밝아지는 모습을 볼 수 있습니다. 10인치(254밀리미터) 반사망원경에서 200배율로 관측해보면, 북서쪽에서 남동쪽으로 뻗은 폭 2분, 길이 4분의 아름다운 성운의 모습을 볼 수 있습니다. 이 성운의 북쪽 중앙부에는 또 다른 희미한 별이 담겨 있죠. NGC 1788은 작은 질량을 가진 별 여러 개를 품고 있는 것으로 알려져 있습니다. 이 별들은 수소를 태우기 시작하는 주계열상에 아직 접어들지 못한 별들이죠. 몇몇 별들은 핵융합을 지속해나가기에는 질량이 미치지 못하는 갈색왜성인 것으로 추측되고 있습니다.

NGC 1684(중앙 왼쪽)와 NGC 1684로부터 3분 오른쪽에 있는 NGC 1682가 작은 구조를 이루고 있는 이 모습은 2차 팔로마 천문대 관측 프로그램(the Second Palomar Observatory Sky Survey) 당시 사진 건판에 담긴 모습입니다. NGC 1682 위쪽으로 훨씬 더 희미한 은하 NGC 1683이 모습을 드러내고 있습니다.
사진: POSS-II / 캘테크 / 팔로마

우리의 마지막 발걸음은 **NGC 1684**와 **NGC 1682**라는 한 쌍의 은하로 향합니다. 이 은하들은 NGC 1788의 서쪽 3.6도 지점에서 찾을 수 있죠. 이 은하들을 좀 더 가까운 곳에 자리 잡은 밝은 별로부터 찾아가고 싶으면 4등급의 에리다누스자리 뮤(μ) 별의 동쪽 1.8도 지점을 훑어보세요. NGC 1684는 오리온의 방패 인근에 자리 잡은 은하로서는 가장 밝은 은하입니다. 심지어 저는 제 105밀리미터 굴절망원경으로도 이 은하를 가까운 도시의 빛무리 위로 떠오르기도 전에 포착해 낼 수 있습니다. 이 은하는 동서축이 더 길쭉한 희미한 타원형으로 보입니다. 87배율로 관측해보면 1.5분의 길이에 가운데로 갈수록 더 밝아지는 은하의 모습이 보입니다. NGC 1682는 NGC 1684의 서쪽으로 희미한 작은 점처럼 보입니다. 이 한 쌍의 은하에서 남쪽으로 4분 지점에는 8등급의 별 하나가 자리 잡고 있죠.

제 10인치(254밀리미터) 반사망원경에서 170배율로 관측하면, 좀 더 밝은 은하는 큰 타원형 중심부와 작고 밝은 핵을 보여줍니다. 반면 작고 둥근 은하는 중앙으로 갈수록 점점 밝아지는 양상을 보이며 별 모양의 은하핵을 품고 있습니다. 이 2개 은하는 각 은하 중심을 기준으로 약 3분 떨어져 있습니다. 이 머나먼 은하를 보게 된다면 지금 여러분이 보는 빛이 2억 년 전, 지구를 공룡들이 장악하고 있던 시대에 출발한 빛이라는 걸 꼭 생각해보세요.

오리온 방패의 장식품들

대상	분류	밝기	각크기/각분리	적경	적위	MSA	U2
NGC 1662	산개성단	6.4	20′	4시 48.5분	+ 10° 56′	208	97L
NGC 1663	산개성단	9.5	9′	4시 49.4분	+ 13° 08′	208	97L
존키어 320(Jonckheere 320)	행성상성운	11.9	26″×14″	5시 05.6분	+ 10° 42′	207	97L
돌리제 17(Dolidze 17)	자리별	6.2	12′	5시 22.4분	+ 7° 07′	230	97L
스트루베 630 (Σ630)	이중별	6.5, 7.7	14″	5시 02.0분	+ 1° 37′	255	117L
오리온자리 W 별 (W Orionis)	탄소별	5.5-7.5	-	5시 05.4분	+ 1° 11′	255	117L
NGC 1788	반사성운	-	5.5′×3.0′	5시 06.9분	- 3° 20′	255	117L
NGC 1684	은하	11.7	2.4′×1.6′	4시 52.5분	- 3° 06′	256	117L
NGC 1682	은하	12.6	0.8′×0.8′	4시 52.3분	- 3° 06′	256	117L

각크기 및 각분리는 최근 천체 목록을 참고한 것입니다. MSA와 U2는 각각 『밀레니엄 스타 아틀라스』와 『우라노메트리아 2000.0』 2판에 기재된 차트 번호를 의미합니다.

푸른빛의 다이아몬드

모두에게 무언가인 플레이아데스성단

그리고 이제 장엄한 걸음을 내딛는 플레이아데스,
부드럽고 끝없는 어둠 위에 알알이 매달린
은빛 실 위의 보석

– 마조리 로우리 크리스티 픽홀*Marjorie Lowry Christie Pickthall* 〈별*Stars*〉, 1925

플레이아데스성단이 지구의 모든 문명권에서 주목을 받아왔다는 사실은 의심의 여지가 없습니다. 이 아름다운 별 무리가 밤하늘에 처음 그 모습을 드러낼 때마다, 이들이 함께 몰고 온 차가운 날씨에도 불구하고 제 마음은 뜨겁게 달아오르죠. 2월 한밤의 플레이아데스성단은 남쪽 하늘에 높이 솟아오르고 어른거리는 빛무리에 경탄하도록 우리를 초대합니다.

비록 플레이아데스성단이 일곱 자매라는 별칭으로

아마도 가장 유명한 관측 대상일 플레이아데스성단은 그다지 좋지 않은 하늘에서도 맨눈으로 볼 수 있는 천체입니다. 그러나 이 성단을 둘러싸고 있는 성운의 형상은 보기가 훨씬 더 까다로워서, 이것을 보려면 하늘의 조건이 상당히 좋아야 하죠. 이 사진의 폭은 1.7도이며 위쪽이 북쪽입니다.
사진: 로버트 젠들러

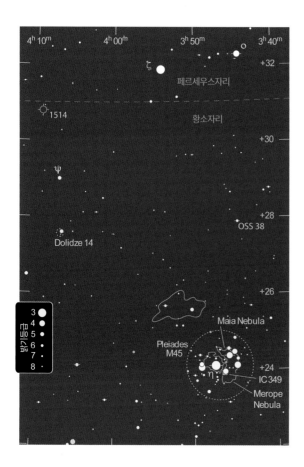

스의 아버지와 어머니입니다. 플레이오네는 더 밝게 빛나는 자신의 남편 별에 바짝 다가가 있어, 하늘의 상태가 좋지 않거나 부근의 빛에 방해를 받게 되면 남편 별의 광채에 가려 쉽게 놓치게 되곤 합니다.

플레이아데스성단은 쌍안경으로 볼 때 더 멋진 모습을 보여줍니다. 별들의 수 역시 비약적으로 많이 보이죠. 로버트 번햄Robert Burnham은 그의 훌륭한 하늘 안내서에서 다음과 같이 묘사하고 있습니다. "검은 하늘을 배경으로 8개 또는 9개의 밝은 별이 검은 벨벳에 달린 푸른빛의 다이아몬드처럼 빛난다. 이 서릿발 같은 느낌은 별 주위를 둘러싸고 있으며 마치 흰 눈이 덮인 들판의 차가운 달빛과도 같이 찬란한 빛을 반사해내는 성운과 같은 형상에 의해 더더욱 강하게 느껴진다."

이 성운 같은 형상은 메로페(merope)를 휘감고 있는 부분에서 가장 선명하게 보이고 남쪽으로 퍼져나가고 있습니다. 바로 이 부분이 NGC 1435로 등재되어 있는데 일반적으로 이 부분을 **메로페성운**(Merope Nebula)이라 부르죠. **마야성운**(Maia Nebula, NGC 1432)으로 알려진 작은 부분은 같은 이름의 마야 별을 감싸고 있습니다. 플레이아데스성단을 볼 때는 실제 성운이 아닌 것에 속지 않도록 주의를 기울이세요. 차가운 겨울바람 때문에 접안렌즈에 닿은 입김이 마치 모든 별 주위를 감싸고 있는 성운으로 보일 수도 있습니다. 아틀라스와 플레이오네를 통해 지금 당신이 보는 상이 제대로 된 모습인지를 금방 확인해볼 수 있습니다. 이 한 쌍의 별 주위에 실제 연무는 아주 조금밖에 없기 때문에 눈으로는 거의 보이지 않죠. 놀라운 것은 성운과 성단이 우주 공간을 서로 다른 방향으로 떠돌고 있으며 그 와중에 지금 서로 교차하고 있는 상태라는 점입니다.

플레이아데스성단은 제가 좋아하는 가장 도전적인 관측 대상을 하나 품고 있습니다. 바너드의 메로페성운(Barnard's Merope Nebula) 또는 **IC 349**라고 불리는 것이 그것입니다. 이 성운을 이미 잘 알려진 거대한 성운인 메로페성운과 헷갈리지 말아야 합니다. 제가 처음 바너드

알려져 있긴 하지만 그 숫자는 사람마다, 그리고 하늘의 상태에 따라 다르게 보입니다. 제가 사는 교외 지역에서는 11개의 별이 보이곤 하지만, 예전에 《스카이 앤드 텔레스코프》의 칼럼니스트였던 월터 스콧 휴스턴은 70년도 더 전에 뛰어난 조건을 갖춘 애리조나의 어두운 하늘에서 18개의 별까지 세는 데 성공했다고 합니다.

일곱 자매라는 이름은 대개 그리스 신화에 근거한 것이라고 간주합니다만 르네상스 시대까지도 특정 별에 각 자매의 이름을 붙였던 것은 아니었습니다. 그리고 희한하게도 일곱 자매의 이름이 작은 조리 모양의 자리별을 구성하고 있는 가장 밝은 7개의 별에 부여된 것도 아닙니다. 그 이름은 조리의 바닥을 구성하고 있는 2개의 희미한 별과 5개의 상대적으로 밝은 별에 부여되었죠. 스테로페(Sterope)라는 이름으로 불리는 별은 실제로는 2개의 별로 구성되어 있습니다만 서로 너무나 가까이 붙어 있어 광학장비의 도움 없이는 이 둘을 구분해내지 못합니다. 조리의 손잡이를 구성하는 별은 아틀라스(Atlas)와 플레이오네(Pleione)로서, 이 별은 플레이아데

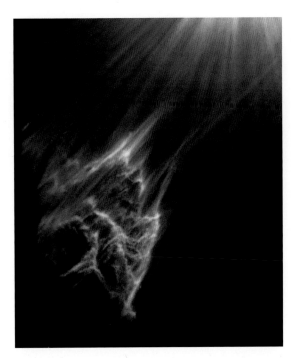

1890년에 발견된 IC 349는 메로페성운 내부에 있는 아주 작은 지역으로서 메로페로부터 남남동쪽 36초 지점에 자리 잡고 있습니다(메로페는 사진 오른쪽 위 화각 바깥쪽에 있습니다). 이 천체는 플레이아데스성단 사진을 촬영할 때 41쪽 사진처럼 별빛에 가려져 보이지 않게 됩니다.

사진: NASA / 허블 헤리티지 팀(Hubble Heritage Team) / STScI / AURA

네 방향의 회절상 중 두 방향 사이에서 IC 349가 나타나도록 조정했습니다. 경통을 돌려 맞춘 후 접안렌즈에 설치한 차단막이 거의 동서로 가로지르도록 돌리고, 메로페성운이 이 차단막 뒤쪽으로 깊게 잠기는 각도가 되도록 화각을 조절했습니다. 첫 번째 밤에 저는 IC 349를 봤다고 생각했습니다. 두 번째 밤에는 좀 더 자주 이 대상을 겨냥해 봤죠. 그리고 세 번째 밤에는 시도할 때마다 주위를 둘러싸고 있는 성운 모양보다 더 밝게 빛나는 작은 부분을 볼 수 있었습니다.

저는 혹시 다른 빛 부스러기를 본 것은 아닌지 의심되어, 회절격자의 반대쪽도 살펴보았습니다(이곳은 메로페의 북쪽이죠). 여러 번 메로페를 왔다 갔다 하면서 메로페를 천천히 차단막 뒤쪽으로 옮겨보기를 여러 번 해보았지만, 반대쪽에서는 아무것도 보지 못했습니다.

여러 번의 관측 이후 저는 저만의 관측 준비 및 진행 내역을 다른 실력 있는 별지기들에게 보냈습니다. 그 결과 캘리포니아의 제이 레이놀드 프리먼Jay Reynolds Freeman은 그의 14인치(355.6밀리미터) 망원경으로, 그리고 애리조나의 제이 르블랑Jay LeBlan은 17.5인치(444.5밀리미터) 망원경으로, 그리고 나중에 호주의 마이클 키르Michael Kerr는 25인치(635밀리미터) 망원경으로 이 천체를 볼 수 있었다고 알려 왔습니다.

또 다른 흥미로운 천체들이 플레이아데스성단과 함께 황소자리를 공유하고 있습니다. 타이게타(Taygeta)로부터 북쪽으로 3.4도 지점에 있는 이중별 **오토스트루베 38**(OΣΣ 38)은 이 지역에서 가장 밝은 별입니다. 7등급의 별들이 넓은 간격을 유지하고 있어 파인더로도 쉽게 찾아볼 수 있죠. 제 105밀리미터 굴절망원경에서 17배율로 관측해보면 북동쪽 별은 노란색으로 보이고 남서쪽 별은 하얀색으로 보입니다.

오토스트루베 38을 저배율 시야의 북쪽에 두고 동쪽으로 4.9도 이동하면 **돌리제 14**(Dolidze 14)라는 독특한 별들을 만나게 됩니다. 이곳을 장악하고 있는 별은 황소자리 41별입니다. 이 별은 5등급의 청백색 별로서 돌리

의 메로페성운에 관심을 갖게 된 것은 1999년, 어떤 별지기도 이것을 보지 못했다는 것을 알고부터였습니다. IC 349는 메로페성운 안에 자리한, 작고 더 밝은 부분으로서 1890년 에드워드 에머슨 바너드Edward Emerson Barnard에 의해 발견되었습니다. 이 성운의 직경은 30초밖에 되지 않으며 메로페의 남남동쪽 36초 지점에 자리 잡고 있죠. 바너드는 캘리포니아 산호세의 릭 천문대에서 12인치(304.8밀리미터) 굴절망원경으로 이 성운을 볼 수 있었다고 합니다. 그래서 저는 14.5인치(368.3밀리미터) 반사망원경으로 이 성운을 볼 수 있지 않을까 하는 생각을 하게 됐죠.

그래서 우선 제 10.4밀리미터 접안렌즈(212배율)에 메로페성운의 광채를 가리기 위한 차단막을 붙였습니다. 얇은 은박지를 이용하여 가운데를 가로지르도록 하고 고무줄로 묶어 차단막을 만들었죠. 그리고는 제 망원경 경통을 돌리면서 망원경의 부경 지지대가 만들어내는

제 14를 찾기 쉽게 만들어주고 있습니다. 제 작은 굴절 망원경에서 17배율로 관측해보면 노란색과 황금색, 황백색으로 빛나는 3개의 밝은 별이 동서로 도열해 있는 모습을 볼 수 있습니다. 87배율에서는 12분 내에 10여 개의 희미한 별들이 추가로 보이죠. 애리조나의 천문학자인 브라이언 스키프는 돌리제 14가 대부분 서로 연관성이 없는 별들이 만든 자리별인 것으로 분석했습니다.

돌리제 14를 담은 사진에서는 돌리제 14의 사이사이에 훨씬 멀리 떨어져 있는 극도로 희미한 은하의 모습이 나타납니다. 동서로 뻗은 선에서 가장 서쪽에 자리잡은 2개의 별 중간 약간 위쪽으로 PGC 1811119라는 은하를 볼 수 있죠. 이 은하를 한번 찾아보시겠어요?

돌리제 14로부터 1.4도 북쪽에는 황소자리 프시(ψ) 별이 자리 잡고 있습니다. 저배율에서 프시 별을 서쪽 모서리에 두고 1.8도 북쪽을 훑어보세요. 이곳에서 당신은 거의 남북으로 도열해 있는 한 쌍의 8등급 별을 볼 수 있을 것이고 그 사이에서 행성상성운 NGC 1514를 보게 될 것입니다. 제 105밀리미터 굴절망원경에서 17배율로 관측해보면 이 행성상성운을 9등급의 별을 담고 있는 둥글고 희미한 헤일로를 두른 모습으로 식별할 수 있습니다. 87배율에서는 주변보다 더 밝아지고 지름은 2분 정도로 보이죠. NGC 1514는 10인치(254밀리미터) 반사망원경에서 139배율로 봤을 때 어여쁜 모습을 드러냅니다. 이 행성상성운은 전반적으로 약간의 타원형을 띠고 있고, 테두리는 2개의 거대한 아치를 그리는 부분에서 더 밝게 보입니다. 반면 내부는 약간은 얼룩진 듯한 모습을 보여주죠. 왜 사람들이 이 우아한 행성상성운을 수정구성운(the Crystal Ball Nebula)이라 부르는지 쉽게 알게 될 것입니다.

2월 밤하늘의 매혹적인 천체들

대상	분류	밝기	각크기/각분리	적경	적위	MSA	U2
플레이아데스성단 (Pleiades)	산개성단	1.5	2°	3시 47.5분	+24° 06'	163	78R
메로페성운 (Merope Nebula)	반사성운	-	30'	3시 46.1분	+23° 47'	163	78R
마이아성운 (Maia Nebula)	반사성운	-	26'	3시 45.8분	+24° 22'	163	78R
IC 349	반사성운	-	30"	3시 46.3분	+23° 56'	163	78R
오토스트루베 38 (OΣΣ 38)	이중별	6.8, 6.9	134"	3시 44.6분	+27° 54'	140	78R
돌리제 14 (Dolidze 14)	자리별	5.0	12'	4시 06.8분	+27° 34'	139	78R
PGC 1811119	은하	~16	28"×16"	4시 06.65분	+24° 32.4'	139	78R
NGC 1514	행성상성운	10.9	2.0'×2.3'	4시 09.3분	+30° 47'	139	60L

각크기 및 각분리는 최근 천체 목록을 참고한 것입니다. 시각적으로 보이는 천체의 크기는 대부분 목록상에 있는 크기보다는 작게 느껴지며 장비의 구경과 배율에 따라 다양하게 느껴집니다. MSA와 U2는 각각 『밀레니엄 스타 아틀라스』와 『우라노메트리아 2000.0』 2판에 기재된 차트 번호를 의미합니다.

희미한 섬광과 별빛 가득한 시냇물

페르세우스가 수많은 딥스카이 천체들을 2월의 하늘에 펼쳐내고 있습니다.

빛나는 물질이 형체를 갖추는 곳,
불꽃과 흐린 섬광이 뿜어내는 빛,
빛무리와 세상의 여러 토대들,
벌떼와 같이 몰려 있는 태양들,
그리고 별의 시냇물들.

알프레드 테니슨 경*Alfred, Lord Tennyson*, 1833

페르세우스자리 남쪽은 무정형성운들이 만들어내는 희미한 빛들로 가득 차 있습니다. 이 중에서 가장 유명한 것이 NGC 1499, 캘리포니아성운(California Nebula)입니다. 이 성운이 마치 미국 캘리포니아주처럼 생겼기 때문에 붙여진 이름이죠. NGC 1499는 에드워드 에머슨 바너드에 의해 1885년 발견되었습니다. 그는 테네시주 반더빌트 천문대의 6인치(152.4밀리미터) 쿡 굴절망원경을 이용하여 안시관측을 하던 중 이 성운을 발견했죠. 바너드가 본 것은 성운에서 가장 밝은 부분이었습니다. 성운이 훨씬 넓게 퍼져 있다는 것은 나중에 사진 촬영을 통해 밝혀졌죠. 상당히 넓은 영역을 차지하고 있는 이 성운은 광대역 장비에서 최상의 모습을 보여주는 천체입니다. 예전 《스카이 앤드 텔레스코프》의 칼럼니스트였던 월터 스콧 휴스턴은 1980년대 초, 코네티컷에서 6×

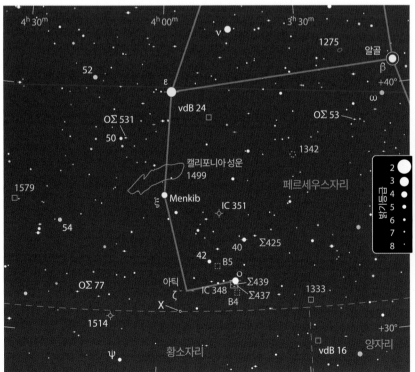

마치 캘리포니아 반도를 뚝 떼어다가 하늘에 던져놓은 듯한 캘리포니아성운은, 위치를 찾기는 쉽지만 필터 없이 그 모습을 구분해내기가 쉽지 않습니다. 이 사진은 영월에서 촬영한 것으로서 수소, 황, 산소 필터를 이용하여 촬영한 사진을 합성한 것입니다.
사진: 김도익

NGC 1579는 궁수자리의 유명한 삼엽성운과 비슷한 모습 때문에 북쪽 삼엽성운이라고도 알려져 있습니다. 이 성운은 중간급의 망원경으로도 쉽게 찾아볼 수 있습니다. 상대적으로 별들이 얼마 없는 곳에 위치하다 보니 종종 쉽게 간과되기도 하는 천체입니다. 사진의 폭은 17분이며 북쪽이 위쪽입니다.

사진: R. 제이 가바니(R. Jay Gabany)

30 쌍안경을 이용하여 이 성운을 흘끗흘끗 볼 수 있었다고 합니다. 월터 스콧 휴스턴과 애리조나의 천문학자 브라이언 스키프Brian Skiff는 단순히 맨눈에 성운필터를 대는 것만으로 캘리포니아성운 관측에 성공한 첫 번째 관측자 중 한 명이 되었습니다.

캘리포니아성운은 매우 쉽게 찾을 수 있습니다. 이 성운은 페르세우스자리 크시(ξ) 별 또는 멘키브(Menkib)라는 이름의 4등급 별 바로 북쪽에 자리 잡고 있습니다. 제 105밀리미터 굴절망원경에서 17배율로 관측해보면 캘리포니아성운과 페르세우스자리 크시 별이 모두 3.6도 시야에 들어옵니다. 협대역필터는 상을 보다 개선해주는데, NGC 1499는 수소베타필터에서 훨씬 더 나은 모습을 보여줍니다. 수소베타필터를 사용하면 제 작은 망원경에서도 쉽게 이 성운을 찾을 수 있을 정도입니다. 이 성운은 동남동쪽에서 서북서쪽으로 2.5도에 걸쳐 펼쳐져 있으며 그 폭은 길이대비 1/3 정도입니다. 북쪽과

남쪽으로는 선명한 경계가 보이는 반면, 중심 쪽은 흐릿하게 퍼져 있는 모습을 보여주죠.

하지만 캘리포니아성운을 관측하기 쉬운 대상인 것처럼만 생각하지는 마세요. 당신의 관측지가 정말 어두운 곳이 아니라면 필터의 도움 없이 이 성운을 볼 수는 없습니다. 만약 접안렌즈가 제공하는 시야가 이 성운 전체와 그 주변의 하늘을 포함할 만큼 충분히 넓지 않다면 이 성운의 경계부를 보기 위해 망원경을 남북으로 움직여가며 봐야 합니다. NGC 1499의 표면 밝기는 매우 낮습니다. 처음 관측하는 사람은 상당히 어두운 하늘 아래에서 필터와 광시야 접안렌즈를 사용하고서도 찾기가 쉽지 않을 정도죠. 하지만 포기하지 마세요. 천천히 대상 지역을 훑어보며 계속 이 성운을 찾아보세요. 염두에 두어야 할 점은 희미한 천체는 가만히 정지한 채로 대상 지역을 바라보는 것보다 약간씩 흔들어가면서 보는 게 훨씬 찾기 쉽다는 사실입니다.

캘리포니아성운의 동쪽 끄트머리에서 동쪽으로 4.7도 지점을 살펴보면 사랑스러운 성운복합체(Nebulous complex)를 볼 수 있습니다. 그 모습이 궁수자리의 삼엽성운을 닮아 북쪽 삼엽성운이나 불니까 하는 NGC 1579는 제 10인치(254밀리미터) 반사망원경에서 44배로 관측했을 때 쉽게 찾을 수 있었습니다. 118배율에서 보면 형태나 밀집도가 매우 불규칙한 채로 6분 크기에 걸쳐 펼쳐져 있는 성운을 볼 수 있죠. 이 성운은 밝은 중심부와 함께 가장자리로 몇몇 별들을 거느리고 있습니다. NGC 1579는 암흑성운 LDN 1482에 둘러싸여 있습니다. 이 성운을 빛나게 하는 원천은 높은 광도를 가진 어린 별입니다. 이 별은 작은 이온화 수소지역에 파묻혀 있죠. 별과 이온화 수소지역 모두 먼지에 의해 두껍게 가려져 있습니다. 적외선 관측 결과 이 성운 내에서 35개의 희미한 별들이 추가로 발견되었습니다. 이 별들은 지구로부터 약 2,000광년 거리에 있으며 나이는 100만 년도 채 되지 않은 것으로 추정됩니다.

캘리포니아성운의 서쪽 끝에서 서쪽으로 4.8도를 이동하면 NGC 1342라는 흥미로운 별 무리를 만나게 됩니다. 이 별들이 만들어내는 일련의 흐름은 여러 매력적인 모습을 떠올리게 하죠. 캐나다의 별지기 스티브 어빈Steve Irvine은 4.9인치(124.46밀리미터) 막스토프 망원경을 이용하여 쌍둥이자리의 축소형 별들을 보았다고 합니다. 저는 제 105밀리미터 굴절망원경에서 47배율로 봤을 때 30개 별의 배열에서 아나서지Anasazi 인디언의 민담에 등장하는 꼽추 플루트 연주자 코코펠리Kokopelli의 모습이 떠올랐습니다. 코코펠리는 머리는 서쪽으로, 몸은 동쪽으로 두고 있으며 그가 들고 있는 플루트는 정북쪽을 향하고 있죠. 저의 10인치(254밀리미터) 반사망원경은 더 많은 별을 끄집어내면서 코코펠리의 머리칼과 몸통을 무릎 꿇은 수녀의 모습으로 바꿔놓았습니다. 북쪽의 별들은 기도를 하며 들어 올린 손을 그리고 있었죠. 당신은 이곳에서 어떤 모습을 생각할 수 있나요?

자, 이제 아름다운 5중별로서 아티크(Atik)라 불리기

도 하는 **페르세우스자리 제타**(ζ) 별로 가보죠. 청백색의 으뜸별로부터 넓게 떨어져 짝을 이루고 있는 10등급 별들이 남쪽에서 약간 서쪽으로 놓여 있습니다. 9등급의 까마득 머니는 으뜸별이 나나서쪽에 바짝 붙어 있으며 11등급의 짝꿍별은 서쪽으로 중간 정도 거리를 유지하며 약간 북쪽으로 놓여 있습니다. 저는 페르세우스자리 제타 별을 제 105밀리미터 굴절망원경과 10인치(254밀리미터) 반사망원경에서 70배율로 동시에 관측한 적이 있습니다. 우선 105밀리미터 굴절망원경으로는 가장 희미한 별은 볼 수 없었죠. 이 별들 중 으뜸별에 가장 가까이 있는 별과 한 쌍의 10등급 별들 중 좀 더 밝은 별 하나만이 으뜸별과 물리적인 연관관계가 있습니다. 나머지 별들은 그저 우연히 같은 방향에 있는 것뿐입니다.

페르세우스자리 제타 별은 페르세우스자리에 있는 OB 2 성협의 일원으로서는 가장 밝은 별에 해당합니다. OB 2란 분광유형 O형과 B형에 해당하는 가장 밝은 별들이 주요 구성원인 성협입니다. OB 2 성협은 가장 가까운 거리에 있는 성협 중 하나로서 그 거리는 1,000광년이죠. 페르세우스자리 제타 별은 수소연료가 고갈되어 안정된 상태의 주계열을 벗어난 청색 초거성입니다. 페르세우스 OB 2에 속하는 주계열상의 별로서 가장 밝은 별은 **페르세우스자리 40** 별입니다. 이 별 역시 짝꿍별을 거느리고 있죠. 청백색의 밝은 으뜸별과 10등급의 짝꿍별은 47배율로 봤을 때 넓은 간격을 드러냅니다.

여기서 서북서쪽으로 0.5도 지점에 있는 **스트루베 425**(Σ425)로 이동해보겠습니다. 노란빛을 뿜어내는 7.5등급의 별들이 페르세우스 제타 별에 가장 가깝게 붙어 있는 별들보다 훨씬 더 가깝게 붙어 있지만, 제 작은 굴절망원경에서 87배율을 이용하면 이들을 분리해 볼 수 있습니다.

위에 언급한 3개의 으뜸별은 모두 1927년 바너드가 제작한 『미리내 특정 지역에 대한 사진 별지도(Photographic Atlas of Selected Regions of the Milky Way, www.library.gatech.edu/barnard)』 중 페르세우스자리 및 황소자

리를 담고 있는 3번 건판에서 발견되었습니다. 그런데 6시간 41분의 노출로 촬영한 사진에서 바너드가 주목한 것은 페르세우스자리 오미크론(ο) 별 근처의 '불투명한 성운기가 몰려있는 지역'이었습니다. 페르세우스 경계 내를 담고 있는 건판의 특정 부분에 바너드의 암흑성운 목록의 첫 번째를 장식하는 5개 암흑성운 B1, B2, B3, B4, B5가 담겨 있었죠. 제 105밀리미터 반사망원경에서 28배율로 관측해보면 이들 중 가장 명확하게 모습을 드러내고 있는 **B4**와 **B5**를 볼 수 있습니다. B5는 페르세우스자리 오미크론 별의 북동쪽 1도 지점에 그 중심을 두고 있습니다. B5는 5등급 별 페르세우스자리 42 별 옆에서 45분×15분의 크기로 북동쪽으로 비스듬히 기울어져 있습니다. B4는 페르세우스자리 오미크론 별의 정남쪽에서 1도 이상의 크기로 펼쳐져 있으며 서쪽으로는 거대한 톱니자국이 나 있죠. 배율을 152배로 늘려보면 B4의 북쪽 끄트머리에서 약간은 가스에 막혀 있는 듯 보이는 **IC 348** 성단을 볼 수 있습니다. 5분 크기의 타원형 고리 안에 10개의 별들이 모여 있는 것을 볼 수 있죠. 페르세우스자리 오미크론 별을 시야 바깥으로 살짝 옮기면 희미한 성운과 같은 형상을 볼 수 있는데, 가장 밝은 별 하나와 이 별에 바짝 다가서 있는 2개의 별을 뒤덮고 있습니다. 서쪽 모서리에는 또 다른 별 하나가 자리 잡고 있죠. 여기서 가장 밝은 별과 그 북동쪽의 별 하나가 **스트루베 439 AB-C**(Σ 439 AB-C)라는 삼중별을 구

성하고 있습니다. 고작 0.5초밖에 떨어져 있지 않은 A와 B 별은 제 작은 망원경으로는 분해해내기가 쉽지 않죠. 이와 대응되는 한 쌍의 10등급 별들이 동일한 시야에서 IC 348의 서남서쪽 가까운 거리에 **스트루베 437**(Σ 437)을 구성하고 있습니다. 제 10인치(254밀리미터) 망원경은 가장 남쪽에 자리한 별 주위를 감싸고 있는 성긴 성운의 형상을 보여줍니다. 희미한 안개가 이 2개 다중별들을 감싸 안으며 이들의 동쪽 측면을 연결하고 있죠.

B4의 서쪽으로 1.5도를 움직이면 7등급과 8등급의 별들이 만드는, 37분 크기의 이등변삼각형을 만나게 됩니다. 그곳에서 서남서쪽으로 이등변삼각형의 한 변을 약간 넘어서는 거리를 더 움직이면 반사성운 하나를 만나게 되죠. 이 반사성운은 **NGC 1333**입니다. 북동쪽 끄트머리에 10.5등급의 별을 품고 있는 희미한 타원형성운이죠. 이 성운은 5분×2.5분에 걸쳐 남서쪽으로 퍼져나가면서 12등급의 별까지 이어져 있습니다. 제 10인치(254밀리미터) 반사망원경에서 115배로 관측해보면 비교적 밝은 별에서 이보다 약간 희미한 별까지 거리의 1/4 길이로 펼쳐져 있는, 성운에서 가장 밝은 부분을 볼 수 있습니다. 이 많은 성운들은 모두 페르세우스 OB 2 분자 구름에 속하는 성운들입니다. 비록 이름은 이렇게 지어져 있지만 페르세우스 OB 2 분자 구름까지의 거리가 확실하지 않기 때문에 페르세우스 OB 2 성협과의 연관 관계는 미지의 영역으로 남아 있습니다.

대상	분류	밝기	각크기/각분리	적경	적위	MSA	U2
NGC 1499	발광성운	6.0	160' x 40'	4시 00.5분	+36° 33'	117	60
NGC 1579	성운복합체	-	12' x 8'	4시 30.1분	+35° 17'	116	60
NGC 1342	산개성단	6.7	17'	3시 31.6분	+37° 23'	119	60R
페르세우스자리 제타(ζ) 별 (ζ Persei)	다중별	2.9, 9.2, 10.0, 10.4, 11.2	13", 120", 98", 33"	3시 54.1분	+31° 53'	140	60R
페르세우스자리 40 별 (40 Persei)	이중별	5.0, 10.0	26"	3시 42.4분	+33° 58'	118	60R
스트루베 425 (Σ425)	이중별	7.5, 7.6	2.0"	3시 40.1분	+34° 07'	118	60R
바너드 4 (B4)	암흑성운	-	46' x 29'	3시 44.0분	+31° 48'	140	60R
바너드 5 (B5)	암흑성운	-	1.5°	3시 47.9분	+32° 54'	140	60R
IC 348	성단과 성운	7.3	8'	3시 44.6분	+32° 10'	140	60R
스트루베 439 (Σ439)	삼중별	9.3, 9.5, 10.3	0.5", 24"	3시 44.6분	+32° 10'	140	60R
스트루베 437 (Σ437)	이중별	9.8, 10.0	11"	3시 44.1분	+32° 07'	140	60R
NGC 1333	반사성운	5.7	6' x 3'	3시 29.3분	+31° 24'	141	60R

각크기 및 각분리는 최근 천체 목록을 참고한 것입니다. 시각적으로 보이는 천체의 크기는 대부분 목록상에 있는 크기보다는 작게 느껴지며 장비의 구경과 배율에 따라 다양하게 느껴집니다. MSA와 U2는 각각 『밀레니엄 스타 아틀라스』와 『우라노메트리아 2000.0』 2판에 기재된 차트 번호를 의미합니다. 이 지역에 위치하는 이번 달의 모든 천체들은 《스카이 앤드 텔레스코프》 호주머니 별지도 표 13에 기재되어 있습니다.

별빛 쏟아지는 밤

미리내 가장자리를 따라 자리잡은 큰개자리는
깊은 우주로 길을 나선 별지기를 위해 별빛 선물을 가득 쌓아두고 있습니다.

밤의 옷자락이 스치는 소리를 들었다네
그 소리는 그녀의 대리석 홀을 질러갔지!
나는 천상의 벽에서 온통 찬란한 빛이 장식하고 있는
그녀의 칠흑과 같은 치마를 보았다네

헨리 워즈워스 롱펠로*Henry Wadsworth Longfellow* 〈밤을 향한 찬양*Hymn to the Night*〉

이 시는 1839년 미국의 시인 헨리 워즈워스 롱펠로Henry Wadsworth Longfellow가 그의 방 창문을 통해서 본 하늘의 인상을 노래한 것입니다. 그가 본 것은 여름의 밤하늘이었지만, 큰개자리의 겨울 치마는 훨씬 더 밝은 별들로 수놓아져 있죠. 그중의 으뜸은 큰개자리 알파(α) 별이며 밤하늘에서 가장 화려하게 빛나는 별, **시리우스**(Sirius)입니다.

시리우스는 자신이 뿜어내는 찬란한 광채 바로 앞 문

시리우스는 밤하늘에서 가장 밝게 빛나며 찬란한 광채를 뿜어내는 별입니다. 이 별은 2월의 밤하늘에서 쉽게 찾을 수 있는 별자리인 큰개자리에 있죠. 이번 장에서 저자는 시리우스로부터 한 뼘도 안 되는 지역에 담겨 있는 다양한 관측 대상을 설명하고 있습니다.

사진: 아키라 후지

턱에 짝꿍별로 백색왜성 하나를 거느리고 있습니다. 시리우스가 오래전부터 큰개자리의 별로 불려왔기 때문에 1862년 발견된 이 백색왜성은 강아지별(the Pup)로 알려지게 되었죠. 이 2개 별의 간격은 1993년 이래로 계속 벌어지고 있습니다. 2008년에는 자신의 형을 쫓아가는 이 작은 강아지가 8초까지 벌어졌죠.

하지만 이렇게 벌어진 거리에도 불구하고, 문제는 시리우스가 이 백색왜성보다 무려 1만 배나 더 밝게 빛난다는 것입니다. 저는 플로리다 키스에서 열리는 겨울별파티the Winter Star Party, WSP에서 -1.5등급의 시리우스로부터 8.5등급의 이 강아지별을 분리해 본 적이 있습니다. 플로리다 키스는 이 강아지별을 분리해 보는데 반드시 필요한 빼어난 시상을 제공해주곤 하죠.

2005년의 별파티에서는 초심자들도 제 10인치(254밀리미터) 반사망원경에서 320배율로 이 강아지별을 쉽게 구분할 수 있었습니다. 비록 이 두 별 간의 거리는 2006년 더 벌어졌지만, 당시 이 강아지별을 구분해내는 것은 훨씬 더 어려웠습니다. 시상이 약간 뭉개지면서 별

빛이 좀 더 퍼져 보였기 때문이었습니다. 이 강아지별은 2022년에 시리우스로부터 가장 멀리 떨어진 겉보기 거리에 도달하게 됩니다. 이 때 강아지별은 시리우스로부터 11.3분 거리를 유지하게 되죠. 시리우스의 찬란한 별빛으로부터 이 강아지별을 한번 구별해보시겠어요?

이를 위해 10인치(254밀리미터) 망원경까지 갖출 필요는 없습니다. 절반 정도의 구경을 갖춘 망원경으로도 이 2개 별을 분리해 보았다는 후기들이 많이 있기 때문입니다.

큰개자리는 눈에 띄는 많은 밤보석들이 자리 잡은 곳이기도 합니다. 조금은 더 쉽게 분리해 볼 수 있는 이중별을 보고 싶다면 5등급의 별, **큰개자리 뮤**(μ CMa) 별을 찾아보세요. 이 별은 큰개자리 감마(γ) 별과 세타(θ) 별 중간에서, 세타 별로 약간 치우친 지점의 약간 서쪽에 자리 잡고 있습니다. 제 105밀리미터 굴절망원경에서 127배율로 보면, 북북서쪽 3.2초 지점에 7등급의 청백색 짝꿍별을 거느린 아름다운 금빛 으뜸별을 볼 수 있죠. 비록 이 이중별은 시리우스 및 강아지별보다 훨씬 더 가깝게 붙어 있지만 두 별을 구분해내기는 그다지 어렵지 않습니다. 왜냐하면 2개 별의 밝기가 그리 크게 차이 나지 않기 때문이죠.

시리우스로부터 정남쪽으로 1.6도 내려오면 짙은 노란색을 띤 7등급의 별을 볼 수 있는데 이 별의 동북동쪽 11분 지점에 나선은하 **NGC 2283**이 자리 잡고 있습니다. 제 작은 굴절망원경에서 87배율로 보면 3개의 별을 품고 있는 작은 얼룩을 볼 수 있습니다. 10인치(254밀리미터) 반사망원경에서는 일관된 밝기를 보여주는 이 은하를 볼 수 있지만 별 하나가 더 겹쳐 보이게 되죠. NGC 2283은 시각적으로 자칫 성운과 쉽게 혼동할 수 있는 천체입니다. 사실 이 천체는 제가 가지고 있는 '스카르나테호 하늘지도(Skalnate Pleso Atlas of the Heavens)' 초판에 성운으로 표기되어 있으며 스벤 체더블라트Sven Cederblad가 1946년 정리한 은하성운 목록인 체더블라트 86(Cederblad 86)에도 포함되어 있습니다. 이 은하의

딥스카이 원더스 **67**

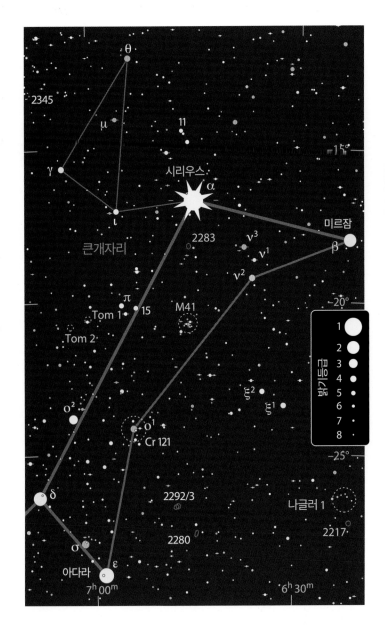

어두운 하늘 아래에서라면 맨눈으로도 희미하게 볼 수 있는 산개성단 M41은 모든 구경의 쌍안경 및 망원경으로 관측 가능한 이상적인 관측 대상입니다. 큰개자리는 성단이 많이 자리 잡고 있는 미리내를 따라 위치하고 있지만 메시에 천체로서는 유일하게 M41만을 거느리고 있습니다. 사진의 폭은 1.4도이며 북쪽이 위쪽입니다.
사진: POSS-II / 캘테크 / 팔로마

혜성과 같은 꼬리를 가진 별로 묘사한 대상이 M41을 말했던 것일 수도 있습니다.

떨림방지장치가 부착된 제 15×45 쌍안경으로 보면 7등급 및 이보다 희미한 별 30개가 40분 폭으로 모여 있는 모습을 볼 수 있습니다. 6등급의 큰개자리 12별이 이 성단의 남쪽 모서리에 걸터앉아 있죠. M41을 105밀리미터 굴절망원경에서 47배율로 보면 80개의 밝고 희미한 별들이 뒤섞인 모습을 보게 됩니다. 이 별들은 중심으로부터 방사형으로 뻗어 나오며 마치 사슬처럼 엮여 있는 모습을 연출하죠. 저는 이 성단 전역에 점점이 뿌려져 있는 노란색과 주황색 별들을 여러 개 볼 수 있었습니다.

이제 동쪽으로 3.4도 이동하여 2.5분으로 떨어져 있는 황금색과 백색의 7등급 이중별로 가봅시다. 여기서 북서쪽에 클라이드 톰보우Clyde Tombaugh가 해왕성바깥행성trans-Neptunian을 찾던 중 발견한 산개성단, 톰보우 1(Tombaugh 1, Tom 1)이 자리 잡고 있습니다. 저는 2006년

나선 구조와 그 앞쪽에 자리 잡은 몇몇 별들은 제 망원경으로는 보이지 않습니다. 그래서 숙련된 천체사진작가들에게는 사랑받는 대상이 되죠.

여기서 남쪽으로 2.5도 더 깊숙이 내려가면 큰개자리가 가지고 있는 유일한 메시에 천체인 산개성단 M41을 만나게 됩니다. 이 성단은 중간 정도 어두운 밤하늘이라면 맨눈으로도 희미한 헝겊조각처럼 볼 수 있습니다. M41을 처음으로 목록화한 사람은 조반니 호디에르나 Giovanni Hodierna('조안바티스타 오디에르나'라고도 부릅니다)입니다. 그는 1654년 이 천체를 처음으로 기록했죠. 그러나 기원전 4세기 아리스토텔레스가 이 지역에서 희미한

저자는 작은 망원경으로 나선은하 NGC 2217의 중심핵을 볼 수는 있었으나, 그 외곽 고리는 볼 수 없었습니다. 오랜 노출을 통해 촬영된 이 사진에는 저자가 볼 수 없었던 고리가 모습을 드러내고 있습니다. 사진의 폭은 1/3도이며 북쪽이 위쪽입니다.

사진: POSS-II / 캘테크 / 팔로마

플로리다 키스의 겨울별파티 중 베스티 화이트록Besty Whitlock의 105밀리미터 굴절망원경을 통해 톰보우 1을 봤습니다. 톰보우 1은 17배율에서 작고 희미한 점처럼 보였으며 28배율에서는 중심에 홀로 자리 잡고 있는 별을 볼 수 있었죠. 47배율에서는 한 쌍의 11등급 별들을 발판으로 삼고 선 5분의 얼룩덜룩한 연무 위로 여러 개의 푸른 먼지와 같은 별들을 볼 수 있었습니다. 87배율에서는 반짝반짝 빛나는 10여 개의 별들과 여전히 분리되지 않는 희미한 빛이 보였습니다. 뉴욕에 살고 있는 조 버게론Joe Bergeron의 3.6인치(91.44밀리미터) 굴절망원경에서 거의 비슷한 배율로 봤을 때는 9~10개의 희미한 별들을 볼 수 있었습니다. 제 10인치(254밀리미터) 반사망원경에서 118배율로 봤을 때는 어렴풋이 삼각형을 이루고 있는 약 35개의 별들을 볼 수 있었죠.

여기서 동남동쪽으로 40분 지점에서 동일한 저배율로 화이트록의 망원경을 이용하여 **톰보우 2**(Tombaugh 2, Tom 2)를 볼 수 있었습니다. 이 성단은 톰보우 1보다 훨씬 더 희미합니다. 그래서 그 위치를 찾으려면 북쪽 4분 지점에 자리 잡고 있는 8.5등급의 별을 이용해야 하죠. 이 별 무리는 87배율에서 훨씬 쉽게 찾아볼 수 있습니다 다만, 이 배율에서도 남동쪽 모서리 바깥쪽에 11등급의 별을 거느린 2분의 희미한 점처럼만 보였습니다. 이 희미한 안개는 제 10인치(254밀리미터) 반사망원경에서 118배율로 봤을 때, 극도로 희미한 빛의 점들이 어여쁘게 흩뿌려져 있는 모습으로 보였습니다.

톰보우 2는 아마도 미리내에 잡아먹힌 큰개자리 왜소은하와 관계가 있을지도 모릅니다. 큰개자리 왜소은하는 미리내에서 가장 가까운 곳에 위치한 동반은하로서 태양으로부터는 2만 5,000광년 미리내 중심으로부터는 4만 2,000광년 떨어져 있는 은하입니다.

몇 해 전 광학장치 설계자인 알 나글러Al Nagler는 이 부분에서 그가 만난 흥미로운 자리별에 대해 이야기해 준 적이 있습니다. 쌍안경 시야에서 큰개자리 제타(ζ)별을 남쪽 모서리에다 두면 북쪽에 **나글러 1**(Nagler 1)이 들어오는 것을 볼 수 있죠.

나글러 1은 제가 가지고 있는 15×45 쌍안경에서는 별들이 만들어내는 16분×48분 크기의 멋진 V자로 보입니다. 이 V자는 7등급에서 10등급의 별들로 구성되어 있으며 북쪽을 지목하고 있죠. 이 V자의 꼭짓점으로부터 동쪽 아래 자리 잡은 첫 번째 별은 이중별입니다. 망원경으로 보면 3개의 가장 밝은 별들이 노란빛을 띠는 주황색과 붉은빛을 띠는 주황색 옷을 차려입고 있죠. 충분한 시야각과 약간의 상상력을 더한다면 나글러 1의 서쪽으로 또 다른 별들을 지나 팔을 뻗치고 있는, 더 선명한 또 하나의 V자형 자리별을 볼 수 있을 것입니다.

나글러 1에서 1도 남쪽으로 내려오면 2개의 황백색 8등급 별과 독특하게 붉은빛을 뿜어내는 9등급의 별로 이루어진 35분 길이의 정삼각형을 볼 수 있을 것입니다. 여기서 꼭지점을 구성하는 별의 북쪽 16분 지점에 NGC 2217 은하가 자리 잡고 있습니다. 이 은하는 삼각형을 이루는 별들과 함께 거의 직사각형의 사다리꼴을 구성하고 있죠.

이 은하는 제 105밀리미터 굴절망원경에서 87배율로 봤을 때, 희미하고 작은 동그라미로 보였습니다. 중심으로 갈수록 밝아지는 양상을 보이며 거의 별 모양과 비슷한 핵을 품고 있죠. 제 10인치(254밀리미터) 반사망원경에서 171배율로 보면 둥근 중심부를 품고서 동남동쪽으로 늘어진 1분의 타원형을 볼 수 있습니다. 서쪽 경계 바깥쪽으로는 희미한 별 한 쌍이 자리 잡고 있죠. 이 별들은 희미한 4분×3분의 고리에 파묻혀 있습니다. 북북동쪽으로 기울어져 있는 이 고리는 제 망원경으로는 볼 수 없는 구조였죠. 만약 이 머나먼 별들의 도시가 거느리고 있는 희미한 외곽 고리를 보고자 한다면 충분히 오랫동안 바라봐야 할 거라는 걸 명심하세요.

나를 내려다보는 그녀의 권능을 담은 마법에 의해
그녀의 존재를 느꼈다네
고요하고 장엄한 밤의 존재는,
내가 사랑하는 이와 닮았다네.
– 헨리 워즈워스 롱펠로,
〈밤을 향한 찬양〉

높은 배율에서 더 많이 나타나는 별들

같은 망원경에서도 배율을 높이면 더 희미한 별들을 볼 수 있습니다. 8인치(203.2밀리미터)나 그 이하 구경의 망원경에서 저배율로부터 약 150배율까지 배율을 높여갈 때 나타나는 대상의 변화는 드라마틱할 정도입니다. 그러나 그 이상의 배율에서 느끼게 되는 효과는 좀 더 미미해집니다. 좀 더 큰 구경의 망원경이라면 희미한 별들에서 나타나는 변화는 250배까지 확연하게 드러납니다. 물론 안시관측에서는 여러 변수가 있기 때문에 각자 다양한 경험을 할 것입니다.

2월의 밤하늘을 향한 별빛 환희

대상	분류	밝기	각크기/각분리	적경	적위	MSA	U2
시리우스(Sirius)	이중별	-1.5, 8.5	8.4"	6시 45.2분	-16° 43'	322	135R
큰개자리 뮤(μ) 별(μ Cma)	이중별	5.3, 7.1	3.2"	6시 56.1분	-14° 03'	298	135R
NGC 2283	은하	11.5	3.4'×2.7'	6시 45.9분	-18° 13'	322	154L
M41	산개성단	4.5	39'	6시 46.1분	-20° 46'	322	154L
톰보우 1(Tom 1)	산개성단	9.3	6'	7시 00.5분	-20° 34'	(322)	154L
톰보우 2(Tom 2)	산개성단	10.4	3'	7시 03.1분	-20° 49'	(321)	154L
나글러 1(Nagler 1)	자리별	-	16'×48'	6시 22.4분	-26° 28'	347	154R
NGC 2217	은하	10.7	4.5'×4.2'	6시 21.7분	-27° 14'	347	154R

각크기 및 각분리는 최근 천체 목록을 참고한 것입니다. 시각적으로 보이는 천체의 크기는 대부분 목록상에 있는 크기보다는 작게 느껴지며 장비의 구경과 배율에 따라 다양하게 느껴집니다. MSA와 U2는 각각 『밀레니엄 스타 아틀라스』와 『우라노메트리아 2000.0』 2판에 기재된 차트 번호를 의미합니다. 차트 번호상에 있는 괄호는 해당 천체가 별도로 표시되어 있지는 않음을 의미합니다. 이 지역에 위치하는 이번 달의 모든 천체들은 《스카이 앤드 텔레스코프》 호주머니 별지도 표 27에 기재되어 있습니다.

코프랜드의 잃어버린 삼각형

오늘날의 망원경으로 50년 전의 관측을 재현해볼 수 있을까요?

1957년 3월, 《스카이 앤드 텔레스코프》에는 레런드 S. 코프랜드Leland S. Copeland의 외뿔소자리 이야기가 실렸습니다. 코프랜드는 관측 대상들에게 여러 별명을 붙인 것으로 유명한 사람입니다. 이 중에서 어떤 것들은 대중적으로 널리 알려지기도 했지만, 어떤 것들은 알려지지 못했죠. 코프랜드의 삼각형(Copeland's Trigon)의 경우 전혀 그 정체를 알 수 없는 천체이기도 합니다. 아마도 그 위치가 불분명했기 때문인 듯합니다.

코프랜드의 외뿔소자리 여행을 되짚어 따라가보도록 하지요. 그가 이곳에서 어떤 대상들을 보았는지 한번 쫓아가보고, 마지막으로는 코프랜드의 삼각형도 한번 찾아보도록 하겠습니다. 분명 되짚어볼 만한 가치가 있을 겁니다. 외뿔소자리를 따라가는 관측은 모두 저의 105밀리미터 굴절망원경을 이용할 겁니다.

코프랜드는 아름다운 매력을 지닌 삼중별 **외뿔소자리 베타**(β) 별에서 여행을 시작했습니다. 47배율에서 저는 2개의 별만을 볼 수 있었습니다. 좀 더 밝은 별이 약간 희미한 짝꿍별을 남동쪽으로 거느리고 있었죠. 87배율에서 이 짝꿍별은 실제로는 가까이 붙어 있는 한 쌍의 별이라는 사실이 드러납니다. 좀 더 희미한 별이 좀 더 밝은 별의 동남동쪽에 자리 잡고 있죠. 이 세 별은 모두 청백색의 5등급 별입니다.

코프랜드는 외뿔소자리 베타 별에서 시작하여 2.2도 북쪽에 있는 **NGC 2232**로 갔습니다. 그는 이 천체를 이중쐐기(the Double Wedge)라고 불렀죠. 47배율에서 이 별무리는 25개의 별을 보여줍니다. 이 별들은 5등급의 외뿔소자리 10 별로부터 남쪽 방향으로 부채꼴로 퍼져 있

노란색 별 중 어느 것이 NGC 2301의 별명인 '황금 벌레'에 해당하는 별일 것이라 생각하십니까?
사진: 베른하르트 후블

M50의 별들 사이에서 코프랜드의 코일을 볼 수 있으신가요?
사진: 로버트 젠들러

죠. 5개의 별이 외뿔소자리 10 별을 구획 짓고 있습니다. 하나는 북쪽에, 하나는 남쪽에, 또 하나가 동북동쪽에 있으며 서남서쪽에 한 쌍의 별이 자리 잡고 있죠. 북서쪽으로는 뭉툭한 쐐기 모양의 6개 별이 부채꼴을 향하여 줄지어 있습니다. 이 쐐기는 북쪽 끄트머리에 외뿔소자리 9 별과 함께 전체적으로 흩뿌려져 있는 희미한 25개의 별을 거느리고 있습니다. 여러 천문자료에서 이 두 번째 쐐기 모양을 이룬 별들은 NGC 2232의 일부로 다뤄지고 있지는 않습니다. 그러나 『별 무리Star Clusters』라는 책에서 브렌트 아카이널Brent Archinal과 스티븐 하인스Steven Hynes는 NGC 2232의 영역에 이 2개 쐐기 모양을 이루는 별들이 모두 포함되어야 하는지, 그 여부를 다투기도 했습니다.

코프랜드가 황금 벌레(Golden Worm)라고 부른 NGC 2301이 우리의 다음 목적지입니다. 이 별 무리는 47배율로 봤을 때 중간급 밝기의 별로부터 희미한 별들까지 15개의 별들이 남북으로 1/3도 길이로 물결치듯 줄지어 있는 모습을 보여줍니다. 이보다는 더 짧고 덜 눈에

띄는 막대가 중심으로부터 동쪽으로 뻗어나가고 있죠. 이 2개의 선이 무리에서 가장 밝은 별로 이어지고 있습니다. 얼룩덜룩한 연무를 두른 희미한 별들이 가장 밝은 이 별을 감싸고 있죠. 이 연무는 87배율에서 봤을 때 10등급 및 12등급 별 20여 개가 빽빽하게 몰려 있는 모습으로 분해됩니다. 그래서 별들의 총수는 40개에 육박하게 되죠. 코프랜드는 이 별 무리를 '구부러진 별 무리'로 묘사했습니다. 그래서 아마도 그가 묘사한 벌레 역시 여러 개의 황금빛 색조를 뿜어내는 별들을 품고 남쪽에서 동쪽으로 구부러져 있는 모습이었을 것입니다.

이제 코프랜드가 코일(the Coil)이라는 별명을 붙인 M50으로 가보죠. M50은 17배율에서조차도 쉽게 볼 수 있습니다. 10여 개의 희미한 별들과 아주 희미한 별들이 11분×9분의 폭 안에 뒤죽박죽 섞여 있죠. 이 성단은 약 23분의 지름을 지닌, 약간은 육각형으로 보이는 별들의 헤일로에 의해 둘러싸여 있습니다. M50은 87배율에서 화려한 모습을 보여줍니다. 스테이플 모양의 5개 별이 별 무리의 중심부에 자리 잡고 있는 모습을 볼 수 있습니

는 3개의 아치는 제 좌우대칭상에서 시계반대방향으로 풀려나가는 듯한 모습을 보여주죠. 그런데 이 모든 곡선들 중에서 코프랜드의 코일은 어디 있는 걸까요? M50의 밝은 별들은 제 좌우대칭상에서 S자 모양으로 꼬여 있습니다. 아마 이것이 스프링에서 하나의 코일을 구성하는 부분일 것입니다. 그 모습이 보이시나요?

다음은 NGC 2264로 가보겠습니다. 이 천체 역시 코프랜드가 이름 붙인 '크리스마스트리'라는 이름으로 잘 알려진 성단입니다. 이 이름은 성단의 모습을 봤을 때 의심의 여지가 없을 정도로 딱 들어맞습니다. 47배율로 봤을 때 54개의 전등을 달고 있는 26분 크기의 전나무가 그 모습을 드러내죠. 전나무 둥치의 바닥을 표시하고

NGC 2264를 보여주고 있는 이 사진은 일반적인 반사망원경에서 볼 수 있는 모습으로서 남쪽이 위쪽입니다. 남쪽을 위쪽으로 배치한 것은 크리스마스트리를 닮은 모습을 강조하기 위해서입니다. 성단을 감싸고 있는 성운기는 성운필터의 도움을 받더라도 눈으로 보기가 쉽지는 않습니다. 나무의 끝부분에 쑥 들어와 있는 검은 기둥은 원뿔성운(Cone Nebula)입니다.
사진: 코드 숄츠(Cord Scholz)

다. 이 5개의 별은 텅 빈 부분에 의해 둘러싸여 있습니다. 그리고 이 텅 빈 부분을 23개의 중간 밝기와 희미한 밝기를 가진 별들이 달걀 형태로 감싸고 있죠. 이 달걀 모양의 남쪽 끄트머리에는 멋진 모습을 보여주는 한 쌍의 별이 담겨 있습니다. 이 배율에서 약간 떨어져 있는 모습을 보이는 헤일로는 북서쪽에 거대한 별들의 고리를 보여줍니다. 그리고 별 무리의 나머지를 고르게 감싸고 있

장미성운은 NGC 2244 성단을 감싸고 있습니다. 이 성운의 색깔은 망원경을 통해서는 볼 수 없습니다. 그러나 장미형태를 구성하고 있는 별빛의 소용돌이와 풍부한 검은 먼지 다발이 만드는 웅장한 모습은 검은 하늘 아래에서 성운필터의 도움을 받아 볼 수 있죠.
사진: 《스카이 앤드 텔레스코프》/ 숀 워커

있는 청백색의 외뿔소자리 15 별(이 별은 외뿔소자리 S 별로도 알려진 변광성입니다)은 훨씬 희미한 짝꿍별을 북북동쪽 가까운 거리에 거느리고 있습니다. 나무 끝부분 남쪽의 희미한 별들은 비록 이 성단의 일원으로 간주하지는 않지만 저는 이 끝부분에 있는 5개의 거대한 별들이 나무의 끝을 장식하고 있는 멋진 모습을 상상할 수 있었습니다. 나무가 남쪽으로 꼭대기를 드리우고 있어서 저는 가끔 망원경을 통해 들어온 장면을 위아래 반대로 보곤 합니다. 그러면 사진과 같은 모습이 눈에 들어오죠.

감탄하며 크리스마스트리를 감상하고 나면, 코프랜드는 우리를 외뿔소자리 엡실론(ε) 별과 NGC 2244로 안내합니다. 외뿔소자리 엡실론 별은 **외뿔소자리 8 별**(8 Mon)로 더 잘 알려져 있으며 쉽게 구분해 볼 수 있는 이중별입니다. 47배율에서는 하얀색의 으뜸별이 북북동쪽으로 상당히 희미한 노란색의 짝꿍별을 거느린 모습을 볼 수 있습니다. 산개성단 **NGC 2244**를 코프랜드는 하프(the Harp)라고 불렀습니다. 이 성단은 외뿔소자리 엡실론 별의 동쪽 2.1도 지점에 자리 잡고 있죠. 코프랜드가 여기서 어떻게 하프 모양을 떠올렸는지 모르겠지만 제가 한번 최선을 다해 상상해보겠습니다. 47배율에서는 중심지역에 밝은 별과 희미한 별 25개가 섞여 있는 모습을 볼 수 있습니다. 대부분의 밝은 별들은 북북서쪽으로 기울어진 20분의 막대기 모양을 하고 있는데, 이 부분을 거꾸로 선 연주용 하프의 측면 기둥으로 볼 수 있을 것 같습니다. 그 주변으로는 훨씬 많은 별이 흩뿌려져 있는데, 이 별들이 펼쳐지기 시작한 부분이 어디서부터인지, 그리고 이 성단이 끝나는 지점이 어디인지를 정확히 말하기는 어렵습니다. 별들이 가장 눈에 띄게 뭉쳐져 있는 부분이 하프의 측면 기둥 북쪽 끝에서부터 남남서쪽으로 뻗어나가고 있는데, 이 부분이 아마도 하프의 가장 길고 얇은 기둥을 구성하는 부분일지도 모르겠습니다. 당신은 어떻게 생각하세요?

NGC 2244는 장미성운의 한가운데 자리 잡고 있습니다. 코프랜드는 장미성운을 보통 망원경으로는 볼 수 없다고 적었습니다. 그에게는 오늘날 우리가 가지고 있는 성운필터가 없었던 것이죠. 17배율에서 산소 III 필터를 사용하면 장미성운은 아름답고 복잡한 모습을 드러냅니다. 약 1도에 걸쳐 펼쳐져 있는 이 성운은 별 무리가 만든 밝은 막대를 둘러싼 중심의 텅 빈 부분을 한 번 더 둘러싸고 있죠. 이 성운은 너비와 밝기에서 상당한 변화를 보여주며 먼지 끈들로 장식되어 있습니다.

마지막으로 코프랜드의 삼각형으로 가보겠습니다. 코프랜드는 이를 "매우 작은 별의 삼각주", "3개의 상대적으로 밝은 별들이 바짝 붙어 만들어낸 작은 경이"라고 묘사하였습니다. 그는 이 삼각형이 NGC 2244로부터 약간 서북쪽에 자리 잡고 있다고 기록했습니다. 그리고 이 삼각형을 첨부한 표에 기록해놨죠. 여기서 우리는 삼중별인 **스트루베 915**(Σ915)를 볼 수 있습니다만 이 삼중별은 코프랜드의 삼각형이 아닙니다. 2개의 밝은 별이 47배율에서 멋진 이중별처럼 보이지만 세 번째 별은 희미하고 남동쪽으로 너무 멀리 떨어져 있어 폭 좁은 삼각형을 만들고 있죠. 코프랜드는 글 말미에 삼각형을 삼중별 **스트루베 939**(Σ939)와 동일한 형태로 기록했습니다. 스트루베 939는 NGC 2244로부터 동북쪽으로 약간 떨어진 곳에 자리 잡고 있죠. 저는 17배율에서 작고 귀여운 삼각형을 구분해 볼 수 있었으며, 47배율에서는 훨씬 매력적인 모습을 찾을 수 있었습니다. 8등급의 으뜸별은 9등급의 짝꿍별들을 동남동쪽과 북동쪽에 거느리면서 사랑스러운 삼각주의 모습을 만들어냈습니다. 이것이야말로 확실히 코프랜드의 삼각형입니다. 그 자체로도 볼 만한 가치가 있거니와 그 이름 역시 충분히 가치가 있는 이름이죠. 코프랜드가 말한 대로 우리 가운데 몇몇은 깊은 우주의 매력적인 천체들로부터 특별한 감흥을 얻게 될 것입니다.

베타를 찾아서

외뿔소자리의 희미한 별은 알아보기가 쉽지 않습니다. 그래도 쉬운 방법 하나를 소개하자면 바로 오리온 벨트로부터 시리우스 쪽으로 쭉 가보는 것입니다. 약 반 정도 지점에서 약간 북쪽으로 2개의 비슷한 밝기로 빛나는 별들을 볼 수 있습니다. 이 중에서 오리온자리 쪽으로 가까이 자리 잡은 별이 외뿔소자리 감마(γ) 별이며, 시리우스 쪽으로 가까이 자리 잡고 있는 별이 외뿔소자리 베타(β) 별입니다. 바로 이 별이 외뿔소자리의 별 여행을 시작하는 출발점이죠.

코프랜드의 발자국을 따라가는 외뿔소자리 여행

대상	분류	밝기	각크기/각분리	적경	적위
외뿔소자리 베타(β) 별 (β Mon)	삼중별	4.6, 5.0, 5.3	AB 7.1″, BC 3.0″	6시 28.8분	- 7° 02′
NGC 2232	산개성단	4.2	53′	6시 27.3분	- 4° 46′
NGC 2301	산개성단	6.0	15′	6시 51.8분	+0° 28′
M50	산개성단	5.9	15′	7시 02.8분	- 8° 23′
NGC 2264	산개성단	4.1	40′	6시 41.0분	+9° 54′
외뿔소자리 8 별(8 Mon)	이중별	4.4, 6.6	12.1″	6시 23.8분	+4° 36′
NGC 2244	산개성단	4.8	30′	6시 32.3분	+4° 51′
스트루베 915(Σ915)	삼중별	7.6, 8.5, 11.2	6.0″, 39.2″	6시 28.2분	+5° 16′
스트루베 939(Σ939)	삼중별	8.4, 9.2, 9.4	30.6″, 39.5″	6시 35.9분	+5° 19′

각크기 및 각분리는 최근 천체 목록을 참고한 것입니다. 시각적으로 보이는 천체의 크기는 대부분 목록상에 있는 크기보다는 작게 느껴지며 장비의 구경과 배율에 따라 다양하게 느껴집니다.

마차부자리를 가득 채우고 있는 보석들

잘 알려지지 않은 여러 성단과 성운들이
천상의 마차부자리를 장식하고 있습니다.

미리내의 보물을 잔뜩 싣고 있는 마차부자리는 어마어마하게 많은 관측 대상을 뽐내는 별자리입니다. 우리는 1월의 여덟 번째 장과 2월의 두 번째 장에서 이미 이 선명한 오각형 별자리에 자리 잡고 있는 몇몇 천체들을 여행한 바 있습니다. 이번에는 이 오각형의 바깥쪽에 자리 잡고 있는 보석들과 얇은 비단자락들 몇 개를 뽑아 그 가치를 감정해보도록 하겠습니다. 마차부자리의 동쪽 경계부에서 시작해보죠.

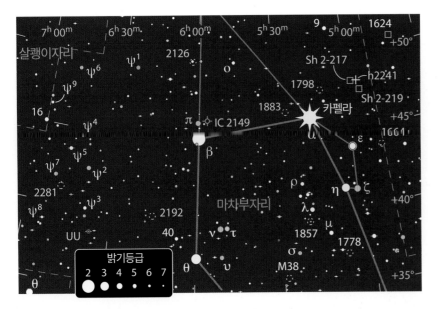

고기 문양이 생각나기도 합니다. 이 물고기는 금빛 코를 가지고 있는 듯 보이는데, 제 10인치(254밀리미터) 반사망원경에서 관측해보면 꼬리 부분 역시 희미한 색깔을 보여줍니다. 다채로운 색깔을 뽐내며 오각형을 이루는 별들이 NGC 2281을 감싸고 있는데 이 중 3개는 노란색과 주황색으로 빛나며 북쪽 경계에 자리 잡은 다른 2개의 별은 이글거리는 잔불과 같은 주황색을 뿜어내고 있습니다.

깊은 색감의 별을 보려면, 남서쪽으로 3.5도 내려와 약간은 불규칙적인 주기를 갖는 변광성 **마차부자리 UU** 별을 찾아봅시다. 이 별은 233일에서 439일을 주기로 5등급과 7등급 사이에서 밝기 변화를 보여주는 별입니다. 마차부자리 UU별은 탄소별로서 매우 붉은 색조를 뿜어내는 차가운 거성입니다. 이처럼 붉은 색깔은 별로부터 뿜어져 나오는 파란빛이 대기상의 탄소분자와 탄소 화합물에 의해 걸러진 결과입니다.

마차부자리 세타(θ) 별로부터 마차부자리 40 별까지 이동하고 계속해서 동일한 거리를 한 번 더 이동하면 상당히 다른 모습을 보여주는 산개성단 **NGC 2192**를 만

이 지역은 그리스 문자 프시(ψ)를 품고 있는 11개의 별들이 자리 잡고 있는 지역입니다. 그러나 프시[10](ψ^{10})은 실제로는 바로 이웃 별자리인 살쾡이자리에 자리 잡고 있으며 살쾡이자리 16별로 더 잘 알려져 있죠. 프시[8]은 2개의 별이 서로 가깝게 모여 있는 별입니다. 이 한 쌍의 별은 맨눈으로는 하나처럼 보입니다. 그리고 이 2개의 별이 합쳐져 만들어내는 밝기 5.6등급은 프시 별들 중에서 가장 희미한 밝기죠. 반면 프시[2] 별은 가장 밝은 별로서 그 밝기는 4.8등급입니다. 당신은 몇 개의 프시 별들을 볼 수 있으신가요?

프시 별들에 포위되어 있는 산개성단 **NGC 2281**은 마차부자리 프시[7]의 남남서쪽으로 50분 지점에 자리 잡고 있습니다. NGC 2281을 제 105밀리미터 굴절망원경에서 47배율로 보면 중간 및 희미한 밝기를 가진 35개의 별들이 20분 크기로 모여 있는 모습을 볼 수 있습니다. 여러 밝은 별들은 북북동쪽으로 오목한 페이즐리 모양의 고리를 그리고 있습니다. 저는 고리의 좁은 끝부분이 만들어내는 별의 패턴을 보면서 돌고래자리가 생각나기도 하고 여기에 몇몇 별들을 더해 그리스도교의 물

NGC 2281의 밝고 푸른 별들은 이 성단이 상대적으로 가까운 곳에 자리 잡고 있는 젊은 성단임을 말해주고 있습니다. 이 성단은 미리내 평면으로부터 거의 17도 떨어져 있기 때문에 배경의 별들은 매우 희박한 상태입니다.
사진: POSS II / 캘테크 / 팔로마

NGC 2192는 NGC 2281보다 훨씬 멀리 떨어져 있으며 나이도 훨씬 더 많은 성단
입니다. 따라서 별들은 더더욱 희미하게 보이며 서로 더 밀집되어 있고, 대체로
붉은 색깔을 보여줍니다.
사진: POSS II / 캘테크 / 팔로마

3억 6,000만 년임에 반해 NGC 2192의 나이는 얼추잡아 20억 년은 된 상태죠.

우리의 다음 목표는 복잡 미묘한 행성상성운 IC 2149 입니다. 이 행성상성운은 붉은빛을 띤 주황색 별인 마차부자리 파이(π) 별의 서북서쪽으로 38분 지점에 위치하고 있습니다. 이 행성상성운을 제 5.1인치(129.54밀리미터) 굴절망원경에서 63배율로 관측해보면 아주 작고 밝은 녹청색의 성운으로 보입니다. 중심부는 더 밝게 보이죠. 234배로 바라보면 성운은 타원형으로 보입니다. 중심부 별 주변은 약간은 더 밝게 보이고 서남서쪽은 가장 넓게 퍼진 모습을 보여주죠. IC 2149를 제 10인치(254밀리미터) 반사망원경에서 299배율로 관측해보면 장축을 따라 좀 더 밝은 모습을 보여주는데 특히 동쪽 반쪽은 더 밝은 모습을 보여줍니다. 산소III필터는 저배율에서 이러한 대비를 좀 더 확실하게 보여줍니다.

IC 2149는 윌리어미나 플레밍Williamina Fleming에 의해 발견되었으며 1906년 《하버드대학천문대회람》 111호에서 처음으로 보고되었습니다. 플레밍은 하버드 대학의 항성분광탐사 때 8인치(203.2밀리미터) 드레이퍼 굴절망원경으로 획득한 사진 건판을 검토하던 중 이 천체를 발견하였습니다. 이전까지 이 천체는 가스상 성운

날 수 있습니다. 제 작은 굴절망원경으로 28배율로 보면 작고 성긴 보풀 조각을 볼 수 있죠. 87배율에서 보면 약 4분 폭으로 과립상이 드러납니다. 이 별 무리는 매우 희미한 별부터 극단적으로 희미한 별들로 가득 차 있는데, 이 중에서 그나마 가장 밝은 별 하나가 북북동쪽 모서리에 자리 잡고 있습니다. 심지어는 제 10인치(254밀리미터) 반사망원경에 192배율에서도 분해되지 않는 희미한 구역을 배경으로 고작 20개의 별만을 구분해낼 수 있을 정도입니다. 이처럼 2개 성단이 현격하게 다른 모습을 보이는 주된 이유는 거리 때문입니다. 얼룩반점 투성이인 NGC 2281이 1,800광년 거리에 자리 잡고 있음에 반해 반짝이는 분말처럼 보이는 NGC 2192는 이보다 4.5배는 더 멀리 떨어져 있죠. 또 다른 차이를 만들어내는 요인은 각 성단의 나이입니다. NGC 2281의 나이

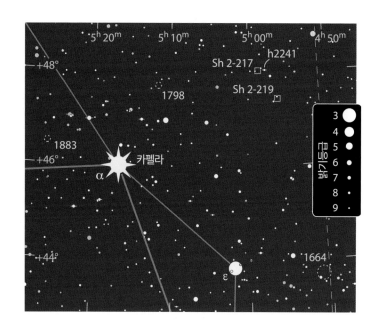

희미한 Sh 2-217은 밝은 이중별 존 허셜(John Herschel) 2241로부터 동쪽 9분 지점에 중심을 잡고 있습니다.

Sh 2-219는 크기는 훨씬 작지만 밀집도는 Sh 2-217보다 더 큽니다.
사진: POSS-II / 캘테크 / 팔로마

으로서의 특징이라 할 수 있는 '밝은 선을 보여주는 별'로 등재되어 있었습니다.

마차부자리 오미크론(ο) 별로부터 동쪽으로 2.2도 이동하면 비교적 희미한 노란색 별을 만나게 될 것입니다. 이 별은 동쪽으로 0.5도 거리에 유사한 밝기의 별을 거느리고 있죠. 이 별은 산개성단 **NGC 2126**의 북동쪽 모서리에 박혀 있는 별입니다.

제 105밀리미터 굴절망원경을 이용하여 47배율로 바라보면 미세한 별들이 아름답게 흩뿌려져 있는 모습을 볼 수 있죠. 저는 127배율에서 6분의 너비에 있는 15개의 별을 셀 수 있었습니다. 제 10인치(254밀리미터) 반사망원경에서 192배율에서 바라봤을 때는 23개의 별들을 볼 수 있었는데 이들 중 대부분은 4분의 삼각형 내에 자리 잡고 있었습니다. 이 삼각형은 한쪽 측면에 있는 2개 별빛이 잦아들면서 북북동쪽을 가리키고 있는 작은 화살표처럼 보입니다.

찬란한 별 카펠라(Capella) 근처에는 다이아몬드 가루가 뿌려져 있는 듯한 성단 2개가 더 자리 잡고 있습니다. **NGC 1883**은 카펠라에서 동북동쪽으로 1.7도 지점에, 그리고 **NGC 1798**은 카펠라에서 북북서쪽으로 1.9도 지점에 자리 잡고 있죠. 제 105밀리미터 굴절망원경을 이용하여 87배율로 관측해보면 별들이 만들어낸 남남서쪽을 향하고 있는 날씬한 삼각형의 날카로운 끝 부분에 희미한 조각처럼 자리 잡고 있는 NGC 1883을 볼 수 있습니다. 2분의 희미한 연무는 동쪽 모서리에 놓인 하나의 희미한 별과 함께 몽글몽글 점지어 있는 모습을 보이며 북서쪽으로는 뿌연 얼룩을 보여줍니다. 174배율에서는 이 뿌연 얼룩에서 매우 희미한 별 하나가 모습을 드러내죠. 10인치(254밀리미터) 반사망원경에서 213배율로 바라보면 2와 1/2분 지역에서 아주 작은 10여 개의 별들과 남쪽으로 따로 떨어져 있는 2개 별이 모습을 드러냅니다.

NGC 1798은 NGC 1883보다 크고 훨씬 더 밝습니다. 제 105밀리미터 굴절망원경에서 122배율로 바라보면 희뿌연 빛 속에 3개의 희미한 별들과 함께 중심으로부터 동남동쪽으로 별 같지 않은 점이 모습을 드러냅니다. 이곳을 촬영한 사진에서는 별들이 만들어낸 아주 작은 점이 나타나죠. 10인치(254밀리미터) 반사망원경에서 192배율로 바라보면 4.5분에서 5분 지역 내에 위치하는 15개에서 20개의 별들이 분리되어 나타납니다.

NGC 1798의 서쪽 2.5도 지역에서는 2개의 발광성운을 볼 수 있습니다. 2개 모두 105밀리미터 굴절망원경에서 76배율로는 매우 찾기 어려운 천체입니다. **샤프리스 2-217**(Sharpless 2-217, Sh 2-217)은 **허셜2241**(h2241)의 동쪽 9분 지점에 자리 잡고 있습니다. 동서로 짝을 짓고 있는 하얀 별들이 마치 어둠 속에 작은 눈처럼 보이죠. 이 성운의 희미한 빛은 약 4.5분 정도 퍼져 있으며 11등급 별과 약간은 더 희미한 별들을 감싸고 있습니다. 협대역성운필터는 Sh 2-217을 약간은 더 도드라지게 만들어주죠. 남서쪽 3/4도 지점에는 **샤프리스 2-219**(Sh 2-219)가 1.5분을 차지하고 있습니다. 중심에서 서쪽으로 12등급의 별 하나가 담겨 있죠. 이 성운은 9등급에서 12등급 사이에 해당하는 남쪽의 별 하나와 북쪽의 별 2개를 거느리고 동쪽으로 오목한 5분 크기의 곡선을 그리고 있습니다.

Sh 2-217을 10인치(254밀리미터) 반사망원경에서 118배율로 보면 남서쪽에 있는 작으면서도 비교적 밝은 조각에 주목하게 됩니다. 그 안쪽으로 좀 더 밝은 점들이 있는 것처럼 보이죠. 192배로 배율을 높이면 이 밝은 점이 보다 더 확실히 보이지만 이것이 별로 이루어진 점인지는 여전히 확실하지 않습니다. 이에 대한 일부 연구는 적외선 사진을 통해 이곳에 많은 별들이 몰려 있지만 거의 대부분이 먼지에 가려져 있으며 작은 균열부를 통해 그 빛이 새어 나오고 있다는 것을 알려주었습니다.

자, 이제 마차부자리 엡실론(ε) 별로 가보겠습니다. 대개 2.9등급으로 빛나는 마차부자리 엡실론 별은 27.12년마다 거대한 검은 먼지 원반으로 추정되는 물질에 의해 한 번씩 가려집니다. 이 별은 반년동안 계속 희미해진 후 1년 동안 3.8등급에 머물러 있고, 그 이후 반년동안은 원래의 평균 밝기로 되돌아오는 별입니다. 이

섬세한 모습의 NGC 1664는 가오리연이나 네잎 클로버, 꽃, 은행잎 등을 떠오르게 만듭니다.
사진: POSS-II / 캘테크 / 팔로마

별이 다시 가려지는 일은 2036년에 일어날 예정입니다.

산개성단 NGC 1664는 마차부자리 엡실론 별에서 정확히 서쪽 2도 지점에서 찾을 수 있습니다. 별들로 이루어진 여러 고리와 사슬을 가지고 있는 NGC 1664는 점잇기 게임을 연상시키는 멋진 별 무리입니다. 저는 이 별 무리를 노랑가오리나 기다란 꼬리를 가진 가오리연, 네잎 클로버 또는 끈을 달고 있는 하트모양의 풍선 등으로 묘사하는 것을 들은 적이 있습니다. 저 역시 이러한 모습들이 연상됩니다. 또한 이보다 좀 더 난해하긴 하지만 사진을 통해 봤을 때는 구불구불한 줄기를 가진 은행잎이 떠오르기도 했습니다. 변명하자면 제가 사는 집 부근 마을인 뉴욕 스코시아의 간선 도로에 은행나무가 심어져 있죠.

NGC 1664를 제 105밀리미터 굴절망원경에서 17배율로 바라보면 남동쪽 모서리에 빛나고 있는 7등급의 별을 포함하여 매우 희미한 일련의 별들이 모습을 드러냅니다. 87배율에서 6분×4분 크기로 나타나는 은행잎의 모습이 NGC 1664의 중심부에 자리 잡고 있습니다. 여기에 7분 길이의 줄기가 밝은 별의 바로 서쪽으로 구불구불 뻗어나갑니다. 24개의 희미한 별들이 이 은행잎-가오리연-풍선-노랑가오리-네잎 클로버를 느슨하

게 감싸면서 약 1/3도 정도로 부푼 모습을 보여주죠.

마차부자리 오각형 바깥쪽에 자리 잡은 별과 성단과 성운들

대상	분류	밝기	각크기/각분리	적경	적위
NGC 2281	산개성단	5.4	25'	6시 48.3분	+41° 05'
마차부자리 UU 별(UU Aurigae)	탄소별	5-7	-	6시 36.5분	+38° 27'
NGC 2192	산개성단	10.9	5.0'	6시 15.3분	+39° 51'
IC 2149	행성상성운	10.6	34"×29"	5시 56.4분	+46° 06'
NGC 2126	산개성단	10.2	6.0'	6시 02.6분	+49° 52'
NGC 1883	산개성단	12.0	3.0'	5시 25.9분	+46° 29'
NGC 1798	산개성단	10.0	5.0'	5시 11.7분	+47° 42'
샤프리스 2-217(Sh 2-217)	발광성운	-	7.3'×6.3'	4시 58.7분	+48° 00'
허셜2241(h2241)	이중별	9.3, 9.5	12"	4시 57.8분	+48° 01'
샤프리스 2-219(Sh 2-219)	발광성운	-	2.0'	4시 56.2분	+47° 24'
NGC 1664	산개성단	7.6	18'	4시 51.1분	+43° 41'

각크기 및 각분리는 최근 천체 목록을 참고한 것입니다. 시각적으로 보이는 천체의 크기는 대부분 목록상에 있는 크기보다는 작게 느껴지며 장비의 구경과 배율에 따라 다양하게 느껴집니다.

즐거움도 2배

쌍둥이자리는 다양한 이중별과 딥스카이 천체들을 거느리고 있습니다.

3월의 온하늘지도를 보면 남쪽 높이 떠 있는 쌍둥이자리를 볼 수 있습니다. 쌍둥이자리에서 거의 천정 근처에 자리 잡고 있는 가장 밝은 별들은 신화에 등장하는 형제의 이름을 가지고 있죠. 카스토르(Castor)가 쌍둥이 중 한 명의 머리를, 폴룩스(Pollux)가 나머지 한 명의 머리를 나타내고 있습니다. 쌍둥이자리는 북반구에서 가장 멋진 산개성단 중 하나와 가장 장대한 행성상성운 중 하나, 그리고 가장 환상적인 다중별계 중 하나를 품고 있

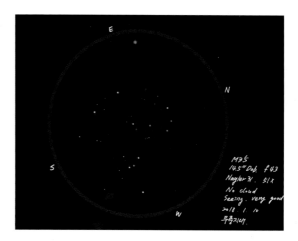

M35를 관측하며 그린 스케치입니다. 왼쪽 아래 사진과 비교하면, 대상을 사진으로 촬영할 때와 눈으로 바라볼 때의 차이를 비교해볼 수 있습니다. 적도의를 비롯한 추적 장치 없이 천체를 관측하며 스케치할 때는 지구의 자전으로 대상이 계속 이동합니다. 따라서 관측 대상에서 가장 밝은 별의 위치를 먼저 그린 후 나머지 부분을 스케치하는 것이 좋습니다. 이 그림은 53배율로 바라본 M35의 모습으로, 약 1도의 폭을 담고 있습니다. 남서쪽에 뿌옇게 그려져 있는 것은 산개성단 NGC 2158입니다.
스케치: 박한규

쌍둥이자리에서 가장 잘 알려진 M35가, 사진 중심부에서 왼쪽으로 드넓게 펼쳐진 반짝반짝 빛나는 별들로 그 모습을 드러내고 있습니다. 이보다는 훨씬 더 멀리 떨어져 있는 ''짝꿍'성단 NGC 2158은 빛공해가 있는 하늘에서는 관측자의 시선에서 벗어나기 일쑤입니다. 화살표는 이중별 오토스트루베 134(OΣ134)를 가리키고 있습니다. 이 사진의 폭은 약 3도이며 전형적인 20배 단망경의 시야를 보여주고 있습니다. 북쪽이 위쪽입니다.
사진: 아키라 후지

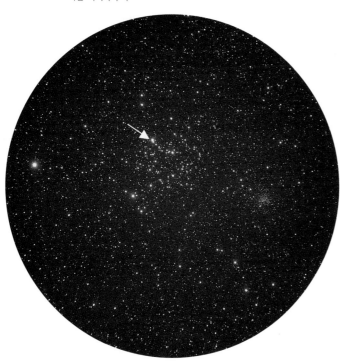

습니다.

그럼 아름다운 **M35**부터 여행을 시작하겠습니다. 매사추세츠 주의 별지기인 류 그래머Lew Gramer는 이 성단을 구두죔쇠성단(the Shoe-Buckle Cluster)이라고 불렀습니다. 이 성단은 쌍둥이자리 에타 별과 쌍둥이자리 1 별 사이에서 카스토르의 북쪽 '신발'을 장식하며 빛나고 있습니다.

M35는 어둡고 투명한 하늘 아래에서라면 맨눈으로도 희미하게 볼 수 있는 성단입니다. 작은 파인더를 통해서는 희미한 헝겊 조각처럼 명확하게 그 모습을 드러내죠. 7×50 쌍안경을 이용하면 매우 인상적인 모습을 볼 수 있고, 부분적으로는 중간 정도의 밝기를 지닌 별들을 구분해 볼 수 있습니다. 가레트 세르비스는

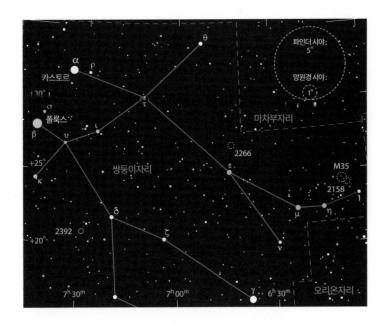

1888년 그의 고전인 『오페라글라스와 함께하는 천문학 Astronomy with an Opera Glass』에서 이 성단을 "반짝이는 조명 아래서 흐릿한 한 조각의 은이 연기에 몰입하고 있다"라고 묘사했습니다.

105밀리미터 굴절망원경에서 47배율로 바라보면 보름달 하나 크기 영역에 담긴 100개 이상의 별들이 그 모습을 드러냅니다. 중심 근처에는 약간의 희미한 점들이 텅 빈 부분에 자리를 잡고 있죠. M35의 북쪽 모서리에서 시작된 아름다운 별들의 아치는 서쪽으로 휘어 들어와 이 텅 빈 부분까지 이어집니다. 6인치(152.4밀리미터) 반사망원경에서 39배율로 바라봤을 때는 약간 다른 느낌을 받았습니다. 저는 북서쪽에서 남동쪽으로 가로지르며 약 20분×25분의 어렴풋한 직사각형을 형성하고 있는 70개의 별을 주의 깊게 관측했죠. 북동쪽 끄트머리의 밝은 별은 뚜렷한 금빛 색조를 보여줍니다. 이 별은 이중별 오토스트루베 134(OΣ134)의 으뜸별이며 남쪽으로 푸른빛의 짝꿍별을 거느리고 있습니다.

최근 연구에 따르면 M35는 약 1억 5,000만 년이 된 산개성단이라고 합니다. 우주적 견지에서든 지질학적 견지에서든 이는 대단히 어린 나이에 해당합니다. 당신이 어떤 바위 위에서 올라서서 M35를 바라보고 있다면 그 바위는 M35보다 훨씬 더 많은 나이를 먹은 바위일 겁니다.

M35의 경계선 옆으로 작은 보푸라기처럼 보이는 점은 산개성단 NGC 2158입니다. 제 굴절망원경에서 127배율로 봤을 때 개개의 별이 분해되지 않는 4분 폭의 희뿌연 배경 위로 아주 희미한 점들 여러 개를 볼 수 있었습니다. 남동쪽 모서리에는 가장 밝은 별 하나가 놓여 있죠. 1만 2,000광년이라는 거리만 아니었다면 이 별 무리는 훨씬 더 인상적인 모습을 보여주었을 것입니다. 이 거리는 M35보다 무려 4배나 더 먼 거리죠. NGC 2158은 매우 오래된 별 무리로서 그 나이는 대략 20억 살입니다. 그 표면을 수놓고 있는 대부분의 별은 적색거성이죠.

카스토르의 무릎을 나타내는 쌍둥이자리 엡실론(ε) 별의 북쪽 1.8도 지점에는 NGC 2158과 비견될 만한 NGC 2266이 자리 잡고 있습니다. 저는 87배율에서 눈에 보였다 안 보였다 하는 희미한 빛을 배경으로, 희미한 별과 매우 희미한 별 12개를 볼 수 있었습니다. 이 별 무리는 6분의 폭을 가지며 남서쪽 방향에 가장 밝은 별을 거느린 삼각형 형태의 어여쁜 성단이죠. NGC 2266은 여러 적색거성을 거느리고 있습니다. 그래서 이 성단을 촬영한 사진은 제가 지금까지 본 가장 아름다운 성단 사진 중 하나로 남아 있습니다.

자, 이제 카스토르의 쌍둥이 형제 폴룩스로 가보죠. 이곳에서 우리는 이중별인 쌍둥이자리 델타(Delta Geminorum, δ Gem) 별을 찾게 될 것입니다. 명왕성이 유리건판에서 발견되던 1930년 1월, 명왕성의 위치는 쌍둥이자리 델타 별과 아주 가까운 곳이었습니다. 제 105밀리미터 굴절망원경에서 87배율로 보면 쌍둥이자리 델타 별은 매우 촘촘하게 붙은 이중별로 보입니다. 황백색의 으뜸별은 8등급이며 남서쪽으로 짝꿍별을 거

인상적인 색채를 보이는 NGC 2266의 모습. 작은 망원경으로는 이와 같은 모습을 볼 수 없습니다.

사진: POSS-II / 캘테크 / 팔로마

느리고 있죠. 비록 이 짝꿍별은 적색왜성이긴 하지만 몇몇 관측자들은 이 별을 붉은색과 보라색이 섞인 별로 묘사하기도 하며 심지어는 파란색 별로 묘사하기도 합니다.

쌍둥이자리 델타 별의 동남동쪽 2.4도 지점에는 복잡미묘한 행성상성운 **NGC 2392**가 자리 잡고 있습니다.

이 성운은 콜드웰 39(Caldwell 39)라고도 불리죠. 이 행성상성운의 바로 북쪽에 있는 8등급 별은 저배율로 봤을 때 이중별처럼 쌍을 이루는 모습을 보여줍니다. 153배율로 올려보면 밝은 중심별 주위로 작고 둥글게, 약간은 얼룩진 듯한 청회색의 빛이 보입니다. 몇몇 별지기들은 이 성운을 살펴볼 때 나타나는 깜빡임 효과에 주목합니다. 이 성운은 비껴보기에서 좀 더 선명하게 보입니다. 반면 바로보기를 하면 오히려 보였다 안 보였다 합니다.

NGC 2392는 에스키모성운(the Eskimo Nebula)으로 불리곤 합니다. 지상에서 촬영된 몇몇 사진에서 마치 털모자가 얼굴을 감싸고 있는 듯한 형태를 보여주어 이러한 이름이 붙었습니다. 에스키모의 털 파카는 작은 망원경에서는 현저하게 밝기가 떨어진 모습으로 보일 것입니다. 에스키모의 얼굴로부터 분리된 어두운 고리를 보려면 최소한 8인치(203.2밀리미터) 망원경이 필요하죠. 6인치(152.4밀리미터) 망원경부터 에스키모의 얼굴에서 검은 구조물이 식별되기 시작합니다. 특히 코 부분을 형성하는 중심선의 서쪽에 어두운 부분이 두드러지게 보이죠. 에스키모성운의 미묘한 세부를 볼 때면 고배율에서 산소III필터 및 빛공해필터를 합친 필터나 협대역필터가 큰 도움이 될 것입니다.

에스키모성운(NGC 2392)이 매우 작게 보입니다. 광시야에서는 성운의 중심별 북쪽 99초 지점에서 8등급의 별을 볼 수 있습니다. 이 CCD 사진은 각각 8인치(203.2밀리미터) 셀레스트론 망원경과 16인치(406.4밀리미터) 미드 망원경으로 촬영된 것입니다.

왼쪽 사진: 《스카이 앤드 텔레스코프》 / 숀 워커

오른쪽 사진: 로스 메이어스, 줄리아 메이어스(Ross and Julia Meyers) / 애덤 블록 / NOAO / AURA / NSF

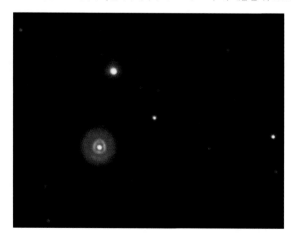

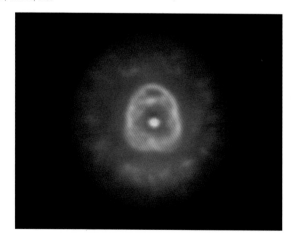

2000년 1월, 새로 단장된 허블우주망원경이 에스키모성운을 관측하여 환상적인 모습을 보여준 적이 있습니다. 털모자 구조는 죽어가는 별의 적도 쪽에서 느린 속도로 밀려나간 폭풍에 의해 만들어진 것으로 생각되며 여러 다발이 얽힌 얼굴은 양 극지점에서 좀 더 빠른 속도로 몰아쳐 나온 폭풍에 의해 형성된 것으로 추측되고 있습니다.

우리의 마지막 관측 대상은 **카스토르**(Castor)입니다. 6개의 별이 서로 얽혀 복잡한 춤을 추고 있는 곳이죠. 눈에 보이는 3개의 별은 너무나 가깝게 붙어 있어 망원경으로는 분해되지 않는 짝꿍별들을 거느리고 있죠. 비밀의 짝을 거느린 이 세 쌍의 별들은 오직 스펙트럼상에서만 그 흔적을 드러냅니다. 제 작은 굴절망원경에서 87배율로 바라보면 2등급의 별 카스토르 A가 동북동쪽

의 3등급 별 카스토르 B를 가까이에서 보호해주고 있습니다. 이 2개 별은 모두 하얀색으로 보입니다. 그리고 상당히 희미한 별 카스토르 C가 남남동쪽으로 71초 떨어져 있죠. 이 별은 거의 비슷한 한 쌍의 적색왜성들로 구성되어 있으며 밝아져 가며 서로의 앞을 가로질러 갑니다. 따라서 이 별들이 19.5시간 주기의 상호공전 궤도를 가지고 있음을 알 수 있죠. 각각의 별은 두 별의 빛을 합친 밝기를 양분하고 있습니다만 하나의 별이 다른 별을 가릴 때, 그 밝기는 0.7도 정도 떨어집니다. 카스토르 C는 변광성으로서 쌍둥이자리 **YY 별**(YY Geminorum, YY Gem)로 등재되어 있습니다.

쌍둥이자리는 놀라움과 즐거움을 동시에 제공해주는 별자리입니다. 다음번에 맑은 밤하늘을 만나면 쌍둥이자리에 도전해보세요.

신화 속 쌍둥이 훑어보기

대상	분류	밝기	각크기/각분리	거리(광년)	적경	적위	MSA	U2
M35	산개성단	5.1	28′	2,600	6시 09.0분	+24° 21′	156	76R
오토스트루베 134 (OΣ 134)	이중별	7.6, 9.1	31″	2,600	6시 09.3분	+24° 26′	156	76R
NGC 2158	산개성단	8.6	5′	12,000	6시 07.4분	+24° 06′	156	76R
NGC 2266	산개성단	9.5	6′	11,000	6시 43.3분	+26° 58′	154	76L
쌍둥이자리 델타(δ) 별 (δ Gem)	이중별	3.6, 8.2	5.5″	59	7시 20.1분	+21° 59′	152	76L
NGC 2392	행성상성운	9.2	47″×43″	3,800	7시 29.2분	+20° 55′	152	75R
카스토르 (Castor)	삼중별	1.9,3.0,8.9	4.1″,71″	52	7시 34.6분	+31° 53′	130	57R
쌍둥이자리 YY 별 (YY Gem)	변광성	8.9 ~ 9.6	-	52	7시 34.6분	+31° 52′	130	57R

거리 근사치의 단위는 광년입니다. MSA와 U2는 각각 『밀레니엄 스타 아틀라스』와 『우라노메트리아 2000.0』 2판에 기재된 차트 번호를 의미합니다.

고물자리 답사

프로키온의 남쪽이자 시리우스의 동쪽인,
별들이 가득 들어 있는 지점에 시선을 고정시키세요.

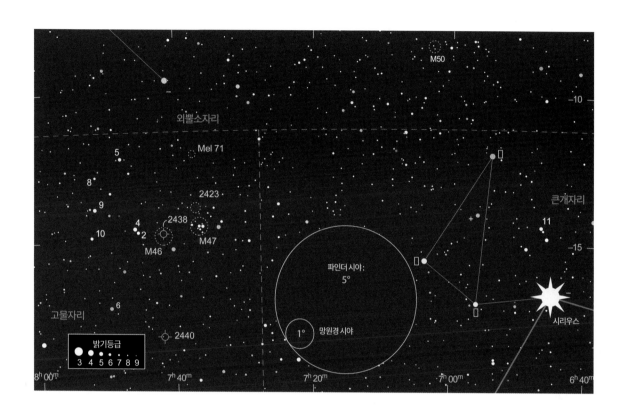

제가 즐기는 일 중 하나는 매년 이맘때마다 고물자리를 돌아다니는 것입니다. 정말 많은 별이 자리한 이곳은 작은 망원경을 통해 볼 수 있는 수십 개의 천체를 포함하여, 관측 대상을 찾아다니는 별지기 누구에게나 풍부한 볼거리를 제공합니다. 이 별자리에서 가장 웅장한 지역 중 한 곳은 검은 장막이 드리운 하늘을 배경으로 맨눈으로도 희미한 헝겊 조각처럼 볼 수 있습니다. 우리가 오늘 만나볼 대부분의 관측 대상이 이곳에 담겨 있죠.

놀랍도록 아름다운 모습을 뽐내는 **M46**부터 시작하겠습니다. 이 성단은 14×70 쌍안경에서조차도 수많은 별의 모습을 아주 상세하게 보여줍니다. M46을 제대로 겨냥하기 위해서는 우선 망원경 중앙에 4등급의 별

외뿔소자리 알파 별을 두고서 정남쪽으로 5도를 내려와야 합니다. 제 105밀리미터 굴절망원경에서 17배율로 M46을 보면 희미한 별들이 안개처럼 흐릿한 배경을 두고 둥글게 밀집해 있는 양상을 보여줍니다. 서쪽에는 가장 밝은 8.7등급의 별이 있지만, 나머지 별 대부분은 11등급에서 12등급 정도입니다. 좀 더 높은 배율로 보면 안개가 자욱이 낀 듯한 배경에서 몇몇 별들이 더 분간됩니다. 하지만 이 별 무리의 중심에는 텅 빈 부분이 작게 자리하고 있죠.

이 별 무리를 87배율로 보면 **NGC 2438**이라는 행성상성운을 볼 수 있습니다. 이 성운은 M46의 북쪽 끄트머리에 파묻혀 있는 듯 보이죠. 이 행성상성운은 선명하

가로 1도 폭에 산개성단 M46을 담아낸 이 사진에서 작은 거품처럼 보이는 NGC 2438을 찾을 수 있으신가요?

사진: 조지 R. 비스컴(George R. Viscome)

M46에 자리 잡고 있는 행성상성운 NGC 2438을 높은 배율로 촬영한 이 사진은 눈으로는 볼 수 없는 미세한 구조들을 보여주고 있습니다. 이 CCD 사진은 애리조나 키트 피크(Kitt Peak)에서 촬영된 것입니다.

사진: 니콜 비스 / 에시드로 헤르난데즈 / 애덤 블록 / NOAO / AURA /NSF

게 밝은 원형으로 보이며 남동쪽 가장자리에는 11등급의 별을 품고 있습니다. NGC 2438의 지름은 1분으로서 그 유명한 가락지성운(M57, 거문고자리)보다 약간 작은 크기입니다. 만약 이 성운을 찾기가 어렵다면 협대역필터나 산소III빛공해필터를 사용해보세요. 별빛을 희미하게 만들면서 성운의 모습을 드러나게 해줄 것입니다. 이 행성상성운의 확실한 위치는 분명 M46 내부이지만, 시선상에서는 M46의 앞쪽에 있는 것 같습니다.

M47은 또 하나의 환상적인 별 무리입니다. 프랑스 파리의 천문학자 샤를 메시에가 1771년 목록을 작성할 때, 그는 이 성단이 M46으로부터 그다지 멀지 않으며 밝은 별들을 품고 있다고 기록하였습니다. 그런데 그는 이 별 무리를 적경 7시 54.8분, 적위 -15도 2분으로 기록했죠. 하지만 그 지점은 아무것도 없는 곳입니다. 그렇지만 존 루이스 에밀 드레이어는 1888년 『성운과 성단에 대한 신판일반천체목록』을 작성할 때 그 위치를 NGC 2487로 기록하였습니다.

1934년, 독일의 천문학자 오스발드 토마스Oswald Tomas는 드레이어 목록에서 M46의 서북서쪽 1.3도 지점

에 있는 것으로 기록한 NGC 2422가 실제 메시에가 본 천체라는 점을 지적하였습니다. 1959년 퀘벡주 몬트리올의 T. F. 모리스T. F .Morris는 이러한 혼란에 대해 재치 있는 설명을 제시하였습니다. 메시에가 M47의 위치를, 지금은 고물자리 2 별로 알려진 아르고자리 2 별(2 Navis)에 대한 상대적 위치로 측정했다는 것입니다(오늘날 고물자리, 용골자리, 돛자리로 알려진 별자리는, 메시에가 살던 당시에는 아르고자리라는 하나의 별자리였습니다_옮긴이). 그가 제시한 위치는 이 별로부터 동쪽으로 9분, 남쪽으로 44분 지역입니다. 그러나 M47은 고물자리 2 별로부터 서쪽으로 9분, 북쪽으로 44분 거리에 있습니다. 거기서 우리는 NGC 2422의 바로 근처에 도달하게 되죠. 따라서 메시에가 아마도 그 값을 반대로 기록한 것일 겁니다.

메시에의 발견에 어떤 뒷이야기가 있든, 시칠리아의 천문학자 지오반니 호디에르나Giovanni Hodierna(조안바티스나 오디에르나로도 알려져 있음)는 1세기 더 앞서 이 천체를 찾아냈죠. 1654년 출판된 호디에르나의 천체 목록은 거의 알려져 있지 않습니다. 하지만 오늘날 우리가 M47이라고 부르는 성단이 설명되어 있으며 그 위치도 기록되

어 있습니다.

M47은 어떤 장비로 관측하든 아름다운 광경을 보여줍니다. 14×70 쌍안경으로 보면 20개에서 25개의 별들이 1/2도 폭에 느슨하게 모여 있는 불규칙한 별 무리로 보이죠. 제 작은 굴절망원경에서 17배율로 보면 밝고 희미한 별들 48개가 뒤섞인 모습을 볼 수 있습니다. 이들 중 대부분은 청백색의 별로서 맹렬하게 불타오르고 있는 별들입니다. 그러나 그중에는 아주 조금의 주황색 별들도 섞여 있죠.

M47은 여러 개의 다중별도 가지고 있습니다. 아마도 작은 망원경에서 가장 어여쁘게 보이는 별은 별 무리 복판 근처에 자리 잡고 있는 스트루베 1121(Σ1121)이 아닐까 싶습니다. 이 별은 3개의 밝은 별들이 만들고 있는 최남단의 아치에서 쉽게 찾아볼 수 있습니다. 스트루베 1121은 거의 비슷한 밝기를 가진 7등급의 청백색 별들로 이루어져 있으며 68배율에서 멋지게 분해되는 모습을 볼 수 있습니다.

M47 근처에는 또 다른 별 무리 **NGC 2423**이 있습니다. 북쪽으로 뻗어 올라간 9등급의 별들을 따라 조금만 가면 되죠. NGC 2423은 87배율로 봤을 때 15분 폭에 느슨하게 뿌려져 있는 30개의 희미한 별들을 보여줍니다. 이 별 무리의 한가운데는 가장 밝은 별이 자리 잡고 있습니다. 존 허셜John Herschel에 의해 발견된 이중별 허셜 3983(h3983)이 그 주인공이죠. 9.1등급의 으뜸별이 서북서쪽 8초 지점에 9.7등급의 짝꿍별을 거느리고 있습니다. 작은 망원경으로 분해하기에는 이 짝꿍별이 너무나 가깝게 붙어 있어 으뜸별 하나만 보이죠. NGC 2423에서 가장 밝은 별은 8.6등급의 별로서 남남서쪽 경계부에 자리 잡고 있습니다. 그러나 눈에 쉽게 띄는 별들은 대부분 11등급 또는 12등급의 별들입니다.

짧은 초점거리를 가지고 있는 작은 망원경은 25배율이나 그 아래 배율에서 이 3개 성단을 하나의 시야로 보여줍니다. 몇몇 광시야 접안렌즈들 역시 45배율까지는 이 3개 성단을 한 시야에서 보여주죠. 서로 다른 성격을

가진 이 별의 도시들이 만들어내는 모습은 사뭇 매혹적입니다.

NGC 2423에서 북쪽으로 1.8도 지점까지 조금 더 범위를 넓혀보면 어여쁜 작은 성단 **멜로테 71**(Melotte 71, Mel 71)을 만나게 됩니다. 제 105밀리미터 굴절망원경에서 87배율로 보면 곱게 갈린 다이아몬드 가루가 부스러기들과 함께 반짝반짝 빛나고 있는 듯한 느낌을 받습니다. 남서쪽 모서리 근처에서 2개의 가장 밝은 별이 희미하게 빛을 내고 있습니다. 그중 동쪽에 있는 별은 비슷한 밝기의 별이 서로 가깝게 붙어 있는 이중별입니다. 이 별 무리는 서리가 앉은 듯한 9분 지름의 배경 위에 희미한 작은 점들이 반짝반짝 빛나는 모습을 보여줍니다.

M46으로 돌아와 정남 방향으로 3.4도를 내려가면 또 다른 행성상성운 **NGC 2440**과 마주하게 됩니다. 8등급

산개성단 M47(사진 중앙에서 아래)과 NGC 2423(위쪽)은 저배율 망원경에서 한 시야로 만나볼 수 있습니다. 사진의 세로 폭은 1도입니다. 이번 장에 담은 모든 사진은 위쪽이 북쪽입니다.
사진: 조지 R. 비스컴

의 주황색 별 바로 왼쪽을 잘 찾아보세요. NGC 2440은 저배율에서 약간 희미한 별처럼 보입니다. 그러나 87배율에서는 녹청색 빛이 선명한, 북동쪽에서 남서쪽으로 실쭉하게 뻗은 타원형 모습을 드러냅니다. 이 행성상성운은 밝은 천체여서 확대해도 모습이 잘 드러납니다. 저는 153배율에서 중심의 밝은 점을 볼 수 있었습니다. 그러나 이 밝은 점이 이 행성상성운의 중심별은 아닙니다. 캘리포니아의 별지기인 론 바누키치리Ron Bhanukitsiri는 그의 105밀리미터 굴절망원경에서 400배율로 이 밝은 점을 2개의 점으로 구분해 볼 수 있었다고 합니다. 이러한 모습은 대개 구경이 큰 망원경들을 통해서만 볼 수 있는 장면이죠. 이 성운의 중앙에 자리 잡은 별은 비록 작은 망원경으로 보기에는 너무나 희미하지만 그 표면 온도가 가장 뜨거운 별 중 하나인 것으로 확인되었습니다. 이 별의 표면 온도는 20만 도 이상으로 끓고 있는데 이는 태양 표면 온도의 30배에 달하는 온도입니다.

미리내 언저리에서 고물자리까지의 영역에는 이처럼 멋진 관측 대상들이 자리 잡고 있습니다.

별빛이 가득 빛나는, 달 없는 밤을 꼭 기약해놓으시고 즐겨보시기 바랍니다.

고물자리 북서쪽 풍경

대상	분류	밝기	각크기/각분리	거리(광년)	적경	적위	MSA	U2
M46	산개성단	6.1	27'	4,500	7시 41.8분	-14° 49'	295	135L
NGC 2438	행성상성운	11.0	64"	2,900	7시 41.8분	-14° 44'	295	135L
M47	산개성단	4.4	29'	1,600	7시 36.6분	-14° 29'	296	135L
NGC 2423	산개성단	6.7	19'	2,500	7시 37.1분	-13° 52'	296	135L
멜로테 71 (Mel 71)	산개성단	7.1	9'	10,300	7시 37.5분	-12° 03'	296	135L
NGC 2440	행성상성운	9.4	20"×15"	3,600	7시 41.9분	-18° 13'	319	153R

각크기는 천체목록 또는 사진에서 기재된 내역을 기록한 것입니다. 시각적으로 보이는 천체의 크기는 대부분 목록상에 있는 크기보다는 작게 느껴지며 장비의 구경과 배율에 따라 다양하게 느껴집니다. MSA와 U2는 각각 『밀레니엄 스타 아틀라스』와 『우라노메트리아』 2000.0 2판에 기재된 차트 번호를 의미합니다.

유니콘의 비상

외뿔소자리의 희미한 별들은
멋진 풍경에 의해 충분히 보상되고도 남습니다.

아무 말 없이 나는
곡선을 그리고 있는 유리 날개 위에 가볍게 올라타고서
밤하늘로 향했다네

크레이터 D. 헤이워드*Carter D. Hayward*

외뿔소자리는 상대적으로 나중에 설정된 별자리입니다. 플랑드르의 지도제작자인 페트로스 프란키우스가 1613년 그의 천구의에서 이 별자리를 처음 소개했는데, 이 별자리는 아마도 그 원형이 된 별자리가 있었을 겁니다. 리차드 힌클레이 알렌Richard Hinckley Allen은 『별의 이름: 그 전승과 의미Star Names: Their Lore and Meaning(Dover, 1963)』라는 책에서 프랑스의 학자 요셉 유스투스 스칼리거Joseph Justus Scaliger가 페르시아의 천구의

에서 이 별자리를 발견했다고 주장했습니다. 천문학자인 루드비히 이델러Ludewig Ideler는 1809년 별의 이름에 대한 기원과 의미를 수집하던 중 독일의 1564년 점성술 책에서 이 별자리에 대한 언급을 발견했다면서 다음과 같이 기록했습니다. "쌍둥이자리와 게자리 아래 또 다른 말자리에는 많은 별이 있습니다. 그러나 하나같이 밝은 별들은 아닙니다." 외뿔소자리는 이 별자리가 상징하는 신화적 창조물의 형태를 알아보기가 쉽지 않은 별

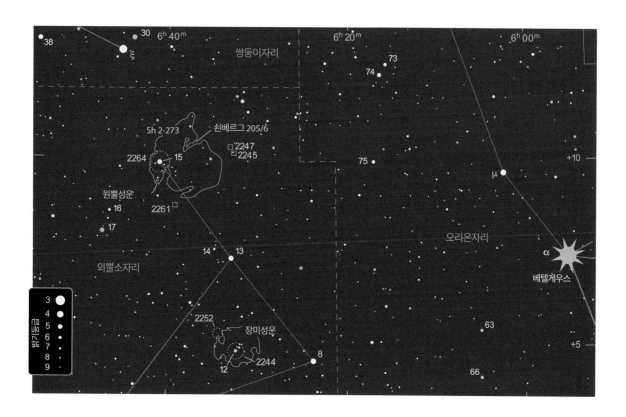

밝은 별인 외뿔소자리 15별이 크리스마스트리성단(NGC 2264)을 거느리고 있습니다. 이 성단의 모습은 사진보다는 눈으로 봤을 때 그 형태가 더 잘 드러나죠. 남쪽으로 1/2도 지점에는 은빛 테두리를 두른 원뿔성운이 있습니다. 사진에서는 그 모습이 정말 인상적으로 드러나지만, 눈으로 보기는 쉽지 않습니다.

사진: 로버트 젠들러

자리입니다. 이 별자리에는 4등급 이하의 밝은 별은 하나도 없지만 살펴볼 만한 가치가 있는 멋진 별자리이기도 합니다.

겨울의 미리내는 가냘프면서도 결이 고운 빛을 내는 인상적인 성운과 성단으로 외뿔소자리를 장식하고 있습니다. 자! 우리의 망원경을 펼쳐 그 사이로 날아올라 봅시다.

외뿔소자리의 북쪽, 유니콘의 머리 부분을 장식하고 있는 NGC 2264에서 여행을 시작해보겠습니다. 쌍둥이자리 크시(ξ) 별의 남남서쪽 3.2도 지점에는 4.7등급의

외뿔소자리 15별을 담고 있는 산개성단이 자리 잡고 있습니다. 레런드 S. 코프랜드Leland S. Copeland가 크리스마스트리라는 이름을 붙인 이 인상적인 별 무리는 충분히 이러한 별명을 가질만한 성단입니다. 저는 오래전 크리스마스트리라는 이름을 들었을 때 NGC 2264늘 떠올렸지만 이 이름이 말하는 별 무리가 정확히 무엇인지는 알지 못했죠. 그러나 접안렌즈를 통해 봤을 때, 크리스마스트리라면 꼭 이 성단을 지목해야 한다는 것을 단번에 알 수 있었습니다.

15×45 쌍안경을 통해 바라본 크리스마스트리는 그 밑동을 장식해주는 밝은 별 외뿔소자리 15 별로부터 거꾸로 매달려 있는 모습을 보여줍니다. 이 삼각형의 나무는 7등급 및 이보다 희미한 20개의 별이 그 윤곽을 그려주고 있습니다. 성운의 모양을 드리우고 있는 **샤프리스 2-273**(Sharpless 2-273, Sh 2-273)이 북쪽 경계를 잠식해 들어온 암흑성운 **쉰베르크 205/6**(Schoenberg 205/6)과 함께 성단을 감싸며 북서쪽으로 희미하게 뻗어나간 모습을 보여줍니다. 제 10인치(254밀리미터) 뉴턴식 반사망원경을 이용하여 44배율로 관측해보면 남쪽으로부터 솟구쳐 올라 크리스마스트리의 끝부분에 닿아 있는 **원뿔성운**(Cone Nebula, LDN 1613)의 작고 검은 손가락을 볼 수 있습니다. 산소III필터를 이용하면 초록빛의 복사를 분리해주면서 작은 대비를 부풀려서 보여줍니다. 다른 빛공해반사필터를 사용해도 충분히 관측할 수 있죠. 이곳을 관측한다면 외뿔소자리 15 별을 알현할 시간도 남겨두세요. 분광유형 O7에 해당하는 이 별은 밤하늘에서 가장 파랗게 빛나는 별 중 하나입니다.

2개의 작은 성운이 외뿔소자리 서쪽 2도 지점에 자리 잡고 있습니다. 저의 105밀리미터 굴절 망원경에서 64배율로 관측해보면 8등급 별의 서남서쪽에 **NGC 2245**가 보입니다. 이 성운의 북동쪽에는 아주 희미한 별 하나가 잠겨 있죠. 10인치(254밀리미터) 반사망원경에서 70배율로 관측해보면 **NGC 2247**이 같은 시야에 들어옵니다. NGC 2247은 NGC 2245보다는 훨씬 크지만

허블의 변광성운(NGC 2261)은 하늘의 구석구석을 감시하는 수많은 별지기에게 자신이 새로운 혜성을 발견한 것인지도 모른다는 순간적인 흥분을 안겨준 천체입니다. 왼쪽 위가 북쪽입니다.

사진: 짐 미스티(Jim Misti)

럼 보입니다. 제 작은 굴절망원경에서 87배율로 관측하면 작지만 선명하게 빛나는, 넓은 꼬리를 지닌 혜성 모양의 부채꼴성운을 볼 수 있습니다. 머리에는 별처럼 밝은 점이 보이고 북쪽으로 쭉 뻗은 넓은 꼬리를 볼 수 있죠. 10인치(254밀리미터) 반사망원경에서 170배율로 보면 부채꼴 모양의 양 측면이 중심부나 위쪽보다 더 밝게 보입니다. 이 성운의 밝기변화는 수 주 만에 확연하게 바뀌기 때문에, 여기 적은 관측 기록은 이 성운이 한 순간 어떻게 보였는지를 기록한 것에 지나지 않습니다.

부채꼴이 모여드는 점은 오랫동안 외뿔소자리 R 변광성으로 알려져 왔습니다. 그러나 이 별처럼 보이는 점은 실제로는 한 쌍의 어린 이중별을 감싸고 있는 가스와 먼지로 된 밝은 껍질입니다. 별들 근처에서 움직이고 있는 검은 먼지구름이 반사성운에 그림자를 드리우면서 그 모습을 바꿔놓고 있는 것이죠. 1949년 1월 26일 밤, 허블의 변광성운은 팔로마산의 역사적인 200인치(5미터) 헤일 망원경에 의해 처음으로 공식 촬영되는 영광을 누렸습니다.

이제 남서쪽으로 5.6도 내려와 밝은 이중별 **외뿔소자리 8**(8 Mon) 별을 만나보죠. 이 별은 50배율 망원경에서도 쉽게 분해해 볼 수 있습니다. 4.4등급의 백색 으뜸별

밝기는 훨씬 희미하죠. 그 중심부에는 9등급의 별 하나가 자리 잡고 있습니다. 2개 천체 모두 별빛을 반사해내면서 빛을 내는 반사성운으로 분류됩니다. 그러나 NGC 2245는 산소Ⅲ필터를 사용했을 때 더 밝게 보이는데, 이는 이 성운이 적어도 스스로 빛을 내는 성분을 가지고 있음을 말해줍니다.

허블의 변광성운 또는 콜드웰 46(Caldwell 46)으로도 알려진 **NGC 2261**은 외뿔소자리 15 별의 남남서쪽 1.2도 지점에서 주목할 만한 천체입니다. 이 반사성운은 1783년 영국에서 윌리엄 허셜에 의해 발견되었습니다. 이로부터 1세기가 훨씬 더 지난 후, 학부를 마치고 여키스 천문대에서 일하고 있던 미국의 천문학자 에드윈 허블Edwin Hubble이 이 성운의 밝기 변화를 연구했죠. 허블은 이 성운이 형태와 밝기 모두에서 변화를 보인다는 것을 알아냈습니다.

저는 허블의 변광성운을 15×45 쌍안경으로 찾아볼 수 있습니다. 쌍안경으로 봤을 때 이 성운은 거의 별처

장미성운은 하늘에서 가장 멋진 경관 중 하나인 '성운 속에 파묻힌 성단'을 연출하는 천체로, 붉은색으로 빛나고 있습니다. 그러나 망원경을 통해 눈으로 보면 이 색은 느껴지지 않죠. 이 성운의 북동쪽(왼쪽 위)으로 붉은빛의 경계 바깥쪽으로 뿌려져 있는 별들은 산개성단 NGC 2252입니다.

사진: 김도익

이 멋진 사진에는 이번 장에서 소개하는 모든 천체가 담겨 있습니다. 마치 담장위를 따라 얽힌 장미덩쿨처럼 외뿔소자리부터 오리온자리, 쌍둥이자리에 이르는 경계를 따라 펼쳐진 성운과 성단을 담아냈습니다. 사진의 폭은 7도로, 보름달 14개가 들어가는 폭입니다. 제천에서 촬영되었습니다.

사진: 이지수

은 북북동쪽으로 12.5분 지점에 6.6등급의 짝꿍별을 거느리고 있습니다. 이 짝꿍별은 F5로 분류되는 분광유형을 가지고 있습니다. 따라서 이 별은 반드시 창백한 노란색 빛을 띠고 있어야 하죠. 그러나 여러 별지기들, 특히 작은 망원경을 사용하는 별지기들은 희미한 파란빛의 별 또는 희미한 보랏빛의 별, 희미한 옅은 보랏빛의 별로 보인다고 합니다. 저도 6인치(152.4밀리미터) 반사망원경을 이용하여 43배로 봤을 때 푸른빛 색조를 봤습니다. 만약 그 분광유형이 정확하다면 우리가 감지하는 푸른빛의 그림자는 대비착시임이 틀림없습니다. 좀 더 높은 배율을 이용하여 별들을 좀 더 널찍널찍하게 분해해보거나 좀 더 큰 구경을 통해 좀 더 많은 빛을 모아 본다면 분명 이러한 착시를 떨쳐버릴 수 있을 겁니다.

외뿔소자리 8 별의 동쪽 2.1도 지점에는 아름다운 **장미성운**(콜드웰 49, Caldwell 49)이 있습니다. 이 성운에 파묻혀 있는 산개성단 **NGC 2244**(콜드웰 50, Caldwell 50)는 제가 사는 뉴욕 북부 교외 지역에서 희미한 배경으로부터 맨눈으로 구분해낼 수 있을 만큼 밝게 빛납니다. 제 15×45 쌍안경을 이용하면 넓게 퍼져 있는 희미한 원형 성운기에 둘러싸인 15개의 별을 볼 수 있죠. 제 10인치(254밀리미터) 반사망원경에서 43배율로 관측해보면 5개

의 밝은 별과 몇 안 되는 선명하게 밝은 별이 약간의 곡선을 그리며 나란히 평행하게 도열해 있는 것을 볼 수 있습니다. 대략 40개의 희미한 별들이 한 장면에 같이 들어오는데, 많은 별이 성운기에 잠겨 있죠. 산소 III필터를 이용하면 아름다운 성운의 모습이 눈에 들어옵니다. 장미성운은 1도 이상의 너비로 펼쳐져 있으며 상당히 큰 규모로 얼룩져 있는 세부적인 모습을 한껏 보여줍니다. 고리 구조는 동남동쪽으로 거대하고 희미하게 펼쳐진 모습과 함께 성단을 북쪽과 서쪽, 남서쪽에서 감싸고 있는 밝은 대역으로 나타나죠. 성운의 중심부에는 어둠에 잠긴 울룩불룩한 20분 크기의 구멍이 자리 잡고 있습니다. 성단의 밝은 별들은 이 구멍의 중심부에서 약간 비껴서 있으며 성운기가 펼쳐진 곳의 남쪽 모서리에 자리 잡고 있습니다. 이 중에서 가장 밝은 별인 노란색과 주황색이 섞인 외뿔소자리 12 별은 앞쪽에 자리 잡은 별입니다.

장미성운은 그 거대한 크기와 드문드문 이어 붙은 특징으로 인해, 한 번에 한 부분씩 따로따로 발견되었습니다. 그래서 장미성운은 존 루이스 에밀 드레이어의 1888년 『성운과 성단에 대한 신판일반천체목록』에서 각각 3개의 천체로 등재되었습니다. NGC 2237과 NGC 2238, NGC 2246이 바로 그것이죠.

NGC 2252는 장미성운의 북동쪽 경계와 맞닿아 있습니다. 제 작은 굴절망원경에서 68배율로 관측하면 총 25개의 희미한 별들과 매우 희미한 별들이 느슨하게 헝클어져 있는 모습을 보여줍니다. 가장 밝은 별들은 V자형의 쐐골 모양으로 늘어서 있습니다. 그리고 반원 모양으로 정렬한 별들이 동쪽으로 연결되어 있죠. 10인치

(254밀리미터) 망원경에서 가장 밝은 별들이 만들어내는 패턴은 마치 맨눈으로 보는 페르세우스자리를 연상시킵니다.

이 성단과 성운들을 바라보는 것은 우리 은하(미리내)의 외곽부를 바라보는 것과 같습니다. 우리가 방문했던 크리스마스트리성단 근처는 우리 태양이 있는 나선팔과 같은 나선팔이면서 3,000광년 떨어져 있는 지점이죠. 장미성운과 NGC 2252는 이보다 더 멀리 떨어져 있습니다. 이들은 5,000광년 거리에서 페르세우스 나선팔을 향해 돌출된 부분에 자리 잡고 있습니다.

외뿔소자리의 보석들

대상	분류	밝기	각크기/각분리	적경	적위	MSA	U2
NGC 2264	산개성단	4.1	40′	6시 41.0분	+ 9° 54′	202	95R
샤프리스 2-273 (Sh 2-273)	발광성운	-	140′	6시 37.6분	+ 9° 50′	202/3	95R
쇤베르크 205/6 (Schoenberg 205/6)	암흑성운	-	35′×15′	6시 37.1분	+ 10° 21′	203	95R
원뿔성운	암흑성운	-	4.5′×2.5′	6시 41.2분	+ 9° 23′	202	95R
NGC 2245	반사성운	-	2′	6시 32.7분	+ 10° 09′	203	95R
NGC 2247	반사성운	-	2′	6시 33.1분	+ 10° 19′	203	95R
NGC 2261	반사/발광성운	10.0	2′	6시 39.2분	+ 8° 45′	202/3	95R
외뿔소자리 8 별 (8 Mon)	이중별	4.4, 6.6	12.5″	6시 23.8분	+ 4° 36′	227	95R
장미성운	발광성운	5?	80′×60′	6시 31.7분	+ 5° 04′	227	95R
NGC 2244	산개성단	4.4	30′	6시 32.3분	+ 5° 51′	227	95R
NGC 2252	산개성단	7.7	18′	6시 34.3분	+ 5° 19′	227	95R

대부분의 성운들은 밝기 측정 자료가 거의 없습니다. 각크기 및 각분리는 최근 천체 목록을 참고한 것입니다. MSA와 U2는 각각 『밀레니엄 스타 아틀라스』와 『우라노메트리아 2000.0』 2판에 기재된 차트 번호를 의미합니다.

개와 조랑말 쇼

시리우스 근처 미리내를 따라 보이는 깊은 우주의 겨울 놀이동산

19세기가 끝나갈 무렵, 작은 유랑 서커스들이 개와 조랑말 쇼로 유명해진 적이 있습니다. 쇼의 이름은 그들의 동물이 공연하는 별 이름을 따서 지었죠. 1년 중 바로 이때는 밤하늘에서 개와 조랑말 쇼를 볼 수 있는 때이기도 하죠. 작은개자리는 마치 외뿔소자리의 등에 올라타고 있는 것처럼 보입니다. 그리고 큰개자리는 바로 그 옆에서 까불며 뛰노는 듯한 모습을 보여주죠. 이 외뿔소자리에 다들 주목해봅시다. 마법의 조랑말을 볼 수 있는

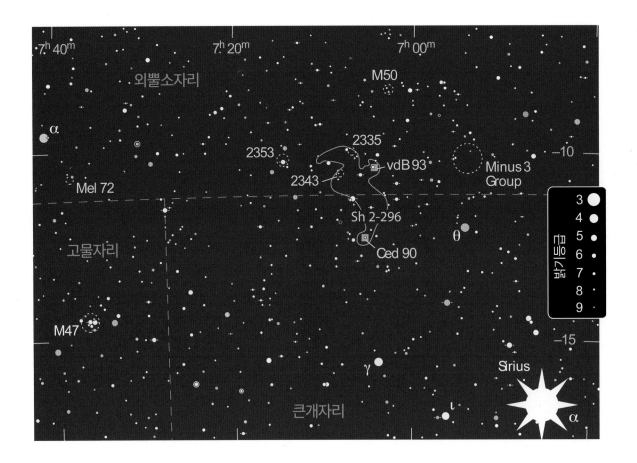

곳은 오직 밤하늘에서만 가능하니까요. 신화에 걸맞은 창조물인 외뿔소는 찾기가 쉽지 않습니다. 이 별자리에는 4등급 미만의 밝은 별은 존재하지 않죠.

외뿔소자리에서 찾을 수 있는 메시에 천체는 딱 하나뿐입니다. 바로 산개성단 M50이죠. 맨눈으로 볼 수 없는 별들 사이에 있기 때문에, M50을 찾아가려면 큰개자리의 별을 활용하는 게 더 낫습니다. 시리우스로부터 북북동쪽의 큰개자리 세타(θ) 별로 향하는 가상의 선을 따라가봅시다. 그리고 그 거리의 4/5만큼 더 가보면 그곳이 정확히 M50의 근처가 됩니다. 큰개자리 세타 별과 M50은 파인더에서 한 시야의 반대편에 들어오죠. M50은 동쪽에 6등급의 별을 거느린 희미한 빛으로 보입니다.

고정 장치 위에 올린 쌍안경으로 M50의 별들을 분리해볼 수 있습니다만, 이들을 인지하는 데는 밝기가 절대적인 역할을 합니다. 저는 7×50 쌍안경에서 희미한 연

무 위의 별 5개를 분리해 볼 수 있었습니다. 15×45 쌍안경으로는 최소한 15개를 볼 수 있었죠. 105밀리미터 굴절망원경에서 17배율로 관측해보면 밝은 주황색 별이 남쪽을 장식하고 있는 사랑스러운 희미한 별 뭉치를 볼 수 있습니다. 87배율에서는 15분 내에서 50개의 별을 볼 수 있죠. 성단 중심으로부터 남쪽과 북북동쪽에는 별이 없는 텅 빈 지역이 있습니다. 10인치(254밀리미터) 반사망원경에서 70배율로 관측해보면 추가로 식별되는 별들이 성단 중심으로부터 북서쪽에 또 다른 텅 빈 부분을 경계 짓는 모습을 볼 수 있습니다. 이렇게 만들어지는 형상은 마치 에드바르 뭉크Edvard Munch의 그림 〈절규The Scream〉를 연상시킵니다. 북쪽의 2개 텅 빈 구역은 눈으로, 그리고 남쪽에 타원형으로 보이는 텅 빈 구역은 공포로 벌어진 입처럼 보이죠.

큰개자리 세타 별로 다시 돌아와 북쪽으로 1.8도 움직이면 천문작가 톰 로렌친Tom Lorenzin이 **마이너스 3그**

외뿔소자리에 있는 유일한 메시에 천체는 M50 산개성단입니다. 저자가 10인치 (254밀리미터) 반사망원경을 통해 본 것과 같이 별이 없는 3군데로 인해 별 무리의 전반적인 모습에서 에드바르 뭉크의 그림 〈절규〉가 떠오릅니다. 사진의 폭은 40분이며 북쪽이 위쪽입니다.

사진: 로버트 젠들러

롭(the Minus 3 Group)이라 부른 자리별을 만날 수 있습니다. 쌍안경이나 파인더를 통해 보면 44분 크기 안에 숫자 3이 똑바로 선 모습을 보여주고 있는 별들과 바로 그 앞 위쪽으로 마이너스 부호를 하고 있는 3개의 별을 볼 수 있습니다. 이 숫자 3 모양은 캐나다의 별지기 랜디 파칸Randy Pakan 역시 독자적으로 주목한 별이어서 간혹 이 자리별을 파칸 3(Pakan's 3)으로 부르기도 합니다. 제 작은 굴절망원경은 거울상을 보여주기 때문에, 파칸 3의 모습을 약 20개의 별이 만들어낸 시그마(Σ) 형태로 바꾸어 보여줍니다. 긴 초점거리를 가진 망원경들은 마이너스 3의 전체 모습을 담아내지 못하는 데 반해, 23분 길이의 파칸 3은 대부분의 망원경에서 쉽게 찾아볼 수 있는 자리별입니다.

바다갈매기성운으로 널리 알려져 있으며, 큰개자리와 외뿔소자리 경계에 걸쳐 우주먼지와 가스가 광활하게 얽혀 있는 이 천체는 각각의 등재명을 가진 여러 천체가 모여 있는 곳입니다. 천체사진가와 안시관측자 모두가 선호하는 이 천체는, 특별히 발광성운 형상의 미묘한 빛을 느끼고 싶은 사람들이 선호하는 천체이기도 합니다. 사진의 너비는 1과 3/4도이며 북쪽이 위쪽입니다.

사진: 월터 코프롤린(Walter Kprolin)

동쪽으로 몇 도만 움직이면 바다갈매기성운(Seagull Nebula)으로 알려진, 성간 우주공간의 가스와 먼지구름이 만들어낸 놀라운 복합체가 나타납니다. 이 바다갈매기의 날개는 2.5도에 걸쳐 뻗어 있죠. 파칸 3으로부터 시작해 동쪽으로 움직이다 보면 이 자리별이 파인더의 시야에서 벗어나는 순간 바다갈매기성운의 희미한 연결선이 시야의 중앙에 들어오게 됩니다. 성운의 모양이 느껴지는 가장 큰 띠가 **샤프리스 2-296**(Sharpless 2-296, Sh 2-296)으로 이것이 바다갈매기의 날개를 구성합니다. 저배율의 광시야 접안렌즈를 연결한 작은 망원경만이, 전체 모습을 담아낼 수 있을 만큼 충분히 넓은 시야를 제공해줄 것입니다. 105밀리미터 굴절망원경에서 17배율로 보면 필터 없이도 쉽게 성운을 찾을 수 있긴 하지만 협대역성운필터를 사용하면 약간은 더 나은 모습을 볼 수 있습니다. 어떤 별지기들은 수소베타필터를 사용하는 것을 더 선호합니다.

샤프리스 2-296은 여러 별지도에서 일반적으로 IC 2177로 표시되어 있습니다. 존 루이스 에밀 드레이어는 IC 2177을 『성운과 성단 편람목록 2판second index Catalogue of Nebulae and Clusters of Stars, 1908』에 포함시켰습니다. 그리고 출처로서 아이작 로버츠Isaac Roberts가 1898년 11월에 펴낸 『천문소식지Astronomische Nachrichten』를 적어 넣었죠. 그러나 로버츠가 사진에서 발견한 천체는 사실 바다갈매기의 머리 부분으로서, 이 부분은 오늘날 반덴버그 93(van den Bergh 93, vdB 93)으로 알려진, 크기는 훨씬 작지만 약간은 더 밝은 성운입니다. 이 성운은 밝기 변동 폭이 크지 않은 7등급의 변광성 외뿔소자리 V750을 감싸고 있죠. 반덴버그 93을 제 작은 굴절망원경에서 47배율로 보면 외뿔소자리 V750의 남쪽과 남동쪽 7분의 폭을 거의 희미하게 채우고 있습니다. 별을 감싸고 있는 보일 듯 말 듯한 희미한 성운기는 약 12분에 걸쳐 펼쳐져 있죠. 훨씬 더 작은 성운이지만 감지가 가능한 시더블라드 90(Cederblad 90, Ced 90)은 바다갈매기성운의 남쪽 날개 끄트머리에 자리 잡은 8등급의 별을 둘러싸고 있습니다.

바다갈매기의 깃털 안에는 여러 개의 성단이 뒤섞여 있습니다. 이 중에서 가장 밝은 성단은 NGC 2343으로서 외뿔소자리 V750의 동쪽 55분 지점에서 약간 남쪽에 자리 잡고 있습니다. 14×70 쌍안경을 이용하면 희미하게 뿌려져 있는 은빛 안개를 배경으로 희미한 별 몇 개를 볼 수 있죠. 105밀리미터 굴절망원경에서 87배율로 관측해보면 6분의 폭 중심에 몰려 있는 14개의 별을 볼 수 있습니다. 여기서 가장 밝은 3개의 별이 밝기가 점점 줄어드는 순서로 동쪽과 북쪽, 서쪽 모서리에서 삼각형 모양을 연출해냅니다. 가장 동쪽에 있는 별 스트루베 1028(Σ1028)은 이중별입니다. 노란색의 으뜸별이 북서쪽 11분 지점에 11등급의 짝꿍별을 거느리고 있죠.

바다갈매기성운에서 눈에 띄는 또 다른 성단은 NGC 2335입니다. 북쪽 날개가 구부러진 지점에 자리 잡은 이 성단은 제 작은 굴절망원경에서 47배율로 보면 NGC 2343과 한 시야에 들어오죠. NGC 2343보다는 약간 희미하고 불분명하게 보이는 NGC 2335는 희뿌연 배경에 잠긴 10개의 희미한 별들이 모여 있는 별 무리입니다.

이 별 무리의 주변은 큰개자리 OB1성협(the Canis Major OB1, CMa OB1)에 속해 있는 별들이 둘러싸고 있습니다. 이 성협은 뜨겁고 어린 별들이 느슨하게 모여 있는 성협으로서 바다갈매기성운을 밝게 비춰주고 있습니다. 그러나 이 별들과 NGC 2335 사이의 물리적 연관성은 없는 것 같습니다. 이 성단은 큰개자리 OB1성협보다 훨씬 오래되었으며 근래 측정된 거리에 따르면 훨씬 더 멀리 존재하고 있는 것으로 나타났죠. NGC 2343의 상황은 더더욱 확실치 않습니다. 이 성단은 그저 바다갈매기성운의 거리로 제안된 3,400광년 거리 범주 내에 있는 것으로 보입니다. NGC 2343의 연령은 매우 다양하게 추측되고 있습니다. 그러나 이 성단은 아마도 너무나 오래된 성단이라서 큰개자리 OB1성협과 같은 원시별들을 가지고 있지는 않은 것으로 보입니다.

자, 이제 바다갈매기성운을 떠나 동쪽으로 가서 3개의 주목할 만한 성단을 만나봅시다. 저배율 접안렌즈에서 NGC 2343을 남쪽 부분에 놓고 1.6도 동쪽으로 움직이면 가장 밝은 6등급 청백색 별에 대해 수많은 희미한 별이 꽉 모여 있는 어여쁜 성단 NGC 2353을 만나게 될 것입니다. 제 작은 굴절망원경에서 47배율로 관측해보면 15분의 폭 안에서 30개의 별을 볼 수 있습니다. 시선을 사로잡는 9등급의 이중별 스트루베 1052(Σ1052)가 청백색의 별 북동쪽에 자리 잡고 있습니다. 그리고 6등급의 주황색 별 한 쌍이 성단을 묶고 있듯 자리 잡고 있죠. 여기서 동쪽으로 6도를 더 가거나, 외뿔소자리 알파(α) 별에서 남남서쪽으로 1.3도를 이동하면 다이아몬드 먼지들이 흩뿌려져 있는 듯한 성단, 멜로테 72(Melotte 72, Mel 72)를 만나게 될 것입니다. 제 굴절망원경에서 87배율로 보면 약 5분 크기의 희미한 삼각형 조각 모양에 미세하게 박힌 점들을 볼 수 있습니다. 북서쪽 모서리 바깥에는 주황색의 7등급 별이 자리 잡고 있죠. 여기서 5.3도 더 동쪽으로 이동하면 화려한 성단 **NGC 2506**을 만나게 됩니다. 제 작은 망원경에서 87배율로 보면 막대에 연결된 2개의 곡선을 구성하고 있는 20개의 희미한 별들이 보입니다. 이 모든 광경이 희미하게 뭉쳐 보이는 별들을 배경으로 담겨 있죠. 10인치(254밀리미터)

반사망원경에서 73배율로 관측해보면 은빛의 희미한 별들이 연달아 서 있는 모습을 볼 수 있습니다. 여기서 더더욱 선명하게 보이는 별들이 2개의 하얀색 매듭처럼 엉켜 있습니다.

동물들 사이를 거닐기

대상	분류	밝기	각크기/각분리	적경	적위	MSA	U2
M50	산개성단	5.9	15'	7시 02.8분	-08° 23'	273	135R
마이너스 3 그룹 (Minus 3 Group)	자리별	-	44'×23'	6시 54.0분	-10° 12'	298	135R
샤프리스 2-296 (Sh 2-296)	발광성운	-	150'×60'	7시 06.0분	-10° 55'	297	135R
반덴버그 93(vdB 93)	발광/반사성운	-	19'×17'	7시 04.5분	-10° 28'	297	135R
시더블라드 90 (Ced 90)	발광/반사성운	-	7'	7시 05.3분	-12° 20'	297	135R
NGC 2343	산개성단	6.7	6'	7시 08.1분	-10° 37'	297	135R
NGC 2335	산개성단	7.2	7'	7시 06.8분	-10° 02'	297	135R
NGC 2353	산개성단	7.1	18'	7시 14.5분	-10° 16'	297	135L
멜로테 72(Mel 72)	산개성단	10.1	5'	7시 38.5분	-10° 42'	296	135L
NGC 2506	산개성단	7.6	12'	8시 00.0분	-10° 46'	295	134R

각크기 및 각분리는 최근 천체 목록을 참고한 것입니다. 시각적으로 보이는 천체의 크기는 대부분 목록상에 있는 크기보다는 작게 느껴지며 장비의 구경과 배율에 따라 다양하게 느껴집니다. MSA와 U2는 각각 『밀레니엄 스타 아틀라스』와 『우라노메트리아 2000.0』 2판에 기재된 차트 번호를 의미합니다.

천상의 개와 함께

큰개자리는 밤하늘에서 가장 밝은 별뿐 아니라
훨씬 더 많은 볼거리를 품고 있습니다.

승리를 거둔 위대한 개,
한 눈에 별을 담고 선
천상의 야수가,
동쪽에서 뛰어오르네.

그 개는 서쪽 길을 따라
춤추며 날아오른다네
그 다리는 결코
쉬는 법이 없다네.

나는 비루한 패배자,
그러나 나는 이 밤
위대한 개와 함께 짖을 거라네
그 소리가 어둠을 가로지를 거라네.

로버트 프로스트 *Robert Frost*, 〈큰개자리 *Canis Major*〉, 1928

지금 큰개자리는 하늘로 오르며 밤하늘의 공기를 파내고 있습니다. 서쪽을 향하고 있는 큰개자리의 앞발은 최상의 관측 시간에는 빠르게 지나가버리지만, 머리와 목 뒤로 이어진 별들의 왕국은 관측하기 적절한 위치에 자리하게 됩니다. 그러니 어둠이 내려앉으면 천상의 개와 함께 깊은 우주의 천체를 찾아봅시다.

산개성단 NGC 2345부터 시작해보겠습니다. 이 성단은 큰개자리 감마(γ) 별의 북북동쪽 2.7도 지점에 자리잡고 있습니다. 제 105밀리미터 굴절망원경에서 55배율로 관측해보면 중간밝기부터 희미한 별까지 12개의 별이 2개의 갈라진 선과 하나의 외곽선을 그리며 희미한 배경 위에 있는 것을 볼 수 있습니다. 10인치(254밀리미터) 망원경을 이용하면 이 희미한 배경이 12분 폭으로 자리 잡은 30개의 희미한 별들로 분해되죠. 앞쪽에 있는 8등급의 별 하나가 이 성단의 북북동쪽 모서리에 자리 잡고 있습니다. 큰 망원경은 이 성단에서 가장 밝은 별

들이 노란색과 주황색을 띠고 있음을 알려줍니다.

이제 정동 방향으로 2.5도 이동하여 인상적인 발광성운 NGC 2359를 만나보죠. 이 성운은 제 작은 굴절망원경에서 아주 희미하게 보입니다만 협대역성운필터를 이용하면 더 뚜렷한 모습을 볼 수 있고 산소III필터를 이용하면 그 모습을 훨씬 더 선명하게 볼 수 있게 됩니다. 47배율에서는 얼룩덜룩한 느낌과 함께 2개의 희미한 팽창부를 가진 부풀어 오른 아치의 모습을 볼 수 있죠. 이 성운에서 가장 밝은 부분은 10인치(254밀리미터) 반사망원경에서 70배율로 관측해보면 필터 없이도 쉽게 볼 수 있습니다. 가장 확연히 모습을 드러내는 부분은 6.5분의 길이에 숫자 2를 닮았습니다. 숫자 2의 가로막대 부분은 서남서쪽으로 기울어져 있고, 둥근 머리는 북쪽을 향하고 있죠. 이 숫자 2 모양의 위쪽에서 북서쪽으로 희미한 팽창부가 시작됩니다. 이 숫자 2의 곡선은 바이킹 모자의 윗부분을 형성합니다. 그리고 서쪽을 향

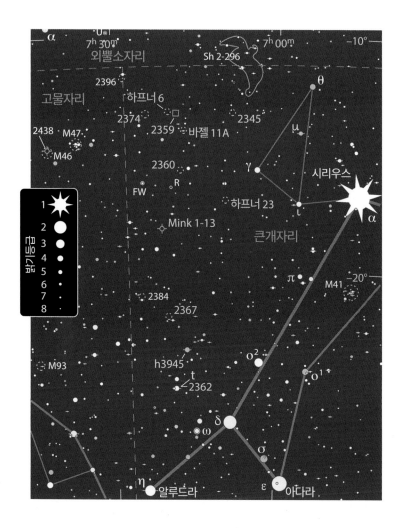

주변의 복잡한 구조는 별들 사이의 상호작용과 이전에 이미 뿜어져 나온 물질 및 성간 우주공간을 채우고 있는 물질들 사이의 상호작용으로 만들어진 것입니다.

작은 산개성단 **하프너 6**(Haffner 6)은 토르의 헬멧의 동북동쪽 22분 지점에 자리 잡고 있습니다. 제 10인치 (254밀리미터) 반사망원경으로도 뚜렷하지 않게 보이는 하프너 6은 7분 폭에 극도로 희미한 별들이 몰려 있는 성단입니다. 그래서 구경이 큰 망원경에게 적절한 대상이 되는 성단이죠. 아주 작게 보이는 별들의 모습에서 추측할 수 있듯이 하프너 6은 아주 멀리 떨어진 성단입니다. 추정거리는 1만 광년이죠. 이 성단은 또한 매우 늙은 성단이기도 한데 추정 나이는 약 6억 7,000만 년입니다.

여기서 1도 더 동쪽으로 이동하면 NGC 2374를 만나게 됩니다. 윌리엄 허셜은 1785년 영국에서 이 산개성단을 발견하고 속기로 다음과 같은 주석을 달았습니다. "이 성단에는 매우 큰 폭으로 별들이 뿌려져 있고, 별들도 상당히 많다. 이 별들이 20분의 길이로 구부러진 모습을 하고 있다." 제 10인치(254밀리미터) 망원경에서 170배율로 관측해보면 6분의 폭으로 몰려 있는 25개의 희미한 별들을 볼 수 있습니다. 별 무리 전반을 왔다 갔다 가로지르며 만들어낸 W 모양도 볼 수 있죠. 64배율의 좀 더 넓은 시야로 보면 중앙의 별 무리에서 떨어져 나온 중간 밝기부터 희미한 밝기를 가진 50개의 별을 볼 수 있습니다. 이 별들은 깨져버린 듯한 헤일로 내부에 자리 잡고 있죠.

허셜은 20분 크기에 걸쳐 펼쳐진 이 헤일로가 이 성단의 한 부분임이 틀림없다고 기록하였습니다. 제 작은

해 솟아오른 돌출부가 그 뿔을 형성하고 있죠. 그래서 NGC 2359는 토르의 헬멧(Thor's Helmet)이라는 별명을 얻게 되었습니다. 숫자 2가 만드는 아치는 얇은 면사포와 같은 빛으로 가득 차 있습니다. 미묘한 성운 형상을 가진 팔 하나가 숫자 2의 머리 부분에서 동쪽으로 뻗어나가고 있으며, 숫자 2의 바닥 부분에서는 동서쪽으로 짧은 팔 하나가 뻗어나가고 있습니다.

별이 숫자 2의 각 끝부분을 장식하고 있으며 세 번째 별 하나가 이 아치의 안쪽에 자리 잡고 있습니다. 이 세 번째 별이 11.5등급의 울프-레이에 별로서 NGC 2359에 에너지를 공급하는 역할을 하고 있죠. 이 성운의 중심에 자리 잡은 뜨겁고 무거운 별로부터 맹렬한 별 폭풍이 뿜어져 나와 주위의 가스와 먼지를 갈아엎으며 거품과 같은 모습을 만들어내고 있는 것입니다. 거품

굴절망원경에서 68배율로 관측해보면 분해되지 않는 별들이 만든 얼룩덜룩한 빛 속에 파묻힌 7개의 희미한 별들을 볼 수 있습니다.

산개성단 **바젤 11A**(Basel 11A)는 토르의 헬멧으로부터 남남서쪽으로 49분 지점에 자리 잡고 있습니다. 제105밀리미터 굴절망원경에서 68배율로 관측해보면 8등급의 별을 품고 있는 작은 별 무리를 볼 수 있습니다. 희미한 점 12개가 그 주변을 둘러싸고 있죠. 9.5도 밝기의 별이 북북서쪽 끄트머리에 자리 잡고 있습니다. 10인치(254밀리미터) 반사망원경을 통해 보면 20개의 희미한 별들이 만든 삼각형에 갇힌 밝은 별들이 드러나면서 더더욱 별 무리다운 모습을 볼 수 있습니다.

이보다 훨씬 어여쁜 성단 **NGC 2360**이 바젤 11A의 남쪽 1.7도 및 큰개자리 감마 별에서 정동쪽으로 3.4도 지점에서 발견됩니다. 이 성단을 7×50 쌍안경으로 보면 5등급 별 바로 옆에서 작고 희미한 조각처럼 보이죠. 제 작은 굴절망원경에서 87배율로 보면 60개의 별이 모습을 드러냅니다. 대부분 11등급과 12등급의 별로서 12분의 폭 안에 불규칙하게 무리지어 있죠. 별들이 만들어내는 고리와 나선 모양, 일렬로 늘어선 고리 모양 등이 이 성단을 장식하고 있으며 푸른빛의 9등급 별이 동쪽 끄트머리에 여며진 단추처럼 자리 잡고 있습니다.

여기서 2.4도 서남서쪽으로 이동하면 **하프너 23**(Haffner 23)을 만나게 됩니다. 105밀리미터 굴절망원

극단적으로 뜨거운 울프-레이에 별에 의해 에너지를 공급받고 있는 큰개자리의 독특한 발광성운 NGC 2359는 마치 바이킹의 투구를 닮았습니다. 그래서 이 성운은 '토르의 헬멧'이라는 별명을 갖게 되었습니다. 사진의 폭은 0.5도이며 북쪽이 위쪽입니다.
사진: 대니얼 베어샤체(Daniel Verschatse) / 안틸후 천문대(Observatorio Antilhue) / 칠레

경에서 47배율로 보게 되면 희미한 별과 매우 희미한 별 30개가 약 13분 폭의 얼룩덜룩한 배경을 깔고 느슨하게 도열한 모습을 볼 수 있습니다. 일반적으로 하프너 23을 기록하고 있는 좌표계는 9등급으로 밝게 빛나는 별이 있는 곳에 하프너 23의 위치를 기록하고 있습니다. 그러나 눈으로 봤을 때 이 성단의 중심은 이 별의 북동쪽 방향 수 초 지점으로 보입니다.

하프너 23의 동남동쪽 3도 지점에 있는 행성상성운 **민코프스키 1-13**(Minkowski 1-13, Mink 1-13; PN G232.4-1.8)을 찾아봅시다. 매우 작아서, 10인치(254밀리미터) 망원경에서 44배율로 봤을 때도 거의 별처럼 보이는 이 천체를 찾기 위해서는 좋은 별지도가 필요할 것입니다. 이 성운의 모습은 배율을 220배로 올리면 작지만 북북동쪽으로 기울어진 꽤 밝은 타원형으로 볼 수 있습니다. 12.6등급의 이 성운은 11.2등급 별의 북쪽 45초 지점에 자리 잡고 있습니다.

여기서 남쪽으로 7도를 쭉 내려오면 청백색의 큰개자리 타우(τ) 별을 만나게 됩니다. 이 별은 아름다운 성단 **NGC 2362**의 한가운데에 자리 잡고 있습니다. 제 작은 굴질망원경에서 47배율로 보면 6분 폭에 많은 별이 빽빽하게 모여 있는 곳에서 타우 별에 비해 훨씬 희미하게 보이는 25개의 별을 볼 수 있습니다. 10인치(254밀리미터) 반사망원경에서 220배율로 보면 7분의 폭에 몰려 있는 45개의 별을 볼 수 있죠. 은하나 별 무리, 성운과 같은 딥스카이 천체관측에 일가견이 있어 '미스터 갤럭시'라는 별명을 가지고 있는 애리조나의 별지기 웨인 존슨Wayne Johnson은 NGC 2362를 "여왕벌을 지키고 있는 한 떼의 벌들"로 묘사하기도 했습니다.

캘리포니아 별지기 모임에서는 프레몬트 피크Fremont Peak에서 관측회를 가진 후 큰개자리 타우 별의 별명을 멕시칸점핑스타(the Mexican Jumping Star)라고 지어주었습니다. 이들은 망원경이 바람에 흔들릴 때, 주위의 다른 별과는 완전히 다르게 움직이는 듯이 보이는 이 별의 모습에 주목하여 이러한 별명을 짓게 되었죠. 이건

아마도 밝은 별의 잔광이 남기는 시각적 효과 때문이었을 겁니다. 당신도 망원경을 톡톡 쳐가며 관측해보세요(멕시칸점핑스타라는 별명은 독특한 움직임을 보이는 멕시칸점핑빈(땅콩)에 빗대어 지은 별명입니다. 멕시칸점핑빈 안에는 멕시코산 작은 뜀콩나방의 유충이 들어 있습니다. 유충은 씨 안의 과육을 먹으면서 움직이는데 따뜻할수록 더 많이 움직이며, 그 모습이 마치 씨가 뛰어오르는 것처럼 보인다고 합니다_옮긴이).

약 500만 년의 나이를 가진 NGC 2362는 대단히 어린 성단입니다. 이 성단의 나이는 황소자리 플레이아데스의 나이에 비하면 4퍼센트밖에 안 되는 수준이죠.

NGC 2367은 종종 간과되곤 하지만 주목할 만한 가치가 있는 산개성단입니다. 이 성단은 큰개자리 타우별의 북쪽 3.1도 지점에 자리 잡고 있죠. 제 작은 망원경에서 87배율로 보면 들쭉날쭉한 전나무 모양을 그리고 있는 10개의 별들을 볼 수 있습니다. 이 전나무의 길이는 끝에서 끝까지 5분입니다. 별파티에 참가했던 누군가가 저에게 자신은 이 천체를 찰리 브라운의 크리스마스트리라고 부른다고 말해주더군요. 만화 〈피넛Peanuts〉에에 익숙한 사람이라면 즉각 그 모습이 어떠할지를 알 수 있을 겁니다. NGC 2367 역시 500만 년의 나이를 가진 어린 성단입니다.

사랑스러운 이중별 **허셜3945**(h3945)가 NGC 2367과 큰개자리 타우별을 연결한 선의 중간 지점에서 서쪽으로 38분 지점에 위치하고 있습니다(이 이중별은 큰개자리 145G라는 별명도 가지고 있습니다. 그러나 등재명에서는 종종 G가 빠진 부정확한 명칭으로 기록되곤 합니다. 여기서 G가 의미하는 것은 이 천체가 1879년 벤저민 압드로프 굴드Benjamin Apthrop Gould에 의해 제작된 〈아르헨티나 별지도Uranometria Argentina〉에 이 천체가 기록되어 있음을 의미하는 것입니다). 이 별은 해당 지역에서 가장 밝은 별이며 5등급 및 5.8등급의 별이 27초 간격을 두고 자리 잡고 있습니다. 비록 이 이중별은 인상적인 모습을 뽐내긴 하지만 실제로는 서로 관련이 없는 별이 우연히 같은 방향에 있어 짝을 이룬 것처럼 보일 뿐입니다. 천문작가인 제임스 뮬라니James Mullaney는 이

한 쌍의 별을 겨울의 알비레오라고 부릅니다. 그 모습이 백조자리의 그 유명한 황금색과 파란색 이중별인 알비레오를 닮았기 때문이죠. 제 작은 망원경에서 이 별들은 황금색과 하얀색으로 보입니다. 당신 눈에는 어떤 색으로 보이시나요?

큰 개와 함께 달리기

대상	분류	밝기	각크기/각분리	적경	적위	MSA	U2
NGC 2345	산개성단	7.7	12'	7시 08.3분	-13° 12'	297	135R
NGC 2359	발광성운	9.0	13'×11'	7시 18.5분	-13° 14'	297	135L
하프너 6 (Haffner 6)	산개성단	9.2	7'	7시 20.0분	-13° 10'	297	135L
NGC 2374	산개성단	8.0	19'	7시 24.0분	-13° 16'	296	135L
바젤 11A (Basel 11A)	산개성단	8.2	5'	7시 17.1분	-13° 58'	297	135L
NGC 2360	산개성단	7.2	12'	7시 17.7분	-15° 39'	297	135L
하프너 23 (Haffner 23)	산개성단	7.5	11'	7시 09.5분	-16° 56'	321	135R
민코프스키 1-13 (Mink 1-13)	행성상성운	12.6	30"×42"	7시 21.2분	-18° 09'	(320)	153R
NGC 2362	산개성단	3.8	7'	7시 18.7분	-24° 57'	345	153R
NGC 2367	산개성단	7.9	5'	7시 20.1분	-21° 53'	345	153R
허셜3945 (h3945)	광학적이중별	5.0, 5.8	27"	7시 16.6분	-23° 19'	345	153R

각크기 및 각분리는 최근 천체 목록을 참고한 것입니다. 시각적으로 보이는 천체의 크기는 대부분 목록상에 있는 크기보다는 작게 느껴지며 장비의 구경과 배율에 따라 다양하게 느껴집니다. MSA와 U2는 각각 『밀레니엄 스타 아틀라스』와 『우라노메트리아 2000.0』 2판에 기재된 차트 번호를 의미합니다. 차트 번호에 있는 괄호는 해당 천체가 별도로 표시되어 있지는 않음을 의미합니다. 이 지역에 위치하는 이번 달의 모든 천체는 《스카이 앤드 텔레스코프》 호주머니 별지도 표 27에 기재되어 있습니다.

최고예요!

밝은 별 카스토르와 폴룩스로 눈길을 끄는 쌍둥이자리에서
많은 보석을 발견하게 될 것입니다.

겨울 폭풍이 황량한 바다 위로 사납게 몰아칠 때,
뱃사람들이 두려움에 떨며
기도와 탄원으로 제우스의 쌍둥이 형제를 부르짖을 때,
높게 들어 올려진 뱃머리로 두려움이 몰려들었다.

호메로스*homer*, 〈카스토르와 폴룩스를 향한 송가*Hymn to Castor and Pollux*〉

그리스 로마 신화의 유명한 쌍둥이인 카스토르(Castor)와 폴룩스(Pollux)는 하늘에 쌍둥이자리로 새겨져 있습니다. 한때는 탄원의 의미에서 주술적으로 사용되던 말 "By Gemini"라는 표현은 "By Jiminy"라는 감탄사의 어원이 되었습니다.

쌍둥이자리에는 쌍둥이자리 알파(*α*) 별인 놀라운 별 **카스토르**(Castor)뿐만 아니라 경이로운 아름다움을 뿜어내는 여러 천체가 있습니다. 고작 52광년밖에 되지 않는 카스토르(Castor)는 6개의 별이 복잡한 중력 상호 작용으로 묶여 있는 인상적인 다중별계입니다. 제 105밀리미터 굴절망원경에서 87배율로 관측해보면 카스토르A와 카스토르B는 확실하게 분리됩니다. 안시 이중별을 이루는 이 뜨겁고 하얀 별들이 상호 공전하는 주기는 467년입니다. 2011년에 2등급의 으뜸별 북동쪽으로 4.8초 지점에 3등급의 짝꿍별이 자리 잡고 있었는데 그 간격은 천천히 넓어져 2085년에는 최대 7.3초까지 벌어지게 됩니다.

여기서 남남동쪽으로 카스토르C를 찾아봅시다. 희미한 주황색으로 보이는 이 별은 밝은 빛을 뿜어내는 자신의 짝꿍별들로부터 매우 널찍이 떨어져 있죠. 8인치(203.2밀리미터) 망원경에서 그 색깔은 당근과 같은 색으로 훨씬 선명하게 보입니다. 이 3개의 별이 각각 자신의 짝을 거느리고 있는 별들입니다. 그 짝꿍별들은 너무나

가까이 붙어 있어 어느 망원경으로도 분해되지 않죠. 이 별들이 실제 짝을 거느리고 있다는 것을 알 수 있는 것은 분광 분석에서 이들이 주기적인 파장의 변화를 보인다는 사실을 통해서입니다. 이는 궤도 운동이 발생하고 있음을 말해주는 단서가 되죠.

우리의 다음 방문 대상은 2개의 구체가 각각 다른 천체로 등재된 행성상성운입니다. NGC 2371은 남서쪽으로 팽창된 구체를, 그리고 NGC 2372는 북동쪽으로 팽창된 구체를 가리키죠. 이 천체들은 1785년 윌리엄 허셜에 의해 발견되었습니다. 당시 그는 영국에서 18.7인치(475밀리미터) 반사망원경으로 하늘을 훑고 있었죠. 그가 기록한 내용은 다음과 같습니다. "똑같이 작은 크기의 희미한 천체 2개가 1분 거리 내에 자리 잡고 있다. 각각의 천체는 모두 핵을 가지고 있는 듯 보이며 서로 충돌하고 있는 선명한 대기가 보인다."

깊은 노란색을 보여주는 쌍둥이자리 요타(*ι*) 별은 이 미세한 양극성 행성상성운의 위치를 찾아가기에 편리한 시작점입니다. 이 성운은 쌍둥이와 같은 속성 때문에 쌍둥이성운(the Gemini Nebula)이라 불리기도 합니다. 쌍둥이자리 요타 별로부터 1.7도 북쪽으로 올라가면 희미한 별들이 만들고 있는 13분 크기의 삼각형에서 동쪽 측면으로 숨어 있는 NGC 2371과 NGC 2372를 찾을 수 있을 것입니다. 제 작은 굴절망원경에서 87배율로 보면 작

나는 쪽으로 더 밝아지며, 남서쪽의 구체는 별처럼 보이는 점을 쥐고 있습니다.

산소Ⅲ필터를 이용하면 이 점이 훨씬 더 선명하게 그 모습을 드러냅니다. 따라서 이 점은 별이 아니고 그저 성운이 좀 더 고밀도로 몰려 있는 작은 부분이라는 것을 알 수 있습니다. 필터 없이 213배율로 관측해보면 각 구체 사이에 희미한 연무와 각 구체를 둘러싸고 있는 얇은 막을 볼 수 있죠. 2개 구체는 북서쪽으로 남동쪽으로 줄지어 있습니다.

그리고 이 구체의 전반을 감싼 성운 형상이 만들어내는 아치가 NGC 2371과 NGC 2372의 겉보기 크기에 해당합니다. 숙련된 별지기들은 산소Ⅲ필터의 도움을 받아 구경 10인치(254밀리미터) 망원경으로도 이 천체를 볼 수 있습니다. 11인치(279.4밀리미터) 망원경을 통해 보면 2개 구체 사이에 자리 잡은 14.8등급의 중심별이 흘긋 보이는데, 좀 더 큰 망원경에서 좀 더 높은 배율로 보면 필터 없이도 이 별을 볼 수 있습니다.

또 다른 멋진 행성상성운이 쌍둥이자리 델타(δ) 별 근처에 자리 잡고 있습니다. 이 행성상성운을 찾기 위해서는 7등급의 주황색 별인 쌍둥이자리 델타 별로부터 1.8도 동쪽으로 이동해야 합니다. 그러면 **사우스 548**

월리엄 허셜이 서로 구분되는 2개의 천체로 생각하여 각각 따로 등재한 행성상성운 NGC 2371과 NGC 2372는 쌍둥이자리와 연관되어 '쌍둥이성운'이라 불리기도 합니다. 사진의 위쪽이 북쪽이며 폭은 3분입니다.
사진: 1999 쓰바루 망원경 / NAOJ

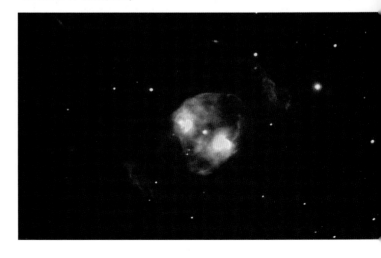

고 길게 늘어진 성운을 보게 되죠. 174배율로 관측해보면 각 구체를 구분할 수 있습니다. 남서쪽에 있는 구체가 좀 더 밝게 보이죠. 10인치(254밀리미터) 반사망원경에서 166배율로 관측해보면 각각의 구체는 중심에서 벗어

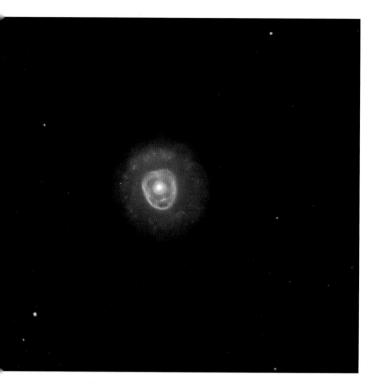

쌍둥이자리의 진열품 중 하나인 행성상성운 NGC 2392는 마치 테두리에 털을 두른 파카 모자를 뒤집어쓰고 있는 듯한 모습으로 인해 에스키모성운이라는 별칭을 갖게 되었습니다. 이 성운이 형성되기 시작한 것은 중심에 자리 잡은 별이 껍데기를 우주로 쏟아내기 시작한 1만 년 전입니다. 사람의 얼굴 모습을 떠오르게 만드는 부분을 남쪽으로 거느리고 있는 이 사진의 폭은 3분입니다.

사진: 베른드 플라크-빌켄(Bernd Flach-Wilken) / 볼커 벤델(Volker Wendel)

기를 통해 관측해보면 중심의 별이 두드러져 보입니다. 그러나 비껴보기로 보면 성운의 모습이 좀 더 선명하게 그 모습을 드러내죠. 배율을 213배로 올리면 세부 모습이 눈에 잡힐 듯 말 듯 드러납니다.

이 행성상성운은 거대하고 얼룩덜룩한 안쪽 타원형과 이를 둘러싸고 있는 성긴 원형 헤일로를 보여줍니다. NGC 2392를 좀 더 크게 오랫동안의 노출로 담아낸 사진들은 이 헤일로의 모습을 마치 털가죽 테두리를 두른 파카 모자처럼 보여주며, 그 안에 얼굴을 닮은 부분의 세부도 함께 보여줍니다. 이러한 형태의 유사성으로 인해 이 행성상성운은 에스키모성운이라는 별칭을 얻게 되었습니다.

저는 2001년 플로리다 키스에서 열린 겨울별파티에서 조지아의 별지기인 알렉스 랑구시스Alex Langoussis의 24인치(609.6밀리미터) 반사망원경으로 이 에스키모성운을 볼 수 있는 행운을 얻게 되었습니다. 일반적인 시상 이상의 조건에서 1,000배 이상의 배율로 바라본 에스키모성운의 모습은 저를 압도했습니다. 마치 사진처럼 대상의 복잡한 세부 모습을 눈으로 볼 수 있었던 유일한 기회였죠.

다음 대상을 찾기 위해 우선 에스키모성운을 찾아가는 데 사용되었던 자리별로 돌아와봅시다. 연의 윗부분(남쪽 부분)에서 동쪽으로 2.5도를 움직이면 산개성단 NGC 2420을 만날 수 있습니다. 이 성단을 제 작은 굴절망원경에서 17배율에서 관측해보면 희미한 헝겊조각과 같은 모습으로 확실하게 포착됩니다. 87배율에서는 8분 폭에 담긴 15개의 별을 볼 수 있으며 중심부에는 약간은 분해되지 않는 희미한 띠가 남아 있죠. 여기서 가장 밝은 11등급의 별 하나가 서쪽 측면에 자리 잡고 있으며 나머지 대부분의 별은 12등급입니다. 이 어여쁜 별 무리는 제 10인치(254밀리미터) 반사망원경에서 희미한 별들과 아주 희미한 별들을 풍부하게 보여줍니다. 166배율에서는 작은 아치를 그리며 10분의 폭에 아름답게 흩뿌려져 있는 50개의 별을 셀 수 있습니다.

AC(South 548 AC)라는 황백색 별 S548을 만나게 되죠. 이 별은 서쪽 37초 지점에 거느린 9등급의 짝꿍별과 함께 이중별을 형성하고 있습니다. 이 이중별은 35분 남쪽으로 비교적 밝은 3개의 별과 함께 위아래가 뒤바뀐 연의 형태를 만들고 있습니다. 이 이중별의 위치는 연의 날씬한 아랫부분을 구성하고 있죠. 이 연의 동쪽 모서리가 형성하는 선을 따라 남쪽으로 내려오면 저배율에서 남북으로 도열한 이중별처럼 보이는 대상을 만날 수 있을 것입니다. 이 이중별을 주의 깊게 살펴보면 남쪽의 '별'이 미세한 푸른빛을 띤 NGC 2392의 원반으로 보이게 됩니다. 105밀리미터 굴절망원경에서 153배율로 보면 이 밝고 둥근 청회색의 행성상성운은 얼룩덜룩한 모습에 선명한 중심별을 거느린 모습을 보여줍니다. 이 성운을 10인치(254밀리미터) 반사망원경에서 저배율로 바로보다음 방문 대상은 NGC 2357입니다. 이 은하는 이심류이 매우 높은 타원형 은하들은 기록한 『개정판 평평한 은하 목록(이고르 D. 카라첸체프와 동료들, 1999)』에 포함된 나선은하입니다. 평평한 은하들이란 팽대부가 적거나 아예 없으며 거의 모로 누운 나선은하를 말합니다. NGC 2357은 1885년 에두아르 스테팡Edouard Stephan이 마르세유 천문대에서 800밀리미터 반사망원경을 이용하여 발견하였습니다. 이 망원경은 유리거울에 은을 입힌 최초의 대형 망원경이었죠. 스테팡은 NGC 2357을 다음과 같이 묘사하였습니다. "작은 방추형으로 남동쪽에서 북서쪽으로 길쭉하게 뻗어 있다. 그 길이는 약 3분이다. 정말 정말 희미하다. 대단히 얇다. 아주 작은 별 몇 개가 감싸고 있다. 중앙으로 갈수록 약간 더 밝게 보인다."

"정말 정말 희미하다"라는 말이 당신을 지레 겁먹게 만들지 않길 바랍니다. NGC 2357은 물론 노력이 필요한 천체이긴 하지만 10인치(254밀리미터) 망원경에서 충분히 그 모습을 볼 수 있습니다. 이 은하는 쌍둥이자리 델타 별의 북북서쪽 1.5도 지점에 정확히 자리 잡고 있습니다. 괜찮은 별지도라면 그 위치를 정확하게 잡아내는 데 도움을 줄 수 있을 것입니다. 이 지역에서 동북동쪽으로부터 서남서쪽으로 1.2분의 간격을 두고 도열한 9.5등급 별 한 쌍을 찾아보세요. 그리고 이 한 쌍의 별들로부터 동남동쪽으로 8.6분 지점에 자리 잡은 유사한 밝기의 세 번째 별을 지나는 연장선을 그어보세요. 거의 동일한 거리까지 연장선을 그으면 그곳에서 NGC 2357을 만날 수 있습니다.

NGC 2357을 보기 위해서는 중간배율이나 높은 배율의 접안렌즈가 필요할 겁니다. 이 은하는 제 10인치(254밀리미터) 망원경에서 299배율로 보면 중심 부분이 약간 더 밝은 기다란 조각처럼 보입니다. 북서쪽 끝 부분에는 13등급의 별이 매달려 있죠. NGC 2357은 부드럽게 구부러진 모습을 보이는 은하와 그 위에 겹쳐진 별을 촬영하고자 하는 천체사진 작가들에게는 흥미로운 촬영대상입니다.

남쪽으로 더 내려가면 별들이 풍부하게 들어차 있는 산개성단 NGC 2355를 만나게 됩니다. 쌍둥이자리 델타 별로부터 람다(λ) 별을 잇는 선을 반 정도 더 늘려 나가면 그쯤에서 NGC 2355를 만날 수 있죠. 제 105밀리미터 굴절망원경에서 17배율로 보면 8등급의 별 바로 남남서쪽에 자리 잡은 작고 희미한 점에서 2개의 희미한 별을 볼 수 있습니다. 87배율에서는 10분의 폭에 20개의 별이 누덕누덕한 가장자리를 두른 한 무리 별들로 그 어여쁜 모습을 드러냅니다. 이 별들은 대부분 희미한 기운이 남아 있는 중심 3.5분 지점에 빽빽하게 몰려 있죠. 여기서 동쪽으로 2.5도를 움직이면 NGC 2395라는 성단을 만나게 됩니다. 제 작은 굴절망원경에서 87배율로 보면 15분의 폭에 느슨하게 뿌려져 있는 20개의 별을 볼 수 있죠. 28배율에서는 2개의 희미한 별들을 거느린 과립상의 점들이 흩어져 있는 모습을 보여주지만 산소III필터를 얹어 이곳을 보면 놀라운 현상을 볼 수 있습니다. 전혀 보이지 않던 **아벨 21**(Abell 21), 메두사

비록 저자는 산소III성운필터를 장착한 105밀리미터 굴절망원경으로 이 천체를 볼 수 있었다고 하지만, 쌍둥이자리의 행성상성운 삼총사의 대미를 장식하는 아벨 21(Abell 21)은 많은 노력이 있어야만 관측할 수 있는 행성상성운입니다. 사진의 세로 폭은 17초이며 북쪽이 위쪽입니다.
사진: 크리스 슈르(Chris Schur)

성운이 이 별 무리의 남동쪽 0.5도 지점에서 그 모습을 드러내는 것이죠. 바로보기로도 이 성운을 볼 수 있지만 비껴보기로 봤을 때 더 나은 모습을 볼 수 있습니다. 이 독특한 행성상성운의 지름은 8분입니다. 북서쪽 측면으로는 움푹 들어간 부분이 있으며 북동쪽과 남서쪽에서 가장 밝은 모습을 보여주죠. 저는 산소III필터보다는 협

대역성운필터를 이용하여 10인치(254밀리미터) 반사망원경에서 68배율로 아벨 21을 감상하는 것을 좋아합니다. 이렇게 하면 이 행성상성운을 좀 더 크게 볼 수 있고, 고르지 않은 밝기 차이를 비롯하여 더 세밀하게 살펴볼 수 있죠.

망원경으로 볼 수 있는 쌍둥이자리의 보석들

대상	분류	밝기	각크기/각분리	적경	적위	MSA	U2
카스토르	삼중별	1.9, 3.0, 9.8	4.8", 71"	7시 34.6분	+31° 53′	130	57R
NGC 2371/72	행성상성운	11.2	55"	7시 25.6분	+29° 29′	130	57R
사우스 548 AC (S548)	이중별	7.0, 8.9	37"	7시 27.7분	+22° 08′	152	75R
NGC 2392	행성상성운	9.1	50"	7시 29.2분	+20° 55′	152	75R
NGC 2420	산개성단	8.3	10′	7시 38.4분	+21° 34′	152	75R
NGC 2357	은하	13.3	3.5"×0.4′	7시 17.7분	+23° 21′	153	75R
NGC 2355	산개성단	9.7	9′	7시 17.0분	+13° 45′	201	95L
NGC 2395	산개성단	8.0	15′	7시 27.2분	+13° 37′	200	95L
아벨 21 (Abell 21)	행성상성운	10.3	12.4′×8.5′	7시 29.1분	+13° 15′	200	95L

각크기 및 각분리는 최근 천체 목록을 참고한 것입니다. 시각적으로 보이는 천체의 크기는 대부분 목록상에 있는 크기보다는 작게 느껴지며 장비의 구경과 배율에 따라 다양하게 느껴집니다. MSA와 U2는 각각 『밀레니엄 스타 아틀라스』와 『우라노메트리아 2000.0』 2000.0, 2판에 기재된 차트 번호를 의미합니다. 이 지역에 위치하는 이번 달의 모든 천체들은 《스카이 앤드 텔레스코프》 호주머니 별지도 표 25에 기재되어 있습니다.

별밭에서

게자리는 망원경으로 만끽할 만한 희미한 성단과 이중별들로 가득 채워진 곳입니다.

별밭에서, 오래전,
저는 저의 학문을 찾았습니다.
새빨갛게 들뜬 마음으로 매일 밤
신비로운 별들과 빛나는 세계가
펼쳐지는 것을 보았습니다.
그들이 말했습니다.
"우리를 배우고 더더욱 현명해져라."

스터링 번치*Sterling Bunch*, 〈별밭에서*In Starry Skies*〉

우리는 계절이 바뀌는 지점에 서 있습니다. 이때는 별빛 가득한 하늘을 바라보는 데 있어 어느 때보다도 청명한 하늘이 연출됩니다. 서쪽으로는 겨우내 친근해진 빛나는 별자리들을 볼 수 있습니다. 반면 동쪽에서는 봄을 맞아 인사를 하러 나온, 조금은 더 온순한 별자리들을 만나게 되죠. 그러나 우리의 이목을 끌 만한, 천상의 왕국이 보유하고 있는 아름다운 천체들은 시기와는 아무런 상관없이 존재합니다. 이때의 게자리는 밤하늘에서 우리 머리 위를 장식하며 희미한 패턴을 그리고 있는 별자리 중 하나입니다. 황도 12궁을 구성하는 별자리로서 게자리는 간혹 암흑의 표지(Dark Sign)로 불리기도 합니다. 게자리에는 많은 관측 대상이 자리하고 있지만, 게자리 자체를 구성하고 있는 별들은 그리 많지 않습니다.

게자리에서 으뜸으로 치는 천체는 프레세페성단, 또는 별집성단으로 알려진 **M44**입니다. 가레트 P. 세르비스는 그의 책 『별과 함께한 1년』에서 M44를 "별들로 만들어진 거미집이 점으로 빛난다"라고 묘사하였습니다. M44는 중간 정도의

어두움을 유지하는 하늘이라면 맨눈으로도 관측할 수 있죠. 저는 이 성단을 섬세한 과립상의 연무와 같은 모습으로 볼 수 있습니다.

M44는 모든 종류의 쌍안경을 통해 제대로 그 모습을 볼 수 있는 보석과도 같은 천체죠. 떨림방지장치가 부착

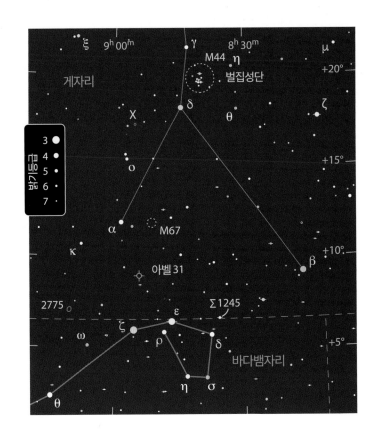

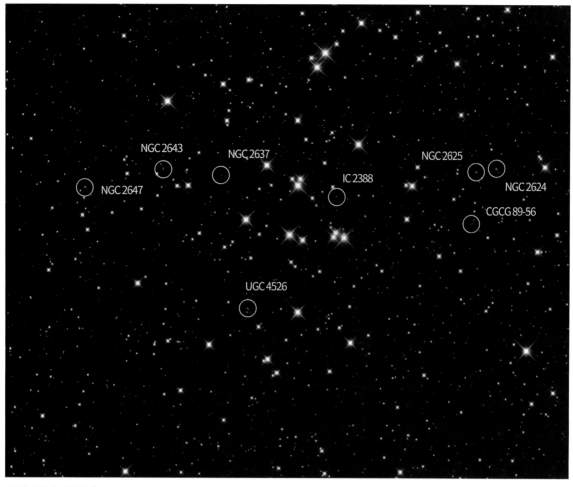

영월에서 촬영한 화려한 벌집성단의 사진을 자세히 보면, 그 속에 안긴 여러 희미한 은하들을 볼 수 있습니다. 검은 하늘아래에서 10인치(254밀리미터) 이상의 큰 망원경을 가지고 이 성단을 주의 깊게 살펴보면 같은 모습을 볼 수 있을 것입니다.

사진: 김도익

된 저의 15×45 쌍안경은 특히 미려한 모습을 보여줍니다. 9개의 밝은 별이 비스듬하게 누운 V자를 만들고 있으며 그 주변에는 12개의 별이 흩뿌려져 있습니다. 이 중에서 가장 밝은 별 4개는 금빛 색조를 뿜내고 있습니다. 하나는 V자가 묶인 부분에 자리 잡고 있고, 또 하나는 북쪽 끝단에 있으며, V자 형태의 북쪽으로 하나가 있고, 북쪽으로 뻗은 V자 끄트머리가 지목하는 지점에 마지막 별이 있습니다. 저는 전반적으로 1.5도 폭에 자리 잡은 55개의 별을 볼 수 있습니다.

거대한 망원경을 가지고 있다면 한눈에 벌집성단 전체의 모습을 볼 수는 없습니다. 그러나 위의 사진을 활용하여 작은 한 떼의 별들과 저 멀리 배경으로 보풀처

럼 보이는 희미한 은하들을 찾아낼 수 있을 것입니다. 10인치(254밀리미터) 반사망원경에서 213배율로 봤을 때, 별 무리의 서쪽 측면에서 NGC 2624와 NGC 2625를, 그리고 동쪽에서 NGC 2647을 찾아볼 수 있었습니다. NGC 2625를 촬영한 사진에서는 이 은하의 서쪽 측면에 붙어 있는 희미한 별을 보여주지만 저는 이 별을 구분해낼 수는 없었죠. 또한 14.5인치(363.8밀리미터) 반사망원경에서 NGC 2643과 IC 2388, UGC 4526과 CGCG89-56 이중은하 중 하나를 볼 수 있었습니다. 벌집성단은 NGC 2637이라는 은하를 품고 있기도 한데, 저는 이 NGC 은하를 확실하게 본 적이 한 번도 없습니다. 당신은 이 은하를 볼 수 있나요?

M67은 벌집성단보다 희미하고 작게 보입니다. 이 성단이 벌집성단보다 5배나 더 멀리 떨어져 있기 때문이죠. 만약 이 2개 성단이 같은 거리에 있었다면 M67은 벌집성단보다 훨씬 인상적인 모습을 뽐내고 있었을 것입니다.

사진: 로버트 젠들러

니다. 174배로 배율을 높이면 2개 별 중 밝은 별이 쪼개지면서 동일한 색조를 지닌 2개의 구체를 보여주죠. 203배로 배율을 높이면 좀 더 희미한 짝꿍별을 북동쪽에서 볼 수 있습니다. 이 한 쌍의 별을 10인치(254밀리미터) 반사망원경에서 213배율로 보면 머리카락 하나 간격으로 떨어져 있지만 299배율로 보면 확실히 분리된 모습을 볼 수 있습니다.

게자리 제타 별은 근거리의 다중별계로서 그 거리는 고작 83광년밖에 되지 않습니다. 우리가 바라보는 지점에서 이 다중별계를 구성하는 별들의 위치 및 간격의 변화는 여러 해에 걸쳐 매우 천천히 나타납니다. 여기서 비교적 넓은 간격을 유지하는 별들의 공전주기는 대략 1,115년입니다. 이에 반해 가장 가까운 간격을 유지하고 있는 별들의 공전주기는 60년이죠.

좀 더 강렬하게 나타나는 별의 색깔에 감탄하고 싶다면 **게자리 X**(X Cancri) 별을 방문해보세요. 이 별은 게자리 오미크론(o) 별로부터 북북서쪽 2도 지점에 있습니다. 게자리 X 별은 탄소별로서 비교적 낮은 온도를 가진 거성입니다. 이 별은 상당히 붉은 빛깔을 띠고 있는데 이는 대기상에 존재하는 탄소 분자와 탄소 화합물에 의해 대부분의 파란색이 걸러지기 때문입니다. 이 별은 또

M44에서 서남서쪽으로 7도를 이동하면 **게자리 제타**(ζ) 별을 만나게 됩니다. 이 별은 5등급과 6등급의 별을 품고 있는 사랑스러운 삼중별입니다. 저배율에서는 그냥 이중별처럼 보이죠. 105밀리미터 굴절망원경에서 47배율로 관측해보면 동북동쪽으로 희미한 노란색 별을 거느리고 있는 밝은 노란색의 으뜸별을 볼 수 있습

딘 살만(Dean Salman)이 6시간 반 동안 노출하여 담아낸 이 사진에서 아벨 31의 상대적으로 밝은 고리와 그 남남동쪽에 위치한 희미한 성운같은 모양이 모습을 드러내고 있습니다. 아래 동그라미는 산소III필터를 장착한 80밀리미터 망원경을 통해 본 아벨 31의 인상을 야코 살로란타(Jaakko Saloranta)가 스케치한 것입니다.

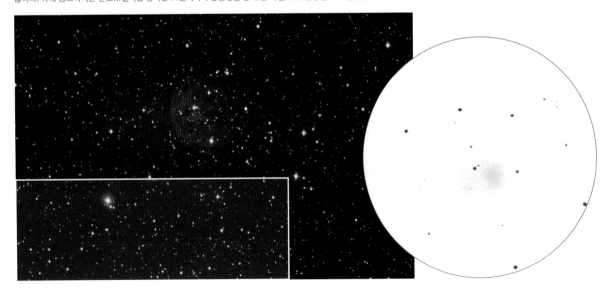

NGC 2775는 중심부는 타원은하의 모습을, 그리고 원반 외곽으로는 촘촘하게 감긴 나선은하의 모습을 가진 독특한 외양을 보여줍니다. 사진: 제프 뉴턴(Jeff Newton) / 애덤 블록 / NOAO / AURA / NSF

한 약간은 불규칙한 주기를 가진 변광성이기도 합니다. 이 별의 밝기범위는 5.6등급에서 7.5등급이며 작은 망원경을 통해서도 쉽게 알아볼 수 있죠.

이제 게자리 알파(α) 별로부터 1.7도 서쪽으로 이동하여 게자리의 또 다른 별 무리인 M67을 만나보겠습니다. M44가 610광년 거리에 있는 데 비해, M67은 이보다 5배는 더 멀리 떨어져 있습니다. 그래서 M67은 좀 더 희미하게 보입니다. M67은 또한 훨씬 더 오래된 성단이기도 하죠. M44의 나이가 7억 3,000만 년인데, M67의 나이는 무려 26억 년입니다.

제 작은 굴절망원경에서 17배율로 관측해보면 게자리 알파 별과 M67은 같은 시야를 분할해서 나눠 가지고 있습니다. 거의 분해되지 않고 고밀도로 몰려 있는 이 독특한 성단은 중심부와 외곽부 모두 불규칙한 양상을 보여주죠. 특별나게 밝은 주황색 별이 북동쪽 꼬트머리를 장식하고 있습니다. 47배율에서 이 밝은 별은 동북동쪽을 가리키고 있는 별들로 만들어진 15분 크기 쐐기꼴의 한 부분을 구성하고 있습니다. 이 쐐기꼴의 서쪽으로는 훨씬 더 많은 별이 몰려 있는 별들의 나무가 자리 잡고 있죠. 이 나무는 반짝이는 몸통과 별들을 주렁주렁 달고서 서쪽으로 휘어 뻗은 가지를 보여줍니다. 이

나무 전체의 크기는 11분이죠. 22분으로 펼쳐진 성단을 볼 수 있는 87배율에서, 저는 80개의 별을 볼 수 있었습니다.

M67은 많은 비교 대상을 떠오르게 만듭니다. 아일랜드의 별지기인 케빈 베릭Kevin Berwick은 머리 꼭대기에 빛바랜 주황색 별을 이고 있는 밝은 별들의 분수를 보았다고 합니다. 이 다채로운 색감의 별에 주목한 영국의 데일 홀트Dale Holt는 M67을 금빛 눈을 가진 별 무리라고 부르며 이 별을 작은 보석으로 여겼죠. 호주의 도우 애덤스Doug Adams와 재닛 애덤스Janet Adams는 M67에서 패크맨을 봤다고 합니다. 앞의 별들을 걸신들린 듯이 먹어치우고 있는 오목한 모양의 별 무리라고 했죠. 뉴욕의 별지기인 조 버게론Joe Bergeron은 다음과 같이 말했습니다. "M67은 여러 고리가 겹친 듯한 모습으로 웅크리고 있는 긴꼬리원숭이를 비롯한 여러 형태를 떠오르게 만듭니다. 저는 여기서 성배의 모습을 발견하곤 하죠." 이 웅장한 별 무리가 당신에게는 어떤 상상의 나래를 펼치게 만드나요?

여러 별지도에 PK 219+31.1로 표시된, 꽤 크기가 큰 행성상성운 아벨 31(Abell 31)은 M67로부터 남남동쪽 3도 지점에 자리 잡고 있습니다. 교외에 있는 저의 집 하늘에서 10인치(254밀리미터) 반사망원경에 성운필터를 장착하여 저배율로 봤을 때 희미하게 아벨 31을 볼 수 있었습니다. 14.5인치(368.3밀리미터) 망원경에서는 훨씬 나은 모습을 볼 수 있죠. 이 행성상성운은 12분에 걸쳐 펼쳐져 있습니다. 그 위로 12등급의 별 하나와 10등급 별 2개가 겹쳐져 있죠. 10등급 별 2개는 동쪽을 지붕 꼭대기로 하며 오각형의 집 모양을 한 5개 별의 남쪽 경계를 장식하고 있습니다.

아벨 31은 대부분의 행성상성운들과 달리 그 중심부에서만 이중으로 이온화된 산소가 만드는 선들이 장악하고 있는 모습을 보여줍니다. 따라서 산소Ⅲ필터를 장착한 작은 망원경으로는 오직 이 부분만을 보게 되죠. 이러한 사실을 알고 있는 별지기들은 검은 하늘 아래에

서 80밀리미터 구경의 작은 망원경으로도 이 가냘픈 선들이 그리는 그물망의 일부를 잡아냅니다. 만약 벌집성단에 있는 은하들을 찾는 것이 당신에게 버거운 일이라면 게자리에서 가장 밝은 은하인 **NGC 2775**에 도전해 보세요. 이 은하는 게자리와 바다뱀자리의 경계부인 바다뱀자리 오메가(ω) 별의 북북동쪽 2.2도 지점에 있습니다. 이 은하를 제 105밀리미터 굴절망원경에서 17배율로 보면 매우 작지만 선명하게 밝은 점으로 보입니다. 그 모습이 마치 아주 밝은 중심부를 가지고 있는 행성상성운처럼 보이죠. 87배율에서는 극도로 희미한 한 줌의 별을 거느리고 북북서쪽으로 기울어진 3과 1/4분×2와 1/2분 크기의 타원형으로 보입니다. 상대적으로 커다란 중심부가, 더 작지만 훨씬 밝은 핵을 단단히 감싸고 있죠.

깊은 노출을 이용하여 촬영한 NGC 2775의 모습은 대단히 인상적입니다. 은하 안쪽의 상당 부분은 본질적으로 아무런 형태를 갖추고 있지 않은 타원은하의 모습을 상당히 닮았습니다. 그러다가 갑자기 부드러운 불빛이 양털과 같은 질감이 느껴지는 그림 같은 나선구조에 자리를 양보하죠. 좀 더 노출을 준 사진에서는 NGC 2775의 외곽 헤일로 사이로 배경을 장식하고 있는 은하들을 볼 수 있습니다.

역시 바다뱀자리 경계에 매달려 있는 깜찍한 이중별 **스트루베 1245**(Σ1245)는 바다뱀자리 델타(δ) 별의 북북서쪽 1도 지점에서 찾아볼 수 있습니다. 이 별은 제 작은 굴절망원경에서 28배율로 봐도 멋지게 분리되죠. 6등급의 노란색 으뜸별이 깊은 노란색을 띤 7등급의 짝꿍별을 북북동쪽 10초 지점에 거느리고 있습니다. 이 깜찍한 한 쌍의 보석과 함께 이번 딥스카이 여행을 마무리하겠습니다.

게자리의 보석들

대상	분류	밝기	각크기/각분리	적경	적위
M44	산개성단	3.1	1.5°	8시 40.4분	+19° 40'
게자리 제타(ζ) 별	삼중별	5.3, 6.3, 5.9	1.1", 5.9"	8시 12.2분	+17° 39'
게자리 X 별	탄소별	5.6 - 7.5	-	8시 55.4분	+17° 14'
M67	산개성단	6.9	25'	8시 51.4분	+11° 49'
아벨 31(Abell 31)	행성상성운	12.0	16'	8시 54.2분	+ 8° 54'
NGC 2775	은하	10.1	4.3'×3.3'	9시 10.3분	+ 7° 02'
스트루베 1245(Σ1245)	이중별	6.0, 7.2	10.2"	8시 35.9분	+ 6° 37'

각크기 및 각분리는 최근 천체 목록을 참고한 것입니다. 시각적으로 보이는 천체의 크기는 대부분 목록상에 있는 크기보다는 작게 느껴지며 장비의 구경과 배율에 따라 다양하게 느껴집니다.

비밀의 수호자

잘 알려지지 않은 별자리인 살쾡이자리는
색다른 천체들을 품고 있습니다.

몇몇 북아메리카 원주민 부족들에게 살쾡이는 비밀의 수호자로 간주되는 숭배 대상입니다. 이러한 특징은 살쾡이자리를 이야기할 때도 적절한 특징이 됩니다. 살쾡이자리에는 3등급 이상의 밝은 별도 없고 딱히 떠올릴 만한 천체도 없기 때문이죠. 살쾡이자리는 요하네스 헤벨리우스Johannes Hevelius에 의해 고안된 별자리입니다. 그는 1687년『소비에스키의 창공Firmamentum Sobiescianu (피르멘툼 소비에스키아눔)』이라는 별지도에 이 별자리를 담았습니다. 데보라 진 워너Deborah Jean Warner는 그녀의 기념비적인 별지도인『인류가 바라본 하늘The Sky Explored』에서 다음과 같이 적고 있습니다. "헤벨리우스

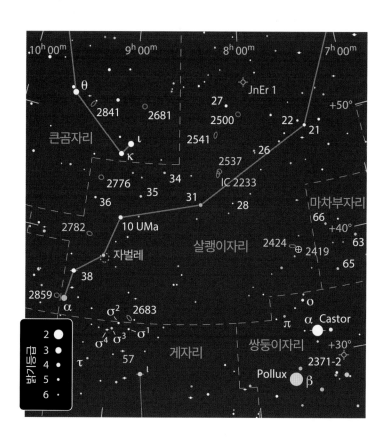

의 살쾡이자리를 보면 하늘을 관측하는 데 있어서 망원경이 꼭 필요한 것은 아니라는 생각을 하게 됩니다. 헤벨리우스는 별자리를 이루는 별들을 보려면 반드시 살쾡이처럼 날카로운 눈을 가져야 할 필요가 있다고 말했죠." 밤하늘에서 살쾡이자리를 가려내기는 쉽지 않기 때문에, 게자리 근처에서 우리의 밤하늘 여행을 시작해 보도록 하겠습니다.

역시 희미하기로는 마찬가지인 게자리는 쌍둥이자리와 사자자리의 사이에 거꾸로 박힌 Y자 형태를 찾는 것으로 접근해야 합니다. Y자의 가장 아래쪽 부분을 장식하는 **게자리 요타**(ι) 별은 아름다운 이중별입니다. 저배율 망원경에서도 깊은 노란색을 뿜내는 으뜸별과 하얀색 짝꿍별을 쉽게 분리해 볼 수 있죠. 어떤 별지기들은 이 짝꿍별에서 푸른빛을 보기도 합니다만 이것은 색채 대비가 가져오는 착시 현상입니다. 두 별을 충분히 갈라서 볼 수 있을 만큼 배율을 올려보면 이 별들의 원래 색을 쉽게 구분해 낼 수 있을 것입니다.

살쾡이자리의 경계부를 향해 나아가다 보면 게자리 요타 별로부터 북동쪽으로 곡선을 그리며 흘러가는 7등급과 9등급의 별들로 이루어진 선의 끝부분에서 삼중별, **게자리 57**(57 Cancri)을 만날 수 있습니다. 여기서 으뜸별은 깊은 노란색을 가진 6등급의 별입니다. 저배율에서 9등급의 짝꿍별 하나가 남남서쪽으로 55초라는 넓은 간격을 두고 들어오는 모습을

모서리나선은하 NGC 2683은 살쾡이자리에서 가장 인상적인 모습을 뽐내는 은하입니다.
사진: 도우 매튜스(Doug Mattews) / 애덤 블록 / NOAO / AURA / NSF

볼 수 있죠. 그러나 거의 차이가 나지 않을 만큼만 희미한 또 하나의 짝꿍별로부터 으뜸별을 구분해내기 위해서는 더 높은 배율이 필요할 겁니다. 제 105밀리미터 굴절망원경에서 87배율로 바라본 이 한 쌍의 별은 타원형으로 보입니다. 그러나 122배율에서는 서로 맞닿아 있는 모습이 구분되고 153배율에서는 머리카락 하나의 간격을 보이며 203배율에서는 충분히 떨어져 있는 모습을 보여줍니다. 이 짝꿍별은 으뜸별의 북서쪽에 바짝 다가앉아 있으며 주황색 빛을 뿜어내고 있습니다.

게자리 57 별로부터 북쪽으로 2도 올라가면 게자리 시그마¹(o^1) 별을 만나게 되며 여기서 1도를 더 올라가면 살쾡이자리에서 가장 밝은 은하를 만나게 됩니다. 제 작은 굴절망원경에서 17배율로 봤을 때 타원형 얼룩처럼 보이는 **NGC 2683**은 게자리 시그마 별을 구성하는 4개 별과 함께 무리를 짓고 있습니다. NGC 2683과 시그마¹, 그리고 시그마²는 정삼각형의 모서리를 차지하고

있습니다. NGC 2683으로부터 남쪽으로 12분 지점에는 4개의 희미한 별들이 만들어내는 마름모꼴이 매달려 있죠. NGC 2683은 87배율에서 6분×1.5분의 방추체처럼 보입니다. 이 방추체는 북동쪽으로 기울어져 있고 3분 길이의 핵을 품고 있죠. 희미한 별 하나가 이 은하의 남동쪽 경계 너머에 자리 잡고 있습니다. 그리고 훨씬 더 희미한 별이 북쪽 언저리를 장식하고 있죠. 127배율에서는 은하 중심부의 얼룩을 느낄 수 있습니다. NGC 2683은 제 10인치(254밀리미터) 반사망원경에서 213배율로 보았을 때 정말 아름답게 보입니다. 은하의 헤일로는 7.5분 폭으로 펼쳐져 있고, 질감이 느껴지는 핵은 아주 작고 밝은 중심부로 갈수록 좀 더 또렷해지는 양상을 보여주죠.

NGC 2683은 우리에게 거의 모서리를 드러내고 있는 은하입니다. 2,300만 광년이라는 상대적으로 가까운 거리의 이 은하가 보여주는 인상적인 특징으로 인해 몇

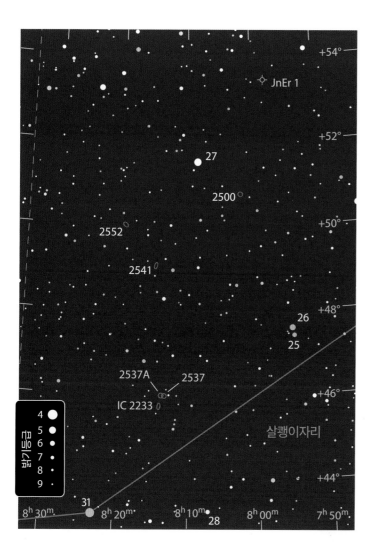

사진: POSS-II / 캘테크 / 팔로마

모양의 나선은하 **NGC 2782**를 만나게 됩니다. 이 은하는 5.1인치(129.54밀리미터) 굴절망원경의 23배율에서 아주 희미한 두 별이 넓게 자리 잡은 곳 바로 북쪽에 흐릿한 작은 점으로 보입니다. 102배율에서는 북동쪽이 약간 더 긴 1.6분×1.3분의 타원형으로 보입니다. 이 은하는 커다란 핵을 가지고 있으며 중심으로 갈수록 점점 더 밝아지는 양상을 보여주죠. 10인치(254밀리미터) 반사망원경에서 192배율로 보면 별상의 핵이 그 모습을 드러내고 동북동쪽으로 2분의 희미한 기운과 서쪽 *끄트머리*에 있는 대단히 희미한 별을 볼 수 있게 됩니다. 아주 얇고 성긴 기운이 북동쪽 희미한 기운의 서쪽 *끄트머리*와 은하의 나머지 부분을 이어주고 있습니다.

NGC 2782의 동쪽으로 뻗어나가고 있는 구조는 중력조석꼬리입니다. 이 꼬리는

몇 별지기들은 이 은하를 UFO 은하라고 부릅니다.

105밀리미터 굴절망원경에 17배율로 살쾡이자리를 여기저기 살피다 보면 귀여운 자리별 하나를 만나게 됩니다. 저는 이 자리별에 **자벌레**(Inchworm)라는 이름을 붙였습니다. 살쾡이자리 38 별 북서쪽 3도 지점에서 발견되는 이 자리별에는 4.6등급의 노란색 별 HD 77912가 포함되어 있습니다. 자벌레는 10등급 미만의 밝기를 가진 10개 별이 46분 길이로 펼쳐져 있는 자리별입니다. 노란빛의 별 하나가 자벌레 몸통 중 불쑥 올라온 부분에 자리 잡고 있으며 빛나는 2개의 눈이 북서쪽 *끄트머*리에 있죠.

이 자벌레로부터 2.5도 북동쪽으로 움직이면 특이한

행성상성운 존스-엠버슨 1은 망원경으로 도전해볼 만한 희미한 천체입니다.
사진: 애덤 블록 / NOAO / AURA /NSF.

대략 2억 년 전, 이 은하가 약 1/4 정도의 질량을 가진 은하와 충돌하면서 만들어진 것입니다.

이제 분위기를 바꿔 구상성단 NGC 2419를 방문해봅시다. 이 성단은 5등급과 6등급의 주황색 별들이 아치를 드리우고 있는 살쾡이자리와 마차부자리의 경계부에 있습니다. 이 성단을 제 5.1인치(129.54밀리미터) 굴절망원경에서 63배율로 보면 9등급에서 7등급까지 차츰 밝아져가는 3개의 별들이 만든 곡선의 끝자락에서 부드럽게 빛나는 구체로 보입니다. 3개의 별 중 가운데 있는 별은 북북동쪽 24초 지점에 희미한 짝꿍별을 거느리고 있죠. 4분 크기의 이 구상성단은 중심으로 갈수록 밝게 보이며 그 주변으로 여러 개의 희미한 별들이 둘러싸고 있는 모습을 보여줍니다. 여기서 북동쪽으로 36분 지점에서 이심률이 큰 타원은하 NGC 2424를 볼 수 있죠. 이 은하를 102배율로 보면 북동쪽으로 약간 더 기다란 2.5분의 길이를 보여줍니다.

NGC 2419는 가장 밝은 별조차도 17등급의 나약한 빛으로 빛나기 때문에 커다란 구경의 망원경을 가진 별지기만이 이 구상성단의 별들을 볼 수 있습니다. 이처럼 상당히 희미한 밝기는 이 구상성단이 27만 5,000광년이라는 상당히 먼 거리에 있기 때문입니다. 상당히 멀리 떨어진 거리로 인해 NGC 2419는 은하 공간의 떠돌이(Intergalactic Tramp)라는 이름을 가지고 있습니다. 이 별명은 오랫동안 이 구상성단이 미리내의 중력에 포섭되어 있음에도 불구하고, 놀라운 결집력으로 뭉쳐 있는 성단임을 말해주고 있습니다.

우리의 다음 목적지는 살쾡이자리 31 별의 북북서쪽 3.3도 지점에 있는 곰발바닥은하 NGC 2537입니다. 제 5.1인치(129.54밀리미터) 망원경에서 102배율로 보면 누덕누덕 기운 듯한 독특한 모습에 50분의 커다란 규모를 보여주는 밝은 중심부가 나타납니다. 그 주변으로 헤일로가 얇은 줄무늬를 그리며 둘러쳐져 있죠. 14.5인치

(368.3밀리미터) 반사망원경에서 170배율로 보면 3개의 덩어리들이 드러나는데 이 덩어리들은 마치 남쪽을 향해 돋아난 발가락처럼 보입니다. 우리에게 정면을 보여주고 있는 나선은하 **NGC 2537A**는 곰발바닥 은하의 동쪽 4.5분 지점에서 희미한 환영처럼 동그란 모습을 드러내고 있습니다.

IC 2233은 곰발바닥 은하의 남남동쪽 17분 지점에서 대단히 얇게 보이는 모서리 은하입니다. 제 5.1인치 (129.54밀리미터) 굴절망원경에서 164배율로 관측해보면 희미한 짝꿍별을 거느리고 있는 10등급의 별 바로 서쪽에서 하늘을 쓱 베어낸 자국처럼 보입니다. 이 창백한 자국은 1과 1/2초 길이로 뻗어 있으며 북쪽 끄트머리는 희미한 별로 고정된 듯이 보입니다. 이 얇은 은하의 길이는 10인치(254밀리미터) 반사망원경으로 관측해보면 2배로 늘어납니다. 곰발바닥 은하는 밝고 푸른 별들이 가득 들어차 있는 광활한 별 생성 구역을 거느린 소규모 고밀도의 왜소은하입니다. 이 은하는 2,600만 광년 거리에 있죠. NGC 2537A는 20배는 더 멀리 떨어져 있는 것 같습니다.

거대한 행성상성운 **존스-엠버슨 1**(JnEr 1; PK 164+31.1)을 방문하는 것으로 우리의 여행을 마무리하겠습니다. 2009년 겨울 플로리다에서 열린 별파티 때, 버지니아의 일레인 오스본Elaine Osborne과 오하이오의 데이비드 토스David Toth가 제 5.1인치(129.54밀리미터) 망원경 관측을

함께 했습니다. 이 성운은 63배율에서 정말 희미하게 보였죠. 이 행성상성운에서 가장 밝은 부분은 동쪽과 북동쪽에 있는 11등급의 별과 함께 이등변삼각형을 연출하고 있었습니다. 이보다 약간 더 희미한 부분이 북서쪽 4분 지점에 보였죠. 이 2개의 밝은 부분이 희미한 아치로 연결되면서 성운 전체를 6분 크기의 고리처럼 만들어주고 있었습니다. 이 행성상성운은 협대역성운필터를 통해 보거나 배율을 좀 더 늘렸을 때 더 나은 모습을 보여줍니다.

존스-엠버슨 1은 레베카 B. 존스Rebecca B. Jones와 리처드 모리 엠버슨Richard Maury Emberson에 의해 발견된 것으로, 1939년 하버드대학 천문대 게시판을 통해 보고되었습니다. 그런데 이상하게도 이 게시판에는 다음과 같이 기록되어 있었습니다. "희미한 성운의 고리가 2개의 밀집 천체를 연결 짓고 있는 모습이 발견되었다. 그 중 하나는 존 허셜 경에 의해 발견된 NGC 2474이며, 나머지 하나는 NGC 2475이다." 그리고 본문에 성운의 모습을 함께 실었죠. 그러나 NGC 2474와 NGC 2475는 사실 더 멀리 남쪽으로 1/2도 지점에서 발견되는 한 쌍의 은하입니다. 이러한 실수가 후에 수많은 참고문에서도 계속 반복되어 나타났습니다.

지금까지 보았듯이 비밀의 살쾡이자리는 여러 독특한 보물들을 가지고 있습니다. 당신도 살쾡이자리에서 새로운 비밀을 발견하기를 기원합니다.

살쾡이굴

대상	분류	밝기	각크기/각분리	적경	적위
게자리 요타(ι) 별	이중별	4.1, 6.0	31"	8시 46.7분	+28° 46'
게자리 57	삼중별	6.1, 6.4, 9.2	1.5", 55"	8시 54.2분	+30° 35'
NGC 2683	방추은하	9.8	9.3'×2.1'	8시 52.7분	+33° 25'
자벌레(Inchworm)	자리별	4.3	46'	9시 05.9분	+38° 16'
NGC 2782	중력조석꼬리 은하	11.6	3.5'×2.6'	9시 14.1분	+40° 07'
NGC 2419	구상성단	10.4	5.5'	7시 38.1분	+38° 53'
NGC 2424	평평한 은하	12.6	3.8'×0.5'	7시 40.7분	+39° 14'
NGC 2537	왜소은하	11.7	1.7'×1.5'	8시 13.2분	+45° 59'
NGC 2537A	정면은하	15.4	0.6'	8시 13.7분	+46° 00'
IC 2233	평평한 은하	12.6	4.7'×0.5'	8시 14.0분	+45° 45'
존스-엠버슨 1(JnEr1)	행성상성운	12.1	6.8'×6.0'	7시 57.9분	+53° 25'

각크기 및 각분리는 최근 천체 목록을 참고한 것입니다. 시각적으로 보이는 천체의 크기는 대부분 목록상에 있는 크기보다는 작게 느껴지며 장비의 구경과 배율에 따라 다양하게 느껴집니다.

사교적인 은하들

이탈리아의 별지기 미르코 빌리가 사자자리 은하군에서 주목한 무언가가
천문학자들 사이에서 커다란 흥미를 불러일으켰습니다.

은하는 사회성이 있는 창조물입니다. 한 손가락에 꼽히는 적은 수의 은하군부터 수천 개의 은하가 몰려 있는 방대한 크기의 은하단까지 대부분의 은하는 무리를 짓고 있습니다. 상대적으로 작은 은하군인 M96 은하군 또는 사자자리 I 은하군은 봄의 밤하늘에서 관측하기 좋은 곳에 자리 잡고 있죠. M96 은하군은 밝은 나선은하와 타원은하가 어우러져 있는 가장 가까운 은하군입니다. M96 은하군은, M66 은하군이라 불리기도 하는 근처의 사자자리 세쌍둥이 은하와 물리적인 연관 관계가 있는 것으로 생각됩니다.

우선 은하군 내 대표 은하의 이름을 딴 M96 은하군을 만나봅시다. 4월 온하늘별지도를 보면 사자자리에서 가장 밝은 별인 레굴루스(Regulus)가 자오선 근처(별지도를 한가운데서 가로지르고 있는 가상의 수직선)에서 보일 겁니다. 이 별은 또한 황도대에 매우 가까이 자리 잡고 있죠. 황도를 따라 약간 동쪽으로 이동하면 레굴루스보다는 훨씬 희미한 청백색 별인 사자자리 로(ρ) 별을 만나게 됩니다. M96은 이 사자자리 로 별로부터 사자자리 세타(θ) 별(사자자리의 하반신에 보이는 삼각형에서 오른쪽 꼭짓점의 별)로 이어지는 선의 1/3지점에 자리 잡고 있습니다.

좀 더 정확하게 위치를 잡아내려면 파인더를 사용하여 왼쪽 별지도에 나와 있는 대로 사자자리 로 별로부터 동북동쪽 4.2도 방향에 자리 잡은 5.3등급의 사자자리 53 별을 찾아보세요. 이 별은 한 시야에 들어온 별 중에서 가장 밝은 별이며 근처에 있는 7등급 및 8등급 별과 함께 작은 이

네모 상자 속 그림을 참고하여 사자자리 52 별과 53 별이 파인더의 한 시야에 들어오도록 겨냥해 보세요. 그러면 이달의 은하를 찾아 나설 준비가 된 것입니다. 망원경은 파인더보다 훨씬 좁은 영역을 보여준다는 사실에 유념하세요. 이 별지도에는 11등급의 별까지 담겨 있습니다. 이는 최상의 조건을 보여주는 하늘이라면 76밀리미터 망원경을 통해 볼 수 있는 한계 밝기에 해당합니다. 표: 『밀레니엄 스타 아틀라스(Millennium Star Atlas)』에서 발췌.

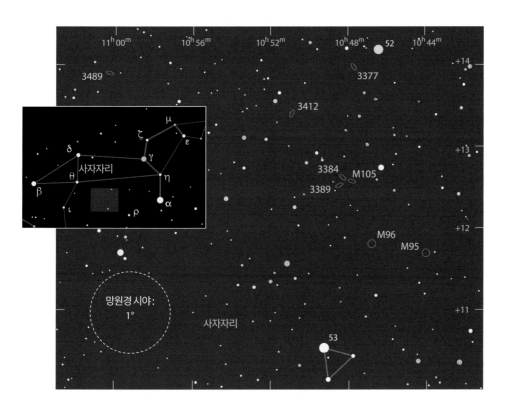

4월

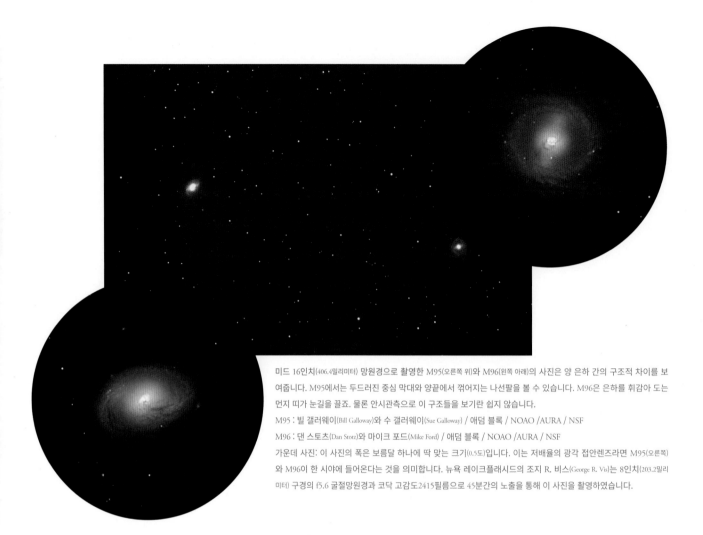

미드 16인치(406.4밀리미터) 망원경으로 촬영한 M95(오른쪽 위)와 M96(왼쪽 아래)의 사진은 양 은하 간의 구조적 차이를 보여줍니다. M95에서는 두드러진 중심 막대와 양끝에서 꺾어지는 나선팔을 볼 수 있습니다. M96은 은하를 휘감아 도는 먼지 띠가 눈길을 끌죠. 물론 안시관측으로 이 구조들을 보기란 쉽지 않습니다.
M95 : 빌 갤러웨이(Bill Galloway)와 수 갤러웨이(Sue Galloway) / 애덤 블록 / NOAO /AURA / NSF
M96 : 댄 스토츠(Dan Stotz)와 마이크 포드(Mike Ford) / 애덤 블록 / NOAO /AURA / NSF
가운데 사진: 이 사진의 폭은 보름달 하나에 딱 맞는 크기(0.5도)입니다. 이는 저배율의 광각 접안렌즈라면 M95(오른쪽)와 M96이 한 시야에 들어온다는 것을 의미합니다. 뉴욕 레이크플래시드의 조지 R. 비스(George R. Vis)는 8인치(203.2밀리미터) 구경의 f5.6 굴절망원경과 코닥 고감도2415필름으로 45분간의 노출을 통해 이 사진을 촬영하였습니다.

등변삼각형을 만들고 있습니다. 여기서 저배율 접안렌즈로 바꿔, 사자자리 53 별의 북북서쪽 1.4도 지역을 살펴보면 9등급의 흐릿한 은하 M96을 만날 수 있습니다.

저의 14×70 쌍안경으로 바라본 M96은 중앙으로 갈수록 밝아지는, 희미하고 성긴 보풀로 보입니다. 105밀리미터 굴절망원경에서 127배율로 살펴보면 좀 더 세세한 모습들이 드러나죠. 이 은하는 살짝 타원형을 띠고 있으며 북서쪽에서 남동쪽으로 더 기다란 모습을 하고 있습니다. 거대하고 밝은 중심부와 별상의 핵, 그리고 이 모두를 담고 있는 희미한 헤일로를 볼 수 있죠.

1998년 이탈리아의 아마추어 천문학자인 미르코 빌리Mirko Villi는 이곳 M96에서 Ia유형의 초신성을 발견하였습니다. Ia유형의 초신성은 멀리 떨어진 은하까지의 거리를 결정하기 위한 표준촛불로 쓰이기에 너무나 적합한 천체입니다. 이 은하까지의 거리는 이미 다른 기술을 통해 알려져 있었기 때문에 이 은하에서 발견된 초신성은 천문학자들에게 비상한 관심을 불러일으켰습니다. 이 초신성 폭발로부터 도출된 개선된 거리 값을 이용한 최근의 여러 연구들은 우주의 거리 지표를 교정하고 우주의 팽창률을 개선하는 데 큰 도움이 되었습니다. 빌리의 별(초신성 1998bu로 등재됨)을 이용한 가장 최근의 연구는 우주의 팽창률이 1메가파섹당 약 70킬로미터라는 값을 도출해냈습니다. 이 값은 허블우주망원경의 핵심 프로젝트를 통해 발견한 우주의 팽창률 가중치 72에 매우 근접한 수치입니다. 현재 가장 선호되고 있는 우주론 모델에서 이러한 수치들은 우주의 나이가 대략 137억 년임을 말해주고 있습니다.

M96 은하군에는 메시에 은하가 2개 더 포함되어 있습니다. M95는 M96의 서쪽 42분 지점에 자리 잡고 있습니다. 저배율 접안렌즈를 사용한다면 이 2개 은하가

우측 커다란 타원은하 M105부터 시계반대방향으로 각각 NGC 3384(렌즈상은하)와 NGC 3389입니다.
1997년 4월 12일, 캘리포니아 사우선드 오크의 마틴 C. 저메노(Martin C. Germano)는 14.5인치(368.3밀리미터) 반사망원경에 SBIG ST-4 오토가이더를 이용하여 100분 간의 노출을 통해 이 사진을 촬영하였습니다.

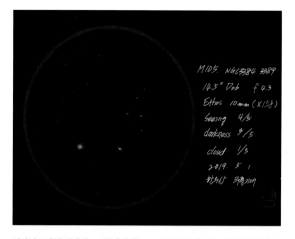

경상남도 한우산에서 368밀리미터(14.5인치) 돕소니언으로 관측한 것입니다. M105(왼쪽 아래 가장 밝게 보이는 은하)와, 시계반대방향으로 각각 NGC 3384와 NGC 3389가 그려져 있습니다. M105는 타원은하, NGC 3384는 렌즈상은하, NGC 3389는 나선은하입니다. 서로 다른 유형의 은하들이 눈으로 관측했을 때 어떻게 다르게 보이는지 잘 표현되어 있습니다.
그림: 박한규

한 시야에 들어오죠. 14×70 쌍안경에서 M95는 매우 희미한 얼룩처럼 보입니다. 이 은하는 M96 은하군에 있는 3개의 메시에 은하 중 가장 낮은 겉보기밝기와 표면 밝기를 가지고 있습니다. 제 105밀리미터 굴절망원경에서 127배율로 보면 희미하고 둥그런 헤일로와 작고 밝은 핵으로 갈수록 점점 밝아지는 중심부를 볼 수 있습니다. 4인치(101.6밀리미터) 굴절망원경과 날카로운 눈으로 무장한 천문작가 스테판 제임스 오미라Stephen James O'Meara는 이 막대나선의 중심부를 넘어서 뻗어 있는 작은 날개 모양 구조와 은하의 모서리를 둘러싸고 흐르는 희미한 외곽 고리를 볼 수 있었다고 합니다.

타원은하 M105는 M96의 북북동쪽 48분 지점에 자리 잡고 있습니다. M105는 M96과 대략 비슷한 겉보기 밝기를 가지고 있습니다. 그러나 그 크기는 M96보다 더 작은데 이는 M105의 표면 밝기가 훨씬 더 밝다는 것을 의미합니다. 이 은하를 14×70 쌍안경으로 관측하면 작고 희미하게 보이며 한 시야에 M95와 M96, 사자자리 53 별이 같이 들어옵니다. 이 4개 천체는 Y자 형태로 늘어서 있죠. 작은 망원경에서 30배율로 보면 3개 은하를 한 시야에 넣을 수가 있습니다.

저는 제 105밀리미터 굴절망원경에서 87배율로

M105와 동북동쪽의 또 다른 은하인 NGC 3384를 볼 수 있었습니다. 이 2개 은하의 중심은 7분도 채 안 되는 거리로 떨어져 있죠. 같은 망원경의 중간배율과 고배율 사이에서 보이는 M105는 약간의 타원형과 함께 주변부로 갈수록 점점 희미해지는 빛 속에 파묻힌 작고 밝은 핵을 보여줍니다. NGC 3384는 M105를 보다 작고 희미하게 축소한 것처럼 보입니다. 동일 시야를 보다 면밀하게 살펴보면 M105의 동남동쪽 10분 지점에서 매우 희미하게 빛나는 세 번째 은하 NGC 3389를 찾을 수 있습니다. NGC 3384는 사자자리 I 은하군의 일원이지만 NGC 3389는 이보다 훨씬 멀리 떨어져 있는 은하로 추정됩니다.

1781년 프랑스의 천체관측가였던 피에르 메생Pierre Mechain은 M96 은하군의 3개 주요 은하를 처음으로 발견하였습니다. 그러나 샤를 메시에가 최종 천체 목록을 작성할 때 자신이 발견한 M105를 알리지 않았습니다. 결국 M105는 훨씬 더 나중인 1947년 헬렌 소여 호그Helen Sawyer Hogg에 의해 목록에 추가되었습니다.

사자자리 I 은하군에서는 최소 3개의 은하를 작은 망원경으로 한 번에 잡아낼 수 있습니다. 이 3개 은하

4월

를 파인더로 바라보면 모두 M105와 같은 시야에 들어오죠. 각 은하는 은하군의 일원이 아닌 NGC 3389보다는 밝게 보입니다만 NGC 3384보다는 희미하게 보입니다. M105로부터 북쪽으로 1.4도, 노란색의 5.5등급 별인 사자자리 52 별로부터 남동쪽 23분 지점에 있는 NGC 3377을 찾아보세요. 작게 보이는 이 은하는 완전한 원형은 아니며 작지만 밝게 빛나는 핵을 가지고 있습니다. NGC 3412는 M105로부터 북동쪽 1.1도 지점 및 한 쌍의 짝을 이루고 있는 백색과 황금색의 8등급 별 남서쪽 16분 지점에 자리 잡고 있습니다. 이 은하는 매우 희미하고 작게 보이는 은하로서 밝은 별상의 핵을 거느리며 둥근 형태를 띠고 있죠. NGC 3489는 3개 은하 중 가장 찾기가 어렵습니다. 이 은하를 찾아가는 데 길잡이가 될 만한 밝은 별이나 이중별은 존재하지 않습니다. 그러므로 119쪽 별지도에서 M105를 비롯한 3개 은하의 북

동쪽에서 시작하여 길게 늘어선 8등급과 9등급의 별들을 따라 움직여야 합니다. 아니면 NGC 3412 근처에 있는 한 쌍의 백색 별과 황금색 별로부터 시작할 수도 있습니다. 이 한 쌍의 별 남쪽을 저배율 시야에 집어넣고 NGC 3489의 희미한 빛이 보일 때까지 천천히 동쪽을 향해 움직여나갈 수도 있죠. 이 은하는 작은 타원형에 NGC 3412에 비견될 만한 밝기를 가지고 있으며 더 밝게 빛나는 핵을 가지고 있습니다.

사자자리 I 은하군의 은하들은 천문학자들이 각 은하에 속해 있는 여러 개의 세페이드 변광성을 연구할 수 있을 만큼 충분히 가까운 거리를 유지하고 있습니다. 그 속성이 충분히 잘 알려진 세페이드 변광성을 통해 이 은하군의 거리는 3,800만 광년임을 알게 되었습니다. 이는 처녀자리 대은하단까지 거리의 3분의 2 정도에 해당하는 거리입니다.

M96 은하군(사자자리 I)의 은하들

대상	은하유형*	밝기	각크기/각분리	적경	적위
M96	나선 bp(Sbp)	9.3	7.1'×5.1'	10시 46.8분	+11° 49'
M95	막대나선b(SBb)	9.7	7.4'×5.1'	10시 44.0분	+11° 42'
M105	타원1(E1)	9.3	4.5'×4.0'	10시 47.8분	+12° 35'
NGC 3384	막대나선0(SB0)	9.9	5.9'×2.6'	10시 48.3분	+12° 38'
NGC 3389	나선c(Sc)	11.9	2.8'×1.3'	10시 48.5분	+12° 32'
NGC 3377	타원5(E5)	10.4	4.4'×2.7'	10시 47.7분	+13° 59'
NGC 3412	타원5(E5)	10.5	3.6'×2.0'	10시 50.9분	+13° 25'
NGC 3489	타원6(E6)	10.3	3.7'×2.1'	11시 00.3분	+13° 54'

은하는 2개의 대범주로 구분됩니다. 그중 하나가 나선은하(S)이며, 나머지 하나는 덜 구조적인 모습을 띤 타원은하(E)입니다.

바다뱀자리의 아름다운 천체들

천상의 뱀이 틀고 있는 똬리를 따라가면
작은 망원경으로도 볼 수 있는 여러 멋진 천체들을 만나게 됩니다.

바다뱀자리는 면적으로나 길이로나 가장 거대한 크기를 자랑하는 별자리입니다. 바다뱀은 하늘의 4분의 1 이상의 지역에 걸쳐 뻗어 있는데 1년 중 바로 이때가 저녁에 바다뱀자리 전체를 볼 수 있는 유일한 시기입니다. 바다뱀의 머리는 게자리 남쪽에 타원형을 이루는 별들로 표시되어 있으며 그 꼬리는 천칭자리 경계까지 뻗어 있죠. 바다뱀은 그 장대한 길이와 함께 밤하늘 가장 높은 고도에 멋진 천체들을 몰고 나옴으로써 당신을 시간 가는 줄 모르게 붙들고 있을 것입니다.

우리가 처음 방문할 곳은 M48입니다. 바다뱀자리에서 가장 밝게 빛나는 산개성단이죠. 4월의 석양이 가라앉으면 이 성단 역시 이미 서쪽을 향해 가라앉고 있습니다. 따라서 이 성단을 잡아내려면 이른 저녁에 움직여야 합니다. M48의 위치를 찾아내려면 먼저 바다뱀 머리에서 남남서쪽 8도 지점에 있는 3.9등급의 바다뱀자리 C 별을 찾아야 합니다. 바다뱀자리 C 별은 파인더로 쉽게 찾을 수 있습니다. 양쪽 측면에 2개의 5.6등급 별이 있기 때문이죠. 파인더 시야의 북동쪽 끄트머리에 바다

뱀자리 C 별을 위치시키면 M48의 희미한 빛이 들어오게 됩니다.

이때 저배율 망원경으로 M48을 바라보면 너무나도 아름다운 모습을 볼 수 있습니다. 제 105밀리미터 굴절망원경에서 47배율로 바라보면 8등급부터 9등급의 별 100개 이상이 1도 영역에 늘어선 모습을 보게 됩니다. 별 무리의 중심 0.5도 지역은 별들이 빽빽이 몰려 있으며 가장자리로 갈수록 별들이 느슨하게 몰리면서 배경 하늘로 서서히 잠겨드는 모습을 연출하고 있습니다. 여기서 가장 밝게 보이는 별은 남동쪽 끄트머리에서 노란색으로 빛나는 별입니다.

M48은 한때는 없어진 메시에 천체인 것으로 간주된 적이 있습니다. 18세기 후반 샤를 메시에가 기록한 좌표 목록에서 일체의 별 무리를 찾을 수 없었기 때문입니다. 몇몇 오래된 원판 별지도에는 M48의 위치가 부정확하게 표시되어 있습니다. 저는 이 사실을 하늘의 별자리를 익힐 때 어렵게 알아냈죠. 메시에는 M48을 외뿔소자리 꼬리가 시작되는 부분에 있는 3개 별 근처의 희미한 별

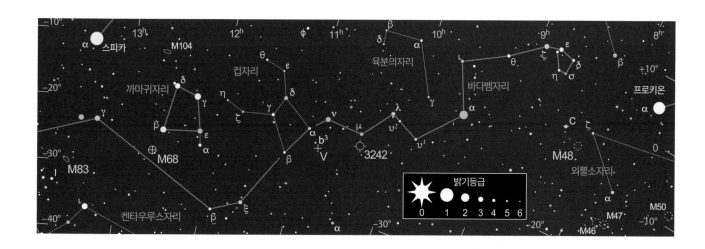

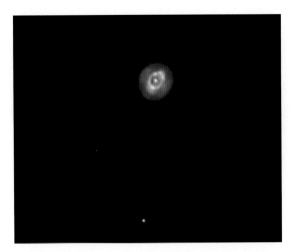

작은 망원경으로는 매우 작고 어렴풋하게 그 모습을 드러내는 행성상성운 NGC 3242가 12.5인치(317.5밀리미터) 리치크레티앙 망원경으로 촬영된 이 CCD 사진에서는 그 미세한 구조를 확실하게 보여주고 있습니다. 이 성운의 남쪽 2.4분 지점에는 11등급의 별 하나가 있는데 사진 아래 그 모습이 보입니다.

사진: 리처드 D. 제이컵스(Richard D. Jacobs)

무리로 묘사했습니다. 외뿔소자리 꼬리의 3개 별은 바로 바다뱀자리 C 별과 양옆의 별들입니다. 이 별들은 더 이상 외뿔소자리가 아닌 바다뱀자리에 속하죠. 따라서 메시에가 말한 별 무리는 NGC 2548에 해당합니다. 새로 나온 별지도들은 NGC 2548을 M48과 동일한 것으로 기록하고 있습니다.

우리의 다음 목적지는 바다뱀자리에서 가장 밝은 행성상성운 **NGC 3242**입니다. 콜드웰 59(Caldwell 59)로도 불리는 이 행성상성운은 목성의 유령(the Ghost of Jupiter)이라는 별명으로 잘 알려져 있죠. 이 행성상성운은 1785년 윌리엄 허셜에 의해 발견되었는데, 그는 이 천체를 행성과 비교하며 그 색깔이 목성의 색깔과 같다고 하였습니다. 이 천체를 처음으로 "목성의 유령 같다"라고 표현한 사람은 1887년 윌리엄 노벨William Nobel 선장이었습니다.

NGC 3242는 3.8등급의 바다뱀자리 뮤(μ) 별로부터 남쪽으로 1.8도 지점에서 약간 서쪽으로 보입니다. 이 행성상성운은 파인

더를 통해서도 쉽게 찾아볼 수 있죠. 파인더에서는 마치 8등급의 별처럼 보입니다. 당신도 이 성운을 보게 되면 일반적인 별처럼 보이는 색은 아니라는 걸 알게 될 겁니다. 이 천체는 대개 파란색 또는 초록색으로 묘사되곤 하죠. 배율을 50배로 늘리면 좀 더 많은 특징이 드러납니다.

저는 허셜의 기록에도 불구하고 NGC 3242의 색깔이 목성과 닮았다고는 생각하지 않습니다. 제 굴절망원경을 통해 본 이 행성상성운은 선명한 청록색을 띠고 있었죠. 203배로 배율을 늘려보면 균일한 표면 밝기를 보여주는 구형의 모습이 드러나며 가장자리에서 약간의 보풀 모양이 느껴지기 시작합니다. 좀 더 하늘 상태가 좋거나 더 큰 망원경을 사용한다면 북서쪽과 남동쪽 끄트머리에 좀 더 밝게 나타나는 점들을 볼 수 있을 것이며 그 중심부에서 12등급의 별을 볼 수도 있을 것입니다.

이제 바다뱀자리에서 가장 붉은 별인 **바다뱀자리 V**(V Hydrae) 별로 가봅시다. 바다뱀자리 V 별은 탄소별입니다. 탄소별은 대기상에 있는 상당한 양의 탄소분자가 마치 붉은색 필터처럼 작용하는 별을 말합니다. 이 별은 대략

바다뱀자리 V 별의 밝기 변화를 모니터링하기 위한 이 확대 별지도에는 밝기를 비교할 만한 10개의 별과 소수점을 뺀 밝기등급이 기록되어 있습니다.

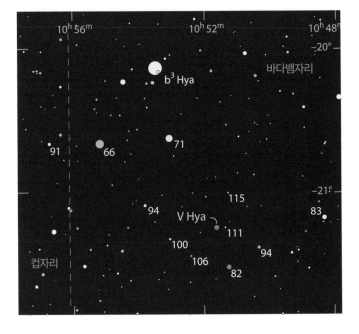

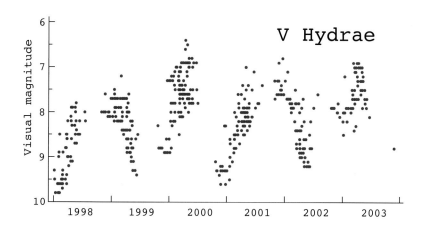

미국변광성관측가협회(American Association of Variable Star Observers, AAVSO)에서 수집한 관측 데이터를 근거로 만들어진 이 그래프는 1998년부터 2003년까지 바다뱀자리 V 별의 밝기변화를 보여주고 있습니다. 그래프 사이사이에 보이는 공백은 매년 9월 초, 이 별이 합의 위치에 들어서면서, 관측이 불가능한 시기가 있기 때문에 생긴 것입니다.
그래프 제공 AAVSO

17개월을 주기로 변화하는 별이며 이 주기는 18년이라는 좀 더 큰 주기 내에서 움직이고 있죠. 가장 밝은 빛을 유지하는 17개월간 그 밝기는 6등급에서 9등급 사이의 변화양상을 보여주며 가장 어두운 빛을 유지하는 17개월간은 10등급에서 13등급의 밝기 변화를 보여줍니다.

바다뱀자리 V 별을 찾으려면 우선 5등급의 별 바다뱀자리 b³ 별을 찾으세요. 바다뱀자리 b³ 별은 4등급의 컵자리 알파(α) 별 및 3등급의 바다뱀자리 뉴(ν) 별과 함께 직각삼각형을 구성하고 있습니다. 삼각형을 구성하는 별들 모두가 파인더의 한 시야에 들어오죠. 저배율의 망원경으로 바라본다면 바다뱀자리 b³ 별이 남동쪽 6.6등급의 별 및 남쪽의 7.1등급 별과 함께 만들어내고 있는 또 하나의 직각삼각형을 볼 수 있을 겁니다. 바다뱀자리 b³ 별로부터 부드러운 곡선의 선을 그리기 시작하여 남쪽의 별을 지난 후 약간만 더 가면 바다뱀자리 V 별을 만날 수 있습니다. 이 별의 색깔은 밝기에 따라 다양하게 바뀝니다. 가장 어두울 때는 붉은색을 보입니다만 가장 밝을 때는 진한 주황색을 보여주죠.

바다뱀자리 V 별은 행성상성운이 되어가는 적색거성인 것으로 보입니다. 행성상성운은 별의 생애주기에서 고작 수백 년, 수천 년 정도밖에 되지 않는 기간을 차지하는 천체로서 주로 초고속으로 몰아쳐 나온 양극성 폭풍을 두른 천체를 말합니다. 바다뱀자리 V 별은 행성상성운으로의 전환기에 있는 별로서는 처음으로 포착된 별입니다. 2003년 11월 20일, 《네이처》에 게재된 논문에는 허블우주망원경으로 촬영한 바다뱀자리 V 별의 분광사진이 담겨 있습니다. 논문에는 바깥쪽으로 몰아쳐 나오는 폭풍이 눈에는 보이지 않는 거성이나 짝꿍별에 의해 추동되는 것으로 보인다고 기록되어 있습니다.

바다뱀자리에서 가장 밝은 구상성단은 M68입니다. 까마귀자리의 별들은 이 성단을 찾아가는 데 편리한 안내판처럼 작용합니다. 까마귀자리 델타(δ) 별로부터 베타(β) 별을 지나는 가상의 선을 긋고 반 정도 선을 더 늘려봅니다. 이곳을 저배율 접안렌즈로 보면 5등급의 별이 보이고 그 북동쪽에 보풀이 이는 듯한 점을 볼 수 있을 것입니다. 105밀리미터 굴절망원경에서 87배율로 보면 이 점은 듬성듬성 희미한 별들을 둘러쓰고 있으면서 크고 밝은 점들이 얼룩덜룩한 중심부를 갖추고 있는 9분의 공 모양으로 바뀝니다. 배율을 153배로 올리면 중심부를 향해 늘어선 별들을 볼 수 있죠. M68의 얼룩덜룩한 표면은 별지기들에게 성단을 가로지르는 검은 띠를 그려보라고 재촉하는 듯합니다.

우리의 마지막 목표는 바다뱀자리에서 가장 밝은 은하인 M83입니다. 이 은하는 3등급의 바다뱀자리 감마(γ) 별로부터 4등급 별인 센타우루스자리 1 별 방향으로 3분의 2지점에 있습니다. 북반구 높은 위도에 있는 별지기라면 하늘이 밝아지거나 지평선의 연무로 인해 관측 한계 아래까지 희미해진 센타우루스자리 1 별을 찾으려 할지도 모르겠습니다. 그렇다면 바다뱀자리 감마 별로부

거대한 망원경을 통해 바라본 확대 사진과 달리, M83 은하를 담고 있는 이 광대역 사진은 작은 망원경을 통해 눈으로 직접 본 모습에 가까운 장면을 연출하고 있습니다. 파인더상에서는 반대로 보이는 3개의 별을 담고 있는 이 사진의 폭은 3도입니다. 사진 위쪽이 북쪽입니다.
사진: 아키라 후지

터 6등급과 7등급의 별들이 만드는 곡선을 따라 남남동쪽으로 이동해보세요. M83은 이 별들이 만드는 곡선의 마지막 별에서 1도 동남동쪽에 자리 잡고 있으며 저배율 시야에서는 곡선의 마지막 별과 한 시야에 들어옵니다.

제 작은 망원경은 127배율에서 작고 밝은 중심부와 동북동쪽에서 서남서쪽으로 가로지르는 5분×2분 크기의 선명하고 밝게 빛나는 안쪽 헤일로를 보여줍니다. 이 부분은 지름 8분의 희미한 타원형 헤일로에 의해 감싸여 있죠. 저는 몇몇 밝은 부분들을 볼 수는 있습니다만 M83의 나선 구조를 보지는 못했습니다. 3개의 10등급 별이 은하의 남동쪽 측면을 스치며 지나가는 접선을 만들고 있습니다. 바다뱀자리의 주요 천체를 찾다 보면 이 별자리가 왜 이처럼 거대한 크기를 갖게 되었는지 느낌이 오기도 합니다. 그러나 여전히 놀라운 것은 바다뱀자리가 M83 너머 동쪽으로 18.5도나 계속 이어지고 있다는 사실입니다.

바다뱀자리 풍경

대상	분류	밝기	각크기/각분리	거리(광년)	적경	적위	MSA	U2
M48	산개성단	5.8	54'	2,500	8시 13.7분	-5° 45'	810	114R
NGC 3242	행성상성운	7.3	40"×35"	2,900	10시 24.8분	-18° 39'	851	151R
바다뱀자리 V 별 (V Hydrae)	탄소별	6-13	-	1,600	10시 51.6분	-21° 15'	850	151L
M68	구상성단	7.8	11'	33,000	12시 39.5분	-26° 45'	869	150L
M83	나선은하	7.5	13'×11'	15,000,000	13시 37.0분	-29° 52'	889	149L

각크기는 천체목록 또는 사진에서 기재한 내역을 기록한 것입니다. 대부분의 천체들은 망원경으로 봤을 때 약간씩 더 작게 보입니다. 거리 근사치는 최근 연구를 기반으로 한, 광년 단위의 거리입니다. MSA와 U2는 각각 『밀레니엄 스타 아틀라스』와 『우라노메트리아 2000.0』 2판에 기재된 차트 번호를 의미합니다.

곰이 품고 있는 천체들

큰곰자리는 망원경으로 무장한 별지기를
애태우게 만드는 많은 천체를 품고 있습니다.

틀을 갖춘 하늘을 살펴볼 사람.
가장 밝은 보석을 이야기할 사람.
그는 제일 먼저 마음의 눈을 북쪽으로 향할 것이고
곰이 품고 있는 별을 익힐 것입니다.

윌리엄 타일러 올코트*William Tyler Olcot*,
〈모든 시대를 위한 별 이야기*Star Lore of All Ages*〉

고대로부터 유래하는 큰곰자리는 북두칠성이라고 알려진 7개의 별만을 가지고 있었습니다. 눈에 쉽게 띄는 형태로 배열된 별들은 하늘에서 알아보기 힘든 대상을 찾아가는데 길잡이가 되어주죠. 이 별자리는 나중에 큰곰의 모습을 그리기 위해 희미한 별들이 추가되면서 바다

뱀자리와 처녀자리의 뒤를 잇는 세 번째로 큰 별자리가 되었습니다. 근대에 와서 큰곰자리에 할당된 큰곰자리 24 별(24 UMa)은 곰의 귀를 장식하는 별로서 이곳이 바로 우리의 곰사냥이 시작될 지점입니다.

마술사라면 아마도 당신의 귀 뒤에 숨겨진 동전을 찾

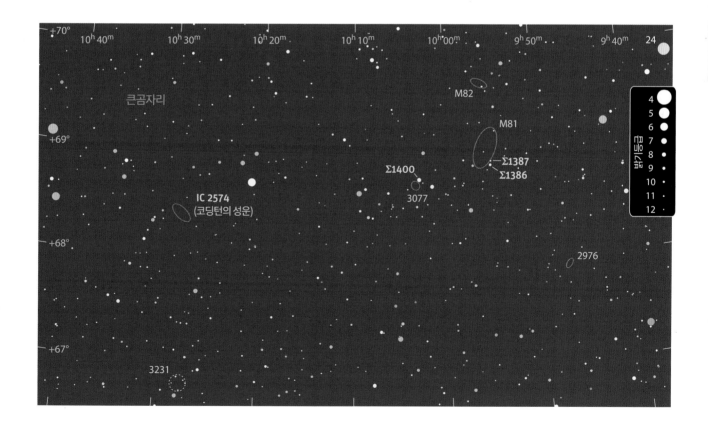

북반구에서 한 시야에 들어오는 한 쌍의 은하가 만들어내는 가장 웅장한 풍경으로 간주되는 M81(왼쪽)과 M82의 풍경은 4월의 밤하늘에서 관측할 수 있는 최적의 관측 대상입니다. M81은 전형적인 나선은하의 모습을 가지고 있음에 반해 M82는 폭발적인 별 생성과 이로 인해 은하의 중심부로부터 쏟려 나온 어마어마한 양의 가스로 대단히 혼란스러운 모습을 보여주죠. 사진의 폭은 1도이며 동쪽이 위쪽입니다.

사진: 리처드 D. 제이컵스

아닐지도 모릅니다. 곰의 귀는 훨씬 더 놀라운 것들을 숨기고 있죠. 여기에는 북반구의 하늘에서 볼 수 있는 가장 아름다운 은하 2개가 숨겨져 있습니다. 웅장한 은하 M81과 M82는 큰곰자리 24 별의 동쪽 2도 지점에 자리 잡고 있습니다. 이 은하들은 청명하고 어두운 하늘이라면 8×50 파인더로도 쉽게 찾을 수 있을 만큼 밝은 은하들입니다. 저는 14×50 쌍안경으로 멋지게 짝을 이루고 있는 이 은하들을 볼 수 있었습니다. 타원형으로 빛나는 M81은 중심으로 갈수록 확연히 밝아지는 모습을 보여주죠. 북쪽으로는(이맘때 밤하늘에서 북쪽은 M81의 아래쪽) 고른 표면 밝기를 보이는 방추형의 M82가 작고 희미하게 보였습니다. 105밀리미터 굴절망원경에서 17배율로 봤을 때 이들은 매우 아름다운 한 쌍으로 보입니다. 북북서쪽과 남남동쪽으로 늘어난 타원형의 M81은

작지만 밀도 높은 중심부를 품고 있습니다. M81을 똑바로 응시하고 있노라면 그 크기가 M82보다 크게 보이지 않습니다. 그러나 M82를 보고 있노라면 M81은 자연스럽게 비껴보기로 눈에 들어오게 되는데 거대하고 희미한 헤일로가 그 모습을 드러내면서 훨씬 더 거대한 겉보기 크기를 나타냅니다. M82는 약간 얼룩진 모습을 보여주며 동북동쪽에서 서남서쪽으로 날렵하게 뻗은 시가 모양을 하고 있습니다. 서쪽 끄트머리에서 남쪽 모서리 쪽으로 10등급의 별 하나가 놓여 있죠.

망원경의 배율을 28배율로 높이면 M81의 헤일로가 약간은 더 확연하게 그 모습을 드러냅니다. 2개의 11등급 별이 은하의 핵이 헤일로로 잠겨 들어가며 사라지는 남쪽 부분에 겹쳐져 있습니다. 47배율에서는 M82의 얼룩진 모습이 좀 더 확연하게 보입니다. 특별히 더 밝

M81은 우리은하 미리내와 크기가 거의 비슷한 은하입니다. 이 멋진 사진은 노란색으로 빛나는 거대한 은하핵과 푸른빛의 나선팔, 그리고 나선팔에 점점이 뿌려진 분홍빛의 별생성 구역들을 선명하게 보여줍니다. 은하핵에서 8시 방향으로 밝게 빛나는 별 2개는 모두 이중별입니다. 더 크고 밝게 보이는 별은 스트루베 1386(Σ 1386), 이보다는 작게 보이는 별은 스트루베 1387(Σ 1387)입니다. 스트루베 1387의 경우 별에서 십자 형태로 뻗어나오는 회절상이 두 겹으로 보이는데 이를 통해 해당 별이 이중별임을 쉽게 알 수 있습니다.

사진: 김도익

게 보이면서 서쪽 3분의 2 지점을 따라 누덕누덕 기운 듯한 모습을 보여주죠. 넓은 시야를 보여주는 접안렌즈

를 이용하여 87배율로 바라보면 이 2개 은하가 여전히 한 시야에 남아 있긴 하지만 여유 공간은 거의 남지 않게 됩니다. 이 배율에서는 M81의 안쪽 중심 부분이 약간 얼룩진 모습을 보여주기 시작하는 반면 M82는 매우 복잡한 모습을 드러내기 시작합니다. M82의 중심부에서 동쪽으로 쐐기 모양의 밝은 조각들이 보이며 이보다는 조금 더 작게 보이는 조각이 서쪽으로 달려 있으면서 무언가 대롱대롱 매달린 듯한 모습을 보여주죠.

M81을 10인치(254밀리미터) 반사망원경에서 170배율로 바라보면 12분×7분으로 펼쳐져 있습니다. M81에 겹쳐져 있는 2개의 11등급 별들은 은하 기준 반대쪽 모서리 근처에 자리 잡은 희미한 별을 가리키고 있죠. M81의 남남서쪽에는 9등급과 10등급의 별이 남북으로 도열하면서 짝을 이루고 있습니다. 그런데 이 2개 별모두 하나하나가 이중별입니다. 각각 **스트루베 1386**(Σ 1386)과 **스트루베 1387**(Σ 1387)이죠. 이 배율에서 8분×2분으로 펼쳐져 있는 M82는 3개의 검은 띠를 두르고 점점 가늘어지는 형태를 보여주죠. M82의 동쪽에 있는 넓은 폭의 띠가 M82의 중심을 가로지르고 있는데, 이 띠가 가로지르는 부분의 동쪽이 이 은하에서 가장 밝은

이 사진과 그림은 모두 M82를 관측한 것으로, 사진으로 촬영된 천체와 눈으로 바라본 천체의 차이를 잘 나타내고 있습니다. 은하의 위쪽에서 오른쪽 위로 뻗어 올라가는 세 별의 위치를 보면, 사진과 그림이 같은 방향으로 놓여 있음을 알 수 있습니다. M82는 폭발적으로 새 별들을 만들어내는 은하입니다. 갓 태어난 별들로부터 뿜어져 나오는 고에너지 별빛들이 은하 전반에 걸쳐 수소 원자를 이온화시키고 있는데, 이 이온화 수소가 사진에서는 마치 은하를 관통하며 뻗어 나오는 덩쿨줄기처럼 보입니다. 하지만 사람의 눈은 이 수소 복사선을 볼 수 없기 때문에 스케치에서는 표현되어 있지 않습니다. 다만 은하의 중심부를 가로지르는 먼지들에 의해 은하의 중심이 부분부분 가려져 있습니다.

사진: 김도익 / 그림: 박한규

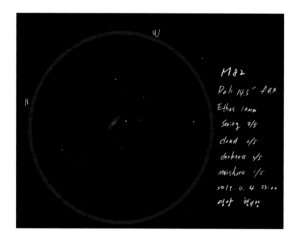

부분입니다. 이 밝은 지역의 동쪽으로는 선명함이 떨어지는 경계선들이 있습니다. 서쪽으로는 훨씬 더 흐리게 보이는 경계선이 있죠.

M81은 M81 은하군으로 알려진 은하무리에서 가장 큰 몸집을 자랑하는 은하입니다. 이 은하군까지의 거리는 1,200만 광년입니다. 국부은하군과 가장 가까운 거리에 있는 은하군 중 하나인 셈이죠. 가까이 있는 성단이 멀리 있는 성단보다 훨씬 더 크게 보이듯, 가까이 있는 은하군 역시 확연히 더 크게 보입니다. 따라서 M81 은하군에 속할 가능성이 있는 은하들이 큰곰자리와 용자리, 기린자리 전체를 가로지르며 줄지어 있죠. 하지만 너무 폭넓게 움직이지 않고서도 이들 중 일부를 볼 수 있습니다.

사실 NGC 3077의 경우 저배율에서 M81 및 M82와 같은 시야에 들어옵니다. 이 은하를 찾아가려면 M81의 남쪽 끝머리에서 동쪽으로 약 1/2도 지점에 있는 8등급의 금빛 별을 찾아야 합니다. 그리고 거기서 남쪽으로 지금까지 온 거리의 반 정도를 더 내려가면 비슷한 밝기의 황백색 별을 만나게 됩니다. NGC 3077은 바로 이 별의 남동쪽에 자리 잡고 있습니다.

제 105밀리미터 굴절망원경에서 47배율로 봤을 때 자신의 거대한 형제들과 함께 멋지게 모습을 드러내는 NGC 3077의 모습을 볼 수 있었습니다. NGC 3077은 약간 더 밝은 중심부를 품고 북동쪽에서 남서쪽으로 뻗은 작은 타원형을 하고 있죠. 이 은하를 10인치(254밀리미터) 망원경에서 170배율로 보면 확실히 밝은 모습을 보여줍니다. 그리고 희미한 별과 같은 중심부가 둘러싸고 있는 거대한 핵을 보여주죠. 북서쪽 측면에는 8등급의 별 하나가 놓여 있는데 이 별은 **스트루베 1400**(Σ1400)이라는 이중별로서 10등급의 짝꿍별을 바짝 안고 있습니다. 19세기 영국의 아마추어 천문학자였던 윌리엄 헨리 스미스William Henry Smyth가 이 은하를 둘러싸고 있는 강렬한 암흑을 기록한 바 있습니다. 그는 "상상할 수도 없는 거리에서 무시무시하고 끝없는 우주를 떠다니는 듯

이 보이는 성운이 보인다"라는 화려한 수사와 함께 이를 기록하였습니다.

사진을 통해서 본 M82는 완전히 헝클어진 모습을 보여주고 있음에 반해 NGC 3077은 약간만 흐트러진 모습을 보여줍니다. 두 은하 모두 서로 중력조석작용을 겪고 있죠. M81은 이 은하군에서 가장 무거운 은하이기 때문에 이러한 중력 다툼 과정에서 상대적으로 상처를 덜 받고 있습니다.

왜소나선은하인 IC 2574는 매우 희미하게 보이지만 M81 은하군에서 흥미를 끄는 구성원이기도 합니다. 이 은하는 1898년, 캘리포니아 산 호세의 릭 천문대에서 6인치(152.4밀리미터) 크로커 망원경으로 촬영한 사진을 조사하던 천문학자 애드윈 포스터 코딩턴Edwin Foster Coddington에 의해 발견되었습니다. 코딩턴과 윌리엄 조지프 허시William Joseph Hussey는 12인치(304.8밀리미터) 굴절망원경을 이용한 후속 관측을 통해 눈으로 이 은하를 볼 수 있었죠. 코딩턴은 다음과 같은 기록을 남겼습니다. "이 망원경은 거대하고 불규칙한 형태에 수많은 밀집부를 가진 희미한 은하를 우리에게 보여주었다." 그래서 IC 2574는 종종 코딩턴성운(Coddington's Nebula)이라 불리기도 합니다.

이 은하는 매우 낮은 표면 밝기를 가지고 있기 때문에, 이 은하를 찾을 때는 정확하게 그 위치를 잡을 필요가 있습니다. NGC 3077에서 동쪽 1.6도 지점에 있는 6등급의 별을 찾아보세요. 코딩턴성운은 이 별에서 동남동쪽 45분 지점에 자리 잡고 있습니다. 저배율에서 2개 은하는 모두 한 시야에 들어오죠.

저는 작은 굴절망원경에서 47배율을 통해 IC 2574의 최상의 모습을 만나볼 수 있었습니다. 북동쪽에서 남서쪽으로 얇고 가볍게 펼쳐진 빛이 약 5분 크기에 걸쳐 나타나고 있었죠. 비껴보기를 통해 보면 더 나은 모습을 볼 수 있습니다. 은하의 측면 바깥쪽을 바라보는 것이 은하를 직접 바라보는 것보다 더 나은 모습을 보게 해주죠. 코딩턴성운은 10인치(254밀리미터) 반사망원경에서

20세기 딥스카이 천체 작가였던 월터 스콧 휴스턴(Walter scott Houston)은 대상 천체를 특별한 매력을 가진 대중적인 별칭으로 자주 언급했습니다. 그런 점에서 왜소나선은하 IC 2574는 그 별명인 코딩턴성운이라고 부를 때 별지기들에게 더 주목받게 될 것입니다. 높이 0.5도의 폭을 담고 있는 이 사진에서 북쪽이 위쪽입니다.
사진: 마틴 C. 저매노(Martin C. Germano)

분은 가장자리를 돌아가며 장식하고 있었죠.

IC 2574의 남쪽 1.6도 지점에는 산개성단 NGC 3231이 자리 잡고 있습니다. 이 성단은 M81 은하군과는 전혀 상관없는 천체입니다만, 큰곰자리에서 성단은 충분히 가치 있는 곁가지 여행이 될 만큼 흔치 않은 천체입니다. 이 성단은 8등급의 노란색 별 바로 북쪽에서 찾을 수 있죠. 105밀리미터 굴절망원경에서 17배율로 관측해보면 대략 11등급 정도의 밝기를 가진 별 6개만이 눈에 들어옵니다. 배율을 87배율로 높이면 그제야 성단과 같은 모습이 나타나죠. 저는 10분 폭에서 15개의 별을 센 적이 있습니다. 여기서 더 큰 망원경을 통해 봐도 더 이상 눈에 띄는 것은 많지 않습니다. 10인치(254밀리미터) 망원경에서조차 17개의 별과 텅 빈 중심부만을 볼 수 있을 뿐입니다.

M81 은하군의 또 다른 구성원 NGC 2976은 M81의 남서쪽 1.4도 지점에 자리 잡고 있습니다. 제 작은 굴절망원경에서 28배율로 바라봤을 때 중심쪽으로 미약하게 밝아지는 희미한 은하의 빛을 볼 수 있었습니다. 이 은하는 희미한 별들이 만들어낸 거친 원 안에 자리 잡고 있죠. NGC 2976은 87배율에서 좀 더 선명하게 그 모습을 드러냅니다. 이 은하의 겉보기 크기는 대략 4분×2분입니다. 남서쪽으로 접해 있는 면을 따라 은하 크기의 반 정도 거리로 떨어진 곳에는 희미한 별 하나가 자리 잡고 있습니다. 구경이 큰 망원경을 이용하여 고배율로 관측해보면 이 은하는 확실히 털뭉치 같은 모습을 보여줍니다. 이는 이 은하가 M81 은하군에서 중력상호작용을 겪고 있는 또 하나의 은하임을 알 수 있는 증거가 되죠.

70배율로 바라봤을 때 감탄할 만한 모습을 보여주었습니다. 이 은하는 12분×4분의 크기로 펼쳐져 있었으며 낮은 표면 밝기로 인해 보일 듯 말 듯한 유령과 같은 모습을 연출해내고 있었죠. 몇몇 희미한 별들과 아주 희미한 별들이 이 흐릿한 은하 위로 뿌려져 있었는데 대부

큰곰자리에 자리 잡은 천상의 거품들

대상	분류	밝기	각크기/각분리	적경	적위	MSA	U2
M81	나선은하	6.9	26.9'×14.1'	9시 55.6분	+69° 04'	538	14L
M82	불규칙은하	8.4	11.2'×4.3'	9시 55.9분	+69° 41'	538	14L
스트루베 1386 (Σ1386)	이중별	9.3, 9.3	2.1"	9시 55.1분	+68° 54'	538	14L
스트루베 1387 (Σ1387)	이중별	10.7, 10.7	8.9"	9시 55.0분	+68° 56'	538	14L
NGC 3077	불규칙은하	9.9	5.4'×4.5'	10시 03.4분	+68° 44'	538	14L
스트루베 1400 (Σ1400)	이중별	8.0, 9.8	4.3"	10시 02.9분	+68° 47'	538	14L
IC 2574	나선은하	10.4	13.2'×5.4'	10시 28.4분	+68° 25'	538	14L
NGC 3231	산개성단	9.0	9.5'	10시 27.5분	+66° 48'	549	14L
NGC 2976	나선은하	10.2	5.9'×2.7'	9시 47.3분	+67° 55'	550	14L

각크기 및 각분리는 최근 천체 목록을 참고한 것입니다. MSA와 U2는 각각 『밀레니엄 스타 아틀라스』와 『우라노메트리아 2000.0』 2판에 기재된 차트 번호를 의미합니다.

사자자리의 적경 11시

●

4월의 밤은 사자자리 동쪽, 은하의 바다에 빠져들기 가장 좋은 때입니다.

요즘은 사자자리가 밤하늘을 아름답게 장식하는 때입니다. 사자자리는 밤새 서쪽을 향해 움직이는데, 하늘에서 마지막까지 남아 있는 부분은 사자자리 적경 11시 부분이 됩니다. 이런 조건은 우리에게 은하의 바다에 뛰어들 만큼 충분한 시간을 제공해줍니다.

『스카이 아틀라스Sky Atlas 2000.0』 제2판에서는 사자자리의 적경 11시 지점에 40개의 은하를 기록하고 있습니다. 반면 『밀레니엄 스타 아틀라스Millennium Star Atlas』는 249개의 은하를 기록하고 있죠. 이 위압적인 은하의 숫자를 사자자리 꽁무니 쪽에 집중하여 줄여나가 봅시다. 이곳에서 우리는 NGC 3607 은하군을 찾을 수 있을 것입니다. 물리적인 연관관계로 뭉쳐 있는 NGC 3607 은하군은 7,500만 광년 거리에 있습니다. 다양한 특성을 가진 은하들이 같은 은하군 내에 모여 있죠. 제 선택은 아주 간단합니다. NGC 3607 은하군의 은하들에서 제 105밀리미터 굴절망원경에서 볼 수 있는 은하와 10인치(254밀리미터) 반사망원경에서 이 은하와 함께 동일 시야에 들어오는 2개의 은하를 선택했습니다.

먼저 **NGC 3607** 은하부터 시작해보죠. 이 은하는 NGC 3607 은하군에서 가장 밝고 가장 거대한 모습을 자랑하는 은하입니다. 이 은하는 사자자리 델타(δ) 별과 세타(θ) 별을 잇는 선의 중간지점에서 동쪽으로 0.5도 지점에 자리 잡고 있습니다. 제 작은 굴절망원경에서 28배율로 보면 2개의 작고 성긴 점을 볼 수 있죠. 그 중

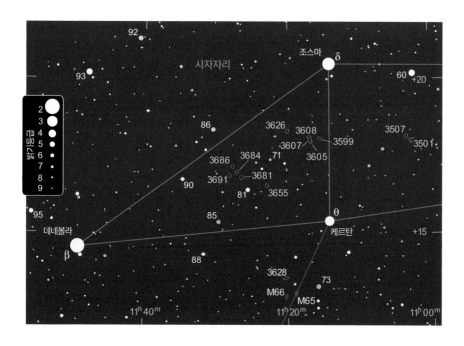

사자자리

기를 통해 일단 NGC 3605의 위치를 찾아내지만 NGC 3605의 정확한 위치만 알게 되면 바로보기 상태를 계속 유지하며 관측을 진행합니다. 이 은하는 105밀리미터 굴절망원경에서 그저 작은 얼룩처럼 보입니다. 그러나 10인치(254밀리미터) 반사망원경에서 166배로 바라보면 길쭉한 1분 길이에, 폭넓게 밝은 타원형 중심부를 가진 모습을 볼 수 있습니다.

이 3개의 은하가 NGC 3607 은하군의 중심부에 자리 잡고 있는 은하죠. NASA/IPAC외부은하데이터베이스The NASA/IPAC Extragalactic Database는 천문학적 연구 성과들로부터 획득된 데이터를 기반으로 은하까지의 평균 거리를 제공하고 있습니다. NGC 3607과 NGC 3608, NGC 3605의 경우 그 거리는 각각 7,000만 광년,

에서 남쪽에 있는 것이 NGC 3607입니다. 저는 좀 더 배율을 높여간 결과 127배율에서 이 은하의 가장 멋진 모습을 볼 수 있었습니다. NGC 3607은 별상의 핵과 밝고 둥근 중심부를 보여주죠. 희미한 타원형의 헤일로는 북서쪽에서 남동쪽으로 2분의 길이로 뻗어 있습니다. 희미한 별들이 만드는 삼각형이 남동쪽 4분 지점에 있는데, 이 중에서 남쪽에 있는 별은 가까이에 짝꿍별을 품고 있습니다.

북쪽에 보이는 은하는 **NGC 3608**입니다. 동일한 고배율에서 NGC 3607과 같은 시야에 자리 잡고 있습니다. NGC 3607보다 약간 작고 희미한 은하인 NGC 3608은 동북동쪽에서 서남서쪽으로 1.5분 크기에 걸쳐 펼쳐져 있습니다. 거의 원형으로 보이는 중심부와 흐릿하게 보이는 별상의 핵을 가진 이 은하는 중심으로 갈수록 좀 더 밝아지는 양상을 보여줍니다. 북쪽 가장자리에는 12등급의 별 2개가 늘어서 있죠.

NGC 3607의 중심부에서 남서쪽 3분 지점으로 세 번째 은하 **NGC 3605**를 만날 수 있습니다. 저는 비껴보

렌즈형은하 NGC 3607은 사자의 엉덩이 부분에 모여 있는 작은 은하군의 터줏대감입니다. 이 은하는 검은 하늘 아래라면 6인치(152.4밀리미터) 망원경으로도 제대로 볼 수 있죠. 저자는 사진에 표시된 모든 은하를 105밀리미터 굴절망원경으로 볼 수 있었다고 합니다. 사진의 폭은 0.6도이며 북쪽이 위쪽입니다.
사진: POSS-II / 캘테크 / 팔로마

NGC 3608

NGC 3599

NGC 3607

NGC 3605

7,700만 광년, 7,300만 광년으로 기록되어 있죠. 이 은하들은 믿을 만한 거리를 산출하기 위해 필요한 시선속도를 측정하기에는 다소 가까운 거리에 있습니다. 반면 거리 측정의 또 다른 방법인 각 은하에 속하는 별들을 연구하기에는 너무나 멀리 떨어져 있죠. 이러한 특징은 이 은하들이 얼마나 멀리 떨어져 있는지를 한정해나가는 데 장애 요소가 됩니다. 따라서 이들의 실제 거리는 앞에서 제시한 거리 대비 최대 25퍼센트 정도의 편차가 있을 수 있습니다.

10인치(254밀리미터) 반사망원경에서 배율을 115배율로 떨어뜨리면 NGC 3599와 동일한 시야에서 황량한 하늘의 동쪽 1/3도 지점에 자리 잡은 3개 은하를 딱 맞춰 집어넣을 수가 있습니다. 저는 서북서쪽에서 동남동쪽으로 비스듬하게 누운 1분 길이의 타원형 은하인 NGC 3599를 볼 수 있습니다. 이 은하는 별상의 핵을 품고 있는 중심을 향해 부드럽게 밝아지는 양상을 보여줍니다. 105밀리미터 굴절망원경에서 이 은하를 봤을 때, 87배율에서는 비껴보기로 희미하게 볼 수 있었으나 127배율에서는 바로보기로 볼 수 있었죠. 이 은하까지의 추정 거리는 6,500만 광년입니다.

서쪽으로 3도를 이동하면 NGC 3507을 만나게 됩니다. 이 은하는 중심 지역에서 낮은 수준의 복사를 방출합니다. 이 복사는 폭발적인 별 생성과 블랙홀 활동으로 만들어지는 것으로 추정되고 있죠. NGC 3507을 제 작은 굴절망원경에서 47배율로 바라보면 11등급의 별을 품고 있는 희미한 빛 덩이로 보입니다. 이 은하는 북북동쪽 5분 지점에 약간 흐릿한 별과 남남서쪽 3분 지점의 10등급 별 사이에 자리 잡고 있죠. 127배율에서는 2분 길이에 동서로 약간 늘어진 모습을 보여줍니다. 이 은하는 상대적으로 더 밝은 핵을 가지고 있는데 북동쪽 측면 바로 바깥쪽에 겹쳐진 별로 인해 중심부를 구분해 보기는 쉽지 않습니다. 10인치(254밀리미터) 망원경에서 166배율로 바라보면 남서쪽 13분 지점에서 모서리를 드러내고 있는 평평한 은하 NGC 3501을 만

나게 됩니다. 이 은하는 2분 길이에 매우 얇게 보이죠. NGC 3501은 낮은 표면 밝기를 가지고 있습니다. 그리고 9등급의 별 바로 옆에 자리 잡고 있죠. 따라서 이 별을 시야 바깥으로 밀어내야 더 나은 모습을 볼 수 있습니다. NGC 3507과 NGC 3501은 각각 6,500만 광년과 7,600만 광년 떨어져 있습니다.

이제 NGC 3607로 다시 돌아가봅시다. 그리고 동쪽으로 움직여보죠. 제 작은 굴절망원경에서 47배율로 관측해보면 동일 시야의 동북동쪽 48분 지점에서 NGC 3626을 볼 수 있습니다. 이 은하는 밝은 중심부에 약간의 타원형을 띤 은하로 쉽게 눈에 들어오죠. 배율을 87배율로 높여보면 별상의 핵을 구분해 볼 수 있습니다. 10인치(254밀리미터) 반사망원경에서 115배율로 관측해보면 북쪽에서 약간 서쪽으로 매달린 2분의 헤일로를 볼 수 있죠. 이 은하의 작은 핵은 매우 밀집된 양상을 보여줍니다. NGC 3626은 중심을 휘감고 도는 가스와 별들이 서로 반대 방향으로 돌고 있는 특이한 은하입니다. 이러한 현상은 이 은하가 아주 오래전 가스를 풍부하게 가지고 있는 왜소은하와 충돌했음을 말해주는 증거인 것으로 생각됩니다. NASA/IPAC외부은하데이터베이스는 NGC 3626의 거리를 NGC 3507과 같은 거리(6,500만 광년)로 기록하고 있습니다.

NGC 3655는 그 거리가 1억 광년으로서 이번 우리 여행에서 가장 멀리 떨어져 있는 은하입니다. 이 은하의 위치를 잡기 위해서는 NGC 3626의 남동쪽 1과 1/4도 지점에서 직각 삼각형을 만들고 있는 3개의 7등급 별을 찾아야 합니다. 이 직각삼각형에서 가장 긴 변을 시야의 중심에 놓고 남쪽으로 2/3도를 내려옵니다. 이곳을 105밀리미터 망원경으로 보면 작은 은하 NGC 3655가 아주 희미하게 보입니다. 이 은하는 약간은 더 밝은 중심부를 가지고 있으며 동북동쪽 2.5분 지점에 13등급의 별 하나를 거느리고 있죠. 10인치(254밀리미터) 반사망원경에서 166배율로 바라보면 북동쪽으로 기울어져 있는 3/4분의 타원형을 볼 수 있습니다. 타원형의 중심으로

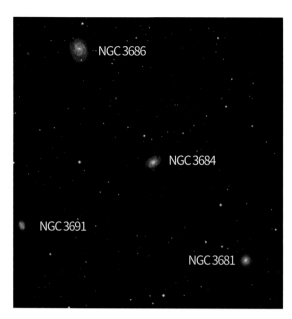

5.6등급의 사자자리 81 별의 북북동쪽 약 0.5도 지점부터 0.5도 길이의 일직선으로 줄지어 있는 11등급 밝기의 은하들을 볼 수 있습니다. 사진의 폭은 0.6도이며 북쪽이 위쪽입니다.

사진: 디지털온하늘탐사(Digitized Sky Survey)

갈수록 더 밝아지고 별상의 핵이 나타나죠.

이번에는 직각 삼각형에서 가장 짧은 변을 중심에 두고 동쪽으로 52분을 움직여보세요. 여기서는 NGC 3686을 만날 수 있습니다. 이 은하는 0.5도 폭에 몰려 있는 4개 은하 무리 중에서 가장 거대한 크기를 자랑하는 은하입니다. NGC 3686을 작은 굴절망원경에서 68배율로 관측해보면 북북동쪽이 더 긴, 작은 타원형으로 보입니다. 이 은하는 크고 미약하게 빛나는 중심부를 가지고 있죠. 다른 3개 은하는 상대적으로 덜 선명하게 보입니다. 남서쪽 14분 지점에 자리 잡은 NGC 3684는 북서쪽에서 남동쪽으로 길쭉한 타원형에 희미하고 고르지 않은 표면 밝기를 보여주죠. 여기서 남서쪽으로 14분을 더 가면 NGC 3681을 만나게 됩니다. 이 은하는 약간은 더 뚜렷한 모습을 보여주며 NGC 3686 및 NGC 3684와 함께 멋지게 일직선을 이루고 있죠. 이 은하는 중심으로 갈수록 더 밝게 보이는 작고 둥근 형태를 갖추고 있습니다. 또한 근처에 있는 2개의 12등급 별들과 함께 완만한 곡선을 그리고 있죠. 10인치(254밀리미터) 반사망원경에서는 매우 작은 은하 NGC 3691이 한 시야에 들어옵니다. 선상에 도열한 은하 중 가운데 은하에서 동남동쪽 15분 지점을 잘 살펴보세요. 각 은하까지의 거리는 NGC 3686이 6,900만 광년이며 NGC 3684가 7,400만 광년, NGC 3681이 7,900만 광년, NGC 3691이 8,200만 광년입니다.

은하의 바다

대상	분류	밝기	각크기/각분리	적경	적위	MSA	U2
NGC 3607	렌즈형은하	9.9	5.5′×5.0′	11시 16.9분	+18° 03′	705	73L
NGC 3608	타원은하	10.8	4.2′×3.0′	11시 17.0분	+18° 09′	705	73L
NGC 3605	타원은하	12.3	1.6′×1.2′	11시 16.8분	+18° 01′	705	73L
NGC 3599	렌즈형은하	12.0	2.7′×2.2′	11시 15.5분	+18° 07′	705	73L
NGC 3507	막대나선은하	10.9	4.6′×3.7′	11시 03.4분	+18° 08′	705	73L
NGC 3501	나선은하	12.9	4.6′×0.6′	11시 02.8분	+17° 59′	705	73L
NGC 3626	나선은하	11.0	3.2′×2.3′	11시 20.1분	+18° 21′	705	73L
NGC 3655	나선은하	11.7	1.5′×0.9′	11시 22.9분	+16° 35′	704	91R
NGC 3686	막대나선은하	11.3	3.2′×2.4′	11시 27.7분	+17° 13′	704	91R
NGC 3684	나선은하	11.4	3.0′×2.0′	11시 27.2분	+17° 02′	704	91R
NGC 3681	막대나선고리은하	11.2	2.0′×2.0′	11시 26.5분	+16° 52′	704	91R
NGC 3691	막대나선은하	11.8	1.3′×0.9′	11시 28.2분	+16° 55′	704	91R

각크기 및 각분리는 최근 천체 목록을 참고한 것입니다. 각 천체의 크기에 대한 인상은 대부분 목록상에 있는 크기보다는 작게 느껴지며 장비의 구경과 배율에 따라 다양하게 느껴집니다. MSA와 U2는 각각 『밀레니엄 스타 아틀라스』와 『우라노메트리아 2000.0』 2판에 기재된 차트 번호를 의미합니다.

사자굴

4월은 은하의 계절입니다.

천상의 평원으로 오르는 사자가 있는 곳.
찬란한 갈기에 여름이 뒤흔들리는 곳.

에라스무스 다윈*Erasmus Darwin*, 〈식물원*The Botanic Garden*〉, 1791

영국의 박물학자로 유명한 찰스 다윈Charles Darwin의 할아버지가 쓴 이 시는 태양이 사자자리를 지나는 때를 언급한 것입니다. 북반구에서 여름이 막바지에 다다르는 몇 주 동안, 사자자리는 저물어가는 태양의 황금빛을 받아내며 마치 그 빛이 황갈색 갈기에 의해 더더욱 강

렬해져 우리에게 따사로운 빛을 뿜어내는 듯이 보입니다. 그러나 지금 북반구는 봄이며 사자자리는 밤하늘을 지배하고 있습니다. 사자자리의 별들은 태양보다 훨씬 더 멀리 떨어져 있지만 그 찬란한 별빛을 우리 앞에 뿌리고 있죠. 사자자리의 동쪽을 살펴보도록 하겠습니다.

1781년 발표된 샤를 메시에의 유명한 목록에 있는 두 은하, **M65**와 **M66**부터 시작해보죠. M65는 사자자리 세타(θ) 별과 요타(ι) 별 중간에 자리 잡고 있습니다. 그리고 M65의 동남동쪽 20분 지점에 M66이 자리 잡고 있죠. 두 은하 모두 비교적 크고 밝게 보입니다. M65를 제105밀리미터 굴절망원경에서 68배율로 관측해보면 폭보다 5배 이상 더 긴 길이를 보여주며 북쪽에서 약간 서쪽으로 기울어져 있죠. 이 은하는 확연히 밝게 빛나는 타원형 핵을 가지고 있으며 남서쪽 끄트머리를 희미한 별 하나가 장식하고 있습니다. M66은 마치 그 이웃인 듯 같은 방향으로 놓여 있습니다. 그러나 그 길이는 폭에 비교해서 2배 정도에 지나지 않죠. 이 은하는 밝은 타원형 핵을 가지고 있으며 북서쪽 가장자리를 장식하는 10등급의 별을 거느리고 있습니다. M65와 M66을 접안렌즈 시야에서 남쪽으로 두면 **NGC 3628**이 같은 시야에 들어옵니다. 우리에게 모서리를 드러내고 있는 이 은하는 거대하고 아름다운 은하이지만 밝기는 훨씬 희미합니다. 가느다란 옆모습으로 인해 폭보다 8배 이상 긴 길이를 가지고 있으며 동남동쪽에서 남동쪽으로 비스듬히 놓여 있죠. 이 흐릿한 은하는 아주 긴 타원형의 중심부 쪽으로

밤하늘을 관측하는 북반구의 별지기에게 봄은 은하의 계절을 의미합니다. 사자자리는 이 중에서도 많은 은하를 품고 있는 별자리죠. 그중에서 가장 아름다운 한 쌍의 은하 M65와 M66은 1780년 프랑스의 혜성 사냥꾼이었던 샤를 메시에에 의해 관측되었습니다. NGC 3628을 관측하기 위해서는 더 많은 노력이 필요하죠. NGC 3628은 1784년 4월 8일, 윌리엄 허셜이 발견하였습니다.

사진: 김도익

부드럽게 밝아지는 모습을 보여줍니다.

종종 사자자리삼총사(the Leo Triplet)로 불리는 이 세 은하는 10인치(254밀리미터) 반사망원경에서 더 많은 비밀을 말해주죠. 68배율에서 이 은하들은 여전히 한 시야에 들어와 있습니다. M65는 7.3분×2분의 폭을 완전히 채우고 있죠. 중심에 가장 밝은 부분은 얼룩덜룩한 모습을 보여주며 별상의 핵을 연출해내고 있습니다. M66은 6분×2분의 크기로 남북으로 외곽을 두르고 있는 헤일로를 보여줍니다. 이 헤일로와는 어긋나게 서 있는 중심부는 작은 핵으로 다가갈수록 현저하게 밝아지는 양상을 보여주죠. 얇은 모양의 NGC 3628은 13분 크기에 걸쳐 펼쳐져 있지만, 그 폭은 2분밖에 되지 않습니다. 검은 먼지 띠가 은하의 중심을 부드럽게 가로지르고 있죠.

이 3개 은하는 115배율에서 더 이상 한 시야에 들어오지 않습니다. 하지만 각 은하는 저마다의 아름다움을 드러내기 시작하죠. M65의 핵은 북북서쪽에 밝은 점 하나를 거느린 작고 둥근 점으로 보입니다. M66의 핵은 선명하게 정면을 드러내고 있죠. NGC 3628을 가로지르고 있는 먼지 띠는 기울어져 있습니다. 그래서 동쪽 끄트머리가 서쪽 끄트머리보다 더 높게 (북쪽에서 더 멀게) 자리 잡고 있죠.

사자자리 삼총사 은하까지의 거리는 대략 3,000만 광년입니다. 이 은하는 사자자리 I (Leo I)이라는 이름으로 알려진 훨씬 더 큰 은하군의 일부죠. NGC 3628의 뒤틀린 먼지 띠와 M66의 틀어진 나선팔들은 이 은하군 내에서 발생하고 있는 중력조석작용의 결과인 것으로 생각되고 있습니다. NGC 3628과 M66은 약 10억 년 전 서로 가까운 거리를 스쳐 간 것으로 추정되고 있습니다.

여기서 가까운 거리에 있는 **NGC 3593** 역시 사자자리 I 은하군의 일원입니다. NGC 3593은 M65의 서남서쪽 1.1도 지점, 그리고 5등급의 사자자리 73별의 남남서쪽 34분 지점에서 찾아볼 수 있습니다. 105밀리미터 굴절망원경에서 28배율로 보면 이 4개 은하가 모두 한 시야에 들어오죠. NGC 3593은 동서 방향의 타원형을 띠는 확연히 작고 희미하게 보이는 은하입니다. 이 은하는 7등급의 별 2개와 함께 직각삼각형을 이루고 있는데 이 직각삼각형에서 서쪽 20분 지점의 꼭짓점에 이 은하가 자리 잡고 있죠. 이 은하를 87배율로 바라보면 2.5분의 길이와 길이 대비 2/3 정도에 해당하는 폭에 안쪽으로 갈수록 밝은 빛을 띤 모습을 볼 수 있습니다. 10인치(254밀리미터) 반사망원경에서 43배율로 보면 밝은 핵이 나타나며 1.5도의 시야에서는 바로 반대편으로 M65를 볼 수 있죠. 166배율에서는 오로지 NGC 3593만 화각에 남게 됩니다. 이 은하는 3분×1.5분에 걸쳐 펼쳐져 있으며 정중앙에 작고 약간은 더 밝은 점을 지닌 거대한 타원형의 중심부가 자리 잡고 있습니다.

이번에는 **사자자리 요타**(ɩ) 별을 면밀히 살펴보겠습니다. 이 별은 대단히 매력적이지만, 분해해 보기 위해서는 노력이 필요한 이중별이죠. 저는 불안한 시상을 보이는 조건에서 작은 굴절망원경을 이용하여 218배율에서 이 이중별을 분해해 볼 수 있었습니다. 4.1등급의 으뜸별은 창백한 노란색으로 보이죠. 반면 6.7등급의 짝꿍별은 파란색, 또는 초록색으로 깜빡이는 듯한 모습을 보여줍니다. 318배율에서는 여전히 서로 떨어져 있는 상태를 유지하며 짝꿍별은 단순히 백색으로만 보이기 시작합니다. 시상이 좀 더 좋은 밤에는 10인치(254밀리미터) 반사망원경의 171배율에서 서로 맞닿아 있던 별들이 220배율에서 분리되어 보였습니다. 이 이중별은 서로를 186년 주기로 공전합니다. 2011년에 두 별이 떨어져 있

NGC 3521은 1784년 2월 22일 윌리엄 허셜에 의해 발견되었습니다. 이 은하는 작은 망원경을 가진 별지기들에게 더 많이 알려져야 할 흥미로운 나선은하입니다. 좀 더 큰 구경의 망원경이라면 얼룩진 중심부를 볼 수 있을 겁니다. 사진의 폭은 10분이며 북쪽이 위쪽입니다.
사진: 로버트 젠들러

는 간격은 2초였습니다. 향후 수십 년 동안 짝꿍별은 으뜸별의 동쪽에서 동북쪽으로 이동하면서 두 별 사이의 간격은 2.7초까지 벌어지게 될 것입니다.

사자자리 요타 별에서 정확하게 남동쪽 2도 지점에 **NGC 3705** 은하가 자리 잡고 있습니다. 북쪽에 보이는 9등급과 11등급 사이의 별 4개와 함께 만드는 오각형의 집에서 꼭대기 부분에 자리 잡은 이 은하를 볼 수 있습니다. NGC 3705는 제 105밀리미터 굴절망원경에서 87배율로 보면 작고 예쁜 3분 크기의 방추체로 보입니다. 중심으로 갈수록 밝아지는 양상을 보여주는 이 은하는 동남동쪽으로 비스듬하게 누워 있죠. 이 어여쁜 은하는 10인치(254밀리미터) 반사망원경에서 115배율로 보면 4분 크기에 걸쳐 펼쳐져 있으며 타원형 중심부와 밝은 별상의 핵을 보여줍니다.

여기서 남쪽으로 6.4도를 내려오면 화려한 이중별 **사자자리 타우**(ɽ) 별과 **사자자리 83** 별을 만나게 됩니다.

이 두 별은 20분 거리로 떨어져 있으며 저배율에서도 쉽게 분리해 볼 수 있습니다. 제 작은 굴절망원경에서 17배율의 저배율을 사용해도 멋지게 짝을 짓고 선 모습을 볼 수 있죠. 사자자리 타우 별은 5.1등급의 짙은 노란색을 띠는 별입니다. 남쪽에 넉넉한 간격을 두고 황백색의 7.5등급 짝꿍별을 거느리고 있죠. 사자자리 83 별은 사자자리 타우 별보다 좀 더 자신의 짝꿍별과 가깝게 붙어 있습니다. 6.6등급의 으뜸별이 남남동쪽으로 창백한 주황색의 7.5등급 짝꿍별을 거느리고 있죠.

사자자리 타우 별과 사자자리 83 별은 북서쪽의 사자자리 82 별과 함께 고르게 줄지어 서서 얕은 곡선을 그리고 있습니다. 저배율 접안렌즈에서 사자자리 82 별을 겨냥하고 여기서 서쪽으로 1.1도를 움직이면 **NGC 3640**을 만나게 됩니다. 이 은하는 제 105밀리미터 굴절망원경에서 87배율로 봤을 때 중간 정도로 희미한 작은 천체로 보입니다. 약간의 타원형에 중심으로 갈수록 밝아지며 별상의 핵을 가지고 있죠. NGC 3640을 10인치(254밀리미터) 반사망원경에서 166배율로 관측해보면 2분×1.5분의 크기에 거의 동서로 정렬한 모습을 보여줍니다. **NGC 3641** 은하는 NGC 3640으로부터 남남동쪽으로 2.5분 지점에 자리 잡고 있습니다. 이 은하는 꽤 희미하고 매우 작지만 중심은 약간 더 밝게 보입니다. 모든 관측 조건이 적당할 때 저는 제 작은 굴절망원경으로 정말 작게 보이는 이 은하를 찾아낼 수 있었습니다. 이 은하를 포착하기 위해서는 비껴보기를 해야 하고 다른 잡광을 막기 위해 검은 천 조각을 머리에 둘러야 하죠.

우리의 마지막 관측 대상은 화려한 은하 **NGC 3521** 입니다. NGC 3640에서 남남서쪽 1.6도 지점에 있는 사자자리 75 별과 사자자리 76 별로 이동합니다. 그리고 여기서 다시 2.2도를 더 이동하여 사자자리 69 별을 찾아보세요. NGC 3521은 이 5등급의 별에서 정서 방향으로 2도 지점에 자리 잡고 있습니다. 제 105밀리미터 굴절망원경에서 28배율로 보면 별상의 핵을 지닌 밝은 방추형의 은하를 볼 수 있습니다. 이 은하는 5분×2분의 폭을 차지하고 있으며 남남동쪽으로 기울어져 있죠. 배율을 87배율로 올려보면 작은 타원형 중심부가 도드라져 보입니다. NGC 3521은 비교적 큰 망원경을 가진 별지기들에게 사랑받는 관측 대상입니다. 크리스티안 루긴불Christian Luginbuhl과 브라이언 스키프는 『딥스카이 천체를 담고 있는 관측 안내서Observing Handbook and Catalogue of Deep-Sky Objects』라는 책에서 이 은하를 아름다운 은하라고 소개하며 12인치(304.8밀리미터) 망원경에서 보이는 이 은하의 모습을 다음과 같이 묘사하고 있습니다. "끄트머리는 해진 듯 보이고, 중심부와 헤일로는 얼룩이 가득합니다. 타원형의 중심부에서 비교적 밝은 부분은 서쪽 모서리를 향해 점점 더 집중하는 양상을 보여줍니다. 그리고 이곳을 20초 너비의 검은 띠가 가로지르고 있습니다."

NGC 3521을 촬영한 사진은 이 은하의 나선구조가 고르지 않고 서로 연결되어 있지도 않은 모습을 보여줍니다. 이처럼 분절화된 모습을 보이는 은하들은 털뭉치 은하(flocculent galaxy)로 알려져 있습니다. 사냥개자리의 M63 해바라기은하 역시 유사한 모습을 가지고 있죠. 오랫동안의 노출을 이용하여 촬영한 NGC 3521의 사진은 눈에 확 띄는 거대한 헤일로의 모습도 보여줍니다.

대상	분류	밝기	각크기/각분리	적경	적위	MSA	U2
M65	나선은하	9.3	9.8'×2.8'	11시 18.9분	+13° 06'	729	92L
M66	나선은하	8.9	9.1'×4.1'	11시 20.3분	+12° 59'	729	92L
NGC 3628	나선은하	9.5	14.8'×2.9'	11시 20.3분	+13° 35'	729	92L
NGC 3593	렌즈형은하	10.9	5.2'×1.9'	11시 14.6분	+12° 49'	729	92L
사자자리 요타(ι) 별	이중별	4.1, 6.7	1.9″	11시 23.9분	+10° 32'	728	91R
NGC 3705	나선은하	11.1	4.9'×2.0'	11시 30.1분	+09° 17'	728	91R
사자자리 타우(τ) 별	이중별	5.1, 7.5	89″	11시 27.9분	+02° 51'	776	112L
사자자리 83 별	이중별	6.6, 7.5	29″	11시 26.8분	+03° 01'	776	112L
NGC 3640	타원은하	10.4	4.3'×3.4'	11시 21.1분	+03° 14'	776	112L
NGC 3641	타원은하	13.2	1.0'×1.0'	11시 21.1분	+03° 12'	776	112L
NGC 3521	나선은하	9.0	11.0'×7.1'	11시 05.8분	-00° 02'	777	112L

각크기 및 각분리는 최근 천체 목록을 참고한 것입니다. 각 천체의 크기에 대한 인상은 대부분 목록상에 있는 크기보다는 작게 느껴지며 장비의 구경과 배율에 따라 다양하게 느껴집니다. MSA와 U2는 각각 『밀레니엄 스타 아틀라스』와 『우라노메트리아 2000.0』 2판에 기재된 차트 번호를 의미합니다. 이 지역에 위치하는 이번 달의 모든 천체들은 《스카이 앤드 텔레스코프》 호주머니 별지도 표 34에 기재되어 있습니다.

곰의 발가락

4월 저녁, 천상의 곰이 새긴 발자국을 따라가다 보면
환상적인 풍경을 만나게 될 것입니다.

큰곰자리는 널리 알려진 북두칠성(Big Dipper)의 일곱 별로 유명한 별자리입니다. 북두칠성을 제외하고 큰곰자리에서 가장 밝은 별은 곰의 발끝을 장식하고 있는 세 쌍의 별들입니다. 이들 역시 저마다의 분명한 자리별을 만들고 있죠. 아랍인들은 이 별들을 사자에게 놀란 가젤이 도망가며 남겨놓은 3개의 발자국으로 보았습니다.

큰곰의 발가락을 장식하는 이 별들은 여전히 아랍인들의 가젤을 떠오르게 합니다. 이 중에서 가장 동쪽에 있는 한 쌍의 별은 **큰곰자리 누**(ν) 별과 **크시**(ξ) 별입니다. 이 별들은 알루라 보레알리스(Alula Borealis)와 알루라 오스트랄리스(Alula Australis)라는 이름으로도 알려져 있

죠. 알루라(Alula)는 아랍어로 '첫 번째 도약'을 뜻합니다. 그리고 보레알리스(Borealis)와 오스트랄리스(Australis)는 익숙한 라틴어로서 각각 북쪽과 남쪽을 뜻하죠. 2개 별 모두 다중별입니다. 큰곰자리 뉴 별은 황백색의 으뜸별과, 으뜸별에 꽉 붙잡혀 있는 남남동쪽 7.4초의 훨씬 희미한 짝꿍별로 구성되어 있습니다. 제 105밀리미터 굴절망원경에서 87배율로 관측해보면 이 2개 별은 멋지게 분리되어 보입니다.

큰곰자리 크시 별을 구성하고 있는 별들은 밝기가 같은 별들로서 훨씬 더 가까이 붙어 있죠. 그래서 이 별을 분해해서 보려면 좀 더 높은 배율이 필요합니다. 우

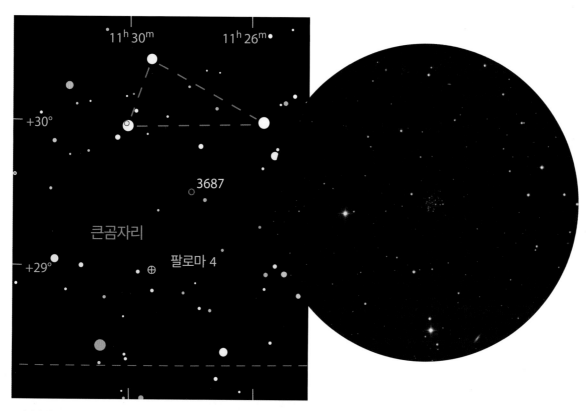

도전적인 대상인 팔로마 4(Palomar 4)를 찾는 데 성공하면 미리내에서 가장 멀리 떨어진 구상성단을 볼 수 있는 자격을 획득한 것입니다. 이 구상성단까지의 거리는 태양으로부터 약 35만 5,000광년입니다.

오른쪽 동그라미 사진: POSS-II / 캘테크 / 팔로마

선 122배율에서 각 별들은 서로 붙어 있는 채로 보이며, 153배율에서는 약간 떨어진 모습을 보입니다. 174배율에서는 분리되어 보이긴 하지만 여전히 가깝게 붙어 있는 아름다운 한 쌍의 별로 보입니다. 으뜸별은 황백색이고 짝꿍별은 노란색 빛을 띠고 있죠.

큰곰자리 크시 별은 60년의 공전주기를 가지고 있습니다. 이 한 쌍의 별은 2011년에는 1.6초 떨어져 있었으며 2034년에는 3.1초까지 벌어지게 됩니다. 윌리엄 허셜은 1780년에 이 이중별을 발견하였으며 짝꿍별이 22년 동안 으뜸별의 남동쪽에서 동쪽으로 돌아가는 모습을 보고 "매우 이례적인 각거리의 변화를 보인다"라고 기록하였습니다. 1827년 프랑스의 천문학자였던 팰릭스 사바리Felix Savary는 이중별로서는 처음으로 이 큰곰자리 크시 별의 공전주기를 계산하였습니다.

그러나 큰곰자리 크시 별에는 눈에 보이는 것 이상이 숨어 있었죠. 1905년 덴마크의 천문학자였던 닐스 에릭 노르룬트Niels Erik Norlund는 관측된 별들의 위치와 계산된 별들의 위치에 차이가 있음을 발견하였습니다. 그는 눈에 보이지 않는 짝꿍별의 영향이 있을 것이라는 결론을 내렸습니다. 이는 말 그대로 가장 자연스러운 설명이었죠. 나중에 계속된 연구를 통해 큰곰자리 크시 별의 으뜸별 자체도 이중별이라는 사실이 밝혀졌습니다. 하나는 우리 태양보다 약간 더 뜨거운 별이고 나머지 하나는 적색왜성으로서, 이 2개 별의 최대 각거리는 고작 0.08초였죠.

심지어는 큰곰자리 크시 별의 짝꿍별도 태양보다 약간 기온이 낮은 별과 4일 주기로 주위를 도는 왜성을 거느린 이중별이라는 사실이 밝혀졌습니다. 간혹 이 이중별에는 또 하나의 짝꿍별이 있는 것으로 기록되곤 합니다만, 아직 이 세 번째 별의 존재는 확실하지 않습니다.

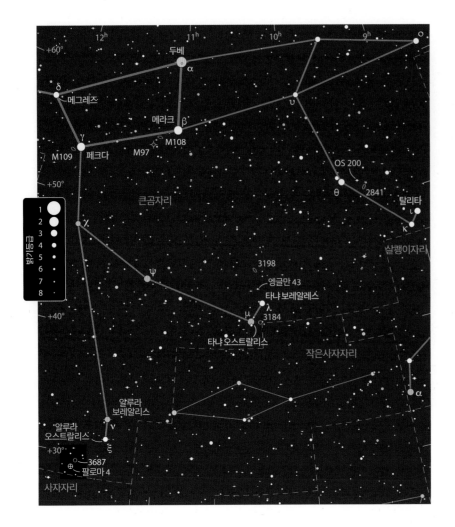

삼각형 모양이 54분 길이로 서쪽을 가리키듯 놓여 있죠. 이 중에서 동쪽에 있는 2개 별의 남쪽으로 넓은 간격을 두고 거의 동서로 놓인 8등급과 9등급의 별을 만날 수 있습니다. 여기서 약 0.5도 서쪽에서 10등급의 별 하나를 볼 수 있을 겁니다. 팔로마 4는 여기서 서쪽으로 6분 거리에, 동북동쪽 끄트머리에 13등급의 별을 거느린 채 자리 잡고 있죠.

제 15인치(381밀리미터) 반사망원경에서 144배율로 관측해보면 팔로마 4의 희미한 빛은 대략 1과 1/3분 크기로 나타나지만, 찾아보기 매우 어렵습니다. 비껴보기를 시도해도 이 천체를 계속 잡고 있기가 어려울 지경이죠. 버지니아의 별지기인 켄트 블랙웰 Kent Blackwell은 이 환영과도 같은 성단을 10인치(254밀리미터) 망원경으로 낚아채죠. 이건 정말 인상적인 성과입니다.

다음으로 가젤의 발길이 사뿐히 디디고 간 곳은 타냐 보레알리스(Tania Borealis)와 타냐 오스트랄리스(Tania Australis)로 알려져 있는 큰곰자리 람다(λ) 별과 뮤(μ) 별입니다(여기서 타냐Tania라는 단어는 아라비아어로 '두 번째 도약'을 의미합니다). 이 별들은 7×50 쌍안경에서 사랑스러운 색채 대비를 보여줍니다. 람다 별은 하얀색으로, 뮤 별은 선명한 주황색으로 보이죠. 큰곰자리 뮤 별은 249광년 거리에 있는 적색거성이며 큰곰자리 람다 별은 뮤 별에 비해 반밖에 되지 않는 거리에 있는 준거성입니다. 이 주변에서 2개의 주목할 만한 나선은하가 발견됐

복잡하고 환상적인 큰곰자리 크시 별은 27광년 거리에서 우리의 애를 태우고 있죠.

미리내에서 두 번째로 멀리 떨어진 구상성단이 큰곰자리 크시 별 남동쪽 3.5도 지점에 자리 잡고 있습니다. **팔로마 4**(Palomar 4)라는 이름의 이 구상성단은 35만 5,000광년 거리에 있죠(미리내에서 가장 멀리 떨어져 있는 구상성단은 40만 2,000광년 거리의 알프-마도르 1(Arp-Madore 1)로서, 이 성단은 남반구의 별자리인 시계자리 방향에 있습니다).

이처럼 먼 거리로 인해 팔로마 4는 대구경 망원경을 가진 별지기들에게 도전의 대상이 되고 있습니다. 141쪽과 같은 좋은 별지도는 이 구상성단을 찾아낼 확률을 높여줄 것입니다. 제 경우는 이 성단을 다음과 같이 찾아갑니다. 우선 큰곰자리 크시 별의 남동쪽 2.5도 지점을 훑어봅니다. 이곳에는 7등급 별들이 만들어내는

죠. NGC 3184는 큰곰자리 뮤 별로부터 서쪽으로 46분 거리에, 그리고 창백한 주황색 별인 6.5등급의 별로부터 동남동쪽 11분 거리에 있습니다. 이 은하는 제 작은 굴절망원경에서 17배율로 봤을 때 희미하고 둥그런 조각으로 보입니다. 47배율에서는 북쪽 가장자리에 박힌 12등급의 별을 볼 수 있죠. 배율을 87배로 올리면 4.5분의 빛무리 속에서 약간은 더 밝게 빛나는 작은 중심부를 보게 됩니다. 10인치(254밀리미터) 반사망원경에서 118배율로 관측해보면 은하의 중심부로부터 북쪽과 남쪽으로 뻗어 나와 시계 반대 방향으로 휘돌고 있는 한 쌍의 나선팔이 드러납니다. 이 한 쌍의 나선팔은 빛의 반사가 고르지 않은 미묘한 흔적으로 그 모습을 드러내죠. 171배율에서는 헤일로에 잠겨 있는 약간은 더 밝은 대역을 보게 됩니다. 북서쪽에 하나, 남서쪽에 하나가 발견되며 매우 불분명한 형태의 대역 하나가 동쪽으로 보입니다. 이 중에서 북서쪽과 남서쪽의 밝은 대역은 자신만의 등재명을 가지고 있습니다. 바로 NGC 3180과 NGC 3181이 그것입니다.

두 번째로 주목할 만한 은하인 NGC 3198의 위치 역시 쉽게 찾을 수 있습니다. 큰곰자리 람다 별에서 시작하여 동북동쪽 18분 지점에 있는 6.5등급의 노란색 별을 찾아보세요. 그리고 1도 북쪽 지점에서 비슷한 밝기와 색깔을 가진 별을 찾아봅니다. 이 별은 **앵글만 43**(Englemann 43)이라는 이름의 이중별입니다. 이 별은 동쪽으로 매우 넓은 간격을 두고 9등급의 짝꿍별을 거느리고 있죠. 앞서 지나온 6.5등급의 노란색 별로부터 앵글만 43까지 가상의 선을 그은 후 동일한 방향으로 1.5배 정도 더 가면 NGC 3198을 만나게 됩니다.

이 지역을 105밀리미터 굴절망원경에서 17배율로 보면 NGC 3198이 9등급과 10등급의 별들이 그리는 기다란 곡선 내에 자리 잡은 작은 얼룩처럼 모습을 드러냅니다. 87배율에서는 5.5분의 길이와 길이 대비 4분의 1 정도의 너비를 갖는 얇은 타원형이 드러나죠. NGC 3198의 북동쪽 끄트머리에서는 북쪽으로 11등급의 별

하나가 자리 잡고 있습니다. 153배율에서는 약간 얼룩덜룩한 모습을 보여주죠. 10인치(254밀리미터) 반사망원경에서 171배율로 보면 털을 두르고 있는 듯한 모습을 멋지게 드러냅니다. 이 은하는 7분×2분의 폭을 차지하고 있으며 남서쪽 부분에는 약간의 희미한 별들이 겹쳐져 있습니다. SINGS, 즉 스피처 적외선 망원경을 이용한 근거리 은하탐사The Spitzer Infrared Nearby Galaxy Survey에서는 NGC 3198과 NGC 3184의 거리를 각각 2,800만 광년과 3,200만 광년으로 결정하였습니다. 1780년 윌리엄 허셜은 18.7인치(475밀리미터) 금속거울을 장착한 반사망원경으로 영국의 하늘을 탐사하던 중, 이 2개 은하를 발견하였습니다.

하나뿐인 큰곰의 앞다리는 큰곰자리 요타(ι) 별과 카파(κ) 별로 표시되어 있습니다. 이 별들은 가젤이 세 번째로 뛰어오른 자국입니다. 요타 별의 경우는 이에 상응하는 탈리타(Talitha)라는 이름을 가지고 있죠. 멋진 나선 은하 하나가 요타 별 가까이에 있는데, 만약 약간 더 위쪽에 있는 곰 다리 부근의 큰곰자리 세타(θ) 별에서 시작한다면 약간만 뛰어오르는 것으로 이 은하를 찾을 수 있습니다. 우선 큰곰자리 세타 별로부터 서쪽으로 1.2도 이동합니다. 여기서 우리는 1.3초의 좁은 간격을 두고 늘어서 있는 **오토스트루베 200**(OΣ200)이라는 이중별을 만나게 됩니다. 오토스트루베 200은 10인치(254밀리미터) 반사망원경에서 창백한 노란색의 으뜸별과 북북서쪽 8.5등급의 황금빛 짝꿍별로 나타납니다. 213배율에서 두 별 간의 간극은 대기의 흔들림에 따라 나타나기도 하고 없어지기도 하지만 311배율에서는 확실히 서로 떨어져 있는 모습으로 나타납니다.

오토스트루베 200으로부터 서남서쪽으로 43분을 이동하면 비슷한 밝기의 별을 만날 수 있습니다. 여기서 남동쪽 21분 지점에 자리 잡은 **NGC 2841**을 찾을 수 있죠. 이 은하는 6등급의 별 2개와 함께 직각 삼각형을 이루고 있습니다. 이 은하는 제 작은 굴절망원경에서 17배율로 관측해봐도 북서쪽으로 기울어진 타원형으로

쉽게 눈에 띕니다. 동쪽으로는 8.5등급의 황금색 별을 거느리고 있죠. 87배율에서는 작고 밝은 둥그런 중심과 함께 북쪽 경계선 바로 바깥쪽에 11등급의 별 하나를 거느린 모습을 보여줍니다. 127배율에서는 4분 길이와 길이 대비 3분의 1 정도의 가진 은하의 모습이 나타나죠.

NGC 2841 북쪽의 별은 10인치(254밀리미터) 반사망원경에서 171배율로 관측해보면 NGC 2841 은하의 경계 내로 들어오게 되고, 은하의 작은 핵으로부터 1.8분 북북서쪽에 헤일로 깊숙이 파묻혀 있는 희미한 별 하나가 드러납니다. 이 은하의 헤일로와 타원형 중심부 외곽 쪽으로는 미세하게 얼룩진 모습이 나타나죠. 은하의 핵과 헤일로 안쪽에서 가장 밝은 부분은 거의 막대처럼 보입니다. 이 막대의 동쪽 측면을 따라 미묘하게 응달진 부분이 존재하는데 이는 은하의 나선팔을 장식하는 먼지 띠의 존재를 말해주고 있습니다. 역시 윌리엄 허셜에 의해 발견된 이 은하를 SINGS는 NGC 3198과 같은 거리 (2,800만 광년)로 측정하였습니다.

작은 망원경으로도 쉽게 찾을 수 있는 큰곰자리의 나선은하 NGC 2841은 구경이 큰 망원경일수록 차차 드러나는 미세한 세부 모습을 층층이 가지고 있습니다. 사진의 위쪽이 북쪽이며 폭은 1/4도입니다.
사진: 짐 미스티(Jim Misti)

깊은 우주를 탐험하기

만약 멀리 떨어진 구상성단을 찾아볼 생각이라면 바바라 윌슨(barbara Wilson)이 기록한 목록을 확인해보세요. 다음의 인터넷 주소에서 확인할 수 있습니다.

www.astronomy-mall.com/Adventures.In.Deep.Space/obscure2.htm

대상	분류	밝기	각크기/각분리	적경	적위	MSA	U2
큰곰자리 뉴(ν) 별	이중별	3.5, 10.1	7.4″	11시 18.5분	+33° 06′	657	54L
큰곰자리 크시(ξ) 별	이중별	4.3, 4.8	1.6″	11시 18.2분	+31° 32′	657	54L
팔로마 4 (Palomar 4)	구상성단	14.2	1.3′	11시 29.3분	+28° 58′	657	54L
NGC 3184	나선은하	9.8	7.4′×6.9′	10시 18.3분	+41° 25′	617	39L
NGC 3198	나선은하	10.3	8.5′×3.3′	10시 19.9분	+45° 33′	617	39L
앵글만 43 (Englemann 43)	이중별	6.7, 9.4	145″	10시 18.9분	+44° 03′	617	39L
오토스트루베 200 (OΣ200)	이중별	6.5, 8.6	1.3″	9시 24.9분	+51° 34′	580	39R
NGC 2841	나선은하	9.2	8.1′×3.5′	9시 22.0분	+50° 59′	580	39R

각크기 및 각분리는 최근 천체 목록을 참고한 것입니다. 각 천체의 크기에 대한 인상은 대부분 목록상에 있는 크기보다는 작게 느껴지며 장비의 구경과 배율에 따라 다양하게 느껴집니다. MSA와 U2는 각각 『밀레니엄 스타 아틀라스』와 『우라노메트리아 2000.0』 2판에 기재된 차트 번호를 의미합니다. 이 지역에 위치하는 이번 달의 모든 천체들은 《스카이 앤드 텔레스코프》 호주머니 별지도 표 32와 33에 기재되어 있습니다.

4월

바다에 닿지 못하는 곰

큰곰자리의 구석구석 모든 곳에는 은하가 넘쳐납니다.

푸른 바다를 향해 줄지어 선 별들,
그러나 곰은 그 바다에 이르지 못한다네.

윌리엄 쿨렌 브라이언트*William Cullen Bryant*, 〈자연의 질서*The Order of Nature*〉

이 시는 극점의 주위를 도는 큰곰자리의 특성을 이야기하고 있습니다. 큰곰은 항상 북극성 주위를 밤새 배회하는 듯 보이죠. 그러나 큰곰자리가 물에 발끝조차 닿지 않는 모습을 보려면 상당히 북쪽으로 올라가야 합니다. 제가 있는 북위 43도에서는 가장 북쪽에 있는 곰의 발가락만이 전혀 바다에 잠기지 않는 바짝 마른 상태를 유지하죠. 곰의 가장 남쪽에 있는 발도 물에 잠기지 않게 하려면 최소한 북위 58.5도 이상 지역에 있어야 합니다. 1년 중 이맘때의 밤하늘에서는 북쪽 높은 곳에서 꾸벅꾸벅 졸고 있는 큰곰의 모습을 볼 수 있습니다. 마치

발로는 천정을 딛고 벌러덩 누워 있는 듯한 모습을 보여주는 이때야말로 큰곰을 구석구석 살펴볼 수 있는 최상의 시기입니다.

큰곰의 앞다리에서 가장 높은 곳에 떠 있는 큰곰자리 입실론(υ) 별에서 우리의 여행을 시작하겠습니다. 105밀리미터 굴절망원경에서 28배율로 봤을 때 큰곰자리 엡실론 별과 같은 시야에 NGC 2950 은하가 들어옵니다. 이 은하는 큰곰자리 입실론 별에서 남쪽으로 11분, 서쪽으로 1.1도 지점에 위치하고 있죠. 이처럼 낮은 배율에서 은하는 매우 작고 희미하게 보입니다만 중심으로

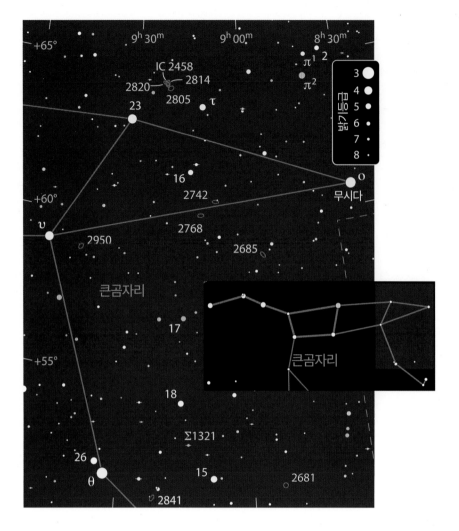

서북서쪽 0.5분 지점에 있는 15등급의 별과 함께 뭉툭한 하키 채를 그릴 수 있을 겁니다.

접안렌즈를 통해 보이는 NGC 2950의 단순한 외형은 사실 복잡한 구조에 기반을 두고 있습니다. NGC 2950은 2개의 막대를 가진 렌즈형은하입니다. 이 2개의 막대는 서로 다른 속도로 회전하죠. 최근 연구에 따르면 안쪽에 있는 작은 막대는 바깥쪽의 좀 더 큰 막대 및 은하의 거대한 원반과는 반대 방향으로 회전하고 있는 것으로 보인다고 합니다. 은하의 안쪽에 있는 원반 역시 반대 방향으로 도는 것이 아니라면 반대 방향으로 도는 막대가 그처럼 오랜 시간 동안 살아남았을 것 같지는 않습니다.

다음으로 **NGC 2768**을 찾아보죠. 이 은하는 큰곰자리 입실론 별과 큰곰의 코를 구성하는 큰곰자리 오미크론(o) 별 사이 중간지점에 자리 잡고 있습니다. 이 은하는 제 작은 굴절망원경에서 고작 17배율로 봤을 때도 희미하게 그 모습을 드러냅니다. 47배율로 봤을 때 동서로 더 길게 뻗은 모습을 보여주는 이 은하는 별상의 핵으로 갈수록 더 밝아집니다. 87배율에서는 서북서쪽 끄트머리에 10등급 별과 동북동쪽 끄트머리 가까이에 희미한 별을 달고 있는 훨씬 아름다운 모습을 보여주죠.

여기서 망원경을 북서쪽으로 이동하면 작은 공간을 두고 53분의 시야를 함께 나누고 있는 **NGC 2742**를 만날 수 있습니다. 이 은하는 형태와 방향이 NGC 2768과 같지만, 크기는 훨씬 작고 좀 더 균일한 표면 밝기를 가지고 있습니다. NGC 2742는 북서쪽에 깊은 노란색 별을 동반하고 있으며 남서쪽에 있는 희미한 별들과 함께 작은 삼각형을 구성하고 있습니다.

갈수록 밝아지는 모습은 충분히 볼 수 있습니다. NGC 2950은 87배율에서 북서쪽으로 기울어진 타원형의 모습과 함께 별상의 밝은 핵을 감싸고 있는 중심부를 보여줍니다.

10인치(254밀리미터) 반사망원경에서 213배율로 관측해보면 1과 1/4분×3/4분의 폭을 차지하고 있는 NGC 2950의 모습과 함께 남서쪽 측면 중간 부분에 자리 잡은 14.9등급의 별을 볼 수 있습니다. 이 별은 15.4등급 및 15.5등급의 다른 두 별과 함께 3/4분 길이의 직선을 만들고 있다고 합니다. 이 별의 위치는 직선에서 남남동쪽 끄트머리에 위치한다고 하는데요. 하지만 저는 15.4등급과 15.5등급의 별들은 보지 못했습니다. 여러분은 볼 수 있으신가요? 그렇다면 가장 북쪽에 있는 별의

슬론디지털온하늘탐사(the Sloan Digital Sky Survey)를 통해 촬영된 이 사진에서 NGC 2950의 2개의 막대를 모두 보실 수 있나요?

깊은 노출을 통해 촬영한 이 사진 역시 슬론디지털온하늘탐사에서 촬영된 것입니다. 사진에 담긴 NGC 2681은 미묘하지만 아름다운 막대를 지니고 있는 렌즈형 은하입니다. 이 은하는 우리 지구를 향해 정면을 보여주고 있죠. 사진에서 북쪽은 왼쪽 아래입니다.

NGC 2950과 NGC 2768, 그리고 NGC 2742는 모두 약 6,500만 광년 거리에 자리 잡고 있습니다.

NGC 2742에서 남쪽으로 1도 정도를 내려오면 6등급의 별 하나를 만나게 됩니다. 이곳에서 1.8도 서쪽으로 가면 또 다른 별 하나를 만나게 되죠. 이 별에서 남동쪽 27분 지점에 **NGC 2685**, 일명 나사선은하(the Helix Galaxy)를 만날 수 있습니다. 이 은하는 제 105밀리미터 굴절망원경에서 28배율로 봤을 때 북동쪽에서 남서쪽

왼쪽: 캔 크로퍼드(Ken Crawford)가 촬영한 NGC 2685의 사진은 놀랍도록 세세한 모습을 보여주고 있으며 이 은하의 이름이 왜 나사선은하인지를 잘 보여주고 있습니다.
오른쪽: 핀란드의 별지기 에레 카한페(Jere Kahanpää)는 8인치(203.2밀리미터) 구경의 중급 망원경을 이용하여 NGC 2685를 볼 수 있었고, 이 은하만의 독특한 모습인 누에고치와 바늘이 겹쳐져 있는 듯한 모습을 그렸습니다.

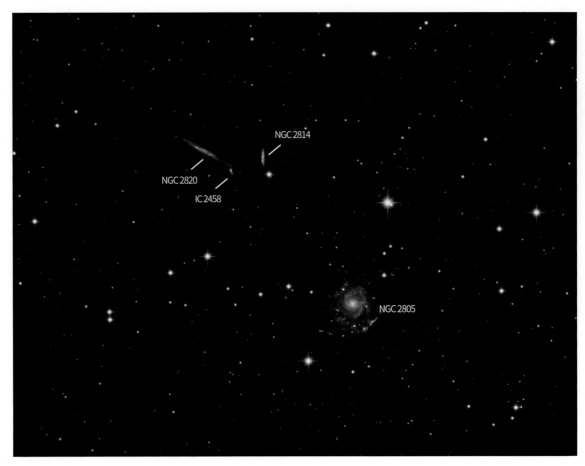

호주의 천체사진가 베른하르트 후블이 촬영한 홈버그 124(Holmberg 124) 은하군의 4개 은하.

으로 길쭉한 매우 희미한 천체로 보입니다. 북동쪽 ㄲㅌ 머리의 북쪽으로는 희미한 별 하나가 자리 잡고 있죠. 87배율에서는 1.5분의 길이로 보이며 중심으로 갈수록 차츰 밝아집니다.

4,500만 광년 거리의 이 나사선은하는 가장 가까운 거리에 있는 극고리은하(Polar-ring Galaxy) 중 하나입니다. 극고리은하란 은하의 원반에 거의 수직으로 도열한 가스나 먼지, 별의 원반(또는 고리)을 가진 은하를 말합니다. 극고리은하의 수직 고리는 이웃 은하와의 충돌의 결과, 또는 이웃 은하로부터 유입된 물질이 강착되면서 만들어지는 것으로 추측됩니다. 10인치(254밀리미터) 반사망원경에서 고배율로 관측해보면, 나사선은하의 극고리는 생각과는 달리 중심 너비가 더 크다는 점을 알 수 있습니다. 14.5인치(368.3밀리미터) 망원경에서는 은하에 대해

수직 지점으로부터 시계방향으로 나온 뭉툭한 돌출부가 북서쪽 측면의 뭉툭한 부분과 함께 더더욱 선명하게 보입니다.

여기서 북쪽으로 계속 올라가면 홈버그 124(Holmberg 124)라는 이름의 재미있는 은하 사총사를 만나게 됩니다. 이 은하군에서 가장 큰 은하는 **NGC 2805**로서 이 은하는 큰곰자리 타우-(τ) 별 동북동쪽 1.2도 지점에 자리 잡고 있습니다. 우리에게 정면을 드러내고 있는 이 나선은하는 표면 밝기가 아주 낮습니다. 그래서 작은 망원경을 가진 별지기들이라면 은하에서 상대적으로 가장 밝은 빛을 내는 아주 작은 중심부만을 볼 수 있을 것입니다. 이 유령과 같은 은하는 10인치(254밀리미터) 반사망원경에서 170배율로 관측해보면 4분×5분의 크기를 차지하고 있는 불규칙한 원형으로 보입니다. 이 은하는 선명

하게 보이는 9등급과 10등급의 밝은 별 한 쌍을 디디고 서 있으며 북서쪽 끄트머리에는 12등급의 별 하나가 자리 잡고 있습니다.

같은 시야에 잡히는 은하 **NGC 2814**가 NGC 2805의 북북동쪽 10.5분 지점에 있는데, 이 은하는 남쪽 끄트머리 근처에 11등급의 별 하나를 거느리고 있습니다. 모서리를 드러내고 있는 NGC 2814 나선은하는 NGC 2805에 비해 현저하게 흐린 밝기를 가지고 있습니다. 그러나 NGC 2814의 빛이 좁은 영역에 집중되어 있다 보니 표면 밝기는 훨씬 더 밝은 모습을 보여줍니다. 이 은하는 제 망원경에서 남북으로 희미하게 뻗은 1분 길이의 베어낸 자국인 듯 보입니다.

NGC 2820은 NGC 2814보다 약간은 더 명확하게 보입니다. 이 은하는 NGC 2814의 동쪽 3.7분 지점에 중심을 두고 있죠. NGC 2820 역시 모서리나선은하입니다. 그래서 『개정판 평평한 은하 목록』에 충분히 이름을 올릴 수 있을 만큼 얇은 형태를 가지고 있죠. 이 목록상에 등재된 은하들은 중심에 품고 있는 팽대부가 아주 작거나 아예 없는 은하들이며 우리를 향해 모서리를 드러내고 있어 너비 대비 길이가 최소 7배 이상인 은하들입니다. 10인치(254밀리미터) 망원경을 통해 본 NGC 2820은 동북동쪽에서 서남서쪽으로 2.5분을 가르고 있는 가느다란 형태로 보이며 다른 이웃 은하들과 같은 시야에 어우러져 있습니다.

우리 여행에서 홈버그 은하들은 가장 멀리 떨어져 있는 은하들로서 그 거리는 약 7,600만 광년입니다. 홈버그 124를 구성하는 은하 사총사 중 가장 마지막 은하는 희미하고 작은 은하 **IC 2458**입니다. 이 은하는 제 10인치(254밀리미터)망원경에서는 보이지 않습니다. 여러분들

은 NGC 2820의 서쪽 끄트머리에 달려 있는 이 은하를 찾을 수 있는지요?

이제 남쪽으로 쭉 내려와서 이번 여행의 마지막을 장식할 2개의 관측 대상을 찾아보도록 하겠습니다. 우선 그 시작점이 될 큰곰자리 15별로 가보죠. 이중별 **스트루베 1321**(Struve 1321, Σ1321)은 큰곰자리 15 별과 큰곰자리 18 별을 잇는 선의 중간에서 약간 동쪽에 자리 잡고 있습니다. 이 모든 별은 파인더를 통해 봤을 때 한 시야에 들어오죠. 서로 잘 어울리는 한 쌍인 이 이중별은 저의 작은 굴절망원경에서 17배율로 봤을 때 주황색과 황금색의 별이 동서로 나란히 서 있는 사랑스러운 모습을 연출합니다.

다음으로, 큰곰자리 15별을 망원경 시야의 중심에서 약간 북쪽으로 위치시킨 상태에서 그대로 서쪽으로 2.4도를 이동하면 **NGC 2681** 은하를 만나게 됩니다. 105밀리미터 굴절망원경에서 17배율로 보면 밝은 중심부를 가진 작고 둥글며 희미한 솜털무리와 같은 은하를 볼 수 있죠. 47배율에서는 은하의 서북서쪽 모서리 바로 바깥쪽에 자리 잡은 희미한 별 한 쌍이 드러납니다. 10인치(254밀리미터) 망원경에서 220배율로 보면 별상의 은하핵이 약간은 울퉁불퉁한 모습을 보이는 중심부에서 희미하게 빛나는 모습을 볼 수 있습니다. 이 은하의 중심을 구성하는 두 부분 모두 동쪽 경계에 희미한 별 하나를 달고 있는 3분 지름의 부드러운 은백색 테두리에 싸여 있습니다.

3,800만 광년 거리에 위치하고 있는 NGC 2681은 메마른 곰자리를 여행하는 우리가 찾아본 관측 대상 중에서는 가장 가까운 거리에 위치하는 은하입니다.

9개의 은하와 1개의 이중별

대상	분류	밝기	각크기/각분리	적경	적위
NGC 2950	은하	10.9	2.7'×1.8'	9시 42.6분	+58° 51'
NGC 2768	은하	9.9	6.4'×3.0'	9시 11.6분	+60° 02'
NGC 2742	은하	11.4	3.0'×1.5'	9시 07.6분	+60° 29'
NGC 2685	은하	11.3	4.6'×2.5'	8시 55.6분	+58° 44'
NGC 2805	은하	11.0	6.3'×4.8'	9시 20.3분	+64° 06'
NGC 2814	은하	13.7	1.2'×0.3'	9시 21.2분	+64° 15'
NGC 2820	평평한 은하	12.8	4.3'×0.5'	9시 21.8분	+64° 15'
IC 2458	은하	15.0	0.5'×0.2'	9시 21.5분	+64° 14'
스트루베 1321 (Σ1321)	이중별	7.8, 7.9	17"	9시 14.4분	+52° 41'
NGC 2681	은하	10.3	3.6'×3.3'	8시 53.5분	+51° 19'

각크기 및 각분리는 최근 천체 목록을 참고한 것입니다. 시각적으로 보이는 천체의 크기는 대부분 목록상에 있는 크기보다는 작게 느껴지며 장비의 구경과 배율에 따라 다양하게 느껴집니다.

어미 곰과 아기 곰 사이

큰곰자리의 북쪽은 살펴볼 만한 가치가 있지만 자주 간과되곤 하는 곳입니다.

여기 수많은 울룩불룩한 몸통을 가진 거대한 뱀이
강물처럼 휘어 감으며 어미 곰과 아기 곰을 가르고 있다네.

버질*Virgil*, 「전원시*Georgics*」 권1 *Book I*

용자리의 꼬리는 큰곰자리와 작은곰자리를 갈라놓고 있습니다. 이곳 큰곰자리와 작은곰자리 사이에는 특별히 밝은 별은 없습니다. 그러나 이곳에는 기억할 만한 여러 종류의 딥스카이가 담겨 있죠.

4등급의 용자리 카파(κ) 별부터 여행을 시작해보겠습니다. 4월의 온하늘별지도에 표시되어 있는 바와 같이 이 별은 용자리의 꼬리 끄트머리에서 두 번째에 위치하는 별이며, 북두칠성을 구성하는 별인 메그레즈(Megrez, 큰곰자리 델타 별) 및 두베(Dubhe, 큰곰자리 알파 별)와 함께 쉽게 알아볼 수 있는 삼각형을 만들고 있습니다. 용자리 카파 별은 저배율 망원경에서 한 시야에 같이 들어오는 한 쌍의 5등급 별들에 의해 서로 다른 간격으로 감싸여 있습니다. 이 2개 별은 용자리 카파 별과 함께 남쪽에서 북쪽 순으로 각각 주황색, 청백색, 황금색으로 빛나는 다채로운 삼총사 별을 만들고 있죠.

막대나선은하 NGC 4236은 여기서 서쪽으로 1.5도 지점의 약간 남쪽에 있습니다. 해당 지역에서 가장 밝은 은하인 NGC 4236의 적분등급은 9.6등급입니다. 이 말

NGC 4236은 별생성구역이 독특하게 두드러져 보이는 막대나선은하입니다. 이 별생성구역들 중 가장 밝은 지역은 VII Zw 446으로 등재되어 있습니다.

사진: 브라이언 룰라

은 NGC 4236의 모든 빛을 하나의 점으로 모은다면 그 밝기는 9.6등급의 별과 같다는 것을 의미합니다. 그러나 이 빛은 실제로는 길이 약 22분, 너비 약 7분 지역에 얼룩덜룩하게 퍼져 있죠. 그래서 그 빛은 매우 약하게 보입니다. 이 은하의 제곱각분당 평균 밝기는 이 은하의 겉보기밝기로서 고작 15등급밖에 되지 않습니다. 이처럼 낮은 표면밝기를 가진 미세한 은하를 보는 것은 작은 망원경을 가진 별지기들에게는 별 소득이 없는 일일지도 모릅니다. 그러나 우리 눈은 대상이 크기만 하다면 희미한 대상을 감지하기에 훨씬 유리하죠. 관측을 유리하게 만드는 또 다른 요소는 NGC 4236의 빛이 고르게 퍼져 있지 않다는 것입니다. 은하의 중심부 상당 부분은 평균보다 훨씬 더 밝습니다. 그래서 보기가 더욱 쉽죠.

교외에 있는 저희 집 하늘에서도 105밀리미터 굴절망원경에서 47배율을 사용하면 NGC 4236을 쉽게 찾

아볼 수 있습니다. 이 은하는 북북서 방향으로 기울어진 타원형을 하고 있습니다. 그리고 몇몇 별들이 만드는 명확한 패턴에 휩싸여 있죠. 이 패턴은 이 은하의 정확한 위치를 찾는 데 도움을 줍니다. 이 은하는 87배율에서 사랑스러운 모습을 드러내며 상당히 많은 세부 모습을 보여줍니다.

NGC 4236은 비교적 큰 몸집을 보여주는데 이는 이 은하까지의 거리가 상대적으로 가까운 거리인 1,400만 광년이기 때문입니다. 이 은하의 근접성은 큰 망원경을 가진 별지기라면 은하 원반상에서 반짝이고 있는 별생성지역까지 볼 수 있게 해줍니다. 은하 중심으로부터 남남동쪽으로 4.5분 지점에 보이는 밝지만 아주 작은 점은 VII Zw 446이라는 등재명을 가지고 있습니다. 이 이름은 이 은하가 프리츠 츠비키Fritz Zwicky와 그의 딸인 마거릿 츠비키Margrit Zwicky가 기록한 소규모고밀도은하목

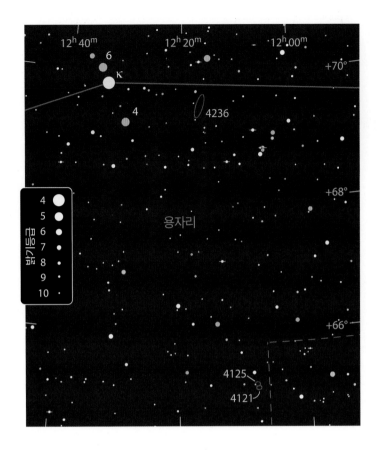

록에 속한다는 것을 말해주죠. 그러나 깊은 노출을 통해 촬영한 NGC 4236의 컬러사진은 이 점이 이온화수소지역(HⅡ)임을 말해주고 있습니다. 그래서 이 점을 14.5인치(368.3밀리미터) 망원경에서 100배로 볼 때, 협대역성운필터를 이용하면 훨씬 더 나은 모습으로 볼 수 있습니다. 성운필터는 이 은하 내의 또 다른 HⅡ지역들도 두드러지게 보여줄 것입니다.

NGC 4236을 이 은하의 남남서쪽 4.4도 지점인 큰곰자리 경계부에서 보초병처럼 자리 잡은 타원은하 **NGC 4125**와 비교해봅시다. 9.7등급인 NGC 4125의 총합등급은 NGC 4236과 거의 동일합니다. 그러나 NGC 4125의 경우 빛은 훨씬 더 좁은 지역에 몰려 있죠. 그래서 6분×3분 크기의 이 타원형 은하는 제곱각분당 12.9등급의 평균밝기를 가지고 있습니다. 이 밝기는 NGC 4236보다는 훨씬 더 밝은 수준이죠. 그래서 NGC 4125는 확실히 찾아내기가 수월합니다.

NGC 4125까지의 거리는 약 7,500만 광년입니다. 만

약 이 은하를 NGC 4236과 동일한 거리에 갖다 놓는다면 이 은하의 크기는 NGC 4236보다 3분의 1 정도 더 크게 보일 것이며 그 밝기는 6등급에 달할 것입니다.

NGC 4125를 제 105밀리미터 굴절망원경에서 47배율로 관측해보면 동쪽에서 약간 북쪽으로 기운 중간 밝기의 타원형으로 볼 수 있습니다. 이 은하는 중심으로 갈수록 현저하게 밝아지는 양상을 보여주며 동쪽 끄트머리를 10등급 별 하나가 장식하고 있죠. NGC 4125의 남남서쪽 3.8분 지점에는 작은 동반 은하 **NGC 4121**이 있습니다. 이 은하는 대개 비껴보기를 통해서만 볼 수 있죠. 저는 87배율에서 NGC 4121을 쉽게 찾아볼 수 있습니다. 이 은하는 NGC 4125 및 다른 별 하나와 함께 직각삼각형을 이루는데 이 직각삼각형에서 남쪽 모서리를 차지하고 있습니다. 87배율에서 NGC 4125의 겉보기 크기는 3과 1/4분×1.5분 크기로 보입니다.

여기서 5도 동쪽으로 이동하면 탄소별인 **용자리 RY** 별을 만날 수 있습니다. 이 별은 5등급의 별인 용자리 7 별 및 8 별, 9 별이 만드는 이등변삼각형의 동쪽 면에 놓여 있죠. 용자리 RY 별은 그 주기가 잘 알려지지 않은 준규칙변광성입니다. 이 별은 여러 주기가 겹쳐진 기다란 주기를 가지고 있으며 그 변화 역시 천천히 수행됩니다. 이 별은 6등급과 8등급 별 사이에서 발견되며 5.1인치(129.54밀리미터) 굴절망원경으로 봤을 때 깊은 붉은빛이 도는 주황색이 인상적으로 보입니다. 또한 이 별은 이등변삼각형을 이루는 별들과 멋진 대조를 이루고 있죠. 이등변삼각형을 이루는 별들의 경우 북쪽 2개 별은 노란빛이 도는 주황색으로 빛나며 남쪽의 별 하나는 하얀색으로 빛나고 있습니다.

용자리만이 큰곰과 작은곰 사이를 가르는 별자리는 아닙니다. 기린자리 역시 큰곰과 작은곰을 가르고 있죠. 저는 맨눈으로, 용자리 카파 별로부터 북극성까지 이어진 선의 3분의 1 지점에 놓인 기린자리의 작고 희미한 조각을 보곤 합니다. 대략 이 지점은 작은곰자리 감마 별과 베타 별의 연결선이 가리키는 지점이기도 하죠.

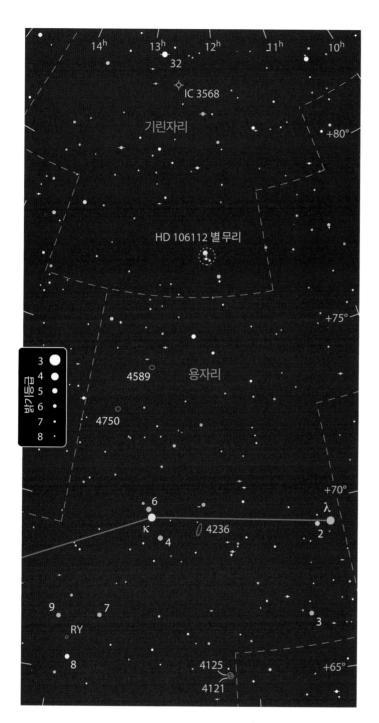

서 가장 남쪽에 있는 별은 노란색을 띠고 있습니다.

다른 사람들도 이 자리별에 주목한 것이 틀림없습니다. 저는 이 자리별을 '딥스카이 헌터스Deep Sky Hunters'라는 이름의 야후 그룹의 데이터베이스에서도 본 적이 있습니다. 그 데이터베이스에 이 자리별은 **HD 106112 별 무리**(the HD 106112 Group)으로 기록되어 있었죠. 이 이름은 이 자리별이 가장 밝은 별을 기록한 '헨리 드레이퍼Henry Draper 목록'상에 기재되어 있음을 말해줍니다.

HD 106112의 북쪽 6도 지점에는 5등급의 **기린자리 32** 별이 자리 잡고 있습니다. 북반구의 밝은 별 대부분에 등재된 번호는 1721년 존 플램스티드John Flamsteed의 비공인 별목록에서 유래한 것입니다. 예를 들어 용자리 RY 별이 담긴 삼각형을 구성하는 3개의 별은 자신들만의 플램스티드 번호를 가지고 있죠. 그러나 만약 당신이 번호가 매겨진 별들을 담고 있는 별지도에서 기린자리 32 별을 찾으려 한다면 이 별은 기린자리 전역을 가로지르며 동쪽 방향으로 진행되는 플램스티드 번호 순에서 완전히 벗어나 있음을 알게 될 것입니다. 이는 기린자리 32 별의 번호가 플램스티드의 목록에서 기인한 것이 아니기 때문입니다. 이 별의 번호는 1690년 요하네스 헤벨리우스가 작성한 '천문학의 새벽Prodromus Astronomiae'에서 유래합니다. 대부분의 헤벨리우스 번호 체계는 시간이 지날수록 외면받았지만, 기린자리 32 별만큼은 많은 별지도에 계속 등장하면서 여전히 별지기들에게 호기심을 불러일으키고 있죠. 망원경으로 보면 기린자리 32 별은 아주 잘 어울리는 한 쌍의 하얀별로 모습을 드러냅니다.

5.1인치(129.54밀리미터) 망원경을 이용하여 저배율로 관측해 보면 눈길을 잡아끄는 작은 자리별을 볼 수 있습니다. 각각 3개의 별로 만들어진 미세하게 갈라지는 2개의 아치가 서로의 측면에 자리 잡고 있는데, 이 두 아치는 5등급의 별 하나로 묶여 있습니다. 아치를 그리고 있는 별들의 밝기는 6.8등급에서 9.7등급이며 서쪽 아치에

으뜸별의 북서쪽에 짝꿍별이 자리 잡고 있죠. 21초의 간극을 유지하는 이 이중별은 저배율에서도 쉽게 분해해 볼 수 있습니다.

행성상성운 IC 3568은 기린자리 32 별의 남남서쪽 1도 지점에 있습니다. 이 행성상성운은 레몬 슬라이스라는 이름으로 불리곤 합니다. 1997년 허블우주망원경이 촬영한 사진에서 노란색의 방사형 구조를 보여주었기 때문이죠. 별지기 제이 맥네일Jay McNeil은 이 성운이 에스키모성운(NGC 2392)을 닮았다는 점에 착안하여 아기 에스키모라는 별명을 붙여주었습니다.

IC 3568은 5.1인치(129.54밀리미터) 굴절망원경에서 63배율로 봤을 때 선명하게 밝은 모습을 보여줍니다. 이 성운을 맨 처음 봤을 때는 별로 착각할 수도 있습니다. 그러나 이 성운의 모습은 별처럼 날카롭게 떨어지지 않고, 결정적으로 별에서는 볼 수 없는 푸른빛이 도는 회색빛을 보여주죠. 102배율에서는 희미한 푸른빛의 가장자리를 두르고 있는 매우 밝은 중심부를 보여주지만 164배율에서 이 가장자리는 빛을 잃어버리고 중심부는 약간 고르지 않는 밝기를 보여주기 시작합니다. 10인치(254밀리미터) 망원경에서 고배율로 관측해보면 서쪽 모

이 사진은 허블우주망원경이 1997년 촬영한 행성상성운 IC 3568의 모습입니다. 이 성운은 '레몬 슬라이스'라는 별명을 가지고 있습니다.

서리에 붙어 있는 13등급의 별이 모습을 드러냅니다. 15인치(381밀리미터) 반사망원경은 찬란한 중심부의 상세한 모습과 함께 밝은 중심부에 감겨 있는 희미한 별의 모습을 드러내주죠. 특정 형태를 이루고 있는 중심부와 희미한 가장자리는 IC 3568을 에스키모성운의 진정한 축소판으로 만들어주고 있습니다.

용자리와 기린자리의 보석들

대상	분류	밝기	각크기/각분리	적경	적위
NGC 4236	은하	9.6	21.9'×7.2'	12시 16.7분	+69° 28'
NGC 4125	은하	9.7	5.8'×3.2'	12시 08.1분	+65° 10'
NGC 4121	은하	13.5	0.6'×0.6'	12시 07.9분	+65° 07'
용자리 RY 별	탄소별	6—8	-	12시 56.4분	+66° 00'
HD 106112 별 무리	자리별	4.7	17'	12시 11.3분	+77° 29'
기린자리 32 별	이중별	5.3, 5.7	21"	12시 49.2분	+83° 25'
IC 3568	행성상성운	10.6	18"	12시 33.1분	+82° 34'

각크기 및 각분리는 최근 천체 목록을 참고한 것입니다. 시각적으로 보이는 천체의 크기는 대부분 목록상에 있는 크기보다는 작게 느껴지며 장비의 구경과 배율에 따라 다양하게 느껴집니다.

처녀자리 은하단의 발판

한 번 익숙해지기만 하면 은하 유람을 즐기면서
새로운 풍경을 만끽할 수 있습니다.

이 시기 미리내의 희미한 띠는 지평선을 따라 늘어선 별자리들을 가로지릅니다. 미리내의 평면을 따라 늘어선 먼지구름들의 고도가 아직은 낮기 때문에 아무런 방해 없이 깊은 우주까지 살펴볼 수 있죠. 머리털자리에 위치한 은하의 북극 쪽을 바라보노라면 가장 가까운 거리에 있는 거대한 은하단을 만나게 됩니다.

약 6,000만 광년 거리의 처녀자리 은하단은 처녀자리와 머리털자리의 경계면을 가로지르며 펼쳐져 있죠. 2,000여 개의 은하들이 국부초은하단의 중심을 형성하고 있으며 국부은하군에 속하는 은하들은 그 외곽을 구성하고 있습니다. 처녀자리 은하단은 어마어마한 질량으로 주위의 은하군을 묶어내고 있습니다. 그렇지 않았

다면 이 은하들은 모두 우주의 전체적인 팽창의 일부로 서서히 흩어져버렸을 것입니다. 국부은하군 내의 미리내와 또 다른 은하들 역시 결국은 처녀자리 은하단을 향해 추락하게 될 것입니다.

16개의 메시에 천체를 비롯하여 약 50여 개의 처녀자리 은하들은 작은 망원경으로도 충분히 볼 수 있을 만큼 밝은 빛을 내죠. 이처럼 많은 은하가 있음에도 불구하고 이 지역에는 밝은 별의 거의 없어 초보 별지기들은 이 은하의 왕국에서 쉽게 길을 잃곤 합니다. 이런 경우야말로 시작이 반이라는 옛 속담을 기억하는 것이 좋습니다. 우리는 발판이 필요합니다. 우리의 여행을 시작하고 좀 더 멀리까지 탐험을 해나갈 수 있는 그런 발판

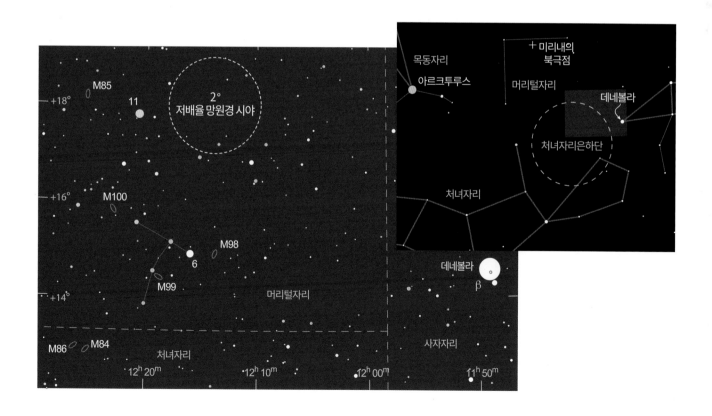

이달의 은하 중에서 모서리를 가장 높게 세우고 있는 은하 M98은 다른 은하들보다 약간 더 희미합니다. 머리털자리 6 별은 사진 왼쪽 모서리 바로 바깥에 있습니다.

사진: 조지 R. 비스콤(George R. Viscome)

M99는 동일 시야에서 밝게 빛나는 6등급의 별 및 9등급의 별과 함께 삼각형을 구성하고 있습니다. 이 은하는 바람개비은하(M101)의 축소형 은하로서 사진을 촬영했을 때 대단히 아름다운 모습을 드러내는 은하입니다. 그 아름다운 구조를 보기 위해서는 큰 망원경이 필요하죠.

사진: 마틴 저매노

말이죠.

만약 당신이 있는 곳의 하늘이 5.1등급의 별인 머리털자리 6 별을 보기 쉬울 정도로 충분히 어둡다면, 당신은 이미 그 여정을 시작한 것이라 할 수 있습니다. 그게 아니라면 사자자리의 꼬리별인 데네볼라(Denebola)에서 시작해야 합니다. 데네볼라에서 동쪽으로 6.5도를 이동하며 머리털자리 6 별을 찾아보도록 합니다. 이 별은 그 방향을 따라 이동하다 보면 나타나는 가장 밝은 별이며 6.4등급에서 6.9등급까지의 밝기를 가진 다른 4개의 별과 함께 명확하게 그려지는 T자 자리별에서 가장 서쪽에 있는 별입니다.

바로 이 별들이 처녀자리를 여행하는 우리의 전진기지가 될 것입니다. 이 T자 형태는 파인더에 쉽게 들어오죠. 만약 실시야각 2도 또는 그 이상까지를 볼 수 있는 저배율 접안렌즈를 가지고 있다면 이 자리별은 망원경의 시야에도 꼭 맞게 들어올 것입니다.

먼저 머리털자리 6 별에서 시작해봅시다. 우선 이 별을 이용하여 M98 은하를 찾아보겠습니다. 이 은하는 머리털자리 6 별에서 정서 방향으로 0.5도 지점에 자리

잡은 모서리 은하입니다. 약 70배율 이하에서는 머리털자리 6 별과 한 시야에 들어오죠. 비록 M98은 낮은 표면 밝기를 가지고 있지만 어두운 밤하늘 아래라면 60밀리미터 망원경으로도 충분히 볼 수 있습니다. 이 은하를 105밀리미터 망원경에서 100배로 관측해보면 6분×2분의 크기로 보입니다. 북북서쪽에서 남남동쪽으로 길쭉한 모습을 볼 수 있죠. M98은 비교적 밝고 넓게 퍼진 중심부를 보여줍니다. 이 중심부는 별상의 핵에서 약간 비껴 자리 잡고 있죠.

스테판 제임스 오마라는 4인치(101.6밀리미터) 망원경에서 이 은하를 봤을 때 비교적 밝게 빛나는 지역이 《스타트렉》의 클링온 함선을 닮았다고 말했습니다. 경험이 많지 않은 별지기가 이러한 형태를 연출하는 M98의 나선팔을 보려면 좀 더 큰 망원경이 필요할 것입니다.

M98은 초속 125킬로미터의 속도로 우리 쪽으로 다가서고 있습니다. 처녀자리 은하단이 초속 1,100킬로미터의 속도로 우리로부터 멀어지고 있기 때문에, 처녀자리 은하단의 중심에서 봤을 때 M98은 초속 1,225킬로미터의 속도로 멀어지고 있을 것입니다. 처녀자리 은하

M100의 대칭을 이루는 나선팔들은 장노출을 이용한 이 사진에서처럼 이 은하를 나선은하의 대표적인 예로 만들어주고 있습니다. M100의 바로 옆에 붙어 있는 여러 희미한 천체들에 주목해보세요. 이들 하나하나가 다 은하랍니다! 그러나 작은 망원경에서는 남남서쪽 1/3도 지점에 있는 바늘처럼 생긴 NGC 4312만이 눈에 들어오는 한계 밝기에 해당하죠. 광각 사진에서 M100의 하단 우측으로 보이는 밝은 별은 155쪽 별지도에 표시된 T자 모양의 자리별을 구성하고 있는 밝은 별 중 하나입니다.

사진 왼쪽 : 마틴 C. 저매노/ 사진 오른쪽 : 로버트 젠들러

단의 가공할 만한 질량은 은하단을 구성하고 있는 수많은 개개 은하의 속도를 가속시키고 있습니다. 그래서 M98과 같이 우리 쪽으로 접근하는 은하의 빛은 우주의 팽창으로부터 일반적으로 나타나는 적색편이가 아닌 청색편이를 보여주죠.

M98을 찾는 데 어려움을 겪고 있다면 조금 더 용기를 내보세요. 다음으로 찾아볼 2개 은하는 훨씬 찾기가 쉽습니다. 이번에는 T자의 중심에 있는 6.5등급의 별에서 시작해보겠습니다. 우리에게 정면을 보이고 있는 나선은하 M99는 바로 이 별에서 남서쪽 10분 지점에 있습니다. 그래서 고배율에서도 한 시야에 딱 맞게 들어올 겁니다. 105밀리미터 망원경에서 100배율로 봤을 때 중심으로 갈수록 밝아지는 3분×2분의 타원형 중심부를 볼 수 있습니다. 이 중심부는 매우 희미한 타원형 헤일로에 감싸여 있죠. 타원형 중심부는 동서로 뻗어 있음에

반해 타원형 헤일로는 북동쪽에서 남서쪽으로 뻗어있습니다. 검은 하늘 아래라면 6인치(152.4밀리미터) 망원경에서부터 나선 구조를 느낄 수 있습니다. 또 희미한 연무기의 점들이 은하의 동쪽 측면으로부터 피어올라 남쪽을 휘감고 있는 모습을 볼 수 있습니다.

M99의 나선 구조는 비대칭을 이루고 있습니다. 이는 처녀자리 은하단의 다른 은하와 중력상호작용을 겪으면서 나선팔이 뒤틀리고 있기 때문으로 보입니다. M99는 또한 매우 빠른 고유운동을 하고 있습니다. M99 정도 거리의 은하로서는 측정된 적색편이 값이 독특하게 큰데, 이는 이 은하가 초속 2,324킬로미터의 속도로 우리에게서 멀어지고 있음을 말해줍니다. 이는 처녀자리 은하단 전체의 후퇴속도의 2배에 달하는 속도입니다!

다음 은하를 찾기 위해 이번에는 T자의 동쪽 측면에 있는 6.5등급의 별에서 시작하겠습니다. 정면을 보이는

나선은하 M100이 이 별에서 동북동쪽 35분 지점에 있죠. 이 은하를 105밀리미터 굴절망원경에서 약 100배로 보면 동남동쪽에서 서남서쪽으로 4분×3분 크기의 약간 타원형입니다. 이 은하는 꽤 균일한 헤일로와 더 밝게 빛나는 작고 둥근 핵을 가지고 있죠. 6인치(152.4밀리미터) 망원경에서부터 헤일로 안쪽에 자리 잡은, 아주 미약하게 빛나는 은하의 나선팔들을 볼 수 있습니다. M100을 촬영한 사진을 보면 천문학자들이 '위대한 설계(a grand-design spiral, 주요 나선팔 2개를 가진 은하)'라고 이름 붙인 아름다운 구조가 모습을 드러냅니다.

T자 형태의 자리별과 M98, M99, M100 은하는 처녀자리 은하단에서 우리에게 발판을 제공해줍니다. 물론 여기서 멈출 필요는 전혀 없죠. 이곳에 익숙해졌다면, 괜찮은 별지도를 이용하여 별찾기와 은하찾기를 하며 새로운 광경을 찾아보세요. 예를 들어 M100의 동쪽 45분 지점에서 6.7등급의 별을 만날 수 있습니다. 이곳에서 2.3도 북쪽으로 올라가면 M85를 만나게 되고, 남쪽으로 2.9도를 움직이면 M86을 만나게 되죠. M86 바로 옆에는 M84가 있습니다. 이 한 쌍의 은하는 마카리안의 사슬(Markarian's Chain)이라고 알려진, 은하들이 그리는 길고 선명한 곡선의 끝을 장식하고 있죠.

한 번에 조금씩 도전보세요. 그러면 결국 처녀자리 은하단의 밝은 은하들을 모두 섭렵하게 될 것입니다. 그리고 곧 당신도 초보자에게 처녀자리 은하단을 어떻게 관측할지 알려줄 수 있는 고수가 될 것입니다.

처녀자리 은하단에서 찾기 쉬운 은하들

대상	유형	밝기	크기	적경	적위	별자리
M98	나선은하	10.1	9'×3'	12시 13.8분	+14° 54'	머리털
M99	나선은하	9.8	5'	12시 18.8분	+14° 25'	머리털
M100	나선은하	9.4	7'×6'	12시 22.9분	+15° 49'	머리털
M85	타원은하	9.2	7'×5'	12시 25.4분	+18° 11'	머리털
M86	타원은하	9.2	7'×5'	12시 26.2분	+12° 57'	처녀
M84	타원은하	9.3	5'×4'	12시 25.1분	+12° 53'	처녀

처녀자리 은하단의 중심부에 대한 최근의 거리 측정치는 4,000만 광년에서 7,500만 광년 사이입니다. 처녀자리 은하단을 구성하는 개별 은하까지의 거리는 알려진 것이 없습니다. 여기 기록된 은하의 크기는 작은 망원경으로 봤을 때 보이는 크기보다 약간 더 크게 기록되어 있습니다.

머리털자리 광장

이곳의 성단은 너무나 거대해서
망원경은 별 소용이 없답니다.

북반구 중위도 지역에 사는 별지기에게 봄의 머리털자리는 저녁 하늘을 가로질러 높이 떠가는 별자리입니다. 아주 어두운 하늘이라면 이곳에서 희미한 별들이 무수히 반짝이는 모습을 볼 수 있죠. 그러나 이 많은 별 중에서 5월의 온하늘별지도에 들어갈 수 있을 만큼 충분히 밝은 별은 3개밖에 되지 않습니다. 이 3개의 별이 처녀자리 바로 위에 좌우가 바뀐 기역(ㄱ) 자 모양을 하고 있죠. 비어 있는 나머지 한쪽 모서리에는 M85가 각 꼭짓점에서 10도 지점, 대략 쭉 뻗은 팔 끝에 주먹 폭만큼 해당하는 위치에서 사각형을 채워주고 있습니다. 이 천상

의 광장 안쪽과 그 부근에는 관측할 만한 천체로 가득 들어차 있죠.

이 별자리의 이름인 '베레니케의 머리카락(Coma Berenices)'은 실존 인물인 베레니케 2세 여왕의 이름을 딴 것입니다. 베레니케 2세 여왕은 기원전 3세기 이집트의 왕이었던 프톨레마이오스 3세의 부인이죠. 이들이 결혼하고 얼마 후 프톨레마이오스 왕은 살해당한 자신의 누이(그녀의 이름 역시 베레니케였습니다)에 대한 보복을 비롯하여 외교적 음모를 응징하기 위해 전쟁에 나섭니다.

베레니케는 그녀의 남편이자 왕인 프톨레마이오스 3세가 위험에서 벗어날 수 있도록, 그래서 그녀의 지위가 안전하게 보존될 수 있도록 신에게 간구하죠. 그녀는 프톨레마이오스 왕이 안전하게 돌아온다면 그녀의 삼단 같은 머리카락을 신에게 바치겠다고 기도했습니다. 프톨레마이오스가 승리를 거두고 귀환하자 그녀는 맹세를 이행했죠. 그녀는 자신의 황금빛 머리카락을 잘라 아프로디테 신전에 바쳤습니다. 그런데 얼마 안 가 그 머리카락이 없어지고 말죠.

왕 부부의 분노는 궁중 천문학자였던 사모스의 코

머리털자리를 구성하는 3개의 별을 담고 있는 이 별지도는 저자가 묘사하고 있는 천체들의 위치를 쉽게 알아볼 수 있도록 9.5등급까지의 희미한 별들이 모두 표시되어 있습니다. 대부분의 파인더가 담아낼 수 있는 영역이 오른쪽 상단 원형 점선으로 표시되어 있습니다. 여기에는 느슨하게 몰려 있는 멜로테 111(Melotte 111)성단이 담겨 있습니다(파인더가 아닌 망원경으로는 아무리 낮은 배율을 사용해도 이보다는 훨씬 더 적은 영역만을 보게 됩니다).

논Conon에 의해 무마됩니다. 코논은 베레니케의 찬란한 선물에 신들이 무척이나 기뻐했고, 모두가 이를 볼 수 있도록 빛나는 별들이 남긴 미묘한 흔적으로 하늘에 빛나게 했다고 설명하여 왕 부부의 분노를 가라앉혔습니다.

하늘의 밝은 빛들과
별들이 지고 뜨는 시간을 누가 짜놓았는가.
이 부드러운 광채를 처음 봤을 때
누가 이를 여왕의 머리칼인지 바로 알 수 있었겠는가.

카툴루스*Catullus* 시집.
대역판(버클리와 로스앤젤레스: 캘리포니아 대학 출판사, 1969)

머리털자리 알파(α) 별에서 여행을 시작하겠습니다. 여왕의 머리카락 끝부분으로 잘못 묘사되곤 하는 다이아뎀(Diadem)이라는 이름의 이 별은 보석으로 장식된 그녀의 왕관을 표시하고 있습니다. 이 희미한 노란빛의 별에서 북동쪽 1도 지점에 구상성단 M53이 자리 잡고 있습니다. M53은 작은 파인더에서 하나의 별처럼 보입니다. 그러나 14×70 쌍안경에서는 중앙으로 갈수록 점점 밝아지는 중간 밝기의 둥그런 보풀이 그 모습을 드러냅니다. M53을 105밀리미터 굴절망원경에서 153배율로

보면 거친 입자와 같은 모습을 보게 됩니다. 대기가 안정되어 있다면 203배율에서 침이 박혀 있는 듯한 모습을 희미하게 볼 수 있죠.

M53을 쉽게 찾았다면, 여기서 동남동쪽 1도 지점에 자리 잡은 아주 희미한 구상성단 NGC 5053도 찾아보세요. 4인치(101.6밀리미터) 굴절망원경으로 이 구상성단을 본 스테판 제임스 오미라는 NGC 5053을 그의 책 『메시에 천체들The Messier Objects』에서 "잘나가는 이웃 때문에 넋이 나간 영혼"이라고 재미있게 기록했습니다.

이제 머리털자리 광장에서 대각선으로 반대 모서리에 있는 황금색의 감마(γ) 별로 가봅시다. 머리털자리 감마 별을 북쪽 끄트머리에 두고 5도 이상의 폭으로 펼쳐져 있는 성단은 머리털자리성단 또는 **멜로테 111**(Melotte 111)로 알려진 가까운 거리의 산개성단입니다. 그 크기가 너무 크다 보니 보통 망원경은 쓸모가 없어집니다. 쌍안경이나 파인더로 보는 것이 훨씬 낫죠. 8×40 쌍안경을 이용하면 12개의 밝은 별과 이보다 2배는 더 많은 희미한 별들을 볼 수 있습니다. 이 성단에는 매우 넓은 간격을 두고 있는 밝은 이중별 **머리털자리 17**

왼쪽: 거의 완벽하게 모로 누워 있는 나선은하 NGC 4565의 이 놀라운 은백색 빛은 어두운 하늘에서라면 어떤 작은 망원경으로도 쉽게 잡아낼 수 있습니다. 그러나 오른쪽 하단으로 1/4도 지점에 자리 잡고 있는 NGC 4562의 미세한 얼룩과 같은 모습은 12인치(304.8밀리미터) 망원경으로도 보기가 쉽지 않죠. 밥(Bob)과 제니스 페라(Janice Fera)는 캘리포니아 피노스산에서 11인치(279.4밀리미터) 셀레스트론 망원경으로 90분 노출을 통해 촬영한 3장의 사진을 합성하여 이 사진을 만들었습니다.
오른쪽: 짝을 이루고 있는 M85(오른쪽)와 이보다는 희미한 NGC 4394 은하. 북쪽이 위쪽입니다.
사진: POSS-II / 캘테크 / 팔로마

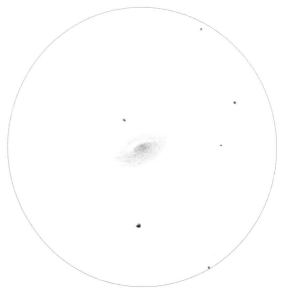

'검은 눈'이라는 M64의 이름은 전혀 이상하지 않습니다. 위 사진은 셀레스트론 11로 촬영된 것으로서 사진의 폭은 1/4도입니다. 그림은 저자가 아스트로-피직스 트레블러 105밀리미터 굴절망원경에서 127배율로 관측하며 그린 것으로 훨씬 더 넓은 화각을 담고 있습니다. 사진과 그림 모두 북쪽이 위쪽, 동쪽이 왼쪽으로 오도록 배치되었습니다.

사진: 밥 페라와 제니스 페라

별(17 Comae Berenices)이 포함되어 있습니다. 저배율의 작은 망원경은 5.2등급의 으뜸별과 6.6등급의 짝꿍별 간의 미묘한 색채 대비를 보여주죠. 이 별들의 색깔은 실제로는 청백색과 백색입니다. 그러나 어떤 별지기들은 짝꿍별의 색깔을 청록색으로 보기도 하죠.

NGC 4565는 머리털자리 17 별에서 동쪽으로 1.7도 지점에 있습니다. 이심률이 매우 높은 1,000여 개의 모서리 나선은하를 기록하고 있는 『개정판 평평한 은하 목록』상의 은하에 포함된 이 은하는, 그중에서도 가장 인상적인 축에 드는 은하입니다. NGC 4565는 제 작은 굴절망원경에서 47배율로 봤을 때 작고 밝은 팽대부를 중앙에 거느린 7분 크기의 길고 얇은 형태로 보였습니다. 87배로 배율을 높이면 중심부 전반에 걸쳐 얼룩이 보였죠. 이것은 길쭉한 은하와 함께 늘어선 암흑대역의 존재를 말해줍니다. NGC 4565로부터 북쪽으로 2도 지점에는 또 다른 멋진 은하 NGC 4559가 자리 잡고 있습니다.

NGC 4559 역시 길쭉한 은하입니다. 그러나 이 은하는 NGC 4565에 비해서 약간은 더 짧고 더 평평한 모습

을 보여주죠. 이 은하의 남동쪽 가장자리에는 2개의 희미한 별들이 양쪽 끝으로 자리 잡고 있습니다.

머리털자리 17 별로부터 머리털자리 알파 별 방향으로 거의 3분의 2에 해당하는 지점에서 4.9등급의 황금색 별인 **머리털자리 35** 별을 만날 수 있습니다. 이 별은 해당 지역에서 가장 밝은 별이기 때문에 쉽게 찾아볼 수 있죠. 이 별은 남동쪽으로 9.8등급의 짝꿍별을 거느리고 있는데, 17배율로도 분리된 모습을 쉽게 볼 수 있습니다.

이 별을 이용하여 **M64**를 찾을 수 있습니다. '검은 눈 은하(the Black Eye Galaxy)'라는 별명을 가지고 있는 이 은하는 머리털자리 35 별로부터 북동쪽 1도 지점에 자리 잡고 있죠. 검은 눈이라는 별명은 두드러지게 보이는 먼지 띠가 사진에서 너무나 아름답게 보이기 때문에 붙여진 이름입니다. 이 구조를 보려면 망원경의 구경은 최소 60밀리미터 이상이어야 하죠. 이 은하를 제 105밀리미터 망원경에서 127배율로 보면 6분×3분의 크기로 보입니다.

이제 머리털자리 광장의 남서쪽 모서리를 구성하

고 있는 **M85**로 가 보겠습니다. 당신이 있는 곳의 하늘이 충분히 어둡다면 4.7등급의 머리털자리 11별을 맨눈으로 찾아낼 수 있을 것입니다. (159쪽의 별지도를 참고하세요) 이 별은 접안렌즈 너머로 봤을 때 노란색과 주황색이 섞인 별로 보입니다. 그리고 이 별로부터 동북동쪽 1.2도 지점에서 M85를 찾을 수 있죠. M85는 처녀자리 은하단의 메시에 은하들 중 가장 북쪽에 있는 은하이며 가장 밝은 은하들 중 하나입니다. 그래서 14×70 쌍안경에서도 작은 타원형 빛덩이로 보이는 이 은하를 쉽게 찾을 수 있습니다. 제 작은 굴절망원경에서 87배율로 보면 중심으로 갈수록 부드럽게 밝아지고, 끝으로 갈수록 점점 가늘어지는 2분 길이의 타원형을 볼 수 있습니다. 북쪽 경계에는 아주 희미한 별 하나가 자리 잡고 있으며 남동쪽 가까이에는 10등급의 별이 자리 잡고 있죠. 어두운 하늘 아래라면 M85의 동쪽에서 훨씬 희미한 은하인 **NGC 4394**도 볼 수 있을 것입니다. 각 은하의 중심 기준으로 떨어져 있는 각도는 7.5분이 채 되지 않죠. 이 은하는 밝은 별 모양의 핵을 가진 작은 타원형으로 보입니다.

이상의 천체들은 머리털자리를 가득 채우고 있는 딥스카이 천체들 중 일부에 지나지 않습니다. 괜찮은 별지도의 도움을 받는다면 깊어가는 따뜻한 밤을 따라 더 많은 딥스카이 천체들을 찾을 수 있을 것입니다.

머리털자리에 가득 담긴 보석들

대상	분류	밝기	각크기/각분리	거리(광년)	적경	적위
M53	구상성단	7.6	12′	60,000	13시 12.9분	+18° 10′
NGC 5053	구상성단	9.5	8′	54,000	13시 16.5분	+17° 42′
멜로테 111	산개성단	1.8	5°	290	12시 25.1분	+26° 07′
머리털자리 17 별	이중별	5.2, 6.6	145″	270	12시 28.9분	+25° 55′
NGC 4565	은하	9.6	16′×3′	3,200만	12시 36.3분	+25° 59′
NGC 4559	은하	10.0	11′×5′	3,200만	12시 36.0분	+27° 58′
머리털자리 35 별	이중별	5.0, 9.8	29″	320	12시 53.3분	+21° 15′
M64	은하	8.5	9′×5′	1,900만	12시 56.7분	+21° 41′
M85	은하	9.1	7′×5′	6,000만	12시 25.4분	+18° 11′
NGC 4394	은하	10.9	3′	6,000만	12시 25.9분	+18° 13′

각크기는 천체목록 또는 사진에서 기재된 내역을 기록한 것입니다. 대부분의 천체들은 망원경으로 봤을 때 어느 정도씩 더 작게 보입니다. 거리 근사치는 최근 연구를 기반으로 한 광년 단위의 거리입니다. MSA와 U2는 각각 『밀레니엄 스타 아틀라스』와 『우라노메트리아 2000.0』 2판에 기재된 차트 번호를 의미합니다.

마카리안의 사슬

한 시야에 가장 많은 은하들을 보여주는 지역은 어디일까요?

처녀자리와 머리털자리 경계에 걸쳐 1.5도 크기의 아치를 그리며 늘어서 있는 8개의 은하는 마카리안의 사슬(Markarian's Chain)이라는 이름으로 알려져 있습니다. 이 8개의 은하 중 2개는 1781년 샤를 메시에에 의해 기록된 M84와 M85이며, 나머지 은하들은 존 루이스 에밀 드레이어Johan L.E. Dreyer의 1888년 『신판일반천체목록New General Catalogue』에 등재된 NGC 4435, NGC 4438, NGC 4458, NGC 4461, NGC 4473, NGC 4477입니다.

그러나 전체 은하를 통칭한 별명은 러시아의 천체물리학자인 벤야민 E. 마카리안Benjamin E. Markarian의 「처녀자리 은하단에서 물리적으로 연결된 은하들과 역학적 불안정성Physical Chain of Galaxies in the Virgo Cluster and Its Dynamic Instability」이라는 제목의 논문(《아스트로노미컬 저널》, 1961년 12월, 555쪽)에서 생겨난 것입니다.

마카리안의 사슬은 제가 예전부터 가장 적은 관측으로 가장 많은 은하 찾기 게임을 할 때 찾기 좋아하던 곳이었습니다. 저는 이곳을 단번에 제 망원경으로 조준할 수 있죠. 상대적으로 작은 접안렌즈의 시야에서라면 한 번에 여러 개의 은하를 담아낼 수 있는 곳은 얼마든지 많이 있습니다. 그러나 대개 그런 곳은 큰 망원경

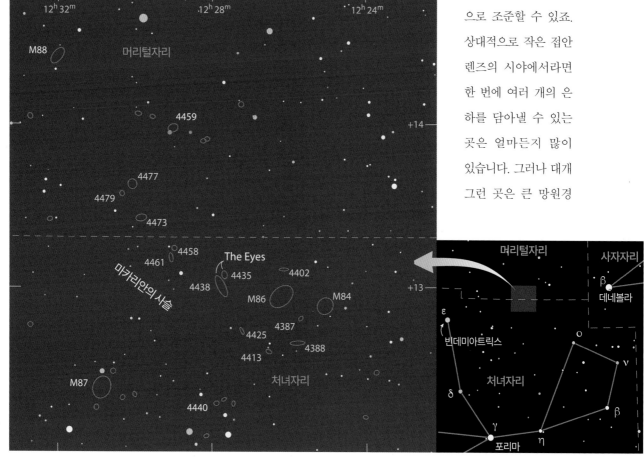

에서는 제한된 시야만 담기게 되죠. 그러나 여기 처녀자리 은하단의 중심부에서는 작은 망원경으로도 이 게임을 즐길 수 있습니다.

하지만 이러한 숫자 세기 놀이에는 반대급부가 있죠. 큰 구경의 망원경은 더 희미한 은하들을 보여줄 수 있습니다. 반면 작은 망원경들은 좀 더 넓은 화각을 제공해줌으로써 한 시야에 더 많은 은하를 담아낼 수 있죠. 배율을 높여가면 희미한 은하들을 좀 더 쉽게 찾을 수 있습니다(우리 눈은 작고 희미한 대상보다 크고 희미한 대상을 더 잘 인식합니다). 그러나 배율을 높이면 시야를 좁히게 되어 바로 옆에 있는 이웃 은하들을 더 멀리 떨어뜨려 놓게 됩니다.

제 생각에 가장 괜찮은 시야각은 10인치(254밀리미터) 반사망원경에 43배율을 구현하는 접안렌즈를 달아 도출되는 89분 폭입니다. 이 조합에서 마카리안의 사슬을 구성하는 모든 은하와 대여섯 개의 다른 은하들을 한 시야로 볼 수 있죠. 비록 저배율 시야가 보여주는 풍부한 은하들의 모습이 매력적이긴 하지만, 대상에 대한 묘사는 대상을 더 세밀하게 분석해 볼 수 있는 75배율에서 100배율 사이, 중배율에서 이뤄지는 것입니다. 이 은하들은 제 105밀리미터 굴절망원경에서도 모두 볼 수 있습니다. 다만 몇몇 은하들은 알아보기가 쉽지 않죠. 차례대로 각 은하를 방문하겠습니다.

우리의 첫 번째 대상은 **M84**입니다. 이 은하는 사슬의 서쪽 끄트머리에 자리 잡고 있죠. 이곳은 처녀자리 엡실론(ε)별인 빈데미아트릭스(Vindemiatrix)와 사자자리 베타(β) 별인 데네볼라(Denebola)의 중간지점에 자리 잡고 있습니다. 이 은하는 제 105밀리미터 망원경에서 강렬하고 둥근 중심부를 거느린, 북서쪽에서 남동쪽으로 약간 길쭉한 빛으로 보입니다. 10인치(254밀리미터) 반사망원경은 미세하게 밝은 핵을 드러내며 이 핵의 앞쪽에서 배경 우주로 사그라지는 헤일로를 보여줍니다.

M84의 동쪽 17분 지점에는 **M86**이 자리 잡고 있죠. 제 작은 굴절망원경에서 M86은 M84보다는 조금 더 크고, 약간은 희미한 모습을 보여줍니다. 자신의 동반은하와 같은 방향으로 정렬해 있는 이 은하는 좀 더 길쭉한 타원형에, 중심으로 갈수록 현저하게 밝아지는 양상을 보여주죠. 10인치(254밀리미터) 망원경을 통해 바라본 M86은 별 모양의 핵을 보여줍니다.

마카리안의 사슬 인근에 있는 여러 은하는 마카리안의 사슬과는 전혀 연관이 없는 은하들입니다. M84와 M86의 남쪽에 있는 **NGC 4388**은 M84 및 M86과 함께 정삼각형을 구성하고 있습니다. 뿌옇게 보이며 동서로 잠겨 드는 형태를 한 이 은하는 굴절망원경에서 쉽게 그 모습을 찾아볼 수 있습니다. 그러나 뭔가 형체라고 느껴질 만한 것은 거의 없으며 미묘하게 밝게 보이는 중심부만이 모습을 드러내고 있습니다. 10인치(254밀리미터) 망원경에서는 중심에 자리 잡은 얇은 팽대부가 모습을 드러냅니다. 이 팽대부는 희미한 별상의 핵이 자리 잡은 중심부의 서쪽을 벌충해주고 있습니다.

NGC 4387은 M84와 M86, NGC 4388이 만드는 정삼각형의 한복판에 자리 잡고 있습니다. 이 은하는 105밀리미터 망원경에서는 아주 작은 보풀처럼 보이지만 10인치(254밀리미터) 망원경에서는 비교적 밝은 중심부를 거느린 작은 타원형 형태를 드러냅니다. 저는 이 4개의 은하들이 만드는 모습에서 은하로 만들어진 거대한 얼굴을 떠올리곤 합니다. M84와 M86은 두 눈을 구성하고 NGC 4388은 입을 나타내며 NGC 4387은 코입니다. 이 얼굴에서 심지어는 추켜올린 눈썹 하나를 찾을 수 있습니다.

그 눈썹을 구성하는 은하가 **NGC 4402**죠. 이심률이 큰 타원방추체를 한 이 은하는 NGC 4388과 비슷하지만, 그보다 훨씬 희미하게 보입니다. 이 은하를 작은 굴절망원경으로 잡아내기는 상당히 어렵습니다. 그러나 더 큰 구경의 반사망원경은 간신히 잡히는 얼룩의 흔적을 거느린 균일한 밝기의 은하를 보여주죠. 이 눈썹은 은하의 얼굴을 우스꽝스러운 모습으로 만들어주고 있습니다. 마치 자신의 나머지 눈썹 하나를 누가 밀어버렸

'눈동자(the Eyes)'라는 이름의 2개 은하는 마카리안의 사슬에서 중심부에 있습니다. 사진에는 은하들 사이의 중력상호작용에 의해 대칭적으로 뒤틀린 모습을 보이는, 비교적 큰 규모를 가진 NGC 4438과 그 북북서쪽 5분 지점에 자리 잡은 NGC 4435가 담겨 있습니다. 사진 촬영을 위해 애덤 블록은 애리조나 키트 피크(Kitt Peak)에서 20인치(508밀리미터) 리치크레티앙광학시스템망원경과 SBIG ST-10XME 카메라를 사용하였습니다.
사진: NOAO / AURA / NSF

는지 궁금해하는 사람처럼 보이죠.

근처의 또 다른 2개 은하는 105밀리미터 망원경으로 봤을 때 희미한 별로 착각할 수도 있습니다. 이 중에서 더 알아보기 힘든 것이 **NGC 4413**입니다. NGC 4388의 동쪽으로 10.9등급의 별 하나가 남남동쪽 1.6분 지점에 11.5등급의 별과 함께 자리 잡고 있습니다. NGC 4413은 두 번째 별까지의 거리와 같은 거리를 한 번 더 가면 찾을 수 있습니다. 이 은하는 아주 희미한 별처럼

보이죠. NGC 4425를 찾는 것은 좀 더 쉽습니다. 은하 얼굴의 동쪽에서 가장 밝은 별을 찾은 후 여기서 서남 서쪽 4분 지점을 살펴보면 되죠. 10인치(254밀리미터) 망원경은 이 희미한 천체들이 은하라는 특징을 찾아낼 수 있도록 도와줍니다. 2개 천체 모두 점점 밝아지는 중심을 가진 타원형을 보여주죠.

그럼 마카리안의 사슬을 구성하는 은하로 다시 돌아와 M86부터 동쪽으로 이동하여 **NGC 4435**와 **NGC 4438**을 만나보겠습니다. 1955년 2월 《스카이 앤드 텔레스코프》는 〈처녀자리 구름 속으로 모험을 떠나기 Adventuring in the Virgo Cloud〉라는 제목의 칼럼을 게재하였습니다. 그 칼럼은 1940년대 《스카이 앤드 텔레스코프》에 딥스카이 원더스 칼럼을 처음으로 연재한 레런드 S. 코프랜드Leland S. Copeland에 의해 작성된 것이었습니다. 코프랜드는 그 스스로 머리털자리-처녀자리 대륙(Coma-Virgo Land)이라 부른 표를 작성하고 별과 은하들이 만드는 모양에 기발한 이름들을 붙였습니다. 그는 NGC 4435와 NGC 4438에 '눈동자(the Eyes)'라는 이름을 붙였고, 그 이름이 그대로 굳어졌죠. 이 2개 은하 모두 작은 망원경으로 쉽게 찾을 수 있는 은하입니다. NGC 4435는 남북으로 늘어진 작은 타원형에 별 모양의 핵을 품고 있습니다. NGC 4438은 크기도 더 크고 이심률도 더 큰 타원형으로 보이며 북북동쪽으로 좀 더 늘어져 있습니다. 그리고 작고 밝은 중심부를 품고 있죠. 10인치(254밀리미터) 망원경에서는 각 은하의 크기가 좀 더 명확하게 보이고, NGC 4438은 희미한 별 모양의 핵을 보여주기 시작합니다. 최근 찬드라 X선 망원경의 관측에 따르면 이 한 쌍의 은하는 약 1억 년 전부터 엄청나게 빠른 속도로 충돌이 진행 중이라고 합니다. 이 사건으로 NGC 4438은 뒤틀어져 있고, 예전에는 NGC 4435에 속했던 상당한 양의 뜨거운 가스들이 뿜어져 나온 상태라고 합니다. NGC 4438은 또한 활성은하핵을 가지고 있는 것으로 보입니다. 이로 인해 더 많은 혼란이 초래되고 있죠.

5월

마카리안의 사슬 주변으로 가득한 은하들이 M84(오른쪽)로부터 NGC 4477(왼쪽 위)까지 도열해 있습니다. 북쪽이 위쪽이며 사진의 폭은 2도입니다.

사진: 김도익

이 한 쌍의 은하에서 동북동쪽으로 21분 거리 정도 이동하면 NGC 4458과 NGC 4461이라는 또 다른 한 쌍의 은하를 만날 수 있습니다. 105밀리미터 굴절망원경에서 NGC 4458은 아주 작고 둥글며 매우 희미하게 보입니다. NGC 4461은 더 밝고 거의 남북으로 길쭉하게 늘어선 은하입니다. 희미한 헤일로에 약간은 밝은 중심부를 보여주는 NGC 4458은 10인치(254밀리미터) 망원경으로 쉽게 찾을 수 있습니다. NGC 4461은 별 모양의 핵에 작고 둥근 중심부를 거느리고 있습니다.

이제 처녀자리에서 경계선을 지나 머리털자리로 접어들어 만날 은하는 NGC 4473입니다. 105밀리미터 망원경에서도 쉽게 찾을 수 있는 이 은하는 별 모양의 핵을 가진 동서로 길쭉한 희뿌연 타원형으로 보입니다. 10인치(254밀리미터)에서는 겉보기 크기가 늘어나면서 중심에서부터 바깥쪽으로 점점 희미해지는 형태가 느껴집니다.

마카리안의 사슬을 구성하는 마지막 은하는 NGC 4477입니다. 이 은하 역시 작은 굴절망원경으로 쉽게

찾아낼 수 있는 은하죠. 중심으로 갈수록 밝아지는 작고 둥근 모습을 볼 수 있습니다. NGC 4473이나 NGC 4477 모두 10인치(254밀리미터) 망원경에서는 별 모양의 핵과 약간의 타원형을 띤 경계부와 중심부를 볼 수 있습니다.

10인치(254밀리미터) 망원경에서 저배율 시야에 NGC 4477부터 M84까지를 담아내려면 2개 은하를 양쪽 모서리에 두어야 하며 두 은하 모두 헤일로의 일부는 잘릴 수밖에 없습니다. 제 경우 좀 더 주의 깊게 대상을 배치하면 NGC 4479도 모서리에 위치시킬 수 있죠. 그러나 이 은하는 너무나 희미해서 하늘이 충분히 어둡지 않다면 저배율 시야의 모서리에 잡아내기란 매우 어렵습니다. NGC 4479는 105밀리미터 망원경에서는 매우 찾기 어려운 작은 보풀처럼 보입니다. 10인치(254밀리미터)에서는 훨씬 찾기가 쉽지만, 인상적이라는 느낌은 많이 줄어듭니다.

많은 수의 은하를 보는 게임은 다양한 변화를 주며 즐길 수 있습니다. 작은 망원경을 가진 별지기들은 몇 도 수준의 넓은 시야를 보면서 희미한 은하들은 놓치게 됩니다. 그러나 이들은 주변에 있는 밝은 메시에 은하들을 한 번에 볼 수 있죠.

큰 망원경을 가진 별지기들은 좀 더 한정된 시야를 볼 수밖에 없어서 마카리안의 사슬에서 동쪽 끝부분은 희생을 감수해야 합니다만 그 대신 좀 더 희미한 NGC 및 IC 목록상의 은하들을 볼 수 있습니다. 마카리안의 사슬을 구성하는 각 은하 사이에 실제 물리적인 연관성이 있는 것인지는 여전히 논쟁 중입니다. 그러나 하늘에서 아름답기 그지없는 이 지역을 즐기는 별지기들에게 그것은 중요한 일이 아닐 것입니다.

레런드 S. 코프랜드가 다른 장에서 적은 글과 함께 이 장을 마치도록 하겠습니다.

지구의 거대한 그림자가 주위를 휩쓸며
찬란했던 오늘이 저물고 있다네.
산들은 석양의 푸르름을 벗어던지고,
이 땅은 자신의 잿빛을 놓아버린다네.

그러나 머리 위에 별들이 돌아오고,
미리내가 하늘을 가른다네.
망원경을 바라보는 눈은
놀라운 세상을 담아낸다네.

마카리안의 사슬을 구성하는 은하들

대상	밝기	적경	적위
M84	9.1	12시 25.1분	+12° 53′
M86	8.9	12시 26.2분	+12° 57′
NGC 4388	11.0	12시 25.8분	+12° 40′
NGC 4387	12.1	12시 25.7분	+12° 49′
NGC 4402	11.7	12시 26.1분	+13° 07′
NGC 4413	12.3	12시 26.5분	+12° 37′
NGC 4425	11.8	12시 27.2분	+12° 44′
NGC 4435	10.8	12시 27.7분	+13° 05′
NGC 4438	10.2	12시 27.8분	+13° 01′
NGC 4458	12.1	12시 29.0분	+13° 15′
NGC 4461	11.2	12시 29.1분	+13° 11′
NGC 4473	10.2	12시 29.8분	+13° 26′
NGC 4477	10.4	12시 30.0분	+13° 38′
NGC 4479	12.4	12시 30.3분	+13° 35′

5월

큰곰자리에서 만끽하는 놀라움의 연속

북두칠성의 사각형 안에는
딥스카이 천체들이 가득합니다.

열성적인 별지기라면 큰곰자리의 완벽한 형태에 익숙하겠지만 사실 북두칠성이야말로 모든 하늘에서 가장 유명한 별들입니다. 북미에서는 북두칠성을 4개의 별이 만드는 국자와 3개의 별이 만드는 휘어진 손잡이로 구성된 커다란 국자로 묘사하죠. 이번에 우리가 여행할 곳은 바로 이 국자 속입니다. 이곳에는 딥스카이 천체들이 정말 가득 담겨 있죠.

큰곰자리 베타(β) 별 메라크(Merak)의 서쪽 1.5도 지점에 있는 7개 별이 특정 형태를 이루고 있는 곳부터 시작해보죠. 1993년 발로 페핀Barlow Pepin은 영국천문협회에서 발행하는 잡지에 이 자리별을 기록하였습니다. 페핀은 이 자리별을 요하네스 사카리아센Johannes Sachariassen이 발견했다고 기록했죠. 요하네스 사카리아센의 관측 작업은 1655년에서 1656년 사이 피에르 보렐Pierre Borel

결 지어 보게 됩니다. 저는 이따금 여기서 펄럭이는 돛을 단 평평한 배를 연상하곤 하죠. 마치 중국의 돛단배 같다고나 할까요? 한편으로 이 자리별은 여우자리에 있는 옷걸이자리별인 콜린더 399(Colinder 399)의 축소 버전을 연상시키기도 합니다. 항상 보면 양말처럼 한쪽에서는 한 짝이 없어지지만, 다른 쪽에서 또 하나가 나타나는 물건들이 있죠. 이렇게 마법처럼 재생성되는 물건들 중에는 옷걸이도 포함이

되는 것 같습니다. 심지어 하늘에서조차 그러네요.

에 의해 기록되었습니다. 보렐은 사카리아센의 별들을 네덜란드 연방을 상징하는 7개의 화살 꾸러미라는 의미에서 '통일 벨기에(Uniti Belgii)'라고 명명했습니다. 메라크 근처에 있는 일련의 별들을 사카리아센이 발견했다는 페핀의 견해가 맞는다면 우리는 지금 역사 속에서 기록으로 남은 가장 첫 번째 자리별 중 하나를 보고 있는 셈입니다.

많은 별지기들이 7등급부터 10등급의 별들로 이루어진 15분 크기의 이 불완전한 타원형 고리에서 **7개의 화살**(Seven Arrows)을 상상합니다. 망가진 듯한 그 모습 때문에 천문작가인 필립 S. 해링턴Philip S. Harrington은 이 자리별을 일컬어 끊어진 약혼반지라 불렀으며, 이 중에서 가장 밝은 별을 다이아몬드로 묘사했습니다. 저는 이 별들이 만드는 형태의 일부로서 동쪽에 2개 별을 항상 같이 보곤 하죠. 이 2개 별을 합쳐 동북동쪽에서 서남서쪽으로 비스듬한 24분 크기의 막대기에 있는 5개 별과 그 중심으로부터 북쪽으로 아치를 그리는 4개의 별을 연

메라크 근처에서는 잘 알려진 딥스카이 천체도 찾을 수 있습니다. 바로 **M108**이 이 별의 동남동쪽 1.5도 지점에 자리 잡고 있죠. 7등급의 황금색 별 하나가 메라크로부터 M108의 반이 채 되지 않는 거리에 자리 잡고서 M108을 찾아가는 훌륭한 길잡이 구실을 해 줍니다. M108은 제 105밀리미터 굴절망원경에서 47배율로 봤을 때 북동쪽으로 약간 삐져나온 5분×1.1분 크기의 얼룩덜룩한 방추체처럼 보입니다. 중심에서 바로 서쪽으로는 아주 밝은 별 하나가 겹쳐져 있으며 서쪽 끝으로는 12등급의 별 하나가 자리 잡고 있죠. 이 은하는 10인치(254밀리미터) 반사망원경에서 166배율로 봤을 때 인상적으로 누덕누덕한 모습을 보여줍니다. 남쪽 모서리에 자리 잡고 있는 극단적으로 희미한 별도 그 모습을 드러내죠. M108의 사진은 검은 먼지구름들과 밝은 별 생성 구역이 혼란스럽게 뒤섞인 양상을 보여줍니다.

행성상성운 **M97**은 M108에서 남동쪽 48분 지점에

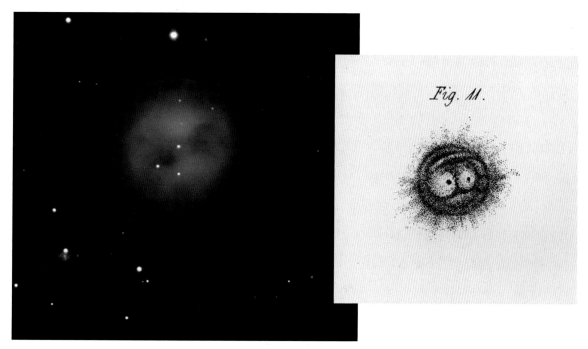

19세기 아일랜드의 천문학자인 로스경의 그림을 보면 왜 그가 M97에 '올빼미성운'이라는 별명을 지었는지 쉽게 이해할 수 있습니다. 눈으로 봤을 때는 쉽게 포착되기 어렵지만, 사진에서 그 미묘한 구조가 드러나는 올빼미의 검은 두 눈은 중급 구경의 망원경으로 볼 수 있습니다. 사진의 북쪽이 위쪽이며 폭은 5분입니다.
사진: 게리 화이트(Gary White) / 베어렌 몬로(Verlenne Monroe) / 애덤 블록 / NOAO / AURA / NSF
그림: 제3대 로스 백작 윌리엄 파슨스(W.Parsons)의 과학 논문 중

자리 잡고 있으며, 저배율에서 M108과 한 시야에 담깁니다. M97은 제 작은 굴절망원경에서 47배율로 관측해 보면 M108보다 약간 더 밝게 보입니다. M97의 지름은 약 3.5분이며 북북동쪽 바깥쪽으로 12등급의 별 하나를 거느리고 있습니다. 127배율에서 이 성운은 아주 약간의 타원이 진 모습을 보여주죠. 좀 더 주의 깊게 관측해 보면 2개의 미묘한 검은 지역들이 보이는데 바로 이 특징으로 올빼미성운이라는 별명을 얻게 되었습니다. 이 2개의 거무스름한 눈은 M97의 장축을 따라 위치하죠. 두 눈 사이를 가로지르는 좁은 띠는 검은 두 눈과 나란히 줄 서있기 때문에 더 밝게 보입니다. 작고 밝은 별 하나가 성운의 중심부에 보입니다만, 이 별을 16등급의 중심 별로 착각하지 마세요. 중심별은 작은 망원경으로는 관측할 수 없습니다.

올빼미성운의 이름은 19세기 아일랜드의 관측가인 로스Rosse 경에 의해 지어진 것입니다. 로스 경이 그린 올빼미성운의 그림은 유별난 외양을 묘사하고 있죠. 비

록 올빼미성운과 M108을 한 시야에 담아낼 수 있어도 이들이 실제로 우주에서 가까운 거리에 있는 것은 아닙니다. M97은 미리내 내부에 자리 잡고 있으며 거리는 2,000광년 남짓이지만 M108까지의 거리는 약 4,600만 광년입니다.

메라크로부터 페크다(Phecda)라는 이름의 큰곰자리 감마(γ) 별까지 거리의 5분의 3 지점에는 5.6등급의 황금색 별 하나가 자리 잡고 있습니다. 저배율에서 시야에 이 별을 집어넣고 남쪽으로 1.7도를 움직이면, 상호작용이 진행 중인 **NGC 3718**과 **NGC 3729** 은하를 만날 수 있습니다. 2개 은하 모두 제 105밀리미터 굴절망원경에서 87배율로 봤을 때 매우 희미하게 보이죠. NGC 3718은 2.5분 길이의 타원형으로 보이며 북북동쪽에 12등급의 별 한 쌍을 이고 있습니다. 이 한 쌍의 별은 **허셜 2574**(h2574)라는 이름의 이중별이죠. NGC 3729는 NGC 3718보다 더 작은 얼룩처럼 보이며 12등급의 별 하나를 남남서쪽 모서리에 거느리고 있습니다.

NGC 3718(아래쪽)과 NGC 3729는 시각적으로 흥미를 끄는 상호작용이 진행 중인 은하입니다. NGC 3718의 왼쪽에 보이는 힉슨 56 소규모고밀도은하군은 이와는 대조적인 특징을 가진 은하군입니다. NGC 3718과 NGC 3729까지의 거리는 약 5,000만 광년으로 추정되고 있습니다. 이에 반해 힉슨56 은하군은 10배는 더 멀리 떨어져 있을 것으로 추정되는데 이는 상대적인 크기 및 각은하의 밝기로부터도 직관적으로 인식할 수 있는 수준입니다.

사진: 김도익

이용해야 볼 수 있습니다. 2.5분의 폭에 5개의 은하가 몰려 있는 이 은하군을 각각의 은하로 분리해 보는 것도 아주 어렵습니다. 아주 높은 배율이 필요하죠. NGC 3718은 약 5,000만 광년 거리에 있습니다. 이에 반해 힉슨 56 은하군은 10배는 더 멀리 떨어진 은하들로 생각되고 있습니다.

여기서 동쪽으로 이동하여 페크다로 되돌아간 후 페크다에서 동남동쪽으로 39분만 이동하면 M109 은하를 찾을 수 있습니다. 쌍안경을 이용할 때는 페크다의 광채가 M109를 보는 데

이 한 쌍의 은하는 10인치(254밀리미터) 망원경에서 166배율로 봤을 때 매우 아름다운 단짝으로 보입니다. NGC 3718은 북북서쪽에서 남남동쪽으로 길게 뻗은 타원형 원반에 둘러싸인 작은 핵을 가지고 있습니다. 짧고 희미한 얼룩이 진 아치가 이 타원형의 각 끝 지점으로부터 뻗어 나오면서 좌우가 뒤바뀐 얇은 S자 곡선을 그리고 있으며, 5.5분×2.5분 크기의 헤일로를 거느리고 있죠. NGC 3729는 크기는 훨씬 작지만 훨씬 밝은 표면 밝기를 가지고 있으며 북쪽에서 약간 서쪽으로 기울어져 있습니다. 전반적으로 2분×1분 크기를 가진 이 은하는 얇고 희미한 연무에 둘러싸인 커다란 핵을 가지고 있습니다.

이곳을 사진으로 촬영하면 NGC 3718의 남쪽으로 수분 거리에서 **힉슨 56**(Hickson 56)이라는 소규모고밀도은하군을 볼 수 있습니다. 이 은하군은 아주 어두운 하늘에서 최소 12인치(304.8밀리미터) 구경을 가진 망원경을

방해되지만, 작은 굴절망원경에서 47배율로 관측할 때는 페크다의 광채에도 불구하고 M109의 모습을 쉽게 찾을 수 있습니다. 87배율에서 M109는 밝은 중심부를 거느리고 동북동쪽에서 서남서쪽으로 길게 뻗은 타원형으로 보입니다. 중심부로부터 북쪽으로는 희미한 별하나가 겹쳐져 있습니다. 그리고 또 다른 희미한 별 하나가 동쪽 경계 바깥쪽에 자리 잡고 있죠. 10인치(254밀리미터) 반사망원경에서 이 은하는 5.5분×3분의 크기로 보이며 타원형 핵은 은하의 나머지 부분에 대해 기울어져 있는 모습을 보여줍니다. 이 핵은 북동쪽에서 남서쪽으로 1.5분에 걸쳐 펼쳐져 있으며 중심으로 갈수록 밝아지는 양상을 보여주죠.

이제 M109의 동쪽 1/3도 지점에서 9등급의 별을 찾아보세요. 이곳에는 비슷한 밝기와 색채를 지닌 4개의 별이 만들어낸 2와 1/3도 길이의 선을 찾아볼 수 있습니다. 이 선을 구성하고 있는 4개 별은 불규칙한 간격으

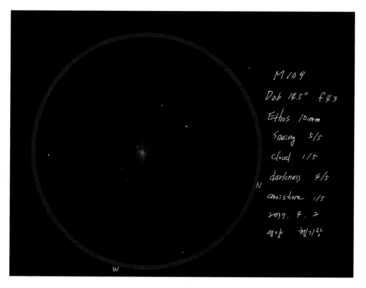

M109는 큰곰자리 은하단에서 가장 밝은 은하입니다. M109는 지구로부터 6,000만 광년 거리에 있으며, 지름은 우리은하 미리내보다 큰 약 12만 광년입니다. 큰곰자리는 총 7개의 메시에 천체를 품고 있으며, 이 중 5개가 은하입니다. M81과 M82는 충분히 밝아 관측이 쉽지만, 나머지 은하들은 관측이 그다지 쉽지 않습니다. 경북 영양 밤하늘보호구역에서 그린 M109의 이 스케치는 관측 당시 이곳의 하늘이 얼마나 좋았는지를 잘 말해주고 있습니다. 물론 하늘이 좋더라도 한 대상을 느긋하게 오랫동안 바라보는 관측자의 노력도 반드시 필요합니다.
그림: 박한규

로 자리 잡고 있으며 M109의 동쪽 1/3도 지점에 있는 9등급의 별은 이 선에서 가장 북쪽에 자리 잡고 있죠. 이 4개의 별이 만드는 선 중에서 가장 남쪽에 있는 별의 남남서쪽 7분 지점에 아름다운 방추체 모양의 은하 **NGC 4026**이 자리 잡고 있습니다. 제 작은 굴절망원경에서 87배율로 관측해보면 3.5분 크기의 남북으로 뻗은 밝은 타원형 중심부에 작고 둥근 핵을 가진 중간 정도 밝기의 은하를 볼 수 있습니다. NGC 4026과 M109는 6,000만 광년 거리의 같은 은하군에 속하는 은하들입니다.

우리의 다음 목표는 **M40**입니다. 큰곰자리 델타(δ) 별, 메그레즈(Megrez) 부근에 있는 이중별이죠. M40은 한때는 잃어버린 메시에 천체로 간주되던 천체입니다. 샤를 메시에는 1784년 목록에서 40번째 천체에 대해 다음과 같은 기록을 남

겼습니다. "2개의 별이 서로 아주 가까이 붙어 있고, 크기도 매우 작다. 이들은 큰곰의 꼬리가 몸통과 맞닿은 부분에 자리 잡고 있다." 메시에가 지목한 위치에 한 쌍의 별이 있기 때문에, 사실 이 천체를 "잃어버린 목록"이라고 이야기할 이유는 전혀 없습니다. 메시에는 이 이중별을 요하네스 헤벨리우스_Johannes Hevelius_가 기록한 "성운 형상을 가진 별"을 찾는 중에 발견했다고 기록하였습니다. 메시에는 헤벨리우스가 이 이중별을 성운으로 착각했을 것이라고 생각했죠. 그러나 나중에 헤벨리우스가 지목한 별은 전혀 성운기가 없는 다른 별임이 밝혀졌습니다.

M40의 위치를 찾기 위해서는 메그레즈에서 시작하여 북동쪽으로 1.1도 지점

찾고자 하는 대상이 별이라면 망원경으로 비교적 쉽게 찾을 수 있습니다. 다만 별들은 모두 하나의 빛 점으로 비슷비슷하게 보이기 때문에, 아무리 미미한 차이라도 파인더와 망원경의 정렬이 어긋나 있다면 파인더로 지목한 대상과는 엉뚱한 별을 보게 될 수도 있습니다. 이 스케치는 150배율로 바라본 M40과 그 주변 밝은 별들의 배열을 보여주고 있습니다. M40을 정확히 관측하고자 할 때 참고하면 좋을 것입니다.
그림: 박한규

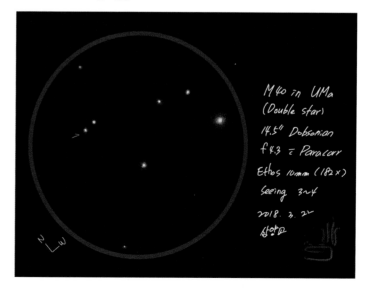

에 있는 5.5등급의 큰곰자리 70 별을 찾아야 합니다. 이 연결선을 계속 이어 1/4도를 더 가면 M40에 이르게 되죠. 제 105밀리미터 굴절망원경에서 28배율로 보면 동서로 늘어서 있는 10등급의 별 한 쌍을 볼 수 있습니다. 이 중에서 서쪽에 있는 별이 약간은 더 밝게 빛납니다. 10인치(254밀리미터) 망원경에서는 주황색으로 빛나는 밝은 으뜸별과 황백색의 짝꿍별을 볼 수 있습니다. 118배율에서는 2개의 은하가 같은 시야에 들어옵니다. NGC 4290은 북동쪽에서 남서쪽으로 타원이 진 작은 은하이며, NGC 4284는 작고 희미한 점으로서 2개의 13등급 별들과 함께 1.5분의 삼각형을 형성하고 있죠. 이 은하들은 각각 1억 4,000만 광년과 1억 9,000만 광년 거리에

있는 은하들입니다. M40을 구성하는 별들까지의 거리는 잘 알려져 있지 않습니다. 하지만 M40은 사실 서로 관련이 없는, 광학적 이중별로 생각되고 있습니다.

독일의 천문학자 프리드리히 아우구스트 테오도르 비네케Friedrich August Theodor Winnecke가 1863년 독립적으로 발견한 M40은 그의 이중별 목록에 비네케 4(Winnecke 4)로 등재되었습니다. 비네케는 또한 8개의 NGC 목록의 최초 발견자이기도 하며 10개의 혜성에 그의 이름을 남기고 있죠. 이중에서 주기혜성인 7P/폰스-비네케(7P/Pons-Winnecke)는 6월에 발생하는 목동자리 유성우를 만들어내는 혜성입니다. 이 유성우는 예측이 쉽지 않지만 시간당 최고 100개의 별똥별을 보여주는 유성우입니다.

국자를 돌며 비밥 추기

대상	분류	밝기	각크기/각분리	적경	적위	MSA	U2
일곱 화살	자리별	6.8	15′×9′	10시 50.6분	+56° 08′	577	25L
M108	나선은하	10.0	8.7′×2.2′	11시 11.5분	+55° 40′	576	24R
M97	행성상성운	9.9	3.4′	11시 14.8분	+55° 01′	576	24R
NGC 3718	나선은하	10.8	9.2′×4.4′	11시 32.6분	+53° 04′	575	24R
NGC 3729	나선은하	11.4	3.0′×2.2′	11시 33.8분	+53° 08′	575	24R
허셜2574 (h2574)	이중별	11.8, 11.9	33″	11시 32.5분	+53° 02′	575	24R
힉슨 56 (Hickson 56)	은하군	14.1(총합밝기)	2.4′(총각크기)	11시 32.6분	+52° 57′	575	24R
M109	나선은하	9.8	7.6′×4.6′	11시 57.6분	+53° 22′	575	24R
NGC 4026	렌즈형은하	10.8	5.2′×1.4′	11시 59.4분	+50° 58′	575	24R
M40	이중별	9.7, 10.2	53″	12시 22.2분	+58° 05′	559	24L
NGC 4290	나선은하	11.8	2.3′×1.5′	12시 20.8분	+58° 06′	559	24L
NGC 4284	나선은하	13.5	2.5′×1.1′	12시 20.2분	+58° 06′	559	24L

각크기 및 각분리는 최근 천체 목록을 참고한 것입니다. MSA와 U2는 각각 『밀레니엄 스타 아틀라스』와 『우라노메트리아 2000.0』 2판에 기재된 차트 번호를 의미합니다.

환희의 송가

하늘의 사냥개는 5월의 온화한 밤하늘 아래에서
은하사냥을 도와줍니다.

일반적으로 사냥개자리는 목동이 개줄을 부여잡고 있는 두 마리의 사냥개로 묘사되곤 합니다. 오늘날 우리가 알고 있는 사냥개의 모습은 요하네스 헤벨리우스Johannes Hevelius가 1687년 발행한 별지도 『소비에스키의 창공』에 등장합니다. 그러나 하늘의 사냥개들은 이미 훨씬 이전 별지도부터 유명인사였습니다. 사냥개자리는 요하네스 스토펠러Johannes Stoeffler가 1493년 제작한 지도에 처음으로 등장한 것으로 보입니다. 이 지도에는 두 마리의 개가 목동과 뱀자리 사이에 있죠. 1533년 페터 아피안Peter Apian의 평면 천구도에는 사냥개들의 위치가 목동을 기준으로 반대쪽으로 이동하여 처녀의 북쪽 팔 바로 위에 자리 잡고 있습니다. 1602년 빌렘 블라우Willem Blaeu의 지도에는 페터 아피안의 지도에 그려진 사냥개의 축소판이 그려져 있습니다. 2개의 가장 밝은 별이 사냥개들의 목걸이로 그려져 있죠.

헤벨리우스는 사냥개의 크기와 위치를 오늘날 우리가 알고 있는 크기와 위치로 바꾸었으며 독립적인 하나의 별자리로 승격시켰죠. 헤벨리우스의 지도에 북쪽의 개 이름은 아스테리온(Asterion, '별밭'이라는 뜻)으로, 남쪽의 개 이름은 카라(Chara, '환희'라는 뜻)으로 기록되어 있습니다. 카라는 이 별자리에서 가장 밝은 별들인 사냥개자리 알파(α) 별과 베타(β) 별을 모두 가지고 있습니다. 이 두 별은 이 지역에 대대로 자리 잡은 일련의 환상적인 은하들 중 첫번째 은하인 M94로 우리를 안내해줄 것입니다.

M94는 사냥개자리 알파 별 및 베타 별과 함께 땅딸막한 이등변삼각형을 구성하고 있습니다. 저배율 시야에 사냥개자리 베타 별을 놓고 동쪽으로 3.2도를 이동하면 바로 M94를 만날 수 있습니다. 105밀리미터 굴절 망원경에서 28배율로 관측해보면 선명하게 밝은 타원형 헤일로가 작지만 밀도 높은 중심부와 아주 작은 핵을 감싸고 있는 모습을 볼 수 있죠. 가냘픈 외곽 헤일로도 언뜻언뜻 희미하게 눈에 잡힙니다. M94의 북쪽에는 9.5등급의 별이 있으며, 서쪽 끄트머리에는 11등급의 별 하나가 있습니다. 깜찍한 황금색과 노란색의 이중별 에스핀 2643(Espin 2643)도 같은 시야에 들어오죠. M94의 북북서쪽 1도 지점에서 8등급의 별들이 만드는 화살 모양의 자리별을 찾아보세요. 배율을 87배율로 높이면 M94의 주변을 장식하는 희미한 별들이 그려지면서 한

우리에게 거의 정면을 보여주고 있는 M94는 작고 밝은 핵 주위를 두르고 있는 강렬한 별생성고리가 인상적인 은하입니다. 핵과 별고리 모두 작은 망원경으로 볼 수 있습니다. 1,600만 광년의 거리를 가로질러 우리를 마주보고 있는 듯한 이 우주의 눈을 바라보고 있노라면 영감이 떠오를 정도죠. 사진의 폭은 10분이며 북쪽이 위쪽입니다.
사진: 짐 미스티, 후처리: 로버트 젠들러

층 아름다운 광경을 보게 됩니다. 배율을 127배로 높이면 은하의 중심부에서 우둘투둘한 질감이 느껴집니다.

대략 1,600만 광년 거리에 있는 M94는 우리에게 거의 정면을 보여주고 있습니다. 이 은하는 폭발적으로 별을 생성해내는 고리은하 중에서는 가장 가까운 거리에 위치하는 은하죠. 별들의 생성이 강도 높게 진행되고 있는 부분은 은하의 중심으로부터 약 3,800광년 거리에서 은하의 중심을 휘감으며 띠를 이루고 있습니다. 그리고 이 띠가 M94 중심부에 있는 작은 막대형 핵과 상호작용을 하면서 별의 생성을 촉발히는 것으로 생각되고 있습니다.

프랑스 리옹대학에서 은하의 물리적 속성 정보를 모은 데이터베이스인 '하이퍼레다 은하데이터베이스(the Hyperleda extragalactic database, http://leda.univ-lyon1.fr/)'에 따르면 4개의 NGC 목록상의 은하들이 M94와 물리적 연관 관계가 있는 은하군을 구성하고 있다고 합니다. 상호작용이 진행 중인 이 은하들은 M94와 사냥개자리 베타별 중간 지점에 자리 잡고 있죠. 이 중에서 비교적 밝은 은하가 NGC 4618입니다. 제 작은 굴절망원경에서 87배율로 보면 2분의 길이와 길이 대비 3분의 2 정도의 너비를 가진 타원형이 북북동쪽으로 비스듬히 누운 모습을 볼 수 있습니다. 이 은하는 동북동쪽으로 곧추선 막대 모양의 중심부를 품고 있죠. 동일한 중간 배율에서 NGC 4625가 서쪽 모서리에 희미한 별들을 거느린 채 작은 솜털 조각처럼 보입니다.

두 은하 모두 마젤란 나선은하입니다. 이들은 중심에서 약간 벗어난 막대의 끝으로부터 은하를 휘감고 있는 하나의 눈에 띄는 나선팔을 보여주고 있죠. 중력상호작용이 이처럼 독특한 구조를 만들었을 것으로 생각되지만 이러한 치우침 현상은 물리적인 동반 천체를 거느리고 있지 않은 다른 마젤란 나선은하들에서도 발견되곤 합니다. 구경 10인치(254밀리미터) 이상의 망원경을 가지고 있다면, NGC 4618의 나선팔 관측을 시도해보세요. 중심부 동쪽에서 시작되어 남쪽으로 은하를 휘감고 있

는 이 나선팔은 밝은 대역을 가지고 있어 관측이 가능할 것입니다.

M94와 물리적 연관성이 있는 또 다른 한 쌍의 은하 NGC 4490 및 NGC 4485는 사냥개자리 베타별의 서북서쪽 40분 지점에 있습니다. NGC 4490을 제 105밀리미터 망원경에서 87배율로 관측해보면 4.5분의 길이와 길이 대비 3분의 1의 너비를 가진, 남동쪽 끄트머리로 더 두꺼운 형태의 외관을 보게 됩니다. 넓고 불규칙한 형태의 밝은 막대가 은하의 장축을 가로지르고 있죠. 이 은하의 폭 좁은 북쪽 끄트머리 지역을 살펴보면, 약간은 밝게 빛나는 중심을 가진 작고 둥근 NGC 4485의 빛이 보입니다.

이제 또 다른 은하군으로 가 보죠. 이 은하군 역시 서로 물리적인 연관 관계를 가진 은하들로 구성되어 있습니다. 우선 NGC 4449부터 시작해보겠습니다. 저배율 화각에서 NGC 4490을 동쪽 측면에 두고 북쪽으로 2.5도를 살펴보면 중간 밝기의 은하 하나를 쉽게 찾을 수 있습니다. 이 은하가 NGC 4449죠. NGC 4449를 105밀리미터 굴절망원경에서 87배율로 관측해보면 넓고 밝은 중심부와 얇은 헤일로를 두른, 북동쪽에서 남서쪽으로 길쭉한 모습을 볼 수 있습니다. 은하의 중심부는 북동쪽 끄트머리가 더 넓고, 약간 누덕누덕 기운 듯한 모습을 보여주죠. NGC 4449는 마젤란 불규칙 은하입니다. 별들이 만들어지고 있는 여러 확장 구역들로 인해 주목받는 은하죠. 노련한 별지기인 스테판 제임스 오미라는 4인치(101.6밀리미터) 굴절망원경을 이용하여 별들이 생성되고 있는 NGC 4449의 여러 지역을 밝은 점으로 관측하곤 한답니다.

여기서 북쪽으로 42분을 더 올라가면 창백한 노란색과 짙은 노란색을 가진 이중별 스트루베1645(Σ1645)를 만나게 됩니다. 87배율에서 이 한쌍의 별은 서로 멀치감치 떨어져 있으며 여기서 동북동쪽 8분 지점에 NGC 4460이 자리 잡고 있습니다. 이 희미한 은하는 2분의 길이와 길이 대비 4분의 1 정도의 너비를 가지고 있으며

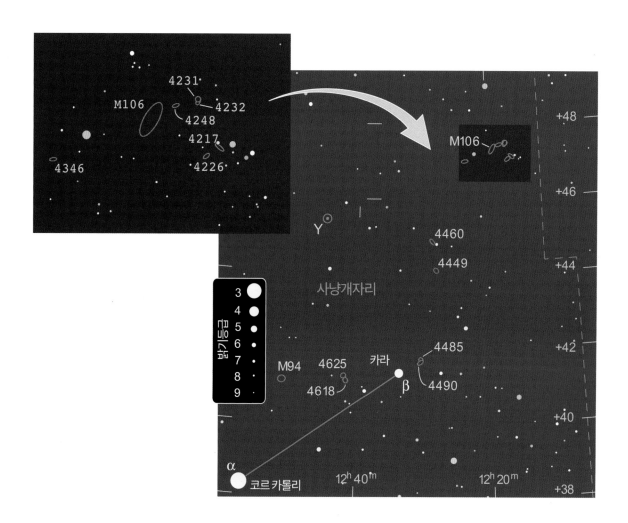

북동쪽에서 남서쪽으로 길게 뻗어 있습니다.

스트루베1645의 북북서쪽 2.6도 지점에 있는 6등급의 주황색 별이 다음 2개의 은하를 찾아가는 출발점이 되어줄 것입니다. 이 별은 해당 지역에서 가장 밝게 빛나는 별이며 NGC 4346은 여기서 남동쪽으로 19분 지점에 있죠. 제 작은 망원경에서 47배율로 바라보면 거의 동서로 뻗어 있는 이 은하는 1.5분의 길이와 길이 대비 3분의 1 수준의 너비를 가지고 있으며 작지만 눈에 띄게 밝은 중심부를 거느리고 있습니다.

M106은 주황색 별에서 서북서쪽 0.5도 지점에 자리잡고 있는데, 이 은하가 지금 우리가 보고 있는 두 번째 은하군의 터줏대감 은하입니다. 이 은하는 제 작은 굴절망원경에서 87배율로 봐도 크고 아름다운 모습을 보여줍니다. M106의 희미한 헤일로는 10분×3.5분의 영역에 걸쳐 펼쳐져 있으며 북북서쪽 끄트머리에는 희미한

별 하나가 겹쳐 있습니다. 훨씬 더 밝고 얼룩이 보이는 타원형 중심부는 헤일로의 반 정도 길이로 보이죠. 은하 중심에서 강렬한 밝기를 뿜어내는 작고 둥근 핵은 태양 대비 3,500만 배의 질량을 가지고 있는 블랙홀에 의해 에너지를 공급받는 것으로 추정됩니다. M106의 서북서쪽에서 M106의 북쪽 끄트머리를 가리키고 있는 듯 보이는 동반은하 NGC 4248은 길쭉한 얼룩처럼 희미하게 보입니다.

M106의 중심부를 10인치(254밀리미터) 반사망원경에서 118배율로 관측하면 나선은하로서의 정체성을 말해주는 통통하지만 얇은 S자를 볼 수 있습니다. NGC 4248은 독특한 막대 같은 중심부가 도드라져 보이는 은하이며 희미한 별 하나가 얇은 헤일로의 서쪽 끄트머리에 파묻혀 있는 듯 보입니다. NGC 4248의 서북서쪽 11분 지점에는 희미한 은하 NGC 4232와 NGC 4231이

사냥개자리 II 은하군에서 가장 거대한 몸집을 자랑하는 M106은 8만 광년의 지름을 가지고 있으며 지구로부터 2,350만 광년 거리에 있습니다. 이 은하까지의 거리는 이 은하에서 뿜어져나오는 독특한 메이저(maser, 마이크로파 레이저 복사)를 이용하여 측정된 것이기 때문에 상당히 정확한 것으로 간주되고 있습니다. 매우 드물긴 하지만 자연적으로 발생하기도 하는 메이저 복사는 활성 은하핵 주위를 도는 분자 구름 내의 물분자에서 발생되는 것입니다. 5시 방향에 보이는 작은 은하는 M106의 동반은하인 NGC 4248입니다.

사진: 김도익

연달아 자리 잡고 있습니다. 배율을 170배로 높이면 북북서쪽에서 남남동쪽으로 길쭉하고 비교적 밝은 중심부를 거느린 작은 은하 NGC 4232의 모습을 볼 수 있습니다. 바로 북쪽으로는 NGC 4231이 있죠. 이 은하들은 서쪽의 14등급의 별과 함께 작은 이등변삼각형을 이루고 있습니다. NGC 4232와 NGC 4231은 M106 은하군의 일원은 아닙니다. M106의 거리는 약 2,500만 광년이지만 NGC 4232와 NGC 4231까지의 거리는 이보다 14배는 더 멀리 떨어져 있죠.

중간 정도의 배율로 M106을 바라보면 같은 시야에 2개의 은하가 더 들어옵니다. 제 105밀리미터 굴절망원경에서 87배율로 관측해보면 M106의 서남서쪽 34분 지점에서 북쪽 측면에 11.6등급의 별을 끼고 있는 NGC 4217의 모습을 희미하게 볼 수 있습니다. 비록 이 은하가 특별하게 희미한 은하는 아닙니다만, 북동쪽 방향에 있는 9등급 별의 광채로 인해 더 희미하게 보이죠. 큰 구경의 망원경을 가진 별지기라면 이 모서리 은하를 가로지르는 검은 먼지 띠를 볼 수 있을 것입니다. 제 10인치(254밀리미터) 망원경에서는 이 먼지 띠를 볼 수 없지만 여기서 남동쪽으로 7분 지점에 자리 잡고 있는 NGC 4226에서는 먼지 띠를 잡아낼 수 있죠. 타원형의 이 작은 은하는 중심으로 갈수록 미약하게 밝아지며 동남동쪽으로 기울어져 있습니다. NGC 4217까지의 거리는 M106까지 거리의 2배입니다. 반면 NGC 4226은 NGC 4232 및 NGC 4231과 비슷한 거리이죠.

6월에 우리는 이곳에서 인기 있는 은하들을 따라가는 여행을 계속할 것입니다.

대상	분류	밝기	각크기/각분리	적경	적위	MSA	U2
M94	고리나선은하	8.2	14.3′×12.1′	12시 50.9분	+41° 07′	610	37L
NGC 4618	마젤란 나선은하	10.8	4.2′×3.4′	12시 41.5분	+41° 09′	611	37R
NGC 4625	마젤란 나선은하	12.4	1.6′×1.4′	12시 41.9분	+41° 16′	611	37R
NGC 4490	막대나선은하	9.8	6.3′×2.7′	12시 30.6분	+41° 39′	611	37R
NGC 4485	마젤란 불규칙은하	11.9	2.3′×1.6′	12시 30.5분	+41° 42′	611	37R
NGC 4449	마젤란 불규칙은하	9.6	6.1′×4.3′	12시 28.2분	+44° 06′	611	37R
NGC 4460	막대렌즈형은하	11.3	4.0′×1.2′	12시 28.8분	+44° 52′	611	37R
NGC 4346	막대렌즈형은하	11.2	3.3′×1.3′	12시 23.5분	+47° 00′	591	37R
M106	막대나선은하	8.4	18.8′×7.3′	12시 19.0분	+47° 18′	592	37R
NGC 4248	불규칙은하	12.5	3.1′×1.1′	12시 17.8분	+47° 25′	592	37R
NGC 4232	막대나선은하	13.6	1.4′×0.7′	12시 16.8분	+47° 26′	592	37R
NGC 4231	렌즈형은하	13.3	1.1′	12시 16.8분	+47° 27′	592	37R
NGC 4217	나선은하	11.2	5.7′×1.6′	12시 15.8분	+47° 06′	592	37R
NGC 4226	나선은하	13.5	1.0′×0.5′	12시 16.4분	+47° 02′	592	37R

각크기 및 각분리는 최근 천체 목록을 참고한 것입니다. 시각적으로 보이는 천체의 크기는 대부분 목록상에 있는 크기보다는 작게 느껴지며 장비의 구경과 배율에 따라 다양하게 느껴집니다. MSA와 U2는 각각 『밀레니엄 스타 아틀라스』와 『우라노메트리아 2000.0』 2000.0, 2판에 기재된 차트 번호를 의미합니다.

5월

처녀자리 탐험을 위한 V

처녀자리의 조그만 구석 한편에는
가까운 곳 또는 먼 곳에 자리 잡은 보석들이 담겨 있습니다.

처녀자리의 서쪽에 있는 밝은 별들은 선명하면서도 매우 폭이 넓은 V자를 형성하고 있습니다. 저는 은하가 풍부하게 자리 잡은 지역을 찾아가는데 언제나 이 V자의 도움을 받곤 하죠. V자를 이루고 있는 별들은 동쪽에서 서쪽으로 차례대로 처녀자리 엡실론(ε) 별, 델타(δ) 별, 감마(γ) 별, 에타(η) 별, 베타(β) 별입니다. 이 별들은 고대 아라비아천문학에서 특별한 위치를 차지하고 있었습니다. 이곳이 달이 머무는 집인 마나질 알-카마르the manazil al-qamar 중 하나를 구획 짓고 있었기 때문입니다.

달은 지구 주위를 돌면서 별자리를 배경으로 매일 밤마다 28개 달집 중 한 곳을 방문하게 됩니다. 처녀자리의 V자가 만드는 달집 이름은 알-아와(al-Awwa)라 불렸죠. 이 이름의 의미는 확실하지는 않습니다만 자주 개집과 연관되곤 하며, 따라서 짖는 개(the Barker)로 해석되곤 합니다.

포리마(Porrima)라는 이름으로 알려진 처녀자리 감마 별은 이 V자의 매듭에 자리 잡고 있습니다. 포리마는 169년 주기의 이중별입니다. 2005년 5월, 황백색의 이 쌍둥이별은 가장 좁은 분리각인 0.4초까지 다가섰었습니다. 2011년 이 별들의 간격은 1.6초까지 벌어졌는데, 이 이중별을 분리해 보려면 안정된 시상과 최소 76밀리미터 망원경에 고배율을 이용해야 했죠. 이 이중별을 분리하지 못했다면 합쳐진 이중별의 빛이 남북으로 길쭉한 형태로 보이는지 살펴보세요. 향후 수십 년 동안 이 이중별의 간격은 지속적으로 벌어질 것입니다. 그러다가 2088년에 최대 6초까지 벌어지게 되죠.

포리마는 NGC 4517 은하를 찾아가는 기점이 됩니다. 우선 포리마에서 북시쪽으로 1도 이동하여 그 지역에서 가장 밝은 7.2등급의 별을 찾아보세요. 그리고 같은 방향으로 비슷한 거리를 움직여 희미한 별들이 흩뿌려진 지역의 서쪽 모서리를 장식하고 있는 8.6등급의 별을 찾습니다. 2개의 가장 밝은 별과 짙은 황색의 별이 멋진 화살표를 만들고 있죠. 이 편리한 이정표를 따라 비슷한 거리를 한 번 더 이동하면 한 시야에 들어오는 8등급 별과 NGC 4517의 중간 지점에 다다르게 됩니다.

NGC 4517을 제 105밀리미터 굴절망원경에서 47배율로 관측해보면 북쪽 측면에 11등급의 별 하나를 이고 있는 희미한 사선으로 보입니다. 매우 높은 이심률을 보이는 이 은하의 타원형 윤곽은 동쪽에서 약간 북쪽으로 기울어져 있습니다. 10인치(254밀리미터) 반사망원경에서 118배율로 관측해보면 남쪽 측면이 약간 더 밝게 빛나는 8.5분의 가냘픈 NGC 4517을 만날 수 있습니다. 15인치(381밀리미터) 반사망원경에서 153배로 관측해보면 확실히 흐릿하게 보이는 NGC 4517A가 시야에 나타납니다. 이 은하는 NGC 4517의 북북서쪽 17분 지점에 자리 잡고 있으며 북서쪽과 서쪽에 있는 10등급 및 11.5등급 별들과 함께 4분 크기의 삼각형을 구성하고 있습니다. NGC 4517A는 약간 타원이 진 매우 희미한 형태로 보이죠. 비껴보기를 하면 좀 더 쉽게 이 대상을 찾아볼 수 있습니다(바로보기를 하면 한쪽 측면이 약간 사라진 모습을 보게 되죠). 비록 등재명이 NGC 4517A이긴 하지만 이 은하는 NGC 4517과는 아무런 물리적 연관이 없

는 은하입니다. 오히려 NGC 4517보다 2,000만 광년이나 더 멀리 떨어져 있죠.

NGC 4517은 '평평한 은하'입니다. 나선은하에서 눈에 보이는 부분은 평평한 원반으로서, 우리에게 정면을 보일 때는 둥글게 보입니다. 그러나 모서리를 보이고 있다면 매우 길쭉한 타원형으로 보이죠. 게다가 그 은하에 커다란 팽대부마저 없다면 정말 평평하게만 보이게 됩니다. NGC 4517은 너비대비 7배 이상의 길이를 가지고 있어 이고르 D. 카라첸체프와 동료들이 정리한 1999년 『개정판 평평한 은하 목록』에 오를 수 있었습니다. 어기서 북쪽으로 짧게 한 걸음 뛰어가면 우리를 기다리는 더 밝은 은하 한 쌍을 만날 수 있습니다.

NGC 4517의 북쪽 1도 지점에는 8등급의 별 하나가 자리 잡고 있죠. 이곳에서 다시 북북동쪽으로 1.4도를 이동하면 9등급의 별 한 쌍이 남북으로 서 있는 모습을 볼 수 있는데 이 별이 바로 NGC 4527과 NGC 4536의 중간지점에 있는 별입니다. 두 은하를 제 작은 굴절망원경에서 47배율로 관측해보면 모두 희미한 타원형으로 보입니다. NGC 4536은 상대적으로 더 크게 보이지만 표면 밝기는 더 낮습니다. NGC 4527은 비교적 밝은 중심부를 가지고 있으며 비껴보기를 했을 때 더 크게 보이죠. 이 2개 은하는 87배율에서도 여전히 같은 시야에 들어옵니다. NGC 4536은 3.5분의 길이와 길이 대비 3분의 1의 너비를 가지고 있고, 남동쪽으로 기울어져 있습니다. NGC 4527 역시 대략 비슷한 길이를 가지고 있으나 너비는 길이 대비 4분의 1 수준이며, 동북동쪽으로 기울어져 있습니다. NGC 4536을 제 10인치(254밀리미터) 망원경에서 118배율로 보면 별 모양의 핵과 함께 거대한 헝겊 조각 같은 불규칙한 중심부를 볼 수 있습니다. 렌즈 형태의 중심부는 돌출부를 가지고 있어 은하의 모습을 얇은 S자 모양처럼 보이게 해주죠. NGC 4527은 매우 작은 핵을 품고 있으며, 장축을 향해 눈에 띄게 밝아지는 모습을 보여줍니다.

NGC 4536의 서쪽 1.3도 지점에는 밤하늘에서 가

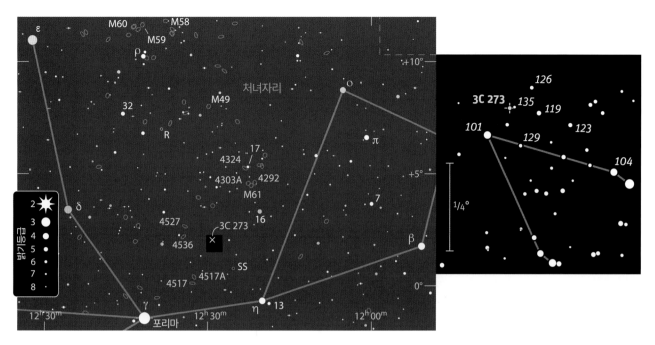

밤하늘에서 가장 밝은 퀘이사인 3C 273을 찾아보는 것은 충분히 자랑할 만한 일이 됩니다. 이 빛은 거의 20억 년 전의 빛으로서 지구에 생명체가 출현하기 훨씬 이전에 생겨난 빛이죠. 오른쪽 상자에 담긴 지역은 별지도에 검은 사각형으로 표시되어 있습니다. 네모상자에 담겨 있는 별들의 밝기등급에는 소수점이 빠져 있습니다(따라서 101은 10.1등급을 의미합니다). 퀘이사의 밝기는 12.3등급에서 13등급 사이로 불규칙한 변화를 보여주고 있습니다. 북쪽이 위쪽입니다.

장 밝은 퀘이사 3C 273이 자리 잡고 있습니다. 방대한 에너지를 원천으로 별처럼 보이는 퀘이사들은 매우 멀리 떨어진 은하들의 활동성 중심부를 말합니다. 애리조나의 천문학자인 브라이언 스키프가 이 퀘이사를 70밀리미터 굴절망원경으로 봤다고 보고하기 전까지는 3C 273을 작은 망원경으로 볼 수 있을 거라고 생각조차 해본 적이 없었습니다. 제가 사는 뉴욕 외곽은 애리조나주 앤더슨 메사Anderson Mesa보다 빛공해가 더 심하기 때문에, 제 남편 앨런과 제가 사용하는 90밀리미터 및 105밀리미터 굴절망원경으로 이 퀘이사 관측을 한번 시도해보는 것도 괜찮을 것이라고 생각했습니다. 그리고 우리둘 다 이 퀘이사를 관측하는 데 성공했죠. 105밀리미터 굴절망원경에서 87배율로 봤을 때 3C 273과 바로 그옆에 있는 13.6등급의 별이 보였습니다. 퀘이사는 확실히 더 밝게 보였죠. 90밀리미터 망원경에서 113배율로 퀘이사 바로보기를 시도했지만, 퀘이사는 비껴보기를 통해서만 찾아볼 수 있었습니다. 퀘이사 관측에 성공한후, 40밀리미터 굴절망원경으로 이 퀘이사를 볼 수 있었다는 말을 핀란드의 별지기 야코 살로란타Jaakko Saloranta

로부터 들었습니다.

알란과 제가 3C 273을 봤을 때 이 퀘이사는 12.6등급으로 빛나고 있었습니다. 이 퀘이사의 밝기는 12등급과 13등급 사이에서 불규칙한 변화를 보이죠. 그래서 이 퀘이사를 쉽게 찾아낼 수 있는지 여부도 변수가 있을 수밖에 없습니다. 그러나 이 퀘이사를 한 번 보기만 하면 20억 광년 거리의 놀라운 광경을 본 것을 얼마든지 자랑할 수 있을 것입니다. 지금 우리 눈에 도달한 그 빛은 지구에서 이제 막 산소가 주요 대기 성분이 되기 시작했던 때에 출발한 것이니까요.

자. 이제 우리의 길을 M61로 돌려보겠습니다. 처녀자리 V자 중 하나인 처녀자리 에타 별로부터 시작해보겠습니다. 우선 파인더를 이용하여 처녀자리 에타 별과 12 별, 16 별이 만드는 길고 얇은 삼각형을 찾습니다. 처녀자리 16 별을 중심에 두고 저배율 망원경으로 옮겨보면 일직선을 이루고 있는 8등급과 9등급의 별 3개를 볼 수 있죠. 처녀자리 16 별로부터 일직선을 이루는 3개 별 중 가장 북쪽에 있는 별로 움직인 후 같은 거리를 한 번 더 움직이면 시야에 M61이 충분히 들어올 만

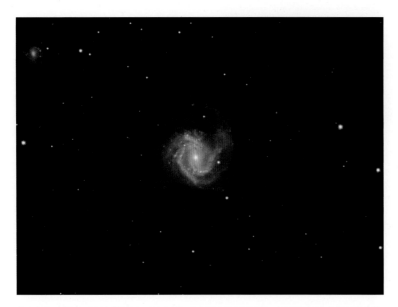

처녀자리는 은하로 가득 차 있습니다. 여기서 작은 망원경으로도 볼 수 있는 가장 멋진 은하 중 하나가 정면을 우리에게 보이고 있는 나선은하 M61입니다. 이 은하는 별상의 핵이 매우 정교하게 구획되어 있죠. 보다 노력이 필요한 관측 대상인 희미한 동반은하 NGC 4303A가 북동쪽 10분 지점(14분 폭인 이 사진에서 상단 왼쪽)에 자리 잡고 있습니다.

사진: 짐 미스티 / 로버트 젠들러

큼 가까운 거리까지 가게 됩니다. 초점을 제대로 맞추면 제 105밀리미터 굴절망원경에서 87배율로도 확실히 크고 밝게 보이는 M61의 모습을 볼 수 있습니다. 이 은하는 어떤 구조들이 있음을 알려주는 누덕누덕 기운 듯한 모습을 보여주며 약간 더 밝은 중심부를 품고 있습니다. NGC 4292 은하가 M61의 북서쪽 12분 지점에서, 그리고 10등급의 별 남남동쪽 1.3분 지점에서 작고 매우 희미하게 보이죠. 127배율에서는 별 모양의 핵이 M61의 가운데에서 빛나는 모습을 볼 수 있습니다.

M61을 제 10인치(254밀리미터) 반사망원경에서 70배율로 보면 배경 우주에 부드럽게 잠겨 들어가는 희미한 헤일로에 둘러싸인 1.5분 크기의 밝은 고리로 볼 수 있

습니다. 이 고리는 171배율에서 갈라지는 양상을 보여주는데 이는 시계반대방향으로 도는 한 쌍의 나선팔 때문입니다. 서쪽 끄트머리에는 희미한 별 하나가 자리 잡고 있죠. NGC 4292와 NGC 4303A도 같은 시야에 들어옵니다. NGC 4292는 남북으로 길쭉한 타원형에 점점 더 밝아지는 중심부를 가지고 있습니다. NGC 4303A는 M61의 북동쪽 10분 지점 및 13등급 별의 동쪽 2.5분 지점에서 작고 매우 희미하게 빛나는 은하입니다.

NGC 4303A의 북쪽 3/4도 지점에는 깜찍한 이중별인 처녀자리 17(17 Virginis) 별이 자리 잡고 있습니다. 이 이중별은 제 작은 굴절망원경에서 47배율로 봐도 훨씬 희미한 주황색의 별을 북북서쪽에 거느리고 한껏 밝은 노란색을 뽐내는 으뜸별로 넓게 분리되어 나타납니다. NGC 4324는 여기서 동남동쪽 9분 지점에서 희미하게 보이죠. 이 은하를 87배율에서 자세히 관찰해 보면 타원형 빛무리와 동북동쪽에서 북동쪽으로 기울어진 채로 점점 밝아지는 중심부가 별 모양의 중심핵과 함께 드러납니다. 이 광경은 대상의 대조라는 측면에서 멋진 공부 거리가 되죠. 처녀자리 17 별의 경우 그 거리는 97광년이지만 NGC 4324는 100만 배나 더 멀리 떨어져 있기 때문입니다.

대상	분류	밝기	각크기/각분리	적경	적위	MSA	U2
포리마(Porrima)	이중별	3.5, 3.5	≥1.6"	12시 41.7분	- 01° 27′	772	111L
NGC 4517	은하	10.4	11.2'x1.5'	12시 32.7분	+00° 07′	773	111L
NGC 4517A	은하	12.5	5.1x3.4'	12시 32.5분	+00° 23′	773	111L
NGC 4527	은하	10.5	6.9'x2.4'	12시 34.1분	+02° 39′	773	111L
NGC 4536	은하	10.6	8.4'x3.2'	12시 34.4분	+02° 11′	773	111L
3C 273	퀘이사	12.3-13.0	-	12시 29.1분	+02° 03′	773	111L
M61	은하	9.7	6.5'x5.7'	12시 21.9분	+04° 28′	749	111L
NGC 4292	은하	12.2	1.7'x1.2'	12시 21.3분	+04° 36′	749	111L
NGC 4303A	은하	13.0	1.5'x1.2'	12시 22.5분	+04° 34′	749	111L
처녀자리 17별 (17 Virginis)	이중별	6.6, 10.5	21.4"	12시 22.5분	+05° 18′	749	111L
NGC 4324	은하	11.6	3.1'x1.3'	12시 23.1분	+05° 15′	749	111

각크기 및 각분리는 최근 천체 목록을 참고한 것입니다. 대상의 크기에 대한 시각적 느낌은 목록에 기재된 크기보다는 주로 작게 보이며, 망원경의 구경 및 배율에 따라 다양하게 느껴집니다. MSA와 U2는 각각 『밀레니엄 스타 아틀라스』와 『우라노메트리아 2000.0』 2판에 기재된 차트 번호를 의미합니다. 이 지역에 위치하는 이번 달의 모든 천체들은 《스카이 앤드 텔레스코프》 호주머니 별지도 표 45에 기재되어 있습니다.

5월

불멸의 야수

큰곰자리는 독특한 은하와 별들을 찾아볼 수 있는 최상의 장소입니다.

5월의 온하늘별지도를 보고 있노라면 피터 럼Peter Lum이 그의 책 『우리 하늘의 별들The Stars in Our Heaven』에서 묘사한 대로 "웅장한 발걸음을 내디디며 하늘의 사면을 내려오는 불멸의 야수를 상상"할 수 있을 것입니다. 182쪽의 별지도는 곰의 앞다리와 몸통이 연결되는 부분이며 별들이 가득한 큰곰자리 입실론(υ) 별 부근을 보여주고 있습니다. 이곳이 딥스카이 천체를 향한 우리의 큰곰자리 여행이 시작되는 곳이죠.

큰곰자리 입실론 별에서 남남동쪽 2도 지점에 42분으로 떨어져 있는 노란색과 황금색의 6등급 별들이 있습니다. 이 별들은 거의 일직선을 이루고 있죠. 이 선을

1.5도 더 늘려가다 보면 우리의 첫 번째 대상인 아름다운 삼중별을 만나게 됩니다.

이 삼중별을 구성하는 별들 중 A와 B별은 **스트루베 1402**(Σ1402)라는 이름을 가지고 있죠. 이 이름은 19세기 독일계 러시아 천문학자인 프리드리히 게오르그 빌헬름 본 스트루베Friedrich Georg Wilhelm von Struve가 이 별을 이중별로 발견했다는 사실을 말해줍니다. 105밀리미터 굴절망원경에서 28배율로 보면 황금색의 8등급 으뜸별이 동남동쪽으로 노란색의 9등급 짝꿍별을 넓은 간격을 두고 거느린 모습을 볼 수 있습니다.

세 번째 별은 **GIR 2 AC**라는 이중별에 속해 있습니

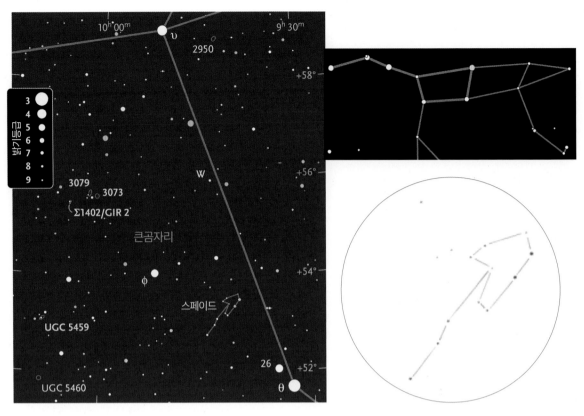

상단 작은 상자는 큰곰자리 전체를, 왼쪽 별지도는 큰곰의 앞다리가 지나는 곳을 보여주고 있습니다. 가운데 동그란 스케치는 저자가 105밀리미터 굴절망원경으로 본 스페이드 자리별을 스케치한 것입니다. 이 스케치의 폭은 약 1과 1/4도입니다.

다. 여기서 'GIR'은 1996년 웹학회the Webb Society의 이중별 부문 회람에 이 이중별을 보고한 영국의 별지기 피에르 지라드Pierre Girard의 이름을 딴 것입니다. 짙은 노란색의 이 10등급 별은 으뜸별의 남쪽 2.2분 지점에 자리 잡고 있습니다. 2002년 클라우스 파브리키우스Claus Fabricius와 동료들에 의해 간행된 『티코의 이중별 목록Tycho Double Star Catalog』에 따르면 이 짙은 노란색 별은 모양이 비슷한 짝꿍별에 대단히 가깝게 다가가 있는데 1991년 그 분리각은 고작 0.4초였다고 합니다. 그 거리가 너무나 가깝다 보니, 이 별은 실제 이중별은 아니라고 생각되기도 했죠. 애리조나의 천문학자 브라이언 스키프는 이 별들을 분해해 보려면 매우 안정된 시상을 가진 하늘에서 16인치(406.4밀리미터) 이상의 구경을 사용

할 것을 권장하였습니다.

스트루베1402의 서북서쪽 28분 지점에는 사랑스러운 은하 NGC 3079가 자리 잡고 있습니다. 이 은하의 남쪽 끄트머리에는 8등급 별 하나와 9.5등급의 별 2개로 이루어진 삼각형이 자리 잡고 있죠. 제 작은 굴절망

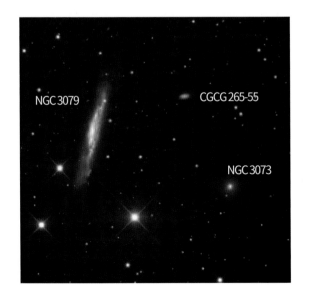

모서리 나선은하 NGC 3079는 자신의 이웃 은하인 NGC 3073을 작아 보이게 만듭니다. 이 은하군에서 세 번째로 밝은 은하는 CGCG 265-55로 등재되어 있습니다. 저자는 14.5인치(368.3밀리미터) 반사망원경에서 바라본 이 은하가 작고 매우 희미한 얼룩처럼 보였다고 합니다.
사진: 로버트 젠들러

원경에서 47배율로 관측해보면 너비대비 7배 이상의 길이를 가진 멋진 방추체의 은하를 볼 수 있습니다. 이 은하는 북쪽에서 서쪽으로 약간 기울어져 있고, 이심률이 큰, 거대한 중심부를 가지고 있죠. 87배율에서는 아주 작은 짝꿍은하 NGC 3073이 3개의 별과 함께 시야에 들어오면서 완벽한 다이아몬드 카드를 만들고 있습니다. 이 은하는 비껴보기를 했을 때는 희미하고 둥근 모습으로 나타나지만 바로보기를 하면 바로 사라져버리죠. 127배율에서는 NGC 3079의 북쪽 끄트머리에서 대단히 희미한 별을 볼 수 있습니다.

NGC 3079를 10인치(254밀리미터) 반사망원경에서 202배율로 관측해보면 서쪽은 평평하고 반대쪽은 불룩하게 나온 팽대부를 볼 수 있습니다. 중심부는 약간 얼룩져 있으며 별 모양의 핵을 품은 밝은 타원형 중심을 보여주죠. NGC 3073 역시 매우 작고 약간은 더 밝은 중심부를 가지고 있습니다.

이 한 쌍의 은하는 5,000만 광년 거리에 있습니다. NGC 3079는 초거대질량의 블랙홀에 의해 에너지를 공급받아 고에너지 제트를 뿜어내는 활성은하핵을 가지고 있습니다. 2007년의 연구에 따르면 이 제트는 성간 물질들로 만들어진 고밀도 구름을 만나면서 뜨거운 가스가 가득 담긴 울퉁불퉁한 양극성 거품을 만들고 있다고 합니다. 이온화 수소와 질소로부터 방출된 빛을 기록한 사진들은 이 거품이 은하 중심으로부터 3,500광년까지 펼쳐져 있는 모습을 보여주죠.

이제 환상적인 이중별 **큰곰자리 W**(W Ursac Majoris, UMa) 별을 만나보겠습니다. 이 별은 고작 162광년 거리에 있습니다. 이 이중별을 구성하는 별들은 너무나 가까워서, 서로 잡아당기면서 만들어진 물방울 모양을 하고 있으며 실제로 맞닿아 있는 별이기도 합니다. 이 두 별은 모두 황색왜성인데 하나는 태양보다는 약간 크고 나머지 하나는 태양보다 약간 작습니다. 이 별들은 8시간을 단위로 공전하며 서로를 돌아가며 막아서기 때문에, 4시간 간격으로 2번의 식 현상을 일으킵니다.

서로 공전하는 이 이중별이 매력적인 것은 호기심 가득한 별지기들에게 지속적으로 변화하는 밝기를 보여준다는 것입니다. 이 한 쌍의 별이 만들어내는 밝기의 변화는 최대치로부터 최소치까지 또는 최소치에서 최대치까지 고작 2시간밖에 걸리지 않죠. 큰곰자리 W 별의 최대 밝기는 7.8이며, 최소 밝기는 8.5인데 2개 별의 최소 밝기는 거의 같습니다.

큰곰자리 W 별을 찾기 위해서는 우선 NGC 3079로부터 서쪽으로 8등급의 별이 나타날 때까지 1.2도 정도를 움직입니다. 그리고 서쪽으로 1.7도를 더 움직여 6.5등급의 별을 찾아갑니다. 이 별은 북쪽에서 남쪽으로 1/2도 정도 벌어져 평행사변형을 이루는 별들 중 가장 서쪽에서 가장 밝게 빛나는 별입니다. 이 평행사변형을 만들고 있는 별 중 북쪽과 남쪽 별의 밝기는 8.9등급인데 이 별들은 최소밝기를 보여줄 때의 큰곰자리 W 별보다 약간 더 희미하게 보입니다. 이 평행사변형에서 동쪽에 있는 별이 큰곰자리 W 별입니다. 이 별을 시시때때로 확인해보면 빠르게 변화하면서 서로 맞닿아 있는 모습도 볼 수 있을 것입니다.

다음으로는 약간 더 깊은 우주로 들어가 존 키아라발레John Chiravalle가 그의 책『형태를 이룬 별들Pattern Asterisms』에서 **스페이드**(Spade)라고 부른 자리별을 만나보겠습니다. 작은 망원경이나 큰 쌍안경으로 최적의 관측대상이 되기도 하는 이 자리별은 큰곰자리 피(∅) 별로부터 남서쪽 1.6도 지점에서 쉽게 찾을 수 있습니다. 이 천상의 삽은 남동쪽에서 북서쪽으로 가로지르며 1.1도 폭으로 펼쳐져 있죠. 제 105밀리미터 망원경에서 28배율로 보면 삽자루를 구성하는 3개의 별과 삽을 구성하는 8개의 별을 볼 수 있습니다.

큰곰자리 피 별에서 시작해서 동남동쪽으로 2.6도를 움직이면, 7.8등급의 별 한 쌍과 그 사이에 있는 9.6등급의 별을 볼 수 있습니다. 이 3개의 별은 남동쪽에서 북서쪽으로 16분 길이의 약간 휜 곡선을 그리고 있죠. 평평한 은하 UGC 5459는 이 곡선에서 남쪽으로 5분 지점에 평행하게 자리 잡고 있습니다. 이 은하의 남동쪽 모서리로는 은하에 숨어들어 가려는 듯한 8.7등급의 별 하나를 볼 수 있습니다. 이 은하를 10인치(254밀리미터) 반사망원경에서 213배율로 보면 2.5분 길이에 매우 얇은 모습으로 보입니다. 북서쪽 끄트머리에서 서쪽으로 1.5분 지점에는 2개의 희미한 별이 앉아 있죠.

평평한 은하들은 팽대부가 거의 없는 나선은하로서 우리가 바라보는 각도가 거의 모서리 방향이기 때문에 매우 얇은 모습으로 나타나는 은하들입니다. 이 유형에 속하는 은하의 대부분은 별 생성 비율이 대단히 낮으며 머리털자리의 웅장한 모서리나선은하인 NGC 4565처럼 대단히 왕성한 활동력을 보이는 자신의 사촌들과는 달리 검은 먼지 띠가 거의 없습니다.

5월의 곰사냥

대상	분류	밝기	각크기/각분리	적경	적위
스트루베1402(Σ1402) / GIR 2	다중별	7.7, 8.9, 9.6	32", 134"	10시 04.9분	+55° 29'
NGC 3079	은하	10.9	7.9'×1.4'	10시 02.0분	+55° 41'
NGC 3073	은하	13.4	1.3'×1.2'	10시 00.9분	+55° 37'
큰곰자리 W별	변광성	7.8 - 8.5	-	9시 43.8분	+55° 57'
스페이드(Spade)	자리별	-	1.1°	9시 42.6분	+53° 17'
UGC 5459	은하	12.6	4.0'×0.5'	10시 08.2분	+53° 05'

각크기 및 각분리는 최근 천체 목록을 참고한 것입니다. 시각적으로 보이는 천체의 크기는 대부분 목록상에 있는 크기보다는 작게 느껴지며 장비의 구경과 배율에 따라 다양하게 느껴집니다.

까마귀가 날아오를 때

이국적인 은하들과 다중별계가 이 남반구의 별자리를 장식하고 있습니다.

선명한 사다리꼴로 늘어선 별들이 만드는 까마귀자리는 이맘때 남쪽 하늘에서 날개를 펼치고 있습니다. 비록 새를 닮은 구석이라곤 전혀 찾아볼 수 없지만, 이곳에 새 모양의 별자리를 그린 문화권이 고대 그리스만은 아닙니다. 중국에서는 이곳에 주작이 담당하는 남쪽 궁전에서 바람을 타고 달리는 수레가 그려져 있습니다. 메소포타미아 문명에서 까마귀는 악의 폭풍 또는 위대한 천둥새의 전령이었으며, 브라질에서 까마귀자리는 왜가리로 묘사되곤 했죠.

까마귀자리에는 메시에 천체가 존재하지 않습니다. 그러나 북쪽 경계에서 M104, 솜브레로 은하를 찾을 수 있죠. 이 은하는 까마귀자리가 아닌 이웃 별자리에 자리 잡고 있긴 하지만 방문해볼 만한 충분한 가치가 있는 은하입니다. 솜브레로 은하는 처녀자리에 위치하고 있습니다. 처녀자리 키(χ) 별로부터 남쪽 3.6도 지점에 자리 잡고 있으며 떨림방지장치가 부착되어 있는

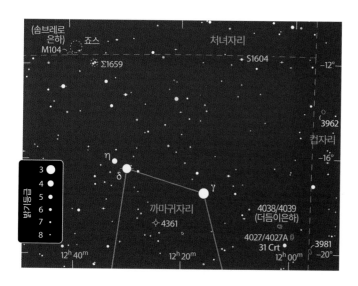

제 12×36 쌍안경에서도 길쭉한 빛으로 쉽게 찾아볼 수 있는 은하입니다. M104를 105밀리미터 굴절망원경에서 47배율로 관측해보면 동서 6과 3/4분으로 뻗은 2와 1/4분 너비의 밝은 타원형 중심부가 작고 강렬한 빛을 뿜어내고 있습니다. 까마귀처럼 검고 폭 좁은 먼지 띠가 이 은하의 장축을 가로지르며 솜브레로의 모자 테를 만들고 있죠. 서쪽 끄트머리에는 10등급의 별 하나가 마치

메시에 104 은하에서 가장 인상적인 요소는 중간을 가로지르며 넓게 퍼져 있는 검은 먼지 띠입니다. 망원경을 통해 봤을 때 처음으로 눈에 들어오는 부분인 먼지 띠의 윗부분은 M104의 별명을 솜브레로(the Sombrero)로 불리게 만들었습니다.
사진: 김도익

방울처럼 매달려 있습니다. 중심부 대부분은 이 먼지 띠의 북쪽에 자리 잡고서 천상의 왕관을 구성하고 있습니다. 배율을 높이면 좀 더 확연하게 드러나는 인상적인 먼지 띠를 느낄 수 있습니다. 우리 주위를 떠도는 먼지와는 달리 솜브레로 은하를 휘감고 있는 먼지는 결코 가벼운 것이 아닙니다. 이 먼지의 총 질량은 태양 질량의 1,600만 배나 되죠.

이 장엄한 은하를 제 작은 굴절망원경에서 17배율로 관측해보면 3.6도의 시야에 멋진 자리별과 육총사를 이루는 별들이 들어옵니다. 우선 M104의 서북서쪽 24분 지점을 보면 4개의 8등급 및 9등급 별들이 만드는 작은 별 무리를 볼 수 있죠. 이 별들은 이를 드러내며 웃고 있는 0.5도 길이의 자리별로서 천문작가 필립스 S. 헤링턴은 이 자리별을 '죠스Jaws'라고 불렀습니다. 저는 북쪽에 이르렀다가 동쪽으로 휘어지면서 상어의 날렵한 몸을 그리는 더 희미한 6개의 별을 볼 수 있었습니다. 이 몸통의 서쪽에 있는 별 하나가 상어의 등지느러미를 만들어주고 있죠. 이곳으로 너무 가까이 헤엄쳐 가지 마세요. 죠스가 너무 배가 고파 보이거든요.

아일랜드의 별지기인 케빈 베릭Kevin Berwick은 이 자리별에서 화살자리의 축소버전을 본다고 합니다. 10인치(254밀리미터) 반사망원경으로 이곳을 보면 아주 화려한 광경을 볼 수 있습니다. 상어의 이빨을 구성하는 별 중 하나는 노란색으로 빛나며 다른 2개의 별은 주황색으로 빛나죠. 우리 상어가 양치질을 한 것임에 틀림없습니다.

다음으로 M104에서 서남서쪽으로 1.1도를 이동하여 다중별 **스트루베 1659**(Σ1659)로 가봅시다. 105밀리미터 굴절망원경에서 47배율로 관측해보면 5분 크기의 이등변삼각형을 구성하는 별들을 볼 수 있습니다. 그런데 이 별들은 안쪽으로 또 하나의 작은 이등변삼각형을 품고

죠스의 아가리가 정확하게 M104를 향하고 있습니다. 또한 상어의 몸을 구성하는 6개의 밝은 별이 은하 주위로 아치를 그리고 있죠.

사진: POSS-II / 캘테크 / 팔로마

보입니다.

저는 이 육총사 별을 1980년대 텍사스에서 열린 별 파티에서 만난 존 와그너john Wagoner로부터 소개받았습니다. 그는 이 별들을 '스타게이트'라고 불렀습니다. 1979년부터 1981년까지 방영된 드라마에서 벅 로저스에 의해 이용되곤 했던 하이퍼스페이스 스타게이트의 모습을 떠올리게 만들기 때문이라고 하더군요. 와그너는 별지기들의 게시판을 만들고 운영하던 별지기였습니다. 와그너는 이 게시판을 스타게이트라고 불렀죠. 다른 사람들도 이 작은 별 무리를 발견했습니다.

호주의 별지기인 페리 블라호스Perry Vlahos는 두 겹 삼각형을 만들고 있는 이 별들을 알고 있다고 말했습니다. 그리고 『성단(Star Clusters, 브렌트 A. 아카이널Brent A. Archinal 과 스티븐 J. 하인스Steven J. Hynes; Willmann-Bell, 2003)』라는 책에서 이 자리별이 카날리(Canali)라는 이름으로 기록되어 있다고 알려주었습니다. 이 이름은 펜실베이니아의 별지기 에릭 카날리Eric Canali의 이름을 딴 것으로 그는 이

있죠. 254밀리미터(10인치) 반사망원경에서는 모든 별의 색을 볼 수 있지만, 이 6개의 별은 매우 희미한 별들입니다. 밝기가 줄어드는 순으로 보면, 황백색과 짙은 노란색, 창백한 노란색과 보통 노란색, 황금색 별 순으로

사진: 제레미 페레즈

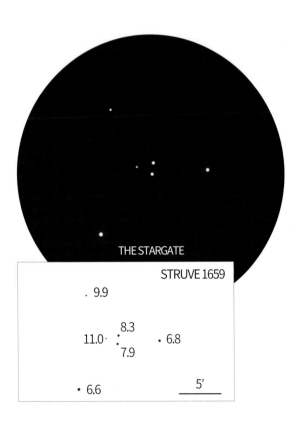

THE STARGATE

STRUVE 1659

. 9.9

8.3
11.0· · • 6.8
7.9

• 6.6   5'

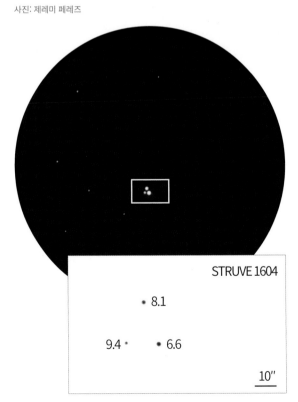

STRUVE 1604

• 8.1

9.4 •   • 6.6

10"

더듬이은하의 충돌은 이례적으로 폭발적인 별들의 생성을 일으켰습니다. 허블우주망원경이 촬영한 이 사진은 뜨겁고 어린 별들의 빛으로 가득한 파란색 지역과 수소 알파 복사로부터 만들어진 분홍색 지역들을 보여주고 있습니다. 이 파란색과 분홍색을, 은하 중심부에 있는 오래된 별들의 노란색과 비교해보십시오. 북쪽은 사진 상단 우측입니다.

사진: NASA / ESA / 허블헤리티지팀(Hubble Heritage Team) / STScI / AURA.

5월

1604(Σ1604)의 으뜸별은 노란색으로 보이고 짝꿍별 중 비교적 밝은 별 하나는 황백색으로, 그리고 나머지 하나는 더 희미한 주황색으로 보입니다.

이 짝꿍별들에 대한 데이터는 출처마다 뒤죽박죽입니다. 상대적으로 차이가 큰 각 별의 고유운동과, 세 번째 짝꿍별이 두 번째 짝꿍별보다 더 밝다는 사실 등에서 이러한 혼란이 생겨났습니다(대개 삼중별에서 A, B, C는 밝기가 줄어드는 순으로 구분됩니다). 이 책에 기록된 으뜸별로부터 짝꿍별이 떨어져 있는 각도와 방향은 2010년의 관측 자료로부터 나온 것입니다.

까마귀자리로 좀 더 깊숙이 들어가보면 까마귀자리를 구성하는 사다리꼴 별의 상단에 있는 까마귀자리 델타(δ) 별과 감마(γ) 별을 만나게 됩니다. 까마귀자리 감마 별에서 동남동쪽 2.4도 지점에 있는 독특한 행성상성운 NGC 4361은 까마귀자리 델타 별 및 감마 별과 함께 이등변삼각형을 만들고 있습니다.

NGC 4361을 105밀리미터 굴절망원경에서 87배율로 관측해보면 희미한 중심별을 거느린 확연히 밝고 둥근 행성 모양으로 볼 수 있습니다. 10인치(254밀리미터) 반사망원경에서는 상당히 세밀한 모습을 볼 수 있죠. 115배율에서는 동쪽에서 남쪽으로 약간 기울어져 있는, 약간의 타원형을 보이는 밝은 중심부와 북동쪽에서 남

자리별을 "깜찍하게 작은 삼각형 자리별"이라고 말한 사람이라고 합니다.

삼각형 속에 삼각형이 있는 다른 경우를 저는 알지 못합니다만 삼중별은 대개 삼각형을 구성하는 것이 일반적인 일입니다. 3개의 별이 일직선으로 늘어서지 않은 다음에야 3개의 별은 삼각형을 만들게 되죠. 3개의 별이 거의 정삼각형을 이루는 경우도 비교적 드뭅니다. 그런데 별들로 이루어진 정삼각형 하나가 스트루베 1659의 서쪽 6.4도 지점에 자리 잡고 있습니다.

제 작은 굴절망원경에서 47배율로 봤을 때 **스트루베**

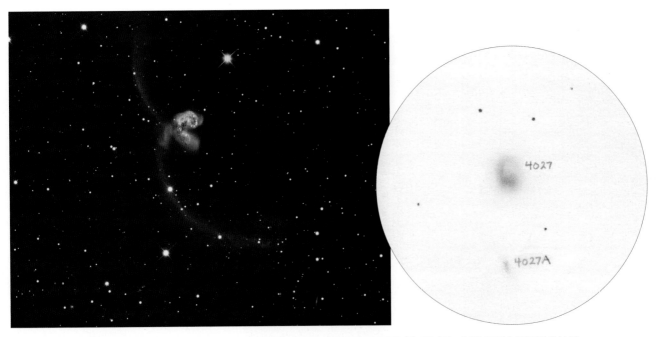

왼쪽: 충돌하고 있는 NGC 4038(위)과 NGC 4039는 더듬이은하로 불리곤 하는 은하로서 우주공간을 가로지르는 거대한 꼬리를 늘어뜨리고 있습니다.
사진: 마틴 푸

오른쪽: 저자가 그린 외팔 나선은하 NGC 4027의 모습. 저자는 10인치(254밀리미터) 반사망원경에서 213배율로 봤을 때 희미한 짝꿍 은하 NGC 4027A를 보았다고 합니다.

서쪽으로 타원형으로 뻗은, 더 밝은 타원형 구름을 감싼 희미하고 둥근 헤일로를 볼 수 있습니다. 166배율에서 헤일로의 지름은 2분 정도로 보이고, 타원형 구름은 1.5분 길이로 보입니다. 중심별의 남남서쪽에는 훨씬 더 희미한 중심 대역이 보입니다. 중심부의 동쪽 끝자락에는 남서쪽으로 뻗은 짧은 팽창부가 보이며 서쪽 끝자락으로는 희미하고 뭉툭한 부분이 보입니다. 협대역성운 필터는 저배율에서 몇몇 구조들을 강조하여 보여줍니다만 저는 166배율에서 필터 없이 관측하는 것을 더 좋아합니다. 15인치(381밀리미터) 반사망원경에서 133배율을 이용하면 팽창부는 더 길게 보이고 시계반대방향으로 휘어지면서 성운 전체를 마치 나선은하처럼 보이게 만듭니다.

까마귀자리 여행을 컵자리 31 별의 북쪽에 있는 기발한 4중 은하를 찾아보는 것으로 마무리하겠습니다(컵자리 31 별은 이 별의 이름이 지어질 때는 컵자리의 별로 생각되었던 별입니다. 그러나 현대의 별자리 정의에 의해 까마귀자리에 포함되었죠). **NGC 4038**과 **NGC 4039**는 더듬이은하(the Antennae)라는 별명을 가진 드라마틱한 한 쌍의 충돌은하로서, 대단히 유명한 은하입니다. 심지어 제 작은 굴절망원경으로도 그 독특한 모습을 충분히 느낄 수 있죠. 47배율에서는 대단히 희미하지만 상당한 크기의 빛 덩어리를 볼 수 있습니다. 북쪽은 약간 덜 희미하게 보이죠. NGC 4038은 87배율에서 동서로 가로놓인 타원형으로 보이며 이보다 더 희미한 NGC 4039는 자신의 이웃 은하와 동쪽 측면이 뒤섞인 밝은 조각처럼 보입니다. 이 은하는 서로 뒤섞여 있는 동쪽 측면에서 남서쪽으로 뻗어나간 모습을 보여주죠. 서로 뒤섞여 있는 부분은 남북으로 3분, 동서로 2.5분을 차지하고 있습니다.

더듬이은하는 10인치(254밀리미터) 반사망원경에서 213배율로 봤을 때 정말 인상적인 모습을 연출합니다. 이 은하들을 하나로 합쳐보면 서쪽으로 오목한 태아 형태와 함께 훨씬 거대한 규모의 우둘투둘한 질감을 보여줍니다. 이 한 쌍의 은하는 구경을 늘려갈수록 점점 더 세밀한 모습을 드러냅니다. 저는 정말 운 좋게도 이 은하를 36인치(914.4밀리미터) 반사망원경으로 본 적이 있습니다. 정말 환상적으로 뒤섞인 모습을 볼 수 있었죠. 우둘투둘한 질감이 느껴지는 부분은 은하의 중심부와 함께 은하 간의 충돌이 계속되면서 강렬한 별 생성이 계속되고 있는 지역이었습니다.

더듬이라는 이름은 깊은 노출을 통해 촬영된 사진에서 드러난 길고 가냘픈 꼬리 때문에 붙여진 이름입니다. 중력 조석 작용으로 만들어진 이 웅장한 아치는 50만 광년에 걸쳐 펼쳐져 있습니다. 몇몇 별지기들은 이 더듬이를 12.5인치(317.5밀리미터) 구경의 망원경으로 찾아보려 노력하곤 합니다만 20인치(508밀리미터) 망원경으로도 이 구조를 보려면 대단한 노력이 필요합니다.

상호작용이 진행 중인 또 다른 은하가 더듬이은하의 남서쪽 41분 지점에 자리 잡고 있습니다. 이 한 쌍의 은하는 더 밝은 은하에서 나선팔 하나만이 은하를 휘감고 있는 독특함에도 불구하고, 자주 간과되는 대상입니다. 제 작은 굴절망원경에서 중간 정도 배율로 봤을 때 단지 희미한 빛으로만 보이던 NGC 4027은 10인치(254밀리미터) 망원경에서 213배율로 봤을 때 독특한 특성과 함께 아주 작은 짝꿍은하 NGC 4027A를 함께 보여주었습니다.

별들이 가득한 봄의 밤하늘에서 까마귀자리를 탐험하는 시간을 가져보세요. 까마귀자리에 있는 빛나는 보석들로 당신의 둥지를 채운다면 충분한 자랑거리가 될 것입니다.

바람을 타고 올라 남쪽 하늘을 가로지르는 까마귀

대상	분류	밝기	각크기/각분리	적경	적위
M104	은하	8.0	8.7′×5.3′	12시 40.0분	- 11° 37′
죠스(Jaws)	자리별	6.4	30′	12시 38.9분	- 11° 21′
스트루베1659 (Σ1659)	육중별	6.6 - 11.0	6′	12시 35.7분	- 12° 02′
스트루베1604 (Σ1604)	삼중별	6.6, 9.4, 8.1	9.1″ E, 10.2″ NNE	12시 09.5분	- 11° 51′
NGC 4316	행성상성운	10.9	2.1′	12시 24.5분	- 18° 47′
NGC 4038	은하	10.5	3.4′×1.7′	12시 01.9분	- 18° 52′
NGC 4039	은하	11.2	3.1′×1.6′	12시 01.9분	- 18° 53′
NGC 4027	은하	11.1	3.2′×2.1′	11시 59.5분	- 19° 16′
NGC 4027A	은하	14.5	0.9′×0.6′	11시 59.5분	- 19° 20′

각크기 및 각분리는 최근 천체 목록을 참고한 것입니다. 시각적으로 보이는 천체의 크기는 대부분 목록상에 있는 크기보다는 작게 느껴지며 장비의 구경과 배율에 따라 다양하게 느껴집니다.

머리털자리의 가냘픈 천체들

처녀자리의 북쪽은 은하로 가득 차 있습니다.

달보다 열일곱 배나 더 높은 곳으로
담요바구니에 앉아 올라가는 노파가 있네.
노파가 가는 곳에 나는 갈 수 없기에
빗자루를 들고 가는 그녀에게 나는 물었다네.
"노파여, 노파여, 노파여,
그처럼 높이 어디로, 어디로, 어디로 가시나요?"
"천상의 거미줄을 치우러 간단다.
그리고 곧 네가 있는 곳으로도 갈 거란다."

작자 미상

가레트 P. 세르비스Garrett P. Serviss는 이 전승 동요를 『오페라글라스와 함께하는 천문학Astronomy with and Opera-Glass』에서 머리털자리를 설명할 때 다음과 같이 인용하였습니다. "네네볼라(Denebola)와 아르크투루스(Arcturus) 사이를 지나는 선에서 데네볼라 쪽으로 조금 더 가까운 지점으로, 흥미롭게도 반짝이는 것들을 보게 될 것이다. 마치 이슬방울들이 가득 들어찬 것과 같은 가냘픈 천체들이 그곳에 자리 잡고 있다. 하늘에서 거미줄을 걷어낸 전승 동요 속 노파가 이 구석은 건너뛰거나 아예 청소를 안 한 것일 수도 있고, 그 섬세한 아름다움 때문에 그냥 놔둔 것일 수도 있다."

세르비스의 이 가냘픈 천체는 멜로테 111(Melotte 111)이라는 머리털자리의 거대 별 무리를 구성하고 있습니다. 청명한 밤하늘에서 이곳을 올려다보면 삼단 같은 머리카락을 휘감고 있는 반짝이는 보석들을 볼 수 있습니다. 쌍안경을 통해 보면 10여 개의 별이 도드라져 보이죠. 여기에 표시된 대부분의 은하들은 약 6,000만 광년 거리의 처녀자리 은하단에 속하는 은하들입니다. 머리털자리 별 무리인 멜로테 111은 지구로부터 280광년 거리에 있습니다.

망원경을 통해 보면 마치 장롱 밑의 먼지처럼 가득한 은하들의 모습을 보게 되고 그래서 노파가 이곳의 거미

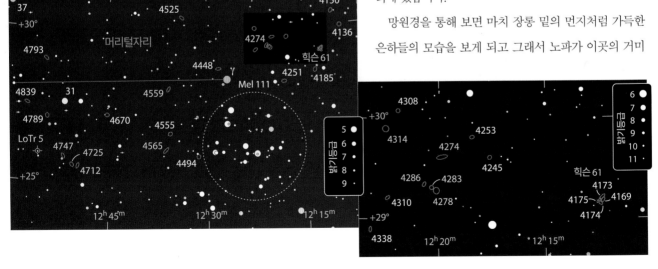

막대나선은하 NGC 4559는 우리 미리내와 비슷한 구조를 가지고 있는 은하입니다.
사진: 제프 헤이프먼(Jeff Hapeman) / 애덤 블록 / NOAO / AURA / NSF

줄은 전혀 청소하지 않았다는 것을 확실하게 알 수 있습니다. 여기서 가장 선명하게 보이는 먼지 조각 중 하나가 바로 NGC 4559입니다. 이 은하는 주황색의 머리털자리 감마(γ) 별로부터 동쪽 2도 지점 약간 남쪽에 자리 잡고 있습니다. 머리털자리 감마 별은 멜로테 111이 모자처럼 쓰고 있는 밝은 별입니다.

NGC 4559를 105밀리미터 굴절망원경에서 28배율로 보면 남동쪽 끄트머리의 각 측면에 희미한 별을 하나씩 달고 있는 타원형 빛무리로 보입니다. 76배율에서는 비교적 희미한 별이 남동쪽 끄트머리에서 모습을 드러내죠. 이 은하는 4분×1.5분의 폭에 밝은 중심부를 가지고 있습니다. 전반적으로 약간은 고르지 못한 밝기를 가지고 있죠.

10인치(254밀리미터) 반사망원경에서 192배율로 바라본 NGC 4559는 매우 아름답습니다. 은하는 6.5분×2.5분의 폭을 차지하고 있죠. 희미한 다발들이 3개의 별 중 가장 동쪽에 있는 중간 별을 향해 은하를 가로지르며 아치를 그리고 있는 모습을 볼 수 있으며 이보다 더 희미한 가닥이 은하 중심의 북쪽에서 시작하여 북북서쪽으로 흘러가는 모습을 볼 수 있습니다. NGC 4559의

중심에는 보일 듯 말 듯한 별 모양의 핵이 자리 잡고 있습니다. 그리고 이보다는 밝은 점들이 은하를 장식하고 있죠.

NGC 4559로부터 남쪽 2도 지점에는 하늘을 칼로 그어낸 듯한 웅장한 은하 NGC 4565가 있습니다. 이 은하는 모서리나선은하로서, 가느다란 외형 때문에 바늘은하(Needle Galaxy)라는 별명을 가지고 있으며 몇몇 별지기들은 이 은하를 '베레니케의 머리핀'이라고 부릅니다.

NGC 4565는 너비 대비 최소 7배는 더 기다란 모습을 보여주는 은하로서는 가장 밝게 빛나는 은하입니다. 작은 망원경으로 볼 수 있는 평평한 은하로서는 최고의 관측 대상 중 하나죠. 5.1인치(129.5밀리미터) 망원경에서 37배율로 관측했을 때 9분 길이의 삐침 선을 볼 수 있습니다. 이 삐침 선에는 작은 중심 팽대부를 품고 있는 반정도 길이의 밝은 지역이 담겨 있죠. 102배율에서는 평평한 타원형 중심부와 함께 별 모양의 은하핵 및 북동쪽 극점 위에 떠 있는 희미한 별을 볼 수 있습니다. 먼지 띠는 미묘하게 그을음이 묻은 듯한 모습을 보여주는데, 중심부를 약간 넘어서 은하핵의 북동쪽에서는 그을음이 빠진 듯한 모습을 보여줍니다. NGC 4565는 10인치(254밀리미터) 반사망원경에서 192배율로 관측해보면 정말 아름다운 모습을 연출합니다. 이 은하는 하늘에 놓인 15분 길이의 멋진 다리처럼 보이고 약 3분 길이의 먼지 띠도 볼 수 있죠.

여기서 동쪽으로 3.2도를 이동한 후 약간 남쪽으로 내려오면 인상적인 구조를 갖춘 은하 NGC 4725를 볼 수 있습니다. 날카롭고 뾰족한 사슬을 이루는 여러 별이 동쪽으로부터 이 은하를 지목하듯 줄지어 있죠. 이 은하는 제 105밀리미터 굴절망원경에서 28배율로 봤을 때 확연히 크고 밝은 모습을 보여줍니다. 작은 중심부와 북동쪽과 남서쪽으로 팽창해 나가며 전체를 휘덮고 있는 희미한 헤일로가 이 은하의 특징을 이루죠. 은하의 남쪽 경계 아래로는 희미한 별 하나가 매달려 있습니다. 87배율로 봤을 때 팽창부는 타원형에, 밝기가 고

NGC 4565는 하늘에서 가장 인상적인 모습을 보여주는 모서리나선은하로 인용
되곤 하는 은하입니다.
사진: 요하네스 셰들러

NGC 4712와 막대나선은하 NGC 4725는 모서리은하와 정면은하의 중간 정도로
기울어져 있습니다. NGC 4712는 NGC 4725 보다 3배 더 멀리 떨어져 있기 때문
에 훨씬 더 작게 보입니다.
사진: 셀던 파보르스키 / 손 워커

르지 않으며, 중심부를 둘러싸고 있는 희미한 연무의 일부로 보입니다. 중심부 자체는 약간의 타원형을 가지고 있으며 매우 작지만 밝게 빛나는 핵을 품고 있습니다. NGC 4725는 약 6.5분×4.5분에 걸쳐 펼쳐져 있으며 은하핵의 북쪽 가장자리에는 대단히 희미한 별 하나가 자리 잡고 있습니다.

10인치(254밀리미터) 망원경에서 192배율로 보면 NGC 4725 내부의 모습이 세세하게 드러나며 그 근처에 있는 2개의 은하가 더 모습을 드러냅니다. NGC 4725는 12등급의 별들이 만드는 약 10분 크기의 마름모꼴에서 한쪽 모서리에 자리 잡고 있습니다. 이 마름모꼴 안에서 반대 방향에 중간 정도의 희미한 밝기를 가진 은하 NGC 4712가 자리 잡고 있죠. 이 은하는 2분×3/4분의 타원형에 작은 타원형 중심부를 거느리고 있죠.

여기서 멀리 자리를 옮겨, 별들이 만들어내고 있는 날카롭고 뾰족한 사슬 상에서 가장 밝은 별의 동쪽 6분

NGC 4274의 안쪽에 있는 나선팔과 외곽의 헤일로는 은하의 중심부를 휘감고 도는 고리구조를 형성하고 있는 듯 보입니다. 안쪽의 밝은 고리는 토성의 고리로 비유되곤 합니다.
사진: 스티브 부쉬(Steve Bushey)와 셰리 부쉬(Sherry Bushey) / 애덤 블록 / NOAO / AURA / NSF

지점에 자리 잡은 **NGC 4747**로 가보겠습니다. 매우 희미한 삐침 선처럼 보이는 이 은하의 길이는 2분이며 약간은 더 밝은 중심부를 가지고 있습니다.

큰 망원경과 어두운 밤하늘 그리고 약간의 수고를 견뎌낼 수 있다면 행성상성운 **롱모어-트리톤 5**(Longmore-Tritton 5, LoTr 5) 관측을 시도해볼 수 있을 것입니다. 이

행성상성운은 NGC 4747의 동쪽 52분 지점에서 약간 북쪽에 있습니다. 이곳에서 롱모어-트리톤 5는 8.9등급의 이중별을 감싸고 있는데, 이 이중별 중 더 희미한 짝꿍별이 바로 이 행성상성운을 만든 별입니다. 이 행성상성운은 극단적으로 낮은 표면 밝기를 가지고 있으며 이번 우리의 하늘 여행에서 가장 큰 겉보기 크기를 가진 천체입니다. 8.8분 지름의 이 행성상성운의 구조는 나선성운(Helix Nebula, NGC 7293)을 떠오르게 만들죠. 이 행성상성운을 잡아내기 위해서는 저배율에 산소III성운필터를 사용해야 합니다. 저는 14인치(355.6밀리미터) 및 15인치(381밀리미터) 망원경을 이용하여 몇 차례 이 유령과 같은 행성상성운의 관측을 시도해보았지만, '본 것 같다'라는 느낌만 있을 뿐입니다. 좀 더 어두운 하늘에서 관측을 시도한 별지기들은 최소 16인치(406.4밀리미터) 구경

에서 이 행성상성운의 관측에 성공했다고 보고하고 있습니다.

이제 머리털자리 감마 별에서 북서쪽으로 2.1도를 움직여 NGC 4274로 가보겠습니다. **NGC 4274**를 제105밀리미터 굴절망원경에서 28배율로 관측해보면, **NGC 4278** 및 **NGC 4314**와 함께 시야에 들어옵니다. NGC 4274는 확연히 밝은 타원형으로 보이며 NGC 4278은 이보다는 작고 둥글며 매우 밝은 핵을 가지고 있습니다. NGC 4314는 희미한 얼룩처럼 보이죠. NGC 4274는 87배율에서 약 5.5분×1과 3/4분의 크기로 보이며 동남쪽 방향으로 기울어져 있습니다. NGC 4274는 큰 타원형의 중심부를 가지고 있으며 이 중심부의 중앙은 밝고 둥근 부분을 가지고 있습니다. 매우 바짝 붙어 있으면서, 균형이 맞지 않는 듯 보이는 한 쌍의 별이 남

사진:슬론디지털온하늘탐사(Sloan Digital Sky Survey)

쪽 6분 지점에 있죠. NGC 4278은 중심으로 갈수록 현저하게 밝아지는 양상을 보여줍니다. 매우 희미한 별 하나가 북쪽 5분 지점에 떠 있고, 아주 작지만 확연하게 밝고 둥근 은하 **NGC 4283**이 동북동쪽 3.5분 지점에서 NGC 4278의 친구가 되어주고 있죠. NGC 4314는 밝은 2.5분 크기의 방추체를 띠고 있습니다. 중심의 둥근 팽대부는 별 모양의 중심핵을 꽉 쥐고 있죠. 북서쪽 끄트머리에 아주 희미한 별 하나가 있는 이 방추체 은하는 매우 희미한 헤일로에 둘러싸여 있습니다.

NGC 4274는 제 10인치(254밀리미터) 망원경에서 192배율로 봤을 때 매우 이상한 은하로 보입니다. 이 은하의 타원형 헤일로는 좀 더 어두운 띠들에 의해 중심부와 단절된 듯이 보이죠. 그래서 이 은하는 마치 토성의 유령 버전인 듯 보입니다. 은하 전체는 대단히 얇고 외곽으로 갈수록 빠르게 사라져가는 대단히 얇은 가스가 감싸고 있습니다. NGC 4283의 동북동쪽 5분 지점에는 **NGC 4286**이 자리 잡고 있습니다. 희미한 이 타원형 은하는 작고 더 밝은 중심부를 가지고 있으며 남남동쪽 끄트머리에 희미한 별 하나를 품고 있습니다.

우리의 마지막 방문대상은 **힉슨 61**(Hickson 61) 입니다. NGC 4278의 서쪽 1.7도 지점에 있죠. '상자(The Box)'라는 별칭으로 알려져 있기도 한 힉슨 61은 6분의 하늘에 4개의 은하가 촘촘하게 몰려 있는 은하군입니다. 제

105밀리미터 굴절망원경에서 87배율로 관측해보면 이들 중 3개 은하가 눈에 들어오죠. NGC 4169는 가장 밝은 은하입니다. 이 은하는 북북서쪽으로 기울어져 있으며 커다란 타원형 중심부를 가지고 있죠. NGC 4174와 NGC 4175는 대단히 희미하게 보입니다. NGC 4174는 북동쪽으로 누운 작고 희미한 점처럼 보이고, NGC 4175는 NGC 4174보다는 크고 북서쪽으로 기울어져 있죠. 네 번째 구성원인 NGC 4173은 10인치(254밀리미터) 망원경에서조차 보일 듯 말 듯합니다. 길쭉한 타원형으로 보이는 이 은하는 NGC 4175와 같은 연장선 위에 있으며 비껴보기를 통해 그 모습을 제대로 볼 수 있죠.

NGC 4173은 눈에 보이는 것과는 달리 나머지 3개 은하와는 전혀 물리적 연관성이 없는, 훨씬 앞쪽에 있는 은하입니다. 사진을 통해 그 증거를 볼 수 있는데요. NGC 4173은 다른 3개 은하보다 훨씬 더 크고 더 세밀하게, 그리고 훨씬 더 푸른색으로 보이죠. 처녀자리 은하단의 중심부는 약 6,000만 광년 거리에 있습니다. 그러나 처녀자리 은하단을 구성하는 개개 은하 대부분은 이보다는 더 가깝거나 훨씬 멀리 떨어져 있죠. 힉슨 61 은하군을 구성하고 있는 나머지 3개 은하와 NGC 4712는 처녀자리은하단의 중심부보다 3배는 더 멀리 떨어져 있습니다.

여왕의 머리카락에 앉은 티끌들

대상	분류	밝기	각크기/각분리	적경	적위
NGC 4559	은하	10.0	10.7'×4.4'	12시 36.0분	+ 27° 58'
NGC 4565	은하	9.6	15.9'×1.9'	12시 36.3분	+ 25° 59'
NGC 4725	은하	9.4	10.7'×7.6'	12시 50.4분	+ 25° 30'
롱모어-트리톤 5 (LoTr 5)	행성상성운	-	8.8'	12시 55.6분	+ 25° 54'
NGC 4274	은하	10.4	6.8'×2.5'	12시 19.8분	+ 29° 37'
힉슨 61 (Hickson 61)	은하군	12.2 - 13.4	6'	12시 12.4분	+ 29° 12'

각크기 및 각분리는 최근 천체 목록을 참고한 것입니다. 시각적으로 보이는 천체의 크기는 대부분 목록상에 있는 크기보다는 작게 느껴지며 장비의 구경과 배율에 따라 다양하게 느껴집니다.

눈부신 이중별과 화려한 구상성단이 있는 곳

뱀자리는 잘 알려져 있지 않은 별자리이지만
작은 망원경을 가진 별지기들에게 충분히 즐길 거리를 주는 곳입니다.

뱀자리의 머리 부분은 땅꾼자리와 목동자리 사이에서 초여름의 하늘을 가로지르며 등장합니다. 대단히 멋진 데도 종종 간과되는 구상성단 중 하나가, 이 뱀자리의 별들 사이에 숨어 있죠. 이 외딴 구상성단으로부터 여행을 시작해보겠습니다. 그곳에서 이중별들이 만드는 다리를 따라 땅꾼자리 근처에 서로 가까이 붙어 있는 한 쌍의 구상성단을 찾아갈 수 있습니다.

M5는 천구의 적도 위쪽 하늘에서 가장 밝게 빛나는 구상성단입니다. 이 구상성단은 뱀자리에서 가장 밝은

별인 뱀자리 알파(*α*) 별로부터 남서쪽으로 7.7도 지점에 있죠. 밝기등급이 5.8인 이 구상성단은 60밀리미터 구경의 작은 망원경으로도 쉽게 찾아볼 수 있습니다. 그 모습은 고운 알갱이가 뿌려져 있는 듯한 희미한 헤일로를 거느린 둥근 빛으로 보입니다. 같은 시야에서 남남동쪽으로 0.3도 지점에 5등급의 노란색 별인 뱀자리 5 별(스트루베 1930, *Σ* 1930)이 있습니다. 4인치(101.6밀리미터) 망원경에서 150배율로 관측해보면 구상성단의 주변을 둘러싼 여러 별들을 분해해 볼 수 있습니다. 이 구상성단의 중심부는 별 모양의 핵을 향해 밝은 빛이 확연히 강해지는 양상을 보여줍니다. 구상성단의 전반적인 형태는 북동쪽에서 남서쪽으로 약간 더 긴 타원형을 하고 있습니다. M5의 나이는 130억년으로서, 지금까지 알려진 가장 오래된 구상성단 중 하나입니다. 또 이 성단은 그 폭이 130광년으로 가장 거대한 구상성단에 속하기도 하죠. 이 성단은 1702년 독일의 천문학자 고트프리드 키르케 Gottfried Kirche에 의해 처음으로 발견되었습니다. M5는 수십만 개의 별들을 거느리고 있으며 약 2만 5,000광년 거리에 있습니다.

M5가 가지고 있는 수많은 변광성 중 하나를 중심핵의 남서쪽 3분 지점의 헤일로 속에서 찾을

땅꾼자리의 중심에는 한 쌍의 구상성단이 있습니다. 아키라 후지가 촬영한 이 사 진에서 M12는 오른쪽 위에, M10은 왼쪽 아래에 있습니다. 북쪽이 위쪽입니다.

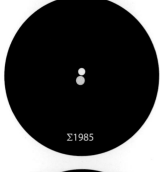

5 Serpentis
(Σ1930)

Σ1985

Σ2031

이중별 관측자인 시시 하스(Sissy Haas)가 그린 뱀자리 5 별(스트루베 1930, Σ1930)과 스트루베 1985(Σ1985), 스트루베 2031(Σ2031). 이 3개의 그림은 각 이중별이 저자의 작은 굴절망원경에서 어떻게 보이는지를 알려주고 있습니다. 북쪽이 위쪽입니다.

수 있습니다. 이 별은 찾기가 쉽지는 않지만, 충분히 찾아볼 만한 가치가 있죠. V42는 겉보기등급 10.6등급 및 12.1등급 사이에서 25.7일을 주기로 그 밝기가 변하는 별입니다. 이 별은 최대 밝기 상태에서는 헤일로 내에서 가장 밝은 별이 되지만 최소 밝기 상태에서는 작은 망원경으로는 찾기가 쉽지 않습니다.

뱀자리 5 별(5 Serpentis). M5의 남동쪽에 있는 밝은 별로 돌아가봅시다. 이 별은 사실 이중별입니다. 5등급의 으뜸별은 태양과 같은 노란색 별이죠. 10등급의 짝꿍별은 북동쪽으로 12초 지점에 있습니다. 이 별은 주황색 색조를 가지고 있는데 작은 망원경으로는 이 둘을 분리해 보기가 쉽지 않죠. 하지만 80배율에는 깨끗하게 분리해 볼 수 있습니다. 이 이중별은 스트루베 1930(Σ1930)이라는 이름으로도 알려져 있습니다. 많은 이중별의 등재명에서 볼 수 있는 그리스 문자 시그마(Σ)는 해당 별이 이중별 관측의 선구자인 프리드리히 게오르그 빌헬름 폰 스트루베Friedrich Georg Wilhelm von Struve에 의해

1837년 발행된 『이중별 및 다중별의 미세측정Micrometric Measurement of Double and Multiple Stars』이라는 책에 기록된 별임을 의미합니다.

스트루베 1985(Σ1985). 또 다른 주황색 이중별이 3.5등급의 뱀자리 뮤(μ) 별의 북동쪽 2도 지점에 있습니다. 이 이중별은 7등급의 으뜸별과 북쪽으로 6초 떨어진 8등급의 짝꿍별로 구성되어 있습니다. 이 2개 별은 120배율에서 쉽게 분리해 볼 수 있습니다.

스트루베 2031(Σ2031). 스트루베 1985(Σ1985)로부터 동쪽으로 약 5도 지점에서 스트루베의 세 번째 이중별을 발견할 수 있습니다. 이 이중별은 맨눈으로도 볼 수 있는 땅꾼자리 델타(δ) 별과 엡실론(ε) 별 근처에 있죠. 땅꾼자리 델타 별과 엡실론 별은 각각 예드 프라이어(Yed Prior) 및 예드 포스테리어(Yed Posterior)로 알려져 있기

뱀자리 머리 부분은 북쪽왕관자리 바로 아래에서 시작하여 땅꾼자리의 손까지 뻗어나갑니다. 이 표에서는 북쪽이 위쪽, 동쪽이 왼쪽입니다. 접안렌즈를 통해 바라본 시야에서 북쪽이 어디인지 확인하려면 북극성을 향해 망원경을 살짝 움직여보세요. 새로운 하늘이 들어오는 방향이 바로 북쪽입니다(만약 접안렌즈에 직각 천정미러를 쓰고 있다면 거울상을 보게 됩니다. 그러면 별지도에 딱 맞는 모습을 볼 수 있죠).

찬란하게 빛나는 구상성단 M5는 뱀의 등 뒤에서 홀로 찬란하게 빛나고 있습니다.
V42 변광성은 이 성단의 중심에 서 남서쪽으로 3분 지점에 있습니다. 사진의 폭
은 20분이며 북쪽이 위쪽입니다.

사진: 로버트 젠들러

구상성단은 검은 밤하늘을 배경으로 마치 소금을 뿌려놓은 듯한 모습을 연출
합니다. 땅꾼자리는 메시에 목록상의 구상성단을 무려 6개나 품고 있습니다.
M10은 중심부에 빽빽하게 별들이 몰려 있는 양상을 보여줍니다. 이 사진은 중심
부를 빽빽하게 채우고 있는 노란색 별들과 중심에서 사방으로 흘러나오듯 흩뿌
려져 있는 파란색 별들을 세밀하게 보여주고 있습니다.

사진: 김도익

도 합니다. 끊임없이 움직이는 하늘에서 예드 프라이어
는 앞서가는, 즉 더 서쪽에 있는 별이고, 예드 포스테리
어는 예드 프라이어를 쫓아가는 별입니다.

스트루베 2031(Σ2031)을 찾으려면 예드 프라이어의
북북동쪽 2.1도 지점을 보면 됩니다. 넓은 간격을 가지
고 있는 이 이중별은 50배율에서도 쉽게 분해됩니다만
그 짝꿍별이 너무나 희미하고 거의 색이 없다 보니 작
은 망원경으로 이 짝꿍별을 찾아보기란 쉽지 않습니다.
짝꿍별은 주황색의 7등급 으뜸별에서 남서쪽 21초 지
점을 잘 찾아보면 됩니다.

M12. 스트루베의 이중별들은 우리를 땅꾼자리의 구
상성단으로 향하게 만들면서 우리가 처음 떠나온 곳으
로부터 점점 멀어지게 만듭니다. 스트루베 1930(Σ1930)
과 스트루베 1985(Σ1985), 스트루베 2031(Σ2031)은 각
각 81광년, 123광년, 152광년 거리에 위치합니다. 그러
나 구상성단 M12는 우리를 1만 8,000광년 거리까지 데
려가죠. M12는 스트루베 2031(Σ2031)에서 동쪽으로
7.7도 거리에 위치하고 있습니다. 이 구상성단은 쌍안
경이나 파인더에서도 작은 보푸라기처럼 보이죠. 4인치

(101.6밀리미터)망원경에서 고배율로 관측해보면 외곽 헤
일로에 있는 몇몇 별들을 분리해 볼 수 있지만 중심부
는 여전히 얼룩진 모습을 보여줍니다. 6인치(152.4밀리미
터)망원경에서 200배율로 관측해보면 수십 개의 별들이
모습을 드러냅니다. 이 중 많은 별들이 헤일로에서 꾸불
꾸불한 곡선을 그리면서 별들이 없는 검고 텅 빈 공간
을 구획 짓고 있죠.

M10. M12의 남동쪽 3.3도 지점에서 우리는 비슷한
구상성단 하나를 또 발견할 수 있습니다. 이 구상성단은
주황색의 4.8등급 별인 땅꾼자리 30 별에서 서쪽으로
1도 지점에 있기 때문에, 그 위치를 잡아내기가 M12보
다 훨씬 쉽습니다. 만약 M12를 찾는데 어려움이 있으면,
M10을 먼저 찾은 다음에 M12를 찾아보세요. 파인더에
서는 이 한 쌍의 구상성단을 함께 볼 수 있을 것입니다.
M10은 M12보다 약간은 더 밝게 보이며 중심 쪽으로 별
들이 약간 더 집중된 모습을 보여줍니다. 4인치(101.6밀
리미터)망원경에서 고배율로 관측해보면 중심부의 별들
을 과립상으로 볼 수 있습니다. 주위를 둘러싸고 있는
몇몇 별들도 분해해 볼 수 있죠. 6인치(152.4밀리미터)에서

는 희미한 배경에 흩뿌려져 있는 10개의 별을 볼 수 있습니다. M10은 1만 4,000광년 거리에 있는데, 땅꾼자리의 이 2개 구상성단은 상대적으로 가까운 곳에 이웃하고 있는 구상성단입니다. 만약 이 2개 구상성단의 거리가 정확하다면 이들은 서로의 하늘에서 4등급의 천체로 보일 겁니다.

구상성단을 찾아가는 여행

대상	분류	밝기	거리(광년)	적경	적위
M5	구상성단	5.8	25,000	15시 18.6분	+2° 05'
V42	변광성	10.6-12.1	25,000	15시 18.6분	+2° 05'
뱀자리 5 별 (Σ1930)	이중별	5.0, 10	81	15시 19.3분	+1° 45'
스트루베 1985 (Σ1985)	이중별	7.0, 8.1	123	15시 56.0분	- 2° 10'
스트루베 2031 (Σ2031)	이중별	7.0, 11	152	16시 16.3분	- 1° 39'
M12	구상성단	6.6	18,000	16시 47.2분	- 1° 57'
M10	구상성단	6.6	14,000	16시 57.1분	- 4° 06'

북극의 밤

●

작은곰자리에는 볼만한 밤하늘의 보석이 부족한 것일지도 모릅니다.
하지만 이곳의 별들을 주의 깊게 보신 적이 있으신가요?

슬프고 우울한 밤

그녀의 모닥불이 아직 활활 타오르고 있을 때
화려한 빛의 주인은
검은 밤하늘을 가로질러 간다네…
솟아오르는 그들과
저무는 그들을 지켜보는 그대는 북극의 별!

차가운 하늘 아래 홀로
움직이지 않는 정거장을 그대는 지키고 서 있다네.

윌리엄 쿨렌 브라이언트*William Cullen Bryant*,
〈북극의 별을 향한 송가*Hymn to the North Star*〉

2등급의 별로서는 흐린 별일지는 모르지만, 이 북극의 별은 가장 유명한 별이기도 하죠. 당신이 북반구에 살고 있다면 이 북극의 별은 밤새, 그리고 1년 내내 모든 별의 회전중심점을 지키면서 당신의 눈 앞에 펼쳐진 하늘에 그대로 서 있을 것입니다. 바로 **북극성**(Polaris)이죠. 북극성은 단순히 진북을 가리키는 것만이 아닙니다. 이 별

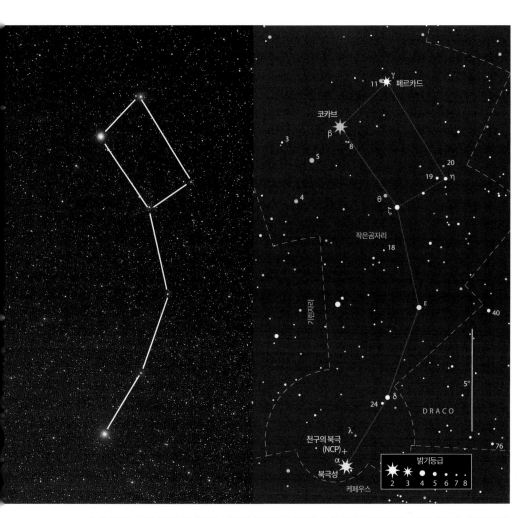

짝꿍별이 18초 거리를 두고 빛나고 있죠. 이것은 마치 손상된 약혼반지에서 다이아몬드 조각까지 떨어져 나간 듯한 모습을 연출합니다. 북극성을 구성하는 이중별들이 조금 더 비슷한 별들이었다면 저배율에서도 좀 더 쉽게 분리되었을 겁니다. 그러나 이 두 별 간의 밝기차이가 무려 7등급이나 되다 보니, 짝꿍별이 으뜸별의 빛무리에 쉽게 압도되어 버리고 맙니다. 7등급의 밝기등급 차이는 두 별의 밝기 차이가 무려 600배나 된다는 것을 의미합니다. 2개 별을 구분해 보려면 최소 80배율 이상에서 시도를 해보세요. 북극성은 희미한 노

작은곰자리는 북극성으로부터 북극의 수호자인 작은곰자리 베타(β) 별 및 감마(γ) 별까지 거의 20도에 육박하는 너비로 펼쳐져 있습니다. 이 폭은 일반적인 쌍안경이 볼 수 있는 시야의 3배에 해당합니다. 이번 장에 등장하는 모든 그림에서 북쪽은 아래쪽입니다. 이러한 방향 배치는 늦봄의 밤하늘에서 작은곰자리가 줄지어 선 방향에 맞추기 위해 선택된 것입니다.
출처: 밀레니엄 스타 아틀라스 데이터

은 당신의 위도를 알려주기도 하죠. 당신의 위도는 북극성의 고도와 거의 일치합니다.

별지기의 입장에서 북극성은 방향 이상의 것을 말해주죠. 저배율의 작은 망원경은 페르세우스자리 방향으로 뻗어나간 40분 크기의 고리를 구성하는 6등급에서부터 9등급 별 중 하나로 북극성을 보여줄 것입니다. 이 자리별은 종종 **약혼반지**(Engagement Ring)라고 불리기도 하죠. 북극성은 여기서 밝게 빛나는 다이아몬드 역할을 하고 있습니다. 그러나 그 이름에도 불구하고 이 약혼반지는 함부로 다뤄져서 손상된 것처럼 보입니다. 타원형에다가 남쪽으로는 심각하게 이가 나간 모습을 보여주죠.

북극성은 이중별입니다. 2등급의 으뜸별과 9등급의

란빛을 띱니다. 이와 대조적으로 희미한 짝꿍별은 창백한 푸른빛을 띠고 있죠. 그러나 실제 측정치에 따르면 이 2개 별은 비슷한 색깔을 가지고 있다고 합니다.

북극성은 특별한 위치를 점유하고 있는 별입니다. 바로 지구의 극축이 이 별을 향하고 있죠. 이것을 다른 말로 하면, 이 별은 북극점에서 거의 수직으로 떠 있다는 뜻입니다. 지구가 자전할 때 지리적 극점은 밤새 동일한 방향을 접해 있는 유일한 지면이 됩니다. 결과적으로 극점 바로 위에 떠 있는 별들만이 항상 정지된 상태인 것처럼 보이게 되죠.

그러나 북극성이 시인들이 묘사한 것처럼 전혀 움직임이 없는 별은 아닙니다. 우리 지구의 자전축은 북극

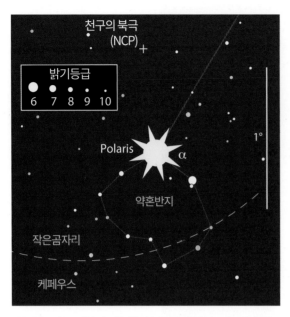

북극성이 보석으로 박혀 있는 희미한 약혼반지 자리별을 알고 있는 별지기들은 얼마나 될까요? 이 반지의 지름은 2/3도입니다. 그래서 저배율의 광시야 접안렌즈를 사용해야 전체를 볼 수 있죠.

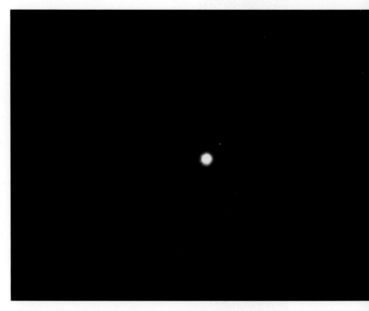

이 사진에는 무려 600배의 밝기 차이를 보이는 북극성A와 북극성B의 모습이 담겨 있습니다. 사진은 용인에서 촬영되었으며 총 18장의 사진을 1장으로 합성하였습니다.
사진: 김도익

성에서 약간 어긋나 있습니다. 진짜 천구의 북극점은 북극성에서 약 3/4도 벗어나 있죠. 방향은 북극성에서 작은곰자리를 구성하는 또 다른 2등급의 별인 코카브 (Kochab), 즉 **작은곰자리 베타**(β) 별(Beta Ursae Minoris, UMi) 쪽입니다. 북극성은 이 진북 지점의 주위를 원을 그리며 매일 약간씩 이동하고 있습니다.

이 원의 크기는 향후 100년 내에 0.5도까지 줄어들게 되죠. 왜 이런 현상이 벌어질까요? 태양과 달이 지구를 잡아당기면서 지구의 적도면을 황도면에 좀 더 평행하게 만들고 있기 때문입니다. 그 결과 지구의 회전력은 그 자전축의 방향이 서서히 변하는 이른바 '세차운동'이라는 것을 만들어냅니다. 세차운동은 천구의 북극점이 거의 원에 가까운 거대한 원을 그리게 만드는데 그 원은 약 2만 6,000년을 단위로 한 번 일주합니다.

그렇다면 언제 북극성이 북극점에 가장 가까워질까요? 사실 그 답이 간단하지는 않습니다. 달이 만들어내는 중력영향의 변이가 18.6년 주기의 '장동현상'을 만들어내기 때문입니다. 장동현상이란 회전축의 경사도가 흔들리는 현상을 말합니다. 이러한 장동 현상을 모두 고려해보면 별들의 연주광행차는 초속 30킬로미터로 움직이는 지구의 궤도 운동 때문에 해마다 극히 미미한 겉보기 위치의 변화를 만들어냅니다. 게다가 북극성 역시 자신의 고유운동이 있고, 태양에 대한 겉보기 운동도 있죠.

계산의 명수인 진 뮤스Jean Meeus는 이러한 모든 요소를 고려하여 북극성이 하늘의 북극에 가장 가까워지는 때가 2100년 3월 24일이며, 이 때 겉보기 분리각은 27분 09초까지 좁혀질 것이라고 말했습니다. 이것은 북극성만이 북극의 별은 아닐 것이라는 점을 말해주는 한편, 간단한 질문이라도 얼마나 정확한 답을 원하느냐에 따라서 그 대답이 얼마든지 복잡해질 수 있다는 사실을 보여줍니다.

작은곰자리를 구성하는 다른 별들 중에는 넓은 간격을 유지하며 벌어져 있는 네 쌍의 별이 있습니다. 이 중에 진짜 이중별은 하나도 없긴 합니다만, 두 쌍의 별들은 쌍안경이나 작은 망원경에서 매력적인 색의 대비를

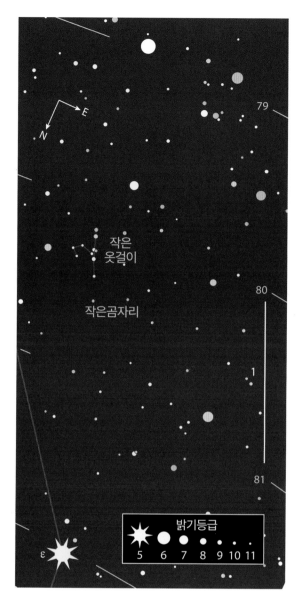

작은 옷걸이는 작은곰자리의 꼬리와 몸통 사이의 별인 작은곰자리 엡실론(ε) 별 근처에 있는 1/3도 길이의 자리별입니다.

보여줍니다.

작은곰자리 제타(ζ) 별과 **세타**(θ) 별로 이루어진 이중별 한 쌍은 작은곰자리에서 꼬리와 몸통이 연결되는 부분에 있습니다. 4등급의 작은곰자리 제타 별은 하얀색입니다. 이에 반해 5등급의 작은곰자리 세타 별은 주황색이죠. 49분 간격으로 떨어져 있는 이 한 쌍의 별은 저배율의 광각에서만 한 시야에 들어옵니다.

작은곰자리의 반대쪽 모서리에 있는 별들은 3등급의 페르카드(Pherkad)와 5등급의 작은 페르카드(Pherkad Minor)로서 이 별들은 각각 **작은곰자리 감마**(γ) 별과 작

은곰자리 11 별입니다. 이 한 쌍의 별은 17분 거리로 떨어져 있으며 우리가 앞서 본 이중별과 비슷한 색조를 가지고 있습니다. 그러나 좀 더 희미한 짝꿍별은 아주 약간의 희미한 주황색을 띠고 있습니다. 작은곰자리 세타 별의 색지수가 1.6인 데 반해 작은곰자리 11 별의 색지수는 1.4입니다(색지수에서 +0.2는 순수한 하얀색을 의미합니다. 이보다 적거나 음수의 값은 미세한 푸른빛을 말하며, 이보다 높은 값은 점점 수치가 높아질수록 노란색, 주황색, 붉은색을 의미합니다). 이 이중별들의 가까운 거리를 유지하면서 겉보기 색채의 대비를 최대한 살려내고 싶다면 가지고 있는 장비 중 최저배율을 선택하세요.

밝은 별 코카브의 반대쪽 모서리에는 5등급의 **작은곰자리 에타**(η) 별과 **작은곰자리 19** 별이 있습니다. 이들은 26분 거리로 떨어져 있으며 극히 미미하게 노란빛이 도는 하얀색과 푸른빛의 느낌이 나는 하얀색의 별들로 구성되어 있습니다. 이 2개 별 사이의 차이를 구분해 볼 수 있나요? 이 2개 별과 이등변삼각형을 구성하고 있는 또 하나의 별이 6등급의 **작은곰자리 20** 별입니다. 이 별은 노란색이 우세한 주황색 빛을 띠고 있죠.

네 번째 이중별은 **작은곰자리 델타**(δ) 별과 **작은곰자리 24** 별입니다. 각 별의 밝기등급은 4등급과 6등급이며 23분 거리로 떨어져 있고, 색깔은 두 별 모두 하얀색이죠. 작은곰자리 몸통부분의 북쪽에는 펜실베이니아의 별지기인 톰 화이팅Tom Whiting이 발견한 깜찍한 자리별이 있습니다. 그는 이 자리별을 **작은 옷걸이**(Mini-Coathanger)라 불렀습니다. 이 자리별의 형태가 여우자리에 있는 옷걸이 자리별과 유사하게 생겼기 때문이죠. 이 자리별은 **작은곰자리 엡실론**(ε) 별의 남남서쪽 1.9도 지점에 있는 9등급에서 11등급 사이의 별들로 구성되어 있습니다. 좀 더 몸집이 큰 자신의 사촌과 마찬가지로 이 작은 옷걸이 자리별은 똑바로 뻗은 목재옷걸이 부분과 금속재질의 걸개 고리를 가진 고전적인 형태의 옷걸이 모양을 하고 있습니다. 옷걸이 부분은 7개의 별들이 17분의 길이로 배열되어 있습니다. 그리고 3개의 희미

한 별이 걸개 고리 부분을 구성하고 있죠.

작은곰자리의 유명세는 대부분, 이 별자리에 북극성이 있다는 사실 때문입니다. 그러나 이곳에서는 좀 더

미묘한 보석들을 찾을 수 있고, 무엇보다도 가장 좋은 것은 1년 내내 이들을 만날 수 있다는 것입니다.

작은곰자리의 별들

대상	밝기	분광유형	색지수	거리(광년)	적경	적위
북극성 A	1.9 - 2.1	F5-8 Ib	+0.6	430	2시 31.8분	+89° 16′
북극성 B	9.0	F3 V	+0.4	430	2시 31.8분	+89° 16′
작은곰자리 베타(β) 별	2.0	K4 III	+1.5	125	14시 50.7분	+74° 09′
작은곰지리 제디(ζ) 별	4.3	A3 V	0.0	375	15시 44.1분	+77° 48′
작은곰자리 세타(θ) 별	5.0	K5 III	+1.6	800	15시 31.6분	+77° 21′
작은곰자리 감마(γ) 별	3.0	A3 III	+0.1	480	15시 20.7분	+71° 50′
작은곰자리 11 별	5.0	K4 III	+1.4	390	15시 17.1분	+71° 49′
작은곰자리 에타(η) 별	5.0	F5 V	+0.4	97	16시 17.5분	+75° 45′
작은곰자리 19 별	5.5	B8 V	-0.1	660	16시 10.8분	+75° 53′
작은곰자리 20 별	6.4	K2 IV	+1.2	760	16시 12.5분	+75° 13′
작은곰자리 델타(δ) 별	4.4	A1 V	0.0	180	17시 32.2분	+86° 35′
작은곰자리 24 별	5.8	A2	+0.2	155	17시 30.8분	+86° 58′
작은곰자리 엡실론(ε) 별	4.2	G5 III	+0.9	350	16시 46.0분	+82° 02′

각크기는 천체목록 또는 천체사진에 기재된 내역을 기록한 것입니다. 대부분의 천체들은 망원경으로 봤을 때 약간씩 더 작게 보입니다. 거리 근사치는 최근 연구를 기반으로 한 광년 단위의 거리입니다. MSA와 U2는 각각 『밀레니엄 스타 아틀라스』와 『우라노메트리아 2000.0』 2판에 기재된 차트 번호를 의미합니다.

아치를 따라서

목동자리는 많은 별지기들이 생각하는 것처럼
딥스카이가 별로 없는 별자리가 아닙니다.

목동자리는 찾기 쉬운 별자리입니다. 북두칠성의 익숙한 형태가 항상 "아치를 따라서 아르크투루스(Arcturus)로 가세요"라고 말해주죠. 북두칠성 꼬리를 따라 아치를 그리며 내려가면 목동자리에서 가장 밝은 별인 아르크투루스를 만나게 됩니다. 날렵한 가오리연처럼 생긴 목동자리는 이 찬란한 금빛 아르크투루스로부터 북동

쪽으로 뻗어 있죠.

목동자리는 쉽게 찾을 수 있는 별자리이지만 딥스카이 천체는 별로 없는 별자리로 알려져 있습니다. 저는 같은 동호회에서 활동 중인 몇몇 별지기들에게 목동자리에서 생각나는 딥스카이가 있는지 물어본 적이 있습니다. 대부분 아름다운 황금색과 백색의 별이 만드는 이

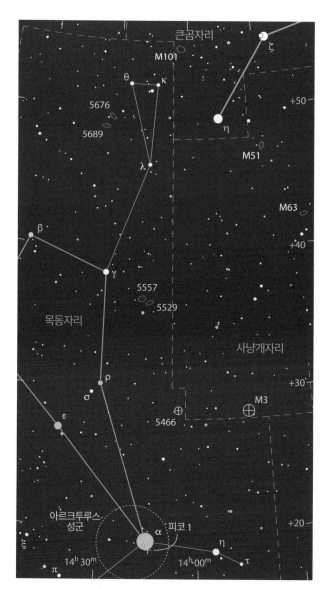

목동의 한쪽 팔은 마치 큰곰의 꼬리를 잡으려는 듯 큰곰자리의 마지막 꼬리별까지 뻗어 있습니다. 이러한 광경은 큰곰의 꼬리가 어떻게 이렇게 쭉 뻗게 되었는지를 보여주는 듯합니다. 북극성 주위를 도는 한밤의 추격전에서 큰곰이 목동의 앞쪽에서 도망가고 있기 때문이죠.

아카이널Brent A.Archinal과 스티븐 J. 하인스Steven J. Hynes의 책『성단Star Clusters』를 통해 알게 되었습니다. 저자들은 처음으로 이 성군이 언급된 것은 히람 메티슨Hiram mattison과 엘리야 H. 뷰릿Elijah H. Burritt이 1856년 펴낸『하늘의 지리학The Geography of the Heavens』이라는 책으로 생각된다고 기록하였습니다. 그 책에서 아르크투루스 성군은 다음과 같이 묘사되어 있습니다. "아르크투루스 인근에 많은 별들이 있으며 이 별들이 아르크투루스를 감싸고 있습니다. 작은 망원경으로도 볼 수 있을 것입니다." 또한 책에 수록된 별지도에는 48개 별들이 그려져 있는데 그 크기나 방향은 일체 기록되어 있지 않습니다. 쌍안경으로 이곳을 보면 대충 이 성군에 상응하는 별들을 볼 수 있죠. 이 성군의 중심부는 가로 3.5도 세로 2도의 동서로 긴축을 가지고 있으며 외곽부의 별들은 대략 5도×3도 영역에 걸쳐 퍼져 있습니다. 작은 망원경은 이곳에 있는 별 중 일부에서 노란색과 주황색의 빛깔을 드러내줄 것입니다. 그러나 이 성군 전체를 하나로 담아낼 만큼 충분한 시야각을 보여주는 망원경은 많지 않습니다. 아르크투루스 성군은 진정한 별 무리라

중별인 목동자리 엡실론(ε) 별 이자르(Izar) 정도만을 말했죠. 그러나 목동자리는 충분히 볼 만한 가치가 있는 또 다른 풍경이 있습니다. 몇 개를 방문해보도록 하죠.

아르크투루스 성군에서 시작해보겠습니다. 저는 5등급에서 9등급의 별들이 모여 있는 이 성군을 브렌트 A.

사진 오른쪽에 담긴 NGC 5466은 매우 희미하고 거의 텅 빈 모습을 보여주는 구상성단입니다. 그러나 이 구상성단은 대부분의 망원경으로 관측이 가능하죠. 7등급의 별 하나가 동쪽 1/3도 지점에 고 있습니다. 조지 R. 비스콤(George R. Viscome)은 뉴욕 레이크 플라시드에서 14.5인치(368.3밀리미터) f/6 뉴토니언 반사망원경에 3M 1000 필름으로 22분간의 노출을 이용하여 이 사진을 촬영하였습니다.

프랑스의 관측가인 샤를 메시에는 1779년 보데 혜성을 추적하던 중 M3 구상성단을 발견하였습니다. 그리고 이 성단을 그 유명한 목록상에 세 번째로 기록하였죠. 그러나 그가 본 것은 그저 빛무리였을 뿐, 이곳에서 별을 구분해내지는 못했습니다. 저자 수 프렌치는 그녀의 105밀리 굴절망원경으로 개개의 별을 구분해낼 수 있었다고 합니다. 이 사진과 스케치는 동일한 대상을 사진으로 촬영했을 때와 눈으로 봤을 때의 차이가 얼마나 큰지를 잘 보여주고 있습니다. 특히 스케치의 경우 구상성단처럼 별들이 빽빽하게 모여 있는 천체의 별 하나하나를 사실적으로 그려내기 어렵기 때문에 대상에 대한 느낌이 녹아 들어가게 되고, 이로 인해 천체 스케치는 단순 기록보다는 관측자의 감정이 녹아 들어간 '작품'이 되곤 합니다. 스케치에서 대상을 바라봤을 때 사용된 배율은 264배입니다. 사진에서 10시 방향에 있는 붉은 별이 스케치에서는 북북서쪽의 경계에 걸터앉은 별로 그려져 있습니다. 이를 보면 스케치에서 관측된 배율이 얼마나 높은 배율인지를 알 수 있으며 사진에서는 하나하나 그 모습을 드러내는 어두운 별들이 맨눈으로는 관측이 어렵다는 점도 알 수 있습니다.

사진: 김도익 , 스케치: 박한규

할 수 없습니다. 차라리 서로 관련이 없는 별들이 시선상에서 우연히 줄을 맞춰 정렬하면서 만들어진 자리별이라 할 수 있죠.

아르크투루스 성군의 남쪽 끝단에는 훨씬 더 작은 자리별이 있습니다. 이 자리별은 **피코 1**(Picot 1)로 불립니다. 피코 1은 9.4등급에서 10.7등급의 별 7개로 구성되어 있으며 종 모양 곡선을 그리고 있습니다. 이 이름은 프랑스의 아마추어 천문학자인 풀베르트 피코Fullbert Picot의 이름을 딴 것이며 간단히 부를 수 있는 별명으로 나폴레옹의 모자라고 부르기도 합니다. 이 모자의 테두리는 약 20분 크기이며 북동쪽에서 남서쪽으로 가로지르고 있죠. 대부분의 망원경에서 이 황제의 모자를 찾아낼 수 있습니다.

여기서 북쪽으로 움직이면 목동자리에서 많이 찾는 대상 중 하나인 **NGC 5466**을 만나게 됩니다. NGC 5466은 낮은 표면밝기를 가진 유령과 같은 구상성단입니다. 이 성단은 낮은 표면밝기에도 불구하고 어두운 하

조지 R. 비스콤(George R. Viscome)은 성단 중심부의 과노출을 피하기 위해 노출시간을 10분으로 제한했습니다. 북쪽이 위쪽이며 사진의 폭은 0.4도입니다.

모서리은하들은 청명하고 달이 없는 밤에 멋진 광경을 연출하는 천체들 중 하나입니다. NGC 5529를 담은 이 사진은 애리조나 키트 피크에서 16인치(406.4밀리미터) 망원경으로 촬영된 것입니다. 사진의 폭은 1/4도이며 북쪽이 위쪽입니다.

사진: 빌 캘리(Bill Kelly) / 숀 캘리(Sean Kelly) / 애덤 블록 / NOAO / AURA / NSF

늘에서라면 쌍안경으로도 볼 수 있죠. 목동자리 로(ρ) 별의 서남서쪽 6도 지점에서 7등급 주황색 별의 옆을 찾아보세요.

작은 망원경에서 NGC 5466은 지름 약 5분의 미약하고 둥근 빛으로 보입니다. 105밀리미터 굴절망원경에서 87배율로 보면 이 성단에서 가장 밝은 약간의 별들을 잡아낼 수 있습니다. 그러나 150밀리미터에서 200밀리미터 정도로 구경을 넓히면 12개 정도를 볼 수 있게 되죠. 좀 더 큰 구경의 망원경은 이 성단의 겉보기밝기를 유지한 채 더 높은 배율로 볼 수 있게 해줄 것입니다. NGC 5466을 10인치(254밀리미터) 반사망원경에서 213배율로 보면 6분의 지름에 동서로 약간은 더 길쭉한 모습으로 볼 수 있습니다. 그리고 뭉뚱그려 보이는 연무 위에서 빛을 내는 희미한 별과 아주 희미한 별 20개 이상을 볼 수 있게 되죠. 가장 밝은 별들은 대부분 모서리를 따라 흩뿌려져 있습니다.

NGC 5466에서 정서 방향으로 5도를 이동하면 북반구에서 가장 장대한 모습을 뽐내는 구상성단 중 하나인 M3을 만나게 됩니다. 목동자리가 아닌 사냥개자리에

자리 잡긴 했지만 M3은 약간 옆으로 벗어나 볼 가치가 충분한 구상성단입니다. 이 성단은 쌍안경으로도 볼 수 있을 만큼 충분히 밝은 성단입니다. 어떤 별지기들은 심지어 맨눈으로 이 성단을 찾아내기도 하죠. 105밀리미터 굴절망원경에서 127배율로 M3을 관측해 보면 모서리 쪽으로는 별들이 얼마 없는 반면 갈수록 별들이 빽빽하게 몰리면서 대단히 찬란하게 빛나는 중심부를 볼 수 있습니다. 어떤 별들은 성단의 중심에서도 구분되어 보이며 북서쪽에서 남동쪽으로 길쭉한 중심부는 12분 지름의 헤일로에 파묻혀 있습니다. 10등급의 별이 북서쪽 가장자리에서 빛나고 있으며 8등급의 별 하나가 남남동쪽 헤일로 바깥쪽에 있습니다. 이 구상성단은 괜찮은 확대상을 보여주기 때문에 배율을 높이면 좀 더 희미한 별들도 볼 수 있습니다.

구경이 큰 망원경들은 셀 수 없이 많은 별로 가득한 눈부신 빛덩이로 분해해낼 수 있죠. 중심에 별들이 빽빽이 몰려 있는 곳으로부터 구불구불한 물결처럼 흘러나온 외곽 별들과 방사상으로 퍼져 나오는 빛들도 볼 수 있습니다. M3은 이웃 구상성단인 NGC 5466보다 훨씬 더 인상적인 모습을 보여주는데 이는 M3이 NGC 5466 대비 3분의 2 정도 거리밖에 되지 않고 그 밝기도 6배나 더 밝기 때문입니다.

목동자리에 있는 많은 딥스카이 천체들은 주로 은하들인데 이들 중 특별히 밝은 것은 없습니다. 가장 흥미로운 대상 중 하나가 NGC 5529인데 이 은하는 평평한 모습이 인상적인 은하죠. NGC 5529는 사실 나선은하입

니다. 얇은 원반이 모로 누우면서 평평하게 보일 정도로 높은 이심률을 보이게 된 거죠. 이 은하는 너비 대비 최소 7배 이상의 길이를 가진 4,236개 은하를 집대성한 『개정판 평평한 은하 목록』에 등록되어 있는 은하이기도 합니다. 일반적인 별지기들의 망원경으로는 이 목록상에 있는 은하의 상당수를 볼 수 없지만, NGC 5529는 예외입니다.

이 은하를 찾으려면 목동자리 감마(γ) 별에서 서남서쪽으로 2도를 움직여 그 지역에서 가장 밝은 별인 7등급의 별을 찾습니다. 그리고 지금까지 온 만큼 한 번 더 움직이면 됩니다. NGC 5529는 최소 6인치(152.4밀리미터) 이상의 구경에서 볼 수 있다고 합니다. 하지만 저는 제 10인치(254밀리미터) 뉴토니안 반사망원경보다 작은 망원경에서는 이 은하를 볼 수 없었습니다. 115배율에서는 서북서쪽에서 동남동쪽으로 가로지르고 있는 바늘과 같은 은색 선을 볼 수 있습니다.

이 은하는 중심부에서 약간은 더 폭이 넓고 약간은 더 밝은 모습을 보여주며 극단적으로 희미한 별상의 중심핵을 품고 있습니다. 측면으로는 각각 10등급에서 12등급의 별 3개로 이루어진 2개의 아치를 끼고 있습니다. NGC 5529는 동쪽 아치에 조금 더 가깝게 자리 잡고 있으며 남동쪽 끄트머리로 이 아치에서 가장 남쪽에 있는 별이 가까운 곳에 있죠.

사진으로 촬영한 NGC 5529는 약 6.4분×0.7분의 크기에 검은 먼지 띠에 의해 갈라져 있습니다. 저는 이 먼지 띠를 눈으로 본 사람이 있을지 정말 궁금합니다.

NGC 5529에서 동북동쪽 38분 지점에서 훨씬 둥근 모양을 한 은하 NGC 5557을 볼 수 있습니다. 저배율에서는 NGC 5529와 같은 시야에 들어오죠. NGC 5527은 더 밝은 표면밝기를 가지고 있어 쉽게 찾아볼 수 있습니다. 이 은하는 105밀리미터 망원경에서 17배율로 봤을 때 중심 쪽이 더 밝은, 작은 원형 조각처럼 보입니다. 87배율에서는 중심부를 둘러싸고 있는 얇은 헤일로

와 함께 약간의 타원형을 보여주죠. 배율을 127배율로 높이면 희미한 별상의 핵을 볼 수 있습니다. 이 은하를 10인치(254밀리미터) 반사망원경에서 관측해보면 헤일로가 그 모습을 더 드러내면서 약간은 더 커진 은하의 모습을 볼 수 있습니다.

추켜올린 목동의 팔 옆으로는 작은 은하군을 만나게 됩니다. 이 중에서 최소 2개의 은하는 작은 망원경으로도 충분히 볼 수 있을 만큼 밝은 은하입니다. 우선 목동자리 세타(θ) 별에서 남남동쪽 3도 지점에 있는, 붉은빛이 도는 5.7등급의 주황색 별을 찾아봅니다. 이곳에서 서북서쪽 19분 지점에서 NGC 5676을 찾게 될 것입니다. 이 은하는 제 작은 굴절망원경에서 47배율로 봤을 때 북동쪽에서 남서쪽으로 가로지르는 퍼진 얼룩처럼 보입니다. 87배율에서는 거의 고른 표면 밝기가 유지되죠. 10인치(254밀리미터) 망원경에서는 너비 대비 3배는 더 긴 희미한 헤일로를 보여주는데 이 헤일로는 거대한 다원형의 중심부를 감싸고 있습니다. 비교적 밝은 부분이 중심에서 동쪽 끄트머리를 장식하고 있는데, 이는 이 은하가 나선은하임을 말해주는 단서가 됩니다.

비록 약간은 더 희미하긴 하지만, NGC 5689 역시 작은 굴절망원경에서 47배율로 볼 수 있습니다. 이 은하는 앞서 언급한 붉은빛의 별로부터 남남동쪽 38분 지점에 있으며 동서로 길쭉한 모습을 보여주죠. 87배율에는 중심으로 갈수록 더 밝아지는 모습을 볼 수 있습니다. 10인치(254밀리미터) 망원경에서 중배율 이상의 배율로 관측해보면 약간 얼룩진 모습과 함께 별상의 중심핵을 볼 수 있습니다. NGC 5689는 거의 모서리를 드러내고 있는 막대나선은하입니다.

우리는 목동자리가 충분히 찾아볼 만한 가치가 있는 천체를 품고 있다는 것을 알게 되었습니다. 별들이 밤하늘을 채울 때, 확신을 가지고 아치를 따라가서 자신만의 보석을 모아보세요.

대상	분류	크기	밝기	SB	적경	적위	MSA	U2
아르크투루스 성군	자리별	약 5도	-	-	14시 19.5분	+19° 04′	696	70R
피코 1 (Picot 1)	자리별	20′×7′	-	-	14시 14.9분	+18° 34′	696	70R
NGC 5466	구상성단	9′	9.0	-	14시 05.5분	+28° 32′	650	70R
M3	구상성단	18′	6.2	-	13시 42.2분	+28° 23′	651	71L
NGC 5529	나선은하	6.4′×0.7′	11.9	13.5	14시 15.6분	+36° 14′	627	52R
NGC 5557	타원은하	3.6′×3.2′	11.0	12.6	14시 18.4분	+36° 30′	627	52R
NGC 5676	나선은하	4.0′×1.9′	11.2	13.2	14시 32.8분	+49° 27′	586	36L
NGC 5689	나선은하	4.0′×1.1′	11.9	13	14시 35.3분	+48° 45′	586	36L

각크기는 천체목록 또는 천체사진에 기재된 내역을 기록한 것입니다. 대부분의 천체들은 망원경으로 봤을 때 약간씩 더 작게 보입니다. SB는 평균표면밝기를 의미하는 것으로 1제곱각분당 겉보기밝기에 해당합니다. MSA와 U2는 각각 『밀레니엄 스타 아틀라스』와 『우라노메트리아 2000.0』 2판에 기재된 차트 번호를 의미합니다.

6월

에다시크를 품에 안다

봄의 북반구 하늘에는 은하들이 넘쳐납니다.

이번 여행에서는 그 자체만으로도 흥미로운 별인 용자리 요타(ι) 별, 즉 **에다시크**(Edasich)를 중심으로 한 주변 지역을 살펴보겠습니다. 세차운동 때문에 약 6,400년 전에는 에다시크가 북극점의 별이었습니다. 오늘날의 북극성이 그러하듯 이 별이 천구의 북극에 가까이 있었고, 그래서 결코 저물지 않는 별이었죠.

에다시크는 또한 2개 유성우의 복사점 가까이에 있는데 하나는 1월의 사분의자리 유성우이며 또 하나는 용자리 요타 별 유성우(the Iota Draconids)로 알려져 있기도 한, 6월의 목동자리 유성우(the June Bootids)입니다. 목동자리 유성우의 경우 최대 별똥별 발생률은 시간당 0개에서 100개까지의 범위를 차지하고 있는데, 눈에 띄는 유성우를 만들어낸 때는 1916년과 1921년, 1927년과 1998년 이렇게 네 차례뿐이었습니다. 앞으로 예정된 사

분의자리 유성우의 극대기 예상정보는 국제유성협회(the International Meteor Organization)의 홈페이지에서 볼 수 있습니다.(www.imo.net) 여기서는 사분의자리 유성우뿐 아니라 다른 유성우의 관측 조건도 볼 수 있습니다.

100광년 거리 너머에서 우리를 향해 미소 짓고 있는 에다시크는 분광유형 K2에 속하는 주황색 거성입니다. 이 별은 또한 지금은 용자리 요타b라 불리는 항성직하천체를 거느린 사실이 밝혀진 최초의 거성이기도 합니다. 이 동반천체는 그 질량이 목성 질량의 9.8배에서 19.8배 사이 정도일 것으로 생각됩니다. 따라서 이 천체는 거대행성일 수도 있고, 갈색왜성일 수도 있죠. 이 동반천체는 에다시크에 대해 0.4AU에서 2.2AU 거리에 이르는 매우 이심률이 높은 궤도를 돌고 있습니다.

에다시크를 찾는 방법은 간단합니다. 에다시크 근처

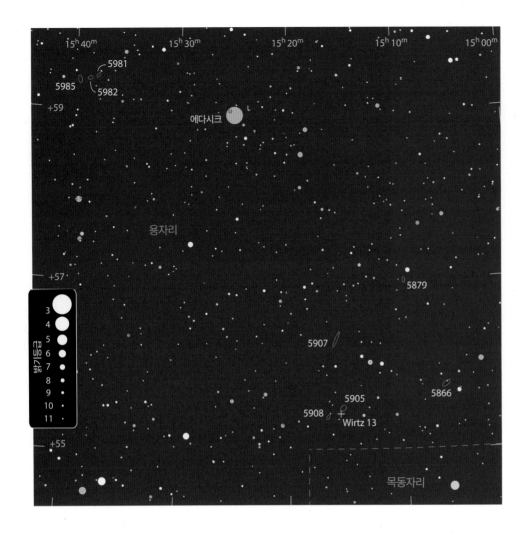

각 삼각형에서 가장 흐리게 보이는 별의 바깥쪽에 있습니다. 이 은하에서 남쪽으로 1.2도 지점에는 밝은 노란색 별이 있으며 11등급의 별 하나가 은하의 북서쪽 측면에 있습니다. 배율을 87배로 올리면 NGC 5866의 반대편에 있는 좀 더 희미한 별도 볼 수 있죠. 이 은하는 방추체의 외형에 2.5분의 길이와 길이 대비 3분의 1 정도의 너비에 밝은 타원형 중심부를 가지고 있습니다. 127배율에서는 아주 작은 핵이 간간이 눈에 띕니다. 12인치(304.8밀리미터) 이상 구경의 망원경을 가진 별지기라면 은하의 길

에 있는 용자리 알파(α) 별 투반(Thuban)은 작은곰자리의 몸통과 큰곰자리의 꼬리 중간 지점에 있습니다. 3등급의 에다시크는 용자리 알파 별로부터 동쪽 방향으로 용의 꾸불꾸불한 몸을 따라 바로 다음에 자리 잡은 별입니다. 에다시크는 그 특유의 황금빛으로 인해 망원경으로 쉽게 알아볼 수 있는 별이죠. 이 별은 북동쪽에 있는 붉은빛의 9등급 별과 함께 매우 넓은 간격을 가진 광학적 이중별(BUP 162)을 형성하고 있습니다.

또한 눈길을 잡아끄는 은하들이 에다시크를 감싸고 있죠. 이 중에서 가장 밝은 은하는 NGC 5866으로서 이 은하는 에다시크의 남서쪽 4도 지점에서 발견됩니다. 거의 모서리를 우리 쪽으로 향하고 있는 이 렌즈형은하는 작은 은하이지만 105밀리미터 굴절에서 28배율로 봤을 때도 충분히 밝게 보이는 은하입니다. 이 은하는 7등급과 8등급의 별 3개가 만드는 40분 크기의 직

이를 따라 가로지르고 있는 검은 먼지 띠와 중심의 양 끝지점에서 바깥쪽으로 퍼져나가는 얇은 빛의 날개를 찾아볼 수 있을 것입니다.

그 정체가 논란이 되긴 하지만 NGC 5866은 종종 별지도상이나 메시에 목록에서 M102로 표시되곤 합니다 (서로 대조되는 내용을 보려면 《스카이 앤드 텔레스코프》 2005년 3월호의 78페이지나, www.maa.clell.de/Messier/E/m102d.html을 참고하세요).

NGC 5866은 자신이 속한 은하군에서 가장 밝은 은하입니다. 이 은하군까지의 거리는 약 5,000만 광년이죠. 같은 은하군에서 다음으로 밝은 은하는 NGC 5907로서 이 은하는 NGC 5866에서 동북동쪽 1.4도 지점에 있습니다. NGC 5907을 향해 이동할 때, 3개의 8등급 별이 만드는 1/4도 폭의 아치에 주의를 기울이세요. 이 별들의 고리를 따라 아치의 길이만큼 한 번 더 이

《스카이 앤드 텔레스코프》의 칼럼니스트였던 월터 스콧 휴스턴이 왜 이 은하를 가시 은하(the splinter Galaxy)라고 불렀는지 한눈에 알 수 있을 것입니다. 북쪽이 위쪽이며 사진의 폭은 12분입니다.

사진: 로버트 젠들러

동하면 NGC 5907을 만날 수 있게 됩니다.

NGC 5907의 나선원반은 거의 완벽하게 모서리를 우리 쪽으로 향하고 있어 NGC 5866보다 훨씬 더 평평한 모습을 보여줍니다. 이 은하는 때때로 가시은하(the Splinter Galaxy)라 불리기도 합니다. 가시은하라는 이름은 《스카이 앤드 텔레스코프》의 예전 칼럼니스트였던 월터 스콧 휴스턴이 사용한 용어로 생각됩니다. 그가 이 용어를 사용하기 시작한 것은 1970년 6월 호까지 거슬러 올라가죠. 105밀리미터 굴절망원경에서 87배율로 관측해보면 아주 희미하지만 기다란 바늘이 남남동쪽에서 북북서쪽으로 가로지르고 있는 매우 멋진 모습을 볼 수 있습니다. NGC 5907은 7분의 길이에 기다란 축과 중

심을 따라 점점 밝아지는 모습을 보여줍니다. 이 멋진 칼 같은 모서리는 10인치(254밀리미터) 반사망원경에서 115배율로 보면 9분까지 늘어나고 얼룩덜룩한 중심부를 보여줍니다. 희미한 별 하나가 서쪽 경계에 바짝 붙어 있고, 몇몇 별들이 은하 북쪽 반의 바로 동쪽에 점점이 뿌려져 있습니다.

NGC 5907에서 남쪽으로 1도를 내려오면 NGC 5905와 NGC 5908 은하를 만나게 됩니다. 이 2개 은하는 제작은 굴절망원경으로 87배율로 바라봐도 한 시야에 들어오죠. NGC 5908 역시 거의 모서리를 드러내고 있는 은하로서 2개 은하 중 더 밝게 빛나는 은하입니다. NGC 5908은 약 2분의 길이에, 길이 대비 4분의 1 정도의 너비를 가지고 있죠. 이 은하는 장축을 따라 확실히 밝아지는 모습을 보여주며 중심부를 향해서는 약간 밝아지는 모습을 볼 수 있습니다. 여기서 서북서쪽으로 13분 지점에 있는 NGC 5905는 형체를 알아볼 수 없는 작은 얼룩처럼 보이죠.

10인치(254밀리미터) 반사망원경에서 115배율로 봐도 여전히 2개 은하는 한 시야에 같이 들어옵니다. NGC 5908의 겉보기밝기는 약간 더 밝아지는 데 반해 NGC 5905는 훨씬 더 나은 모습을 보여주죠. 105밀리미터에서 보이던 얼룩은 밝은 별상의 중심핵을 거느리고 북서쪽으로 서 있는 타원형 헤일로를 거느린 훨씬 더 큰 은하의 중심으로 나타납니다. 이 은하의 남동쪽 끄트머리에서 남쪽으로 2.5분 지점에서는 서로 바짝 붙어 있는 11등급의 이중별 비르츠 13(Wirtz 13)을 볼 수 있습니다. 큰 망원경을 가진 별지기들은 NGC 5908의 중심에 있는 막대와 NGC 5905의 먼지 띠를 볼 수 있을 것입니다. 막대와 먼지 띠를 찾아보시겠어요?

NGC 5905와 NGC 5908은 NGC 5866 은하군의 일원은 아닙니다. 이 2개 은하는 NGC 5866보다 3배는 더 멀리 떨어져 있으며 상호작용이 진행 중이죠. 그러나 우리는 NGC 5866 은하군에서 세 번째로 밝은 은하를 찾을 수 있습니다. 이를 위해 우선 NGC 5907로 돌

대부분의 망원경에서 한 시야각에 꼭 맞게 들어올 정도로 촘촘하게 자리 잡은 용자리의 이 은하 삼총사는 그 다양한 모습 때문에 특별히 주목할 만한 가치가 있는 대상입니다. 왼쪽부터 NGC 5985, NGC 5982, NGC 5981입니다. 북쪽이 위쪽이며 사진의 폭은 1/4도입니다.

사진: 로버트 젠들러

는 각도로 기울어진 나선은하를 만나게 됩니다.

타원은하 NGC 5982는 쉽게 찾을 수 있고, 105밀리미터 굴절망원경에서 28배율로 봐도 그 모습을 볼 수 있습니다. 그러나 이 삼총사 은하에 대한 최상의 모습은 102배율에서 드러납니다. 이 때 3개 은하는 약간의 곡선을 그리며 동일한 간격으로 도열한 모습을 보여주죠. NGC 5982의 타원형 몸통은 동쪽에서 남쪽으로 약간 기울어 있으며 밝은 중심부와 별상의 핵을 품고 있습니다. NGC 5985는 훨씬 크지만 표면 밝기는 더 어둡습니다. 거의 남북으로 줄지어 선 타원형 몸통은 확실히 크게 보이고, 약간 더 밝은 중심부를 보여줍니다. 북쪽 끄트머리에는 12등급의 별 하나가 박혀 있죠. NGC 5981은 북북서쪽에 있는 11등급의 별을 가리키는 듯한 매우 희미한 삐침선으로 보입니다.

이 삼총사 은하는 10인치(254밀리미터) 반사망원경에서 118배율로 관측해도 동일한 시야에 들어옵니다. NGC 5981은 1.7분 길이에 매우 얇게 보이고 NGC 5982는 1.5분×1분 크기의 헤일로가 반 정도 크기의 중심부를 품고 있는 모습으로 보이며 NGC 5985는 3분×2분의 크기로 보입니다. 하늘 상태가 좋다면 10인치(254밀리미터) 반사망원경은 NGC 5985가 나선팔을 가지고 있음을 알려주는 얼룩을 보여주기 시작합니다. 만약 당신이 대구경 망원경을 가지고 있다면 세이퍼트라는 이름으로 알려져 있는 활동성 은하에 속하는 이 은하에서 나선팔이 뻗어 나오기 시작하는 작은 핵을 찾아보세요.

우리의 마지막 목표는 털뭉치 같은 은하 NGC 6015

아간 후 북서쪽으로 1도를 이동해보겠습니다. 이곳에서 NGC 5866 은하군에서 세 번째로 밝은 은하 **NGC 5879**를 찾을 수 있습니다. 이 은하의 북북서쪽 7분 지점에는 황백색의 7등급 별이 하나 있죠. 제 작은 굴절망원경에서 87배율로 관측해보면 거의 남북으로 도열해 있는 1.5분×0.5분의 타원형을 볼 수 있습니다. 이 은하는 중심으로 갈수록 현저하게 밝아지며 동쪽으로 수 분 지점에 희미한 한 쌍의 별을 거느리고 있죠. 이 은하의 크기는 10인치(254밀리미터) 망원경에서 3분×1분의 타원형으로 커지며 별상의 은하핵이 드러납니다.

이제 다시 에다시크로 돌아가 동북동쪽으로 1.8도를 이동하여 하늘에서 가장 아름다운 삼총사 은하 중 하나를 만나보겠습니다. **NGC 5981**과 **NGC 5982**, **NGC 5985**는 1억 광년 거리에서 물리적으로 연관된 은하군을 형성하고 있습니다. 그리고 각각의 은하는 인상적이게도 외모에서 현격한 차이를 보여주죠. 여기서 우리는 모서리나선은하와 타원은하, 그리고 나선팔을 볼 수 있입니다. 이 은하는 208쪽의 별지도에서 별지도 바깥으로 북북동쪽 3.3도 지점에 있습니다. 이 은하의 동남동쪽 37분 지점에는 5등급의 별 하나가 있습니다. 제 작은 굴절망원경에서 87배율로 관측해보면 중심으로 갈수록 밝아지며 북북동쪽으로 기울어진 3.5분 크기의 타원형을 볼 수 있습니다. 11등급의 별 하나가 서쪽 측면에 있으며 대단히 희미한 한 쌍의 별이 남쪽 끄트머리에 자리 잡고 있죠. 10인치(254밀리미터) 망원경에서 170배율로 관측해보면 그 크기가 3분×1.2분 정도라는 것을 알 수 있습니다. 이 은하의 크고 밝은 중심부와 안쪽 헤일로는 흥미롭게도 헝겊조각처럼 보입니다. 13등급의 별 하나가 이 은하의 남쪽 끄트머리에서 동쪽 측면 경계에 매달려 있습니다. NGC 6015는 5,000만 광년 거리에 외따로 떨어져 있는 은하입니다.

지금까지 살펴본 9개의 매력적인 은하들은 북반구 중위도에 있는 별지기들에게는 한여름 밤 최적의 관측 대상이 됩니다. 이 모두를 살펴보는 데는 에다시크로부터 파인더에 들어오는 시야 이상으로 움직일 필요조차 없습니다.

에다시크 부근의 매력적인 은하들

대상	분류	밝기	각크기/각분리	적경	적위	MSA	U2
에다시크 (Edasich)	이중별	3.4, 8.9	255″	15시 24.9분	+58° 58′	553	22R
NGC 5866	렌즈형은하	9.9	6.4′×2.8′	15시 06.5분	+55° 46′	568	22R
NGC 5907	나선은하	10.3	12.9′×1.3′	15시 15.9분	+56° 20′	568	22R
NGC 5905	나선은하	11.7	4.7′×3.6′	15시 15.4분	+55° 31′	568	22R
NGC 5908	나선은하	11.8	3.2′×1.6′	15시 16.7분	+55° 25′	568	22R
비르츠 13 (Wirtz 13)	이중별	11.1, 11.5	9″	15시 15.6분	+55° 27′	568	22R
NGC 5879	나선은하	11.6	4.2′×1.4′	15시 09.8분	+57° 00′	568	22R
NGC 5981	나선은하	13.0	3.1′×0.6′	15시 37.9분	+59° 23′	553	22R
NGC 5982	타원은하	11.1	2.5′×1.8′	15시 38.7분	+59° 21′	553	22R
NGC 5985	나선은하	11.1	5.5′×2.9′	15시 39.6분	+59° 20′	553	22R
NGC 6015	나선은하	11.1	5.4′×2.1′	15시 51.4분	+62° 19′	553	22R

각크기 및 각분리는 최근 천체 목록을 참고한 것입니다. MSA와 U2는 각각 『밀레니엄 스타 아틀라스』와 『우라노메트리아 2000.0』 2판에 기재된 차트 번호를 의미합니다. NGC 6015를 제외한 모든 천체의 위치가 208쪽 별지도에 표시되어 있습니다.

돌아온 사냥개

6월의 밤하늘은 딥스카이 사냥꾼들을 위한
흥미로운 은하들을 거느리고 있습니다.

5월의 다섯 번째 장 '환희의 송가'에서 사냥개자리의 M94부터 M106까지 늘어선 딥스카이 천체들을 소개해 드린 바 있습니다. 여기서 좀 더 남쪽으로 내려가보도록 하겠습니다. 이웃 별자리인 큰곰자리 경계 바로 안쪽에서 시작해서 제가 좋아하는 2개의 은하들을 향해 우리의 여정을 진행해보겠습니다.

첫 번째 정거장은 사랑스러운 다중별계인 **큰곰자리 67 별**(67 Ursae Majoris, UMa)입니다. 당신이 있는 곳의 하늘이 완전히 어두운 상태라면, 5등급의 으뜸별을 맨눈으로

도 볼 수 있을 것입니다. 이 별이 있는 방향을 지목하고 있는 사냥개자리 알파(α) 별과 베타(β) 별을 길잡이 별로 사용할 수도 있죠. 8×50 파인더에서도 3개의 별들로 이루어진 큰곰자리 67 별을 쉽게 찾아볼 수 있습니다. 망원경을 사용하게 되면 서로 넓은 간격을 유지하고 있는 4개 별들과 그 색을 구분해 볼 수 있게 되죠. 으뜸별은 하얀색입니다. 그리고 짝꿍별들은 다양한 음영의 노란색을 가지고 있죠. 으뜸별로부터 동북동쪽으로 4.6분의 넉넉한 간격을 두고 있는 짝꿍별은 깊은 노란색을 가진 7등급 별입니다. 북북동쪽 6.2분 지점에 있는 8등급의 짝꿍별은 노란색이 우세한 주황색으로 빛나고 있으며 여기서 서쪽으로 상대적으로 멀리 떨어져 있는 9등급의 짝꿍별은 창백한 노란색 빛을 뿜어내고 있습니다.

큰곰자리 67 별로부터 동쪽으로 54분만큼 이동하면 사냥개자리 경계에 있는 **NGC 4111**을 만나게 됩니다. 이 은하는 제 105밀리미터 굴절망원경에서 저배율로 관측해보면 보풀이 일어선 별처럼 보입니다. 그러나 87배율에서는 2.5분 길이에 북북서쪽으로 기울어진 얇은 사선처럼 보이죠. 이 은하는 밀도가 높은 별상의 중심핵과 밝은 타원형의 중심부 그리고 희미한 헤일로를 거느리고 있습니다. 여기서 동북동쪽으로 3.8분이 채 되지 않는 거리에서 은하를 향해 서 있는 이중별을 볼 수 있습니다. 이 이중별은 깊은 노란색의 으뜸별과 희미한 짝꿍별로 구성된 **허셜 2596**(h2596)입니다. 10인치(254밀리미터) 반사망원경에서 171배율로 관측해보면, 허셜 2596의 반대편으로 모습을 드러내는 또 하나의 은하 NGC 4117을 볼 수 있습니다. NGC 4117은 약 50초의 길이에 북북동쪽으로 기울어져 있으며, 미약하게 밝은

중심부를 거느리고 있습니다.

105밀리미터 굴절망원경에서 28배율로 관측해보면 NGC 4111과 같은 시야에 2개의 작은 얼룩이 들어오죠. 이 중에서 밝은 얼룩이 NGC 4143으로서 9등급의 노란색 별에서 남동쪽으로 43분 지점에서 발견됩니다. 이 타원형의 은하는 87배율에서 3개의 명백한 밝기 단계를 보여줍니다. 남동쪽에서 북서쪽으로 가로지르고 있는 희미한 타원형 헤일로와 작고 밝은 중심부, 그리고 대단히 작은 은하핵이 바로 그것이죠. 이 은하의 중심부는 10인치(254밀리미터) 반사망원경에서 볼록렌즈처럼 보이며 북동쪽에서 남서쪽 측면으로는 약간은 밝은 부분들이 늘어선 흔적이 보입니다. NGC 4138은 NGC 4111의 북동쪽 46분 지점에 있습니다. 105밀리미터 굴절망원경에서 87배율로 관측해보면 중심으로 갈수록 부드럽게 밝아지는 방사형 타원형에 희미하게 별상을 한 중심핵을 볼 수 있습니다.

10인치(254밀리미터) 망원경을 이용하여 동쪽 41분 지점을 훑으면 NGC 4183을 만나게 되죠. 이 은하는 이심률이 높은 타원형으로 인해 『개정판 평평한 은하 목록』에 등재된 은하입니다. 1999년 이고르 D. 카라첸체프와 네 명의 동료들은 너비 대비 최소 7배 이상의 길이를 가진 모서리나선은하들을 모아 이 목록을 작성했습니다. 118배율로 바라보면 북북서쪽으로 기울어진 4.5분의 삐침선을 볼 수 있고 1.5분의 얼룩진 중심부와 남쪽 끄트머리에 매달린 희미한 별 하나를 볼 수 있습니다.

지금까지 제가 언급한 은하들은 물리적으로 연관관계가 있는 5,000만 광년 거리의 은하들로서 큰곰자리 남쪽 은하군의 작은 부분을 구성하고 있는 은하들입니다. 다음으로 방문할 은하는 1,400만 광년 거리밖에 되지 않는, 그래서 훨씬 더 크게 보이는 은하 NGC 4244입니다. NGC 4244를 찾기 위해서는 우선 카라(Chara)에서 출발하여 남남서쪽으로 2.8도를 움직여 5등급의 노란색 별인 사냥개자리 6별 쪽으로 이동해야 합니다. 이 별은 사냥개자리 알파 별 및 베타 별과 함께 직각삼각형을 구성하고 있죠. 여기서 남서쪽으로 2도를 더 움직이면 NGC 4244를 만날 수 있습니다. NGC 4244 역시 평평한 은하로서 제 105밀리미터 굴절망원경에서 28배율로 보면 떠다니는 은빛 빛살처럼 보입니다. 이 은하는 북동쪽에서 남서쪽으로 12분의 길이로 뻗은 바늘처럼 보이며 장축을 따라 점진적으로 뭉쳐져 가는 모습을 보여줍니다. 10인치(254밀리미터) 망원경에서 너무나도 얇게 보이는 이 은하는 16분까지 길어지며 미세하게 얼룩 진 모습을 보여줍니다.

NGC 4244는 천문학자들에게 특히 주목을 받는 은하이기도 합니다. 대구경 망원경을 이용하면 은하를 구성하는 별들을 식별할 수 있기 때문이죠. 이러한 특성이 모서리를 향하고 있는 은하의 배치와 함께 나선은하의 진화와 구조를 분석하는 데 도움을 주고 있습니다. 최근 연구결과에 따르면 NGC 4244는 새로운 별들을 만들어내는 얇은 원반을 가지고 있는데 이 원반은 좀 더 나이를 먹은 별들이 2배 이상의 너비로 퍼져 있는 두꺼운 원반과 거의 7배의 너비에 달하는 평평하고 밀도가 낮은 헤일로에 둘러싸여 있다고 합니다.

이제 남남서쪽으로 1.5도를 더 이동하여 불규칙은하 NGC 4214를 만나보겠습니다. 제 작은 굴절망원경에서 127배율로 바라보면 안개처럼 흩뿌려진 둥근 빛덩이를 볼 수 있습니다. 이 빛덩이는 불규칙하게 빛을 반사해내는 막대모양의 중심부를 향해 급격하게 밝아지는 양상을 보여주는데 막대모양의 중심부는 북서쪽 끄트머리가 더 넓게 보입니다. 이처럼 삐뚤어진 모습은 무수히 별들이 만들어지고 있는 무거운 지역 때문으로 생각됩니다. 이 지역이 은하를 구멍투성이로 만들고 있죠. 구경이 큰 별지기의 망원경으로 이 별생성구역 중 몇몇을 잡아낼 수 있습니다. 특히 중심부로부터 남동쪽 지역에서 찾아낼 수 있죠. NGC 4214는 1,300만 광년 거리에 있습니다.

사냥개자리는 산개성단 하나를 가지고 있습니다. 더 정확하게 말하자면 산개성단 비슷한 천체를 하나 가지

천문학자들은 거대한 모서리 은하인 NGC 4631과 NGC 4656, 그리고 부근에 있는 작은 위성은하인 NGC 4627이 강력한 중력 상호작용을 겪고 있다고 생각하고 있습니다. 바로 이러한 강력한 상호작용이 이 은하들의 독특한 형태를 만든 것으로 생각하고 있죠. 이 은하들은 사냥개자리 방향으로 2,500만 광년 거리에 있습니다. 사진의 폭은 1도이며 북쪽이 위쪽입니다.

사진: POSS-II / 캘테크 / 팔로마

고 있다고 말하는 게 맞을 것 같습니다. **업그렌 1**(Upgren 1)은 'F 유형의 별들로 이루어진 소규모 고밀도 별 무리'입니다. 이 별 무리는 1965년 아서 업그렌Arthur Upgren과 베라 루빈Vera Rubin에 의해 천문학자들의 관심을 받게 되었죠. 연구 결과, 이 일단의 별들은 가장 오래되고 가장 가까이 있는 산개성단의 중심부임이 틀림없다는 결론이 도출되었습니다. 이들은 이 일단의 별들이 이미 중력으로 묶여 있었던 힘을 잃은 상태이며, 해체의 마지막 단계에 접어들어 비교적 희미한 별들만을 가지고 있는 상태라고 주장했습니다. 비록 이러한 분석은 매력적인 분석이긴 했지만, 이후 별들의 움직임을 분석한 연구

들은 업그렌 1을 동일 무리의 별로 볼 수 없다는 증거들을 제시하였습니다.

업그렌과 루빈에 의해 연구된 이 7개의 별은 어떤 망원경으로든 쉽게 찾을 수 있습니다. NGC 4214에서 동쪽 4도 지점에 있는 20분 크기의 자리별을 찾아보세요. 동서로 늘어선 3개의 별들이 북쪽에 2개의 별과 남동쪽으로 2개의 별을 거느리고 있는 모습을 볼 수 있습니다.

이제 마지막으로 NGC 4631과 NGC 4656이라는 2개의 특이한 은하를 찾아 보겠습니다. 업그렌 1에서 남쪽으로 3도를 내려오면 거의 남북으로 늘어선 한 쌍의 밝은 주황색 별을 만날 수 있습니다. 이곳에서 동남동쪽으로 1.9도를 다시

움직이면 아름다운 NGC 4631을 만나게 되죠. 이 길고 얇은 은하는 제 작은 굴절망원경에서 87배율로 봤을 때, 8분×1과 1/4분의 동서로 길쭉한 방추체처럼 보입니다. 양털로 덮인 듯한 표면에는 미묘한 세부 구조들이 많이 보이며 북쪽 측면으로는 중심에서 벗어난 지점에 희미한 별 하나가 박혀 있는 모습을 볼 수 있습니다. 동일한 시야에서 남동쪽 0.5도 지점을 보면 남동쪽에서 북서쪽으로 6분의 길이로 뻗어 있는 얇은 은하 NGC 4656을 볼 수 있습니다. 이 은하는 자신의 이웃 은하인 NGC 4631보다 훨씬 더 희미하게 보입니다.

이 은하들을 장식하고 있는 밝은 점들과 검은 얼룩들

은 10인치(254밀리미터) 반사망원경에서 훨씬 더 선명하게 드러나죠. NGC 4631은 동쪽 절반은 넓지만 서쪽으로는 화살표처럼 점점 가늘어집니다. 중앙에서 약간 동쪽에 있는 작고 밝은 점은 강렬하게 새로운 별들을 만들어내는 복잡한 지역과 일치하는 지역으로서 이는 중심 고리 또는 막대의 끝부분을 보여주는 것일지도 모릅니다. NGC 4631은 북쪽 측면으로 작은 위성은하 **NGC 4627**을 끌어안고 있습니다.

NGC 4656은 울퉁불퉁한 중심부를 거느리고 남서쪽은 대단히 희미하게 보이는 은하입니다. 이 은하의 북동쪽 끄트머리는 휙 틀어져 있는데 그 모습이 딱 갈고리 형태를 닮아 하키스틱이라는 별명을 가지고 있습니다. 동쪽으로 구부러진 이 갈고리 부분은 그 자체가 NGC 4657이라는 별도의 등재명을 가지고 있습니다. NGC 4631과 NGC 4656의 이 혼란스러운 외형은 서로 간에 격렬한 중력 상호작용이 진행 중이기 때문으로 생각됩니다. 이는 근처에 있는 NGC 4627 역시 마찬가지입니다. 사나운 폭풍에 휩싸인 이 삼총사 은하는 2,500만 광년 거리에 있습니다.

초여름의 은하사냥

대상	분류	밝기	각크기/각분리	적경	적위	MSA	U2
큰곰자리 67 별 (67 Uma)	사중별	5.2, 6.6, 8.3, 8.9	4.6', 6.2', 6.1'	12시 02.1분	+43° 03'	612	37R
NGC 4111	모서리 렌즈형은하	10.7	5.2'×1.2'	12시 07.0분	+43° 04'	612	37R
허셜 2596 (h2596)	이중별	8.2, 11.6	34"	12시 07.3분	+43° 06'	612	37R
NGC 4117	모서리 렌즈형은하	13.0	2.1'×0.9'	12시 07.8분	+43° 08'	612	37R
NGC 4143	막대 렌즈형은하	10.7	2.4'×1.8'	12시 09.6분	+42° 32'	612	37R
NGC 4138	렌즈형은하	11.3	3.0'×2.4'	12시 09.5분	+43° 41'	612	37R
NGC 4183	평평한 모서리나선은하	12.3	6.3'×0.8'	12시 13.3분	+43° 42'	612	37R
NGC 4244	평평한 모서리나선은하	10.4	17.7'×1.9'	12시 17.5분	+37° 48'	633	54L
NGC 4214	마젤란 불규칙 은하	9.8	7.4'×6.5'	12시 15.7분	+36° 20'	633	54L
업그렌 1 (Upgren 1)	자리별	6.2	20'	12시 35.3분	+36° 17'	632	54L
NGC 4631	막대(?) 모서리나선은하	9.2	15.4'×2.6'	12시 42.1분	+32° 32'	632	54L
NGC 4656	특이 모서리나선은하	10.5	9.1'×1.7'	12시 44.0분	+32° 10'	654	54L
NGC 4627	특이 타원은하	12.4	2.6'×1.8'	12시 42.0분	+32° 34'	654	54L

각크기 및 각분리는 최근 천체 목록을 참고한 것입니다. 대상의 크기에 대한 시각적 느낌은 목록에 기재된 크기보다는 작게 보이며, 망원경의 구경 및 배율에 따라 다양하게 느껴집니다. MSA와 U2는 각각 『밀레니엄 스타 아틀라스』와 『우라노메트리아 2000.0』 2판에 기재된 차트 번호를 의미합니다.

처녀가 걸어가는 곳

초여름에 다가서면 은하들이 풍부하게 몰려 있는
처녀자리 동쪽이 우리를 유혹합니다.

처녀자리는 두 번째로 큰 별자리입니다. 오직 바다뱀자리만이 길이에서 처녀자리를 능가하죠. 이 우아한 처녀는 머리끝에서 발끝까지 53도에 걸쳐 펼쳐져 있습니다. 경험이 많은 별지기라면 이 처녀가 지나가는 곳이 은하들이 엄청나게 많은 곳이라는 사실을 알고 있으며 몇몇 놀라운 천체를 만날 수 있다는 것도 알고 있을 것입니다.

사랑스러운 모서리나선은하 **NGC 5746**에서 여행을 시작하겠습니다. 이 은하는 맨눈으로도 보이는 처녀자리 109별의 서쪽 20분 지점에서 쉽게 찾을 수 있습니다. 제 105밀리미터 굴절망원경에서 47배율로 관측해 보면 밝은 은빛 중심부를 가진, 얇은 삐친 선을 볼 수 있습니다. 이 은하의 북쪽 끄트머리에는 4개의 별이 곡선을 그리고 있는데, 이 중 2개 별은 잔불이 남은 석탄처럼 빛나고 있습니다. 깨져 나온 파편과 같은 이 은하는 87배율에서 4분 길이로 보입니다. NGC 5746은 10인치 (254밀리미터) 반사망원경에서 머리털자리의 유명한 은하 NGC 4565가 반으로 줄어든 은하처럼 보입니다. 166배율에서는 누덕누덕 기운 듯한 은하 중심의 동쪽으로 먼

지 띠가 그 모습을 드러내죠.

NGC 5746은 약 9,600만 광년 거리에 있으며, 외따로 고립된 한 쌍의 은하인 KPG 434의 일원입니다. 이 은하보다 작고 희미한 짝꿍은하인 **NGC 5740**은 남남서쪽 18분 지점에 있으며 10인치(254밀리미터) 반사망원경에서 115배율로 봤을 때 한 시야에 들어옵니다. 타원형의 NGC 5740은 너비 대비 2배 이상의 길이를 가지고 있으며 폭이 넓고 밝은 중심부를 가지고 있습니다.

NGC 5746은 자신의 동반은하로부터 충분한 거리로 떨어져 있어 중력 상호작용은 겪지 않는 것으로 보이며, 폭발적인 별 생성의 흔적이나 활성은하핵의 징후 역시 전혀 보이지 않습니다. NGC 5746은 모서리가 드러나는 그 외형적 특성으로 인해 은하 형성에 대한 현재의 주요 이론들이 가지고 있는 골치 아픈 수수께끼들을 검증해볼 수 있는 최적의 은하가 되고 있습니다. 나선은하는 우주공간의 거대한 구름이나 이와 비견될 만한 천체의 붕괴로부터 형성되는 것으로 생각되고 있습니다. 그렇다면 나선은하는 천천히 붕괴되는 가스로 구성된 뜨

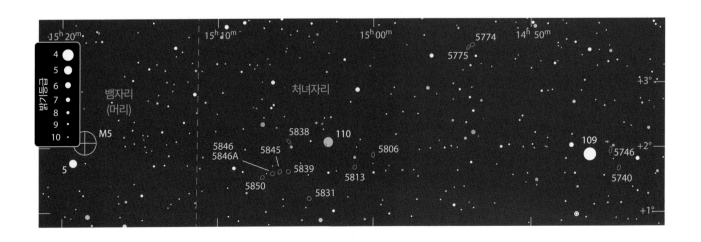

얼핏 보았을 때 처녀자리 동쪽에 있는 모서리나선은하 NGC 5746은 머리털자리에 있는 유명한 은하 NGC 4565로 착각하기 쉽습니다. NGC 5746은 NGC 4565보다 크기도 작고 약간 희미하지만, 맨눈으로도 보이는 처녀자리 109 별에서 서쪽으로 고작 1/3도 지점에 자리 잡고 있어 찾기는 훨씬 쉽습니다. 이 사진은 북쪽이 왼쪽이며 사진에서 밝게 빛나는 별은 처녀자리 109 별이 아닌 NGC 5746의 북북서쪽에 있는 8등급의 별입니다.

사진: 로버트 젠들러

일하게 빛나는 방추체를 볼 수 있습니다. 이 은하는 거의 북서쪽으로 기울어져 있으며 남쪽의 9등급 별 2개와 함께 납작한 이등변삼각형을 구성하고 있죠. 이 상태에서 좀 더 면밀하게 관측해도 더 이상의 세밀한 모습은 드러나지 않습니다. 그러나 10인치(254밀리미터) 반사망원경에서 118배율로 관측해보면 NGC 5775는 4분×1분의 너비를 가진 작은 헝겊 조각처럼 보이게 됩니다. 여기서 서북서쪽으로 수 분 거리에 NGC 5774가 대단히 희미하게, 그리고 약간 타원형의 빛으로 그 모습을 드러내기 시작합니다. NGC 5774는 NGC 5775의 반 정도 길이로 보이기 시작하죠.

이 은하들에 대한 연구 결과, NGC 5774로부터 가스와 별들이 끌려 나와 NGC 5775로 들어가고 있다는 점을 알게 되었습니다. 이 별들 중 상당수는 은하 내에서 형성된 것이 아니라 광활한 우주 공간에서 형성되었음을 말해주는 증거를 가지고 있습니다. 이 인상적인 한 쌍의 은하는 8,700만 광년 거리에 있습니다.

이제 처녀자리 110 별에서 남동쪽으로 이동하여 1.8도 길이의 화살표 모양을 한 은하들로 짧은 여행을 떠나보겠습니다. 처녀자리 110 별로부터 서남서쪽 45분 지점에 있는 **NGC 5806**은 화살표의 꼭짓점에 자리 잡고 있습니다. 이 은하를 105밀리미터 굴절망원경에서 87배율로 관측해보면 2분의 길이와 길이 대비 3분의 1 정도 너비에 북쪽에서 서쪽으로 약간 기울어진 모습으로 볼 수 있습니다. 같은 시야에 **NGC 5813**도 들어오는데, 이 은하는 화살표 머리의 남쪽 사면을 따라 동남동쪽 21분 지점에 있습니다. NGC 5813은 비교적 밝고 평평한 타원형으로서 13등급의 별 하나와 12등급의

거운 헤일로의 잔해 속에 잠겨 들 수밖에 없게 되죠. 하지만 뜨거운 가스 헤일로가 활성은하에서 뿜어져 나온다는 사실은 관측된 바 있지만, 안쪽으로 추락하는 모습이 발견된 적은 없었습니다. 찬드라 X선 망원경이 NGC 5746을 관측하기 전까지는 말이죠. 찬드라 X선 망원경은 NGC 5746 은하 원반의 양끝에서 최소 6만 5,000광년까지 뻗은 광활한 헤일로를 발견했습니다. 이러한 결과는 예견상의 헤일로가 실제 작용하고 있고 존재한다는 것을 보여주는 것이었습니다. 다만 찬드라 X선 망원경의 강력한 X선 감지 능력이 이를 조사할 때까지 그 발견이 유예된 것뿐이었죠.

또 다른 흥미로운 한 쌍의 은하가 처녀자리 109 별에서 북동쪽 2.5도 지점에 있습니다. KPG 440은 정면을 우리에게 보이는 나선은하 **NGC 5774**와 모서리나선은하 **NGC 5775**로 구성되어 있습니다. 제 작은 굴절망원경으로는 NGC 5775만 보이죠. 47배율에서는 균

별 3개가 만드는 작은 네모 상자 안에 있습니다. NGC 5813은 NGC 5806과 거의 비슷한 길이를 가지고 있으며 북서쪽으로 기울어져 있죠.

NGC 5831은 화살표 머리에서 남쪽 꼭짓점에 있습니다. NGC 5806에서 NGC 5813을 지나 약 2.5배 정도를 더 가면 NGC 5831을 만나게 됩니다. NGC 5831을 제 작은 굴절망원경에서 87배율로 보면 약간 더 밝은 중심부를 지닌 작고 둥근 형태로 보입니다. 화살표 머리의 북쪽 꼭짓점은 처녀자리 110 별에서 동쪽으로 38분 지점에 있는 NGC 5838이 장식하고 있습니다. 이 은하는 동일한 배율에서 3분×1분의 희미한 헤일로와 밝고 둥근 1분의 중심부를 보여줍니다. 8등급의 주황색 별과 희미한 짝꿍별이 이 은하의 남남서쪽 5분 지점에 있죠.

화살표의 몸통은 가장 동쪽의 NGC 5850까지 이어지는 일련의 은하들로 구성되어 있습니다. 이 은하는 105밀리미터 굴절망원경에서 87배율로 봤을 때 너무나 희미하게 보이죠. 보일 듯 말 듯한 헤일로는 서북서쪽으로 기울어져 있으며 비교적 밝고 작은 중심부를 감싸고 있습니다. 동일한 시야에서 서북서쪽 10분 지점에는 밝고 둥근 NGC 5846이 훨씬 더 명확하게 나타납니다. 이 은하는 2분 크기로 보이며 중앙으로 갈수록 현저하게 밝아지는 양상을 보여주죠. 10인치(254밀리미터) 반사망원경에서 231배율로 보면 중심에서 남쪽으로 헤일로 안에 작은 동반은하가 담겨 있는 것을 볼 수 있습니다. 이 은하는 NGC 5846A입니다. 이 은하는 마치 희미한 연무를 작은 후광처럼 두른, 별상의 점처럼 보이죠. 반사망원경을 서쪽으로 12분 정도 살짝 움직이면 화살표의 몸통을 구성하고 있는 2개의 은하가 더 눈에 들어옵니다. NGC 5845는 작지만 밝은 타원형의 은하이며 더 밝은 중심부를 가지고 있습니다. NGC 5839는 NGC 5845보다 1.5배 정도 더 크지만 훨씬 더 희미하고 거의 별상을 보여주는 핵을 가지고 있습니다. 화살표의 몸통을 구성하고 있는 은하들은 모두 물리적인 연관관계를 가지고 있는 은하들이며 7,000만 광년 거리에 있습니다.

이제 지금까지 본 것들과는 완전히 다른 천체를 방문하겠습니다. 처녀자리가 가지고 있는 유일한 구상성단 NGC 5634는 처녀자리 뮤(μ) 별과 요타(ι) 별의 중간 지점에서 남쪽으로 8분 지점에 있습니다. 제 작은 굴절망원경에서 중간 정도의 배율로 관측해보면 8등급의 별 하나와 10등급의 별 2개가 만드는 일직선의 북동쪽 끝부분에서 작은 목화 솜털과 같은 멋진 모습을 볼 수 있습니다. 이 구상성단은 동쪽 모서리가 가장 밝게 빛나고 있죠. NGC 5634는 지름 약 3분에 중심으로 갈수록 밝아지며 약간은 누덕누덕한 모습을 보여줍니다. 북서쪽 모서리에는 12등급의 별 하나가 보이죠.

우리은하인 미리내가 궁수자리 왜소회전타원체은하로부터 이 구상성단을 만든 원인일지도 모릅니다. 약 20억 년 전 미리내의 위성은하였던 이 은하는 대마젤란은하와 가까운 거리를 통과하면서 그 공전궤도가 좀 더 작은 타원형 궤도로 굴절된 것으로 보입니다. 우리 은하는 천천히 이 왜소은하를 집어삼켰고, 몇몇 구상성단이 남게 되었죠. NGC 5634는 그중 하나일지도 모릅니다. 이 구상성단은 미리내 은하면으로부터 높은 고도에 떠 있으며, 8만 2,000광년 거리에 위치합니다. 이처럼 어마어마한 거리 때문에 이 성단에서 별들을 구분해서 볼 수 있을 거라고는 기대하지 않았습니다. 그러나 『남반구 별지기들을 위한 하르퉁의 천체들』Hartung's Astronomical Objects for Southern Telescope』 개정판에서 200밀리미터 구경의 망원경이라면 NGC 5634를 희미한 별들로 선명하게 분해해 볼 수 있다고 기록한 것을 보게 되었죠. 호기심이 발동한 저는 여러 자료를 찾아봤고, 이 구상성단에 속하는 가장 밝은 별의 등급이 14.5등급이라는 것을 알아냈습니다. 총 5개의 별이 15등급보다 밝은 밝기를 가지고 있었고, 15.5등급보다 밝은 별은 13개, 16등급보다 밝은 별은 27개가 있었습니다. 8인치(203.2밀리미터)망원경으로 이 많은 별들을 분해해 보려면 매우 어둡고 투명도도 좋으며 시상도 안정된 밤이 필요했습니다. 이후 교외의 하늘에서 10인치(254밀리미터) 망원경에 고배율을 이용하여 이 구상성단 주변에 퍼져 있는 별을 아주 조금 볼 수 있었으며, 서쪽 모서리에서 이따금 반짝이는 별과 함께 작은 보풀과 같은 점들을 볼 수 있었습니다. 당신도 이 성단에서 별을 구분해 보실 수 있으신가요?

처녀자리에서 식별된 행성상성운은 2개밖에 되지 않습니다. 행성상성운은 우리 태양과 같은 별이 남긴 빛나는 잔해죠. 이 중에서 좀 더 쉽게 찾아볼 수 있는 대상은 IC 972입니다. 이 행성상성운은 6등급의 황금색 별 HD 122577로부터 동북동쪽 21분 지점에 있습니다. 이 행성상성운을 10인치(254밀리미터) 망원경에서 171배율로 관측해보면 둥글고 희미한, 꽤 작은 천체로 보입니다. 비록 **아벨 36**(Abell 36)의 총 밝기가 IC 972보다 더 밝지만 아벨 36은 그 밝기가 좀 더 큰 지역에 걸쳐 나눠져 있어 찾아보기가 더 어렵습니다. 상대적으로 밝은 11.5등급의 중심별이 『밀레니엄 스타 아틀라스』에 기록되어 있습니다. 『밀레니엄 스타 아틀라스』에는 PK318+41.1로 기록되어 있는 행성상성운의 표시가 약간 벗어나서 기록되어 있는데 이 표시는 별을 한가운데 두고 표시되어야 했습니다. 저는 이 행성상성운을 잡아내는 데 14.5인치(368.3밀리미터) 반사망원경이 필요했습니다. 63배율에서 산소III성운필터를 사용했을 때 5분의 지름에 희미한 얼룩을 가진 모습을 볼 수 있었습니다.

처녀자리를 거닐다

대상	분류	밝기	각크기/각분리	적경	적위	MSA	U2
NGC 5746	나선은하	10.3	7.5'×1.3'	14시 44.9분	+01° 57'	766	109L
NGC 5740	나선은하	11.9	3.0'×1.5'	14시 44.4분	+01° 41'	766	109L
NGC 5774	나선은하	12.1	3.0'×2.4'	14시 53.7분	+03° 35'	766	109L
NGC 5775	나선은하	11.4	4.2'×1.0'	14시 54.0분	+03° 33'	766	109L
NGC 5806	나선은하	11.7	3.0'×1.5'	15시 00.0분	+01° 53'	765	108R
NGC 5813	타원은하	10.5	4.1'×2.9'	15시 01.2분	+01° 42'	765	108R
NGC 5831	타원은하	11.5	2.0'×1.7'	15시 04.1분	+01° 13'	765	108R
NGC 5838	렌즈형은하	10.9	4.1'×1.4'	15시 05.4분	+02° 06'	765	108R
NGC 5850	나선은하	10.8	4.6'×4.1'	15시 07.1분	+01° 33'	765	108R
NGC 5846	타원은하	10.0	3.5'×3.5'	15시 06.5분	+01° 36'	765	108R
NGC 5846A	타원은하	12.8	0.4'×0.3'	15시 06.5분	+01° 36'	765	108R
NGC 5845	타원은하	12.5	0.8'×0.5'	15시 06.0분	+01° 38'	765	108R
NGC 5839	렌즈형은하	12.7	1.3'×1.1'	15시 05.5분	+01° 38'	765	108R
NGC 5634	구상성단	9.5	5.5'	14시 29.6분	-05° 59'	791	129L
IC 972	행성상성운	13.6	43"×40"	14시 04.4분	-17° 14'	840	129R
Abell 36	행성상성운	11.8	8.0'×4.7'	13시 40.7분	-19° 53'	841	149L

각크기 및 각분리는 최근 천체 목록을 참고한 것입니다. 대상의 크기에 대한 시각적 느낌은 목록에 기재된 크기보다는 작게 보이며, 망원경의 구경 및 배율에 따라 다양하게 느껴집니다. MSA와 U2는 각각 『밀레니엄 스타 아틀라스』와 『우라노메트리아 2000.0』 2판에 기재된 차트 번호를 의미합니다. 이 지역에 위치하는 이번 달의 모든 천체들은 《스카이 앤드 텔레스코프》 호주머니 별지도 표 46에 기재되어 있습니다.

손잡이에서 만나는 인상적인 보석들

북두칠성의 손잡이 부근에는
멋진 광경들이 펼쳐져 있습니다.

우리는 'flying off the handle'이라는 말을 '화를 내다 (losing one's temper)'와 같은 의미로 생각하곤 합니다. 그러나 옥스퍼드 영어 사전에 따르면 'flying off the handle'이라는 문구의 첫 번째 뜻은 '신나서 들뜬 상태(to be carried away by excitement)'입니다. 북두칠성의 손잡이는 바로 이 뜻을 만끽할 수 있는 곳이죠. 북두칠성의 손잡이 부근으로 날아가다 보면 그곳에서 수많은 즐길 거리를 만나게 됩니다. 이곳은 가장 인상적인 딥스카이 천체들이 있는 곳들 중 하나죠.

우리가 닻을 내릴 지점은 북두칠성의 손잡이가 휘어지는 지점에 있는 별, **미자르**(Mizar)입니다. 빛공해가 심각한 곳만 아니라면, 일체의 도구 없이도 미자르의 동북동쪽에 바짝 붙어 앉은 4등급의 짝꿍별 알코르(Alcor)를 볼 수 있을 것입니다. 알코르가 실제 미자르 주위를 돌고 있는 별인지는 확실하지 않습니다.

그럼에도 불구하고 미자르는 그 자체로 유명한 이중별이죠. 미자르는 망원경을 통해 물리적인 연관관계가 있는 이중별로 발견된 첫 번째 별입니다. 1617년 1월 베네데토 카스텔리Benedetto Castelli는 그의 친구 갈릴레오에게 쓴 편지에서 미자르를 관측해볼 것을 권했습니다. 그는 미자르를 "하늘에서 볼 수 있는 가장 아름다운 광경 중 하나"라고 묘사했죠. 갈릴레오는 나중에 낸 책에서 15초로 떨어져 있는, 서로 같지 않은 별 한 쌍에 대해 기록했습니다.

이 관측은 오늘날, 어떤 망원경을 사용하든 쉽게 따라 해볼 수 있죠. 105밀리미터 굴절망원경에서 47배율로 관측해보면 동일 시야각 안에 미자르와 알코르가 함께 들어옵니다. 미자르의 짝꿍별은 미자르의 남남동쪽에 있으며 알코르와 거의 비슷한 밝기를 보여주죠. 비록 3개 별 모두가 하얀색이지만 제 눈에는 비교적 흐린 미

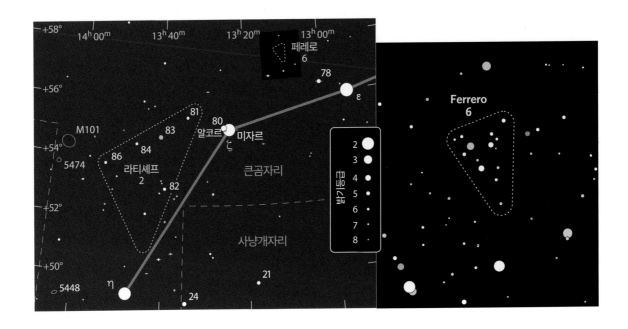

자리의 짝꿍별과 알코르가 약간은 노란빛이 도는 하얀색으로 보입니다.

이번엔 미자르에 자리를 잡고 매력적인 자리별 **페레로 6**(Ferrero 6) 쪽으로 날아올라 가봅시다. 이 자리별의 이름은 프랑스의 별지기 로랑 페레로Laurent Ferrero의 이름을 딴 것입니다. 이 자리별은 미자르로부터 북서쪽 3.3도 지점에 있으며, 알리오스(Alioth)라는 이름으로 알려진 큰곰자리 엡실론(ε) 별 및 미자르와 함께 직각삼각형을 만들고 있습니다. 이 자리별은 직각을 형성하는 꼭짓점에 있죠. 제 작은 굴절망원경에서 47배율로 관측해 보면 16개의 별이 모습을 드러냅니다. 저는 개인적으로 그 모습에서 에펠탑이 연상되기도 하고, 꼭대기에 피뢰침을 달고 있는 원뿔형의 천막집이 연상되기도 합니다. 이 자리별은 길이가 28분이며 꼭짓점은 남남서쪽을 향하고 있습니다. 자리별을 구성하고 있는 별들의 등급은 8등급에서 12등급 사이죠.

큰곰자리 81, 83, 84, 86 별은 미자르의 동쪽에서 약간 물결치는 듯한 형태로 줄지어 있으며 동남동쪽으로 3.3도에 걸쳐 늘어서 있습니다. 이 중에서 가장 밝은 별은 4.6등급이며 나머지 별들의 밝기는 이보다는 희미해서 교외에 있는 제 집에서는 맨눈으로 간신히 볼 수 있을 만한 정도입니다. 그러나 쌍안경이나 파인더에서는 이 별들이 만드는 형태가 아주 잘 보입니다. 이 별들은 운동성단일 가능성이 있는 **라티셰프 2**(Latyshev 2)에서 가장 밝은 별들입니다. 1977년 천문학자 이반 라티셰프 Ivan Latyshev는 이 별들이 동일한 움직임을 보이며 우주 공간을 가로지르고 있음을 밝혀냈는데, 그 기원도 같은 것으로 추정되고 있습니다.

라티셰프 2를 따라 동쪽으로 이동하면 우리의 다음 관측 대상을 만나게 됩니다. 바로 바람개비 은하라 불리곤 하는 웅장한 나선은하 **M101**입니다. 7등급의 별 3개가 만들어내는 일직선이 큰곰자리 86별의 0.5도 동쪽 지역까지 남북으로 1.5도를 뻗어 있습니다. M101은 이 3개의 별 중에서 북쪽에 있는 2개 별의 동쪽 52분 지점

에 있으며 이 2개 별과 함께 이등변삼각형을 이루고 있습니다.

M101은 우리에게 정면을 보여주는 나선은하이며 매우 낮은 표면 밝기를 가지고 있습니다. 그러나 제 작은 굴절망원경에서 28배율로 봐도 그 모습이 아주 잘 보입니다. 회색빛깔의 헤일로는 1/4도에 걸쳐 뻗어 있으며, 아주 작고 미약하게나마 밝게 빛나는 중심부를 품고 있습니다. 87배율에서는 섬세한 얼룩을 보여주며 중심부에서 약간 북쪽으로는 희미한 별 하나가 겹쳐 있는 모습을 볼 수 있습니다. 127배율로 보면 바람개비의 중심점에 있는 작은 핵을 볼 수 있으며 투명에 가까운 나선팔을 느낄 수 있게 됩니다.

M101을 10인치(254밀리미터) 반사망원경에서 115배율로 보면 여러 나선팔을 흘려 내보내고 있는 웅장한 회전 불꽃 모양으로 보입니다. 중심에서 북쪽으로 뻗은 2개의 나선팔은 서쪽으로 풀려나가고 있죠. 나선팔 하나는 중심을 촘촘하게 휘감으며 북쪽까지 확장된 동쪽의 밝은 부분과 합쳐지고 있습니다. 다른 나선팔 하나는 조금은 덜 팽팽하게 휘감겨 있으며 남서쪽으로 휘어나가는 모습을 보여주죠. 남쪽 및 남동쪽을 따라 드리워진 나선팔에는 밝은 별생성구역인 NGC 5461이 포함되어 있습니다. 이 나선팔은 NGC 5461을 지나 다시 희미해졌다가 NGC 5462가 있는 지점에서 다시 밝아지죠.

NGC 5462의 동북동쪽 5.6분 지점에 있으며, 별생성지역 NGC 5461과는 전혀 연결되어 있지 않은 NGC 5471은 그 자체가 하나의 은하로 자주 오해받곤 합니다. 이 작고 둥근 얼룩은 3개의 별들과 만드는 3분 크기의 사다리꼴에서 북동쪽 모서리에 있습니다. M101의 중심에서 서쪽으로 뻗어나가며 대부분 매우 희미한 조각들로 구성되어 있는 또 다른 나선팔 하나는 NGC 5447과 NGC 5450의 빛이 합쳐져 쉽게 눈에 띄는 지역을 품고 있습니다. NGC 5447과 NGC 5450의 바로 북쪽에는 아주 작은 별 하나가 마치 마침표처럼 찍혀 있죠. 저는 주의 깊은 관측을 진행하면서 이 별생성구역

메시에 101(NGC 5457)은 인상적으로 밝은 빛의 점들로 유명합니다. 이 은하는 여러 NGC천체들을 가지고 있습니다. 이 NGC 천체들은 우아한 나선팔을 장식하고 있죠.

사진: 베른하르트 후블

관측 중인 대상을 스케치할 때는 우선 관측 대상과 함께 시야에 들어온 별 중 가장 밝게 보이는 별들의 위치를 기억해서, 대상이 담긴 시야를 고정하는 데 참고합니다. 이는 지구의 자전으로 망원경 너머에 보이는 대상이 지속적으로 시야 밖으로 흘러가기 때문입니다. M101은 바람개비 은하라는 별명이 있는데, 이 스케치에는 나선팔들이 선명하게 나타나 있어서 바람개비라는 명칭에 걸맞는 모습입니다.

그림: 박한규

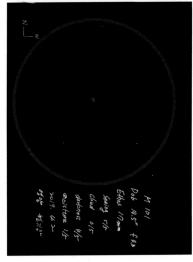

들을 105밀리미터 망원경에서 작은 보풀과 같은 점으로 찾아낼 수 있었습니다. 그러나 10인치(254밀리미터) 망원경에서 170배율로 보면 별생성구역 2개가 더 모습을 드러냅니다. NGC 5458은 M101의 핵으로부터 남쪽 3분 지점에 보일 듯 말 듯한 조각으로 보입니다. NGC 5455는 매우 작지만 상대적으로 밝은 점으로서, 멀리 남남서쪽 3.8분 지점에 있죠. NGC 5455는 북동쪽과 북북서쪽 2.3분 지점에 있는 2개의 희미한 별들과 함께 이등변삼각형을 구성하고 있습니다.

M101로부터 남남동쪽 44분 지점에는 매력적인 은하 NGC 5474가 있습니다. 이 은하는 11등급의 별 3개와 함께 10분 크기의 사다리꼴을 구성하고 있으며 여기서 동쪽 모서리에 자리 잡고 있죠. 제 작은 굴절망원경에서 47배율로 관측해보면 부드럽고 둥근 빛으로 이 은하

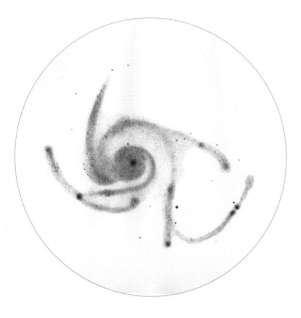

1861년 로스 경의 비서인 S. 헌터(S. Hunter)가 아일랜드 비르, 파손스타운(Parsonstown)에 있는 72인치(1828.8밀리미터) 레비아단 망원경 관측을 기반으로 그린 M101의 스케치.

사진 하단에 비대칭 나선은하인 NGC 5474가 자신의 거대한 짝꿍은하 M101로부터 도망가고 있는 듯 보입니다.
사진: 《스카이 앤드 텔레스코프》 / 데니스 디 시스코(Dennis di Cicco)

를 볼 수 있습니다. 이 은하를 122배율로 보면 2분의 지름에 북쪽으로 가장 밝은 지점을 볼 수 있죠. 이 은하는 10인치(254밀리미터) 망원경으로 봤을 때 정말 흥미로운 모습을 보여줍니다. 213배율로 봤을 때 NGC 5474는 비늘백합조개껍데기를 연상시킵니다. 독특한 이 은하의 정면은 북쪽에 있는 밝은 점과 이로부터 남쪽으로 퍼져나가는 빛으로 장식되어 있죠. 이 밝은 점의 북동쪽 1분이 채 안 되는 지점에는 희미한 별 하나가 있습니다.

M101은 NGC 5474와 함께 재미있는 모습을 연출합니다. 마치 더 큰 은하가 자신의 짝꿍은하로부터 은하핵을 빼앗으려 하는 모습처럼 보이죠. 물론 정말 그런 것은 아니지만 NGC 5474는 명백하게 중력 조석 작용 또는 질량 붕괴에 따른 진동 현상을 보여주고 있죠. 천문학자들은 이 은하가 크게 한 번 흔들린 상태이며 또 다른 방식으로 흔들리는 것은 시간문제일 뿐이라고 합니다.

거대한 국자의 손잡이 근처

대상	분류	밝기	각크기/각분리	적경	적위
미자르(Mizar)	이중별	2.3, 3.9	14.3″	13시 23.9분	+ 54° 56′
페레로 6 (Ferrero 6)	자리별	7.0	28′×20′	13시 10.0분	+ 57° 31′
라티셰프 2 (Latyshev 2)	운동성단	3.8	5°	13시 44.4분	+ 53° 30′
M101	은하	7.9	29′×27′	13시 03.2분	+ 54° 21′
NGC 5474	은하	10.8	4.7′	13시 05.0분	+ 53° 40′

각크기 및 각분리는 최근 천체 목록을 참고한 것입니다. 시각적으로 보이는 천체의 크기는 대부분 목록상에 있는 크기보다는 작게 느껴지며 장비의 구경과 배율에 따라 다양하게 느껴집니다.

별들의 소용돌이

사냥개자리는 북반구에서
가장 멋진 은하들을 품고 있는 곳입니다.

별들의 백색 소용돌이가 밤하늘의 경계를 가로지르며
천천히 돌고 있다네,
눈으로 볼 수 있는 보석들 너머
오직 마법의 렌즈만이 풍경을 모으는 그곳,
투명한 어둠의 저승사자가 빛을 묶어버리는 그곳.

조지 브루스터 갤럽*George Brewster Gallup*, 〈안드로메다〉

1845년 봄, 아일랜드의 제3대 로즈 백작 윌리엄 파슨스 William Parsons는 성운(nebula)에서 나선형 구조를 본 첫 번째 사람이 되었습니다. 72인치(1,828.8밀리미터)에 달하는 어마어마한 그의 반사망원경이 바라본 곳은 M51이었 죠. 이로서 이 천체는 나선형성운 또는 소용돌이성운이라고 알려지게 되었습니다. 그는 또 다른 독특한 형태의 성운들을 발견했고, 다음과 같은 기록을 남겼습니다. "이번에 발견된 독특한 형태의 천체들은 우리의 호기심을 자극할 심산인 것 같다. 이 멋진 일련의 천체들에 질서를 부여한 모종의 법칙을 알고 싶은 강렬한 욕망이 깨어나고 있다."

오늘날 이 우아한 나선형 천체는 우리 미리내를 닮은 천체이며, 광활하게 펼쳐진 머나먼 별들의 도시라는 것을 알고 있습니다. 우리는 이 천체를 소용돌이 은하(the Whirlpool Galaxy)라고 부르죠. 중간 정도 구경의 망원경과 무엇을 보게 될지에 대한 지식으로 무장한 우리는 이 우주의 소용돌이를 보기 위해 어마어마하게 거대한 망원경이 필요하지는 않습니다.

샤를 메시에는 그의 유명한 천체 목록에서 M51을 서로 대기가 맞닿아 있는 이중 성운으로 묘사했습니다. 따라서 M51에는 웅장한 나선은하 NGC 5194뿐 아니라 흥미로운 동반은하 NGC 5195도 포함되어 있죠. 이 한 쌍의 은하는 북두칠성 꼬리에서 가장 마지막 별인 알카이드(Alkaid)로부터 남서쪽 3.6도 지점에 있으며, 알카이드 및 사냥개자리 24 별과 함께 땅딸막한 이등변삼각형을 구성하고 있습니다.

도시 외곽에 있는 저의 집에서는 날씨가 맑기만 하다면 50밀리미터 파인더로도 M51을 찾아볼 수 있습니다. 하지만 약간의 연무라도 끼면 이내 사라져버리고 말죠. 심지어 이 은하는 제 105밀리미터 굴절망원경에서 17배로 관측했을 때도 북쪽 모서리에 안겨 있는 듯이 보이는 동반은하와 함께 선명하고 아름다운 모습을 연출합니다. NGC 5194는 작지만 꽤 밝은 6분 길이의 타원형으로 보입니다. 이 은하는 작고 밝은 중심부를 가지고 있죠. 반면 NGC 5195의 크기는 NGC 5194 대비 5분의 1 수준이며 그 형태는 둥글고, 아주 작으면서도 밀도 높게 뭉쳐진 중심부를 품고 있습니다. 87배율에서 NGC 5194의 헤일로는 북쪽에서 동쪽으로 약간 기울어진 모습을 보여주며 나선팔 구조를 말해주는 덧댄 듯한 자국을 보여주기 시작합니다. 은하의 중심부는 가운데로 갈수록 밝아지며 약간 얼룩진 모습을 보여주죠. NGC 5195는 전체적으로 약간은 더 크게 보이며 밝은 별 모양의 핵을 보여줍니다.

10인치(254밀리미터)에서 115배율로 본 NGC 5194의

사냥개자리 나선은하 M51은 말머리성운과 함께 천문학적 상징이 된 천체 중 하나입니다. 오랫동안의 노출로 촬영한 사진은 망원경을 통해 바라본 모습보다 대개 훨씬 더 많은 모습을 보여줍니다. 그러나 M51이 가지고 있는 구조 중 상당 부분과 동반은하 NGC 5195는 중급 구경의 망원경으로도 식별이 가능합니다. 이 사진에서 북쪽은 왼쪽입니다.
사진: 요하네스 세들러

나란히 늘어서 있는 NGC 5194와 NGC 5195는 그 배치부터 상당히 인상적이며, 밝기까지 밝아 많은 별지기들의 인기를 한 몸에 받는 관측 대상입니다. 일반적으로 'M51'은 이 두 은하를 모두 가리키는 이름입니다. 지구로부터의 거리는 약 3,100만 광년입니다.
그림: 박한규

모습은 정말 어여쁩니다. 2개의 나선팔이 시계방향으로 풀려나가면서 북쪽과 남쪽에서 사라지고 있죠. NGC 5195에서 가장 밝은 지역은 남북으로 길쭉한 타원형을 형성하고 있습니다. 반면 이 은하의 헤일로는 동서로 뻗어 있으며 2분×2.5분의 크기로 퍼져 있죠. 뒤틀린 이 한 쌍의 은하는 동쪽에서 서로 만나고 있지만, 서로를 이어주는 다리의 중간 부분은 거의 눈에 보이지 않습니다. 소용돌이 은하의 나선팔은 그 밝기가 대단히 고르지 않습니다. 그래서 166배율에서 상당히 인상적인 모습을 보여주죠. 중심핵의 북동쪽 2분 지점에는 눈에 띄게 두드러지는 밝은 얼룩의 막대가 NGC 5195의 서쪽 면을 가리키고 있습니다. 이와 유사한 밝은 얼룩 막대가 반대편에 대칭을 이루듯 자리 잡고 있으며, 희미한 별이 이 부분의 안쪽 모서리에 푹 파묻혀 있습니다. 첫 번째 막대의 나선팔은 중심 쪽으로 좀 더 부드럽게 빛나는 부분과 반대쪽으로 작고 밝은 지역들을 품고 있습니다.

이중은하 M51까지의 거리는 2,500만 광년밖에 되지 않습니다. 그러나 10인치(254밀리미터) 망원경을 남쪽방향으로 0.5도 살짝 움직여보면 M51 보다 4배나 더 멀리 떨어져 있는 은하 삼총사를 만나게 됩니다. M51로부터 거의 정남쪽에 위치하는 NGC 5198은 이 3개 은하 중 가장 밝고 커다란 은하입니다. 이 은하는 밝은 중심부와 별상의 은하핵을 가진 동그란 은하로 보입니다. NGC 5198로부터 서남서쪽 19분 지점에 있는 NGC 5173은 희미한 원형의 은하입니다. 하지만 중심부는 훨씬 더 밝게 보이죠. NGC 5173으로부터 북북서쪽 5.5분 지점에 있는 NGC 5169는 바로보기를 통해서는 그 모습을 찾아보기가 쉽지 않습니다. 그러나 중심 쪽으로 약간 밝아지는 모습은 볼 수 있죠.

메시에 목록에 기록되어 있는 또 하나의 천체 M63은 6등급 별인 사냥개자리 19 별로부터 북쪽으로 1.2도 지점에 있습니다. 해바라기은하라는 이름으로 불리곤 하

는 M63은 양털로 뒤덮인 듯한 나선은하입니다. 그 느낌이 마치 해바라기 씨가 가지런히 들어찬 듯한 모습을 연상시키죠.

떨림방지장치가 부착된 12×36 쌍안경을 통해 본 해바라기 은하는 연무가 드리운 채로 서쪽 끄트머리에 별을 지고 있는 작은 조각처럼 보입니다. 이 은하는 사냥개자리 19 별을 포함한 네 개의 밝은 별들과 시야를 나눠 가지고 있습니다. 이 네 개의 별들은 체크 표시를 만들고 있죠. 이 은하를 105밀리미터 굴절망원경에서 17배율로 보면 서북서쪽으로 기울어진 상당히 밝은 타원형으로 보입니다. 87배율에서는 7분×3분의 영역을 차지하고 있습니다. 중심부 외곽의 폭은 3분×1.5분이며 그 안으로 작고 둥근 안쪽 중심부와 희미한 별상의 핵을 품고 있죠. 제 굴절망원경으로는 M63에서 양털로 뒤덮여 있는 듯한 질감을 느껴본 적이 없습니다. 그러나

오른쪽:. 오랜 노출시간 동안 받은 빛을 누적하여 기록할 수 있는 사진기와 달리, 사람의 눈으로 들어온 빛은 시각 신호로 인지된 후 소멸하기 때문에 사진처럼 나선팔 및 먼지 띠를 세밀하게 구분할 수 없습니다. 그래서 허블망원경과 같은 첨단 망원경이 촬영한 사진에 익숙한 사람들이 처음 천체를 눈으로 관측하면, 전혀 화려하게 보이지 않는 천체의 모습에 실망하곤 합니다. 하지만 밤하늘에 더 친숙해지면 살짝살짝 제 모습을 드러내는 은백색의 천체에서 오히려 더 큰 매력을 느끼게 됩니다.
그림: 박한규

왼쪽: 해바라기은하라는 이름으로 잘 알려진 M63은 중간 배율의 쌍안경으로도 쉽게 찾아볼 수 있습니다. 4인치 (101.6밀리미터) 망원경을 가진 별지기라면 사진에 보이는 얼룩진 모습을 어렴풋이 볼 수 있죠.
사진: 요하네스 셰들러

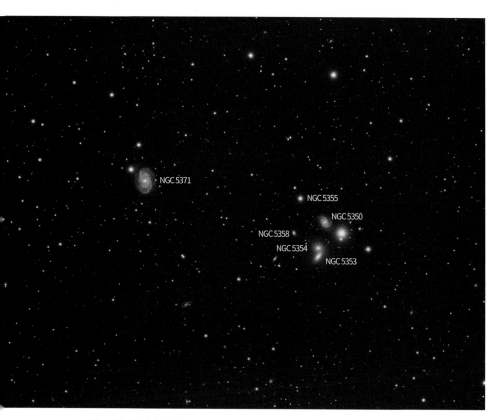

작은 망원경을 가진 별지기들에게 힉슨 은하군의 상당수는 찾아보기가 쉽지 않은 대상입니다. 그러나 사냥개자리의 동쪽에 있는 힉슨 68은 예외적으로 은하군을 구성하는 대부분의 은하들을 구경 4인치(101.6밀리미터) 망원경으로도 볼 수 있습니다. 이 은하군은 근처에 있는 6.5등급의 황금빛 별을 통해 쉽게 찾아볼 수 있습니다.
사진: 베른하르트 후블

스테판 제임스 오미라는 하와이의 높은 고도에 자리 잡은 그의 관측지에서 비슷한 장비를 이용하여 양털로 뒤덮인 듯한 질감을 포착했다고 합니다.

여기서 북북서쪽으로 2.1도를 더 올라가면 평평한 은하 NGC 5023을 만나게 됩니다. 이 은하는 모로 누운 나선은하에 팽대부까지 없기 때문에 특히 더 얇게 보이는 은하입니다. 105밀리미터 굴절망원경에서 87배율로 관측해보면 북북동쪽으로 누운 날씬한 은하를 볼 수 있습니다. 이 은하의 양 측면으로는 매우 넓은 간격을 가지고 있는 이중별들이 수 초 간격을 유지하며 서 있습니다. 은하의 길쭉한 타원형 중심부는 이 2개의 이중별들 사이에 자리 잡고 있죠. 언뜻 보기에 이 가느다란 빛은 2.5분 길이로 보입니다만, 자세히 보다 보면 총 3.5분까지 늘어선 은하의 흔적을 찾아볼 수 있습니다.

우리의 다음 목적지는 사냥개자리 동쪽 멀리에 있는 소규모고밀도은하군 힉슨 68(Hickson 68)입니다. 힉슨 은하군에 속하는 은하군 중 많은 수가 중간 이상의 구경은 되어야 즐길 수 있는 천체들입니다. 그러나 힉슨 68은 예외죠. 이 은하군에서 서쪽 끄트머리에 있는 6.5등급의 황금빛 별은 이 은하군을 쉽게 찾을 수 있도록 도와줍니다.

저의 105밀리미터 굴절망원경에서 47배율로 봐도 이 은하군을 구성하는 은하 중 3개를 확인할 수 있죠. NGC 5353과 NGC 5354의 합쳐진 빛은 쉽게 찾아볼 수 있습니다. 이 2개 은하의 헤일로는 서로 뒤섞여 있지만 중심부는 희미하게 서로 떨어져 있습니다. 여기서 북쪽을 보면 북동쪽에서 남서쪽으로 타원형으로 늘어선 NGC 5350을 만날 수 있습니다. 여기서 동쪽으로는 힉슨 은하군에 속하지 않는 NGC 5371이 같은 시야에 담겨 있는 것을 볼 수 있죠. 주위에 있는 은하들보다 규모가 큰 NGC 5371의 타원형 빛은 남북으로 늘어서 있습니다. NGC 5353과 NGC 5354는 127배율에서 쉽게 분리되어 보입니다. 더 밝게 보이는 남쪽 은하는 북서쪽으로 기울어져 있죠. 여기서 인내심을 가지고 비껴보기를 하다 보면 매우 작고 극도로 희미한 얼룩처럼 보이는 NGC 5355를 만날 수 있습니다. NGC 5371은 일관된 겉보기밝기를 가지고 있지만, 흐릿하게 보이는 핵을 품고 있죠. 제 105밀리미터 굴절망원경에서 이 힉슨 은하군의 마지막 은하인 NGC 5358의 남남서쪽에 바짝 붙어 있는 희미한 한 쌍의 별을 볼 수는 있지만, 이 은하를 찾기 위해서는 10인치(254밀리미터) 반사망원경 정도의 집광력이 필요합니다. 166배율에서 이 불분명하고 흐릿한 은하는 희미한 별상의 중심부와 함께 타원형임을 알아볼 수 있는 아주 조금의 단서를 보여줍니다.

우리의 마지막 관측 대상은 상호작용이 발생하고 있는 한 쌍의 은하 NGC 5395와 NGC 5394입니다. 이 2개 은하는 사진을 통해 본 모습이 물새와 상당히 많이 닮아서 **왜가리**(the Heron)라는 이름으로 알려져 있습니다.

제 105밀리미터 굴절망원경으로는 힉슨 68로부터 남남동쪽 3도 지점에 있는 NGC 5395만이 보입니다. 87배율에서 이 은하는 남북으로 길쭉한 타원형에 고른 표면 밝기와 너비 대비 2배의 길이를 보여줍니다. NGC 5395를 10인치(254밀리미터) 망원경에서 171배율로 관측해보면 2.5분×1분의 헤일로에 1.5분×3/4분 크기의 중심부를 품고 중심부를 향해 약간은 더 밝아지는 희미한 은하로 볼 수 있습니다. 이 중심부는 서로 다른 밝기를 보여주는데, 특히 북쪽이 더 많은 밝기 편차를 보여주

죠. 은하의 남쪽 경계 바깥쪽에는 13.7등급의 별 하나가 자리 잡고 있습니다. NGC 5394는 작은 타원형에 북동쪽으로 기울어져 있으며 동반은하의 중심부와 비슷한 표면 밝기를 가지고 있습니다.

NGC 5395를 15인치(381밀리미터) 반사망원경에서 192배로 관측해보면 은하의 남쪽 끝에서 시작하여 서쪽 측면을 지나 북쪽에 다다르는 희미하고 기다란 나선팔을 볼 수 있습니다. 이 은하의 북쪽 끄트머리는 짧은 갈고리 모양을 하고 있는데, 이 갈고리는 동쪽 측면을 지나 남쪽으로 휘어져 있죠. 희미한 별 하나가 NGC 5395의 북쪽 끄트머리에 있으며 또 다른 별 하나는 서쪽 측면을 지키고 있습니다. 저는 아직까지는 중력 조석 작용에 의해 만들어졌다는 우아한 NGC 5394의 나선팔을 관측하지는 못했습니다. 당신은 어떤가요?

사냥개자리의 은하들

대상	분류	밝기	각크기/각분리	적경	적위
M51	이중은하	8.4, 9.6	11'×6'	13시 29.9분	+47° 14'
NGC 5198	은하	11.8	2.1'×1.8'	13시 30.2분	+46° 40'
NGC 5173	은하	12.2	1.0'×0.9'	13시 28.4분	+46° 36'
NGC 5169	은하	13.5	2.2'×0.7'	13시 28.2분	+46° 40'
M63	은하	8.6	12.6'×7.2'	13시 15.8분	+42° 02'
NGC 5023	평평한 은하	12.3	6.0'×0.8'	13시 12.2분	+44° 02'
힉슨 68 (Hickson 68)	은하군	11.0-13.6	10'	13시 53.7분	+40° 19'
NGC 5371	은하	10.6	4.4×3.5'	13시 55.7분	+40° 28'
왜가리 (the Heron)	이중은하	11.4, 13.0	4'×2'	13시 58.6분	+37° 26'

각크기 및 각분리는 최근 천체 목록을 참고한 것입니다. 시각적으로 보이는 천체의 크기는 대부분 목록상에 있는 크기보다는 작게 느껴지며 장비의 구경과 배율에 따라 다양하게 느껴집니다.

남쪽의 하늘

전갈자리와 그 주변에는 비할 데 없는 진수성찬이 펼쳐져 있습니다.

남쪽 하늘, 남쪽 하늘을 바라보신 적이 있으신가요?
아름다운 그녀는 눈에 보이는 곳 너머에 숨어 있습니다.
그녀가 당신의 마음속으로 뛰어드는군요.
마치 옛날이야기처럼.

알렌 투생*Allen Toussaint*, 〈남쪽 밤하늘*Southern Nights*〉

이맘때의 남녘 하늘은 화려하기만 합니다. 망원경으로 이곳을 관측하는 별지기들은 하늘의 보물들로 엄청난 부자가 되죠. 그러나 북반구 중위도 지역에 있는 별지기라면 얼마나 남쪽까지 바라볼 수 있느냐에 따라 제약이 있을 수밖에 없습니다. 이를 염두에 두고 남쪽 하늘의 밤보석 중 약간의 천체를 선택해봤습니다. 뉴욕주 북부 교외에서 하늘을 바라봤을 때 천구의 적도 바로 아래에서 시작하여 지평선이 걸리는 지점까지의 멋진 광경을 훑어보겠습니다.

뱀자리 시그마(σ) 별로부터 남쪽으로 1.3도 지점에 있는 흐릿한 행성상성운 **셰인 1**(Shane 1, PK 13+32.1)에서부터 시작하겠습니다. 6인치(152.4밀리미터) 반사망원경에서 저배율로 10등급에서 12등급 사이의 별들이 만드는 V자의 남쪽 지점에 있는 셰인 1을 쉽게 찾아낼 수 있습니다. 이 V자의 측면 중간 지점에 셰인 1과 11.6등급의 별이 동서로 자리 잡고 있죠.

셰인 1은 매우 작은 천체로서 그 폭은 6초×5초 밖에 되지 않습니다. 이처럼 작은 크기에도 불구하고 이 행성상성운은 확실하게 "저는 별이 아니에요"라고 속삭이고 있는 것만 같습니다. 행성상성운은 별이 보여줄 수 있는 날카로운 상이나 확실한 색깔을 보여주는 천체는 아닐 겁니다. 저에게 셰인 1은 별의 환영처럼 보입니다. 셰인 1을 관측할 때 협대역필터나 산소III성운필터는 행성상성운으로서의 본성을 드러나게 해주죠. 이러한 필터를

이용하여 바라본 셰인 1은 서쪽에 있는 별보다 더 밝게 보입니다. 10인치(254밀리미터) 반사망원경을 이용하여 고배율로 관측해보면 희미한 중심별이 청회색 톤으로 그 모습을 드러내며, 성운 자체도 약간의 입체감을 보여줍니다. 셰인 1은 12.8등급으로 기록되어 있지만 제게는 0.5도 이상 더 밝게 느껴집니다.

캘리포니아 산호세 부근 릭 천문대의 천문 대장이었던 찰스 도널드 셰인*Charles Donald Shane*은 1940년대와

POSS-II / 캘테크 / 팔로마

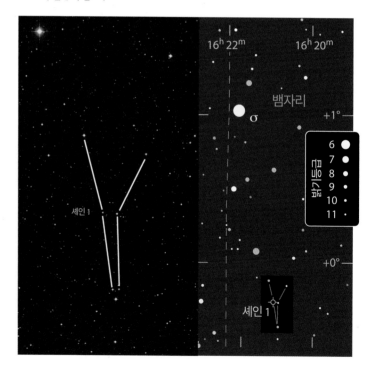

사진: 대니얼 베어샤체(Daniel Verschatse) / 안틸후 천문대(Observatorio Antilhue) / 칠레

1950년대에 1세대 사진 건판을 이용하여 북반구 천체의 고유운동 관측을 진행하던 중 셰인 1을 발견하였습니다. 오늘날의 천체 목록에서 셰인 1은 대략 3만 1,000광년 거리에 있는 것으로 기록되어 있죠.

이제 아래로 내려가 **NGC 5897**을 찾아봅시다. 이 깜찍한 구상성단은 천칭자리 요타(ι) 별로부터 남동쪽으로 1.7도 지점에 있습니다. NGC 5897은 6인치(152.4밀리미터) 망원경에서 38배율로 관측했을 때, 3개의 8등급 별이 만든 얕은 아치에 눕혀진 아주 흐릿한 빛으로 보입니다. 112배율에서는 사랑스러운 모습을 연출하죠. 이 성단은 7.5분에 걸쳐 퍼져 있으며 약간은 더

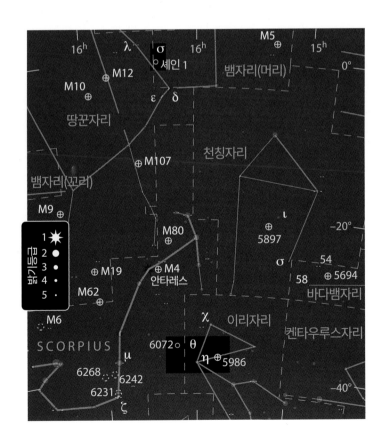

밝고 큰 중심부를 꽉 쥐고 있는 듯 보입니다. 다양한 밝기를 가진 최소 12개의 별이 성단 내에 흩뿌려져 있으며 북북서쪽 모서리에는 11등급과 12등급의 별 한 쌍이 있습니다. NGC 5897을 14.5인치(368.3밀리미터) 반사망원경에서 170배율로 관측해보면 별들이 풍부하게 들어찬 산개성단과 상당히 비슷하게 보입니다. 이 성단은 약 10분에 걸쳐 펼쳐져 있으며 동쪽 반의 전반에 걸쳐 가장 밝은 별 여러 개가 퍼져 있습니다.

만약 NGC 5897과 NGC 5694의 위치를 잡기가 어렵다면 230쪽의 별지도를 참고해보세요. 또 이 천체들은 《스카이 앤드 텔레스코프》의 호주머니 별지도 57쪽에서도 찾아볼 수 있습니다. 57쪽의 별지도와 또 다른 지역의 별지도는 스카이 앤드 텔레스코프 홈페이지(www.SkyandTelescope.com/psa)에서 무료로 다운받을 수 있습니다.

다음으로 방문할 2개의 천체는 바다뱀자리에 있습니다. 그런데 이 2개 천체가 올빼미자리에 있다고 생각하면 훨씬 더 재미있을 겁니다. 현명함을 상징하는 것으로 유명한 올빼미가 별지도에 처음으로 묘사된 것은 알렉산더 제이미슨Alexander Jamieson의 1882년 천구지도에서였습니다. 오늘날의 별지도에는 사라지고 없는 작은 올빼미가 한때는 바다뱀의 꼬리위에 서서 오늘날 천칭자리와 처녀자리에 속한 영역의 일부를 차지하고 있었습니다.

우리의 첫 번째 올빼미 정류장은 아름다운 색깔을 뽐내는 이중별, **바다뱀자리 54**(54 Hydrae) 별입니다. 5.1인치(129.5밀리미터) 굴절망원경에서 63배율로 관측해보면 충분히 이 이중별을 분해해 볼 수 있죠. 황백색의 으뜸별은 동남동쪽으로 황금색의 짝꿍별을 거느리고 있습니다. 이 이중별은 1783년 윌리엄 허셜에 의해 발견되었으며 당시 짝꿍별은 푸른빛이 도는 붉은 별로 묘사되었습니다. 여러분의 눈에는 어떤 색깔로 보이시나요?

역시 올빼미자리에 있는 구상성단 **NGC 5694**는 7등급의 별 4개가 만드는 53분의 지그재그에서 서쪽 측면

을 따라 자리 잡고 있습니다. 6인치(152.4밀리미터) 반사망원경에서 38배율로 바라본 NGC 5694는 작은 말불버섯처럼 보입니다. 이 성단은 남북으로 도열한 10.5등급의 이중별과 함께 2.5분의 곡선을 그리고 있죠. NGC 5694는 176배율에서도 별이 분리되지 않습니다. 그러나 거의 별처럼 보이는 고밀도 중심부는 나름 매력적인 모습을 뽐내죠. 이 구상성단은 1분의 꽤 밝은 지름을 가지고 있으며 이보다 2배 정도 크기의 희미한 헤일로를 두르고 있습니다.

NGC 5694는 NGC 5897보다 밝기도 더 밝고 크기도 더 큽니다. 그러나 그 밝기나 크기가 NGC 5897보다 작고 희미하게 보이는 건 그 거리가 훨씬 멀기 때문입니다. NGC 5897이 4만 광년 거리에 있는 데 비해, NGC 5694는 11만 3,000광년 거리에 있죠. 그런데 더 느슨해 보이는 NGC 5897의 외모는 단순히 그 거리 때문만은 아닙니다. NGC 5694는 그 중심부에 NGC 5897보다 400배나 더 많은 별이 빼곡히 모여 있죠.

다음으로 **NGC 5986**을 찾아가보겠습니다. NGC 5986은 이리자리에서 가장 밝은 구상성단이죠. 105밀리미터 굴절망원경에서 87배율로 관측해보면 얼룩덜룩한 반점이 모습을 드러냅니다. 동쪽 측면은 밝은 별 하나가 장식하고 있죠. 10인치(254밀리미터) 반사망원경에서 187배율로 바라본 NGC 5986은 5분 크기의 표면에 상당수의 별이 빽빽하게 들어찬 과립상의 연무로 보입니다. 14.5인치(368.3밀리미터) 망원경에서는 정중앙에 있는 별들을 구분해 볼 수 있죠.

3만 4,000광년 거리의 NGC 5986은 가장 가까운 거리에 있는 3개의 구상성단 중 하나입니다. 이러한 특성 때문에 NGC 5986이 성간우주공간의 먼지에 의해 더 많이 차폐되고 애초에 밝기도 더 낮음에도 불구하고 NGC 5897보다 더 밝게 보입니다.

이리자리 세타(θ) 별의 동북동쪽 1.4도 지점에는 행성상성운 **NGC 6072**가 전갈자리의 이웃으로 자리 잡고 있습니다. 이 행성상성운을 6인치(152.4밀리미터) 망원경

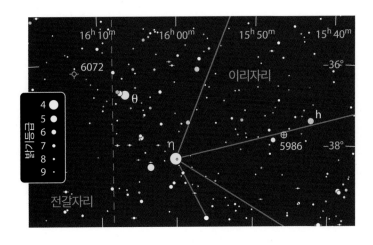

에서 112배율로 관측해보면 내부에 희미한 헝겊 조각을 품은 둥근 천체로 보입니다. 이 행성상성운의 북쪽으로는 8.6등급의 노란색 별이 하나 떠 있죠. 10인치(254밀리미터) 망원경에서 118배율로 관측해보면 끝으로 갈수록 점점 희미해지는 동서로 놓인 타원체가 보입니다. 이는 이 행성상성운이 고리모양의 구조임을 말해주고 있습니다. NGC 6072의 북동쪽 가장자리에는 희미한 별 하나가 겹쳐져 있죠. 이 행성상성운은 협대역필터나 산소 III성운필터를 대고 보면 훨씬 더 멋진 모습을 보여줍니다. 220배율에서는 1과 1/4분의 길이와 길이 대비 3분의 2 정도의 너비를 볼 수 있습니다. 중심 부근에서는 비교적 밝은 점이 보이기 시작하죠.

NGC 5986과 NGC 6072는 캐나다나 유럽 지역에 사는 별지기들에게는 너무나 남쪽에 있어 보기가 어려운 천체입니다. 그러나 제가 사는 뉴욕주 북부에서 이 천체들은 지평선 위로 10도까지 떠오르죠. 한편 훨씬 북쪽에서는 전혀 볼 수 없는 **가짜 혜성**(False Comet) 하나가 제가 사는 지역에서는 지평선을 간지럽히고 있습니다.

캐나다의 별지기 앨런 화이트맨Alan Whiteman은 1983년 텍사스 별파티에 참여하고 있는 동안 이 인상적인 '혜성형 미리내 대역'을 잡아냈습니다. 화이트맨은 맨

눈으로 NGC 6231을 혜성의 코마로, 전갈자리 제타[1](ζ[1]) 별과 전갈자리 제타[2](ζ[2]) 별을 각각 혜성의 핵으로 보았습니다. 혜성의 꼬리는 북쪽방향으로 부드럽게 아치를 그리고 있는데, 이 꼬리는 대부분 트럼플러 24(Trumpler 24, Tr 24)의 뿌연 빛무리로 구성되어 있습니다.

제가 사는 위도에서 맨눈으로는 이 가짜 혜성의 화려함을 볼 수 없습니다. 그러나 제 남편의 떨림방지장치가 부착된 15×50 쌍안경으로는 이 가짜 혜성을 구성하는 각 천체들의 사랑스러운 모습을 볼 수 있죠. 심지어 제가 사는 곳에서 지평선 위로 3.3도 지점에 채 미치지 못하는 높이로 떠오르는 이 가짜 혜성의 핵까지 볼 수 있습니다. 전갈자리 제타 별은 하얀색과 황금색이 멋진 대조를 이루며 빛나고 있습니다. 그리고 북쪽으로는 점점

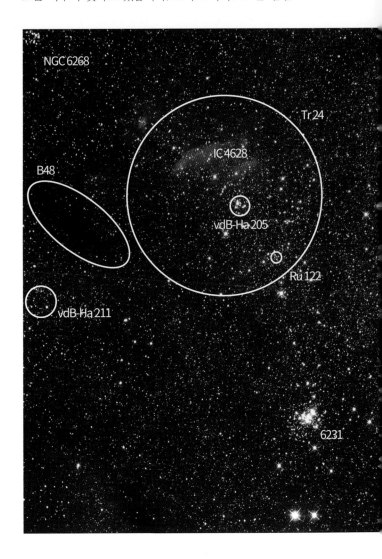

때때로 '가짜 혜성'이라고 불리곤 하는 전갈자리 제타 별의 북쪽 지역은 전체 하늘을 통틀어 가장 웅장한 모습을 연출하는 곳 중 하나입니다.
사진: 애덤 블록 / NOAO / AURA / NSF

이 빛나는 NGC 6231이 있죠.

NGC 6231의 위쪽으로 느슨하게 뿌려진 별들의 거대한 아치가 북북동쪽으로 약 1과 3/4도 펼쳐져 있습니다. 몇몇 별지도에서 이 아치는 **트럼플러 24**(Trumpler 24, Tr 24)로 식별되어 있습니다. 그러나 1931년 스웨덴의 천문학자였던 페르 아르네 콜린더Per Arne Collinder는 그의 박사논문에서 이 천체를 콜린더 316(Collinder 316)이라는 하나의 거대한 천체로 정의하였습니다. 콜린더 316은 트럼플러 24와 일부가 중첩되며 남서쪽 멀리에 중심을 두고 있죠. 이 천체는 산개성단으로 보기에는 너무나 넓게 흩어져 있으며 전갈자리OB1로 알려져 있는 갓 태어난 어린 성협의 일부일 것으로 추정되고 있습니다.

플로리다 키스에서 열리는 겨울별파티에서는 대단히 아름다운 가짜 혜성의 모습을 맨눈으로 볼 수 있습니다. 플로리다주에서 뉴욕의 별지기 베스티 화이트록의 105밀리미터 굴절망원경으로 바라본 NGC 6231은 80개의 밝고 희미한 별들이 1/4도 크기로 뭉쳐진 아름다운 모습을 보여주고 있었습니다. 혜성의 꼬리에서는 100개 이상의 별들이 뭉쳐 있는 모습을 두드러지게 볼 수 있었죠.

10인치(254밀리미터) 반사망원경에서는 더 많은 혜성 조각들을 볼 수 있었습니다. 트럼플러 24의 내부에는 6개의 별로 이루어진 작은 점 **반덴버그-하겐 205**(van den Bergh-Hagen 205, vdB-Ha 205)와 희미한 별로 작은 점들의 안개처럼 보이는 **루프레크트 122**(Ruprecht 122, Ru 122), 그리고 동서로 길게 뻗어 빛나고 있는 발광성운 IC 4628이 있습니다. 또 다른 매력적인 천체 몇몇이 혜성의 꼬리를 구성하고 있습니다. NGC 6242에는 25개의 별이 눈에 띄는 9분 크기로 모여 있습니다. 대부분의 별은 북북서쪽으로 기울어진 막대 모양으로 몰려 있죠. 이보다 희미하고 훨씬 작은 NGC 6268은 2개의 평행한 선을 그리고 있는 25개의 별을 가지고 있습니다. 암흑성운 **바나드 48**(Barnard 48, B48)은 별들이 거의 없는 35분×10분의 북동쪽으로 기울어진 띠를 만들고 있으며 **반덴버그-하겐 211**(van den Bergh-Hagen 211)은 동서로 늘어선 별들이 가장 우세하게 보이는 희미한 일련의 별들로 구성되어 있습니다.

가짜 혜성은 이때의 남쪽 하늘에서 진정 고귀한 아름다움을 뽐내는 관측 대상입니다. 당신도 한번 즐겨보세요!

한여름의 차림상

대상	분류	별자리	밝기	각크기/각분리	적경	적위
셰인 1 (Shane 1)	행성상성운	뱀	12.8	6"×5"	16시 21.1분	- 00° 16'
NGC 5897	구상성단	천칭	8.5	11.0'	15시 17.4분	- 21° 01'
바다뱀자리 54 별	이중별	바다뱀	5.1, 7.3	8.3"	14시 46.0분	- 25° 27'
NGC 5694	구상성단	바다뱀	10.2	4.3'	14시 39.6분	- 26° 32'
NGC 5986	구상성단	이리	7.5	8.0'	15시 46.1분	- 37° 47'
NGC 6072	행성상성운	전갈	11.7	98"×72"	16시 13.0분	- 36° 14'
NGC 6231	산개성단	전갈	2.6	14.0'	16시 54.2분	- 41° 50'

각크기 및 각분리는 최근 천체 목록을 참고한 것입니다. 시각적으로 보이는 천체의 크기는 대부분 목록상에 있는 크기보다는 작게 느껴지며 장비의 구경과 배율에 따라 다양하게 느껴집니다.

구부러진 용의 목 부근

7월의 밤, 작은곰자리를 감싸고 있는
흥미로운 지역이 높이 떠오릅니다.

용자리는 작은곰자리를 감싸며 구불구불하게 밤하늘을 가로지르고 있습니다. 큰곰자리와 작은곰자리 사이에서 용의 꼬리를 찾아낼 수 있을 것입니다. 그리고 작은곰자리를 따라서 몸을 도사린 용을 따라가다 보면 님쪽으로 날카롭게 꺾인 부분을 만나게 되죠. 이 부분에는 주목할

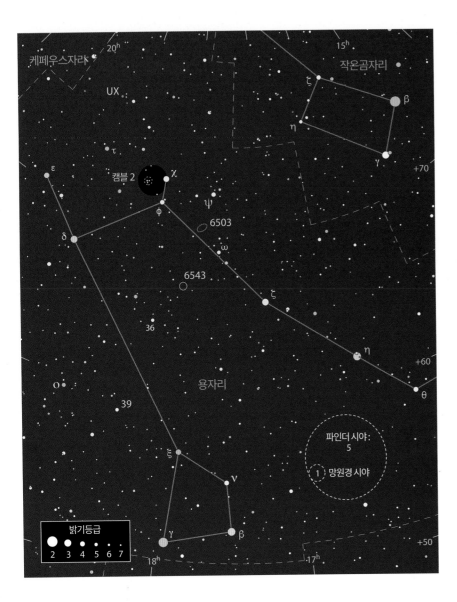

만한 여러 천체가 담겨 있습니다.

용자리의 머리를 구성하는 사다리꼴 별들로부터 시작해보겠습니다. 용자리의 머리를 구성하는 4개의 사다리꼴 별 중에서 가장 희미한 별은 **용자리 뉴**$^{(\nu)}$ 별입니다. 이 별은 쌍안경으로도 쉽게 분해해 볼 수 있는 이중별이죠. 105밀리미터 굴절망원경에서 17배율로 관측해보면 북서쪽(ν^1)과 남동쪽(ν^2)으로 잘 어울리는 별 한 쌍이 보입니다. 2개 별 모두 저에게는 하얀색으로 보입니다만 용자리 뉴^2(ν^2)는 언뜻 노란빛이 보이기도 하죠.

머리와 꾸불꾸불한 용의 몸을 이어주는 별은 용자리 크시$^{(\xi)}$ 별입니다. 이 별은 그루미움(Grumium)이라 부르는데 '턱'이라는 뜻을 가지고 있습니다. 용자리 뉴 별에서 시작해서 그루미움을 지나 약 1과 1/3배 정도를 더 지나가면 **용자리 39**(39 Draconis)라는 5등급의 별을 만나게 됩니다. 17배율로 이 별을 보면 북북동쪽에 짝꿍별을 거느리고 있는 8등급 별을 보게 됩니다. 짝꿍별은 백색의 으뜸별에서 충분한 거리를 두고 벌어져 있죠. 여기서 배율을 153배로 높여보면 으뜸별에서 간신히 분해되는 세 번째 짝꿍별을 보게 됩니다. 2개 짝꿍별들은 동일한 밝기를 가지고 있습니다만, 하나는 그저 백색으로만 보이는 반면 나머지 하나는 중심부에 푸른빛을 띠고 있죠.

용자리 39별에서 동북동쪽으로 3.5도를 움직이면 약간 더 밝은 **용자리 오미크론**(o) 별을 만나게 됩니다. 용자리 오미크론 별은 17배율에서도 쉽게 분리되는 완전히 다른 주황색 별 2개로 구성되어 있습니다. 5등급의 으뜸별이 북서쪽으로 8등급의 짝꿍별을 품고 있죠. 윌리엄 H. 스미스William H. Smyth는 1844년 베드포드 목록에서 이 한 쌍의 별을 주황색과 옅은 붉은색 별로 묘사했습니다. 또 다른 관측자들은 짝꿍별을 청록색으로 보기도 합니다. 그러나 청록색은 색의 대비가 만들어낸 착시에 불과합니다. 왜냐하면 이 별의 분광 유형이 K3(주황색)이기 때문이죠.

꺾여 있는 용의 목 위로 4등급의 주황색 별 용자리 타우(τ) 별을 만날 수 있습니다. 여기서 북쪽으로 3.2도를 움직이면 별들이 만든 작은 덩굴을 만나게 되죠. 이 덩굴을 구성하는 별 중 하나는 두드러지게 빨간색 빛을 보여줍니다. 이 별이 바로 **용자리 UX** 별이라는 이름의 탄소별입니다. 밤하늘에서 가장 붉은 별 중 하나죠. 별의 색깔을 측정하는 방법 중 하나는 색깔에 따라 순번을 매기는 방법입니다. 붉은색 별일수록 더 높은 숫자가 매겨지죠. 백색의 직녀별 베가는 색지수가 0.0입니다. 반면 붉은빛을 띤 주황색 별 안타레스의 색지수는 1.8이죠. 그러나 용자리 UX 별은 안타레스보다도 훨씬 더 붉은 색깔을 띠기 때문에 색지수가 2.7이나 됩니다. 이 별은 색깔과 밝기 모두에서 변화를 보여주는 준규칙변광성입니다. 용자리 UX 별의 밝기는 5.9등급에서 7.1등급 사이의 변화를 보여주며 그 주기는 약 168일입니다.

다음으로는 깜직한 자리별 **캠블 2**(Kemble 2)를 찾아보겠습니다. 7등급부터 9등급까지의 별로 구성되어 있는 이 한 줌의 별들은 쉽게 찾을 수 있습니다. 3.6등급의 용자리 키(x) 별로부터 동남동쪽 1.1도 지점에 중심을 두고 약 20분의 지름으로 모여 있는 별들이 바로 캠블 2입니다. 캠블 2라는 이름은 『우라노메트리아 2000.0』 2판과 '아틀라스 메가스타 5.0'이라는 프로그램에 등장합

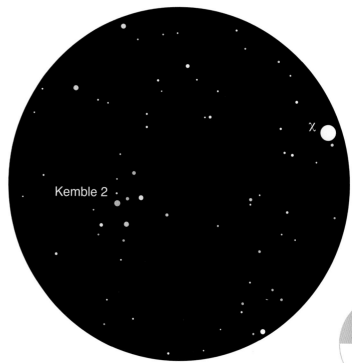

저배율 망원경에서 바라본 용자리 캠블 2는 카시오페이아의 W자 형태와 상당히 닮았습니다. 11등급의 별들이 담겨 있는 이 2도 폭의 그림에서 W자 모양의 자리별이 용자리 키 별과 함께 담겨 있습니다.
표 : 『밀레니엄 스타 아틀라스』에서 발췌

니다. 이 이름은 유명한 캐나다의 별지기이자, 책으로는 출판되지 않았지만 처음으로 이 자리별을 기록한 프란체스코회의 수사 루션 J. 캠블(Lucian J. Kemble, 1922~1999)을 기리기 위해 붙여졌습니다. 캠블의 기록은 이 자리별을 작은 카시오페이아라고 부른 캠블의 노르웨이인 친구 아릴드 몰랜드Arild Moland에 의해 주목을 받게 되었습니다. 필립 S. 헤링턴은 『딥스카이 안내서The Deep Sky: An Introduction』라는 책에서 이 인상적인 별다발을 '꼬마 여왕(the Little Queen)'이라고 불렀습니다.

이러한 이름들은 캠블 2가 5개의 밝은 별이 W 형태를 그리고 있는 그 유명한 카시오페이아와 얼마나 많이 닮았는지, 그래서 얼마나 인상적인 자리별인지를 말해주고 있습니다. 이 자리별에는 위치가 살짝 빗나가 있긴 합니다만 카시오페이아 에타(η) 별에 대응되는 여섯 번째 별이 있을 정도입니다. 이 자리별의 형태는 『밀레니엄 스타 아틀라스』에도 그 모습이 나타나 있습니다. 그

러나 이름은 기록되어 있지 않죠. 제 작은 굴절망원경에서 28배로 관측해보면 가장 밝은 별은 황금색으로 보이며, 북쪽 경계에 있는 별은 주황색으로 보입니다. 그 모습으로 인해 눈길을 잡아끌긴 합니다만, 캠블 2의 W자 형태는 우연히 만들어진 것으로서 각 별은 서로 다른 거리를 가지고 있으며 서로 다른 방향으로 움직이고 있습니다.

여기서 서쪽으로 4도를 이동하면 넓은 간격으로 벌어져 있는 또 다른 이중별 **용자리 프시**(ψ) 별을 만나게 됩니다. 이 이중별은 제 작은 굴절망원경에서 17배율로만 봐도 충분히 분해해 볼 수 있죠. 두 별 모두 창백한 노란색을 띠고 있으며 짝꿍별은 으뜸별의 북북동쪽에 있습니다.

용자리 프시 별은 이번 장의 유일한 미리내 밖 천체인 왜소나선은하 **NGC 6503**을 찾아가는 데 훌륭한 디딤돌이 됩니다. 그 위치를 잡아내려면 저배율 시야에서 용자리 프시 별을 서쪽 끄트머리에 두고 남쪽으로 2.1도

를 이동하면 됩니다. 105밀리미터 굴절망원경에서 68배율을 이용하여 약간 연무가 낀 하늘에서 이 은하를 관측해보면 서북서쪽에서 동남동쪽을 가로지르는 장축의 중심부를 따라 약간 더 밝게 보이는 렌즈모양의 은하를 볼 수 있습니다. 이 은하는 3분의 길이에 길이 대비 4분의 1 정도의 너비를 보여주죠. 남쪽 끄트머리에서 동쪽으로는 8.6등급의 별 하나가 있습니다. 높은 표면 밝기를 가지고 있는 이 은하가 발견된 것은 1864년 독일에서 대학생이었던 아르투르 폰 아우베르스Arthur von Auwers에 의해서였습니다. 그는 2.6인치(66밀리미터) 굴절망원경을 이용하여 이 은하를 발견했죠. 아우베르스는 나중에 천문학자가 되었습니다. 달의 크레이터 하나는 그의 이름을 가지고 있죠.

마지막으로 설명하긴 하지만 절대 무시할 수 없는 천체 하나가 남아 있습니다. 바로 고양이 눈이라는 이름을 가진 **NGC 6543**입니다. 이 작은 행성상성운은 NGC 6503의 약간 동쪽에서 남쪽으로 3.6도 지점에 있습니

오른쪽: 미드 16인치(406.4밀리미터) 망원경을 이용하여 높은 배율로 촬영해낸 이 사진에서 고양이 눈이라는 이름에 걸맞은 성운의 모습이 연출되고 있습니다. 이 천체는 작은 망원경에서 저배율로 관측했을 때는 초점이 나간 별처럼 보입니다. 이 성운의 평균 밝기는 약 8등급이며, 중심에 있는 별의 밝기는 11등급입니다.
왼쪽: 우리 쪽으로 거의 모서리를 드러내고 있는 NGC 6503은 방추체를 띱니다. 이 은하는 작은 망원경으로도 충분히 찾아낼 수 있을 만큼 밝은 은하입니다만, 눈으로 봤을 때 애리조나 키트 피크에서 촬영된 이 사진에서처럼 세세한 모습을 볼 수는 없습니다. 북쪽이 위쪽입니다.
사진: 애덤 블록 / NOAO / AURA / NSF

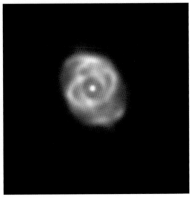

다. 5등급의 별, 용자리 오메가 별과 용자리 36 별의 중간지점에서 이 성운을 찾을 수 있죠. 이 성운은 17배율로 봤을 때 거의 별과 같은 모습을 보여줍니다만 녹색을 띤 파란색으로 인해 이 천체가 단순한 별이 아님을 알 수 있죠. 이 행성상성운은 17배율에서도 중심의 별을 구분해 볼 수 있습니다. 서북서쪽 2.7분에는 10등급의 별 하나가 있죠. 153배율로 바라본 고양이눈 성운은 약간의 타원형을 보여줍니다. 북북동쪽에서 남남서쪽으로 약간 더 긴 모습을 보여주며 정 가운데에서 약간 어두운 느낌을 받게 되죠. 얇고 희미한 고리를 이루고 있는 바깥쪽 모서리로는 보풀이 인 듯한 모습을 볼 수 있습니다. 이 성운은 대기가 안정되어 있다면 높은 배율에서도 모습을 잘 볼 수 있습니다.

영국의 천문학자 윌리엄 허긴스William Huggins는 1864년 분광기를 이용하여 NGC 6543을 관측했습니다. 이 관측은 분광기를 이용한 첫 번째 행성상성운 관측이었으며 이를 통해 행성상성운이 형광성 가스들로 구성되어 있음을 처음으로 알게 되었죠(이전까지 많은 천문학자들은 관측 장비의 성능이 충분하다면 모든 성운들은 별로 분해되어 보일 것이라고 생각했습니다). 하지만 성운을 청록색으로 보이게 만드는 밝은 분광복사선을 식별할 수는 없었습니다. 그래서 허긴스는 네뷸리움(nebulium)이라는 가설상의 새로운 원소 이름을 붙였죠.

이후 연구를 통해서 이것이 이중 이온화 산소로부터 복사되는 '금지선(forbidden lines)'이라는 사실을 알게 되었습니다. 이러한 유형의 복사는 사실상 지구에는 존재하지 않습니다. 오직 몇몇 성운에서만 희박하게 발생하는 가스들이죠. 그래서 로버트 번햄 주니어Robert Burnham Jr.는 『번햄의 천체 안내서Burnham´s Celestial Handbook』에 다음과 같은 기록을 남겼습니다. "금지선은 전혀 '금지'된 복사선이 아닙니다. 이들은 그저 말하자면 우리를 고민에 빠뜨려 눈살을 찌푸리게 만들 뿐입니다."

용자리가 품고 있는 아름다운 보석들

대상	유형	밝기	각크기/각분리	거리(광년)	적경	적위	MSA	U2
용자리 뉴(ν) 별	이중별	4.9, 4.9	62″	99	17시 32.2분	+55° 11′	1095	21R
용자리 39 별	삼중별	5.1, 8.0, 8.1	90″, 3.7″	190	18시 23.9분	+58° 48′	1078	21L
용자리 오미크론(o) 별	이중별	4.8, 8.3	37″	320	18시 51.2분	+59° 23′	1078	21L
용자리 UX별	탄소별	5.9~7.1	-	2,000	19시 21.6분	+76° 34′	1043	3R
캠블 2 (Kemble 2)	자리별	5.6	20′	-	18시 35.0분	+72° 23′	1053	10R
용자리 프시(Ψ) 별	이중별	4.6, 5.6	30″	72	17시 41.9분	+72° 09′	1054	11L
NGC 6503	은하	10.2	7.1′×2.4′	1,700만	17시 49.5분	+70° 09′	1054	11L
NGC 6543	행성상성운	8.1	22″×19″	3,000	17시 58.6분	+66° 38′	1066	11L

MSA와 U2는 각각 『밀레니엄 스타 아틀라스』와 『우라노메트리아 2000.0』 2판에 기재된 차트 번호를 의미합니다. 각크기와 각분리는 천체목록상에 기재된 값입니다.

아름다움에 취하다

전갈의 꼬리는 여러 가지 방법으로
당신을 놀라게 만들 것입니다.

이 시기 북반구 중위도의 별지기들은 하늘에 낮게 떠오른 전갈자리를 보게 됩니다. 그러나 전갈자리는 풍부한 딥스카이 천체로 뿌리칠 수 없는 유혹을 보내며 우리를 낮은 고도의 밤하늘로 빠져들게 만듭니다. 전갈의 꼬리 부근은 볼거리가 너무나도 많은 지역이죠. 어딘가에 홀리지 않고 망원경을 겨냥할 수 있는 부분을 찾기란 정말 어려울 것입니다.

전갈의 꼬리독침으로부터 전갈자리 람다(λ) 별과 엡실론(υ) 별까지는 한때 총칭하여 샤울라(Shaula)라는 이름으로 불렸습니다. 아라비아어로 알 샤울라(al shaulah)는 '독침'을 의미하죠. 오랜 시간이 흐르면서 이 이름은 한 쌍의 별 중 더 밝은 별인 람다 별에 수렴되었으며 전갈자리 엡실론 별은 레사스(Lesath)라는 별칭을 얻게 되었습니다. 아라비아 어 '라샤(las'a)'에서 온 이 말은 '찌르기'를 의미합니다. 그러나 이 이름은 고전 아라비아 천문서적에는 전혀 등장하지 않습니다.

별의 이름에 관한 전문가인 파울 쿠니츠쉬Paul Kunitzsch가 『현대 별의 이름Modern Star Names』이라는 사전에서 설명한 바에 따르면 레사스라는 이름은 돌고 돌아 엡실론 별에 할당된 것이라고 합니다. 2세기경 집필된 프톨레마이오스의 『알마게스트』에서는 전갈의 꼬리를 따라 나타나는 "안개가 낀 듯한 별 뭉치"가 언급되어 있습니다. 이 그리스 용어가 아라비아어로 해석되면서 '알 라트카(al-latkha)', 즉 점(the spot)이라는 단어로 바뀌었습니다. 그 후 이 단어는 '알라샤(alascha)'로 변환되면서 전갈의 꼬리와 연관이 있는 점성술적인 의미의 라틴어로 오용된 사례가 되었죠. 1600년에 위대한 고전 학자였던 요셉 유스투스 스칼리거Joseph Justus Scaliger는 알라샤라는 단어가 '라샤(las'a)'로부터 파생된 단어라고 생각했습니다. 전갈자리의 다른 꼬리 부분을 구성하는 별과 비교했을 때 이 단어는 합리적인 이유가 있는 듯이 보였죠.

프톨레마이오스가 기록한 '안개가 낀 듯한 점'은 오늘날 대체로 산개성단 M7

밝게 빛나는 산개성단 M7의 안쪽과 그 주변에는 총 8개의 천체가 있습니다. 이번 장에서 저자는 이 천체들을 설명하고 있습니다. 이 중에서 가장 찾기 어려운 것은 3개의 행성상성운들입니다. 이들을 찾으려면 대구경 아마추어망원경과 높은 배율, 그리고 아주 청명한 하늘이 필요하죠. 이 표에서는 11등급의 별까지 보여주고 있습니다. M7은 전갈자리와 궁수자리 사이에 있습니다.

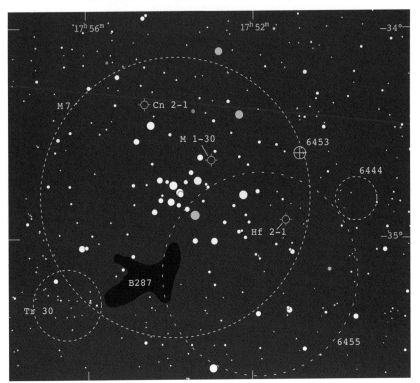

에 대한 최초의 기록으로 간주되고 있습니다. 3.3등급의 M7은 제가 사는 곳에서는 지평선에 매우 가까이 있음에도 불구하고 맨눈으로도 선명하게 볼 수 있습니다. M7 주변의 보석들을 훑는 것만으로는 온 밤을 보낼 수 있을 것입니다.

M7은 어느 관측 장비로 보나 제대로 만끽할 수 있는 천체입니다. 떨림방지장치가 부착된 저의 15×45 쌍안경은 그리스 문자 키(x) 모양을 한 중심의 10개 별을 보여줍니다. 50여 개의 밝고 희미한 별들이 1과 1/4도 폭으로 무리 지어 펼쳐져 있죠. 작은 망원경으로 봤을 때 별 무리 안쪽 1/3도 지역에 몰려 있는 30개 별의 점은 모든 방향의 지선이 잘린 모양을 떠오르게 만듭니다. 다른 별지기들은 마분지 상자를 보기도 하고 알파벳 K를 보기도 한답니다. 별들의 무리는 직경 1도의 폭 안에 꽤 많이 몰려 있으며 여기서 흩뿌려 나온 듯한 별들이 1과 1/3도 지점까지 늘어나는데 그 별들은 거의 100개에 달합니다. 몇몇 별들은 색깔을 구분해 볼 수 있을 정도로 밝게 빛나는데 대부분은 청백색으로 빛나고 있죠. 이 성단은 명확하게 황금색을 띠고 있는 3개의 별이 장식하고 있습니다. 하나는 중심에 몰려 있는 점의 남서쪽 모서리에 있으며 또 하나는 북서쪽 부분에, 그리고 나머지 하나는 북북서쪽 경계에 있죠. 별빛이 톡톡 튀는 M7은 가끔 시상이 그리 좋지 못한 하늘의 낮은 고도에서도 환상적인 빛을 뿜어냅니다.

콜린더 355(collider 355) 또는 **트럼플러 30**(Trumpler 30, Tr 30)으로도 알려진 작은 별 무리는 M7의 남동쪽 경계에 맞닿아 있습니다. 4인치(101.6밀리미터)에서 6인치(152.4밀리미터) 정도의 망원경으로 보면 희뿌연 연무 위로 10분 크기의 삼각형을 구성하는 30개의 별을 볼 수 있습니다. 8등급의 별 하나가 북쪽 끝에 박혀 있으며 나머지 별들은 10등급에서 12등급의 밝기로 빛나고 있죠. 10인치(254밀리미터) 반사망원경은 좀 더 많은 별을 보여줍니다(대부분 삼각형의 남서쪽에 있죠). 이 별들은 이 별 무리의 크기를 20분 크기로 부어 보이게 만듭니다. 가장

밝은 별들은 마치 다섯 방향으로 팔을 뻗은 별의 모습을 연출하고 있죠. 그 모습은 막대인간의 모습처럼 보이기도 합니다.

산개성단 NGC 6444는 M7의 서쪽 경계 바로 바깥에 있습니다. 구태여 찾으려 하지 않으면 쉽게 지나치게 되는 성단이죠. 작은 망원경으로는 11등급에서 12등급의 별 20개가 12분의 폭에 느슨하게 흩뿌려져 있는 모습을 볼 수 있습니다. 가장 밝은 별들이 동서로 가로지르는 막대기처럼 모여 있죠. 이 성단은 14.5인치(368.3밀리미터) 반사망원경에서 정말 어여쁘게 보입니다. 많은 희미한 별들이 점점이 모여 여러 작은 뭉치를 만들고 있죠.

구상성단 NGC 6453은 마치 M7의 서북서쪽 경계선에 붙어 있는 듯이 보이지만 실제로는 50배나 더 멀리 떨어져 있습니다. 둥그런 형태의 NGC 6453은 작은 망원경을 통해 보면 희미하고 작은 성운처럼 보입니다. 11등급의 별 하나가 서쪽에 있으며 10등급의 별 하나가 동쪽으로 약간 더 멀리 떨어져 있습니다. 보다 구경이 큰 반사망원경으로 본 NGC 6453은 덧댄 헝겊 조각처럼 보이죠. 몇몇 빛의 점들이 보이는데 이곳에 별들이 가득 몰려 있는 것을 고려해보면 이 빛의 점들은 구상성단의 일원이라기보다는 앞쪽에 있는 별들일 것으로 생각됩니다.

NGC 6455는 1830년대 초 남아프리카에서 관측을 진행한 존 허셜John Herschel에 의해 발견되었습니다. 허셜은 이 구상성단을 "광활하게 펼쳐져 있으며 성운기를 보여주는 미리내의 별 뭉치, 이곳의 별들은 대단히 작고, 그 수는 무수히 많아 보인다"라고 묘사했습니다. 오늘날의 몇몇 천문서적에서도 기록되어 있지 않은 천체를 이처럼 묘사한 것은 대단히 인상적인 일입니다. 그러나 잭 W. 슐렌틱Jack W. Sulentic과 윌리엄 G. 티프트William G. Tifft는 1976년 애리조나대학 출판부에서 발행한 『별이 아닌 천체의 신판 일반 목록 개정판The Revised New General Catalogue of Nonstellar Astronomical Ojbects』에서 NGC 6455가 실재하는 천체가 아니며 그저 꾸며낸 이야기라고 비난

했습니다. 슐렌틱은 내셔널 지오그래픽과 팔로마 천문대의 천체 탐사 프로그램the National Geographic Society-Palomar Observatory Sky Survey을 통해 얻은 사진들을 검사했습니다. 그리고 NGC 6455가 기록된 위치에 일체 성단이 없다는 결론을 내렸죠. 확실히 여기서 성단을 보지 못할 수도 있습니다. 그러나 우리 미리내의 별들로 구성된 거대하고 밝은 구름이 대략 1도 너비로 퍼져 있으면서 M7과 확연히 중첩되어 있는 모습을 볼 수는 있죠. 이 구름의 중심 부분은 M7의 남서쪽 테두리에 가까이에 있고, 그 경계는 M7의 밝은 중심부까지 펼쳐져 있습니다. 최상의 상황에서도 강화된 대비는 미묘하게 나타나지만, 이 지역 전반에 걸쳐 퍼져나가는 암흑성운들을 쫓아가다 보면 그 영역을 확정하는 데 도움이 될 것입니다. NGC 6455를 포착하기 위해서는 광대역을 보여주는 작은 망원경이나 큰 쌍안경을 이용해야 합니다. 좀 더 남쪽에 위치한 관측지라면 확실히 도움이 되죠.

몇몇 암흑성운들이 이 지역을 장식하고 있는데 그 중 하나는 M7과 함께 있습니다. M7의 남동쪽 경계에는 **바너드 287**(Barnard 287. B287)이 떠다니고 있습니다. 총 20분의 너비에 가지런히 정렬하고 있는 3개의 검은 팔들을 볼 수 있습니다. 몇몇 별들이 이 팔을 가로지르며 뿌려져 있죠. 이 성운을 잡아내려면 미리내를 배경으로 활용할 줄 알아야 합니다. M7을 좀 더 높은 고도로 볼 수 있는 낮은 위도에 있는 관측자들은 작은 망원경으로도 B287을 포착해낼 수 있을지도 모릅니다. 반면 고위도 지역의 관측자들은 좀 더 큰 장비가 필요하죠.

또한 훨씬 더 멀리 떨어져 있는 천체이긴 하지만 행성상성운 3개가 M7의 경계 내에 있습니다. 3개의 행성상성운 중에서 가장 밝은 행성상성운인 **캐논 2-1**(Cannon 2-1, Cn 2-1, PN G356.2-04.4)은 8인치(203.2밀리미터) 구경으로 포착할 수 있습니다. 14.5인치(368.3밀리미터) 반사망원경에서 315배율로 바라본 캐논 2-1은 밝지만 아주 작게 보입니다. 이 행성상성운은 산소III필터에 제대로 반응하죠. **호프라이트 2-1**(Hoffleit 2-1, Hf 2-1,

위: 1과 2/3도의 폭을 담고 있는 이 사진의 정중앙에는 M7의 중심부가 담겨 있습니다. 암흑성운 바너드 287의 띠가 아래쪽에 있습니다. 오른쪽 위로는 구상성단 NGC 6453이 아주 약간 분해된 모습으로 담겨 있습니다. 이 사진은 후지컬러필름 SG400에 초점거리 300밀리미터, f/6 망원경을 이용하여 30분 동안의 노출로 촬영한 것입니다. 북쪽이 위쪽입니다.

아래: 나비성단이라는 M6의 이름은 나비의 날개 모양을 연상시키는 별들의 배열로 인해 붙여진 이름입니다. 1과 2/3도의 폭을 담고 있는 사진에서 가장 밝게 빛나는 주황색 별은 전갈자리 BM변광성입니다. 북쪽이 위쪽입니다.

사진: 아키라 후지

PN G355.4-04.0) 역시 8인치(203.2밀리미터) 망원경으로 잡아낼 수 있습니다. 그러나 이 행성상성운을 찾아내는 것은 훨씬 어렵습니다. 14.5인치(368.3밀리미터) 반사망원경에서 315배율에 산소III필터를 부착하면 둥글게 보이는 작고 희미한 원반을 볼 수 있습니다. 필터가 없다면 아주 이따금씩 살짝 볼 수 있을 정도죠. 여러 번 반복적으로 관측을 시도했음에도 세 번째 행성상성운은 확신 있게 봤다고 말할 수가 없습니다. 다른 별지기들은 **민코프스키 1-30**(Minkowski 1-30, M 1-30, PN G355.9-04.2)을 10인치(254밀리미터) 혹은 그 이상의 구경을 가진 망원경으로 관측이 가능했다고 합니다.

대단히 희미한 천체들의 왕국을 떠나 M7로부터 북서쪽 3.8도 지점에 있는 멋진 성단 **M6**으로 가보겠습니다. 하늘의 상태가 괜찮다면 4.2등급의 M6은 맨눈으로도 볼 수 있습니다. 15×45 쌍안경은 동북동쪽에서 서남서쪽으로 20분으로 펼쳐진 직사각형의 폭 안에 담긴 20개의 별을 보여줍니다. 6인치(152.4밀리미터) 반사망원경에서는 0.5도의 폭 안에 별의 수가 50개로 늘어나며 10인치(254밀리미터) 망원경에서 별의 수는 90개까지 늘어나죠. 동쪽 모서리에서 밝은 황금색으로 빛나는 별은 긴

주기를 가진 준규칙변광성인 전갈자리 BM 별입니다.

M6은 여러 망원경을 이용하여 관측한 많은 별지기들에게 나비를 연상시키는 천체입니다. 이 아름다운 천체를 나비에 비교한 첫 번째 기록은 1923년 시어도어 E. R. 필립스Theodore E. R. Phillips와 윌리엄 H. 스티븐슨William H. Steavenson이 저술한 2권의 대중 천문학 개론서에 나타납니다. 이 책에는 "약간 불규칙한 형태를 띠고는 있지만 중심을 묶고 있는 별들과 함께 전반적으로 날개를 편 나비의 모습을 닮았습니다"라고 적혀 있습니다. 오늘날 이 일련의 별들은 '나비성단'으로 널리 알려져 있습니다. 재미있는 것은 나비의 모양을 똑같이 그리는 사람이 아무도 없다는 것입니다. 대부분이 북서쪽으로 날아가고 있는 나비의 모습을 봅니다만 몇몇 사람들은 북동쪽으로 날갯짓하고 있는 나비를 보기도 하죠. 여러분은 어떻게 보이시나요?

전갈의 꼬리를 둘러싼 지역은 깊은 우주의 보석을 찾기에 더없이 훌륭한 지역입니다. 망원경으로 이 지역을 훑어보게 된다면 당신의 발길을 붙잡는 훨씬 더 많은 천체를 만나게 될 것이라고 확신합니다.

전갈의 꼬리 근처에서 볼 수 있는 아름다운 천체들

대상	밝기	밝기	각크기/각분리	적경	적위	MSA	U2
M7	산개성단	3.3	80'	17시 53.9분	-34° 47'	1437	164L
트럼플러 30 (Tr 30)	산개성단	8.8	20'	17시 56.4분	-35° 19'	1437	164L
NGC 6444	산개성단	-	12'	17시 49.5분	-34° 48'	1437	164L
NGC 6453	구상성단	10.2	3.5'	17시 50.9분	-34° 36'	1437	164L
NGC 6455	별구름	-	1°	17시 51.8분	-35° 11'	1437	164L
바너드 287 (B287)	암흑성운	-	25'×15'	17시 54.4분	-35° 12'	1437	164L
캐논 2-1 (Cn 2-1)	행성상성운	12.2	2″	17시 54.5분	-34° 22'	1437	164L
호프라이트 2-1 (Hf 2-1)	행성상성운	14.0	9″	17시 51.2분	-34° 55'	1437	164L
민코프스키 1-30 (M 1-30)	행성상성운	14.7	5″	17시 53.0분	-34° 38'	1437	164L
M6	산개성단	4.2	30'	17시 40.3분	-32° 16'	1416	164L

각크기는 최근 천체목록에서 인용한 것입니다. 대부분의 천체들은 망원경으로 봤을 때 약간씩 더 작게 보입니다. MSA와 U2는 각각 『밀레니엄 스타 아틀라스』와 『우라노메트리아 2000.0』 2판에 기재된 차트 번호를 의미합니다.

전갈자리를 휘감고 있는 보석들

예부터 전해오는 별자리 중에서도 전갈자리는
깊은 우주의 보석을 찾아 나선 별지기들에게 최고의 별자리입니다.

저 하늘 위 전갈이 도사린 곳,
전갈의 꼬리와 양팔에 감싸인 광활한 하늘.
그는 거대한 하늘의 순환 속에 빛을 내며,
천상의 지표 사이 광활한 공간을 채우고 있다네.

오비디우스*Ovid*, 〈변신이야기*Metamorphoses*〉

위의 시에서 로마의 시인 오비디우스는 고대 그리스의 전승에 묘사된 대로 전갈자리를 묘사하고 있습니다. 원래 전갈자리에는 오늘날 천칭자리에 속하는 별들이 포함되어 있었습니다. 그리스인들은 이 별들을 전갈의 집게발로 불렀으며 전갈자리에 속하는 자리별로 인식했죠. 따라서 고대 전갈자리는 황도대의 2개 별자리를 차지하고 있었습니다. 오늘날의 전갈자리는 집게발을 전갈의 머리 바로 앞까지 끌어당기고 있습니다. 이곳이 7월의 밤하늘을 찾는 우리가 돌아볼 지역입니다.

전갈자리 델타(δ) 별인 드슈바(Dschubba)부터 시작해 보겠습니다. 이 별은 빠르게 회전하는 별이 주변을 감싼 원반을 발달시키면서 2000년 6월에 갑자기 변광성이 되었죠. 이 별은 거의 1등급 이상 밝아졌고, 불규칙한 변동을 보이다가 원래의 밝기로 돌아오는데 또 여러 해를 보냈습니다. 이 별은 매우 바짝 다가선 짝꿍별을 가지고 있습니다. 이 짝꿍별은 10.7년을 주기로 접근하는데, 이 짝꿍별과 드슈바 주위를 둘러싼 원반 간의 상호작용이 드슈바를 매우 흥미로운 별로 만들어주고 있습니다. 바로 우리 눈앞에서 전갈자리 델타 별은 불규칙폭발형변광성이 된 것입니

100년 전 유명한 천문학자 에드워드 에머슨 바너드(Edward Emerson Barnard)는 이제 막 가동을 시작한 캘리포니아 윌슨산 천문대에서 미리내의 특정 지역을 대상으로 한 사진 별지도 작업을 마무리하는 사진을 찍고 있었습니다. 바너드의 사진들은 청색광으로만 촬영되었습니다. 따라서 대상의 겉보기밝기는 맨눈으로 본 대상에 비해 어느 정도 차이가 존재하죠. 사진의 폭은 5도이며 북쪽이 위쪽입니다.
사진: 워싱턴 카네기 연구소 천문대

10도 너비의 이 사진의 중앙에 자리 잡은 것은 고밀도 구상성단 M80입니다. 사진에는 부가적으로 담긴 여러 주목할 만한 천체들이 표시되어 있습니다.

사진: 아키라 후지

다. 이러한 유형의 전형이 되는 별이 카시오페이아 감마 별입니다. 이 별은 폭발변광이 발생하기 이전 단계의 밝기 등급으로 돌아오는 데 29년이 걸렸죠. 이 변광성들은 매우 빠르게 자전하는 청백색의 별들이며 적도선 상에서 물질을 뿜어내고 있습니다. 그래서 뿜어져 나오는 물질들에 의해 자주, 일시적으로 어두워지곤 하죠. 앞으로 전갈자리 델타 별은 어떻게 될까요? 어떤 일이 벌어질지는 아무도 모릅니다. 전갈자리 델타 별의 밝기를 알아내는 데 비교가 될 만한 별들이 근처에 있습니다. 전갈자리 람다(λ) 별의 밝기는 1.6등급이며 엡실론(ε) 별은 1.8등급, 시그마(σ) 별은 2.1등급이며, 카파(κ) 별은 2.4등급이죠.

전갈자리 델타 별로부터 북동쪽으로 2.4도 이동하면 깜찍한 시각적 이중별인 전갈자리 **오메가**[1](ω^1) 별과 **오메가**[2](ω^2) 별을 만나게 됩니다. 비록 맨눈으로는 분해되지 않지만 쌍안경으로는 이 4등급의 별들을 멋지게 볼 수 있으며 저배율 망원경으로도 파란색과 노란색의 대조를 이루는 아름다운 모습을 볼 수 있습니다.

여기서 북동쪽으로 1.7도를 더 가게 되면 4등급의 **전갈자리 뉴**(ν) 별을 만나게 됩니다. 이 별은 거문고자리의 사랑스러운 더블더블을 생각나게 하는 별이죠. 제 105밀리미터 굴절망원경에서 17배율로 보면 4.2등급의 으뜸별과 북북서쪽 41초 지점에 있는 6.6등급의 짝꿍별을 볼 수 있습니다. 87배율에서는 좀 더 희미한 짝꿍별이 분해되는데 이 별은 북동쪽 2.4초 지점에 있는 7.2등급의 별이죠. 두 짝꿍별 모두 백색입니다. 이보다 배율을 훨씬 더 늘려서 203배율까지 올려보면 으뜸별의 북쪽 경계에 맞닿아 있는 5.3등급의 별을 구분해 볼 수 있습니다. 으뜸별과 이 짝꿍별은 모두 청백색을 띠고 있습니다.

2005년 2월에 저는 플로리다 키스에서 겨울별파티가 벌어지는 동안 전갈자리 뉴 별 주위에 있는 성운들을 찾아볼 생각이었습니다. 전갈자리 뉴 별은 반사성운 **IC 4592**에 파묻혀 있는 별입니다. 이 성운은 제가 가지고 있는 10인치(254밀리미터) 반사망원경으로 한 시야에 담기엔 너무나 큰 성운이죠. 그래서 간혹 제 작은 굴절망원경으로 이 반사성운을 보게 되기를 기대하곤 합니다.

제 망원경의 성능에 더 걸맞은 대상을 찾아내기 위해 전갈자리 뉴 별의 동쪽을 훑으며 이보다는 좀 더 작은 반사성운 하나와 2개의 암흑성운을 골라냈습니다. 2개의 암흑성운 중 하나는 **바너드 40**(Barnard 40, B40)입니다. 이 성운은 전갈자리 뉴 별의 동북동쪽 1도 지점에 있죠. 이곳에서 저는 길이가 길고 두꺼운 암흑의 Z 형태를 봤습니다. 나중에 '미리내 특정 지역에 대한 사진 별지도 (A Photographic Atlas of Selected Regions of the Milky Way)'를 자세히 살펴보면서 에드워드 에머슨 바너드(Edward Emerson Barnard)가 이 Z모양에서 가장 검게 보이는 북쪽지역을 바너드 40으로 등재하였음을 알게 되었습니다. 그 모습은 마치 옆으로 누운 V자 형태처럼 보이죠. 여기서 동남동쪽으로 1.5도를 이동하면 **바너드 41**(Barnard 41, B41)을

만날 수 있습니다. 제 망원경은 이 지역을 차지하고 있는 거대한 암흑성운 복합체에서 가장 검은 지역에 해당하는 부분의 일부인 40분 크기의 지역을 보여줍니다. 희미한 반사성운 **IC 4601**은 바너드 41의 남서쪽 모서리에서 잠겨 들고 있죠. 이 반사성운은 북서쪽에서 남동쪽으로 10분×15분의 영역을 차지하고 있으며 각각 푸른색과 하얀색인 **SHJ 225**와 **SHJ 226**이라는 2개의 밝은 이중별을 감싸고 있습니다. 이 광경은 44배율에 실시야 87분을 보여주는 접안렌즈를 이용하면 한 번에 볼 수 있습니다. 저는 아직 이보다 작은 망원경으로는 이곳을 살펴볼 기회가 없었습니다. 여러분은 어떠신가요?

이제 남쪽으로 몇도 더 내려가 인상적이면서도 각각 다른 특징을 가지고 있는 3개의 구상성단을 만나보겠습니다. 첫 번째 구상성단은 **M80**입니다. 이 구상성단은 전갈자리 시그마(σ) 별의 북북서쪽 2.8도 지점 또는 8.5등급 별의 남서쪽 4분 지점에서 만나볼 수 있습니다. 105밀리미터 굴절망원경에서 17배율로 바라본 M80은 매우 작지만 아주 밝은 솜뭉치로 보입니다. 이 솜뭉치는 중심으로 갈수록 현저하게 밝아지는 양상을 보여주죠. 87배율에서는 과립상을 보이는 4분의 헤일로와 함께 아주 조금의 별들을 볼 수 있습니다. 이 별 중 가장 밝은 별 하나가 북북동쪽 모서리에 자리 잡고 있죠. 10인치(254밀리미터) 망원경에서 166배율로 바라본 M80은 너무나 아름다운 모습을 보여줍니다. 둥근 헤일로와 중심부의 외곽에서 분해되는 수많은 아름다운 별들을 볼 수 있죠. 이보다 훨씬 작게 보이는 안쪽 중심부는 강렬하게 밝은 빛을 띱니다.

18세기의 저명한 천문학자인 윌리엄 허셜은 "M80은 내가 아는 한 작은 별들이 가장 많이, 가장 빽빽하게 들어찬 별 무리이다"라고 기록했습니다. 허셜은 또한 이 성단의 서쪽 모서리에 별들이 전혀 없는 텅 빈 거대한 지역이 존재한다는 사실에 주목하면서 "이 지역에도 별들이 있었을 것으로 생각된다. 그러나 지금은 텅 빈 공간만이 남아있다"라고 기록했습니다.

구상성단 M4(사진 중앙 아래)를 둘러싸고 있는 지역은 미리내에서 가장 화려한 지역 중 하나입니다. 이곳은 발광 및 반사성운기가 가득 차 있죠. 전갈자리 시그마 별 (오른쪽 위의 밝은 별)을 둘러싸고 있는 반사성운기가 우리에게 익숙한 푸른색 빛을 연출하고 있으며 찬란하게 빛나는 별 안타레스의 별빛에 의해 독특한 주황빛 색 조를 보이고 있는 지역이 왼쪽 위로 보입니다. 안타레스는 사진 왼쪽 경계선 바로 바깥에 있습니다. 사진의 폭은 1과 3/4도이며 북쪽이 위쪽입니다. 왼쪽 가운데 보 이는 작은 구상성단은 NGC 6144입니다.

사진: 마르코 로렌치(Marco Lorenzi)

확연히 눈에 띄는 구상성단 **M4**는 전갈자리 시그마 별과 안타레스를 잇는 가상의 선 중간지점에서 바로 아 래쪽에 있습니다. 제 작은 굴절망원경에서 87배율로 바 라본 M4는 중심 쪽에서 부분적으로 분리되어 보이는

희미한 별들이 폭풍우처럼 가득한 화려한 성단입니다. 별들이 좀 더 빽빽하게 몰려 있는 밝은 막대 모양이 중 심 7분을 남북으로 가로지르고 있으며 헤일로의 직경 은 약 13분입니다. 11등급 수준의 몇몇 비교적 밝은 별 들이 헤일로와 중심부의 외곽을 장식하고 있죠. M4의 별들은 구상성단치고는 느슨하게 흩뿌려져 있습니다. 따라서 별들이 매우 많이 들어찬 산개성단처럼 보이 죠. 10인치(254밀리미터) 망원경에서 115배율로 바라본 M4는 25분의 직경에 너덜너덜해 보이는 테두리를 가지 고 있습니다. 중심으로는 분해되지 않는 연무 위에 겹쳐 진 별들이 보이죠. M4의 외곽에 있는 많은 별이 남쪽으 로 떨어지는 듯이 꺾이는 곡선을 보여주는데 마치 성단 의 성긴 머리에서 늘어뜨린 머리카락처럼 보입니다.

M4가 별들이 없는 또 다른 텅 빈 지역의 서쪽 경계 에 있다는 사실은 허셜이 생각한 추정의 근거가 되었습 니다. 허셜은 성단의 중력이 별들을 중심으로 끌어당겼 고, 그 결과 오랜 시간 동안 구상성단의 별들은 더 많아 지고 좀 더 밀집하는 양상을 보인다고 추정했습니다. 허 셜은 이러한 점진적인 집중 양상을 통해 미리내의 나이 와 앞으로의 수명을 예측할 수 있을 것이라고 생각했습 니다.

허셜은 또한 이러한 성단 형성의 파급 효과로 또 다 른 성단이 발생할 수 있으며 그 근거로 M4의 근처에 자 리 잡은 M4의 축소형 성단을 지목했습니다. 그 예가 되 는 성단이 NGC 6144라는 구상성단입니다. 이 성단은 시야각 바깥에 벗어난 찬란한 안타레스의 별빛을 그대 로 유지하면서 찾아볼 수 있는 최상의 대상이죠. 제 작 은 굴절망원경에서 고배율로 관측한 NGC 6144는 주위 로 과립상의 별들을 두르고 있는 3분 크기의 천체로 보 입니다. 서쪽 모서리에는 12등급의 별 하나가 외롭게 자리 잡고 있죠. 10인치(254밀리미터) 구경에 220배율로 바라본 NGC 6144는 5분 직경으로 펼쳐져 있습니다. 희 뿌옇게 보이는 대부분의 별을 배경으로 중심으로는 몇 몇 별들이 분해되어 보입니다.

허셜 시대 이후 천문학은 확실히 진보에 진보를 거듭했습니다. 오늘날 우리는 미리내의 검은 띠가 텅 비어서 그런 것이 아니라, 별빛을 막아서는 검은 먼지와 가스 구름 때문임을 알고 있죠. 산개성단은 성운에서 형성되어 뭉쳐지는 것이 아니라 오히려 나이를 먹을수록 서서히 퍼져나갑니다. 미리내에 존재하는 대부분의 구상성단 역시 이미 처음부터 집중되어 있는 천체죠.

점진적인 변화와 성장은 과학의 본질입니다. 오늘날 우리가 중요하다고 생각하는 가정 사항 중 또 무엇이 향후 사실이 아닌 것으로 판명 나게 될까요?

전갈자리 탐험하기

대상	분류	밝기	각크기/각분리	적경	적위	MSA	U2
전갈자리 델타(δ) 별	변광성	1.6-2.3	-	16시 00.3분	-22° 37'	1398	147L
전갈자리 오메가(ω) 별	이중별	3.9, 4.3	15'	16시 06.8분	-20° 40'	1398	147L
전갈자리 뉴(ν) 별	다중별	4.2, 5.3, 6.6, 7.2	41", 2.4", 1.3"	16시 12.0분	-19° 28'	1374	147L
IC 4592	반사성운	-	3.3°×1°	16시 13.1분	-19° 24'	1374	147L
바너드 40 (B40)	암흑성운	-	15'	16시 14.6분	-18° 58'	1374	147L
바너드 41 (B41)	암흑성운	-	40'	16시 22.3분	-19° 38'	1373	147L
IC 4601	반사성운	-	20'×12'	16시 20.2분	-20° 04'	1374	147L
SHJ 225	이중별	7.4, 8.1	47"	16시 20.1분	-20° 03'	1374	147L
SHJ 226	이중별	7.6, 8.3	13"	16시 20.5분	-20° 07'	1374	147L
M80	구상성단	7.3	10'	16시 17.0분	-22° 04'	1398	147L
M4	구상성단	5.6	36'	16시 23.6분	-26° 32'	1397	147L
NGC 6144	구상성단	9.0	7'	16시 27.2분	-26° 01'	1397	147L

각크기 및 각분리는 최근 천체 목록을 참고한 것입니다. MSA와 U2는 각각 『밀레니엄 스타 아틀라스』와 『우라노메트리아 2000.0』 2판에 기재된 차트 번호를 의미합니다.

미리내의 검은 준마

딥스카이를 찾는 별지기들에게
7월의 땅꾼자리 남쪽은 그야말로 낙원입니다.

1980년대 텍사스에서 열린 별파티에서 저는 미리내의 검은 말을 소개한 적이 있습니다. 암흑성운들이 인상적으로 복잡하게 몰려 있는 지역은 잘생긴 검은 말을 닮았습니다. 땅꾼자리 남쪽 멀찍이 9도 영역을 가로지르며 미리내의 검은 말이 떡 버티고 서 있죠. 텍사스 남서부의 상대적으로 깨끗한 하늘에서는 맨눈으로도 이 준마의 모습에 빠져들 수 있습니다. 천문작가인 리처드 베리Richard Berry가 1970년대에 35밀리미터 카메라로 촬영

짙은 먼지와 가스 구름들이 미리내의 중심을 차지하며 셀 수 없이 들어차 있는 별들을 배경으로 다양한 형태를 만들어내고 있습니다. 1970년대에 천문작가인 리처드 베리는 자신의 광각 사진에서 당당히 서 있는 한 마리 말의 모습을 발견했습니다. 1987년 촬영된 이 사진의 왼쪽 아래에 보이는, 토성을 워낭처럼 달고 있는 리처드 베리의 검은 말은 청명하고 어두운 하늘이라면 맨눈으로도 볼 수 있습니다. 24도의 폭을 담고 있는 이 사진에서 찬란한 주황빛의 안타레스가 오른쪽에 보입니다. 북쪽이 위쪽입니다.
사진: 《스카이 앤드 텔레스코프》 / 데니스 디 치코(Dennis di Cicco)

운은 그 자체가 맨눈으로도 두드러지게 보이는 천체입니다.

수많은 검은 구멍들이 이 미리내의 특정 지역을 뒤덮고 있습니다. 만약 맑고 검은 하늘 아래에서 하늘을 바라볼 기회가 있다면 쌍안경이나 맨눈으로도 충분히 살펴볼 수 있는 이 멋진 지역을 여행해보세요. 땅꾼자리는 또한 많은 구상성단을 비롯해 망원경으로 볼 수 있을 만한 여러 천체들을 거느리고 있습니다. 산개성단이 미리내 평면에 한정되어 자리 잡은 반면, 구상성단은 미리내 중심을 가운데 두고 거의 원형에 가까운 분포를 보입니다. 우리의 위치가 미리내 중심으로부터 약 2만 5,000광년이나 떨어진 은하의 변두리이기 때문에 별들이 가득 몰려 있는 미리내 중심을 바라보면 거의 대부분의 구상성단을 볼 수 있습니다. 게다가 대부분의 구상성단은 궁수자리와 전갈자리, 땅꾼자리에서 찾아볼 수 있죠.

미리내의 검은 말 부근으로는 1781년 샤를 메시에의 목록에 기록된 3개의 구상성단이 자리 잡고 있습니다. 그중 가장 밝은 구상성단은 M62입니다. 이 성단의 가장 남쪽 별들은 땅꾼자리와 전갈자리의 경계에 걸쳐있죠. 쌍안경이나 파인더로 바라본 M62는 작은 솜털공처럼 보입니다. 105밀리미터 굴절망원경에서 153배율로 바라본 M62는 외곽에 몇몇 흐릿한 빛의 점들을 두른 희미한 5분의 헤일로를 보여줍니다. 이보다 훨씬 밝은 핵은 남동쪽으로 그 중심이 약간 치우쳐져 있으며 매우 얼룩덜룩한 모습을 보여줍니다. 10인치(254밀리미터) 반사망원경에서 219배율로 관측하면 별 무리의 서쪽 반 정도에 치우쳐져 있는 가장

한 일련의 미리내 사진을 이어 붙이면서 그 형태를 발견하고 이름을 붙였습니다.

이 미리내의 검은 말은 에드워드 에머슨 바너드Edward Emerson Barnard가 1927년 제작한 『미리내 특정 지역에 대한 사진 별지도Photographic Atlas of Selected Regions of the Milky Way』에 2개의 건판에 걸쳐 담겨 있죠. 이 별지도에는 바너드의 암흑성운이 18개나 담겨 있습니다. 이 암흑성운들은 먼지와 가스로 만들어진 불투명한 구름들로서, 배경의 별빛을 막아서면서 검은 그림자처럼 그 모습을 드러냅니다. 이 말의 뒤쪽 몸과 다리는 파이프성운이라는, 익히 잘 알려진 성운이 구성하고 있죠. 파이프성

밝은 별들을 포함한 중심부 외곽 지역과 헤일로의 몇몇 별들을 분해해서 볼 수 있습니다. 이 구상성단을 14.5인치(368.3밀리미터) 반사망원경에서 245배율로 관측해보면 북동쪽에서 남서쪽으로 길쭉하게 10분 길이에 걸쳐 펼쳐진 구상성단의 모습을 볼 수 있습니다. 중심으로 갈수록 현저하게 늘어나는 별의 집중 양상을 포함하여 전체 별 무리에 걸쳐 부분적으로 별들을 분해해 볼 수도 있게 되죠. 10인치(254밀리미터) 반사망원경에서 배율을 44배율로 낮춰 관측해보면 암흑성운 **바너드 241**(Barnard 241, B241)이 같은 시야에 담깁니다. M62의 서쪽 시야각 너머 검은 말의 발에 채여 떨어져 나온 듯한 이 암흑성운은 1/4도의 길이에 길이 대비 3분의 1 정도의 너비를 가지고 있습니다.

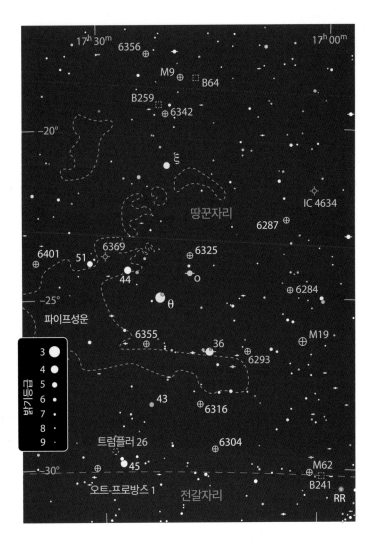

M62에서 북쪽으로 4도 지점에 있는 **M19**는 파인더에서 M62와 같은 시야에 들어옵니다. 이 구상성단은 105밀리미터 굴절망원경에서 87배율로 봤을 때 정말 예쁘게 보입니다. 3.5분의 밝은 중심부를 완전히 감싸고 있는 희미한 8분 크기의 헤일로가 그 모습을 드러내죠. 반면 중심핵은 남북으로 완연한 타원형을 보여주며 헤일로는 북동쪽으로 약간 비어져 나온 모습을 보여줍니다. 127배율로 바라본 M19는 성단 전반에 걸쳐 상당히 많은 별이 흩뿌려져 있는 모습을 보여줍니다. 성단 중심에는 작고 찬란하게 빛나는 심장이 담겨 있죠.

이곳을 제 작은 굴절망원경에서 저배율로 바라보면 한 시야에 작고 희미한 구상성단 2개가 들어옵니다. 동쪽에 있는 것은 **NGC 6293**이고 북북동쪽에 있는 것은 **NGC 6284**죠. NGC 6293은 153배율에서 2분 크기의 헤일로와 상대적으로 크고 밝은 중심핵을 보여줍니다. NGC 6284는 이보다는 약간은 더 작고 얼룩진 모습을 보여줍니다. NGC 6284는 성단의 지름 대비 3분의 1 정도 크기의 타원형 중심핵을 가지고 있으며, 매우 작지만 고밀도로 뭉쳐 있는 중심부를 보여줍니다. 헤일로 경계 바로 너머에는 몇몇 희미한 별들이 보이고 동쪽 측면에는 12등급의 별 하나가 앉아 있죠.

이곳에 앉아 있는 세 번째 메시에 구상성단은 **M9**입니다. 이 성단은 땅꾼자리 크시(ξ) 별로부터 북쪽으로 2.5도 지점에 자리 잡고 있죠. 105밀리미터 굴절망원경에서 17배율로 바라본 M9 구상성단은 밝게 보이며 2개의 다른 구상성단 및 2개의 암흑성운과 시야를 나눠 갖고 있습니다. **NGC 6356**은 선명한 모습을 보여주는 구상성단이지만 M9보다는 더 작게 보이죠. NGC 6356은 크고 밝은 중심핵과 희미한 헤일로, 그리고 별상의 중심부를 가지고 있습니다. **NGC 6342**는 매우 작고 중심부에 좀 더 밝은 그늘이 드리워진 희미한 얼룩을 보여줍니다. NGC 6342를 파고드는 검은 지역은 **바너드 259**(Barnard 259, B259)입니다. 미리내의 검은 말에서 코 부분에 해당하죠. M9의 서쪽으로는 **바너드 64**(Barnard

64, B64)를 볼 수 있습니다. 바너드는 이 천체를 다음과 같이 묘사했죠.

"매우 짙은 중심부 또는 머리를 가지고 혜성과 같은 형태를 보이는 이 지역은 별들이 두껍게 몰려 있는 지역과 선명한 경계를 이루고 있다. 이곳으로부터 거대한 암흑 지역이 훨씬 진하게 퍼져나가면서 M9의 남서쪽 인근까지 채우고 있다. 따라서 이 천체는 경계가 제대로 구획된 머리 부분과 이로부터 넓게 뻗어 나오는 꼬리를 가진 암흑혜성의 모습을 하고 있다."

배율을 153배로 높여 바라본 M9는 외로이 홀로 서 있으며 3분 크기의 헤일로와 거대한 중심핵이 약간의 과립상을 드러내고 있습니다. 몇몇 빛의 점들이 헤일로를 뚫어내듯이 찍혀 있으며 동쪽 모서리에는 가장 눈에 띄는 별 하나가 자리 잡고 있습니다.

찾아보려면 상당한 노력이 필요한 구상성단 **오트-프로방스 1**(Haute-Provence 1)은 1954년 오트-프로방스 천문대의 간행물을 통해 보고되었습니다. 이 구상성단은 땅꾼자리 45 별로부터 남쪽 7분, 동쪽 49분 지점에 자리 잡고 있죠. 땅꾼자리 45 별로부터 동남동쪽으로 자리 잡은 11등급과 12등급의 별들을 이어 긴 선을 그으면 3개의 별이 동일한 간격으로 벌어지면서 만든 짧은 선을 향하는 것을 볼 수 있습니다. 이 3개의 별들 중 가장 동쪽에 있는 별의 밝기는 9등급이며 나머지 2개 별은 11등급입니다. 오트-프로방스 1은 이 중 가장 서쪽에 있는 별에서 북쪽으로 5분 지점에 자리 잡고 있습니다. 10인치 (254밀리미터) 반사망원경에서 118배율로 바라본 이 구상성단은 매우 희미하고 거의 분간이 되지 않는 연무를 보여줍니다. 이 성단의 북쪽측면은 12등급의 별 3개가 고르게 정렬하면서 만든 1.5분 곡선에 담겨 있죠.

땅꾼자리 남쪽 지역은 구상성단과 암흑성운만이 깊은 우주를 장식하는 보석은 아닙니다. 산개성단 트럼플러 26(Trumpler 26)은 땅꾼자리 45 별의 북북동쪽 0.5도 지점에 자리 잡고 있습니다. 10등급의 별들과 이보다는

희미한 별 무리가 7분에 걸쳐 모여 있으며 이 중 가장 밝은 별들이 Y자 모양을 만들고 있습니다. 이 산개성단을 105밀리미터로 살펴보면 18개의 별을 구분해 볼 수 있으며 10인치(254밀리미터)로 바라보면 35개의 별을 셀 수 있습니다.

'꼬마 유령(the Little Ghost)'이라는 이름으로 알려져 있는 행성상성운 NGC 6369는 땅꾼자리 51 별의 서북서쪽 0.5도 지점에 자리 잡고 있습니다. 1972년 7월,《스카이 앤드 텔레스코프》의 고정 집필자였던 월터 스콧 휴스턴은 7×50 쌍안경으로 이 성운을 쉽게 찾을 수 있다는 사실에 정말 놀랐다고 기록하였습니다. 비록 그 모습은 별상으로 보였지만 휴스턴은 이 천체의 정체를 말해주는 선명한 초록색 빛을 발견하였습니다. 6인치(152.4밀리미터) 또는 이보다 큰 구경의 망원경을 이용하여 고배율 관측을 하면 이 성운의 북쪽 테두리는 더 밝은 고리 모양을 보여줍니다. 산소III필터를 이용하면 한층 더 멋진 모습을 볼 수 있죠.

이보다 훨씬 더 작은 행성상성운이 땅꾼자리 크시(ξ) 별의 서쪽 4.5도 지점에 자리 잡고 있습니다. 제 작은 굴절망원경에서 87배율로 관측한 IC 4634는 작지만 밝게 빛나는 천체입니다. 대체로 모든 형태가 눈에 보였지만 산소III필터를 사용하자 시야에서 사라졌습니다. 127배율에서는 테두리 주위로 돋아난 보풀과 훨씬 더 밝은 중심부를 볼 수 있었습니다. 10인치(254밀리미터) 반사망원경에서 219배율로 관측해보면 희미한 중심별이 반짝반짝 빛나는 모습을 이따금씩 볼 수 있습니다.

이 지역은 또한 다채로운 이중별을 품고 있기도 하죠. 105밀리미터 굴절망원경에서 68배율로 봤을 때 가장 멋지게 보이는 2개의 별은 **땅꾼자리 오미크론**(o) 별입니다. 황금색의 으뜸별이 창백한 노란색의 짝꿍별을 거느리고 있죠. 여기에 **땅꾼자리 36** 별이 이 황금색의 별들과 멋지게 어우러져 있습니다.

땅꾼자리 남쪽을 가로지르는 마차 경기

대상	분류	밝기	각크기/각분리	적경	적위	MSA	U2
M62	구상성단	6.5	15′	17시 01.2분	- 30° 07′	1418	164R
B241	암흑성운	-	18′×6′	16시 59.5분	- 30° 12′	1418	164R
M19	구상성단	6.8	17′	17시 02.6분	- 26° 16′	1395	146R
NGC 6293	구상성단	8.2	8.2′	17시 10.2분	- 26° 35′	1395	146R
NGC 6284	구상성단	8.8	6.2′	17시 04.5분	- 24° 46′	1395	146R
M9	구상성단	7.7	12′	17시 19.2분	- 18° 31′	1370	146R
NGC 6356	구상성단	8.3	10′	17시 23.6분	- 17° 49′	1370	146L
NGC 6342	구상성단	9.7	4.4′	17시 21.2분	- 19° 35′	1370	146L
B259	암흑성운	-	30′	17시 22.0분	- 19° 18′	1370	146L
B64	암흑성운	-	25′	17시 17.3분	- 18° 31′	1371	146R
오트-프로방스 1	구상성단	11.6	1.2′	17시 31.1분	- 29° 59′	1416	164L
트럼플러 26	산개성단	9.5	7.0′	17시 28.5분	- 29° 30′	1416	164L
NGC 6369	행성상성운	11.4	30″	17시 29.3분	- 23° 46′	1394	146L
IC 4634	행성상성운	10.9	11″×9″	17시 01.6분	- 21° 50′	1395	146R
땅꾼자리 오미크론(o) 별	이중별	5.2, 6.6	10″	17시 18.0분	- 24° 17′	1395	146R
땅꾼자리 36 별	이중별	5.1, 5.1	4.9″	17시 15.4분	- 26° 36′	1395	146R

각크기 및 각분리는 최근 천체 목록을 참고한 것입니다. 대상의 크기에 대한 시각적 느낌은 목록에 기재된 크기보다는 작게 보이며, 망원경의 구경 및 배율에 따라 다양하게 느껴집니다. MSA와 U2는 각각 『밀레니엄 스타 아틀라스』와 『우라노메트리아 2000.0』 2판에 기재된 차트 번호를 의미합니다.

천상영웅

헤르쿨레스는 하늘의 별들 사이에서
영광의 자리를 차지하고 있습니다.

알키데스의 필멸의 몸이 무너진 후
신성을 부여받은 몸은 더 크게 자라고 새로워졌다네.
위엄 있는 그의 얼굴은 빛나고 있다네.
전지전능한 제우스는 그의 영광인 아들을 사두마차에 태웠다네.
하늘 높은 곳의 구름을 비워내고
반짝이는 별 사이에 자리 잡게 했다네.

-오비디우스*Ovid*, 〈변신이야기*Metamorphoses*〉

로마의 시인 오비디우스는 제우스와 인간 사이에서 태어난 신화의 영웅 헤르쿨레스가 천상에 오르게 된 이야기를 들려주고 있습니다. 헤르쿨레스가 인간으로서의 삶을 마쳤을 때, 제우스로부터 부여받은 몸은 별들 사이를 차지하는 영광을 누리게 됩니다. 살아 있을 때와 마찬가지로 영광스러운 죽음으로 인해 헤르쿨레스는 다섯 번째로 큰 별자리를 차지하게 되죠. 헤르쿨레스의 머리에 자리 잡은 별 라스알게티(rasalgethi)는 거대한 뱀에 의해 휘감겨 있는 땅꾼을 도와주기라도 하려는 듯이 땅꾼자리의 머리별인 라살하웨(Rasalhague)와 가까운 곳에 있습니다.

헤르쿨레스자리의 알파(*α*) 별인 **라스알게티**는 400광년 거리에 있는 적색거성으로서 만약 이 별을 태양의 자리에 놓는다면 화성궤도까지 차지할 정도의 어마어마한 몸집을 가지고 있습니다. 이 별은 또한 6년을 주기로 2.7등급과 4등급 사이에서 밝기의 변화를 보이는 변광성이기도 합니다. 이 기간 동안 좀 더 짧은 간격으로 비교적 폭 좁은 밝기 변화를 보여주는 복잡한 밝기변화주기를 가지고 있습니다. 105밀리미터 굴절망원경에서 127배율로 관측했을 때 진한 황금색을 보여주는 라스알게티는 동쪽에서 약간 남쪽으로 자리 잡은 5등급의 짝꿍별과 바짝 붙어 있습니다. 이 희미한 짝꿍별은 백색의 별이지만 진한 황금색을 자랑하는 으뜸별과의 대조효과로 인해 푸른빛 또는 초록빛의 색조가 느껴지기도 합니다. 망원경으로도 구분해내기 어려울 정도로 대단히 가깝게 붙어 있으며 백색의 별과 노란색 거성으로 구성되어 있는 이 이중별의 총질량은 태양 질량의 2배에 달하는 것으로 보입니다.

저배율에서 라스알게티는 **돌리제-짐셀레스빌리 7**(Dolidze-Dzimselejsvili 7, DoDz 7)과 한 시야에 들어옵니다. 돌리제-짐셀레스빌리 7은 라스알게티로부터 북서쪽 1.3도 지점에 희미한 별들로 구성된 작은 점으로 보입니다. 여기서 배율을 87배로 늘리면 몇몇 별들이 느슨하게 모여 있는 모습을 볼 수 있습니다. 핀란드의 별지기인 예레 카한페Jere Kahanpää는 이 별 무리에서 범선을 봤다고 합니다. 10등급에서 12등급 사이의 별 6개가 서남서쪽을 향해 트여 있는 곡선의 선체를 구성하고, 서남서쪽 방향으로 돛이 펴지지 않은 돛대가 달려 있으며 그 끝에는 10등급의 별 하나가 빛난다고 했죠. 각 별들의 고유운동을 관측한 결과 이 별들은 서로 다른 방향으로 움직이고 있다고 합니다. 이는 이 별들이 실제 중력으로 묶여 있는 별 무리는 아님을 말해주는 것이죠.

검은 하늘에서라면 라스알게티의 서쪽 몇 도 정도에서 맨눈으로도 몇몇 별들을 볼 수 있습니다. 천문작가인 톰 로렌친Tom Lorenzin은 이 자리별을 **땅꾼의 땀방울**(Sudor Ophiuchi)이라고 부르면서 "이봐, 자네가 정말 거대한 뱀에 휘감겨 있는 거라면 자네 땀방울들이 어디로 튀고 있는 건지는 신경 쓰지도 못할 거야"라고 적었습니다. 저는 8×50 파인더에서 8개의 별들이 2.5도 길이의 적분기호(∫)를 그리고 있는 모습을 볼 수 있었습니다. 북서쪽 끝으로는 네모 모양을 그리고 뻗어나가는 별들이 있죠. 제 작은 굴절망원경에서 17배율로 관측해

보면 이 적분기호의 중심 부근에 밝은 별 하나가 오렌지색 빛을 두드러지게 뿜어내고 있습니다. 그 남쪽으로는 거의 비슷한 크기의 하얀색과 황금색으로 구성된 선명한 이중별 **스트루베 I 33**(Σ I 33)이 있습니다. 이 이중별은 쌍안경으로도 쉽게 분해해 볼 수 있죠.

헤르쿨레스자리 오메가(ω) 별의 서남서쪽 2도 지점에 있는 거대한 자리별 **헤링턴 7**(Harrington 7)은 점잇기 게임에 딱 들어맞는 자리별입니다. 105밀리미터 굴절망원경에서 28배율로 바라본 헤링턴 7은 8등급에서 10등급 사이의 별들이 1.3도 크기의 지그재그를 그리면서 북북서쪽으로 기울어진 모습을 보여줍니다. 이 자리별의 남쪽은 14분의 폭을 가지고 있으며 북쪽으로는 점점 뾰족해지는 모습을 하고 있습니다. 작가 필립 S. 헤링턴은 이 자리별을 지그재그별 무리라고 불렀습니다. 저는 이 별 무리에서 중국의 행사에 등장하는 용의 모습을 떠올리곤 합니다. 이 별 무리에서 가장 밝은 별은 꼬리 끝에서 세 번째에 있는 황금색 별로서 저는 이 별을 '황금의 용'이라 부르고 있습니다. 그러나 10인치(254밀리미터) 반사망원경에서 44배율로 바라보면 완전히 다른 인상이 느껴집니다. 남쪽 끝에 흩뿌려져 있는 많은 별들이 마치 북쪽으로 가지가 말려 올라간 붓꽃을 생각나게 만들죠. 또 다른 모습을 상상해보자면 마치 끝에 불꽃이 타오르고 있는 도화선이 떠오르기도 합니다.

7등급의 백색 별이 이 용의 머리에서 서쪽 1과 1/4도 지점에 있습니다. 이 별에서 남남서쪽 13분 지점에 있는 황금색 8등급 별까지의 선을 이은 후 이 선을 3배 더 연장시켜나가면 **스트루베 2016**(Σ 2016)이라는 이중별을 만나게 됩니다. 이 이중별은 백색의 8.5등급 으뜸별과 남남동쪽 7.4초 지점에 9.6등급의 노란색 짝꿍별로 구성되어 있죠. 행성상성운 **IC 4593**은 때때로 하얀 싹이 돋아난 완두콩(the White-eyed Pea)으로 불리기도 합니다. 이 행성상성운은 이중별 스트루베 2016의 북북서쪽 11분 지점에 있죠. 행성상성운 IC 4593은 중앙에 있는 10.7등급의 별 덕분에 쉽게 찾아볼 수 있습니다. 제 작은 굴절

α Herculis

헤르쿨레스의 머릿돌이라 불리는 이 자리별은 사진에서 유추되는 형태보다는 맨 눈으로 봤을 때 좀 더 분명한 모습을 볼 수 있습니다. 이 자리별은 사진에 담긴 헤르쿨레스자리의 남쪽 천체를 찾아가는 데 출발점이 됩니다. 특별히 주목할 만한 적분기호를 닮은 자리별이 헤르쿨레스자리 알파 별, 라스알게티의 서쪽(오른쪽)으로 보입니다.

사진: 아키라 후지

망원경에서 28배율로 바라본 IC 4593은 매우 작게 보이며 별 주위로 회색과 녹색이 섞인 빛을 보여줍니다. 이 행성상성운은 47배율에서 산소III필터를 이용하면 훨씬 더 나은 모습을 볼 수 있습니다. 구경이 큰 망원경은 초록색, 청록색, 또는 파란색 등 다양한 색깔로 언급되곤 하는 빛을 좀 더 제대로 보여주죠. 이 행성상성운은 고배율에서 타원형으로 보이며 비껴보기를 통해 좀 더 크게 볼 수 있습니다.

북서쪽 방향으로 좀 더 밝게 보이는 지역을 찾아보세요. 여기서 북쪽으로 이동하여 매력적인 이중별 **헤르쿨레스자리 카파(κ)** 별을 만나보겠습니다. 헤르쿨레스자리 카파 별을 구성하는 밝은 2개의 별은 저배율에서도 쉽게 분해해 볼 수 있습니다. 사랑스러운 진한 노란색과 황금색을 보여주는 이 별들은 각각 G8과 K1의 분광등급을 제대로 구현해내고 있는 별들입니다. 헤르쿨레스자리는 휘황찬란하지는 않지만 여러 은하들의 주인이기도 합니다. 헤르쿨레스자리 베타(β) 별 근처에 있는 **NGC 6181**은 가장 밝게 빛나는 은하 중 하나죠. 헤르쿨레스자리 베타 별로부터 남쪽으로 1도를 내려오면 5등급의 노란색 별을 만날 수 있습니다. 이 별에서 남남동쪽으로 47분 거리를 이동하면 NGC 6181을 만날 수 있죠. 제 작은 굴절망원경에서 47배율로 관측했을 때 11등급의 별에서 동쪽으로 수 분 지점에 있는 NGC 6181이 희미하게 그 모습을 드러냅니다. 배율을 87배율로 올리면 남북으로 타원형을 이루면서 넓은 중심핵을 가진 은하의 모습을 볼 수 있습니다.

헤르쿨레스자리 베타 별로부터 헤르쿨레스자리 51 별 방향으로 3분의 2 지점에는 7등급의 별 한 쌍이 17분 간격으로 떨어져 있습니다. 밝은 행성상성운 **NGC 6210**은 이 이중별 중 북동쪽에 있는 별로부터 서북서쪽 9분 지점에 있습니다. 저는 105밀리미터 굴절망원경에서 17배율로도 이 행성상성운을 찾아낼 수 있습니다. 이 깜찍한 청회색의 행성상성운은 87배율에서 중심에 자리 잡은 12등급의 별에 압도됩니다. 희미한 헤일로가 이 행성상성운의 테두리를 그려주고 있죠. NGC 6210은 10인치(254밀리미터) 반사망원경에서 초록빛이 도는 푸른 빛깔을 보여주며 배율을 높이면 동서로 길쭉한 형태를 드러냅니다. 깊은 노출을 통해 촬영한 NGC 6210의 독특한 돌출부들로 인해 이 행성상성운은 거북이성운(the Turtle Nebula)이라는 적절한 별명을 얻게 되었습니다.

우리가 마지막으로 방문할 천체는 또 다른 행성상성운이며 찾아보기가 결코 만만치 않은 **아벨 39**(Abell 39, PK 47+42.1)입니다. 이 행성상성운에서 가장 가까운 별은 북쪽왕관자리 입실론(υ) 별입니다. 북쪽왕관자리 엡실론 별로부터 동남동쪽으로 1.7도 지점을 살펴보면 그 지역

헤르쿨레스자리는 아벨 39(Abell 39)의 고향이기도 합니다. 아벨 39는 교과서적인 형태의 행성상성운입니다. 수천 년 전 중심의 별에서 뿜어져 나온 외곽 대기가 팽창하면서 껍데기를 구성하고 있죠. 지구로부터 약 7,000 광년 거리에 위치하고 있는 이 행성상성운의 지름은 약 5광년입니다. 관측 조건이 괜찮은 하늘이라면 아벨 39는 10인치(254밀리미터) 망원경으로 도전해볼 만한 대상이 됩니다. 오른쪽 위가 북쪽입니다.

사진: 돈 골드만(Don Goldman)

에서 가장 밝은 7.5등급의 황금빛 별을 만날 수 있습니다. 여기서 남남동쪽으로 39분 거리를 이동하여 8.6등급의 별을 찾아갑니다. 그다음으로 정동 방향으로 26분 지점에서 9.8등급의 별을 만나게 됩니다. 이 별은 약간은 더 밝은 3개의 별들과 함께 15분 크기의 사다리꼴을 구성하고 있으며 사다리꼴에서 북쪽 모서리에 있죠. 이 사다리꼴의 서쪽 별로부터 시작하여 북쪽 별을 지나는 선을 그어 그 연장선을 동일한 거리만큼 한 번 더 연장하면 아벨 39를 만날 수 있습니다.

저는 10인치(254밀리미터) 반사망원경과 산소III필터, 그리고 비껴보기를 이용해서 아벨 39를 처음으로 만날 수 있었죠. 그리고 아벨 39에 익숙해지고 나서야 바로보기를 통해 이 천체를 관측하게 되었습니다. 아벨 39는 구형에 어렴풋이 고리모양이 느껴지는 중간 정도 크기의 행성상성운으로서 그 지름은 약 3분 정도입니다. 제 경우 70배율로 바라봤을 때 최상의 모습을 볼 수 있었습니다. 이 희미한 행성상성운을 8인치(203.2밀리미터) 망원경으로 한 번에 낚아채는 별지기들도 있었습니다.

영웅의 품속

대상	분류	밝기	각크기/각분리	적경	적위	MSA	U2
라스알게티(Rasalgethi)	이중별	3.5, 5.4	4.6"	17시 14.6분	+14° 23'	1251	87L
돌리제짐셀레스빌리 7 (DoDz 7)	자리별	-	10'	17시 11.4분	+15° 29'	1251	87L
땅꾼의 땀방울 (Sudor Ophiuchi)	자리별	-	~ 3.5°	17시 01.1분	+14° 13'	1251	87L
Σ I 33	이중별	5.9, 6.2	305"	17시 03.7분	+13° 36'	1251	87L
헤링턴 7 (Harrington 7)	자리별	-	100'×15'	16시 18.1분	+13° 03'	1254	87R
스트루베 2016 (Σ2016)	이중별	8.5, 9.6	7.4"	16시 12.1분	+11° 55'	1254	87R
IC 4593	행성상성운	10.7	13"×10"	16시 11.7분	+12° 04'	1254	87R
헤르쿨레스자리 카파(κ) 별	이중별	5.1, 6.2	27"	16시 08.1분	+17° 03'	1230	87R
NGC 6181	나선은하	11.9	2.5'×1.1'	16시 32.4분	+19° 50'	1229	69L
NGC 6210	행성상성운	8.8	20"×13"	16시 44.5분	+23° 48'	1204	69L
아벨 39 (Abell 39)	행성상성운	13.0	170"	16시 27.6분	+27° 55'	1181	69L

각크기 및 각분리는 최근 천체 목록을 참고한 것입니다. 대상의 크기에 대한 시각적 느낌은 목록에 기재된 크기보다는 작게 보이며, 망원경의 구경 및 배율에 따라 다양하게 느껴집니다. MSA와 U2는 각각 『밀레니엄 스타 아틀라스』와 『우라노메트리아 2000.0』 2판에 기재된 차트 번호를 의미합니다. 이 지역에 위치하는 이번 달의 모든 천체들은 《스카이 앤드 텔레스코프》 호주머니 별지도 표 54에 기재되어 있습니다.

헤르쿨레스의 열두 가지 과업

천상의 영웅은 7월의 밤하늘을 높이 가로질러 갑니다.

승리를 향한 드넓은 포부를 안고 천상을 향해 가는 길,
12개의 과업을, 그는 이뤄낼 것이다.

—테오크리토스Theocritus, 〈목가 24 Idyll XXIV〉

헤르쿨레스는 아마도 별자리에 새겨진 신화의 주인공 중 가장 잘 알려진 주인공일 것입니다. 12년에 걸쳐 이루어진 헤르쿨레스의 12 과업은 고전 시부터 게리슨 케일러Garrison Keillor의 〈프레리 홈 컴패니언A Prairie Home Companion〉에 이르기까지 모든 작품에 영원히 전해지는 이야기가 되었습니다. 그리고 이 영웅은 하늘의 별들 사이에서, 그리고 은막의 스타들 사이에서 자신의 자리를 확고히 얻게 되었죠. 헤르쿨레스의 과업을 기리며 하늘 위 헤르쿨레스의 거처를 장식하는 12개의 딥스카이 천체를 방문하는 여정을 떠나봅시다. 12 과업을 이뤄내야 했던 헤르쿨레스보다는 훨씬 덜 힘든 여정이 될 것입니다.

그 시작을 장식하는 것은 구상성단 **M92**입니다.

M92는 최소 8인치(203.2밀리미터) 이상의 구경을 가진 망원경으로 봤을 때 멋진 모습을 볼 수 있습니다. 그러나 어떤 구경으로 관측을 하든 10인치(508밀리미터) 망원경에 40분간의 CCD 노출을 통해 촬영한 이 사진에서보다 더 많은 별을 보기는 어려울 것입니다.

사진: 도우 매튜스(Doug Mattews) / 애덤 블록 / NOAO / AURA / NSF

M92는 헤르쿨레스자리 요타(ι) 별로부터 에타(η) 별 방향으로 5분의 2 지점에 있습니다. 이 성단은 12×36 쌍안경으로 봤을 때 밝은 중심부를 가지고 있는 작은 보풀처럼 보입니다. 이 성단은 훨씬 두드러지게 보이는 이웃 천체 M13으로 인해 자주 간과되기는 하지만 그 자체로도 대단히 멋진 성단입니다. 105밀리미터 굴절망원경에서 127배율로 바라본 M92는 8분×7분 크기의, 느슨하게 흩뿌려진 별들이 담긴 헤일로를 보여줍니다. 2.5분 너비의 중심부는 한복판 찬란한 빛 속에까지 연결되는 별들로 밝게 빛나고 있습니다. 10인치(254밀리미터) 반사망원경에서 115배율로 바라본 M92의 전체 모습은 14분 크기의 너비에 별들이 빽빽이 들어찬 모습을 보여줍니다. 중심의 별들은 빛의 구름 속에 휩싸여 하나하나 구분해 보기 어렵습니다. 한편 성단 속의 많은 별들이 여러 방향의 짧은 선으로 정렬된 양상을 보여주죠.

그림: 박한규

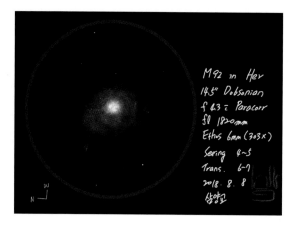

헤르쿨레스자리 타우(τ) 별의 동북동쪽 4.8도 지점에는 이보다 더 희미한 구상성단 NGC 6229가 있습니다. NGC 6229는 2개의 황백색 8등급 별과 함께 작고 멋진 삼각형을 만들고 있죠. 제 작은 굴절망원경에서 28배율로 바라본 NGC 6229는 희미한 헤일로를 거느린 작은 점처럼 보입니다. 68배율에서는 2분 크기로 펼쳐져 있으며 거의 별상을 닮은 중심핵을 뽐내고 있죠. 10인치 (254밀리미터) 망원경에서 213배율로 바라보면 4분 크기의 헤일로 안에서 5개의 별을 구분해낼 수 있습니다. 중심부는 거의 반 정도의 영역을 차지하고 있으며 비교적 밝은 구역들이 점점이 얼룩져 있는 듯 보입니다. 이 성단의 별들을 구분해 볼만큼 충분한 해상도가 나오지 않는 이유는 이 구상성단이 9만 9,000광년이라는 너무나 먼 거리로 떨어져 있기 때문입니다.

이제 아래로 내려와 서로 가까이 붙어 있는 이중별인 **헤르쿨레스자리 로(ρ)** 별로 가보겠습니다. 이 별은 헤르쿨레스자리 머릿돌 자리별의 북동쪽 모서리 바깥에 있죠. 이 매력적인 백색의 이중별은 4.5등급의 으뜸별과 5.4등급의 짝꿍별로 구성되어 있습니다. 으뜸별로부터 북서쪽 4.1초 지점에 짝꿍별이 있죠. 저는 대기가 안정된 밤에 이 이중별을 105밀리미터 굴절망원경에서 28배율로도 분리해 볼 수 있었습니다. 시상이 별로 좋지 않은 밤에 각 별을 분해하기 위해서는 좀 더 큰 배율이 필요합니다. 제 경우 시상이 좋지 않은 밤에 이 이중별을 구분하기 위해 8인치(203.2밀리미터) 반사망원경에 105배율이 필요했답니다. 헤르쿨레스자리 로 별은 400광년 거리에 있습니다. 이 이중별이 서로 한 차례 공전하는 데는 최소 4,600년이 소요되죠.

여기서 남쪽으로 먼 곳에는 좀 더 넓은 간격을 가진, 좀 더 다채로운 이중별이 있습니다. **헤르쿨레스자리 델타(δ)** 별은 제 작은 굴절망원경에서 3.1등급의 백색 으뜸별과 서북서쪽 12초 지점에 8.3등급의 노란색 짝꿍별로 분해됩니다. 이 이중별은 그저 착시에 의해 이중별처럼 보일 뿐입니다. 2개 별이 서로 정렬해 있는 듯 보이지만 물리적인 연관관계는 전혀 존재하지 않죠. 헤르쿨레스자리 델타 별로부터 서쪽으로 4.5도를 이동하면 5등급과 6등급의 별인 헤르쿨레스자리 51 별 및 56 별, 57 별이 만드는 삼각형을 만나게 됩니다. 이 중에서 가장 북쪽에 있는 **헤르쿨레스자리 56** 별은 노란색의 으뜸별과 동쪽 18초 지점에 희미한 짝꿍별을 거느리고 있는 멋진 이중별입니다. 이 이중별은 제가 가지고 있는 작은 망원경으로도 쉽게 분해해 볼 수 있죠.그러나 10인치(254밀리미터) 반사망원경을 이용하면 짝꿍별에서 황백색 색조가 드러납니다. 비록 이 별들은 동일한 방향으로 하늘을 가로

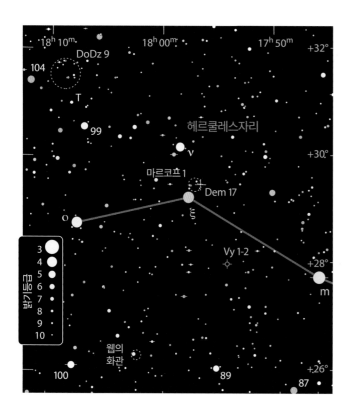

에서 17배율로 바라본 뮤 별은 밝은 노란색의 으뜸별과 이보다는 훨씬 희미한 주황색 짝꿍별이 서남서쪽 35초 지점에 있는 모습을 보여줍니다. 으뜸별은 우리 태양이 좀 더 나이를 먹었을 때의 모습에 해당합니다. 중심부에서 수소의 공급이 고갈되어 준거성으로 팽창하는 와중에 있죠.

짝꿍별은 실제로는 매우 가까이 붙어 있는 10.2등급과 10.7등급의 적색왜성 한 쌍으로 구성되어 있습니다. 저는 14.5인치(368.3밀리미터) 반사망원경에서 245배율을 이용하여 이 붉은 한 쌍의 별을 간신히 분리해 본 적이 있습니다. 이 별들은 고작 0.6초 떨어져 있었죠. 2011년 후반 이 희미한 한 쌍의 별은 1초까지 벌어졌습니다. 시상이 상당히 좋을 때, 6인치(152.4밀리미터) 망원경으로 이 별의 분리 여부를 시도해볼 수 있었죠. 이 한 쌍의 별은 2015년에는 0.5초까지 가까워졌으며, 2030년에는 1.6초까지 벌어지게 됩니다. 이 한 쌍의 적색왜성에 대한 겉보기밝기를 통해 추정할 수 있듯이, 헤르쿨레스자리 뮤 별은 우리로부터 고작 27광년 거리밖에 되지 않는 대단히 가까운 거리의 별입니다.

헤르쿨레스자리 뮤 별로부터 동쪽으로 1.7도, 북쪽으로 17분 지점에는 희미한 행성상성운 **비소츠키 1-2**(Vyssotsky 1-2, Vy 1-2)가 있습니다. 이 행성상성운을 또 다른 목록체계에서는 PN G55.3+24.0 또는 PK 53+24.1로 표기합니다. 이 행성상성운은 제 작은 굴절망원경에서 87배율로 관측해봤을 때 11등급의 별처럼 쉽게 찾을 수 있었습니다. 비소츠키 1-2는 북서쪽에 약간은 덜 밝은 별 하나와 남쪽의 10등급의 별과 함께 5분 크기의 활 모양을 만들고 있는데 비소츠키 1-2는 활모양의 한가운데에 있습니다. 서로 바짝 붙어 있는 12등급의 이중별은 서남서쪽 3분 지점에 있죠. 비소츠키 1-2는 10인치(254밀리미터) 반사망원경에서 213배율로 바라봤을 때 아주 작은 원반을 보여줍니다. 협대역필터

질러 가고 있지만 서로 중력을 미치기에는 너무나 멀리 떨어져 있는 것으로 생각됩니다.

헤르쿨레스자리 델타 별을 기준으로 그 반대쪽에서는 **돌리제-짐셀레스빌리 8**(Dolidze-Dzimselejsvili 8, DoDz 8)이라는 자리별을 만나게 됩니다. 헤르쿨레스자리 델타 별로부터 동남동쪽으로 1.4도에 있는 5등급의 별 헤르쿨레스자리 70 별까지 온 후, 동일한 방향으로 동일한 거리를 한 번 더 움직이면 돌리제-짐셀레스빌리 8을 만나게 되죠. 이 자리별은 별들이 희박하게 있긴 하지만 제 작은 굴절망원경에서 47배율로 관측해보면 흥미로운 대칭을 볼 수 있습니다. 2개씩 짝을 짓고 있는 8등급과 9등급의 별 4개가 남북으로 지그재그를 그리고 있죠. 그 중간 지점에는 희미한 별 하나가 있습니다. 동쪽에 하나, 서쪽에 3개가 자리 잡은 10등급에서 12등급의 별 4개는 15분 크기의 방사상으로 뻗어 나오는 별 폭발 패턴을 그리고 있습니다.

다음으로 우리가 방문할 곳은 흥미로운 다중별인 **헤르쿨레스자리 뮤**(μ) 별입니다. 105밀리미터 굴절망원경

단순한 자리별을 제대로 촬영해내는 것은 생각보다 훨씬 어렵습니다. 마르코프 1을 촬영한 이 사진은 두 명의 캐나다 천체사진가들이 협업한 결과입니다. 폴 모트필드(Paul Mortfield)는 CCD 카메라를 이용한 촬영을 담당하였으며 스테프 칸첼리(Stef Cancelli)는 후보정을 담당하였습니다.

또는 산소III성운필터는 이 행성상성운을 훨씬 더 잘 보이게 만들어주는데, 산소III성운 필터가 좀 더 효과가 좋습니다.

이제 애교만점의 자리별 **마르코프 1**(Markov 1)로 이동해봅시다. 이 자리별은 노란색 별인 헤르쿨레스자리 크시(ε) 별로부터 북북서쪽 16분 지점에 있습니다. 저배율 접안렌즈에서 마르코프 1(Markov 1)과 헤르쿨레스자리 크시 별은 한 시야에 담깁니다. 이 자리별은 캐나다의 별지기 폴 마르코프Paul Markov가 2000년 7월 처음으로 발견했죠. 그는 이 자리별이 궁수자리 남서쪽의 밝은 별들로 만들어진 거대한 주전자 형태의 자리별과 매우 닮았다고 생각했습니다. 105밀리미터 굴절망원경에서 47배율로 관측해보면 17분의 너비로 펼쳐져 있는 9등급과 10등급의 별 9개를 볼 수 있습니다. 이 중 3개의 별은 남남동쪽을 지목하고 있는 아주 날렵한 이등변삼각형을 만들고 있으며 나머지 별들은 옆으로 누워 위쪽으로 기울어진 대문자 T 모양을 하고 있습니다. 그 사이사이로 여러 희미한 별들이 흩뿌려져 있습니다. 대문자 T자 모양에서 기다란 축의 가운데 부분에는 이중별 **뎀보브스키 17**(Dembowski 17, Dem 17)이 있습니다. 이 이중별은 9.9등급의 으뜸별과 남동쪽 24초 지점에 10.3등급의 짝꿍별로 구성되어 있죠.

또 다른 돌리제-짐셀레스빌리 자리별 하나를 이 근처에서 찾아볼 수 있습니다. 헤르쿨레스자리 오미크론(ο) 별에서 북쪽으로 2.8도를 올라가면 **돌리제-짐셀레스빌리 9**(Dolidze-Dzimselejsvili 9, DoDz 9)를 만나게 되죠. 제 작은 굴절망원경에서 28배율로 바라보면 이 자리별이 황백색의 헤르쿨레스자리 99별과 주황색의 헤르쿨레스자리 104별, 그리고 북서쪽의 5.7등급 황금색 별 HIP 88636이 만드는 다채로운 색깔의 삼각형 중심에서 살짝 비껴 있는 것을 볼 수 있습니다. 이 깜찍한 자리별은 30개의 별들을 보여줍니다. 밝기등급은 8등급 및 이보다 희미한 수준이며 32분 폭 내에 느슨하게 흩뿌려져 있고, 밝은 별들이 없는 중심부를 보여줍니다. 10인치(254밀리미터) 망원경에서 상대적으로 밝은 별들 중 몇몇은 주황색 색조를 보여줍니다.

헤르쿨레스자리 오미크론 별로 돌아가서 남남서쪽으로 2.7도를 움직이면 7등급의 황금빛 별을 하나 만나게 됩니다. 이 별은 **웹의 화관**(Webb's Wreath)이라 불리는 자리별의 동쪽 측면을 장식하고 있는 별입니다. 잘 알려져 있지 않은 이 자리별은 1881년 토마스 윌리엄 웹Thomas William Webb이 펴낸 『보통 망원경을 위한 천체목록Celestial Objects for Common Telescopes』이라는이라는 천문 안내서의 4번째 개정판에 처음으로 등장합니다. 105밀리미터 망원경에서 68배율로 바라보면 11분×7분 크기에 북동쪽으로 기울어진 타원형 외곽을 그리고 있는 11등급과 12등급의 별 13개가 눈에 들어옵니다. 밝은 별 하나가 안쪽으로 불쑥 들어온 타원형을 하고 있죠.

이 자리별이 별들로 가득 채운 우리만의 헤르쿨레스의 12개 과업의 마지막 대상입니다. 애정 어린 마음으로 이 도전에 임해보기를 바랍니다.

서로 가깝게 붙어 있는 별들을 분리해 보는 것은 시상, 즉, 대기의 안정성에 크게 좌우됩니다. 시상은 대기가 얼마나 깨끗한지를 측정하는 지표인 투명도와는 완전히 다른 지표입니다. 사실 안개가 끼는 여름밤은 최상의 시상을 제공하곤 해서 최고 배율로 대상을 바라보는 훌륭한 기회가 되곤 하죠.

헤르쿨레스자리의 12개 관측 목표

대상	분류	밝기	각크기/각분리	적경	적위
M92	구상성단	6.4	14′	17시 17.1분	+43° 08′
NGC 6229	구상성단	9.4	4.5′	16시 47.0분	+47° 32′
헤르쿨레스자리 로(ρ) 별	이중별	4.5, 5.4	4.1″	17시 23.7분	+37° 09′
헤르쿨레스자리 델타(δ) 별	이중별	3.1, 8.3	12″	17시 15.0분	+24° 50′
헤르쿨레스자리 56 별	이중별	6.1, 10.8	18″	16시 55.0분	+25° 44′
돌리제-짐셀레스빌리 8 (DoDz 8)	자리별	6.8	15′	17시 26.4분	+24° 12′
헤르쿨레스자리 뮤(μ) 별	삼중별	3.4, 10.2, 10.7	35″, 1.0″	17시 46.5분	+27° 43′
비소츠키 1-2 (Vy 1-2)	행성상성운	11.4	5″	17시 54.4분	+28° 00′
마르코프 1	자리별	6.8	15′	17시 57.2분	+29° 29′
뎀보브스키 17 (Dem 17)	이중별	9.9, 10.3	24″	17시 56.7분	+29° 29′
돌리제-짐셀레스빌리 9 (DoDz 9)	자리별	-	34′	18시 08.8분	+31° 32′
웹의 화관 (Webb's Wreath)	자리별	-	11′×7′	18시 02.3분	+26° 18′

7월

각크기 및 각분리는 최근 천체 목록을 참고한 것입니다. 시각적으로 보이는 천체의 크기는 대부분 목록상에 있는 크기보다는 작게 느껴지며 장비의 구경과 배율에 따라 다양하게 느껴집니다.

마법의 천체들

미리내를 따라 점점이 뿌려져 있는 행성상성운들은
무더운 여름밤, 별지기들에게 바깥으로 나오라고 손짓합니다.

마법의 물건들로 가득 차 있는 우주는
우리의 지성이 더더욱 날카로워질 때까지 끈기 있게 기다리고 있습니다.

이든 필포츠*Eden Phillpotts*, 〈어두운 길들*A Shadow Passes*〉, 1918

행성상성운은 너무나도 환상적인 아름다움을 뽐내는 딥스카이 천체입니다. 우리는 이미 태양 대비 1배에서 8배 사이의 질량을 가지고 시작된 늙은 별들이 서로 다른 속도와 시간으로 물질들을 뿜어내면서 행성상성운을 만들어낸다는 것을 알고 있습니다. 그러나 이들의 다양한 형태와 현란한 구조를 만들어내는 특별한 기제가 무엇인지는 여전히 논쟁거리로 남아 있습니다. 우리 은하에 있는 행성상성운으로 알려진 것은 고작 2,500개 정도입니다. 그런데 그중 상당수가 처녀자리 은하단까지의 거리범주 내에 존재하는 것으로 식별됐죠. 우리 미리내 내부에 있는 행성상성운들까지의 거리는 잘 알려

저 있지 않음에 반해 다른 은하에 자리 잡은 행성상성운들은 자신이 자리 잡고 있는 은하까지의 거리를 측정하는 데 도움을 주고 있습니다.

여름의 미리내를 아름답게 수놓고 있을 뿐만 아니라 하늘에서 우연히 무리를 짓고 있는, 그러나 상대적으로 방문객은 많지 않은 이 멋진 천상의 대표들에게 훌쩍 빠져봅시다.

궁수자리 주전자 자리별의 가장 남쪽에 있는 별인 카우스 오스트랄리스(Kaus Australis)에서 약간만 이동하면 별들이 풍부하게 들어선 곳을 배경으로 떠 있는 흥미로운 행성상성운 NGC 6563을 만날 수 있습니다. 북쪽은 위쪽이며 사진의 폭은 8분입니다.
사진: 애덤 블록 / 레몬산 스카이센터(Mount Lemmon SkyCenter) / 애리조나대학 (University of Arizona)

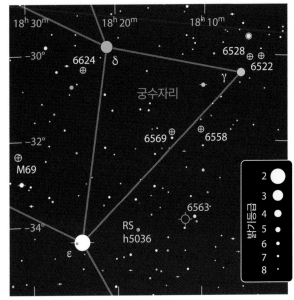

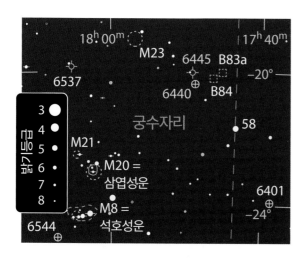

중간 크기의 망원경에서도 그 모습을 볼 수 있는 NGC 6445의 섬세한 구조는 별지기들에게 좀 더 큰 구경과 좀 더 높은 배율로 자신을 관측하라고 유혹합니다.
사진: POSS-II / 캘테크 / 팔로마

우리의 별여행은 궁수자리 남쪽에서 시작하여 NGC 6563을 향하게 될 것입니다. 그리고 그 중간에 흥미로운 별 하나를 만나 잠시 쉬어 가게 될 것입니다. 궁수자리 엡실론(ε) 별에서 서북서쪽으로 1.4도를 이동하여 6등급의 별 하나를 만나봅시다. 이 별은 해당 지역에서 가장 밝은 별이며 **허셜 5036**(h5036)이라는 사중별의 으뜸별이기도 합니다. 밝기 등급이 8.7등급에서 10.2등급 사이인 나머지 3개의 짝꿍별들은 저배율에서 한 시야로 볼 수 있습니다. 으뜸별에서 북동쪽 1.7분 지점에 있는 2개의 짝꿍별과 동쪽으로 이보다 반 이하로 떨어져 있는 세 번째 짝꿍별을 찾아보세요. 상황을 더 재미있게 만드는 것은 **궁수자리 RS**(RS Sagittarii) 별이라는 으뜸별 자체가 2.4일의 주기를 가진 식이중별이라는 것입니다. 대체로 밝기등급 6등급인 이 이중별은 한 주기 동안 각 별이 서로 상대 별의 전면을 지나감에 따라 0.3등급 어두워졌다가 다시 전체 주기의 반이 지난 후 0.9등급 어두워지기를 반복합니다.

다시 우리의 별여행으로 돌아와서 지금까지 온 방향과 동일한 방향으로, 지금까지 이동한 거리와 동일한 거리를 한 번 더 이동하게 되면 또 하나의 6등급 별에 도달하게 됩니다. NGC 6563은 이 별로부터 동남동쪽으로 15분 지점에 있습니다. NGC 6563은 이 6등급 별 및 남쪽으로 멀리 떨어져 있는 7등급 별 2개와 함께 사다리꼴을 구성하고 있습니다. 105밀리미터 굴절망원경에서 87배율로 바라본 이 행성상성운은 상당히 작고 희미하며, 둥그런 외형을 띠고 있습니다. 협대역성운필터를 이용하면 색 대비가 아주 약간 개선되긴 합니다만 산소III필터를 이용하면 훨씬 더 선명하게 나타나는 성운을 볼 수 있습니다. 10인치(254밀리미터) 반사망원경에서 115배율로 바라본 NGC 6563은 직경 3/4분의 둥근 외형에 고른 표면 밝기를 보여줍니다. 이 행성상성운은 12등급과 13등급 사이의 별 3개가 만드는 작은 삼각형에 감싸여 있죠. NGC 6563은 북쪽의 별에 가장 가까우며 나머지 2개 별은 각각 북서쪽과 남동쪽에 있습니다. 배율을 213배율로 올리고 산소III필터를 사용하면 성운의 모습은 북동쪽으로 60도 기울어진 타원형으로 바뀝니다. 북쪽 모서리를 따라 약간 더 밝게 보이는 아치가 드러나며 그 반대쪽 테두리로도 약간은 더 미묘한 밝은 부분이 나타나죠.

여기서 훨씬 더 북쪽으로 올라가면 구상성단 NGC 6440과 그 북북동쪽 22분에 자리 잡은 행성상성운 NGC 6445를 만나게 됩니다. NGC 6440은 제 작은 굴절망원경에서 17배율로도 쉽게 볼 수 있습니다. 이 구

북반구의 여름은 미리내가 밤하늘에 제대로 자리 잡고 있는 때입니다. 별지기라면 전갈자리와 궁수자리의 미리내 팽대부 전반을 가로지르며 흩뿌려져 있는 성단과 성운에 흠뻑 빠져 즐거운 시간을 보낼 수 있을 것입니다. 일본의 천문사진작가 아키라 후지가 촬영한 이 사진에는 성단과 성운들이 현란하게 담겨 있습니다.

상성단은 창백한 노란색 별인 땅꾼자리 59 별의 북동쪽 1.8도 지점에 작고 희미한 조각처럼 보입니다. 47배율로 바라보면 작고 상당히 희미한 점처럼 보이는 행성상성운 하나가 시야에 함께 들어오며 동쪽 5분 지점에서는 넓게 간격을 벌리고 있는 이중별 **허셜 2810**(h2810)도 함께 볼 수 있습니다. 이 이중별은 7.6등급의 으뜸별과 남서쪽으로 약간 떨어져 있는 10.4등급의 짝꿍별로 구성되어 있습니다. 87배율로 바라본 NGC 6445는 약 40초 길이에 북북서쪽으로 기울어진 약간의 타원형 형태를 띠고 있습니다. NGC 6445는 북북서쪽 모서리가

약간 더 밝게 보이며 그 너머 얼마 되지 않는 거리에 희미한 별 하나가 있습니다. 구상성단 NGC 6440은 동일한 시야에 여전히 함께 자리 잡고 있을 것입니다. 이 구상성단은 2.3분의 폭으로 펼쳐져 있으며 중심으로 갈수록 더 밝은 양상을 보여줍니다. NGC 6440은 11등급과 12등급의 별들이 그리는 11.5분 길이의 선상에서 정 가운데 있습니다. 이 별 중 2개는 성단의 북북서쪽에 있으며 2개는 그 반대쪽 경계 너머에 있죠.

애리조나의 별지기 프랭크 크랠직Frank Kraljic은 자신의 10인치(254밀리미터) 반사망원경에서 112배율로 바라

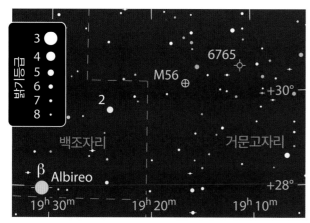

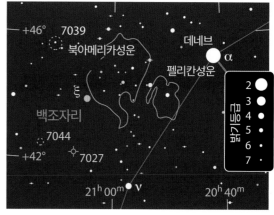

본 NGC 6445의 모습이 위쪽이 더 무거워 보이는, 속이 텅 빈 직사각형 상자처럼 보인다고 말했습니다. NGC 6445의 북쪽과 남쪽 벽은 확실히 더 밝게 보이며, 북쪽 벽은 더 짧은 대신 더 밀집된 양상을 보여줍니다. 또 성운의 외곽으로부터 뻗어나간 희미한 물질들에 대한 단서도 엿볼 수 있습니다. 크랠직은 산소III필터가 상을 더 나쁘게 만들며 오히려 협대역필터가 이 행성상성운의 벽에서 나타나는 대조를 강화해준다고 말했습니다. 또 NGC 6445의 내부에서는 북쪽 반이 더 어둡게 보인다는 것을 알아냈죠.

다음으로는 거문고자리가 있는 북쪽으로 방향을 잡아보겠습니다. 이곳에는 구상성단 **M56**을 이웃으로 거느리고 있는 행성상성운 **NGC 6765**가 있죠. M56에서 시작해보도록 하겠습니다. 이 구상성단은 상대적으로 밝은 구상성단이며 백조자리 2 별로부터 서북서쪽 방향으로 1.7도 이동하면 만날 수 있습니다. 이 구상성단은 떨림방지장치가 부착된 제 15×45쌍안경에서도 쉽게 찾아볼 수 있는 희미한 조각으로 보입니다. 상대적으로

더 밝고 넓게 퍼져 있는 중심부와 함께 서쪽 측면 바로 바깥쪽으로는 희미한 별 하나가 있습니다. 105밀리미터 굴절망원경에서 87배율로 바라본 M56 구상성단은 너무나도 깜찍한 모습을 보여줍니다.

1과 3/4분 크기의 중심부는 밝은 얼룩이 불규칙하게 퍼져 있으며 별들이 튀고 있는 듯한 모습을 연출하는 헤일로는 서쪽 별 근처에서 사그라들고 있습니다. 배율을 127배로 올리면 중심부에서 몇몇 별들을 더 끄집어낼 수 있죠. 10인치(254밀리미터) 망원경에서 166배율로 바라본 M56은 부분부분 불규칙하게 분해되는 중심부와 함께 희미한 별과 밝은 별이 성단 전반에 멋지게 뒤섞인 양상을 보여줍니다.

M56으로부터 북서쪽 26분 지점에는 6등급의 주황색 별 하나가 있습니다. 그곳에서 다시 서쪽으로 1도 지점

M56은 너무나 유명한 행성상성운인 M57과 M27을 양옆으로 거느리고 있어, 상대적으로 많이 주목받지 못하는 구상성단입니다. 하지만 거문고자리를 지나 여우자리를 거쳐 화살자리까지, 메시에 천체를 짚으며 넘어갈 때 징검다리가 되어주는 천체입니다. 마치 냇가의 깜찍한 징검다리처럼 미리내의 가장자리에 자리잡고서 자신만의 매력을 뽐내고 있죠. 청명한 밤하늘에는 150밀리미터 망원경으로 200배율부터 중심의 별을 분해해 볼 수 있습니다.

그림: 박한규

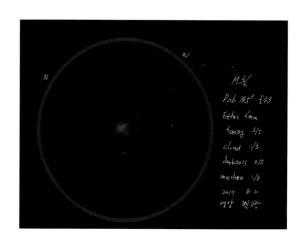

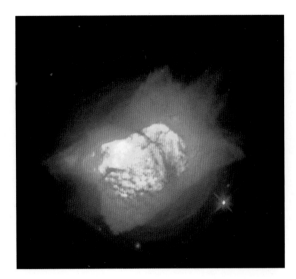

허블우주망원경이 촬영한 NGC 7027의 모습은 대단히 놀라운 세부를 보여주고 있습니다. 별지기들이 가지고 있는 망원경으로는 사진에서 노란색과 주황색으로 보이는 2개의 구체와 헤일로만을 볼 수 있을 뿐이죠. 북서쪽 구체에 보이는 밝은 점에 주목하세요. 사진에서 북서쪽은 왼쪽 아래입니다.

사진: H. 본드(H. Bond) / STScl / NASA

에 NGC 6765가 있죠. 제 작은 굴절망원경에서 87배율로 바라본 NGC 6765는 매우 희미합니다. 따라서 배율을 122배율로 올려 성운필터를 사용하면 더 많은 도움이 되죠. 이 행성상성운은 북북동쪽에서 남남서쪽으로 길쭉한 타원형 형태를 보여주며 그 길이는 약 0.5분입니다. 10인치(254밀리미터) 반사망원경에서 산소Ⅲ필터는 많은 도움이 되죠. 219배율에서 바라본 NGC 6765는 북쪽 끄트머리가 가장 밝은 막대의 모습을 보여줍니다. 이 막대 주변으로 희미한 연무가 보이는데 특히 동쪽으로는 더욱 확실하게 그 모습이 드러납니다. 10인치(254밀리미터) 망원경에서 이 행성상성운은 35초 크기로 보이며 14.5인치(368.3밀리미터) 망원경에서는 40초 크기로 보입니다.

우리가 마지막으로 만나볼 행성상성운은 백조자리에 있는 **NGC 7027**입니다. 이 행성상성운은 백조자리 크

시(ξ) 별과 산개성단 **NGC 7044**와 함께 직각삼각형을 구성하고 있으며 그중에 직각을 이루는 모서리에 있습니다. 산개성단 NGC 7044를 제 작은 굴절망원경에서 87배율로 바라보면 동쪽에 2개의 희미한 별을 거느리고 있는 희뿌연 공처럼 보입니다. 10인치(254밀리미터) 반사망원경에서 118배율로 바라보면 수많은 희미한 별들과 함께 아름다운 다이아몬드 가루들이 4.5분 지름의 희뿌연 빛무리에 빠져드는 모습을 볼 수 있습니다.

105밀리미터 굴절망원경에서 47배율로 바라본 NGC 7027은 미약하게 밝은 중심부를 가진 녹청색의 성운으로 보입니다. 반면 127배율에서 산소Ⅲ필터를 이용하면 북서쪽으로 기울어진 타원형 성운의 모습을 볼 수 있죠. 10인치(254밀리미터) 망원경에서 213배율로 바라보면 푸른빛이 감도는 초록색이 인상적으로 드러납니다. 이 성운은 2개의 구체를 선명하게 보여줍니다. 이 구체는 얇은 띠에 의해 구분되며 희미한 헤일로에 감싸여 있죠. 북서쪽에 있는 구체가 약간 더 크고 서쪽 끄트머리에 밝은 점 하나가 있습니다. 남동쪽 구체는 약간은 희미하고 동북동쪽과 서남서쪽으로 기다란 타원형을 하고 있습니다. 299배율에서 색깔은 그다지 강렬하게 나타나지 않지만, 상당히 복잡한 모습을 멋지게 볼 수 있죠. 헤일로는 두드러지게 나타나며 2개의 구체를 가로지르고 있는 분할선도 훨씬 더 선명하게 나타납니다. 밝은 점을 둘러싸고 있는 부분은 매우 밝게 보입니다. 산소Ⅲ필터 또는 협대역필터를 이용하여 바라봤을 때 별도 아니면서 여전히 밝게 보이는 점은 성운의 특성 자체에 주목하게 만듭니다.

여기 등장하는 행성상성운들은 행성상성운이 가지고 있는 다양하고 흥미로운 형태의 아주 일부만을 맛볼 수 있게 해준 것에 불과합니다.

대상	분류	밝기	각크기/각분리	적경	적위
NGC 6563	행성상성운	11.0	59″×43″	18시 12.0분	- 33° 52′
허셜 5036 (h5036)	다중별	6.0(8.7, 10.2) ,9.5	(1.7′), 40″	18시 17.6분	- 34° 06′
궁수자리 RS 별	식이중별	6.0-6.9	2.4 일	18시 17.6분	- 34° 06′
NGC 6445	행성상성운	11.2	45″×36″	17시 49.2분	- 20° 01′
NGC 6440	구상성단	9.2	4.4′	17시 48.9분	- 20° 22′
허셜 2810 (h2810)	이중별	7.6, 10.4	44″	17시 49.6분	- 20° 00′
NGC 6765	행성상성운	12.9	40″	19시 11.1분	+ 30° 33′
M56	구상성단	8.3	8.8′	19시 16.6분	+ 30° 11′
NGC 7027	행성상성운	8.5	18″×11″	21시 07.0분	+ 42° 14′
NGC 7044	산개성단	12.0	7′	21시 13.2분	+ 42° 30′

각크기 및 각분리는 최근 천체 목록을 참고한 것입니다. 시각적으로 보이는 천체의 크기는 대부분 목록상에 있는 크기보다는 작게 느껴지며 장비의 구경과 배율에 따라 다양하게 느껴집니다.

7월

전갈의 밤

전갈의 독침에는
여러 아름다운 천체들이 자리 잡고 있습니다.

전갈자리는 걸출한 아름다움을 자랑하는 별자리입니다. 별들이 연출하는 전갈의 모습을 상상하는 데 노력이 필요한 것도 아니죠. 밤하늘의 보석이 수놓아진 화려한 태피스트리를 배경으로 서 있는 전갈자리는 망원경을 이용하여 하나하나 대상을 살펴보는 데도 훌륭한 별자리입니다.

전갈자리 람다(λ) 별인 샤울라(Shaula)로부터 여행을 시작해보겠습니다. 이 별은 추켜올린 전갈의 꼬리 독침에 자리 잡고 있죠. 많은 사람들이 이 지역에 대한 자신의 관측 기록을 공유해주었습니다. 이 지면을 통해 그 관측 기록들을 함께 나눠보도록 하겠습니다.

샤울라로부터 1.3도 동쪽으로 이동하면 산개성단

NGC 6400을 만나게 됩니다. 캘리포니아에 계시는 세 분의 별지기들께서 자신들의 관측기록을 보내주셨죠. 스티브 왈디Steve Waldee는 9×50 파인더를 통해 이 성단을 어렴풋한 작은 빛으로 봤다고 합니다. 반면 120밀리미터 굴절망원경에서 100배율로 봤을 때는 미리내의 수많은 별들이 만든, 곳곳에 균열이 가 있는 듯한 매트위로 흩뿌려진 희미한 별들을 볼 수 있었다고 합니다. 로버트 에어즈Robert Ayers는 8인치(203.2밀리미터) 굴절망원경에서 65배율로 관측했을 때 NGC 6400이 루프레크트 127(Ruprecht 127, Ru 127)과 함께 이중성단을 만들고 있었으며 NGC 6400은 북서쪽 방향으로 49분 지점에서 별들이 희박하게 모여 있는 루프레크트 127보다 훨씬 뚜

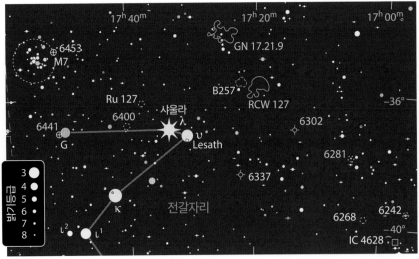

수 있었다고 합니다. 그는 4인치(101.6밀리미터) 굴절망원경을 이용하여 명확한 둥근 빛으로 보이는 이 성단을 쉽게 찾아볼 수 있었다면서 다음과 같이 기록하였습니다. "90배율에서는 과립상을 보여줍니다. 중심부는 밝고 가장자리로 갈수록 차츰 빛이 사그라지는 양상을 보여주고 있습니다."

렷하게 보였다고 기록했습니다. 10인치(254밀리미터) 반사망원경을 이용한 케빈 리첼Kevin Ritschel은 "성단 중심으로부터 뻗어 나온 별들이 만든 의자의 모습"을 볼 수 있었으며 그 의자는 "3개의 밝은 사슬과 하나의 꼬인 줄"로 구성되어 있다고 기록했습니다. 저는 5.1인치(130밀리미터) 굴절망원경에서 16개의 별을 셀 수 있었으며 10인치(254밀리미터) 반사망원경에서는 25개의 별을 셀 수 있었습니다. 이들은 10분 폭 안에 자리 잡은 11등급과 12등급의 별들로 구성되어 있죠.

동쪽으로 더 이동하면 황금색 전갈자리 G 별이 서쪽 모서리를 빛나게 만들어주고 있는 구상성단 **NGC 6441**을 만나게 됩니다. 이 별들에 로마 문자가 붙은 것은 미국의 천문학자인 벤저민 압드로프 굴드Benjamin Apthorp Gould에 의해서입니다. 그는 망원경자리의 크기를 줄이고 그곳의 별들을 전갈자리로 재편성했죠. 리첼은 도심에서도 50밀리미터 쌍안경을 이용하여 NGC 6441을 볼

이 성단을 10인치(254밀리미터) 망원경으로 보면 2.8분에 걸쳐 펼쳐져 있죠. 이 별 무리의 서남서쪽 모서리에는 10등급의 별이 하나 박혀 있으며 북북서쪽 테두리에는 13등급의 별이 자리 잡고 있습니다.

NGC 6441을 구성하는 별들은 대부분 15등급 이상으로 어둡기 때문에 별들을 하나하나 구분해 보기란 쉽지 않은 일입니다. 여러분은 어떠신가요?

관측기를 저에게 보내주신 많은 분들은 NGC 6441보다는 그 근처의 공생별에 훨씬 더 많이 매료되시는 것 같습니다. 이 별은 아주 가깝게 붙어 있는 이중별로서

3등급의 별인 전갈자리 G 별은 지구로부터 고작 127광년 거리에 위치하고 있습니다. 공생별인 하로 2-36은 전갈자리 G 별보다 더 밝은 고유밝기를 가지고 있지만 그 거리는 100배나 더 멀기 때문에 훨씬 더 희미하게 보입니다. 어렴풋이 보이는 구상성단 NGC 6441는 하로 2-36보다도 2배 더 멀리 있습니다.
사진: 대니얼 베어샤체 (Daniel Verschatse) / 안틸후 천문대(Observatorio Antilhue) / 칠레(Chile)

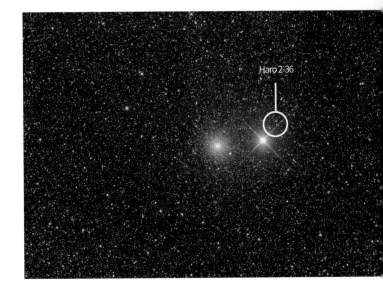

2009년 5월 우주비행사들이 허블우주망원경에 광대역카메라3을 설치하였습니다. 이때 촬영된 사진 중 하나가 이 사진으로서 NGC 6302의 모습을 놀랍도록 세세하게 보여주고 있습니다.

사진: NASA / ESA 허블 SM4 ERO 팀

높은 온도의 가스기류가 상대적으로 온도가 낮은 거성으로부터 짝꿍별인 뜨거운 왜성으로 흘러들어 가고 있습니다. 예전에 이 별은 행성상성운과 혼동을 불러일으켰었습니다. 왜냐하면 두 별 모두 강력한 복사선을 만들어내고 있었기 때문입니다. NGC 6441 근처에 있는 공생별은 행성상성운의 등재명도 몇 개 가지고 있습니다. 이 별은 애초에는 PN H 1-36 또는 **하로 2-36**(Haro 2-36)이라는 등재명을 가지고 있었죠(이 별의 행성상성운 등재명 중 하나가 하로 2-36인데, 종종 하로 1-36으로 오해되곤 합니다).

하로 2-36은 전갈자리 G 별의 북북서 방향으로

1.3초 지점에 자리 잡고 있습니다. 전갈자리 G별은 이 공생별을 찾아가는 길잡이가 되기도 하지만 그 광채 때문에 공생별을 가리는 역할도 하죠. 다행히도 하로 2-36은 위치만 제대로 잡아간다면 가장 밝은 별상의 천체로 찾아볼 수 있습니다.

왈디와 버지니아의 별지기인 켄트 블랙웰Kent Blackwell, 그리고 핀란드의 별지기인 야코 살로란타 Jaakko Saloranta는 모두 80밀리미터 굴절망원경으로 하로 2-36을 볼 수 있었다고 합니다. 왈디는 산소III필터를 이용하여 114배율로 관측을 진행했을 때 이 별을 25퍼센트 정도 더 잘 볼 수 있었다고 기록했습니다. 이 공생

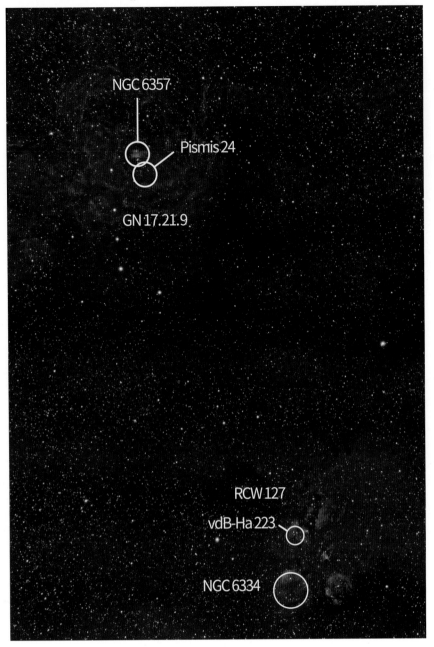

왼쪽 위의 성운기는 NGC 6357, 샤프리스 2-11(Sharpless 2-11), RCW 131, GN 17.21.9 등 다양한 이름으로 알려져 있습니다. 그러나 NGC 6357은 이 성운에서 가장 밝은 부분에 한정적으로 쓰이는 이름이죠. 반면 샤프리스와 RCW라는 등재명은 접안렌즈를 통해서는 보이지 않는 부분을 포함하고 있습니다. 마찬가지로 RCW 127(고양이발바닥성운)은 때때로 NGC 6334로 부릅니다. 이 이름은 고양이 발바닥의 3개 발가락 중 하나에만 한정적으로 쓰이는 이름이기도 합니다.

사진: 요하네스 셰들러

줍니다.

이제 샤울라로부터 서쪽으로 4도 이동하여 행성상성운 NGC 6302를 만나 봅시다. 이 행성상성운은 벌레성운이라는 별명을 가지고 있습니다. 버지니아의 별지기인 일레인 오스본Elaine Osborne은 4인치(101.6밀리미터) 굴절망원경에서 저배율로 봤을 때 보풀이 인 듯한 둥근 성운을 볼 수 있었다고 합니다. 이 성운은 중심으로 갈수록 더 밝게 보였으며 동일한 시야 안에 아기 까마귀자리의 모습을 한 별들의 배열도 봤다고 기록했습니다. 그리고 10인치(254밀리미터) 반사망원경으로 봤을 때, "세상에! 나비가 태어났어요"라고 외쳤다고 하네요. 나비의 좁은 날개가 중심부로부터 동서로 1.5분 크기로 펼쳐져 나오고 있었던 것이죠.

왈다는 11인치(279.4밀리미터) 슈미트-카세그레인 망원경에 필터를 이용하여 466배 호핑을 즐긴다고 합니다. 그는 협대역필터와 비껴보기를 이용하여 서쪽 날개에서 좀 더 밝은 점을 볼 수 있었다고 합니다. 왈다는 "산소Ⅲ필터를 이용하여 바라본 NGC 6302는 희미하게 보이지만 중심부는 '얼룩덜룩하면서 깨진 듯한 모습'으로 보이고 날개들은 '성기고 구름이 낀 듯한 모서리'를 보여준다"라고 기록했습니다. 그는 광대역필터를 이용하면 좀 더 희미한 동쪽 날개가 더 멀리까지 뻗어나간 모습을 볼 수 있다고 말했습니다.

찾는 이가 많지 않은 NGC 6281 성단은 이 벌레성운의 서남서쪽으로 2도 지점에 자리 잡고 있습니다. 아일랜드 별지기인 케빈 베릭kevin Berwick은 90밀리미터 굴절망원경에서 71배율로 바라본 이 별 무리를 깨진 화살

별은 제 10인치(254밀리미터) 망원경에서 대단히 쉽게 찾을 수 있습니다. 여러 별지기들이 산소Ⅲ필터를 사용하면 이 공생별을 가장 잘 볼 수 있다는 것에 동의합니다. 산소Ⅲ필터는 전갈자리 G 별을 희미하게 만들기도 하죠. 협대역필터 역시 어느 정도는 더 나은 모습을 보여

촉으로 묘사했습니다. 왈디는 이 천체를 대단히 멋진 천체라고 부르죠. 왈디가 120밀리미터 망원경에서 67배율로 관측한 NGC 6281은 10여 개의 별이 사다리꼴을 구성한 모습을 보여주고 있었다고 합니다. 이 중에서 가장 밝은 별이 북동쪽 모서리에 자리 잡고 있었다고 하죠. 10인치(254밀리미터) 망원경에서는 이 사다리꼴 내에서 25개의 별이 보이며 남쪽으로 처져 있는 별들도 몇 개 보입니다.

다음 우리의 목표는 **RCW 127**입니다. 일명 고양이발바닥성운이라고 하죠. 이 고양이발바닥에서 가장 밝은 발가락이 **NGC 6334**입니다. NGC 6334는 샤울라로부터 서북서쪽 2.8도 지점에 있는 9등급의 별 하나를 휘감고 있죠. 리첼은 자신의 66밀리미터 '리프렉터 블루' 망원경을 이용하여 16배율로 봤을 때, 필터를 껐을 때나 끼지 않았을 때 모두 희미하고 불분명한 조각을 볼 수 있었다고 합니다. 왈디는 120밀리미터 굴절망원경에서 19배율로 관측했을 때, 산소III필터를 사용한 상태에서 성운기가 드러나기 시작했다고 합니다. 100배율에서 필터가 없이 바라보면 고양이 발가락의 가장 북쪽에 산개성단 **반덴버그-하겐 223**(van den Bergh-Hagen 223, vdB-Ha 223)이 최소 5개의 별들이 성기게 모여 있는 별 무리로 그 모습을 드러냅니다. 에어즈는 6인치(152.4밀리미터) 굴절망원경에서 28배율에 산소III필터를 붙이고 남쪽에 있는 발가락들에 대응되는 2개의 확장부를 가진 희미한 대역을 볼 수 있었다고 합니다. 3명의 별지기 모두 이 성운이 매우 도전적인 관측 대상이었다고 합니다.

오스본은 어두운 시골의 하늘에서 10인치(254밀리미터) 반사망원경을 통해 바라본 이 성운의 모습이 매우 아름답고 흥미진진했다고 전해주었습니다. 그녀는 3개의 발가락을 모두 식별할 수 있었다고 하죠. 경통을 가볍게 치는 방법으로 발바닥의 볼록살도 구분할 수 있었다고 합니다(망원경에 약간의 움직임을 주면 좀 더 희미한 돌출부가 좀 더 명확하게 보이곤 합니다). 오스본의 망원경은 88배율에 67분 시야를 제공하는 접안렌즈에 딱 어울리는 산소

III필터로 무장되어 있었습니다. RCW 127의 가장 긴 지름은 약 50분입니다. NGC 6334의 경우는 대략 10분 정도죠.

NGC 6334로부터 북북동쪽으로 1.5도 지점에는 6등급과 7등급의 별 5개가 만드는 밝은 자리별이 있습니다. 호주 빅토리아 천문학회의 회장인 페리 블라호스Perry Vlahos는 이 자리별을 '골프채'라고 부르고는 다음과 같이 말했습니다. "오른손잡이라면 땅꾼자리의 그린을 향해 샷을 날릴 수 있겠는걸!" 4개의 별이 장식하고 있는 손잡이는 남북으로 27분 길이에 걸쳐 펼쳐져 있으며 서남서쪽으로 휘어지면서 골프채의 머리를 만들고 있습니다. 블라호스는 50밀리미터 쌍안경으로도 이 자리별을 쉽게 찾아볼 수 있었다고 하네요.

칠레의 빅터 라미레즈Victor Ramirez는 이 골프채의 손잡이를 장식하는 4개의 별을 '라스 콰트로 후아니타스(Las Cuatro Juanitas)'라고 부릅니다. 이 별들은 랍스터성운이라고도 알려져 있는 GN 17.21.9라는 이름의 희미한 발광성운의 중심으로 우리를 안내해주죠. **GN 17.21.9**는 NGC 6357까지 포함하여 35분 크기에 걸쳐 펼쳐져 있습니다. 3분의 밝은 지역이 후아니타스의 가장 북쪽에 있는 별로부터 서북서쪽으로 8분 지점에 자리 잡고 있죠.

리첼은 바로우렌즈를 탑재한 4.3인치(110밀리미터) 굴절망원경에서 24배율을 이용하여 희미한 먼지대역을 따라 이 지역으로 들어가는 거대한 성운을 보았다고 합니다. 그러나 리첼은 아무리 성운필터를 이용하더라도 이 지역의 별구름에서 대상을 구분해 보기란 매우 어렵다고 경고하고 있죠. 이보다는 훨씬 밝은 NGC 6357은 바로보기를 통해서도 충분히 볼 수 있는 천체입니다.

4.7인치(120밀리미터) 망원경에서 171배로 관측을 진행한 왈디는 NGC 6357 바로 남쪽에서 몇몇 희미한 별들을 보았다고 합니다. 이 중에서 가장 밝은 별들로 구성된 별 무리는 **피스미스 24**(Pismis 24)로 알려져 있습니다. 이 성단에는 가장 밝고 가장 무거운 푸른색 별, 그래

서 그 질량이 태양 질량의 100배에 육박하는 별들이 자리 잡고 있습니다.

왈디는 10인치(254밀리미터) 반사망원경에서 산소III필터에 46배로 바라본 랍스터성운이 25분 크기의 희미한 조각처럼 보이며 NGC 6357과 피스미스 24가 있는 위치에는 밝은 점이 나타나고 있다고 기록하였습니다. 다음번 청명한 밤하늘을 만나거든 랍스터와 나비를 잡을 수 있을지, 또는 어여쁜 후아니타스를 만날 수 있을지 한번 도전해보세요.

전갈 독침에 자리 잡고 있는 아름다운 천체들

대상	분류	밝기	각크기/각분리	거리(광년)	적경	적위
NGC 6400	산개성단	8.8	12'	3,100	17시 40.2분	- 36° 58'
NGC 6441	구상성단	7.2	9.6'	38,000	17시 50.2분	- 37° 03'
하로 2-36 (Haro 2-36)	공생별	12.1	-	15,000	17시 49.8분	- 37° 01'
NGC 6302	행성상성운	9.6	90"×35"	4,000	17시 13.7분	- 37° 06'
NGC 6281	산개성단	5.4	12'	1,560	17시 04.7분	- 37° 59'
RCW 127	발광성운	-	50'×25'	5,500	17시 20.4분	- 35° 51'
GN 17.21.9	발광성운	-	35'	8,000	17시 25.2분	- 34° 12'

각크기 및 각분리는 최근 천체 목록을 참고한 것입니다. 시각적으로 보이는 천체의 크기는 대부분 목록상에 있는 크기보다는 작게 느껴지며 장비의 구경과 배율에 따라 다양하게 느껴집니다.

삼엽성운의 밤

삼엽성운의 북쪽 끄트머리에서는 연기입자 크기의 먼지 알갱이들이
푸른 별빛을 반사해내고 있습니다.

한낮에 출몰하는 트리피드는 공상과학소설에 등장하는 사람을 잡아먹는 거대한 식물입니다. 하지만 밤의 트리피드인 삼엽성운은 훨씬 더 인상적이죠. 삼엽성운은 세 가지 서로 다른 유형의 성운들과 산개성단, 다중별을 품고 있는 놀랍도록 복잡한 천체입니다. 삼엽성운의 위치를 찾아내는 가장 좋은 방법은 우선 이 성운의 거대한 이웃인 라군성운을 방문하는 것입니다.

궁수자리의 밝은 별들이 만들고 있는 찻주전자 자리별의 주둥이 바로 위로 안개와 같이 희뿌연 조각들이 집중된 곳을 찾아보세요. 뉴욕 외곽 북쪽에 있는 저의

집에서 **라군성운**(M8)은 남쪽 하늘을 낮게 지나갑니다. 그러나 저는 도시 외곽의 하늘임에도 불구하고 맨눈으로 라군성운을 찾아낼 수 있죠. 망원경을 M8을 향해 돌렸을 때 주목하게 될 첫 번째 대상은 그 안에 파묻혀 있는 NGC 6530 성단입니다. 북동쪽을 향하고 있는 쐐기 모양의 이 성단을 105밀리미터 굴절망원경에서 87배율로 관측해보면 25개의 별을 구분할 수 있습니다. 이 별들의 밝기는 7등급에서 11등급 사이이며 장축은 약 10분입니다(이는 달의 3분의 1 정도 너비에 해당합니다). 별들이 주로 몰려 있는 곳의 북쪽과 서쪽으로 적은 수의 별들

별지도 : 출처 『밀레니엄 스타 아틀라스』

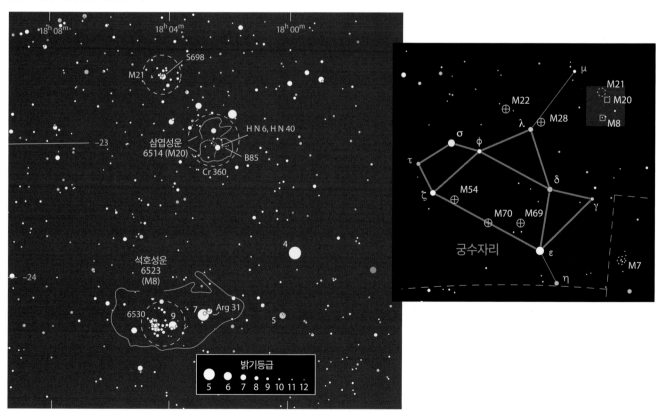

이 있는 지역이 있습니다. 이 중에서 서쪽 별 무리에는 궁수자리 9 별이라는 6등급의 별이 포함되어 있죠.

M8은 NGC 6523으로도 등재되어 있습니다. 언뜻 보았을 때, 별들이 몰려 있는 곳 근처에서 성운기를 느낄 수 있을지도 모르겠습니다. 가장 선명하게 느껴지는 성운기 조각은 궁수자리 9 별을 감싸고 있으며 이 별의 서남서쪽 3분 지점에 특별하게 밝은 점 하나를 포함하고 있습니다. 무언가를 꽉 죄고 있는 듯한 이 밝은 점을 고배율로 보면 모래시계라는 별명을 떠올릴 수 있게 되죠. 모래시계와 나란히 있는 9.5등급의 별이 이 성운을 빛나게 만드는 원천이 됩니다. 별의 쐐기를 감싸고 있는 라군성운에서 두 번째로 밝은 지역은 성단의 남서쪽으로 스며들어 가고 있는 지역에서 최상의 모습을 보여줍니다. 좀 더 검게 보이는 하늘이 이곳에서 불타오르고 있는 구름들을 가로지르고 있죠. 암흑성운의 일부인 이 부분이 이 성운에 라군(석호)이라는 이름을 붙게 만들었습니다.

규모는 크지만 더욱 투명하게 보이는 가냘픈 빛이 뿌려진 지역이 성단으로부터 남쪽과 동쪽으로 퍼져나가고 있습니다. 검은 하늘이라면 이처럼 희미한 부분도 확연히 볼 수 있겠지만, 빛공해가 있는 곳이라면 특별한 필터를 이용해야 더 나은 모습을 볼 수 있습니다. 성운은 협대역필터나 산소III필터 모두에서 제대로 반응합니다.

다음으로 북쪽에 있는 약간의 별들을 휘감으면서 서쪽으로 뻗어나가고 있는 희미한 연무를 살펴보겠습니다. 제 105밀리미터 굴절망원경에서 87배율을 이용했을 때, 5등급의 별인 궁수자리 7 별까지 약 26분에 걸쳐 펼쳐진 희미한 연무를 쫓아갈 수 있었죠. 이 성운은 이중별 아르겔란더 31(Argelander 31, Arg 31)에 닿기 바로 전에 희미해집니다. 이 이중별은 7등급의 으뜸별과 북북동쪽 34초 지점에 있는 9등급의 짝꿍별로 구성되어 있습니다. 넓게 퍼져 있으면서 부드럽게 꺾여 드는 빛다발이 궁수자리 9 별 주위의 상대적으로 좀 더 밝은 성운기

를 담아내고 있죠. 이곳에서 라군의 검은 띠 하나가 또 한 번 성운을 가르고 있습니다.

라군성운에서 삼엽성운(M20)을 찾아가는 방법은 아주 쉽습니다. 저배율 시야에서 궁수자리 7 별을 중심에 두고 천천히 북쪽으로 1.3도를 움직여보세요. 그리고 대단히 희박한 안개에 감싸여 있는 7등급의 별을 찾아보세요. 이 희박한 안개가 바로 성운 그 자체의 빛입니다. 이 성운은 NGC 6514로 등재되어 있기도 하죠. 그러나 삼엽이라는 이름은 사실 암흑성운 바너드 85(Barnard 85, B85)로부터 온 것입니다. 이 암흑성운이 7등급의 별을 거의 가운데에 두고 이 성운을 3개의 덩어리로 나누고 있죠. 바너드 85는 60밀리미터 망원경으로도 볼 수 있습니다. 심지어는 아무런 필터를 사용하지 않아도 볼 수 있죠. 이 암흑성운은 뉴욕주 외곽에서 제 남편의 92밀리미터 굴절망원경으로 64배율로 봤을 때도 쉽게 찾을 수 있었습니다. 빛공해가 있다면 산소III필터와 협대역필터가 상을 좀 더 개선하는 데 도움을 줄 것입니다. 사진을 통해서는 바너드 85가 이 성운을 4등분하고 있는 모습을 볼 수 있습니다. 여기에 주목한 스테판 제임스 오미라는 이 성운을 네잎 클로버에 비유하곤 했습니다. 작은 망원경을 통해서 이 네 번째 잎을 본다면 행운이 찾아올 수도 있을 것입니다.

삼엽성운의 중심에 있는 별은 6개의 별로 이루어진 다중별입니다. 105밀리미터 굴절망원경에서 153배로 봤을 때 2개의 가장 밝은 별이 멋지게 그 모습을 드러냅니다. H N 6으로 등재된 이 한 쌍의 별은 7.6등급의 으뜸별과 남남서쪽 11초 지점에 있는 8.7등급의 짝꿍별로 구성되어 있습니다. 대기가 안정되어 있는 밤이라면 이 2개 별과 거의 일직선상에 위치한 세 번째 별을 볼 수 있을 것입니다. 으뜸별로부터 북북동쪽 6초 지점에서 희미한 10.4등급의 별을 찾아보세요. 으뜸별과 이 10.4등급의 별 한 쌍은 H N 40으로 등재되어 있습니다.

삼엽성운의 중심부에 있는 이 작은 별 무리는 그 주위를 감싸고 있는 성운기를 볼 수 있도록 해주죠. 이 뜨

아주 어두운 하늘을 배경으로 높이 떠오르는 삼엽성운(사진 중앙)과 라군성운(사진 아래)을 관측할 수 있는 최적의 조건이라면 관측자는 작은 망원경에 다양한 배율을 이용하여 사진에 담겨 있는 성운기를 가진 모든 천체를 따라가볼 수 있을 것입니다. 하지만 사람의 눈은 사진에 담긴 모든 색채를 감지해내지는 못합니다. 마치 고양이가 밤에 모든 대상을 회색으로 인식하듯, 사람의 눈도 다양하지만 미약한 성운의 색깔을 감지해내지는 못하죠.
사진: 아키라 후지

있죠. 이 반사성운은 작은 망원경으로도 볼 수 있습니다. 그러나 이 성운은 남쪽에서 빛을 내고 있는 자신의 친척보다는 좀 더 희미하게 보이죠. 검고 맑은 하늘이라면 이 반사성운은 발광성운과 거의 동일한 크기로 보입니다. 그러나 사실 이 반사성운은 발광성운보다 훨씬 더 크죠. 인위적으로 색깔의 대비를 강조한 사진을 보면 반사성운이 발광성운을 완전히 감싸는 모습을 볼 수 있습니다. 그 모습이 마치 파란색 게가 소중한 먹이를 쥐고 있는 듯이 보이죠. 사람의 눈은 이 아름다운 색깔을 볼 수 없습니다. 그래서 사진이 너무나 멋지게 느껴지죠. 그러나 좀 더 집중적으로 관측해본다면 미묘하게 달라지는 색조를 느낄 수는 있습니다. 저는 필터가 이 반사성운을 보는 데 거의 도움이 되지 않는다는 것을 알아냈습니다. 심지어 필터를 사용하면 선명도가 좀 더 떨어지는 것 같습니다.

깊은 우주의 천체를 기록한 여러 목록에서 M20은 '성운+성단'으로 기록되어 있습니다. 이 성운의 주변과 안쪽으로는 **콜린더 360**(Collinder 360, Cr 360)에 속하는 것으로 추정되는 많은 별들이 흩뿌려져 있습니다. 이 성단은 별들이 가득 들어찬 미리내로 인해 그다지 확 드러나지는 않습니다. 그러나 작은 망원경은 10개에서 20개의 별들이 모여 있는 지역을 보여주죠.

산개성단 **M21**은 삼엽성운으로부터 북동쪽 40분 지점에 있습니다. 삼엽성운에 속하는 2개의 밝은 별과 7등급과 8등급의 별 3개가 그리는 아치를 따라가다 보면

거운 별들로부터 쏟아져 나오는 에너지가 그 주위의 수소가스를 이온화시키고 있답니다. 수소 원자에서 전자가 탈출했다가 다시 잡혀 들어갈 때, 그 특성이 되는 붉은 빛이 복사됩니다. 이것이 바로 발광성운의 표시가 되며 사진을 아름답게 만드는 빛이 되죠.

사진을 보면 이 3개의 별로부터 북북동쪽 8분 지점의 7등급 별을 감싸고 있는 푸른빛 성운을 볼 수 있습니다. 이곳에서는 연기 알갱이 크기의 먼지 입자가 그 속에 파묻힌 별로부터 나오는 빛을 푸른빛으로 반사해내고

M21을 만날 수 있죠. 명확히 경계를 긋긴 어렵지만 작은 지역 안에 20개의 별들이 모여 있습니다. 높은 배율을 사용한다면 좀 더 희미한 별들을 볼 수 있을 것입니다. 여기서 가장 밝은 별은 이중별 S698입니다. 이 별은 7.2등급의 으뜸별과 으뜸별로부터 북서쪽 30초 지점에 8.5등급의 짝꿍별로 구성되어 있습니다.

제가 이번 장에서 설명해드린 천체들은 지름 2.5도 원에 모두 들어옵니다. 이는 초점거리가 짧은 작은 망원경으로 이 모두를 하나의 시야에 담을 수 있다는 것을 의미합니다. 대부분의 천체들은 놀랍도록 복잡한 M20 안에 모두 포함되어 있습니다. 삼엽성운을 볼 때는 새로운 별이 탄생하는 지역을 보고 있다는 것을 기억하세요. 그렇게 탄생하는 별들 중 하나가 거대한 육식성 식물이 자라는 행성을 거느리게 될까요? 아니면 뭔가 더 멋지고 근사한 일들이 벌어지게 될까요?

삼엽성운(M20)과 그 주변의 천체들

대상	분류	밝기	크기	적경	적위
NGC 6514(주요 부분)	발광성운	-	16'	18시 02.4분	- 23° 02'
바너드 85(B85)	암흑성운	-	16'	18시 02.4분	- 23° 02'
NGC 6514(북쪽 부분)	반사성운	-	20'	18시 02.5분	- 22° 54'
H N 6과 H N 40	다중별	7.6, 8.7, 10.4	11", 6"	18시 02.4분	- 23° 02'
콜린더 360(Cr 360)	산개성단	6.3	13'	18시 02.5분	- 23° 00'
M21	산개성단	5.9	12'	18시 04.6분	- 22° 30'
S698	이중별	7.2, 8.5	30"	18시 04.2분	- 22° 30'

라군성운(M8)의 일부

대상	분류	밝기	크기	적경	적위
NGC 6530	산개성단	4.6	15'	18시 04.8분	- 24° 20'
NGC 6523	발광성운	5.8	90'×40'	18시 03.8분	- 24° 23'
아르겔란더 31 (Arg 31)	이중별	6.9, 8.6	34"	18시 02.6분	- 24° 15'

차 한잔한 후에

궁수자리에는 하늘에 걸린 찻주전자 속과 그 주위를 장식하고 있는
보석들 말고도 훨씬 더 많은 볼거리가 있답니다.

8월의 온하늘별지도를 보면 남쪽 하늘 낮은 곳에 있는 궁수자리의 가장 밝은 별들이 눈길을 잡아끄는 찻주전자 모양을 하고 있습니다. 그 위로는 미리내가 피어오르고 있죠. 마치 찻주전자에서 나오는 김처럼 말입니다. 이곳은 풍부하게 들어찬 밤보석으로 별지기들을 사로잡는 곳입니다. 이곳에 흠뻑 빠져든 별지기들은 이따금

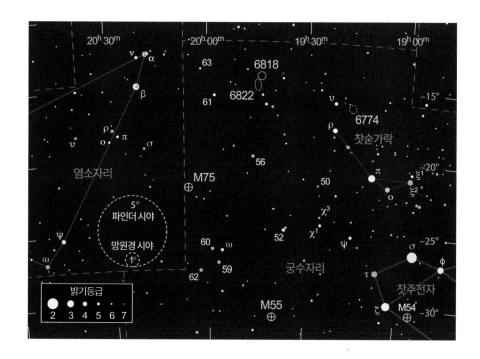

밝기등급
2 3 4 5 6 7

및 궁수자리 제타(ζ) 별과 함께 길쭉한 이등변삼각형을 그리고 있다는 것을 명심하세요.

만약 당신이 있는 하늘이 궁수자리 52별과 62별을 충분히 찾아낼 수 있을 만큼 어둡다면 좀 더 가까운 곳에서 시작할 수 있을 것입니다. 이 2개의 별이 M55와 거의 정삼각형을 구

씩 하늘을 가로지르며 서쪽을 향하고 있는 이 찻주전자 바로 뒤편의 황량한 지역에 주의를 기울이기도 합니다. 이곳에는 2개의 메시에 천체가 있으며 작은 망원경으로 관측이 가능한 또 다른 흥미로운 밤보석들이 당신의 관측목록에 추가되기를 기다리고 있습니다. 우리의 목표는 바로 이곳, 관측을 위해서 어느 정도의 노력이 필요한, 별들이 그다지 많이 존재하지 않는 궁수자리 동쪽의 밤보석들입니다.

우선 구상성단 M55에서 시작하겠습니다. 이 구상성단은 파인더상에서도 작고 보풀이 인 공처럼 그 모습을 드러내면서 별들이 텅 빈 이 지역의 결점을 보충해주고 있습니다. 이 성단을 제대로 찾아가기 위해서는 몇 가지 전략이 필요하죠. 먼저 궁수자리 시그마(σ) 별로부터 찻주전자의 손잡이 끝에 있는 궁수자리 타우(τ) 별을 지나가는 가상의 선을 긋습니다. 그리고 여기서 2와 3/4배 정도의 연장선을 더 긋습니다. M55가 궁수자리 타우 별

성하고 있기 때문입니다. 저배율 시야에서 궁수자리 52별을 서쪽 모서리에 두고 여기서 남쪽으로 6도를 움직입니다. 어떤 방법을 쓰든 간에 약간의 운이 더해진다면 파인더나 저배율 접안렌즈에서 M55를 충분히 알아볼

떠다니는 별들의 공뭉치인 M55는 북반구 중위도 지역에서 높은 고도로 볼 수 있었다면 훨씬 더 많이 알려진 구상성단이 되었을 것입니다. 사진의 북쪽은 위쪽이며 사진의 폭은 가로 세로 0.5도입니다.
사진: POSS-II / 캘테크 / 팔로마

8월

수 있을 만큼 가까운 곳에 도달하게 될 것입니다.

M55는 60밀리미터 망원경에서 50배율 정도면 그 모습을 크고 넓게 볼 수 있습니다. 얼룩진 모습과 함께 중심으로 갈수록 약간씩 밝아지는 모습을 보여주죠. 4인치(101.6밀리미터)에서 6인치(152.4밀리미터) 사이의 망원경과 75에서 100 사이의 배율을 이용하면 성단 전반에 걸쳐 느슨하게 뿌려져 있는 수많은 희미한 별들을 만나볼 수 있습니다. 이 성단은 헤일로 외곽에 별들이 희박하게 자리 잡은 지역까지 포함하면 약 10분의 폭으로 펼쳐져 있습니다. 균열 진 듯 보이게 만드는 검은 띠들이 가로지르고 있는가 하면, 성단 경계부는 남동쪽에 상당히 크게 보이는 굴곡부를 포함하여 이빨이 나간 듯 울퉁불퉁한 모습을 하고 있습니다.

M55는 가장 가까운 거리에 있는 구상성단 중 하나로서 그 거리는 약 1만 7,000광년이며 지름은 약 100광년입니다. M55의 밝기는 태양 밝기의 9만 배에 달하죠.

우리가 만나볼 두 번째 메시에 천체는 궁수자리 동쪽 경계에 매달려 있는 구상성단 M75입니다. 이 성단은 아무런 주의도 하지 않는다면 쉽게 지나쳐버리게 되는 천체입니다. 따라서 반드시 정확하게 그 위치를 알고 있어야 하죠. 붉은빛이 도는 4.4등급의 주황색 별 궁수자리 62 별로부터 시작해보겠습니다. 이 별을 파인더 시야의 남쪽 경계 바로 바깥쪽에 위치시킵니다. 그러면 북쪽에 6등급의 별 한 쌍이 들어올 것입니다. 저배율 접안렌즈를 사용하고 있다면 이 한 쌍의 별 중 동쪽에 있는 별을 남서쪽 경계에 위치시킵니다. 그러면 북쪽 경계 가까이에 M75가 들어오게 됩니다. 만약 반사경이나 조준선이 있는 등배 파인더를 사용한다면 M75가 염소자리 프시(φ) 별과 궁수자리 로(ρ) 별 사이의 중간지점에 있다는 것을 기억하세요. 이 별들은 275쪽의 별지도에 표시되어 있습니다.

작은 망원경에 저배율로 바라본 M75는 보풀로 덮인 별처럼 보입니다. 105밀리미터 굴절망원경에서 87배율로 바라본 M75는 지름 약 2분에, 일체의 별도 분해되지 않는 희뿌연 덩어리처럼 보입니다. 매우 작은 고밀도의 핵이 있는 중심 쪽으로 갈수록 확연히 밝아지는 양상을 보여주죠.

6만 8,000광년 거리의 M75는 메시에목록상에 등재된 구상성단으로서는 가장 멀리 떨어져 있는 성단으로서 이처럼 먼 거리는 샤를 메시에의 설명을 매우 흥미롭게 만들어주고 있습니다. 그는 M75가 어느 정도의 성운기를 가진 극단적으로 희미한 별들로 구성된 천체처럼 보인다고 말했습니다. 그러나 당시까지 메시에는 M55뿐만 아니라 훨씬 더 쉽게 별을 분해해 볼 수 있는 다른 밝은 구상성단에서도 별을 보지 못했죠. M75가 작고 희미하게 보이는 것은 오로지 그 장대한 거리 때문입니다. 이 성단의 지름은 약 130광년이며 밝기는 태양 밝기의 22만 배에 달합니다.

이제 찻주전자의 북쪽 끝에 있는 궁수자리 로(ρ) 별로 가봅시다. 이 별에서 북서쪽 2도 지점에 NGC 6774가 있습니다. 이 성단은 규모는 크지만 별들이 성기게 있는 산개성단으로서, 그 지름은 30분이며 쌍안경이나 작은 망원경에서 저배율로 봤을 때 최상의 모습을 보여줍니다. 이 산개성단은 별들이 풍부하게 자리 잡은 배경에 숨어 있죠. 따라서 배경으로부터 구분해내려면 넓은 시야각이 필요합니다. 제 작은 굴절망원경에서 28배율로 바라보면 8등급에서 12등급 사이의 별 40여 개가 작은 다발과 사슬들을 만들며 도열한 모습을 볼 수 있습니다.

NGC 6774는 파인더에서 4.5등급의 별 궁수자리 엡실론(υ) 별과 한 시야에 들어오죠. 이 궁수자리 엡실론 별을 시야각 서쪽 모서리 바로 바깥에 위치시켜놓으면 동쪽 측면에서 곡선을 그리는 3개의 5등급 별들이 눈에 들어옵니다. 이 3개의 별 중 가운데 별에서 북쪽 별 쪽으로, 2개 별 사이의 거리만큼 한 번 더 가면 바너드의 은하인 NGC 6882를 만나게 됩니다. 이 은하는 미국의 천문학자인 에드워드 에머슨 바너드가 아직 아마추어 생활을 하던 1884년 테네시주에서 발견하였습니다. 그러나 1920년대까지는 이 은하가 미리내 바깥에 있는 은

NGC 6822는 상대적으로 우리 미리내와 가까이 있기 때문에 전형적인 은하의 모습보다는 망원경으로 촬영한 마젤란 은하의 모습과 더 비슷해 보입니다. 이 은하로부터 남남서쪽(사진 오른쪽 아래) ¾도 지점에 있는 밝은 별은 5.5등급입니다. 마틴 저매노는 감도가 대단히 높은 코닥 2415 에멀전 필름으로 이 사진을 촬영하기 위해 캘리포니아 피노스산까지 8인치(203.2밀리미터) f/5 반사망원경을 가져갔습니다.

작은 보석이라 불리는 NGC 6818은 검은 하늘에 떠 있는 작고 푸른 타원형 공처럼 보입니다.
사진: POSS-II / 캘테크 / 팔로마

8월

하라는 것은 알 수가 없었죠. C57로 불리기도 하는 바너드의 은하는 미리내를 포함하여 36개의 은하가 모여 있는 작은 은하군인 국부은하군의 일원입니다. 바너드는 그의 발견에 대해 다음과 같이 기술했습니다.

"너무나도 희미한 성운……많이 흩어져 있지만, 자신만의 빛을 낸다. 6인치(152.4밀리미터) 망원경을 적도의에 올리고서도 찾아보기가 대단히 어렵더니 5인치(127밀리미터)에 30배 배율(시야각 1.25도)에서는 대단히 선명하게 보인다. 이것을 찾으려면 이 점을 반드시 유념해두어야 한다."

바너드의 조언은 새겨들을 가치가 있습니다. NGC 6822의 모습은 한정된 시야만을 보여주는 큰 망원경보다는 넓은 시야를 제공해주는 작은 망원경에서 종종 찾기가 더 쉽습니다. 바너드의 은하는 7×35 쌍안경으로 주로 관측되어왔지만, 저는 완전히 검은 하늘에서 최소 60밀리미터 망원경을 사용할 것을 추천합니다. 도시에서 멀리 떨어진 외곽에 있는 저의 집에서 105밀리미터 굴절망원경에 17배율로 바라본 이 은하의 모습은, 그 형태가 불분명하고 매우 희미한 타원형으로 보입니다. 장축의 길이는 약 11분이며 남북으로 줄지어 있죠.

바너드의 1884년 발견을 보고한 저명한 잡지인《천문학 소식지Astronomische Nachrichten》는 그 제목을 '일반목록 4510번 근처에서 발견된 새로운 성운'으로 달았습니다. 오늘날 우리는 일반목록 4510(GC 4510)이 **신판일반천체목록의 6818(NGC 6818)**과 같음을 알고 있습니다. 이 천체는 '작은 보석(the Little Gem)'이라는 별칭을 가진 행성상성운입니다. 이 행성상성운은 바너드의 은하로부터 북북서쪽으로 41분 지점에 있습니다. 2개 천체는 저배율시야에서 딱 맞게 담겨 들어오죠. 바너드의 은하를 찾아낼 수 있었다면, 6등급의 별들이 만드는 곡선으로 다시 돌아와 가장 북쪽에 있는 별로부터 북쪽 1.3도 지역을 살펴보세요. 제 작은 굴절망원경에서 28배율로 관측해보면 부풀어 오른 것처럼 보이는 푸른빛의 '작은 보석'이 보입니다.

87배율에서는 매우 작고 둥근 성운의 형태를 알아볼 수 있죠. 이 행성상성운은 153배율에서 미묘하게 누덕누덕한 부분을 거느리고 있는 타원형의 느낌을 줍니다. 고대의 멋진 보석들이 가득한 이곳 하늘에서 이 남청색의 보석은 상대적으로 어린 천체로, 그 나이는 3,500년이 채 되지 않았습니다.

궁수자리의 측면을 장식하는 보석들

대상	밝기	밝기	각크기/각분리	거리(광년)	적경	적위	MSA	U2
M55	구상성단	6.3	19'	17,000	19시 40.0분	-30° 58'	1410	162R
M75	구상성단	8.5	6.8'	68,000	20시 06.1분	-21° 55'	1386	144L
NGC 6774	산개성단	-	30'	820	19시 16.6분	-16° 16'	1365	125L
NGC 6822	은하	8.8	16'×14'	160만	19시 44.9분	-14° 48'	1363/39	125L
NGC 6818	행성상성운	9.3	22"×15"	5,500	19시 44.0분	-14° 09'	1339	125L

MSA와 U2는 각각 『밀레니엄스타아틀라스』와 『우라노메트리아 2000.0』, 2판에 기재된 차트 번호를 의미합니다. 거리정보는 2000년대 초반에 출판된 연구논문들을 기반으로 하고 있습니다. 각크기는 다양한 천체목록으로부터 발췌한 것입니다. 그러나 NGC 6774의 경우는 그 경계가 불분명하여 크기에 대한 다양한 논쟁이 존재합니다.

별들의 동맹

궁수자리는 북위 50도 아래에 있는 별지기들에게
멋진 모습을 선사해주는 곳입니다.

현란한 빛 거두어들인 별들의 순수한 동맹이
하늘 너머 거품처럼 창백한 장식 드리우고 있다네.

-윌리엄 해밀턴 헤인 *William Hamilton Hayne*, 〈인디언의 꿈*Indian Fancy*〉

여름의 밤하늘에는 미리내의 셀 수 없이 많은 별들이 안개처럼 뿌려진 별들의 강을 그리고 있습니다. 궁수자리로 빠져들어 가면 별들이 풍부하게 펼쳐져 있는 가장 멋진 광경 중 하나를 보게 되죠. 이 지역은 깊은 우주의 멋진 보석들이 너무나 많아서 한 시야각 내에서도 여러 개의 천체를 만나게 되는 곳입니다. 이제 우리의 시선을 궁수자리의 북쪽 경계로 돌려봅시다. 이곳에는 어떤 보석들이 우리를 기다리고 있을까요?

아주 쉬운 대상부터 시작해보겠습니다. 산개성단 **M23**은 궁수자리 뮤(μ) 별로부터 서북서쪽 4.5도 지점에 있습니다. 궁수자리 뮤 별과 M23 모두 쌍안경이나 파인더로는 한 시야로 볼 수 있죠. 10×50 쌍안경으로

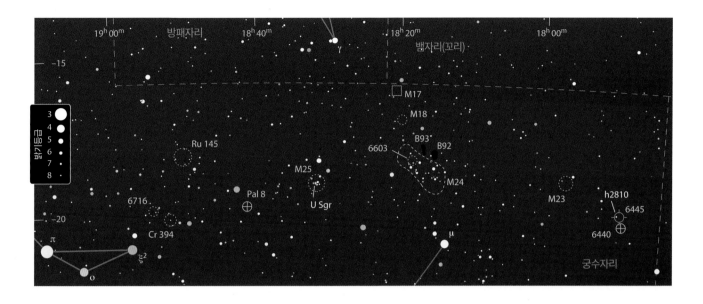

는 얼룩덜룩한 연무 안으로 작은 점들이 반짝이고 있는 모습을 볼 수 있을 것입니다. 14×70의 대구경 쌍안경은 희미한 별들로 가득한 아름다운 성단의 모습을 보여줍니다. 작은 망원경으로는 50개에서 75개의 별들이 거의 보름달 정도 크기의 영역에 몰려 있는 것을 보게 되죠. 존 H. 말라스John H. Mallas와 에버레드 크라이머Evered Kreimer가 펴낸 『메시에 앨범The Messier Album, Sky Publishing, 1978』이라는 책이 있습니다. 이 책에서 말라스는 4인치(101.6밀리미터) 굴절망원경으로 바라본 이 성단의 모습이 대단히 아름답다고 하면서 다음과 같은 묘사를 남겼습니다. "이 불규칙한 형태의 성단에서 가장 밝은 별들은 날아가는 박쥐 형상을 하고 있습니다."

M23에서 서남서쪽으로 약 2도 정도를 이동하면 행성상성운 NGC 6445와 구상성단 NGC 6440을 만나게 됩니다. 이들은 모두 구경 60밀리미터의 작은 망원경에서도 흘끗흘끗 그 모습을 볼 수 있으며 한 시야에 들어올 만큼 충분히 가까운 거리에 있습니다. 4인치(101.6밀리미터)에서 6인치(152.4밀리미터) 사이의 망원경은 이들을 찾는 일을 대단히 수월하게 만들어줄 것입니다.

우선 7.6등급의 으뜸별과 남쪽으로 43초 거리에 있는 10.4등급의 짝꿍별로 구성된 이중별 허셜 2810(h2810)을 찾아보세요. NGC 6445는 이 이중별로부터 서쪽으로 5분 지점에 있습니다. 이 작은 행성상성운은 거문고자리에 있는 그 유명한 가락지성운에 비해 크기는 반정도밖에 되지 않습니다. 따라서 제대로 그 모습을 보려면 최소한 100배 이상의 배율을 사용해야 하죠. NGC 6445는 남남동쪽에서 북북서쪽으로 길쭉한 타원형 또는 직사각형 비슷한 형태입니다. 이 행성상성운은 기다란 양쪽 끝으로 갈수록 약간씩 더 밝아집니다. 북서쪽 끄트머리 너머에는 희미한 별 하나가 있죠. 빛공해가 전혀 없는 어두운 하늘보다 약간 조건이 못 미친다면 협대역필터나 산소Ⅲ필터가 좀 더 나은 모습을 보는 데 도움이 될 것입니다.

NGC 6440은 NGC 6445로부터 남남서쪽으로 22분 지점에 있습니다. NGC 6440의 지름은 약 2분으로서 NGC 6445보다 2배 이상 크며 중심으로 갈수록 밝게 빛나고 있습니다. 이 구상성단은 희미한 한 쌍의 별 사이에 자리 잡고 있죠. 12등급의 별 하나가 북북서쪽 경계 바로 너머에 있으며 이보다는 약간 밝은 또 하나의 별이 남남동쪽으로 2배 더 먼 거리에 있습니다. 이 구상성단의 별들은 10인치(254밀리미터) 반사망원경으로도 분해해 볼 수가 없습니다. NGC 6440과 NGC 6445는 동일한 시야에 담았을 때 정말 감탄하지 않을 수 없는 한 쌍의 조합이 됩니다.

별들이 모여 만든 작은 구름 M24가 25도의 너비를 담고 있는 이 사진의 중심 부근에서 하얀색 타원체로 빛나고 있습니다. 이 구름의 북서쪽(위쪽) 끄트머리에 구두점처럼 찍혀 있는 것은 2개의 작고 선명한 암흑성운들로서 각각 바너드 93(Barnard 93, 왼쪽)과 바너드 92(Barnard 92)입니다.

사진: 아키라 후지

름다운 별 풍경 중 하나를 연출해내며 작은 망원경은 머나먼 거리로 떨어져 있는 무수한 별들을 보여줍니다. M24는 북서쪽 경계에 있는 2개의 암흑성운을 비롯하여 깊은 우주의 보석들을 여럿 품고 있죠. **바너드 92**(Barnard 92, B92)는 타원형을 띠고 있으며 매우 선명하게 보입니다. 그 동쪽으로는 눈에 확연히 드러나지 않을 정도로 얇은 **바너드 93**(Barnard 93, B93)이 있죠. M24의 북동쪽 중심에 있는 작은 산개성단 **NGC 6603**은 작은 망원경을 통해 보면 작고 뿌연 조각처럼 보입니다. 10인치(254밀리미터) 구경의 망원경은 무수히 몰려 있는 희미한 별들의 모습을 드러내주죠.

M24의 북쪽 끄트머리 바로 위로는 사랑스러운 한 쌍의 보석이 있습니다. 여기서

별들이 만든 궁수자리의 작은 구름인 M24는 궁수자리 뮤 별 바로 북쪽으로 거대하고 밝은 조각의 모습으로 맨눈으로도 볼 수 있는 천체입니다. 미리내의 짙은 먼지 구름들이 벌어져 있는 틈은 운 좋게도 이 멀리 떨어진 별 무리를 볼 수 있는 창이 되어주고 있습니다. M24를 구성하는 별들은 1만 광년에서 1만 6,000광년 사이에 있습니다.

하늘의 2도 영역에 걸쳐 펼쳐져 있는 M24는 구경이 작고 넓은 시야를 보여주는 관측 장비에 가장 잘 어울리는 천체죠. 이 천체는 쌍안경으로 볼 수 있는 가장 아

고작 1도 떨어져 있는 산개성단 M18과 발광성운 M17은 쌍안경이나 저배율의 작은 망원경에서 그 모습이 멋지게 들어옵니다. 14×70 쌍안경으로 바라본 M18은 중간 정도의 밝은 별들이 모여 있는 작은 점으로 보이며, M17은 꽤 밝은 불빛에 기다란 아래 막대를 가진 숫자 '2' 형태를 하고 있습니다. 그 모습은 어떤 망원경이냐에 따라 위아래가 뒤집혀 있거나 좌우가 뒤바뀐 모습, 혹은 위아래와 좌우가 모두 뒤바뀐 모습으로 보일 것입니다.

M17은 제 105밀리미터 망원경에서 마치 고니처럼

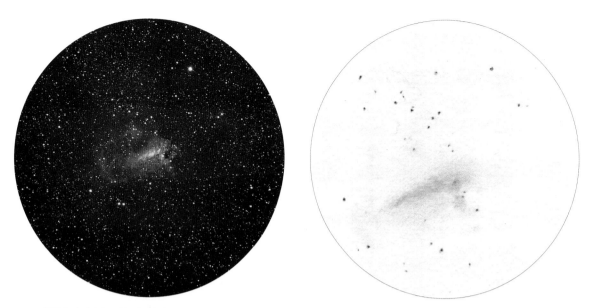

M17 고니성운은 갓 태어난 뜨거운 별들에 의해 이온화된 수소가스의 붉은 복사로 밝게 빛나는 성운입니다. 그러나 대부분의 사람들에게 이 성운은 아무런 색깔이 없는 은회색의 빛으로만 보이죠. 아키라 후지가 촬영한 사진을 저자의 그림과 비교해보세요. 사진과 그림 모두 북쪽이 위쪽이며 1도의 폭을 담고 있습니다. 저자는 105밀리미터 아스트로-피직스 트레블러 굴절망원경에 나글러 접안렌즈를 이용하여 87배율로 관측한 모습을 스케치하였습니다.

보입니다. 숫자 2의 아래 막대에 해당하는 기다란 가로선은 고니의 몸처럼 보이고, 위쪽에 해당하는 곡선은 고니의 목과 머리처럼 보이죠. 머리 위로 떠 있는 작은 후광 때문에 이 고니가 천국의 고니가 틀림없다고 생각하게 되죠. M17은 이처럼 인상적인 모습으로 인해 자주 고니성운(Swan Nebula)이라는 이름으로 불립니다. 호기심으로 무장한 경험 많은 별지기인 스테판 제임스 오미라는 4인치(101.6밀리미터) 굴절망원경으로 바라본 M18에서 검은 고니의 모습을 본다고 합니다. M18의 밝은 별이 검은 고니를 연출하며 M18도 M17처럼 하늘에서 위아래가 뒤바뀐 모습으로 보일 것입니다. 그러나 이 고니는 부분적으로 펼친 날개를 가지고 있죠. 이 날개는 성단의 동쪽 측면에 있는 별들이 그리는 곡선에 의해 별이 없는 검은 날개의 모습으로 그 형태가 드러납니다.

다음은 산개성단 **M25**로 가보겠습니다. 이 성단은 궁수자리의 작은 별구름(M24)에서 동쪽으로 3.5도 지점에 있죠. M24나 M25 모두 쌍안경이나 파인더로 볼 수 있습니다. 제 14×70 쌍안경은 밝고 희미한 별들 30개가 0.5도 폭으로 뒤섞인 모습을 보여주죠. 4인치(101.6밀리미

별들이 세밀하게 몰려 있는 산개성단 M25의 몇몇 별들은 주황색을 띠고 있으며 그 중심 근처에서 눈에 띠는 변광성은 궁수자리 유(U) 별입니다. 6인치(152.4밀리미터)구경의 f/8 반사망원경을 이용하여 3M 슬라이드 필름위에 1도 너비를 담은 이 사진은 뉴욕 프래시드 호수에서 조지 R. 비스콤이 촬영하였습니다.

터) 굴절망원경을 통해 관측해보면 수많은 이중별이 이 성단을 장식하고 있습니다. 성단 중심에 7개의 9등급과 10등급 별이 만들고 있는 점들은 대문자 D 형태를 하고 있죠. 성단을 구성하는 별 중 4개는 노란색 또는 황금색을 보여주기에 충분할 만큼 밝게 빛나고 있습니다. 중심 가까이 있는 별 하나가 궁수자리 유(U, U Sgr) 별입니다. 세페이드 변광성인 이 별은 6.7일을 주기로 6.3등급에서 7.2등급 사이에서 밝아졌다가 어두워졌다가를 반복하고 있습니다.

이번 우리 여행의 도전적 목표는 M25로부터 동남동쪽 2.4도 지점에 있는 구상성단 **팔로마 8**(Palomar 8, Pal 8)입니다. 팔로마 목록상의 대부분의 성단은 찾아보기 어려운 천체들입니다. 그러나 팔로마 8은 80밀리미터 정도의 작은 구경으로도 찾을 수 있으며, 4인치(101.6밀리미터) 구경에서는 확실히 쉽게 그 형태를 그려볼 수 있습니다. 저는 10인치(254밀리미터) 망원경에서 놀라우리만큼 아름다운 이 구상성단의 모습을 볼 수 있었습니다. 비록 희미하긴 했지만 4초로 확실히 크게 보였고 희미한 별들이 가득 들어찬 모습을 볼 수 있었습니다. 매우 희미한 별 몇몇이 희뿌연 빛 위로 그 모습을 드러내고 있습니다. 그러나 이 희미한 별들은 아마도 앞쪽에 있는 별인 것 같습니다. 그렇다면 이 성단에서 가장 밝은 별조차도 15등급의 나약한 빛만을 내는 셈이죠. 고배율에서 팔로마 8은 중심을 향해 특별히 밝아지는 양상이 없이 약간의 얼룩이 진 모습만을 보여줍니다.

여기서 동쪽으로 3.1도를 이동하면 **NGC 6716**을 만나게 됩니다. 만약 팔로마 8을 찾지 못했다면 궁수자리 크시²(ξ²) 별에서 북북서쪽 1.4도 지점에서 이 산개성단을 찾아보세요. 105밀리미터 망원경에서 저배율로 관측한 NGC 6716은 약 25개의 별들로 구성된 타원형 별 무리로 모습을 드러냅니다. 이 성단의 이 별들은 약 10분의 넓고 둥근 M자 모양으로 줄지어 있습니다. 남서쪽으로는 NGC 6716 크기의 2배 이상으로 뛰어 오르고 있는 별들이 시야에 함께 들어옵니다. 이 별들은 **콜린더 394**(Collinder 394, Cr 394)입니다. 8등급과 이보다 희미한 일련의 별들로 구성되어 있죠. 노란색과 파란색의 7등급 별로 이루어진 어여쁜 한 쌍의 별이 서쪽 측면을 약간 벗어난 지점에 있습니다. 제 3.6도 시야에서 이 2개 성단을 남쪽에 두면 북북서쪽으로 **루프레크트 145**(Ruprecht 145, Ru 145)가 나타납니다. 루프레크트 145는 최소 30개의 희미한 별들이 35분 내에 느슨하게 모여 있는 별 무리입니다. 하나는 노랗고 하나는 하얀 한 쌍의 밝은 별이 남서쪽 모서리 바깥쪽에 있죠.

미리내를 배경으로 이 3개의 성단을 식별해내려면 약간의 노력이 필요할 겁니다. 그러나 저배율에서 이 3개 별 무리는 한 시야에 멋지게 담아지죠. 일찍이 미국의 별지기인 가레트 P. 세르비스Garrett P. Serviss는 별들이 가득 들어찬 미리내의 남쪽을 관측하는 동안 마음속에 다음과 같은 격언을 떠올렸다고 합니다.

"오페라글라스나 야외용 소형쌍안경에 그 모습을 드러내는 수천 개의 별이 천상의 골콘다 왕국을 가득 채우고 있는 보석의 전부라고 상상하지 마세요. 그러면 당신은 이 어마어마한 별들을 모두 보고야 말리라는 헛된 시도에 가장 훌륭한 망원경의 능력을 써버리게 될지도 모릅니다(『오페라글라스와 함께하는 천문학Astrnomy with an Opera-Glass, 1888』)."

세르비스가 언급한 인도의 도시 골콘다Golconda는 중세에 풍부한 다이아몬드의 채취로 유명했던 도시였습니다.

대상	분류	밝기	각크기/각분리	적경	적위	MSA	U2
M23	산개성단	5.5	27'	17시 56.9분	-19° 01'	1369	146L
NGC 6445	행성상성운	11.2	44"×30"	17시 49.2분	-20° 01'	1369	146L
NGC 6440	구상성단	9.3	4.4'	17시 48.9분	-20° 22'	1369	146L
M24	별구름	2.5	1°×2°	18시 17.0분	-18° 36'	1368	145R
바너드 92 (B92)	암흑성운	-	15'×9'	18시 15.5분	-18° 13'	1368	145R
바너드 93 (B93)	암흑성운	-	12'×2'	18시 16.9분	-18° 04'	1368	145R
NGC 6603	산개성단	11.1	4.0'	18시 18.5분	-18° 24'	1368	145R
M18	산개성단	6.9	9.0'	18시 20.0분	-17° 06'	1368/67	145R/126L
M17	발광성운	6.9	11'×6'	18시 20.8분	-16° 10'	1368/67	126L
M25	산개성단	4.6	32'	18시 31.8분	-19° 07'	1367	145R
팔로마 8 (Palomar 8, Pal 8)	구상성단	10.9	5.2'	18시 41.5분	-19° 50'	1366	145L
NGC 6716	산개성단	7.5	10'	18시 54.6분	-19° 54'	1366	145L
콜린더 394 (Collinder 394, Cr 394)	산개성단	6.3	22'	18시 52.3분	-20° 12'	1366	145L
루프레크트 145 (Ruprecht 145, Ru 145)	산개성단	-	35'	18시 50.3분	-18° 12'	1366	145L

망원경을 통해 본 대부분의 천체들은 이보다는 약간 더 작게 보입니다. MSA와 U2는 각각 『밀레니엄 스타 아틀라스』와 『우라노메트리아 2000.0』 2판에 기재된 차트 번호를 의미합니다.

8월

여름의 행성상성운들

행성상성운은 독특한 형태와 두드러진 색깔로
별지기들이 선호하는 관측 대상입니다.

행성상성운은 환상적이고도 아름다운 천체입니다. 이 천체는 질량이 크지 않은 별이 죽어가면서 털어낸 가스의 불꽃으로 만들어지죠. 접안렌즈를 통해 관측한 행성상성운들은 독특한 형태를 가지고 있으며 성운들 중에서도 가장 화려한 색채를 자랑합니다.

이 천체를 처음으로 '행성상'성운이라 부른 천문학자는 윌리엄 허셜입니다. 그의 분류는 전적으로 형태를 근거로 한 것이었죠. 사실 망원경을 통해 본 많은 행성상

성운들이 천왕성과 같은 청록색의 원반처럼 보입니다 (더 강력한 성운의 분류체계는 1864년 영국의 별지기 윌리엄 허긴스에 의해 수립되었습니다. 그는 용자리에서 행성상성운 NGC 6543의 스펙트럼을 관측하였으며 그 빛이 망원경으로는 분해되지 않는 별 무리 때문에 발생하는 것이 아니라 상당히 얇고 희박한 가스에서 나온다는 것을 알게 되었습니다).

허셜이 행성상성운으로 지목한 천체들 중 상당수가 다른 유형의 천체로 판명되었습니다. 반면 그가 은하라

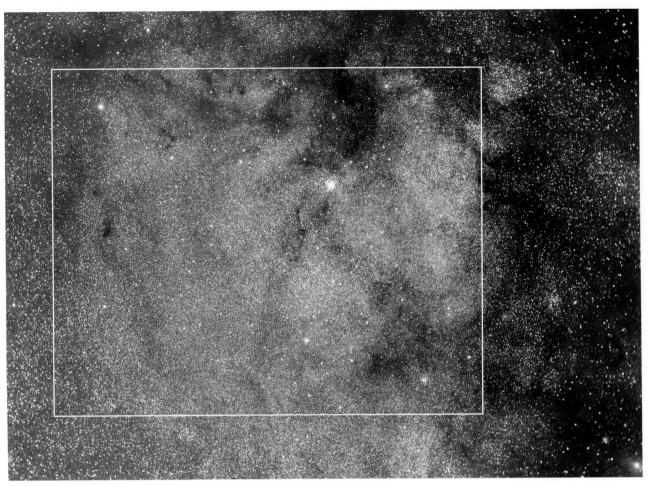

에드워드 에머슨 바너드는 1905년 7월, 별들이 풍부하게 들어선 방패자리와 독수리자리 경계를 촬영하였습니다. 그리고 『미리내 특정 지역에 대한 사진 별지도(A Photographic Atlas of Selected Regions of the Milky Way)』에 담아 출간하였습니다. 사진의 네모 박스는 285쪽의 파인더 지도가 담고 있는 영역을 나타냅니다.

사진: 워싱턴 카네기 연구소 천문대

고 지목한 대상 중 상당수가 나중에 행성상성운으로 판명되었죠. 여러 해 동안 천체의 발견과 발견된 천체의 정체에 대한 인식 간의 간극은 간과되어왔습니다.

이번 우리의 여행은 용자리에 있는 **NGC 6742**부터 시작해보겠습니다. 이 천체는 아벨 50(Abell 50)으로도 알려져 있죠. 아벨 목록상의 행성상성운을 찾아보는 것은 대개 대구경 애호가들만의 유희로 생각되고 있습니다만, 이 목록은 사실 중간 정도 구경의 망원경으로도 쉽게 찾아볼 수 있습니다. NGC 6742는 거문고자리 16 별에서 북북서쪽으로 1.6도 지점에 있는 8.8등급의 별에서 북동쪽 3분 지점에 있습니다.

뉴욕 북부 교외에 있는 저의 집에서 105밀리미터 굴절망원경으로 NGC 6742를 보려면 꽤 높은 배율이 필

요합니다. 153배율에서는 비껴보기를 해야만 희미한 원반을 볼 수 있습니다. 그러나 203배율에서는 찾아보기가 훨씬 수월해지죠. 이 성운의 북동쪽에는 매우 희미한 별 하나가 있습니다. 10인치(254밀리미터) 반사망원경으로는 이 행성상성운을 훨씬 더 쉽게 찾아볼 수 있죠. 70배율에서 둥글게 보이기 시작하며 219배율에서는 완전히 균일한 밝기를 보여줍니다. 저는 관측시간 중 약 10퍼센트 정도를 서쪽 모서리에 있는 극도로 희미한 별을 보는 데 씁니다. 14.5인치(368.3밀리미터) 반사망원경에서 245배율로 관측해보면 이 원반 안에 약간 더 어둡게 보이는 지역이 있다는 것을 알게 되죠. 북북동쪽 모서리 바깥에 매우 희미한 별 하나가 있으며, 또 다른 희미한 별 하나는 성운의 서쪽 모서리에 파묻혀 있습니다.

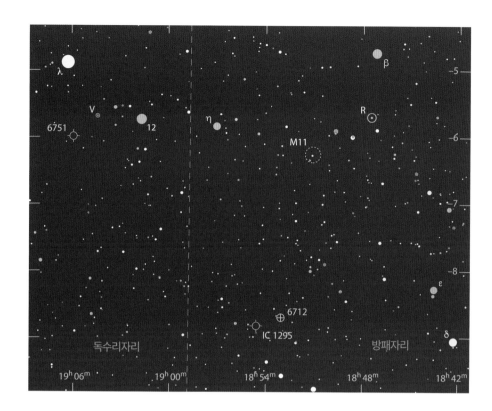

되었습니다.

이제 프리드리히 게오르크 빌헬름 본 스트루베Friedrich Georg Wilhelm von Struve에 의해 1825년 발견된 NGC 6572로 돌아가보죠. 당시 그는 러시아 도르파트 천문대Dorpat Observatory에서 그 유명한 이중별 목록을 작성하고 있었습니다. 허긴스가 이 행성상성운의 스펙트럼에 주목한 것은 1864년이었습니다. NGC 6572는 땅꾼자리 71 별로부터 남남동쪽으로 2.2도 지점에 있습니다. 이 성운은 '에메랄드 성운(the Emerald Nebula)', '파란색 라켓볼(the Blue Racquetball)', '터키옥 구슬(the Turquoise Orb)' 등 다양한 이름으로 불립니다. 이처럼 다양한 명칭

허셜은 NGC 6742를 1788년에 발견하였습니다. 그러나 그는 이 천체를 행성상성운으로 분류하지 않았습니다. 허셜은 이 천체를 '매우 희미한 성운들'을 기록한 세 번째 유형의 천체목록에 기재하였습니다. 임시 행성상성운 완결 목록이 담긴 조지 O. 아벨George O. Abell의 논문은 1966년《아스트로피지컬 저널Astrophysical Journal》에 처음으로 실렸습니다. 이 논문에는 건판에 담긴 해당 천체의 외형을 기준으로 행성상성운일 가능성이 있는 천체 86개가 기록되어 있습니다. 사진 건판은 팔로마 천문대의 48인치(1,219.2밀리미터) 슈미트 카세그레인을 이용하여 얻은 것입니다. 이 중 몇몇 천체는 행성상성운이 아닌 것으로 판명

행성상성운 NGC 6742는 용자리에서 거문고자리 경계 가까이에 위치하고 있습니다.
사진: 윌리엄 맥러린(William McLaughlin)

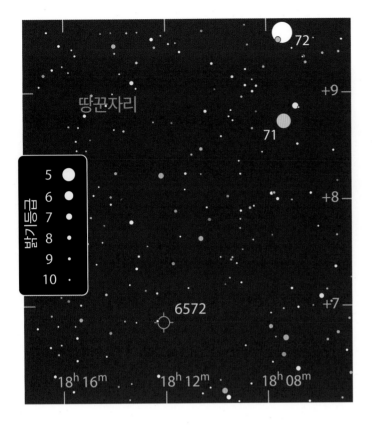

은 서로 다르게 인지되는 색감이 반영된 결과죠.

저는 여러 망원경을 이용하여 NGC 6572를 관측했었습니다. 볼 때마다 약간씩 다르게 보이는 파란색과 초록색의 NGC 6572를 볼 수 있었죠. 저는 제 작은 굴절망원경을 이용하여 관측한 이 성운을 매우 작고 둥글며 꽤 밝은, 푸른빛이 도는 회색의 성운으로 기록하였습니다. 8인치(203.2밀리미터) 굴절망원경을 통해 관측한 NGC 6572는 확실하게 녹색이 뒤섞인 청색으로 보였습니다. 작고 밝은 중심핵이 보이며 모서리 쪽으로 약간씩 밝아지는 양상을 볼 수 있었죠. 10인치(254밀리미터) 반사망원경에서는 얇고 보풀이 인 테두리를 두른 타원형에 청록색을 띤 성운의 모습을 볼 수 있었습니다. 14.5인치(368.3밀리미터) 망원경을 사용했던 어느 날 밤에는 초록빛으로 보였지만 또 다른 날, 15인치(381밀리미터) 망원경을 통해 바라봤을 때는 터키옥 색깔을 인상 깊게 보여주었습니다. 밝은 중심핵 속에 있는 별은 언뜻언뜻 그 모습을 볼 수 있었죠. 이 행성상성운은 대단히 크기가 작아서, 오늘날 모든 관측은 고배율로 이뤄집니다. 그러나 이 행성상성운의 명확한 색깔은 저배율에서도 충분

히 그 모습을 드러내죠.

우리의 다음 목표는 **NGC 6751**입니다. 1860년대 독일의 천문학자인 알베르트 마르스Albert Marth가 몰타섬에서 윌리엄 라셀William Lassell의 48인치(1,219.2밀리미터) 반사망원경을 이용하여 발견한 수백 개의 딥스카이 천체 중 하나죠. 그러나 이 천체가 행성상성운으로 밝혀진 것은 1907년 스코틀랜드계 미국 천문학자였던 윌리어미나 플레밍Williamina Fleming에 의해서였습니다. NGC 6751은 독수리자리 람다(λ) 별의 남쪽 1.1도 지점에 있습니다. 105밀리미터 굴절망원경으로 NGC 6751을 관측했을 때 47배율에서는 희미하게 보였습니다. 87배율에서는 작고 둥근 빛이 나타나기 시작했죠. 153배율에서는 극도로 희미한 중심별이 모습을 드러냈습니다(이 중심별의 겉보기밝기는 13.6등급입니다). 이 별을 10인치(254밀리미터) 반사망원경에서 고배율로 관측했을 때는 상당히 쉽게 찾아볼 수 있었으며 행성상성운은 희미하게 보풀이 인 테두리를 보여주었습니다. 2개의 희미한 별이 이 행성상성운을 받치고 서 있습니다. 이 중에서 행성상성운에 더 가깝게 다가가 있는 별은 동쪽에서 약간 북쪽으로 자리 잡고 있으며, 또 다른 별은 서쪽에서 약간 북쪽에 있습니다. 15인치(381밀리미터) 망원경에서 221배율로 관측한 NGC 6751은 아주 흐릿한 고리 모양을 보여주었습니다.

NGC 6751을 저배율로 관측하면 북서쪽 29분 지점에서 인상적으로 붉게 보이는 **독수리자리 V**(V Aquilae) 별을 한 시야로 볼 수 있습니다. 독수리자리 V 별은 6.6등급에서 8.4등급 사이의 밝기 변화폭을 가지고 있으며 약간의 변이가 있는 약 350일 주기의 탄소-미라형 변광성입니다(변광성 중 수개월 이상의 주기를 가지는 변광성을 장주기 변광성이라 합니다. 장주기 변광성은 예외 없이 적색거성이나 초거성입니다. 이들은 주로 은하의 중심핵과 헤일로에서 관측되는 늙은 별인 종족II에 속하는 별들입니다. 변광성으로 인식된 최초의 별인 고래자리 오미크론 별의 이름을 따서 이러한 유형의 별들을 미라형 변광성이라 부릅니다_옮긴이).

다음 행성상성운으로 넘어가기 전에, 대상을 찾아가는 데 도움을 주는 어여쁜 구상성단 **NGC 6712**를 들러보겠습니다. 이 밝은 성단은 방패자리 엡실론(ε) 별로부터 동쪽 2.4도 지점 약간 남쪽에 있습니다. 제 105밀리미터 망원경에서 127배율로 바라보면 빈약하고 희미한 헤일로가 훨씬 더 밝고 밀도 높은 중심부를 휘감고 있는 모습을 볼 수 있습니다. 이 헤일로의 북동쪽 모서리에는 대단히 작은 별들이 흩뿌려져 있죠. 성단 중심으로부터 동북동쪽 4분 지점에는 9등급의 별 하나가 있습니다. 10인치(254밀리미터) 망원경에서 219배율로 관측해보면 여전히 별들이 분해되지 않는 2.5분의 중심 위에 겹쳐진 별들을 볼 수 있습니다. 이 별들은 성단 남쪽 측면에 평평하게 도열해 있죠. 헤일로의 외곽은 지름 약 5분 지점에서 별이 총총히 들어선 배경에 잠식되어 들어갑니다.

NGC 6712에서 동남동쪽 24분 지점에 **IC 1295**가 있습니다. 저배율로 관측해보면 두 천체가 한 시야에 들어오죠. 그러나 이 행성상성운은 구태여 찾으려 하지 않는다면 간과되기 쉬운 천체입니다. 비록 IC 1295가 꽤 크긴 하지만 그 표면 밝기는 대단히 낮습니다. 8등급의 주황색 별에서 서쪽 7분 지점을 보면 11등급의 별이 하나 있습니다. 이 별의 바로 동북동쪽을 살펴보세요. 이 행성상성운은 제 작은 굴절망원경에서 저배율을 이용해서는 찾아내기가 대단히 어려웠습니다. 그러나 87배율에서 비껴보기를 이용하여 둥글고 희미하면서 지속적으로 일관된 밝기를 내는 이 행성상성운을 찾을 수 있었죠. 그 후에는 대부분 바로보기로 관측했습니다. 127배율에서는 1.5분의 지름을 한정할 수 있습니다. 10인치(254밀리미터) 반사망원경에서 219배율로 관측해보면 이 성운의 남동쪽 가장자리에 파묻혀 있는 희미한 별 하나를 발견할 수 있죠. 접안렌즈에 산소Ⅲ필터를 올리면 어떤 구조의 흔적을 볼 수 있습니다. 테두리를 따라 좀 더 밝게 보이는 지역과 그 안쪽에 좀 더 어둡게 보이는 지역을 구분해 볼 수 있게 되죠. 15인치(381밀리미

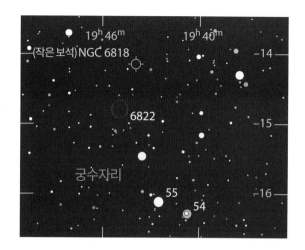

터) 망원경에서 153배율에 산소Ⅲ필터를 이용하면 크고 사랑스러운 타원형의 고리를 보게 됩니다. 필터를 젖히면 약간의 희미한 별들이 그 위로 겹쳐 보이죠.

IC 1295는 1860년대, 시카고 디어본 천문대에서 트루먼 헨리 새포드Truman Henry Safford가 발견한 100여 개 이상의 천체 중 하나입니다. IC 1295는 1919년 캘리포니아 산 호세 근처의 릭 천문대에서 히버 다우스트 커티스Heber Doust Curtis에 의해 행성상성운으로 식별되었습니다.

우리의 마지막 관측 대상은 **NGC 6818**입니다. 궁수자리의 북동쪽 방향으로 멀리 떨어져 있는 궁수자리 55별에서 북쪽 2도 지점에 있는 작은 보석이죠. 105밀리미터 굴절망원경에서 중배율로 관측한 NGC 6818은 작고 둥근 청회색의 원반으로 보입니다. 이 행성상성운은 확대한 상이 괜찮고, 203배율에서도 밝은 상태를 유지합니다. 중심 쪽으로 약간 어두워지는 두툼한 고리구조를 보여주죠. 저는 14.5인치(368.3밀리미터) 반사망원경에서 245배율로 관측을 진행하면서 안쪽으로 희미하고 검은 구역을 가진 청록색 빛과 회색빛이 어우러진 멋진 천체로 기록하였습니다.

윌리엄 허셜이 NGC 6818을 발견한 것은 1787년입니다. 그는 당시 이미 이 천체를 행성상성운으로 분류했죠. 이 천체는 또한 1864년 분광기를 이용한 연구를 진행한 허긴스에 의해 가스상성운으로 확정된 천체이기

도 합니다. 행성상성운이 천체의 분류 와중에 엉뚱한 천체로 분류되는 것은 그저 지나간 과거의 일만은 아닙니다. 비록 가장 밝은 후보 천체들은 이미 분류가 완료되긴 했지만, 분류상의 오류는 오늘날에도 여전히 드러나고 있습니다.

여름의 행성상성운과 천체들

대상	분류	밝기	각크기/각분리	적경	적위	MSA	U2
NGC 6742	행성상성운	13.4	36"×30"	18시 59.3분	+ 48° 28'	1111	33R
NGC 6572	행성상성운	8.1	11"	18시 12.1분	+ 06° 51'	1272	86L
NGC 6751	행성상성운	11.9	24"×23"	19시 05.9분	- 06° 00'	1317	125R
독수리자리 V 별	탄소별	6.6 - 8.4	-	19시 04.4분	- 05° 41'	1317	125R
NGC 6712	구상성단	8.1	9.8'	18시 53.1분	- 08° 42'	1318	125R
IC 1295	행성상성운	12.5	1.7'×1.4'	18시 54.6분	- 08° 50'	1318	125R
NGC 6818	행성상성운	9.3	25"	19시 44.0분	- 14° 09'	1339	125L

각크기 및 각분리는 최근 천체 목록을 참고한 것입니다. MSA와 U2는 각각 『밀레니엄 스타 아틀라스』와 『우라노메트리아 2000.0』 2판에 기재된 차트 번호를 의미합니다.

땅꾼

땅꾼자리와 뱀자리를 통과하는 미리내는
수많은 밤하늘의 보석을 보여줍니다.

땅꾼은 거대한 뱀에 올라탔다네
뱀의 똬리를 풀고, 등을 쓰다듬으며
뱀의 몸을 풀어내고, 미끌미끌한 비늘 위로
광활하게 뻗은 땅꾼의 팔은 양쪽에서 뱀을 압도하고 있다네.

마르쿠스 마닐리우스*Marcus Manilius*, 「아스트로노미카*Astronomica*」

원래는 하나의 별자리로 생각되었던 이 천상의 파충류는 오늘날 땅꾼자리와 뱀자리, 이렇게 두 부분으로 분할되었습니다. 서로 나누어져 있는 뱀자리의 독특한 위치는 이 별자리를 서로 떨어진 2개 지역을 갖는 유일한 별자리로 만들어주었습니다. 뱀자리의 머리 부분은 땅꾼자리의 서쪽에 있는데 꼬리 부분은 땅꾼자리의 동쪽에 있어, 뱀자리는 각각 뱀 머리와 뱀 꼬리로 나누어져 있는 셈입니다.

이번 장에서 우리는 땅꾼자리의 동쪽, 즉 뱀의 꼬리 부분을 집중적으로 살펴보도록 하겠습니다. 이곳은 미리내가 지나며 밤하늘의 보석들이 가득 담겨 있는 부분이죠. 저는 이 지역의 멋진 천체들에 대한 관측 자료를

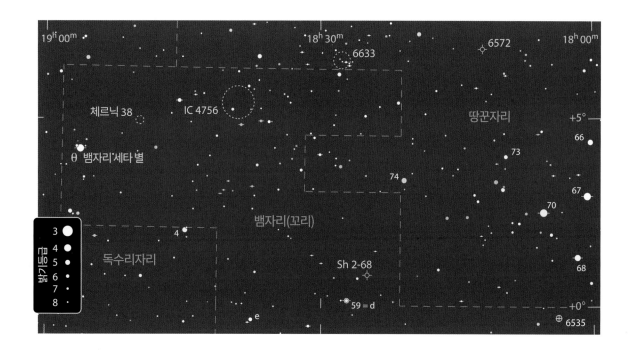

다른 별지기들로부터 받았습니다. 이 중 일부를 여러분들과 나눠보고자 합니다.

먼저 뱀자리의 남쪽으로 내려가 보겠습니다. 이곳에서 우리는 어여쁜 이중별인 **뱀자리 뉴**(v) 별을 만날 수 있죠. 이 이중별은 4등급의 백색 으뜸별과 북북동쪽에

서 9등급으로 빛나는 주황색 짝꿍별로 구성되어 있습니다. 서로 46초의 거리로 벌어져 있는 이 이중별은 삼각대 위에 얹은 쌍안경으로도 분리해 볼 수 있지만, 짝꿍별의 색깔을 알아보기 위해서는 망원경이 필요합니다.

뱀자리 뉴 별로부터 서쪽으로 1.6도를 이동하여 땅

오늘날의 사진들은 M16이 불타오르는 수소로 인해 붉은색 구름의 장관을 연출하고 있는 것으로 생각하게 만듭니다. 그러나 샤를 메시에와 당대의 사람들은 주로 '희미한 빛무리' 속에 파묻혀 있는 산개성단을 볼 수 있었습니다. 이는 작은 망원경을 통해 보게 되는 M16의 모습을 적절하게 묘사한 것입니다.

사진: 러셀 크로먼(Russell Croman)

이 스케치와 러셀 크로먼의 사진과 비교하면, 눈으로 관측한 대상의 모습이 어떻게 바뀌는지 드라마틱하게 드러납니다. 우선 사진을 온통 채우고 있는 붉은색은 하나도 보이지 않습니다. 이온화 수소가 내는 복사선을 사람의 눈으로는 감지할 수 없기 때문이죠. '창조의 기둥'이라 불리는 먼지 기둥들이 가운데의 검은 그림자로 모습을 드러내고 있습니다. 사진과 비교해보면 밋밋하게 느껴질 수도 있지만, 시간이 지날수록, 그리고 오래 바라볼수록 서서히 그 모습을 드러내는 천체의 모습에서 밤하늘을 바라보는 또 다른 낭만을 느낄 수 있습니다.

그림: 박한규

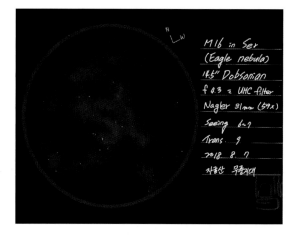

꾼자리로 들어가면 NGC 6309를 만나게 되죠. 독일의 별지기인 게르하르트 니클라쉬Gerhard Niklasch는 8인치(203.2밀리미터) 반사망원경으로 이 작은 행성상성운을 관측하고 다음과 같이 기록하였습니다. "UHC필터(UltraHigh-Contrast, 대비를 강화시키는 필터)를 체결하여 213배율로 관측한 이 행성상성운은 확연하게 길쭉한 타원형에 거의 떨어져 있는 2개의 구체를 보여줍니다." 남쪽의 구체는 둥글지만 북쪽의 구체는 타원형이어서 행성상성운 전체의 모습을 마치 작은 발자국처럼 보이게 만듭니다. 이 발자국의 발가락 끝부분은 12등급의 별 하나를 밟고 있는 듯이 보입니다. 많은 별지기들이 푸른빛의 색조를 느낀다는 이 행성상성운은 상자성운(Box Nebula)이라는 이름으로도 알려져 있습니다.

다음으로 우리가 방문할 곳은 뱀자리의 동쪽으로 멀리 떨어져 있는 M16입니다. 필리페 로이스 드 슈조Philippe Loys de Cheseaux가 처음으로 발견한 이 성단은 슈조의 천체목록에 등장합니다. 슈조의 천체목록은 1745년에서 1746년 사이 완성되었지만 발간은 되지 않았죠. 샤를 메시에는 1764년 이 천체를 독자적으로 발견하였으며 "희미한 빛다발과 뒤섞여 있는 작은 성단"으로 묘사하였습니다. M16에 포함된 성운기는 오늘날 독수리성운으로 잘 알려져 있습니다.

M16은 방패자리 감마(γ) 별로부터 서북서쪽 2.6도 지점에 있으며, 중간 정도의 어두운 하늘이라면 50밀리미터 파인더로도 충분히 찾아볼 수 있는 천체입니다. 8인치(203.2밀리미터) 굴절망원경으로 바라본 M16은 사랑스러운 모습을 보여주며 M16의 성운기는 수소베타필터에서 그 모습을 훨씬 더 확연하게 보여줍니다. 이 성운은 66배율에서 25분×18분의 폭을 차지하고 있는데 북동쪽과 남서쪽으로 넓게 뻗은 날개 모습으로 인해 훨씬 더 독수리를 닮은 모습을 보여줍니다. 별들이 빽빽이 들어박힌 채로 북서쪽으로 뻗어가는 부분은 독수리의 꼬리 부분이며 남동쪽의 짧은 팽대부는 독수리의 머리 부분을 연출하고 있습니다. M16은 밝고 어두운 대역들로

선명하게 얼룩져 있습니다. 97배율의, 좌우가 반전된 거울상에서는 성운의 중심 부근에 있는 꽤 밝은 별의 남쪽으로 검은 L자 모양이 보입니다. L자 모양에서 짧은 부분은 북북동쪽을 향하고 있으며 긴 부분은 북서쪽을 향하고 있습니다. 또 다른 어두운 구역들이 독수리의 머리와 북쪽 날개 부분에 미묘한 얼룩을 만들고 있습니다.

M16에서 서쪽으로 2.2도를 더 가게 되면 황금색의 6등급 별 하나를 만나게 됩니다. 이곳에서 서남서쪽 방향으로 53분을 이동하면 샤프리스 2-46(Sharpless 2-46, Sh 2-46)이라는 발광성운을 만나게 되죠. 애리조나의 별지기이자, 『깊은 우주의 관측: 천문여행가Deep Sky Observing: The Astronomical Tourist, Springer, 2000』의 저자인 스티븐 코Steven Coe는 6인치(152.4밀리미터) 막스토프-뉴토니언 망원경에서 65배율로 관측한 보고서를 저에게 보내왔습니다. 그는 이 성운을 3개의 별 주위에서 규모는 제법 크지만, 대단히 희미하게 빛나는 불꽃으로 묘사했습니다. 그리고 이 천체가 대단히 낮은 표면 밝기를 보인다는 점을 강조했죠.

이제 북쪽으로 제법 긴 거리를 이동해봅시다. 여기서 우리는 결코 찾기 쉽지 않은 또 다른 샤프리스 천체를 만나게 됩니다. 이 천체는 행성상성운이죠. 샤프리스 2-68(Sharpless 2-68, Sh 2-68)은 뱀자리 59 별로부터 북서쪽 52분 지점에 있습니다. 7등급의 백색 별과 이 별로부터 서쪽으로 32분 지점에 있는 9등급의 황금색 별을 찾아보세요. 이 2개 별을 이은 선의 중간 지점에 샤프리스 2-68의 남쪽 모서리가 스치고 있습니다. 저는 10인치(254밀리미터) 반사망원경에서 정말 이 행성상성운을 보았던 것인지 확신을 못하고 있답니다. 이따금 낮은 배율부터 중간 배율까지 산소Ⅲ필터를 이용하여 이 지역을 훑었을 때, 이 행성상성운이 '존재하고 있다'라는 정도의 느낌만을 받곤 합니다. 이 행성상성운은 심지어 14.5인치(368.3밀리미터) 반사망원경에서도 불분명하게 보입니다. 저는 이 천체를 "아마도 고리형태를 하고 있는 듯"이라고 기록했었죠. 깊은 노출을 이용하여 촬

영한 사진은 이러한 인상을 품게 만드는 테두리를 따라 비교적 더 밝은 아치의 모습을 보여주고 있습니다. 저는 이 행성상성운의 직경을 대략 5분으로 예측하고 있습니다. 이것은 제가 마치 지문과도 같은 모양을 하고 있는 이 성운에서 가장 밝은 부분인 북동쪽 부분만을 볼 수 있었음을 말해주는 수치이기도 합니다.

최근의 연구에 따르면 성간우주공간의 물질들이 샤프리스 2-68의 모습을 방해하고 있으며 성운기의 팽창 역시 숨기는 작용을 하고 있다고 합니다. 성간우주공간의 물질들에 전혀 영향을 받지 않는 이 행성상성운을 만든 16등급의 별은 행성상성운의 중심으로부터 천천히 벗어나고 있으며 최종적으로 이곳에는 행성상성운만이 남게 될 것이라고 합니다.

우리의 다음 목표는 **뱀자리 세타**(θ) 별입니다. 이 별은 U자 모양 자리별의 바닥지점에 있죠. 뱀자리 세타 별은 넓은 간격을 유지하며 거의 비슷한 모양을 한, 한 쌍의 백색 별들로 구성되어 있습니다. 반면 다른 4개의 별은 노란색과 주황색 색조로 빛나는 15분 크기의 자리별을 구성하고 있습니다.

체르닉 38(Czernik 38)은 뱀자리 세타 별의 서북서쪽 1.8도 지점에 있습니다. 10인치(254밀리미터) 망원경에서 저배율로 관측해보면 12분 크기의 희미한 연무처럼 보이는 산개성단을 볼 수 있습니다. 중심에서 남동쪽으로 10등급의 별 하나가 있으며 북동쪽 모서리에 또 하나의 별이 있죠. 이 연무는 115배율에서 과립상을 보이기 시작하며 166배율에서는 매우 희미한 별들이 다이아몬드 가루처럼 빛나기 시작합니다.

여기서 서쪽으로 2.7도를 움직이면 대단히 큰 산개성단 IC 4756을 만나게 되죠. 스티븐 코는 매우 어두운 지역에서 맨눈으로도 이 성단을 볼 수 있었음을 지적하면서 다음과 같은 소감을 덧붙였습니다. "저는 미리내의 '불 꺼진 램프'와 같은 지역에서 뱀자리와 땅꾼자리를 가리키고 있는 표지처럼 성단의 빛을 볼 수 있었습니다. 이 성단은 제가 가지고 있는 8×42 쌍안경에서도 명확

한 별 무리의 모습을 보여주었으며 9개의 별은 식별이 가능한 수준이었습니다." 스티븐 코는 6인치(152.4밀리미터) 반사망원경에 26배율을 이용하여 55개의 별을 볼 수 있었으며 망원경을 이용했을 때 별들을 풍부하게 보여주는 이 지역을 "자주 간과되곤 하는 거대하고 밝은 성단의 모습을 대단히 멋지게 보여주고 있음"이라고 기록하였습니다.

IC 4756을 쌍안경으로 보면 동일 시야에 또 다른 산개성단이 들어옵니다. 바로 **NGC 6633**으로서 IC 4756에서 서북서쪽으로 3도 지점에 있습니다. 떨림방지장치가 부착된 저의 15×45 쌍안경으로는 IC 4756에서 40개의 희미한 별들을 볼 수 있었으며 NGC 6633에서는 이보다는 적지만 좀 더 타원형으로 길쭉하게 몰려 있는 15개의 비교적 밝은 별들을 볼 수 있었습니다. 게르하르트 니클라쉬는 8인치(203.2밀리미터) 반사망원경에서 74배율을 이용하여 NGC 6633에서 30개의 별들을 셀 수 있었다고 합니다. 니클라쉬는 이 성단의 독특한 형태에 대해 다음과 같은 소감을 달았습니다. "한여름의 멋진 구상성단들과 비교해보면 평범한 어린 산개성단은 제멋대로 모여 있는 개구쟁이 천체임에 틀림없습니다." 영국의 별지기인 리처드 웨스트우드Richard Westwood는 NGC 6633을 "밝고 톡톡 튀는 별 무리"라고 부르면서 1987년에 브래드필드 혜성을 보면서 함께 본 이 성단의 모습이 기억난다고 했습니다.

마지막으로 우리가 만나볼 보석은 밝은 행성상성운 **NGC 6572**입니다. 이 행성상성운은 땅꾼자리 71 별에서 남남동쪽으로 2.2도 지점에 있습니다. 니클라쉬는 이 성운을 파인더에서 별로 만들어진 화살표의 모습으로 봤다고 합니다. 그리고 8인치(203.2밀리미터) 망원경으로 관측했을 때 나타나는 흥미로운 효과를 다음과 같이 설명했습니다. "저는 UHC필터와 산소III필터를 이용하여 이 행성상성운을 관측했습니다. 그러자 성운기가 서로 다르게 나타난다는 것을 알게 되었죠. 각각의 필터는 특정한 깜빡임 효과를 만들어냅니다. 바로보기를 했을 때

는 작고 밝게 보이는 지역이 비껴보기를 했을 때는 더 크게 보이고 헤일로도 함께 보이죠."

웨스트우드는 이 행성상성운이 진한 초록색을 보이기 때문에 항상 저배율에서 보려고 노력한답니다. 웨스

트우드의 소감은 다음과 같습니다. "저는 이 행성상성운에서 신호등의 초록색 빛을 보곤 합니다. 그래서 그저 무심히 바라봐도 눈에 확 들어오곤 하죠."

한여름 밤의 미리내

대상	분류	밝기	각크기/각분리	적경	적위	MSA	PSA
뱀자리 뉴(ν) 별	이중별	4.3, 9.4	46"	17시 20.8분	- 12° 51'	1347	56
NGC 6309	행성상성운	11.5	16"	17시 14.1분	- 12° 55'	1347	56
M16	성단과 성운	6.0	28'×17'	18시 18.7분	- 13° 48'	1344	67
샤프리스 2-46 (Sh 2-46)	밝은 성운	-	27'×17'	18시 06.2분	- 14° 11'	1344	67
샤프리스 2-68 (Sh 2-68)	행성상성운	13.1	7'	18시 25.0분	+00° 52'	(1295)	(65)
뱀자리 세타(θ) 별	이중별	4.6, 4.9	23"	18시 56.2분	+04° 12'	1270	65
체르닉 38	산개성단	9.7	13'	18시 49.8분	+04° 58'	1270	(65)
IC 4756	산개성단	4.6	50'	18시 38.9분	+05° 26'	1271	65
NGC 6633	산개성단	4.6	27'	18시 27.2분	+06° 31'	1271	65
NGC 6572	행성상성운	8.1	11"	18시 12.1분	+06° 51'	1272	65

각크기 및 각분리는 최근 천체 목록을 참고한 것입니다. 대상의 크기에 대한 시각적 느낌은 목록에 기재된 크기보다는 주로 작게 보이며, 망원경의 구경 및 배율에 따라 다양하게 느껴집니다. MSA와 PSA는 각각 『밀레니엄 스타 아틀라스』와 《스카이 앤드 텔레스코프》의 호주머니 별지도상에 기재된 차트 번호를 의미합니다. 괄호상의 번호는 해당 별지도의 해당 차트에는 존재하나 별도로 표시가 되어 있지는 않음을 의미합니다.

영웅의 귀환

이중별부터 은하까지, 헤르쿨레스자리는
수많은 볼거리를 제공해줍니다.

우리는 이미 7월 6장에서 헤르쿨레스자리의 남서쪽을 방문한 적이 있습니다. 그러나 이처럼 거대한 별자리를 단 한 번의 여행으로 끝낸다는 것은 합당치 않은 처사죠. 우리의 영웅은 여전히 밤하늘에 굳건히 자리를 잡고 있습니다. 그러니 이번에는 가장 유명한 딥스카이 천체를 둘러싸고 있는 또 다른 지역을 탐험해봅시다. 바로 헤르쿨레스자리의 거대성단, 메시에 13입니다.

M13은 헤르쿨레스자리 제타(ζ) 별로부터 에타(η) 별 사이 3분의 2 지점에서 쉽게 찾을 수 있습니다. 헤르쿨레스자리 제타 별과 에타 별, 엡실론(ε) 별과 파이(π) 별은 머릿돌이라 알려진 사다리꼴의 자리별을 형성하고 있죠. 이 성단은 검은 밤하늘이라면 맨눈으로도 작고 희미한 조각처럼 볼 수 있으며 교외의 하늘 정도라면 쌍안경으로 충분히 찾을 수 있는 천체입니다. M13을 제

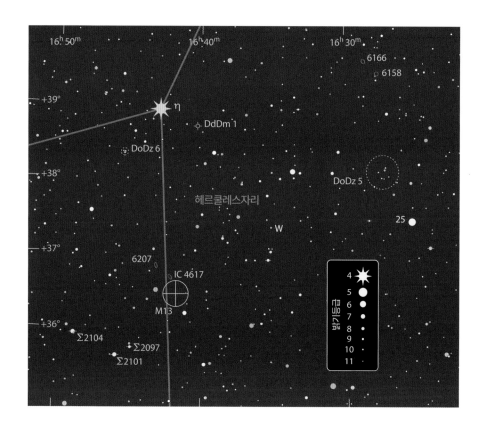

를 다시 식별해내는 것은 아주 쉬운 일이죠.

NGC 6207은 M13의 북동쪽 28분 지점에 있으며 저배율에서는 한 시야에 담겨 들어옵니다. 이 작은 타원형의 은하는 92밀리미터 굴절망원경에서 97배율로도 쉽게 찾아볼 수 있으며 10인치(254밀리미터) 또는 이보다 더 큰 망원경으로 구경을 늘려

남편 앨런의 92밀리미터 굴절망원경에서 97배율로 관측했을 때 아름다운 구상성단의 진수를 볼 수 있었습니다. 작은 점들로 이루어진 별들의 거대 헤일로가 하나하나 분간되지 않는 무수한 별들로 뒤덮여 반짝이고 있는 고밀도 중심핵을 감싸고 있죠.

8인치(203.2밀리미터) 굴절망원경에서 고배율로 바라보면 많은 별이 폭발적으로 그 모습을 드러냅니다. 바깥쪽에 있는 별들이 만들어내고 있는 곡선 팔들은 12분 지름의 헤일로를 장식하고 있으며 부분부분 개개의 별들이 식별되는 중심핵의 희미한 배경에는 먼지가 낀 얼룩들이 벌집처럼 박혀 있습니다.

성단의 중심에서 남동쪽으로 3개의 검은 띠가 비슷한 길이로 늘어서 있으며 거대한 Y자 모양으로 서로 간격을 유지하고 있죠. 이 삼엽 프로펠러 모습은 1800년대 중반, 로스 경의 버캐슬 천문대 책임자였던 바인던 스토니Bindon Stoney의 그 유명한 스케치에 의해 처음으로 조명을 받았습니다. 이 프로펠러의 모습을 식별해내는 것은 광학장비와 관측을 진행하는 지역의 하늘 상태에 크게 좌우됩니다. 그러나 한번 인식만 하면 그 형태

갈수록 조금씩 더 개선된 모습을 보여줍니다. 14.5인치(368.3밀리미터) 반사망원경에서 고배율로 바라본 NGC 6207은 어느 정도 누덕누덕 기운 듯한 모습을 보여주는 한편 중심으로 갈수록 부드럽게 밝아지는 모습도 보여줍니다. 이 은하의 작고 희미한 중심부에서 바로 북쪽으로는 13등급의 별 하나가 겹쳐져 있죠. 이 은하는 길이가 2분이며, 길이 대비 반 정도의 너비를 가지고 있고 북북동쪽으로 기울어져 있습니다.

NGC 6207과 M13을 잇는 가상의 선 중간에서 약간 북쪽으로는 15등급의 은하 IC 4617이 있습니다. IC 4617은 14.5인치(368.3밀리미터) 반사망원경에서 고배율로 관측해도 상당히 찾기 어려운 은하입니다. 교외에 있는 저의 집에서도 최상의 밤하늘에서만 이 은하를 잡아낼 수 있죠. 이 은하의 위치는 14등급의 별들이 만드는 1.5분의 평행사변형을 이용하여 찾을 수 있습니다. 이 평행사변형의 남서쪽 모서리 바로 서쪽에 이 은하가 있죠. IC 4617은 어두운 하늘 아래에서 대구경 망원경을 사용한다면 북북동쪽으로 기울어진 0.5분의 삐침선 형태로 볼 수 있습니다. 중간 정도의 하늘이라면 대단히

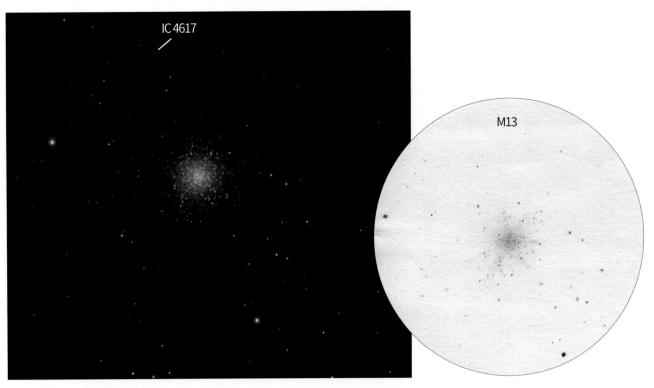

IC 4617

M13

북반구의 여름 하늘에서 최고의 관측 대상으로 간주되곤 하는 거대구상성단 M13은 맑고 검은 밤하늘이라면 맨눈으로도 흘끗 볼 수 있을 정도의 구상성단입니다. 큰 구경의 망원경이라면 이 구상성단을 4등분 했을 때, 남동쪽(왼쪽 아래)지점에서 삼엽 프로펠러와 같은 미묘한 검은 구조를 볼 수 있습니다. 여러분도 이 사진의 아래를 주의 깊게 보시면 찾을 수 있을 것입니다. 이 사진의 폭은 3/4도이며 북쪽이 위쪽입니다.
오른쪽 스케치: 그러나 이 그림에서는 삼엽 프로펠러의 구조를 볼 수 없습니다. 이 암흑대역이 너무나 희미해서 105밀리미터 굴절망원경으로는 볼 수 없기 때문이죠.
사진: 《스카이 앤드 텔레스코프》 / 숀 워커.

작은 이 은하의 중심부를 흘끗 보는데도 상당한 제약이 있을 것입니다.

M13에서 남동쪽으로 1도 지점에 있는, 서로 촘촘하게 붙어 있는 3개의 이중별은 작은 망원경의 성능을 점검하는 훌륭한 소재가 됩니다. 이 중에서 가장 넓은 간격을 유지하고 있는 별은 5.7초의 분리각을 가진 **스트루베 2104**(Σ2104)로서 저의 105밀리미터 굴절망원경에서는 47배율부터 분해되기 시작합니다. 두 별 모두 하얀색으로 보이며 8.8등급의 짝꿍별이 7.5등급의 으뜸별 북북동쪽에 있습니다(극단적으로 희미한 은하인 CGCG 197-14가 바

로 이 이중별의 북쪽 1과 1/4분 지점에 있죠. 대구경 망원경을 사용한다면 이 은하를 한번 찾아보세요). 스트루베 2101(Σ2101)은 스트루베 2104와 한 시야에 담겨 들어옵니다. 그러나 이 정도 배율에서는 스트루베 2101의 짝꿍별을 식별하기란 쉽지 않죠. 배율을 68배율로 늘리면 이중별은 4.1초로 떨어집니다. 7.5등급의 황백색 으뜸별이 북동쪽에 9.4등급

중심이 터져버려서 별들이 줄줄 흘러나오는 듯 묘사된 이 스케치는 M13의 느낌을 탁월하게 표현하고 있습니다. 도시에서 달이나 행성을 관측하다가 처음으로 산골의 어두운 밤하늘을 접하는 사람들에게, M13이 주는 감동은 말 그대로 밤하늘의 선물입니다. 아무리 작은 망원경으로도 그 감동은 달라지지 않죠. 물론 M13의 상징인 삼엽 프로펠러의 모습을 찾는 것도 또 하나의 재미입니다. M13에는 10만 개 이상의 별들이 있으며 지름은 약 150광년입니다. 지구로부터 2만 광년 거리에 있으며 나이는 120억 년 이상으로 추정됩니다.
그림: 박한규

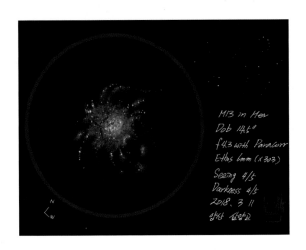

M13 in Her
Dob 14.5"
f.4.3 with ParaCorr
Ethos 6mm (x303)
Seeing 4/5
Darkness 4/5
2018. 3. 11

의 황금색 별을 거느리고 있죠.

　가장 분간해내기 쉽지 않은 세 번째 이중별은 **스트루베 2097**(Σ2097)입니다. 서로 거의 붙어 있는 이 이중별은 동서로 1.9초 채 못 미치는 간격으로 떨어져 있습니다. 노란빛을 뿜어내는 별들은 87배율에서는 서로 완전히 붙어 있으며 122배율에서는 근접한 상태를 보여주고 153배율에서야 비로소 분해됩니다. 14분밖에 떨어져 있지 않은 스트루베 2097과 스트루베 2101은 매혹적인 더블더블을 이루고 있습니다.

　다음으로는 북쪽으로 올라가, 따라 읽기도 쉽지 않은 **돌리제-짐셀레스빌리 6**(Dolidze-Dzimselejsvili 6, DoDz 6)으로 가보겠습니다. 이 자리별은 헤르쿨레스자리 에타 별에서 남동쪽 45분 지점에 있습니다. 돌리제-짐셀레스빌리 6은 제 작은 굴절망원경에서 저배율로 봤을 때 4개의 희미한 별들이 만든 작은 점처럼 보입니다. 87배율에서는 매우 희미한 별 하나가 더 늘어나면서 4분 길이의 선명한 화살 모양을 만들어내죠. 약간의 곡선을 그리는 3개의 별이 화살대를 만들어내며 남서쪽으로 2개의 별이 화살촉의 아랫부분을 형성하고 있습니다. 그리고 남서쪽 멀리 있는 가장 희미한 별이 뾰족한 화살촉을 이루고 있죠. 이 중 2개의 별은 매우 희미하기 때문에 화살 모양은 좀 더 큰 구경의 망원경일수록 좀 더 선명하게 드러납니다. 천체 고유운동 조사에 따르면 이 별들은 서로 다른 방향으로 움직이고 있다고 합니다. 즉, 실제 별 무리를 구성하는 것은 아님을 알 수 있죠.

　우리의 다음 관측 목표는 **돌리제-짐셀레스빌리**

타원은하 NGC 6166은 아벨 2199 은하단에 묶여 있는 은하입니다. 아벨 2199 은하단에는 300여 개의 은하가 포함되어 있으며 지구로부터의 거리는 약 4억 5,000만 광년입니다. 검은 하늘과 중간 정도 구경의 망원경, 그리고 무엇보다도 인내심이 있다면 이 은하단을 구성하고 있는 몇몇 은하들을 찾아볼 수 있을 것입니다.
사진: POSS-II / 캘테크 / 팔로마

1(Dolidze-Dzimselejsvili 1, DdDm 1; PN G61.9+41.3)이라는 행성상성운입니다. 미리내의 헤일로 속에 있는 것으로 알려진 몇 안 되는 행성상성운 중 하나죠. 돌리제-짐셀레스빌리 1은 미리내 평면에서 위쪽으로 3만 4,000광년 지점에 있으며 우리로부터는 5만 2,000광년 거리에 있습니다. 거리가 워낙 멀기 때문에 10인치(254밀리미터) 반사망원경에서 고배율로 바라본 행성상성운의 모습조차 별처럼 보인다는 것이 전혀 놀라운 일이 아니죠. 이 행성상성운은 산소Ⅲ필터를 통해 바라봤을 때 동일 시야에 들어온 다른 별들보다도 상대적으로 더 밝게 보인다

는 사실 때문에 그 정체를 알게 됩니다. 산소Ⅲ필터는 필터가 없을 때보다 2배나 많은 이온화 산소를 보여주죠. 이와 같은 현대 장비 덕에 이처럼 놀라울 정도로 멀리 떨어져 있는 행성상성운의 환상적인 모습을 즐길 수 있습니다.

돌리제-짐셀레스빌리 1은 헤르쿨레스자리 에타 별로부터 서남서쪽 33분 지점에 있습니다. 헤르쿨레스자리 에타 별의 서북서쪽 2.8도 지점에는 **NGC 6166**이 있죠. 10인치(254밀리미터) 반사망원경에서 118배율로 관측해보았을 때 중간 정도의 밝기를 보여주는 이 타원은하는 북동쪽으로 기울어져 있으며 중심으로 갈수록 더 밝아지는 양상을 보여줍니다. 이 은하는 대략 11등급의 별 2개와 함께 5분 크기의 정삼각형을 구성하고 있습니다. NGC 6166은 이 정삼각형에서 북동쪽 꼭짓점에 있죠. NGC 6166은 매우 작고 둥근 NGC 6158과 함께 한 시야에 들어옵니다. **NGC 6158**은 NGC 6166의 남서쪽 15분 지점에 있죠. 2개 은하 모두 아벨 2199(Abell 2199) 은하단의 구성원입니다. 아벨 2199는 대략 300개 은하가 몰려 있는 은하단이며 미리내에서 4억 5,000만 광년 거리에 있습니다. 접안렌즈에서 NGC 6166을 중앙에 두고 배율을 219배로 높이면 매우 희미하고 아주 작은 이 은하단의 구성원들 몇 개를 식별할 수 있습니다. 우선 NGC 6166의 중심지점에서 서북서쪽 3.2분에서는 NGC 6166C를 찾을 수 있으며 남서쪽 2.3분 지점에서는 NGC 6166A를, 그리고 남쪽으로 2분 지점에서는 NGC 6166D를 찾을 수 있죠. 남남동쪽 4.8분 지점에서는 KUG 1627+395를 볼 수 있습니다.

NGC 6166에서 남쪽으로 1.5도를 내려오면 **돌리제-짐셀레스빌리 5**(Dolidze-Dzimselejsvili 5, DoDz 5)를 만나게 됩니다. 이 자리별은 작은 망원경에 저배율을 사용했을 때 최상의 모습을 보여주죠. 저는 105밀리미터 굴절망원경에서 28배율로 9등급에서 12등급 정도의 별들이 9분의 폭으로 퍼져 있는 모습을 볼 수 있었습니다. 북북쪽에는 가장 밝은 별 2개가 있고, 동쪽으로는 3개의 별이 폭 좁은 삼각형을 구성하고 있죠. 이 별들의 남쪽 경계로는 3개의 별이 아치를 그리고 있습니다. 대부분의 천체목록에 따르면 돌리제-짐셀레스빌리 5는 27분 크기에 걸쳐 펼쳐져 있다고 합니다. 그러나 저는 외곽에 있는 별들은 이 자리별의 일부라고 느껴지지 않았습니다.

우리의 마지막 관측 대상은 행성상성운 **NGC 6058**입니다. 이 성운은 헤르쿨레스자리 키(x) 별로부터 남동쪽 2.8도 지점, 동서로 짝을 이루고 있는 9등급의 별들 바로 남쪽에 있죠. 이 한 쌍의 별은 Y자 형태의 위쪽 2개 끄트머리를 구성하고 있습니다. 반면 비교적 흐린 3개의 별이 남쪽으로 Y자의 약간 휘어진 가지를 형성하고 있죠. 작은 행성상성운 NGC 6058은 Y자 형태의 위쪽 양 끝단 바로 위에 있습니다. 이 행성상성운은 105밀리미터 굴절망원경에서 87배율로 관측했을 때 회색원반으로 쉽게 찾을 수 있죠. 10인치(254밀리미터) 망원경에서는 중심의 희미한 별이 드러납니다. 만약 대구경 망원경을 가지고 있다면 북북서쪽과 남남동쪽 모서리를 따라 늘어서 있는 비교적 밝은 아치를 찾아보세요. NGC 6058은 돌리제-짐셀레스빌리 1보다 5배나 가까운 곳에 있습니다.

헤르쿨레스자리의 더 많은 볼거리들

대상	분류	밝기	각크기/각분리	적경	적위	MSA	U2
M13	구상성단	5.8	20′	16시 41.7분	+36° 28′	1158	50R
NGC 6207	은하	11.6	3.3′×1.7′	16시 43.1분	+36° 50′	1158	50R
IC 4617	은하	~15	1.2×0.4′	16시 42.1분	+36° 41′	(1158)	50R
스트루베 2104 (Σ2104)	이중별	7.5, 8.8	5.7″	16시 48.7분	+35° 55′	1158	50R
스트루베 2101 (Σ2101)	이중별	7.5, 9.4	4.1″	16시 45.8분	+35° 38′	1158	50R
스트루베 2097 (Σ2097)	이중별	9.4, 9.6	1.9″	16시 44.8분	+35° 44′	1158	50R
돌리제-짐셀레스빌리 6 (DoDz 6)	자리별	8.3	3.5′	16시 45.4분	+38° 21′	1158	50R
돌리제-짐셀레스빌리 1 (DdDm 1)	행성상성운	13.4	1″	16시 40.3분	+38° 42′	(1159)	50R
NGC 6166	은하	11.8	2.2′×1.5′	16시 28.6분	+39° 33′	1159	51L
NGC 6158	은하	13.7	0.5′	16시 27.7분	+39° 23′	1159	51L
돌리제-짐셀레스빌리 5 (DoDz 5)	자리별	7.8	27′	16시 27.4분	+38° 04′	1159	51L
NGC 6058	행성상성운	12.9	24″×21″	16시 04.4분	+40° 41′	1138	51L

각크기 및 각분리는 최근 천체 목록을 참고한 것입니다. 대상의 크기에 대한 시각적 느낌은 목록에 기재된 크기보다는 작게 보이며, 망원경의 구경 및 배율에 따라 다양하게 느껴집니다. MSA와 U2는 각각 『밀레니엄 스타 아틀라스』와 『우라노메트리아 2000.0』 2판에 기재된 차트 번호를 의미합니다. 괄호 《스카이 앤드 텔레스코프》 호주머니 별지도상의 번호는 해당 별지도의 해당 차트에는 존재하나 별도로 표시가 되어 있지는 않음을 의미합니다. 이번 달에 등장하는 모든 천체들은 《스카이 앤드 텔레스코프》 호주머니 별지도 52장과 53장에 표시되어 있습니다.

무수한 별들

땅꾼자리의 동쪽에서 성단과 성운들을 탐험해보세요.

수많은 별을 담고서
빛의 구름 속에 잠겨든 미리내

아름답고 신비로운 미리내가
한여름 밤을 감싸며 서 있다네

그대는 아무도 그 깊이를 잴 수 없는 시간과
끝 간 데를 모를 우주에 서 있다네

어둠 속에 보이는 태고의 빛
그대가 보는 것은 그저 그중의 일부에 지나지 않는다네

레런드 S. 코프랜드*Leland S. Copeland*,
《스카이 앤드 텔레스코프》, 1949년 7월.

이 시는 여름밤에 만나는 미리내의 장관, 그리고 끊임없이 영감을 불러일으키는 미리내에 대한 외경심을 담고 있습니다. 어두운 밤하늘을 배경으로 흐르는 이 화려한 빛의 강물은 바라보는 이들의 찬탄을 자아내는 데 실패해본 적이 없죠. 우리의 눈은 미리내 심장부 너머, 궁수자리 별들의 구름이 연출하는 인상적인 모습에 자연스럽게 끌려 들어갑니다. 그러나 미리내의 별들이 잦아드는 경계부에도 많은 천상의 보석들이 있습니다. 이 보석들 역시 적당한 관측 도구만 있다면 충분히 경탄을 자아낼만한 천체들이죠. 그러면 지금부터 《스카이 앤드 텔레스코프》의 호주머니 별지도에 묘사되어 있는 대로 땅꾼자리 동쪽 부분에 드리워져 있는 커튼을 열어보겠습니다.

얼룩투성이 산개성단 IC 4665는 이 별지도에서 미리내의 경계 내에 간신히 걸쳐져 있는 천체입니다. 이 산개성단은 땅꾼자리 베타(β) 별의 북북동쪽 1.3도 지점에서 쉽게 찾아볼 수 있으며 쌍안경이나 파인더로 봤을 때는 베타 별과 함께 한 시야에 담겨 들어오죠. 떨림방지장치가 부착된 제 15×45 쌍안경에서 현저하게 드러나는 이 성단의 중심부는 보름달 하나 이상의 너비로 펼쳐져 있으며 느슨하게 흩뿌려져 있는 별들의 외곽 경계는 70분으로 퍼져 있습니다. 40개 별 중의 반은 중심에 별 하나를 둔 작은 원형을 그리고 있으며 약간의 파문을 그리며 서쪽으로 비어져 나온 곁가지는 북북동쪽으로 기울어져 있습니다. 제게 이 모습은 부드럽게 물결치는 대지에서 불쑥 자라난 꽃을 단순화하여 스케치한 모습처럼 보입니다. 핀란드의 별지기인 야코 살로란타는 다른 인상을 이야기하고 있습니다. 그는 자신의 80밀리미터 굴절망원경을 통해 포세이돈의 삼지창을 보았다고 합니다.

땅꾼자리 감마(γ) 별에서 서북서쪽으로 53분을 이동하면 NGC 6426을 만나게 됩니다. 유령과 같은 이 구상성단은 105밀리미터 굴절망원경에서 87배율로 봤을 때, 창백한 2.3분의 빛덩어리로 그 모습을 드러내죠. 9등급에서 11등급의 별 5개가 만드는 14분의 작은 국자가 이 성단의 남남서쪽 경계 바로 바깥쪽에 있습니다. 10인치(254밀리미터) 반사망원경에서 213배율로 바라본 NGC 6426은 그 폭이 3분이며, 고르지 않은 질감을 보여주는

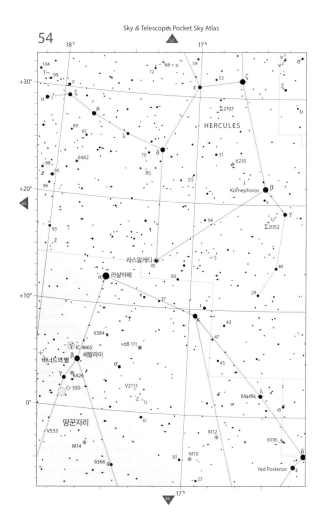

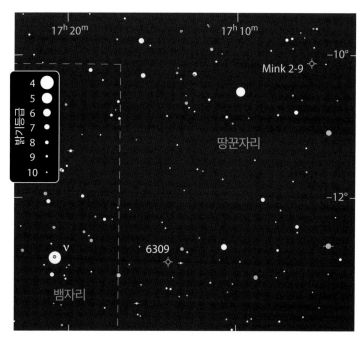

여기서 다루고 있는 4개의 천체는 왼쪽에 보이는 바와 같이 《스카이 앤드 텔레스코프》 호주머니 별지도에서 쉽게 그 위치를 찾을 수 있습니다. 그러나 희미하고 작은 성운인 민코프스키 2-9(Minkowski 2-9)를 찾기 위해서는 좀 더 상세한 별지도가 필요할 것입니다.

8월

한편 약간은 더 밝은 중심부를 보여줍니다. 몇몇 별들은 인지한계선에 걸리는 밝기여서 간헐적으로 눈에 띄죠.

NGC 6426은 IC 4665보다 훨씬 멀리 떨어져 있습니다. 따라서 NGC 6426의 별들을 알아보는 것이 훨씬 더 어렵다는 것은 그다지 놀라운 일이 아니죠. NGC 6426과 IC 4665는 각각 6만 7,500광년 및 1,150광년 거리에 있습니다.

NGC 6426보다 훨씬 더 밝은 구상성단 M14는 땅꾼자리 뮤(μ) 별에서 정북으로 4.9도 지점에 있습니다. 이 구상성단은 제 15×45 쌍안경에서 둥글고 부드러운 단순한 형태의 빛덩이로 보입니다. 제 굴절망원경에서 47배율로 바라보면 중심으로 갈수록 더 밝아지는 4분지름의 중심부와 이를 감싸고 있는 매우 희미한 5.5분

핀란드의 별지기인 야코 살로란타는 IC 4665를 포세이돈의 삼지창으로 보았습니다.

의 헤일로를 볼 수 있습니다. 153배율에서는 극단적으로 희미한 약간의 별들이 모습을 드러내죠. 이 구상성단의 중심부는 얼룩덜룩 얼룩이 져 있으며 헤일로는 북동쪽에서 남서쪽으로 약간 길쭉한 타원형을 하고 있습니다. 10인치(254밀리미터) 반사망원경에서 43배율로 바라본 M14는 밝은 3분의 안쪽 핵과 꽤 밝은 빛을 내는 5분

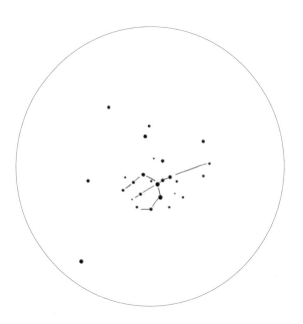

구경이 큰 망원경은 구상성단 M14를 희미한 별들의 덩어리로 보여줍니다.

사진: 베른하르트 후블

의 바깥쪽 핵, 그리고 바깥쪽으로 갈수록 점점 희미해지는 8분의 헤일로를 보여줍니다. 115배율에서는 많은 별이 헤일로를 장식하고 있으며 중심부의 희미한 빛 안에도 별들이 촘촘하게 자리 잡은 모습을 볼 수 있죠. 이 구상성단은 213배율에서 정말 어여쁜 모습을 보여줍니다. 이 구상성단에는 매우 희미한 별들이 풍부하게 자리 잡고 있으며 이보다는 상대적으로 밝은 소수의 별이 총총히 박혀 있습니다.

M14에서 남서쪽으로 3.1도 지점, 그리고 4.5등급의 별에서 동쪽으로 1/4도 지점에는 구상성단 NGC 6366이 있습니다. 105밀리미터 굴절망원경에서 47배율로 바라본 NGC 6366은 작고 희미하지만 122배로 배율을 올리면 훨씬 더 나은 모습을 볼 수 있습니다. 4개의

별로 만들어진 하키 채가 이 구상성단을 살짝 치는 듯한 모습을 연출하고 있죠. 하키채의 끝부분에 있는 별이 NGC 6366의 모서리를 찌르고 있으며 손잡이를 이루는 별들과 몸통을 이루는 별들은 NGC 6366의 서쪽에서 남동쪽을 향하고 있습니다. 이 구상성단에 얼룩을 만드는 매우 희미한 별 몇 개 중 가장 눈에 띄는 별들은 동쪽과 남동쪽에 있습니다. 이 성단은 굴절망원경에서는 5분 크기로 펼쳐져 있지만 10인치(254밀리미터) 망원경에서 213배율로 바라보면 6분의 폭으로 커집니다. 시야각 바깥쪽으로도 정신을 산만하게 할 정도로 밝은 별을 거느리고 있죠. 성단의 중심부에서는 최소 20개의 희미한 별들이 식별되기도 하지만, 중심으로 갈수록 점점 밝아지는 양상은 보여주지 않습니다.

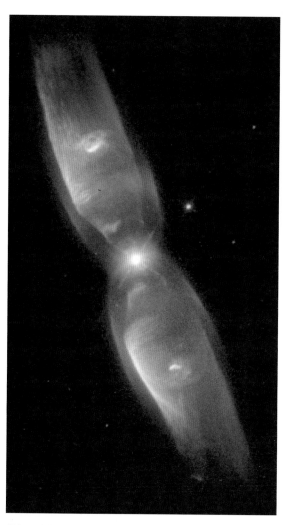

허블우주망원경이 촬영한 사진에서 볼 수 있는 바와 같이 민코프스키 2-9는 대단히 인상적인 '나비모양(양극성)' 행성상성운의 예입니다.

사진: B. 발릭(B.Balick) / V.이크(V.Icke) / G. 멜레마(G.Mellema) / NASA

NGC 6366은 M14보다 훨씬 가까운 천체입니다. M14의 거리가 3만 300광년임에 반해 NGC 6366까지의 거리는 1만 1,700광년이죠. 그러나 NGC 6366이 더 희미하게 보이는 이유는 NGC 6366의 밝기가 5퍼센트 더 어둡고 우주공간에서 이 성단의 빛을 막아서는 먼지들이 훨씬 더 많기 때문입니다. 이제 셀 수 없을 만큼 많은 별을 보듬고 있는 구상성단을 떠나 완전히 다른 밤하늘의 보석으로 이동해보죠. 행성상성운 **민코프스키**

2-9(Minkowski 2-9, Mink 2-9)는 '민코프스키의 나비'라는 이름으로도 알려진 천체입니다.《스카이 앤드 텔레스코프》호주머니 별지도에 따르면 이 천체는 미리내 경계 내에 있습니다. 그러나 이 성운은 여기서 다루고 있는 천체로서는 호주머니 별지도에 따로 기록되어 있지도 않고, 제 105밀리미터 굴절망원경에서도 보이지 않는 유일한 천체입니다.

이 성운을 찾으려면 뱀자리 뉴(ν) 별의 북서쪽 3.6도 지점을 찾아봐야 합니다. 우선 이곳에서 가장 밝은 별인 5.4등급의 별을 찾아야 하죠. 그리고 여기서 동일한 방향으로 1도 정도를 더 이동합니다. 그러면 동서로 늘어선 8.5등급과 9등급의 이중별을 만나게 되죠. 낮은 배율에서는 동일 시야각에서 이 이중별의 서쪽으로 길고 얇게 남쪽을 가리키고 있는 9등급과 10등급의 별들로 이루어진 삼각형을 보게 됩니다. 민코프스키의 나비에 닿기 위해서는 이 삼각형의 서쪽 측면을 이루는 선을 남쪽 방향으로 2배 늘려가야 합니다.

10인치(254밀리미터) 반사망원경에서 115배율로 보면 11등급과 12등급으로 구성된 3개의 별들과 함께 찌그러진 사다리꼴을 그리고 있는 북동쪽 모서리의 작고 희미한 점을 볼 수 있습니다. 바로 이 작고 희미한 점이 행성상성운 민코프스키 2-9죠. 이 행성상성운은 213배율에서 남북으로 길쭉한 모습을 보여줍니다. 산소Ⅲ필터나 협대역필터를 사용하면 콘트라스트가 강화되면서 더 나은 모습을 볼 수 있죠. 14.5인치(368.3밀리미터) 반사망원경에서 170배율로 바라본 민코프스키 2-9는 너비 대비 2배 이상의 길이를 보여주며 2개의 구체에 대한 단서도 보여줍니다. 허블우주망원경이 찍은 아름다운 위 사진에서 볼 수 있는 바와 같이 폭 좁은 날개와 푸른 색조는 이 우주의 나비가 사라 롱윙Sara Longwing이라는 종의 나비가 아닐까 생각하게 만듭니다.

배율 올리기

밤하늘의 보석 상당수는 저배율에서 멋진 모습을 볼 수 있습니다만, 행성상성운이나 구상성단은 대개 배율을 높일수록 더 멋진 모습을 볼 수 있습니다.

미리내의 가장자리를 따라 늘어선 여름밤의 보석들

대상	분류	밝기	각크기/각분리	적경	적위
IC 4665	산개성단	4.2	70′	17시 46.2분	+ 5° 43′
NGC 6426	구상성단	11.0	4.2′	17시 44.9분	+ 3° 10′
M14	구상성단	7.6	11.0′	17시 37.6분	- 3° 15′
NGC 6366	구상성단	9.2	13.0′	17시 27.7분	- 5° 05′
민코프스키 2-9 (Mink 2-9)	행성상성운	14.6	39″×15″	17시 05.6분	- 10° 09′

각크기 및 각분리는 최근 천체 목록을 참고한 것입니다. 시각적으로 보이는 천체의 크기는 대부분 목록상에 있는 크기보다는 작게 느껴지며 장비의 구경과 배율에 따라 다양하게 느껴집니다.

영광의 독수리

그 유명한 독수리성운 주위로는 잘 알려지지 않은
수많은 성단과 성운들이 있습니다.

영광의 새여! 그대 꿈이 그대를 떠났지만,
그대는 그대 하늘에 다다랐구나.

끈적거리는 선잠은 그대의 영광을 빼앗지 못하는구나.

두려움 모르는 대담한 날개를 가지고
별빛 가득한 길 위에 서서
그 어떤 전능한 이도 걸어본 적 없는
최고의 명예가 가득한 그곳으로 그대는 날아가는구나.

제임스 게이트 퍼시벌*James Gates Percival* 〈깨어나는 거룩한 영혼*Genius Waking*〉

독수리성운은 가장 유명한 딥스카이 천체 중 하나입니다. 1995년에 허블우주망원경이 촬영하여 소개한 '창조의 기둥' 사진 덕분이죠. 독수리성운의 중심에 있는 이 고밀도 가스먼지기둥은 그 속에 태아 단계에 있는 별들을 품고 있습니다. 그러나 이 장대한 구조들은 오랜 시간이 지나면 그저 흔적만 남게 될지도 모릅니다.

사진: NASA / ESA / STScI / Jeff Hester / Paul Scowen

스피처우주망원경이 촬영한 적외선 사진은 몇몇 천문학자들이 초신성 충격파로 해석한 뜨거운 가스 구름을 보여주고 있습니다. 이 충격파 가스 구름이 이 기둥을 향해 돌진하고 있죠. 만약 그게 사실이라면 이 충격파는 6,000년 전 이 기둥을 이미 파괴했을지도 모릅니다. 그러나 독수리성운까지의 거리는 약 7,000광년이기 때문에 지구 인근에서 이 기둥이 파괴되는 장면을 볼 수 있을 때까지는 1,000년 정도의 시간이 더 걸릴 것입니다. 이 초신성은 1,000~2,000년 전에 지구의 하늘을 밝게 장식해주었을지도 모르죠.

더는 존재하지 않을지도 모를 상대적으로 가까운 거리에 있는 밤하늘의 보석을, 천문학적으로 찰나에 지나지 않는 순간 바라볼 수 있다는 사실이 얼마나 이상하고도 독특한 경험일까요! 특히 그 광경이 어느 사진에서도, 어느 거대한 망원경에서도 더 이상 포착되지 않는 장면이라면 말입니다. 독수리성운은 작은 망원경으로도 볼 수 있습니다. 심지어는 어둡고 투명한 대기를 가진 하늘이라면 눈으로 흘끗 보게 될 수도 있죠.

특별히 맑았던 어느 밤, 저는 130밀리미터 굴절망원

경에 63배율을 이용하여 **M16**을 스케치하는 데 많은 시간을 할애했던 적이 있습니다(M16은 독수리성운과 그 속에 있는 성단까지 포함하는 천체죠). 그때 저는 복잡한 천체들에 대한 세부 정보를 모으는 데는 대상을 그려보는 것이 가장 좋은 방법이라는 것을 알게 되었습니다. 해당 천체에 몰두해 있을 때, 독수리성운의 모습이 천천히 선명해지는 것처럼 느껴졌죠. 그건 마치 사진필름에 오랜 시간 그 모습이 선명하게 새겨지는 것과 같았습니다. 제가 그런 스케치는 독수리의 심장에 장식된 왕좌와 같은 모습을 보여주고 있습니다. 3개의 창조의 기둥은 중앙 부분의 굴대와 가장 기다란 기둥을 연결하고 있는 막대로 그려졌죠. 이 검은 왕좌는 대략 4광년의 길이를 가지고 있습니다.

M16은 성운과 성단이 가득한 하늘의 왕국에 자리 잡

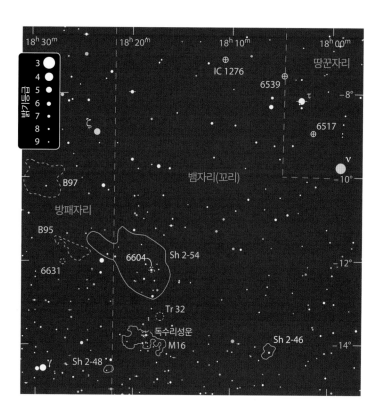

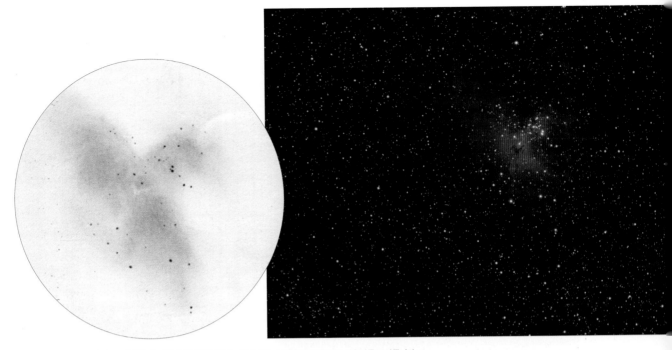

오른쪽: 독수리성운을 광각으로 촬영한 이 사진은 사람의 눈으로는 볼 수 없는 영역까지 뻗어 있는 성운기를 보여줍니다.

사진: 베른하르트 후블

왼쪽: 저자가 그린 독수리성운의 스케치는 사진에 나타나는 구조 중 상당 부분을 130밀리미터 망원경의 접안렌즈를 통해서도 볼 수 있음을 말해주고 있습니다.

고 있습니다. 잘 알려지지 않은 이웃 천체인 **트럼플러 32**(Trumpler 32, Tr 32)는 북서쪽으로 고작 38분 지점에 있으며 6인치(152.4밀리미터) 반사망원경에서 38배율로 관측했을 때 M16과 한 시야에 들어오죠. 이 멋지고 작은 성단은 어두운 밤, 담벼락에 붙은 거미줄에 희미한 이슬방울의 별들이 매달린 듯한 모습을 연출하고 있습니다. 154배율에서는 11분의 하늘에 20개의 별이 퍼져 있는 것이 보이죠. 확연히 눈에 띄는 몇몇 별들은 이 성단의 남쪽 부분을 장악하고 있습니다. 10인치(254밀리미터) 반사망원경에서 고배율로 바라보면 수많은 별들이 그 모습을 드러냅니다. 이 중 많은 별들이 눈에 언뜻언뜻 보였다가 사라질 만큼 희미한 별들이죠.

M16의 반대쪽에서는 **샤프리스 2-48**(Sharpless 2-48, Sh 2-48)이라는 발광성운을 만날 수 있습니다. 먼저 M16에서 남동쪽으로 1도 지점의 가장 밝은 7등급의 별을 찾아봅니다. 이 별에서 남남동쪽 12분 지점에 9등급 및 이보다 희미한 별들이 만들고 있는 6분 크기 사다리꼴의 중심이 자리 잡고 있습니다. 6인치(152.4밀리미터) 반사망원경에서 95배율로 관측해보면 조각처럼 보이는 샤프

리스 2-48의 가장 밝은 부분이 사다리꼴의 서쪽 측면을 감싸며 서쪽으로 4분 정도 퍼져 있는 모습을 볼 수 있습니다. 이보다 더 침침한 성운기가 사다리꼴의 동쪽으로 확장되어 있고 남동쪽에 이르러서는 훨씬 희박해진 모습을 보여주죠.

M16의 북쪽 1과 3/4도 지점에는 거대하지만 희미한 성운인 **샤프리스 2-54**(Sharpless 2-54, Sh 2-54)가 있습니다. 검은 밤하늘이라면 쌍안경으로 독수리성운을 겨냥했을 때 남쪽으로 샤프리스 2-54의 멋진 모습을 볼 수 있을 것입니다. 제가 사는 뉴욕주에서 가장 어두운 지역 중 하나인 애디론댁산맥 북부에 머무는 동안 저는 떨림방지장치가 부착된 저의 15×45 쌍안경을 이용하여 이 발광성운을 관측했었습니다. 1도×2도 너비에 별들이 풍부하게 들어서 있는 연무와 같은 부분이 서쪽으로 넓게 펼쳐져 있고, 동북동쪽으로는 점점 가늘어지는 양상을 보여주었죠. 제가 본 연무의 상당 부분은 서로 뭉쳐 보이는 별들의 빛이었을 겁니다. 미리내의 이 부분은 비교적 작은 암흑성운들이 줄지어 만들어진 동쪽 경계와 거대한 균열을 만들고 있는 먼지 가득한 구름에 의해 구

발광성운 샤프리스 2-54는 하늘에서 2도 이상의 영역에 걸쳐 펼쳐져 있습니다. 저자는 이 성운을 쌍안경으로 관측할 때 이 성운의 남서쪽 부근에 작은 별들의 점으로 보이는 NGC 6604는 그냥 지나쳤습니다. 여러분은 이 산개성단을 볼 수 있을까요?

사진: 딘 살만 (Dean Salman)

확된 서쪽 경계에 얼마간은 고립된 별들의 구름으로서 그 모습을 확연하게 드러내주고 있습니다. 그럼에도 불구하고 이곳은 아름다운 풍광을 보여주고 있죠.

바너드 95(Barnard 95, B95)는 샤프리스 2-54의 동쪽 끝 부분에서 가장 선명하게 그 모습을 드러내고 있는 암흑성운입니다. 6인치(152.4밀리미터) 망원경에서 38배율로 관측해본 바너드 95는 중심으로 갈수록 점점 짙어지는 암흑을 보여주는 듯했습니다. 바너드 95에서 가장 짙은 어둠을 보여주는 부분은 10분의 너비로 펼쳐져 있습니다. 전체 암흑성운의 너비는 이 부분의 2배 정도이며 완전히 불규칙한 모습을 하고 있죠. 산개성단 **NGC 6631**은 남동쪽 경계 바깥쪽에서 약간은 연무기가 있는 부분을 보여줍니다. 이 성단은 남동쪽에서 북서쪽으로 길쭉한 모습을 하고 있으며 북서쪽 끄트머리를 11등급의 별 하나가 장식하고 있죠. NGC 6631은 95배율에서 5분의

빛무리 속에 희미한 별과 대단히 희미한 별 20개를 보여주며 154배율에서는 수많은 미세한 별들이 운집해 있는 모습을 보여줍니다.

다음으로는 북서쪽으로 이동하여 구상성단 삼총사를 만나보겠습니다. 첫 번째 구상성단은 **NGC 6517**입니다. 이 구상성단은 땅꾼자리 뉴(ν) 별의 북동쪽 1.1도 지점에 있는 10등급 별로부터 북북동쪽으로 5분 지점에 있습니다. 이 성단은 저배율에서는 쉽게 간과되곤 합니다만 105밀리미터 굴절망원경에서 122배율로 바라보면 멋진 모습을 드러내줍니다. 이 구상성단은 1.5분 약간 안 되는 폭으로 퍼져 있으며 중심으로 갈수록 점점 더 밝아지는 양상을 보여주죠. 서쪽으로는 같은 시야에 들어온 6개의 별이 9분 길이의 지그재그를 그리고 있습니다. 10인치(254밀리미터) 반사망원경에서 115배율로 바라본 NGC 6517은 2.5분의 직경에 매우 작고 밝은 핵을 꽉

쥐고 있는 듯한 모습을 보여줍니다. 외곽 지역에서는 과립상을 보여주는 반면 안쪽 부분은 거칠게 얼룩진 모습을 보여주죠. NGC 6517은 213배율에서 북동쪽과 남서쪽으로 길쭉한 모습을 보여주며 남남서쪽 모서리에는 희미한 별 하나가 있습니다.

NGC 6517에서 북북동쪽으로 50분을 이동하면 사랑스러운 이중별 **땅꾼자리 타우**(τ) 별을 만나게 됩니다. 땅꾼자리 타우 별은 257년의 주기를 가진 안시이중별입니다. 2011년에 짝꿍별은 으뜸별로부터 서북서쪽 1.6초 지점에 있었습니다. 이러한 간격은 2015년에는 1.5초로 줄어들었고, 2021년에는 1.4초, 그리고 2027년에는 1.3초까지 줄어들게 됩니다. 105밀리미터 굴절망원경에서 174배율을 사용하면 이 이중별을 충분히 분해된 모습으로 볼 수 있습니다. 제 눈에 으뜸별은 황백색, 짝꿍별은 노란색으로 보입니다. 상대적으로 짧은 기간 동안 그 위치가 변하는 이중별에 대해서는 그 거리가 충분히 가까울 것이라고 예상할 수 있습니다. 이에 해당하는 땅꾼자리 타우 별까지의 거리는 170광년밖에 되지 않습니다.

저배율에서 땅꾼자리 타우 별은 구상성단 **NGC 6539**와 같은 시야에 들어옵니다. 이 성단은 땅꾼자리 타우 별의 44분 북동쪽 지점에서 땅꾼자리와 뱀자리의 경계에 있죠. 105밀리미터 망원경에서 87배율로 바라본 NGC 6539는 5분의 직경에 밝은 대역을 거느린 부드럽게 빛나는 빛의 공처럼 보입니다. 서쪽 측면으로는 몇몇 희미한 별들이 늘어서 있죠.

여기서 동북동쪽으로 1.5도를 이동하면 IC 1276을 만나게 됩니다. 이 성단은 11등급 및 12등급의 별과 함께 13분 크기의 삼각형을 만들고 있으며 이 삼각형에서 북쪽 꼭짓점에 있죠. 이 희미한 구상성단은 2분 크기의 헤일로와 0.5분이 채 되지 않는 작고 얼룩진 중심부를 가지고 있습니다. 122배율에서는 서쪽 측면에 마침표처럼 박혀 있는 매우 희미한 별 하나가 모습을 드러내며 이따금 반짝반짝 빛나는 핵을 보여줍니다. 10인치(254밀리미터) 망원경에서 213배율로 관측해보면 이 구상성단의 전면을 동서로 가로지르는 몇몇 별들의 띠를 볼 수 있습니다.

NGC 6539와 NGC 6517의 고유 밝기는 동일합니다. 그러나 우리에게는 더 가까운 구상성단이 더 밝게 보이죠. NGC 6539와 NGC 6517까지의 거리는 각각 2만 7,400광년과 3만 5,200광년입니다. IC 1276은 이보다는 상대적으로 가까운 1만 7,600광년이지만 그 밝기는 5분의 1 수준이죠. 따라서 IC 1276은 3개의 구상성단 중 근소한 차이로 가장 희미한 구상성단이 됩니다. 이 구상성단들의 밝기가 줄어드는 것은 단순히 그 거리 때문만이 아니라 이 성단들과 우리 사이를 가로막고 있는 우주공간의 먼지들 때문입니다. 우주 공간의 먼지 알갱이들은 빛을 흡수하고 산란시킴으로써 각 성단의 빛을 3등급 정도 감소시킵니다.

대상	분류	밝기	각크기/각분리	적경	적위
M16	성단/성운	6.0	34′×27′	18시 18.8분	- 13° 50′
트럼플러 32 (Tr 32)	산개성단	12.2	12′	18시 17.2분	- 13° 21′
샤프리스 2-48 (Sh 2-48)	발광성운	-	10′	18시 22.4분	- 14° 36′
샤프리스 2-54 (Sh 2-54)	발광성운	-	144′×78′	18시 19.7분	- 12° 04′
바너드 95 (B95)	암흑성운	-	30′	18시 25.6분	- 11° 45′
NGC 6631	산개성단	11.7	7.0′	18시 27.2분	- 12° 02′
NGC 6517	구상성단	10.2	4.0′	18시 01.8분	- 8° 58′
땅꾼자리 타우(τ) 별	이중별	5.3, 5.9	1.6″	18시 03.1분	- 8° 58′
NGC 6539	구상성단	9.3	7.9′	18시 04.8분	- 7° 35′
IC 1276	구상성단	10.3	8.0′	18시 10.7분	- 7° 12′

각크기 및 각분리는 최근 천체 목록을 참고한 것입니다. 시각적으로 보이는 천체의 크기는 대부분 목록상에 있는 크기보다는 작게 느껴지며 장비의 구경과 배율에 따라 다양하게 느껴집니다.

황금 먼지

미리내 중심으로부터 남서쪽으로는
밝은 성단과 암흑성운이 고루 뿌려져 있습니다.

길은 넓고 크며 그 흙은 황금이요, 그 포석은
별이니, 마치 그것은 밤마다 그대들이 보는
별 뿌린 둥근 띠와도 같은 미리내,
그 하늘의 강에 나타나는 별과도 같았도다.

존 밀턴*John Milton*, 『실낙원*Paradise Lost*』

궁수자리의 미리내를 바라보는 것은 우리 미리내의 안쪽, 여름의 밤하늘을 부드럽게 수놓은 별들의 왕국을 바라보는 것입니다. 미리내의 진정한 심장은 성간 우주공간을 가로막는 수많은 구름들 뒤에 숨겨져 있죠. 그러나 우리가 볼 수 있는 것들이 있습니다! 별들로 포장된 이 천상의 넓은 가로수 길을 방문하여 이곳에 어떤 천체가 있는지 살펴봅시다.

먼저 이중별 **피아치 6**(Piazzi 6, Pz 6)을 구성하고 있는 2개의 황금색 티끌로부터 시작해보겠습니다. 이 천체에 처음으로 주목한 사람은 이탈리아의 천문학자 주세페 피아치Giuseppe Piazzi입니다. 그는 1801년 소행성이라는 천체를 처음으로 발견한 사람이죠. 그 소행성의 이름은 세레스(Ceres)입니다. 이 이중별은 종종 허셜 5003(h5003)으로 언급되곤 합니다. 이 등재명은 존 허셜의 후속 천

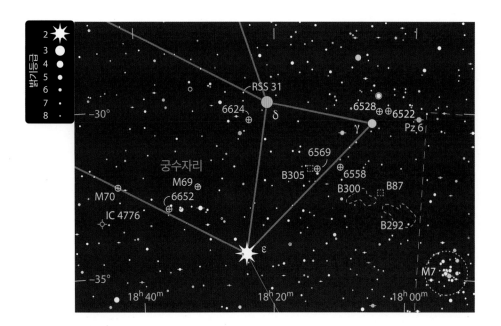

NGC 6569는 궁수자리 감마 별 남동쪽 2와 1/4도 지점에 있는 6.8등급의 별에서 북쪽으로 8분 지점에 있습니다. 105밀리미터 굴절망원경에서 28배율로 관측해보면 몇몇 희미한 별들로 경계가 그어진 작고 희미한 구체로 보이죠. 87배율에서는 1분 크기의 밝은 중심핵을 감싸고 있는 희미한 3분 크기의 헤일로가 보입니다. 10인치(254밀리미터)

반사망원경에서 43배율로 관측해본 NGC 6569는 부드럽게 얼룩진 모습과 함께 가운데로 갈수록 서서히 밝아지는 양상을 보여줍니다. 213배율에서는 과립상이 드러나지만, 개개의 별을 분해해 볼 수 없습니다. 이 구상성단에 있는 별들 중 가장 밝은 별의 밝기 등급은 14.7등급입니다. NGC 6569는 과연 얼마나 큰 구경에서야 자신의 별들을 보여주게 될까요?

암흑성운 **바너드 305**(Barnard 305, B305)는 NGC 6569에서 동쪽으로 13분 지점에 중심을 두고 있습니다. 에드워드 에머슨 바너드는 그의 걸출한 저작인 『미리내 특정 지역에 대한 사진 별지도A photographic Atlas of Selected Regions of the Milky Way』에서 바너드 305를 불규칙한 형태를 가진 13분 폭의 천체로 등재하였습니다. 그리고 다음과 같이 기록했죠. "암흑의 줄기가 이 점으로부터 뻗어 나와 북쪽으로 3/4도 이상 펼쳐져 있으며 여기서 갈라져 나온 지류 하나는 남서쪽으로 0.5도 뻗어 있다."

제가 사는 북위 43도 지점에서 이 암흑성운의 여러 부분 중 가장 눈에 띄는 부분은 9.5분×7.5분 크기의 먼지가 가득 덮여 있는 부분입니다. 이 부분은 별들이 가득 들어찬 배경에 균열을 만들어내고 있는 숯 검댕이 덩굴로부터 뻗어 나오고 있죠.

체목록에 등장하죠. 피아치 6은 궁수자리 감마 별 서쪽 1.5도 지점에서 쉽게 찾아볼 수 있으며 어두운 밤하늘이라면 맨눈으로도 볼 수 있습니다.

이 다채로운 색깔의 이중별을 저에게 알려준 사람은 노스캐롤라이나의 별지기인 데이비드 엘로서David Elosser입니다. 105밀리미터 굴절망원경에서 76배율로 바라보면 5등급의 으뜸별이 노란색이 더 우세하게 느껴지는 주황색으로 보입니다. 으뜸별로부터 동남동쪽 4.3초 지점에 있는 7등급의 짝꿍별은 깊은 노란색을 보여주죠. 이 이중별을 구성하고 있는 별들은 적색거성으로서 그 직경은 태양 지름의 775배와 85배입니다.

이들 주위에 있는 구상성단들 역시 희미한 황금빛의 먼지를 보여줍니다. 대개 100억 살에서 120억 살의 나이를 가지고 있는 이 고대의 별 무리들은 성단의 전반적인 색깔에 영향을 미치는 수많은 적색거성을 가지고 있습니다. 예를 들어 **NGC 6569**는 분광유형 G1에 해당하는 별과 유사한 노란색 빛을 뿜어냅니다. 비록 몇몇 별지기들이 NGC 6569의 색깔을 노란색으로 기록하긴 했지만 저는 이 구상성단의 색깔이 특정 색깔로 느껴지지는 않았습니다. 여러분은 NGC 6569의 색깔을 창백한 태양과 같은 노란색으로 느낄 수 있으신지요?

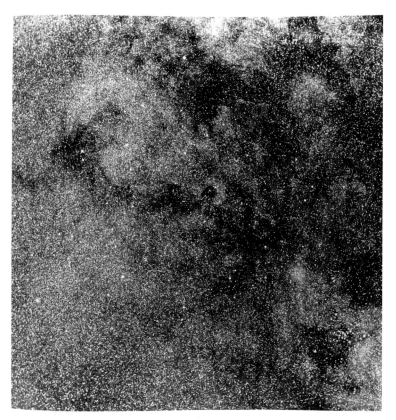

에드워드 에머슨 바너드의 저작인 『미리내 특정 지역에 대한 사진 별지도(A photographic Atlas of Selected Regions of the Milky Way)』는 여러 암흑성운을 식별해낸 아마추어 천문학자의 첫 작업 결과물입니다. 이 사진은 궁수자리 남서쪽과 전갈자리 일부를 담고 있는 건판 28의 사진입니다.

4,000광년 거리의 NGC 6558보다 훨씬 멀리 떨어져 있습니다. 사실 이 2개 구상성단은 우리가 방문하게 될 6개의 구상성단 중에서 가장 먼, 그리고 서로 가장 가까운 성단이죠. 그런데도 NGC 6569는 NGC 6558보다 더 밝게 보입니다. 이는 그 고유밝기 자체가 훨씬 더 밝기 때문이죠. NGC 6569는 겉보기로는 자신의 이웃 구상성단인 NGC 6558보다 가시광선상에서 3배 더 많은 빛을 복사해내고 있습니다. 반면 NGC 6558은 우리가 이번에 탐험하게 될 구상성단 중 가장 어두운 성단이죠.

남서쪽으로는 암흑성운들의 복잡 미묘한 궤적이 미리내의 수많은

105밀리미터 굴절망원경에서 76배율로 바라봤을 때, NGC 6569와 바너드 305는 한 시야에 들어옵니다. 그리고 NGC 6569가 한쪽 모서리에 자리 잡도록 망원경을 서쪽으로 살짝 옮기면 **NGC 6558**도 들어오죠. NGC 6558을 이처럼 바로 찾아내기는 하지만 105밀리미터 굴절망원경에서 76배율로는 대단히 희미하게 보입니다. 이 구상성단은 1분 크기의 중심핵과 이 중심핵을 2배의 크기로 감싸고 있는 대단히 희박한 헤일로를 가지고 있습니다. 이 구상성단의 핵은 122배율에서 얼룩이 보이기 시작하며 헤일로는 누덕누덕 기운 듯한 모습을 보여주죠. 여러 희미한 별들이 이 구상성단의 테두리를 빈틈없이 채우고 있습니다.

NGC 6569까지의 거리는 3만 5,000광년으로서, 2만

위 사진에 담겨있는 암흑성운에 대한 바너드의 해설이 기록되어 있습니다. 붉은색 원은 308쪽의 별지도와 명확히 대응하기 위한 목적으로 추가된 것입니다.

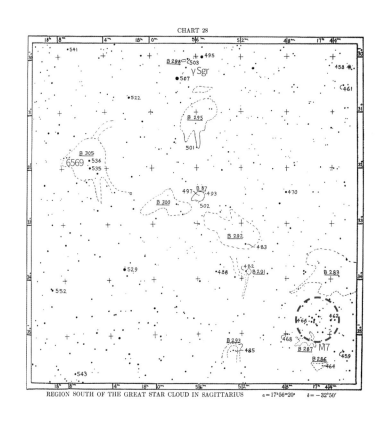

허블우주망원경이 촬영한 M69(왼쪽)와 M70의 사진은 당신이 어느 망원경, 어떤 접안렌즈로 보는 모습보다 훨씬 더 많은 별들을 분해해서 보여줍니다. 두 사진 모두 가로 세로 약 5분의 크기를 담고 있습니다만, M69의 사진이 훨씬 더 깊은 노출을 이용한 것입니다.

사진: NASA / STScI / 위키스카이(Wikisky)

별이 넘어오지 못하도록 울타리를 치고 있습니다. 가장 선명한 경계를 보여주는 암흑성운은 **바너드 87**(Barnard 87, B87)입니다. 앵무새의 머리(Parrot's Head)라는 이름으로도 알려져 있는 이 암흑성운은 13분에 걸쳐 뻗어 있습니다. 앵무새는 동쪽을 바라보고 있으며 10등급의 별 3개가 앵무새의 턱 부분을 형성하고 있고 네 번째 별은 눈을 만들고 있죠. 바너드 87의 동남동쪽에는 **바너드 300**(Barnard 300, B300)이 더 크게 펼쳐져 있으며 남서쪽으로는 바너드 292(Barnard 292, B292)가 1도 직경으로 펼쳐져 있으면서 서로 단절된 검은 먼지 뭉치의 복합체를 형성하고 있습니다. 105밀리미터 망원경에서 76배율로 관측하면 이 3개 암흑성운 모두를 구분해 볼 수 있습니다.

좀 더 밝은 구상성단을 보려면 궁수자리 델타(δ) 별의 남동쪽 3/4도 지점에 있는 **NGC 6624**를 찾아보세요. NGC 6624는 130밀리미터 굴절망원경에서 23배율로 관측해보면 궁수자리 델타 별 및 노란빛과 황금색 빛으로 사랑스럽게 빛나는 광학적 이중별인 **루소 31**(Rousseau 31, RSS 31)과 한 시야에 들어옵니다. 87배율에서는 2분 크기의 밝은 중심부와 이를 감싸고 있는 3.5분 크기의 얼룩진 헤일로를 보여줍니다. 중심으로 갈수록 밝기는

점점 밝아져서 매우 작고 찬란하게 빛나는 핵을 보여주죠. NGC 6624의 서남서쪽 모서리에는 11등급과 13등급의 별 한 쌍이 박혀 있습니다. 동남동쪽 측면으로는 구상성단의 경계 바로 바깥쪽에 12등급의 별 하나가 있죠. 10인치(254밀리미터) 망원경에서 213배율로 관측해 보면 헤일로를 장식하고 있는 몇몇 별들을 볼 수 있습니다. NGC 6624는 NGC 6569보다 밝으며 전반적으로 G4 또는 G5 유형의 별에 상응하는 분광유형을 가지고 있어 약간은 깊은 노란색을 띠고 있죠. 여러분은 이 색깔이 좀 더 쉽게 구분되시나요?

이보다 좀 더 밝은 구상성단은 G2에서 G3유형에 해당하는 분광유형을 보여주는 M69입니다. M69는 궁수자리 엡실론(ε) 별에서 북동쪽으로 2.5도 지점에 있죠. 9×50 파인더를 통해 바라본 M69는 북서쪽 경계에 8등급의 별 하나를 달고 있는 희미한 점으로 보입니다. 130밀리미터 망원경에서 102배율로 바라본 M69는 희미한 4분 지름의 헤일로와 이보다 반 정도 크기로 선명한 경계를 보여주는 밝은 중심부를 보여주죠. M69는 164배율에서 매우 아름답게 보입니다. 헤일로와 중심부 안쪽으로 고루 뿌려져 있는 최소한 20개 별의 밝은 빛

이 뒤섞여 보이죠.

저배율에서는 M69보다 어두운 **NGC 6652**를 M69와 한 시야로 볼 수 있습니다. NGC 6652는 M69의 남동쪽 1도 지점에 있죠. 130밀리미터 굴절망원경에서 164배율로 바라본 이 구상성단의 헤일로는 거의 3분에 걸쳐 펼쳐져 있습니다. 희미한 별들이 밝은 과립상을 보이는 중심부를 껴안고 있으면서 전반적인 형태를 약간 서북쪽으로 기울어진 1분 크기의 타원형으로 만들고 있습니다.

M69와 NGC 6652의 거리는 각각 3만 광년과 3만 3,000광년으로 우리로부터 거의 비슷한 거리에 있습니다. 그러나 M69의 빛이 NGC 6652보다 2배 더 밝게 빛나죠. **구상성단 M70**은 M69로부터 정동쪽으로 2.5도 지점에 있습니다. 130밀리미터 망원경에서 23배율을 만들어주는 광각 접안렌즈를 이용하면 M69와 M70을 간신히 한 시야로 몰아넣을 수 있습니다. M70은 164배율에서 전체 크기의 반 정도에 해당하는 3분의 중심부와 중심부로 갈수록 점점 더 밝아지는 양상을 보여줍니다. M70은 앞쪽으로 줄지어 선 몇몇 별들을 포함해서 약 10여 개의 별이 반짝반짝 빛나는 모습을 보여줍니다. 반면 중심부 안쪽에는 약하게 빛을 내는 2개의 별과 여러 별로 인해 매우 얼룩덜룩하면서도 밝은 모습을 보여주죠.

우리의 마지막 관측 대상은 비교적 작은 행성상성운 **IC 4776**입니다. 이 행성상성운은 M70의 남남동쪽 1.2도 지점에서 발견되죠. 이 행성상성운은 북동쪽과 서북서쪽으로 약 7.5분 떨어져 있는 9등급의 별들과 함께 잔뜩 웅크린 이등변삼각형을 구성하고 있습니다. 비록 이 행성상성운은 고배율에서도 별상을 보여주지만, 그 색조로 인해 행성상성운임을 알 수 있습니다. 저는 130밀리미터 굴절망원경에서 164배율을 이용하여 이 행성상성운을 쉽게 찾을 수 있었습니다. IC 4776은 매우 작고 청회색을 띠고 있으며 가운데 부분에서 더 밝은 기운을 느낄 수 있죠. 저는 다른 별지기들이 이 행성상성운을 파란색 또는 초록색으로 묘사하는 것을 들은 적이 있습니다.

8월

궁수자리의 별먼지들

대상	분류	밝기	각크기/각분리	적경	적위
피아치 6	이중별	5.4, 7.0	4.3″	17시 59.1분	- 30° 15′
NGC 6569	구상성단	8.6	6.4′	18시 13.6분	- 31° 50′
바너드 305 (B305)	암흑성운	-	13′ / 80′	18시 14.7분	- 31° 49′
NGC 6558	구상성단	9.3	4.2′	18시 10.3분	- 31° 46′
바너드 87 (B87)	암흑성운	-	13′	18시 04.2분	- 32° 32′
바너드 300 (B300)	암흑성운	-	45′×30′	18시 07.0분	- 32° 39′
바너드 292 (B292)	암흑성운	-	1°	18시 00.6분	- 33° 21′
NGC 6624	구상성단	7.9	8.8′	18시 23.7분	- 30° 22′
루소 31 (RSS 31)	이중별	8.1, 8.7	45.5″	18시 24.4분	- 29° 32′
M69	구상성단	7.6	9.8′	18시 31.4분	- 32° 21′
NGC 6652	구상성단	8.6	6.0′	18시 35.8분	- 32° 59′
M70	구상성단	7.9	8.0′	18시 43.2분	- 32° 18′
IC 4776	행성상성운	10.8	8.8″×4.7″	18시 45.8분	- 33° 21′

각크기 및 각분리는 최근 천체 목록을 참고한 것입니다. 시각적으로 보이는 천체의 크기는 대부분 목록상에 있는 크기보다는 작게 느껴지며 장비의 구경과 배율에 따라 다양하게 느껴집니다.

리라 수업

하프와 비슷한 악기인 리라는 9월의 높은 하늘 위에서
별지기들에게 밤하늘의 보석을 소개해줍니다.

9월의 온하늘별지도에서 **베가**(Vega)를 찾을 수 있을 겁니다. 이 별은 밤하늘에서 네 번째로 밝은 별이며 거문고자리에서 가장 밝은 별이죠. 신화에 따르면 하프와 비슷한 악기인 이 리라는 오르페우스의 악기였습니다. 그는 이 악기를 연주하여 살아 있는 모든 생명체를 황홀하게 만드는 힘이 있었죠. 그의 아내인 에우리디케가 죽었을 때, 오르페우스는 하데스를 찾아가 그녀를 되돌려

줄것을 탄원합니다. 그는 자신의 음악으로 저승의 왕 하데스를 설득시키고 에우리디케를 데려가도 좋다는 허락을 받죠. 단, 두 명 모두 이승의 빛을 맞을 때까지 아내 에우리디케를 되돌아보지 말라는 경고를 받습니다. 오르페우스가 이승의 빛속에 발을 내디뎠을 때, 그는 드디어 사랑하는 아내를 되돌아보았지만 그건 너무 이른 결정이었죠. 에우리디케는 아직 저승 동굴의 입구에 있었고 결국 그녀는 어둠 속으로 사라져버리고 맙니다. 그는 그저 희미하게 "안녕히……."라는 말을 들을 수 있었을 뿐이었죠. 그 이후 오르페우스는 비탄에 잠겨 방랑을 시작합니다. 그리고 오르페우스가 죽자 신들

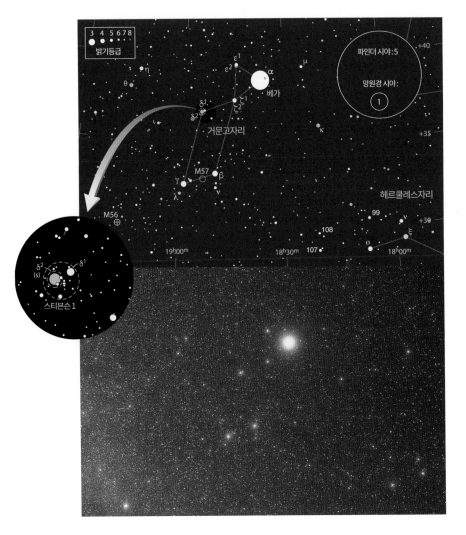

위: 『밀레니엄 스타 아틀라스』에서 인용한 이 별지도에서 북쪽은 위쪽, 동쪽은 왼쪽입니다. 하얀색 원은 파인더나 저배율 접안렌즈를 탑재한 소구경 망원경으로 관측했을 때 볼 수 있는 시야를 의미합니다. 북쪽 방향을 확인하려면 망원경을 북극성 쪽으로 살짝 건드려보면 됩니다. 새로운 영역이 들어오는 쪽이 북쪽입니다(만약 접안렌즈에 직각 천정미러를 쓰고 있다면 이때 보게 되는 것은 좌우가 반대인 거울상일 겁니다. 이 별지도를 가지고 나가서 대상을 지도와 맞춰보세요).

아래: 해가 진 후 머리 위에 떠 있는 거문고자리를 찾아보세요.
거문고자리는 백조자리 서쪽에 있습니다. 거문고자리는 0등급의 별 베가 말고는 그다지 눈길을 끌지는 못합니다만 거문고자리의 경계 내에는 그 유명한 거문고자리 엡실론(ε) 별, 일명 더블더블을 비롯한 아름다운 이중별들이 여러 개 있습니다. 그 자체가 이중별이기도 한 이중별상의 각 별을 저배율로도 구분해 볼 수 있을 것입니다. 거문고자리 엡실론 별의 남쪽과 남동쪽으로는 역시 이중별인 제타(ζ) 별과 델타(δ) 별이 있습니다.

은 오르페우스의 리라를 별들 사이에 걸어놓았죠.

리라가 자리 잡은 곳은 작은 망원경에 적합한 수많은 딥스카이 천체들이 있는 곳입니다. 그중 하나가 가장 잘 알려진 다중별계인 **거문고자리 엡실론**(ε) 별입니다. 일명 '더블더블'이라 불리는 별이죠. 베가로부터 동북동쪽 1.7도 지점에 있는 4등급 별을 찾아보세요. 쌍안경이나 파인더를 이용하면 이 별이 정말 이중별임을 금세 알 수 있습니다. 사실 관측 조건이 괜찮은 밤이라면 저는 이 별을 맨눈으로도 분해해 볼 수 있죠. 각 별은 그 자체로 또 이중별입니다. 92밀리미터 굴절망원경에서 94배율로 바라보면 2개 별 모두 깔끔하게 분리됩니다. 169배율에서는 넉넉한 간격도 볼 수 있죠. 2011년, 이 2개 이중별은 거의 동일한 간격의 간극을 유지하고 있었습니다. 북쪽방향에 있는 이중별인 엡실론[1]은 2.3초의 간격을 유지하고 있었으며 엡실론[2]는 2.4초의 간격을 유지하고 있었죠. 향후 20년 동안 엡실론[1]을 구성하는 짝꿍별은 으뜸별의 북북서 방향을 여전히 유지하면서 그 간격은 2.0초까지 줄어들게 됩니다. 반면 엡실론[2]의 경우는 으뜸별에서 동북동쪽에 있는 짝꿍별과의 간격이 2.5초으로 늘어나게 되죠. 4개 별 모두 백색에 약간의 노란빛이 도는 별들입니다. 이처럼 서로 촘촘하게 붙은 이중별을 분해해내기 위해서는 좋은 광학장비와 안정된 대기조건이 필요하며 망원경 역시 외부 공기와 동일한 상태로 냉각되어 있어야 합니다.

베가의 남동쪽에 있는 4개의 3등급 및 4등급의 별들은 리라의 몸통을 구성하는 평행사변형을 형성하고 있습니다. 이 중에서 가장 가깝게 붙어 있는 이중별은 4.3등급의 백색별인 **거문고자리 제타**[1](ζ[1])과 창백한 황백색으로 빛나는 5.7등급의 짝꿍별 **제타**[2](ζ[2])입니다. 이들은 서로 44초 떨어져 있죠. 이 별은 베가로부터 남동쪽 1.9도 지점에 있으며 20배율에서 쉽게 분해해 볼 수 있습니다.

평행사변형상에서 다음에 만나게 될 별은 거문고자리 제타 별로부터 동남동쪽 2도 지점에서 좀 더 다채로운 색깔을 뽐내고 있는 이중별, 거문고자리 **델타**[1](δ[1])과 **델타**[2](δ[2])입니다. 4.2등급의 델타[2]는 더 밝으면서 붉은빛이 감도는 주황색을 선명하게 보여주는 별이죠. 5.2등급의 델타[1]은 어여쁘게 색채대비를 이루는 청백색의 별입니다. 폭넓은 간격을 유지하고 있는 이 이중별은 삼각대에 올린 쌍안경을 통해서도 충분히 분해해 볼 수 있는 별입니다만, 실제 이 별은 희박하게 별들이 몰려 있는 산개성단 **스티븐슨 1**(Stephenson 1)의 일부이기도 합니다. 소구경 망원경들도 이곳에서 10개 이상의 별을 보여줄 것입니다. 이들 대부분은 델타[1] 별과 델타[2] 별의 남쪽에 흩뿌려져 있으며 전반적으로 16분 크기의 별 무리를 형성하고 있습니다.

거문고자리 델타 별에서 남남서쪽으로 3.7도를 내려오면 그 밝기변화를 맨눈으로도 확인할 수 있는 변광성을 만나게 됩니다. **거문고자리 베타**(β) 별은 식이중별입니다. 각 이중별은 서로 너무나 가깝게 붙어 있으며 질량 중심점 주위로 형성된 상호 공전궤도는 타원형으로 일그러져 있고 서로에 대해 대단히 빠른 속도로 돌고 있죠. 이 이중별계는 지속적인 밝기변화를 보여줍니다. 으뜸별의 밝기는 매 13일을 주기로 최소화되죠. 가장 밝아질 때의 밝기는 거문고자리 감마(γ) 별과 동일한 3.2등급입니다. 반면 가장 어두워질 때의 밝기는 **거문고자리 카파**(κ) 별과 엇비슷한 4.3등급 수준이죠. 거문고자리 베타 별을 이 2개 별들과 비교해보세요. 그럼 조만간 식 과정에 있는 이 별을 잡아낼 수 있을 것입니다.

평행사변형을 구성하는 마지막 별은 **거문고자리 감마**(γ) 별입니다. 이 별은 거문고자리 베타 별로부터 동남동쪽 2도 지점에 있습니다. 청백색의 이 별은 근처에 있는 주황색의 **거문고자리 람다**(λ) 별과 함께 쌍안경이나 저배율 망원경에서 멋진 모습을 보여줍니다. 거문고자리 감마 별에서 베타 별 방향으로 5분의 3 지점에서 거문고자리의 최대 전시품을 찾아보세요. 바로 M57 가락지성운을 말입니다. 이 행성상성운은 매우 작지만 20배율에서도 별이 아님을 확실하게 알려주죠. 92밀리

대부분의 작은 망원경으로 바라본 가락지성운 M57은 작고 희미한 회색빛의 도넛 모양을 하고 있습니다. 그러나 아키라 후지가 촬영한 이 사진처럼 얼마간의 노출을 통해 촬영한 사진에서는 그 진정한 색깔이 드러나죠. 가락지성운은 늙은 별이 자신의 질량 상당분을 우주공간으로 쏟아내고 있는 행성상성운입니다.

성단은 북서쪽 26분 지점에 6등급의 주황색 별 하나를 거느리고 있죠. 작은 망원경에서 저배율로 바라본 M56은 별들이 가득 들어차 있는 아름다운 배경을 두고 누워 있는 작고 희미하고 둥근 별 무리입니다. 이 성단은 중심부로 갈수록 현저하게 밝아지는 양상을 보여주며 서쪽 모서리 바깥쪽으로는 10등급의 별 하나가 있습니다. 깨끗한 대기 조건이라면 6인치(152.4밀리미터) 망원경에 200배율로 관측했을 때 부분적으로 별들이 식별되기 시작합니다. M56이라는 등재명은 이 구상성단이 혜성 사냥꾼이었던 샤를 메시에가 작성한 그 유명한 목록에 56번째로 등재되었다는 것을 의미합니다. 메시에 목록은

미터 굴절망원경에서 94배율로 바라본 M57은 사랑스럽고 작은, 빛의 도넛 형태를 보여줍니다. 이 고리의 안쪽은 주변 하늘보다 훨씬 더 밝죠. 가락지성운의 중심에 있는 별은 대부분의 사진에서 아주 잘 보입니다. 그러나 이 별은 작은 구경의 망원경으로는 보이지 않으며 대구경의 아마추어 장비로도 큰 노력이 필요합니다. 가락지성운은 죽어가는 별이 뿜어낸 가스구름입니다. 이 성운은 실제로는 터널 모양을 하고 있지만 우리는 거의 정면을 보고 있기 때문에 그 모습이 타원형으로 보입니다.

우리의 마지막 관측 대상은 구상성단 M56입니다. 거문고자리 람다 별로부터 동남동쪽 4도 지점에 있는 이

주로 혜성처럼 보이는 천체를 구분해내기 위하여 만들어졌습니다. 오늘날에는 작은 망원경으로 봤을 때도 메시에 목록상의 천체 상당수가 확실하게 혜성이 아님을 알 수 있지만 M56의 경우는 아직 꼬리가 발달하지 않은 먼 거리의 혜성으로 오해될 만한 최상의 예가 되기도 합니다.

늦여름, 거문고의 풍경을 감상할 때면 존 밀턴John Milton이 그의 저작 『우울한 사람Il Penseroso』에서 묘사했듯이 "하데스의 뺨에 철의 눈물이 흐르게 만들고 지옥이 사랑을 되찾도록 허락하게 만든" 리라의 선율을 마음속으로 상상해보세요.

대상	유형	밝기	거리(광년)	적경	적위
거문고자리 엡실론^1(ε^1) 별	이중별	5.1, 6.2	162	18시 44.3분	+ 39° 40′
거문고자리 엡실론^2(ε^2) 별	이중별	5.3, 5.5	160	18시 44.4분	+ 39° 37′
거문고자리 제타^1(ζ^1) 별	별	4.3	153	18시 44.8분	+ 37° 36′
거문고자리 제타^2(ζ^2) 별	별	5.7	150	18시 44.8분	+ 37° 35′
거문고자리 델타^1(δ^1) 별	별	5.6	1,000	18시 53.8분	+ 36° 56′
거문고자리 델타^2(δ^2) 별	별	4.2	900	18시 54.5분	+ 36° 54′
스티븐슨 1 (Stephenson 1)	산개성단	3.8	1,000	18시 54.0분	+ 36° 52′
거문고자리 베타(β) 별	별	3.3 - 4.3	900	18시 50.1분	+ 33° 22′
거문고자리 감마(γ) 별	별	3.2	634	18시 58.9분	+ 32° 41′
거문고자리 카파(κ) 별	별	4.3	200	18시 19.8분	+ 36° 04′
거문고자리 람다(λ) 별	별	4.9	1,500	19시 00.0분	+ 32° 09′
M57(가락지성운)	행성상성운	9.7	2,000	18시 53.6분	+ 33° 02′
M56	구상성단	8.2	31,000	19시 16.6분	+ 30° 11′

미리내의 보석

눈길을 잡아끄는 방패자리 별 구름 속에는
다양한 성단이 자리 잡고 있습니다.

독수리자리의 꼬리 뒤편으로는 미리내의 밝은 띠가 여기저기 산재해 있습니다. 에드워드 에머슨 바너드는 1927년 그의 저작인 『미리내 특정 지역에 대한 사진 별지도』에서 이 머나먼 별들의 섬에 '방패자리의 위대한 별 구름'이라는 제목을 달았습니다. 그의 기록은 다음과 같이 시작됩니다. "미리내의 보석인 이곳은 가장 아름다운 별구름이며 수많은 볼거리가 넘쳐나는 곳이기도 하다. 극단적으로 작은 별들로 만들어진 몸통 부분이 확연하게 드러난다. 거대한 해머와 같은 머리 부분은 서쪽으로 훨씬 거친 별들을 어렴풋이 보여주는데 이 부분은 우리로부터 훨씬 더 가까운 곳에 있는 듯이 보인다."

우리는 이곳에서 우리 쪽을 향해 휘어 들어오는 미리내의 궁수자리 나선팔을 볼 수 있습니다. 우리의 시선 방향으로 셀 수 없을 만큼 많은 별들이 몰려 있어서 쌍안경으로 봤을 때, 시종일관 그 모습에 취할 수밖에 없을 만큼 별들이 아름답게 몰려 있는 양상을 볼 수 있죠.

방패자리 별구름은 거대한 균열에 의해 구획되어 있습니다. 이 거대한 균열을 만들고 있는 검은 먼지 띠는 백조자리로부터 방패자리로 뚝 떨어지다가 폭이 넓어지는 곳 바로 앞에서 서쪽으로 방향을 틀어 뱀자리의 꼬리 부분을 통과하며 땅꾼자리까지 뻗어 있습니다. 이처럼 검은 그림자를 드리우는 균열부는 상대적으로 밝

미리내에서 가장 밝은 부분 중 하나가 바로 방패자리 별구름입니다. 이 지역은 1등급 별 알타이르로부터 남서쪽으로 쭉 뻗은 팔 끝의 주먹 2개 정도 떨어진 지점(약 20도)에 있죠. 오른쪽 아래 네모상자에 담긴 지역은 317쪽 별지도에 훨씬 더 크게 표시되어 있습니다.

사진: 아키라 후지

지 명확하게 보이지만은 않는 V자 형태를 보곤 하죠. 그러나 이따금 주변 도시의 빛공해가 잠식한 하늘에서 M11을 관측하면 약간은 좀 더 선명한 V자를 볼 수 있습니다. 105밀리미터 굴절망원경에서 153배율로 바라본 이 성단은 희미한 별들이 대단히 잔뜩 몰려 있는 모습을 보여줍니다. 그러나 매우 넓은 V자 형태로 두드러지게 보이는 암흑대는 남동쪽으로 향하고 있는 기러기 떼의 모습을 닮은 일련의 별들로부터 성단 하나를 뚝 떼어놓고 있습니다. 왼쪽의 나머지 별들이 모여 마치 또 하나의 기러기 떼인 듯 쐐기 모양의 군집을 이루고 있으며, 그 꼭짓점 근처에는 이 성단에서 가장 밝은 별이 있죠. 밝은 별의 서쪽으로 아마도 앞쪽으로 있을 것으로 보이는 이 쐐기모양은 별 사이를 꾸불꾸불 흐르고 있는 복잡한 암흑대역들에 의해 더 많이 끊어져 있고 성단의 끝부분까지 이어져 있습니다.

M11은 1681년 베를린의 천문학자였던 고트프리드 키르케Gottfried Kirche에 의해 발견되었습니다. 그는 이 성단을 성운기를 가진 별이라고 불렀습니다. 아래 인용한 문장은 자주 키르케의 언급으로 소개되곤 합니다만 사실은 에드먼드 핼리Edmond Halley가 M11의 앞쪽에 있는 별을 특별하게 언급한 1715년 논문에 등장합니다. "이 별은 별 자체이지만 작고 희미한 점이기도 하다. 그러나 이 점을 뚫고 밝게 빛나는 별이 있어 더 밝게 빛난다." 1733년, 영국의 성직자였던 윌리엄 더럼William Derham은

은 별구름을 미리내에서 가장 찾기 쉬운 구조로 만들어주고 있습니다.

이 별구름이 있는 곳이 바로 방패자리입니다. 9월의 온하늘별지도에서 방패자리는 4등급의 별들이 만드는 길고 날씬한 다이아몬드 형태로 보이죠. 방패자리에서 가장 밝게 빛나는 보석은 M11입니다. M11은 별구름 북쪽 경계에서 아름답게 빛나는 산개성단입니다. 파인더 상에서 M11은 작고 희미한 점처럼 보이며 노란색의 방패자리 베타(β) 별과 한 시야에 들어옵니다.

망원경을 통해 바라본 M11은 매우 작은 별들이 웅장하게 모여 있는 모습을 보여줍니다. 이 별 무리는 종종 V자 형태의 구조로 인해 야생오리성단(the Wild Duck Cluster)으로 불리곤 합니다. 저는 망원경을 통해서 그다

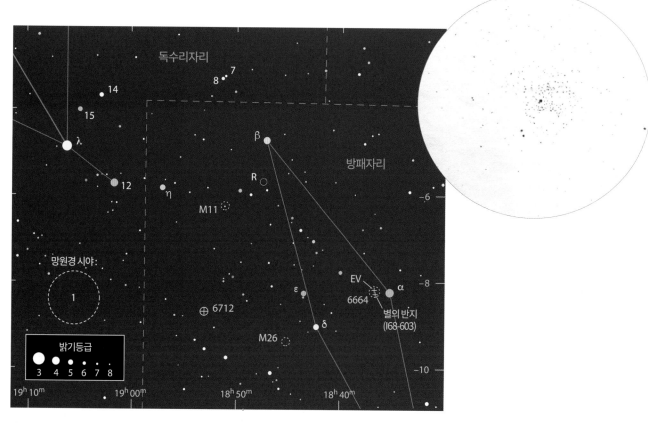

위: 저자는 자신의 105밀리미터 굴절망원경에서 127배율로 M11을 관측하며 M11 내부와 그 주위의 모든 별을 말 그대로 하나하나 뜯어봤습니다. 북쪽이 위쪽이며 지름은 2/3도입니다. 별 무리 한복판에 있는 8등급의 별과 남동쪽 모서리에 있는 한 쌍의 밝은 별에 주목하세요. 눈으로 봤을 때 이 3개의 별들은 확실히 두드러지게 보이지만 사진에서는 주위 별들에 함께 묻혀 딱히 두드러지게 보이지 않는 경우가 많습니다.

왼쪽: 이번 장에서 이야기하고 있는 모든 천체는 작은 파인더로 쉽게 한 시야에 담을 수 있습니다. 이 지역에서 관측 대상을 고르게 되면 반드시 방패자리 R 별을 찾아보도록 하세요. 이 별은 M11의 북서쪽 1도 지점에 있는 변광성입니다.

별지도 : 『스카이 아틀라스 2000.0』에서 발췌

이 성단에서 가장 희미한 별들을 처음으로 구분해 보았다고 주장했습니다. 그러나 이는 방패자리 별구름을 전체적으로 언급한 것으로 생각됩니다.

이제 방패자리 알파(α) 별의 동쪽으로 20분에 걸쳐 별들이 좀 더 흩뿌려진 모습을 연출하는 **NGC 6664**를 방문해봅시다. 11×80 쌍안경으로 NGC 6664를 바라본 남아프리카의 별지기인 오크 슬로트그라프Auke Slotegraaf는 다음과 같은 매력적인 묘사를 남겼습니다. "아름다워라! 부드럽게 빛나는, 안개가 자욱하게 낀 듯한 동그란 이곳. 미묘한 이 천체는 놀랍도록 거대하고 마치 별빛을 걸러내고 있는 듯하다." 그다지 시적인 감각이라곤 없는 제 노트에는 6인치(152.4밀리미터) 반사망원경에서 95배율로 바라본 관측기록이 적혀 있습니다. 10등급

의 별 25개와 이보다는 희미한 별들이 16분 폭에 불규칙하게 모여 있다고 간단하게 적었죠. 그 근처에 있는 방패자리 알파 별은 주황색 색감이 도는 노란색 별입니다.

NGC 6664에서 가장 밝은 별은 일반적으로 **방패자리 EV** 별로 꼽습니다. 세페이드 변광성인 이 별은 9.9등급에서 10.3등급까지, 3.1일을 주기로 밝기변화를 보여줍니다. 이 별은 가장 어두워질 때, 동일 별 무리 내에서 북서쪽 4분 지점에 있는 10등급 별과 밝기가 같아집니다. 성단에 있는 세페이드 변광성들은 우주적 거리 측정치를 정교하게 다듬을 수 있는 매우 중요한 천체로 다뤄집니다. NGC 6664는 세페이드 변광성을 가지고 있는, 현재까지 알려진 몇 안 되는 성단 중 하나이죠.

1960년대와 1970년대, 독일의 천문학자인 외르그 이세르스테트Jörg Isserstedt는 한때 미리내 나선팔을 추적할 수 있는 괜찮은 추적지표로 생각되었던 '장타원형 고리를 그리고 있는 별목록'으로 1,091개의 목록을 작성했습니다. **이세르스테트 68-603**(Isserstedt 68-603, I68-603)은 NGC 6664 내에 있습니다. 비록 확연히 눈에 띄지는 않지만 6인치(152.4밀리미터) 반사망원경에서 137배로 관측했을 때 NGC 6664의 남쪽에서 11등급부터 13등급의 별들이 완전치 않은 고리를 만들고 있는 모습을 볼 수 있습니다. 이 고리는 동쪽 부분이 가장 선명하게 보이며 북쪽 경계는 거의 보이지 않죠. 이 고리는 동북동쪽에서 서남서쪽으로 길쭉한 약 6분 길이의 타원을 형성하고 있습니다. 이세르스테트 목록상에 있는 대부분의 별의 고리는 그저 우연한 배열의 결과로 간주되고 있습니다.

산개성단 M26은 별의 집중 양상에 있어서 M11과 NGC 6664의 중간 정도에 해당하는 성단입니다. M26을 찾으려면 방패자리 알파 별로부터 동쪽 2.1도 지점에 있는 5등급의 별 방패자리 엡실론(ε) 별을 먼저 찾아야 합니다. 노란색의 방패자리 엡실론 별에서 남쪽 6분 지점에 7등급의 황금색 별 하나가 있습니다. 저배율 시야에서 이 2개 별을 서쪽 모서리에 두고 남쪽으로 1.1도를 내려오면 M26을 만나게 됩니다. 방패자리 알파 별에서 4.7등급의 방패자리 델타 별을 통과하는 일직선상의 연장선에 M26이 있다는 점을 유념하세요. 방패자리 델타 별과 엡실론 별, 그리고 M26은 파인더상에서 한 시야에 들어옵니다.

비록 파인더상에서 M26을 못 볼 수도 있습니다만, 방패자리 델타 별 및 엡실론 별과 함께 그려지는 삼각형을 그린다면 M11의 사촌이자 별을 빈약하게 지닌 M26을 찾을 수 있을 것입니다. 사실 그저 일상적인 관측으로는 M26을 자리별로 착각할 가능성도 있습니다. 105밀리미터 굴절망원경에서 87배율로 관측해보면 중간 정도의 희미한 별 10개 정도가 8분의 폭 내에 깜찍한 무리를 이루고 있으며, 더더욱 희미한 별 여러 개가 금가루처럼 뿌려져 있는 모습을 볼 수 있습니다. 가장 밝은 9.1등급의 별이 성단의 남서쪽 모서리에 있습니다.

구상성단 NGC 6712는 M26으로부터 동북동쪽 2.1도 지점에 있으며 방패자리 알파 별 및 베타 별과 함께 정삼각형에 가까운 모습을 구성하고 있습니다. 제 작은 굴절망원경에서 127배율로 바라보면 별들이 풍부하게 들어찬 배경 사이에 5분 크기의 빛덩어리를 볼 수 있습니다. 거의 관측 한계선상의 밝기를 가진 극단적으로 희미한 별들이 두루뭉술한 형태로 뿌려져 있으며 헤일로의 북동쪽 부분에는 비교적 밝은 별 하나가 있습니다.

구상성단은 타원형 공전 궤도를 가지고 있습니다. 이들은 아주 오래전부터 미리내 원반으로 떨어져 내린 후 곧이어 머나먼 헤일로로 둥둥 떠다니기를 반복하고 있습니다. NGC 6712는 미리내 중심의 고밀도 지역을 통과하고 있는데, 이 구상성단은 다른 어떤 구상성단보다도 훨씬 더 많이 미리내 원반을 통과하고 있는 것으로 생각되고 있습니다. 이에 대한 한 가지 증거는 중력 조석작용에 의해 가장 밝은 별들이 이 성단에서 떨어져 나오고 있다는 것입니다. 이는 의심의 여지 없이 이 구상성단의 공전 궤도가 미리내의 광활한 헤일로를 통과하고 있음을 말해주는 것입니다. 아마도 미리내 헤일로상에 존재하는 많은 별은 이와 같은 구상성단에서 뜯겨 나온 별들일 것입니다.

대상	밝기	밝기	각크기/각분리	거리(광년)	적경	적위	MSA	U2
M11	산개성단	5.8	13'	6,100	18시 51.1분	- 6° 16'	1318	125R
NGC 6664	산개성단	7.8	16'	3,800	18시 36.5분	- 8° 11'	1319	125R
방패자리 EV 별	변광성	9.9 - 10.3	-	3,800	18시 36.7분	- 8° 16'	1319	125R
이세르스테트 68-603 (I68-603)	별들로 만들어진 고리	-	8'	3,800	18시 36.6분	- 8° 17'	1319	125R
M26	산개성단	8.0	14'	5,200	18시 45.2분	- 9° 23'	1318	125R
NGC 6712	구상성단	8.1	10'	22,500	18시 53.1분	- 8° 42'	1318	125R

MSA와 U2는 각각 『밀레니엄 스타 아틀라스』와 『우라노메트리아 2000.0』 2판에 기재된 차트 번호를 의미합니다. 광년으로 표시된 거리정보는 최근의 연구논문들을 기반으로 하고 있습니다. 각크기는 다양한 천체목록으로부터 발췌한 것입니다. 대부분의 천체들은 망원경을 통해 봤을 때 조금 더 작게 보입니다.

여름밤을 밝히는 행성상성운들

9월의 밤을 밝히는 행성상성운들을 확인해봅시다.

9월

행성상성운은 인상적인 천체입니다. 망원경을 통해 바라본 행성상성운은 대개 둥그런 원반이나 나비 모양으로 보이죠. 그리고 많은 행성상성운들이 선명한 푸른색이나 초록색의 색감을 보여줍니다. 행성상성운은 질량이 적은 별이 자신의 핵연료를 모두 소진했을 때 껍데기를 벗어던지면서 만들어지는 천체입니다. 죽어가는 별의 붕괴된 핵은 극단적으로 뜨거운 상태로 자신이 벗어던진 가스들을 가열하고 이로부터 불꽃이 터져 나오게 되죠.

지구에서 바라본 행성상성운은 아주 작거나 매우 희미하게 보입니다. 그러나 북반구의 여름 하늘은 작은 망원경으로도 쉽게 볼 수 있는 행성상성운들을 거느리고 있죠. 행성상성운들은 매우 잘 알려진 천체들임에도 불구하고 제법 규모가 있는 관측 장비로도 이들을 관측하려면 많은 노력이 필요합니다. 북쪽 높은 곳에서부터 시

작하여 우리의 밤하늘을 아름답게 장식해주는 이 희미한 거품들을 몇 개를 살펴보도록 하죠.

콜드웰 6(Caldwell 6)으로도 등재되어 있는 '고양이 눈'라는 이름의 NGC 6543은 용자리 오메가 별과 36 별 사이 중간 지점에 있습니다. 이 행성상성운은 창백한 푸른빛이 없다면 저배율에서 별로 착각하기 쉬운 성운입니다. 105밀리미터 굴절망원경에서 150배율 및 200배율로 관측해보면 북북동쪽에서 남남서쪽으로 길쭉한 20초 크기의 타원형 천체로 보입니다. 중간 지점이 약간 더 어둡게 보이고 희미한 중심의 별이 보이죠. 얇은 헤일로는 이 행성상성운의 테두리를 보풀이 인 것처럼 보이게 만듭니다. 타원형이었던 이 행성상성운의 형태는 10인치(254밀리미터) 반사망원경에서 220배율로 보면 모서리가 둥글게 잘 깎인 마름모꼴로 보입니다. 가장 남쪽에 있는 모서리가 그중에서 가장 날카롭게 보이죠. 이

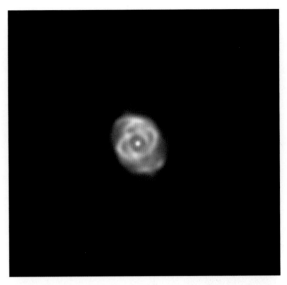

용자리에 있는 NGC 6543은 매사추세츠에서 12인치(304.8밀리미터) 미드 슈미트-카세그레인 망원경으로 촬영한 이 고배율 사진에서처럼 타원형의 눈동자 형태로 빛나는 구조 때문에 '고양이 눈'이라는 이름을 얻게 되었습니다.
사진: 숀 워커 / 존 부드로(John Boudreau)

행성상성운 안쪽으로는 색깔이 바랜 듯한 지역이 보입니다. 작고 희미한 은하 NGC 6552가 동쪽 9분 지점에 있는데 이 은하는 고양이눈성운과 동일 시야각 내에서 관측할 수 있습니다. NGC 6552의 형태는 서북서쪽에서 동남동쪽으로 길쭉한 타원형이며 고른 표면 밝기를 보여줍니다.

NGC 6543은 직경 5분 이상의 흐릿하게 보이는 외곽 헤일로를 가지고 있죠. 이 희미한 헤일로는 아마추어 망원경으로는 대구경으로도 잡아내기가 쉽지 않습니다. 그러나 10인치(254밀리미터) 망원경으로 여기서 가장 밝은 먼지다발을 잡아낼 수는 있죠. 고양이눈성운에서 서쪽으로 1.8분 지점, 그리고 9.8등급의 별로부터 남동쪽으로 1.1분 지점에서 길쭉한 얼룩과 같은 천체를 볼 수 있습니다. 이 천체는 약 120배율 및 220배율 사이에서 비껴보기로 봤을 때 그 모습을 드러내죠. 만약 이 천체를 보기가 쉽지 않다면 산소Ⅲ필터가 도움이 될 것입니다. 한 가닥의 성운기를 보여주는 이 천체는 IC 4677입니다. 이 천체는 1900년 4월 24일 에드워드 에머슨 바너드가 여키스 천문대의 40인치(1,016밀리미터) 굴절망원경으로 발견하였습니다. 바너드는 이 천체를 스케치로도 남겼죠. 몇몇 천체목록에서는 IC 4677을 은하로 잘못 분류하고 있습니다.

다음으로는 백조자리로 가보겠습니다. 이곳에서 우리가 찾을 천체는 콜드웰 15(Caldwell 15)로도 등재되어 있는 NGC 6826입니다. 6등급의 노란색 별 2개로 구성되어 서로 넓은 간격을 유지하고 있는 사랑스러운 이중별 백조자리 16별의 동쪽 28분 지점을 찾아보세요. NGC 6826을 105밀리미터 굴절망원경에서 17배율로 관측하면 청록색의 9등급 별처럼 보입니다. 그러나 47배율로 관측하면 작은 원반이 그 모습을 드러내죠. 이 행성상성운의 남남서쪽 1.6분 지점에는 11등급의 별 하나가 있습니다. 이 행성상성운은 127배율에서 특징을 보여주기 시작합니다. 우선 회색의 밝은 고리가 감싸고

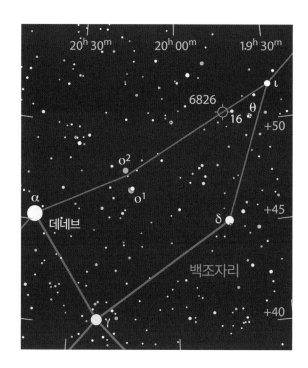

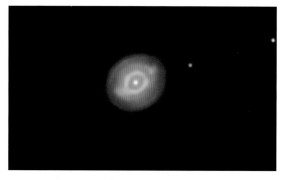

백조자리의 NGC 6826은 바로보기를 했을 때 사라졌다가 비껴보기를 했을 때 다시 보이게 되면서 마치 깜빡이는 듯한 인상을 심어줍니다. 그러나 이 천체는 실제로 깜빡이는 천체는 아닙니다. 오리건의 별지기인 윌리엄 맥러린이 촬영한 이 사진은 2.5분 폭에 담긴 이 깜빡이행성상성운의 모습을 보여주고 있습니다. 북쪽이 위쪽입니다.

있는 약간의 타원형 형태를 보여주죠. 희미한 중심별이 꽤 어두운 이 행성상성운의 정중앙에 있습니다. 이 행성상성운을 똑바로 바라보면 외곽의 고리가 보이지 않습니다. 그러나 한쪽 측면만을 바라보면 이 외곽 고리가 다시 나타나죠. 이는 당신의 망막에서 좀 더 민감한 부분이 이 외곽 고리의 빛을 받게 되기 때문입니다. 그래서 바로보기와 비껴보기를 번갈아 하면, 이 행성상성운은 마치 윙크를 보내는 듯한 모습을 연출합니다. 그래서 이 행성상성운은 깜빡이행성상성운(the Blinking Planetary)이라는 별명을 가지고 있습니다.

중간 이상 구경의 망원경을 가지고 있는 별지기라면 이 행성상성운의 장축 양 끝에 있는 미약하게 밝은 점을 찾아보세요. 이 지역은 빠르게 움직이는 낮은 이온화 복사 지역(Fast Low-Ionization Emission Region)의 머리글자를 따

서 플라이어(FLIER)라고 부르며 성운의 잔해가 초음속으로 외곽으로 퍼져나가며 만들어지는 지역입니다. 플라이어의 특성은 아직 규명되지 않았습니다만 어떤 연구에 따르면 별 폭풍이 이전에 쏟아져나간 물질들과 상호작용을 일으키면서 만들어지는 것일 수 있다고 합니다.

이제 그 유명한 거문고자리의 가락지성운으로 가보겠습니다. M57은 1779년 1월, 앙투안 다르퀴 드 펠리푸아Antoine Darquier de Pellepoix에 의해 발견되었으며 얼마

거문고자리의 가락지성운(M57)만큼이나 사진에 자주 등장하는 천체는 얼마 되지 않습니다. 그러나 가락지성운에서 서북서쪽 4.1분 지점에 있는 은하 IC 1296을 언급하는 경우는 거의 없죠. 우리가 보는 가락지성운의 빛은 약 2천 년 전 가락지성운을 출발한 빛입니다. 이에 반해 IC 1296의 빛은 이보다 10만 배나 더 오래전에 출발한 빛이죠. 2억 년 전, 이 빛이 우리를 향해 길을 나선 후 지구에는 공룡이 출현했다가 사라졌고, 태양계는 미리내를 완전히 한 바퀴 돌았습니다. 이 사진은 매사추세츠의 별지기인 브라이언 룰라(Brian Lula)가 20인치(508밀리미터) 리치크레티앙 반사망원경을 이용하여 촬영하였습니다.

레런드 S. 코프랜드는 여우자리의 아령성운(M27)을 "마치 폭신한 베게"와 같다고 묘사했습니다. 이 사진은 크리스 슈르(Chris Schur)가 12.5인치(317.5밀리미터) f/5자작 반사망원경에 SBIG ST8i 카메라를 달아 애리조나 페이슨에서 촬영한 것입니다. 사진의 폭은 0.5도이며 북쪽이 위쪽입니다.

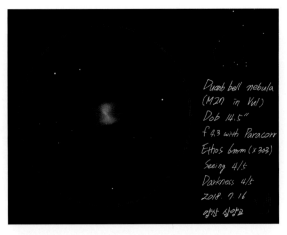

처음 망원경으로 딥스카이 천체를 바라본 많은 사람들이, 사진과는 확연히 다른 모습에 실망하곤 합니다. 하지만 사진은 사진대로, 맨눈은 맨눈대로 멋진 모습을 보여주는 천체들이 있습니다. M27도 그중 하나입니다. 이 스케치는 보는 이를 빨아들이는 M27만의 그라데이션을 멋지게 표현하고 있습니다. M27은 태양과 같은 별이 그 중심부에서 핵연료를 모두 소진하고 나서 만들어진, 가스상 발광성운의 전형적인 예를 보여줍니다.

그림: 박한규

후 동료였던 샤를 메시에에 의해서도 발견되었습니다. 메시에에 따르면 다르퀴는 이 행성상성운을 매우 흐린 천체이지만 그 형태는 또렷하며 목성만큼이나 크고 마치 빛을 잃어가는 행성처럼 생겼다고 묘사했다고 합니다. 이 문구는 아마도 이런 유형의 성운을 처음으로 행성과 비교한 문구일 것입니다. 그러나 이 천체를 '행성상성운'이라 이름 붙인 이는 영국의 천문학자 윌리엄 허셜이죠. 아이러니하게도 허셜은 M57을 행성상성운에 포함하지 않았습니다. 그는 그저 M57을 구멍 뚫린 성운이라고만 언급했죠. 처음 허셜은 이 고리가 별들로 구성된 것이 틀림없다고 생각했죠.

M57은 거문고자리 베타 별에서 감마 별 사이 5분의 2지점에서 쉽게 찾을 수 있습니다. 10×50 쌍안경으로도 별과는 아주 다른 모습을 볼 수 있죠. 제 작은 굴절망원경에서 127배율로 바라보면 동북동쪽에서 서남서쪽으로 타원형을 그리는 빛의 도넛을 볼 수 있습니다. 길게 늘어진 측면은 양 끝단보다 약간은 더 밝게 보이며, 고리의 안쪽은 배경의 하늘보다 확실히 더 밝게 보입니다. 13등급의 별 하나가 이 행성상성운의 동쪽 측면 바로 바깥쪽에 위치하고 있죠.

많은 별지기들이 가락지성운의 중심에 있는 별을 보려고 노력합니다만, 이 별을 눈으로 보는 것은 정말 어렵습니다. 이 행성상성운의 중심별을 보려면 대기의 상태가 엄청나게 투명해야 할 뿐만 아니라, 하늘도 정말 어두컴컴해야만 하죠. 대기의 안정성과 고배율관측 역시 필수요소입니다. 제가 아는 한 가락지성운의 중심별을 보기 위한 최소 구경은 9인치(228.6밀리미터)입니다. 저는 이와 비슷한 구경에서 이 별을 흘끔 볼 수 있었다고 생각하고 있습니다. 그러나 이 별을 확실히 볼 수 있었다고 말할 수 있는 가장 작은 망원경은 14.5인치(368.3밀리미터) 반사망원경이었습니다(사라져버리는 별이라는 주제를 가지고, 이 가락지성운의 어두운 고리 안에서 서북서쪽에 있는 두 번째 별을 한번 찾아보세요. 그리고 남서쪽 고리 속에 파묻혀 있는 세 번째 별도 찾아보세요). 14.5인치(368.3밀리미터) 망원경은 이 가락지의 바깥쪽 테두리가 고리의 나머지 부분보다 약간 다른 색감을 가지고 있다는 인상도 주었습니다. 다른 별지기들은 이 끄트머리를 붉은색으로, 그리고 나머지 부분은 초록색으로 묘사하곤 합니다만, 저는 그 색깔을 뭐라 단정하기 어려울 정도로 너무 미묘한 빛만을 보았습니다.

가락지성운을 바라보면 같은 시야에 들어와 있는 은하도 하나 볼 수 있을 것입니다. IC 1296이라는 이 은하는 최소 10인치(254밀리미터) 망원경으로 볼 수 있습니다. 그러나 제가 사는 곳에서는 14.5인치(368.3밀리미터)에서 간신히 볼 수 있었죠. M57에서 서북서쪽 4.1분 지점에는 마치 이 행성상성운을 편안하게 쥐고 있는 듯이 도열해 있는 11등급과 14등급의 별들이 만들어놓은 원을 볼 수 있습니다. 14등급의 별 하나가 이 원의 중심 근처에 있는데 바로 이 별에서 동남동쪽 28초가 채 안 되는 지점에 IC 1296이 있습니다. 아마도 매우 가냘픈 중심부를 볼 수 있을 것입니다. IC 1296은 막대나선은하입니다. 막대의 양 끝에 달린 2개의 나선팔은 그 표면 밝기가 매우 낮죠.

"독자들 중 몇몇은 작고 눈에 띄지 않는 천체들에게 우주의 속성을 과도하게 부여해왔다고 느낄지도 모른다. 실제 그랬는지도 모른다. 이들을 바라볼 때 내가 느끼는 즐거움만큼이나 다른 사람들도 즐거워해야 한다고 생각하는 것은 나만의 착각일지도 모른다. (그러나 이 목록은) 내가 생각하기에 실망할 구석이라고는 전혀 찾을 수도 없는 성운으로 끝낼 것이다." 1859년 토마스 윌리엄 웹Thomas William Webb이 쓴 이 글은 그대로 저의 생각이기도 합니다. 그는 『일반 망원경을 위한 천체목록 Celestial Objects for Common Telescopes』의 제일 마지막 천체를 소개하면서 이 글을 기록했죠. 그 천체는 바로 아름다운 아령성운(the Dumbbell Nebula, M27)입니다.

M27은 행성상성운으로서는 처음으로 발견된 성운입니다. 1764년 메시에에 의해 발견되었죠. 이 성운은 화살자리 감마 별의 북쪽 3.2도 지점인 여우자리 경계 내에 있습니다. 저는 이 성운을 제 8배율 파인더로도 찾아낼 수 있죠. 저는 14×70 쌍안경을 통해 이 행성상성운의 밝은 부분을 보면서 아령보다는 씨만 남은 사과와 비슷하다고 생각했습니다. 희미한 확장부가 이 사과의 양옆을 채우고 있는 모습도 보았죠. 105밀리미터 굴절망원경에서 127배율을 이용하면 사과의 양 끝단과 동북동쪽에서 서남서쪽으로 가로지르는 대각선 막대, 그리고 이 대각선 막대를 감싸고 있는 남서쪽 구체의 거대한 부분을 포함하여 사과 씨 부분의 더 밝은 부분을 볼 수 있습니다.

고배율을 이용하면 M27의 성운기에 대비되는 희미한 별들을 여러 개 볼 수 있습니다. 스테판 제임스 오미라의 1998년 책인 『메시에 목록The Messier Objects』을 보면, 그는 자신의 4인치(101.6밀리미터) 굴절망원경으로 이 성운을 스케치하면서 9개의 별을 그려 넣었습니다. 저는 제 10인치(254밀리미터) 반사망원경에서 220배율로 관측했을 때 17개의 별을 볼 수 있었죠. 사과 씨를 그리고 있는 이 행성상성운의 중심별을 포함해서 6개의 별과 나머지 별들이 희미한 확장부 안에 골고루 퍼져 있습니다. 지워져버린 양쪽 끝부분을 무시한다면, 이 확장부는 M27의 모습을 뚱뚱한 미식축구공 모양으로 보이게 만듭니다.

행성상성운은 얼마나 있을까요? 약 2,500개의 행성상성운이 현재까지 알려져 있습니다. 그러나 우리 눈에 보이지 않거나 아직 발견되지 않은 행성상성운은 수천 개가 더 있을 것입니다. 행성상성운은 태양 질량의 8배 이하의 질량을 가지고 태어난 별들에 의해 형성됩니다. 이러한 질량의 별들은 전체 별의 95퍼센트나 되죠. 만약 질량이 행성상성운을 만드는 유일한 조건이라면 우리 태양도 결국 이처럼 천상의 수의를 두른 별로 죽어가게 될 것입니다. 그러나 죽어가는 별이 눈에 띄는 성운을 만들려면 짝꿍별의 도움을 받아야 할지도 모른다는 새로운 증거가 제기되기도 했습니다. 만약 그게 맞다면 우리 태양과 같은 외톨이 별은 그저 무명의 삶을 살게 되고 천천히 식어가게 될 것입니다.

밝은 행성상성운들과 그 친구들

대상	분류	밝기	각크기/각분리	적경	적위	MSA	U2
NGC 6543	행성상성운	8.1	22"×19"	17시 58.6분	+66° 38'	1065	11L
NGC 6552	나선은하	13.7	52"×35"	18시 00.1분	+66° 37'	1065	11L
IC 4677	행성상성운의 일부	14.5	40"×20"	17시 58.3분	+66° 38'	1065	11L
NGC 6826	행성상성운	8.8	28"×25"	19시 44.8분	+50° 32'	1109	33L
M57	행성상성운	8.8	86"×63"	18시 53.6분	+33° 02'	1153	49L
IC 1296	나선은하	14.0	66"×54"	18시 53.3분	+33° 04'	1153	49L
M27	행성상성운	7.4	8'×6'	19시 59.6분	+22° 43'	1195	66R

각크기 및 각분리는 최근 천체 목록을 참고한 것입니다. 망원경을 통해 본 대부분의 천체들은 이보다는 약간 더 작게 보입니다. MSA와 U2는 각각 『밀레니엄 스타 아틀라스』와 『우라노메트리아 2000.0』 2판에 기재된 차트 번호를 의미합니다.

드높이 솟아오르는 독수리

미리내 평면을 따라 날고 있는 독수리는
잘 알려져 있지 않은 수많은 딥스카이 천체를 품고 있습니다.

드높이 대담하게 치솟아 오르는 독수리,
날카로운 발톱 속에 천둥을 품고 있네.
그는 신성한 번개를 가진 하늘의 군주
제우스의 훌륭한 전령이라네.

마르쿠스 마닐리우스*Marcus Manilius*, 〈아스트로노미카*Astronomica*〉

로마 신화에서 독수리는 유피테르의 시종입니다. 몇몇 시인들은 독수리를 유피테르가 내던진 번개를 나르는 새로 묘사했죠. 늦여름 밤 우리는 주인의 심부름을 수행하며 별들 사이를 치솟아 오르는 독수리를 볼 수 있습니다.

독수리 왕국에는 대부분의 별지기들에게 쉽게 떠오르는 딥스카이 천체가 있지는 않습니다. 그러나 미리내가 독수리자리를 통과하며 흐르고 있기 때문에 이곳에 눈여겨볼 만한 천체가 없다면 그것이 오히려 이상한 일일 겁니다. 사실 독수리자리는 흥미로운 볼거리들을 다양하게 갖추고 있습니다. 저와 함께 이곳의 잘 알려지지 않은 천체들을 살펴보도록 하죠.

이 천체들은 선명한 외형을 갖춘 것은 아니지만 큰 망원경으로 관측해야 한다는 제약을 주지도 않습니다. 사실 우리의 첫 번째 관측 대상은 검은 밤하늘이라면 50밀리미터 쌍안경으로도 볼 수 있는 천체죠. '바너드의 E(Barnard's E)'라는 이름으로 잘 알려져 있는 검은 글자는 암흑성운 **바너드 142**(Barnard 142, B142)와 **바너드 143**(Barnard 143, B143)으로 구성되어 있는 천체입니다. 이들은 쌍안경으로 봤을 때, 독수리자리 감마(γ) 별

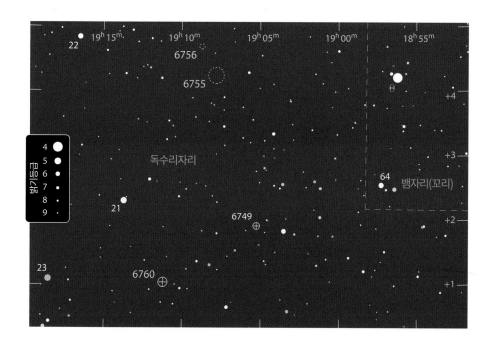

가 주목한 천체들이기도 합니다. 그는 1891년 촬영한 사진에서 이들을 발견했죠. 볼프는 이 형태를 3중 동굴이라고 부르며 다음과 같은 기록을 남겼습니다. "이 검은 구조에서 가장 넓게 퍼져 있는 팔은 마치 관측자로부터 가장 가까이에 있는 듯이 보이며 가장 작게 보이는 팔은 가장 멀리 있는 것처럼 보인다. 그러다 보니 미리내에 자리 잡은 이 부분은 우주를 입체적으로 바라보는 듯한 느낌을 준다. 하지만 이건 그저 착시일 것이다." '바너드의 E'에서 끝부분이 당신으로부터 멀리 떨어져 있는 것처럼 보이는지 한번 확인해보세요.

산개성단 NGC 6709는 독수리자리에서 쌍안경으로

인 타라제드(Tarazed)와 같은 시야에 들어옵니다. 타라제드는 '바너드의 E'에서 동쪽으로 1.4도 지점에 있죠. 이 성운은 제 105밀리미터 굴절망원경에서 17배율로 봤을 때 복잡하게 얽힌 대역을 보여줍니다. 가장 분명하게 보이는 구조로는 뚱뚱하고 울퉁불퉁한 C 모양의 바너드 143과 바로 남쪽에 길게 늘어진 바너드 142로서 이 2개 천체가 이어져 '바너드의 E'를 만들고 있습니다. 검은 레이스가 바너드 143으로부터 타라제트 근처에 있는 한 쌍의 7등급 별을 향해 동쪽으로 뻗어 있죠. 바너드 142에는 2개의 9등급 별이 담겨져 있으며 남쪽으로 떨어지다가 타라제드를 향해 방향을 틀고 있는 불연속적인 확장부를 가지고 있습니다. '바너드의 E'의 길이는 약 1도, 너비는 약 0.5도입니다.

이 검은 막대들은 독일의 천문학자 막스 볼프Max Wolf

'바너드의 E'라는 이름으로 널리 알려진 이 검은 구름은 별들이 풍부하게 들어찬 미리내를 배경으로 그림자를 드리우고 있는 천체들로서 1905년 에드워드 에머슨 바너드가 윌슨산 천문대에서 이들을 촬영할 당시에는 바너드 143(바너드의 E의 위쪽 부분)과 바너드 142로 불렸습니다. 여름의 삼각형에서 남쪽 모서리를 구성하는 찬란한 별 알타이르가 사진 왼쪽 아래에 보입니다. 이 별은 '바너드의 E'로부터 남동쪽 3도 지점에 있죠. 주로 청색광에 민감한 건판으로 만들어진 이 사진은 '미리내 특정 지역에 대한 사진 별지도'에 등장하는 사진으로서 '바너드의 E'로부터 동쪽(왼쪽)에 있는 독수리자리 감마(γ) 별의 황금색 별빛은 거의 억제되어 있습니다.
사진: 워싱턴 카네기 연구소 천문대

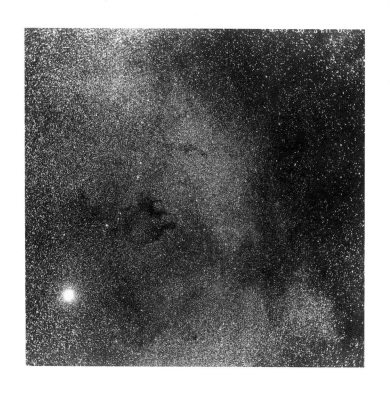

북반구의 여름 하늘을 장식하는 다른 행성상성운들처럼 유명하지는 않지만, 독수리자리의 NGC 6781은 4인치(101.6밀리미터) 망원경으로도 쉽게 찾을 수 있는 행성상성운입니다. 이 행성상성운은 알타이르로부터 서남서쪽 8도 지점에 있습니다.

사진: 애덤 블록 / NOAO / AURA / NSF

볼 수 있는 또 다른 밤보석입니다. 이 성단은 독수리자리 제타(ζ) 별로부터 남서쪽 4.9도 지점에 있으며 독수리자리 제타 별 및 엡실론(ε) 별과 함께 날씬한 직각삼각형을 그리고 있습니다. 이 성단은 50밀리미터 쌍안경에서 단순히 밝고 희미한 빛으로만 보입니다만 14×70 쌍안경에서는 이 연무 위에 겹쳐져 있는 10개의 희미한 별을 볼 수 있습니다. 이 성단의 직경은 10분 정도이며 별들이 가득 들어찬 미리내의 한가운데 있습니다.

NGC 6709는 제 작은 굴절망원경에서 87배율로 봤을 때 정말 어여쁜 모습을 보여줍니다. 15분의 폭 안에 약 60여 개의 별들이 사슬처럼 이어져 있거나 무리를 이루고 있으며 이중에서 가장 밝은 별들이 삼각형 비슷한 형태로 모여 있습니다. 중심 부근에는 별이 없는 텅 빈 부분이 도드라지게 눈에 들어옵니다. C자 모양을 하고 있는 텅 빈 부분을 포함해서 이렇게 텅 비어 있는 부분은 성단 직경의 3분의 1 정도를 차지하고 있죠. 밝은 별들이 삼각형으로 모여 있는 부분에서 동쪽의 꼭짓점은 가장 밝은 별 3개로 이루어져 있습니다. 이 중에서 서쪽에 있는 한 쌍의 별은 **번헴 1464**(Burnham 1464, 혹은 β

1464)라는 이중별입니다. 번헴 1464는 주황색의 으뜸별과, 으뜸별로부터 북북동쪽 22초 지점에 있는 하얀색 짝꿍별로 이루어져 있습니다. 3개의 별들 중 나머지 하나 역시 허셜 870(h870)이라는 이중별입니다(소문자 h는 존 허셜이 만든 목록임을 의미합니다. 이것은 존 허셜의 아버지 윌리엄 허셜과 구분하기 위한 목적이죠). 남서쪽 12초 지점에 있는 희미한 짝꿍별을 찾아보세요. 이 성단의 중심으로부터 서남서쪽 지점은 또 다른 주황색의 별이 장식하고 있습니다.

남동쪽을 살펴보면 독수리자리 델타(δ) 별을 중심으로 그려지는 원호를 따라 늘어선 천체 사총사를 만날 수 있습니다. 우선 첫 번째 천체는 **NGC 6781**입니다. NGC 6781은 독수리자리 델타 별 및 뮤(μ) 별과 함께 짧은 이등변삼각형을 이루고 있죠. 제 105밀리미터 굴절망원경에서 47배율 관측을 통해 꽤 크고 둥근 이 행성상성운을 쉽게 찾을 수 있습니다. 이 행성상성운의 고른 밝기는 87배율에서 살짝 어긋나기 시작합니다. 10인치(254밀리미터) 반사망원경에서 166배율로 바라본 NGC 6781은 1.5분에 걸쳐 펼쳐져 있으며 테두리를 따라 균일하지 않고 파편화된 밝기를 보여줍니다. 이 테두리는 북쪽의 훨씬 더 희미한 지역으로 인해 끊겨 있죠. 산소III필터를 이용하면 이 행성상성운의 밝기 차이를 좀 더 강조해서 볼 수 있습니다.

아치상에서 다음으로 만나볼 대상은 **NGC 6755**와 **NGC 6756**입니다. 이 한 쌍의 산개성단은 저배율에서 한 시야에 들어오죠. 2개 성단 중에서 더 밝은 NGC 6755는 정서 방향으로 2.9도 지점에 있는 백색의 이중별 **뱀자리 세타**(θ) 별과 함께 멋진 배치를 이루고 있습니다. 제 105밀리미터 굴절망원경에서 68배율로 관측하면 15분 크기의 얼룩덜룩한 배경위에 겹친 18개의 희미

도전을 즐기는 별지기라면 독수리자리 남쪽에 있는 구상성단 팔로마 11을 찾아 보세요. 얼마까지의 작은 구경으로 이 성단을 볼 수 있을까요?
사진: STScl / 디지털 수치화를 위한 온하늘탐사(Diditized Sky Survey)

한 별들을 볼 수 있죠. 여기서 북북동쪽 0.5도 지점에 있는 NGC 6756은 3.5분의 연무 속에 매우 희미한 별 몇 개만을 품고 있습니다. 10인치(254밀리미터) 망원경에서 중간 정도의 배율로 바라본 NGC 6755는 수십 개의 희미한 별들로 이루어진 풍부한 성단의 모습을 보여줍니다. 희미한 북쪽 끄트머리는 상대적으로 별이 없는 선에 의해 몸통 부분과 분리되어 있습니다. 한편 별들로 이루어진 뭉치와 사슬들이 이 성단을 장식하고 있죠.

NGC 6756은 20여 개의 별들과 중심에서 바로 북동쪽에 딱히 구분되어 보이지 않는 점들을 보여줍니다. NGC 6755의 나이는 약 5,000만 년이며 4,600광년 거리에 위치하고 있습니다. NGC 6756의 나이도 얼추 비슷한 6,000만 년이며 4,900 광년 거리에 위치하고 있습니다. 이러한 속성은 이 성단들이 물리적인 연관관계가 있음을 말해주는 것일 수 있습니다.

아치를 이루는 천체 중 마지막 천체는 작지만 꽤 밝

게 보이는 구상성단 NGC 6760입니다. 이 구상성단은 독수리자리 21 별 및 23 별과 함께 파인더 시야에 꼭 맞게 들어오는 이등변삼각형을 구성하고 있습니다. 제 작은 굴절망원경에서 87배율로 관측해보면 4분 크기의 헤일로가 크고 밝은 중심부를 감싸고 있는 모습을 볼 수 있습니다. 몇몇 눈에 잘 띄지 않는 빛의 점들이 이따금씩 깜빡깜빡 보이죠. 10인치(254밀리미터) 망원경에서 170배율로 관측해보면 헤일로와 중심부의 외곽 모서리로 널찍하게 흩어져 있는 별들이 그 모습을 드러냅니다. 북동쪽 모서리 바로 너머에는 11등급의 별 하나가 있죠.

우리의 마지막 관측 대상은 독수리자리 카파(κ) 별과 56 별 사이에 있는 **팔로마 11**(Palomar 11)입니다. 8.6등급의 별에서 남남동쪽 4분 지점에 있는 이 성단을 찾아보세요. 이 구상성단은 NGC 6760보다 찾기가 훨씬 어렵습니다만 작은 망원경으로 찾기가 불가능하다고 여길만한 천체는 아닙니다. 핀란드의 별지기인 야코 살로란타는 카나리 제도의 높은 고도에서 80밀리미터 굴절망원경으로 이 성단을 보는 데 성공했습니다. 제가 똑같은 일을 해낼 수 있을 거라 생각하지는 않습니다. 다만 저는 야코 살로란타보다는 훨씬 더 큰 14.5인치(368.3밀리미터) 반사망원경으로 팔로마 11을 잡아냈죠. 낮은 표면밝기를 가지고 있는 이 구상성단은 245배율에서 북동쪽에서 남서쪽으로 가로지르고 있는 3분×2와 1/4분의 크기를 보여줍니다. 이 구상성단은 얼룩덜룩한 모습과 여기에 겹쳐 보이는 6~7개의 별을 보여줍니다. 이들 중 최소 몇 개는 앞쪽에 있는 별들이죠(팔로마 11이 가지고 있는 별들 중 가장 밝은 별은 약 15.5등급의 겉보기밝기를 보여주는 적색거성입니다). 날씬한 삼각형을 그리고 있는 11등급 및 12등급의 별들이 북동쪽 모서리 바깥쪽에 있습니다. 13등급의 별 하나가 성단 동쪽 측면에 있으며 여기서 남서쪽으로 비슷한 별 하나가 약간은 더 멀리 있습니다. 팔로마 11은 미국 천문학자인 앨버트 G. 윌슨Albert G. Wilson에 의해 1950년대에 발견된 구상성단 중 하나입니다. 그는 내셔널지오그래픽협회의 팔로마 천문대 관측 프로그램으로부터 촬영된 사진을 조사하던 중 이 구상성단을 발견했죠.

팔로마 11과 NGC 6760은 미리내 평면 근처에 있습니다. 이곳은 먼지 구름에 의해 시야가 차단되는 곳이기도 하죠. 팔로마 11과 NGC 6760은 각각 4만 2,000광년과 2만 4,000광년 거리에 있습니다. NGC 6760을 미리내의 먼지에 방해받지 않는 뱀자리의 M5와 비교해보세요. 이 2개 구상성단은 같은 거리에 위치하고 있습니다. NGC 6760은 원래 M5보다 한 등급 더 어두운 성단입니다만 먼지에 가려 있다 보니 3등급 이상 더 어둡게 보입니다.

독수리가 날고 있는 곳

대상	분류	밝기	각크기/각분리	적경	적위	MSA	U2
바너드 142 (B142)	암흑성운	-	40′×15′	19시 39.7분	+10° 31′	1243	85L
바너드 143 (B143)	암흑성운	-	30′	19시 41.4분	+11° 00′	1243	85L
NGC 6709	산개성단	6.7	15′	18시 51.5분	+10° 20′	1246	85R
번햄 1464 (Burnham 1464)	이중별	9.2, 9.7	22″	18시 51.5분	+10° 19′	1246	85R
허셜 870 (h870)	이중별	9.8, 11.3	12″	18시 51.6분	+10° 19′	1246	85R
NGC 6781	행성상성운	11.4	1.8′	19시 18.5분	+06° 32′	1269	85L
NGC 6755	산개성단	7.5	15′	19시 07.8분	+04° 14′	1269	105R
NGC 6756	산개성단	10.6	4.0′	19시 08.7분	+04° 42′	1269	105R
뱀자리 세타(θ) 별 (θ Serpentis)	이중별	4.6, 4.9	22″	18시 56.2분	+04° 12′	1270	105R
NGC 6760	구상성단	9.0	9.6′	19시 11.2분	+01° 02′	1293	105R
팔로마 11 (Palomar 11)	구상성단	9.8	10′	19시 45.2분	-08° 00′	1315	125L

각크기 및 각분리는 최근 천체 목록을 참고한 것입니다. 대상의 크기에 대한 시각적 느낌은 목록에 기재된 크기보다는 작게 보이며, 망원경의 구경 및 배율에 따라 다양하게 느껴집니다. MSA와 U2는 각각 『밀레니엄 스타 아틀라스』와 『우라노메트리아 2000.0』 2판에 기재된 차트 번호를 의미합니다.

여우불이 빛나는 밤

여우자리는 부족한 밝은 별을
수많은 딥스카이 천체로 벌충해내고 있답니다.

그러나 만약 네가 나를 길들이면, 우리는 서로가 서로를 필요로 하게 될 거야.
나에게 너는 세상에서 하나밖에 없는 존재가 될 것이고
너에게 나 역시 세상에서 하나밖에 없는 존재가 되겠지.

『어린왕자』 중 여우의 말.
앙투안 드 생텍쥐페리*Antoine de Saint-Exupery*, 1943

9월의 밤, 베가, 데네브, 알타이르(순서대로 각각 오른쪽, 왼쪽 위, 왼쪽 아래)로 구성된 여름의 대삼각형이 미리내의 한가운데를 장식하고 있습니다. 이번 장에서 저자는 이 사진의 중심부 근처에 있는 딥스카이 천체로 여러분을 안내합니다.
사진: 아키라 후지

여우자리에는 우리의 눈길을 잡아끌 만한 밝은 별이 없습니다. 여우자리 역시 볼거리가 많은 주변 별자리들에 의해 가려져 있죠. 그러나 눈에 잘 띄지 않는 이 별자리에 사실은 놀랍도록 많은 천체들이 있답니다. 따라서 시간을 내어 이곳을 방문하고 이 여우를 길들인 다면, 이 작은 여우는 당신의 마음속에 특별하게 자리 잡을 것이고 당신은 이곳을 다시는 평범한 곳으로 보지 않게 될 것입니다.

여우자리에서 우리가 처음으로 만나볼 빛 덩어리는 가장 밝은 별인 4.4등급의 **여우자리 알파**(*α*) 별입니다. 이 별은 우리 태양보다 60배나 더 크고 400배나 밝게 빛나는 적색 거성입니다. 여우자리 알파 별은 사랑스러운 광학적 이중별로서 스트루베 I 42(Σ I 42)로 등재되어 있습니다. 이 등재명은 이 별이 프리드리히 게오르그 빌헬름 본 스트루베의 이중별목록의 첫 번째 부록에 42번째로 등재되어 있음을 의미합니다. 서로 물리적인 연관

9월

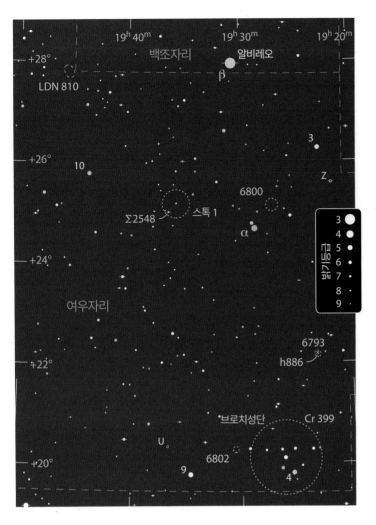

어납니다만 성단의 윤곽은 잘 구분되지 않게 됩니다. 이 성단은 1784년 윌리엄 허셜에 의해 발견되었습니다. 그는 18.7인치(475밀리미터) 금속거울 반사망원경을 이용하여 하늘을 훑는 동안 이 성단을 발견했죠. 그는 이 천체를 밝은 별들과 희미한 별들이 뒤섞여 거칠게 흩뿌려져 있는 성단으로 묘사했습니다.

여우자리 알파 별에서 남남서쪽 2.8도, 여우자리 1 별로부터 동북동쪽으로 1.8도 지점에는 혼란스러운 산개성단 NGC 6793이 있습니다. 이 별 무리는 별들이 가득 들어찬 배경에 숨겨져 있어 딱 잡아내기가 어렵습니다. 아마 이것이 오늘날의 여러 별지도상에 이 성단이 따로 기록되어 있지 않은 이유일 것입니다. 허셜은 이 성단을 1789년 발견하였으며 눈에 띄는 밝은 별들과 꽤 많은 별들이 15분 이상에 걸쳐 불규칙한 형상을 그리고 있는 산만한 별 무리라고 불렀습니다. 그러나 대부분의 현대 천체목록들은 이 성단의 지름을 6분 또는 7분 정도로 기록하고 있죠.

제 관측일지에도 이러한 모호함이 그대로 반영되어 있습니다. 저는 105밀리미터 굴절망원경에서 17배율로 관측하는 동안 몇 안 되는 희미한 별들이 과립상을 만들고 있는 작은 영역을 볼 수 있었죠. 87배율에서는 별들로 이루어진 2개의 삼각형을 볼 수 있었습니다. 하나는 밝게 보였고, 하나는 희미하게 보였죠. 여기에 매우 희미한 별들 몇 개가 3.5분 폭으로 자리 잡고 있었습니다. 이 일련의 별들에서 가장 바깥쪽에 있는 별까지가 약 6분 정도였죠. 밝은 삼각형에서 가장 북쪽에 있는 별은 **허셜 886**(h886)이라는 이중별입니다. 10.5등급의 으뜸별과 으뜸별로부터 북동쪽 방향에 11.5등급의 짝꿍별이 있죠. 10인치(254밀리미터) 망원경에서 43배율로 바라보면 8등급의 별을 서쪽 모서리에 끼고 있는 좀 더 밝고 거대한 별들의 무리 속에서 정 가운데 있는 허셜 886의 모습을 볼 수 있습니다. 이 별은 성단의 지름을 50여 개의 밝고 희미한 별들이 뒤섞인 약 20분의 크기로 만들어주고 있습니다. 허셜은 좀 더 거대한 이 일련의 별들

성이 없는 이 2개 별은 7분 이상 벌어져 있으며 삼각대 위에 고정한 쌍안경 정도면 쉽게 구분해 볼 수 있습니다. 다채로운 색감을 가진 이 별들은 제 105밀리미터 굴절망원경에서 17배율로 봤을 때 넓은 간격을 보여줍니다. 으뜸별은 주황색으로 보이고 여기서 북북동쪽으로 5.8등급의 노란색 짝꿍별이 있습니다. 으뜸별은 짝꿍별보다 200광년 정도 더 가까이 있습니다.

산개성단 NGC 6800은 여우자리 알파 별로부터 북서쪽 36분 지점에 있습니다. 제 작은 굴절망원경에서 17배율로 바라보면 희미한 별들이 15분에 걸쳐 매우 깜찍하게 반짝거리고 있는 모습을 볼 수 있습니다. 87배율에서는 20개의 별을 볼 수 있죠. 중심의 거대한 동공부를 감싸며 타원형을 그리고 있는 윤곽으로 가장 밝은 별이 매달린 모습을 볼 수 있습니다. 10인치(254밀리미터) 반사망원경에서 118배율로 바라보면 별은 2배로 늘

을 하나의 천체로 본 것임에 틀림없습니다. 산개성단 목록에서 NGC 6793은 7분의 중심부에 지름 18분으로 기록되어 있습니다. 따라서 이 성단의 크기를 7분으로 기록한 것은 별들이 좀 더 고밀도로 모여 있는 중심부만을 본 것으로 생각됩니다.

콜린더 399(Collinder 399, Cr 399)는 브로치성단 또는 옷걸이성단으로 잘 알려져 있는 인상적인 자리별입니다. 이 자리별은 아주 어두운 밤하늘이라면 맨눈으로도 충분히 볼 수 있는 여러 밝은 별들을 가지고 있습니다. 뉴욕주 북부, 교외에 위치한 저희 집에서 여우자리 알파별의 남쪽 4.5도 지점을 살펴보면 성운기만을 보게 됩니다. 그러나 쌍안경이나 파인더는 고리를 그리고 있는 6개의 별들과 그 남쪽으로 가로대를 구성하는 4개의 별을 보여주죠. 이 가로대의 길이가 1.4도 정도이기 때문에 옷걸이의 모습을 보기 위해서는 저배율에 넓은 시야각이 필요합니다.

독일 북부의 별지기인 스테판 루크호프트Stephan Ruchhoft는 《스카이 앤드 텔레스코프》의 독일어판인 《아스트로노미 호이테Astronomie Heute》를 읽고는 저에게 쌍안경을 이용하여 하늘을 훑는 동안 콜린더 399를 "발견했다"라고 말했습니다. 당시 그는 알프스 가족 여행을 계획 중이었기 때문에 이 별들의 형상이 스키 리프트의 모습을 떠올리게 했다고 말했죠. 옷걸이의 가로대가 스키 리프트를 나르는 케이블로, 고리 부분이 의자로 보였다고 합니다. 이 창의적인 생각은 북반구에서 쌍안경으로 보았을 때 자리별의 모습을 있는 그대로 볼 수 있게 해주는 이점을 가지고 있습니다.

옷걸이 가로대의 동쪽 끝으로부터 고작 18분 벗어나면 산개성단 **NGC 6802**를 만날 수 있습니다. 제 작은 굴절망원경에서 28배율로 바라보면 남북으로 서 있는 약 5분 길이의 넓고 희미한 대역을 보게 되죠. 북서쪽 6.5분 지점에는 9등급의 별과 10등급의 별 한 쌍이 있으며 북동쪽으로 동일한 거리에는 10등급과 11등급의 별로 이루어진 또 다른 별 한 쌍이 있습니다. 87배율로 관

저자는 암흑성운 LDN 810을 음화 처리된 눈사람처럼 보았으며, 따라서 이 암흑성운을 눈사람에 빗대어 석탄배달부라 부른다고 합니다. 사진의 폭은 약 1도이며 북쪽이 위쪽입니다.
사진: POSS-II / 캘테크 / 팔로마

측해보면 극도로 희미한 별들이 흩뿌려져 있는 모습을 볼 수 있죠. 10인치(254밀리미터) 반사망원경에서 170배율로 바라본 NGC 6802는 대단히 희미한 별들이 다이아몬드 가루처럼 흩뿌려져 있는 아름다운 모습으로 보입니다. 이 산개성단은 3,700광년 거리에 있습니다. 이 산개성단은 부드럽게 빛나고 있는 미리내의 중심 띠를 갈라놓고 있는 듯이 보이는 암흑 구름들 때문에 더 희미하게 보이죠.

이제 여우자리 알파 별로부터 동북동쪽 1.7도 지점에 있는 **스톡 1**(Stock 1)로 가보겠습니다. 저의 105밀리미터 망원경에서 17배율로 바라본 스톡 1은 중간 정도의 밝기를 가진 별과 매우 희미한 별들 20개가 느슨하게 모여 있는 산개성단입니다. 30분×20분의 크기를 가지고 있는 중심부의 한가운데 8등급의 별 하나가 있습니다. 이 중심부는 주로 동쪽 절반을 휘감고 있는 1.4도 크기의 별들의 헤일로에 감싸여 있습니다. 붉은빛이 도는 주

횡색의 별 하나가 성단이 서쪽 끄트머리를 장식하고 있습니다. 스톡 1은 여러 개의 이중별을 거느리고 있습니다. 여기서 가장 밝은 이중별은 **스트루베 2548**(Σ2548)입니다. 별 무리의 중심에서 남동쪽 14분 지점에 있죠. 이 이중별을 구성하는 8.5등급과 9.9등급의 별들은 약 50배율에서 분리해 볼 수 있습니다. 연구에 따르면 이 별 무리에 속하는 별들 대부분은 약 0.5도 직경의 중심부 안쪽에 모여 있다고 합니다.

우리의 마지막 관측 대상은 암흑성운 LDN 810입니다. 저는 이 암흑성운을 석탄 배달부(the Coalman)라 부르죠. 이 암흑성운을 찾아가는 가장 쉬운 방법은 백조자리에서 백조의 머리를 이루고 있는 황금색과 파란색의 아름다운 이중별 알비레오(Albireo)로부터 정동쪽 3.3도 지점을 훑어보는 것입니다. 10인치(254밀리미터) 망원경에서 68배율로 관측해보면 남북으로 서 있는 칠흑과 같은 암흑대역에 극도로 희미한 조금의 별이 포함되어 있는 모습을 볼 수 있습니다. 약간은 덜 검게 보이는 타원형 지역이 이 암흑성운의 최상단에 있어 암흑성운 전체의 모습을 8자 모양 또는 음화 처리된 눈사람의 모습으로 만들어주고 있습니다. 남쪽 암흑대역은 9분×6분의 크기를 하고 있으며 북쪽 암흑대역은 6분×5분의 크기를 가지고 있습니다.

지금까지 살펴본 천체들은 여우자리의 천체들 중 극히 일부에 불과합니다. 나중에 여우자리가 품고 있는 가장 밝은 행성상성운과 가장 아름다운 성단을 포함한 여우자리의 여러 천체들을 좀 더 여행해보겠습니다.

작은 여우 사냥

대상	분류	밝기	각크기/각분리	적경	적위	MSA	PSA
여우자리 알파(α) 별	이중별	4.4, 5.8	7.1'	19시 28.7분	+ 24° 40'	1196	64
NGC 6800	산개성단	-	15'	19시 27.1분	+ 25° 08'	(1196)	64
NGC 6793	산개성단	-	중심부 7', 헤일로 18'	19시 23.2분	+ 22° 09'	(1196)	(65)
허셜 886 (h886)	이중별	10.5, 11.5	8.2"	19시 23.22분	+ 22° 09.9'	(1196)	(65)
콜린더 399 (Cr 399)	자리별	3.6	90'	19시 26.2분	+ 20° 06'	1220	64
NGC 6802	산개성단	8.8	5.0'	19시 30.6분	+ 20° 16'	1220	64
스톡 1 (Stock 1)	산개성단	5.2	중심부 34', 헤일로 80'	19시 35.8분	+ 25° 10'	1196	64
스트루베 2548 (Σ2548)	이중별	8.5, 9.9	9.4"	19시 36.5분	+ 25° 00'	1196	(64)
LDN 810	암흑성운	-	18'×9'	19시 45.6분	+ 27° 57'	(1172)	(64)

각크기 및 각분리는 최근 천체 목록을 참고한 것입니다. 대상의 크기에 대한 시각적 느낌은 목록에 기재된 크기보다는 작게 보이며, 망원경의 구경 및 배율에 따라 다양하게 느껴집니다. MSA와 PSA는 각각 『밀레니엄 스타 아틀라스』와 《스카이 앤드 텔레스코프》 호주머니 별지도에 상에 기재된 차트 번호를 의미합니다. 괄호상의 번호는 해당 별지도의 해당 차트에는 존재하나 별도로 표시가 되어 있지는 않음을 의미합니다.

우아한 고니

별지기들에게 백조자리는 환상의 나라입니다.

광활한 미리내의 강을 따라,
별빛이 춤추며 흔들리는 곳,
발군의 우아함을 지닌 백조가 날아가는 곳.

무명, 1901년, 저메인 G. 포터*Jermain G. Porter*,
⟨시와 전설을 품은 별들*The Stars in Song and Legend*⟩에서 발췌.

안개 자욱한 미리내의 강을 따라 미끄러지듯이 날아가는 백조자리는 그 형상을 가장 쉽게 찾아볼 수 있는 별자리 중 하나입니다. 피터 럼*Peter Lum*은 『우리 하늘의 별들*The Stars in Our Heave,1948*』이라는 책에서 백조자리를 다음과 같이 적고 있습니다. "백조자리는 깃털을 두른 생명체의 별자리 중 가장 웅장함을 자랑하는 별자리이다. 이처럼 활짝 편 날개를 자랑하는 별자리도 없고, 날아가는 움직임을 이처럼 성공적으로 묘사하고 있는 별자리도 없다." 백조와 같이 하늘을 날며 백조가 날아가는 별밭을 따라 흩뿌려진, 잘 알려지지 않은 밤보석들을 만나봅시다.

우리의 첫 번째 도착항은 NGC 6819입니다. NGC 6819는 백조자리 15 별에서 북쪽으로 2.9도, 6등급의 별로부터 서남서쪽으로 8.5분 지점에 있죠. 이 작은 산개성단은 수많은 희미한 별들이 모여 그 총 밝기가 7.3등급에까지 이르는 성단입니다. 14×70 쌍안경을 통해 바라본 NGC 6819는 특히 비껴보기로 봤을 때 몇몇 별들이 단속적인 작은 점들로 찍혀진 희뿌연 조각처럼 보입니다.

배율을 높여 망원경을 통해 바라보면 이 희미한 별들을 성단에서 따로 떼어낼 수 있습니다. 105밀리미터 굴절망원경에서 127배율로 바라보면 25개의 설탕알갱이와 같은 별들이 5분의 폭으로 그 모습을 드러냅니다. 이 중에서 가장 밝은 별을 포함하여 약 15개의 별들은 희뿌연 덩어리 속으로 사인곡선과 비슷한 곡선을 그리며 들어가고 있습니다. 10인치(254밀리미터) 반사망원경에서 139배율로 바라보면 이 어여쁜 별 무리의 겉보기 직경과 별들이 2배로 늘어나며 약간은 우둘투둘한 모서리를

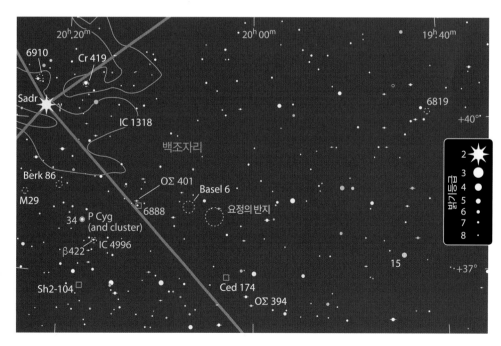

초승달성운 NGC 6888은 어둡고 투명한 밤하늘 아래에서라면 작은 망원경으로도 볼 수 있습니다. 이번 장에서 설명하는 것과 같이 이 성운은 초신성으로 폭발하게 될 극단적으로 뜨거운 온도를 가진 울프-레이에 별을 감싸고 있습니다. 사진 왼쪽으로 보이는 성운기는 백조자리 감마별 사드르를 감싸고 있는 성운인 IC 1318의 한 자락입니다. 사진의 폭은 약 2도이며 북쪽은 왼쪽입니다.
사진 : 김도익

기를 볼 수 있었습니다. 이 '3'자 모양의 북동쪽 반은 좀 더 두드러지게 보이며 3개의 밝은 별 사이를 가로지르고 있습니다. 가장 끝쪽에 있는 별은 깊은 노란색을 띠고 있으며, 희미한 짝꿍별(오토스트루베 401, OΣ401)을 넓은 간격을 두고 거느리고 있는 황금빛 주황색 별은 곡선을 장식하고 있고 세 번째 별은 '3'자의 안쪽에 찍혀 있습니다. 협대역필터 및 산소Ⅲ필터는 이 성운의 모습을 좀 더 확실하게 보여주죠.

이 숫자 모양은 10인치 (254밀리미터) 반사망원경에서 44배율로 봤을 때 시야에 꽉 차게 들어옵니다. 그 결과 이 성운만의 독특한 모습은 필터 없이도 눈에 보이게 되죠. 물론 필터가 있다면 그 모습을 좀 더 쉽게 볼 수 있습니다. 큰 구경의 망원경으로 이 성운을 관측한 별지기들은 물질들이 동심원 모양으로 성운 전체를 장식하고 있다고 말하기도 합니다.

초승달성운은 성운 중심 근처에 보이는 7등급의 별이자 극단적으로 뜨거운 온도를 가진 울프-레이에 별에 의해 만들어진 것입니다. 무거운 질량을 가진 별이 나이가 먹으면 외곽의 표피부분을 모두 벗어버리고 핵만 남게 됩니다. 이렇게 노출된 핵으로부터 뿜어져 나오는 강력한 복사가 더 많은 가스들을 시속 480만 킬로미터의 속도로 밀어붙입니다. 이렇게 몰아쳐 나온 별폭풍이 앞서 벗어던진 물질과 충돌하게 되고 이로부터 바깥쪽 방향과 안쪽 방향 모두로 전파되는 고밀도 막과 충격파가 만들어지죠. 파국을 맞고 있는 이 별은 대략 10만 년 내에 핵연료 저장고가 점점 줄어들어 모두 고갈된 후 초

보여줍니다.

NGC 6819는 그 나이가 약 25억 년 정도로 예측되는 오래된 산개성단입니다. 이 산개성단은 우리 태양이 속해 있는 나선팔인 오리온 나선팔의 북쪽 모서리에 있으며, 미리내의 중심을 우리 태양보다 7,500광년 앞서 돌고 있습니다.

우리의 다음 목표는 초승달성운인 **NGC 6888**입니다. 백조자리 감마(γ) 별로부터 에타(η) 별 사이 3분의 1지점을 찾아보거나 백조자리 34 별의 서북서쪽 1.2도 지점을 찾아보세요. 이곳에서 이 성운 속에 파묻혀 있는 7등급 별 한 쌍을 찾을 수 있을 겁니다.

애리조나의 천문학자인 브라이언 스키프Brian Skiff와 캘리포니아의 별지기인 케빈 리첼은 70밀리미터 굴절망원경과 80밀리미터 굴절망원경을 이용하여 필터를 껴보거나 제거해보면서 이 성운을 관측했다고 합니다. 105밀리미터 굴절망원경에서 47배율로 보았을 때, 북동쪽에서 남서쪽으로 18분으로 뻗은 '3'자 모양의 성운

신성 폭발로 삶을 마감하게 될 것입니다.

천문학 작가인 리처드 베리는 초승달성운의 울프-레이에 별이 그가 지금까지 봐왔던 다른 별들과 달리 선명한 분홍색으로 보인다고 말했습니다. 베리는 이 색깔이 이 별의 전반적인 색깔인 청백색과 일반적으로 강력한 수소알파복사로부터 발생하는 붉은빛의 조합 때문일 것이라고 추측했습니다.

유타주의 별지기인 킴 하이아트Kim Hyatt가 **요정의 반지**(the Fairy Ring)라고 이름 붙인 인상적인 자리별 하나가 이 초승달성운의 서쪽 1.6도 지점에 있습니다. 제 작은 굴절망원경에서 47배율로 바라보면 22분의 멋진 고리를 보여주고 있는 별들이 보이죠. 네 쌍의 밝은 별들은 이 고리의 북서쪽 아치를 구성하고 있습니다. 여기에 몇몇 희미한 별들이 고리 모양을 완성하고 있으며 그 안쪽에도 별들이 흩뿌려져 있죠.

요정의 반지는 10인치(254밀리미터) 반사망원경에서 각 별의 색깔이 더 잘 드러나면서 훨씬 더 인상적으로 보입니다. 시계방향으로 네 쌍의 밝은 별들은 각각 청백색과 황백색, 황금색과 백색, 청백색과 백색, 백색과 붉은빛이 도는 주황색으로 보입니다. 이 고리 내에서 가장 밝은 2개의 별은 노란빛을 띤 주황색 별과 그냥 주황색으로 보이는 별입니다.

이제 다시 백조자리 34 별로 돌아가 남남서쪽 28분 지점에 있는 산개성단 **IC 4996**을 만나봅시다. 제 작은 굴절망원경에서 저배율로 관측해보면 하나의 꽤 밝은 별이 2개의 좀 더 희미한 별들과 함께 아주 땅딸막한 삼각형을 만들고 있습니다. 122배율에서는 몇몇 희미한 별들과 이보다도 훨씬 더 희미한 별들이 시야에 들어오죠. 10인치(254밀리미터) 망원경에서 68배율로 관측해보면 8등급에서 12등급까지의 밝기를 보이는 별 8개가 작은 C자 모양의 쬠쇠 모양을 하고 있는 모습을 볼 수 있습니다. 쬠쇠의 C자형 곡선 내에는 서로 바짝 다가서 있는 이중별 **번헴 442Aa**(*β*442 Aa)를 비롯하여 5개의 별들이 있으며 2개의 별은 손잡이 부분에 그리고 나머지

하나는 이 쬠쇠가 물리는 부분에 있죠. 213배율에서는 3분에 걸쳐 대부분의 희미한 별들이 가득 몰려 있는 모습과 함께 북북동쪽에서 남남서쪽으로 길쭉한 모습을 보여줍니다.

IC 4996은 **백조자리 P 성단**과 함께 이중성단을 형성하고 있는 것으로 추정되고 있습니다. 백조자리 P 성단은 동쪽 경계에 밝은 별인 백조자리 34 별을 품고 있죠. 이 2개 성단은 제 작은 굴절망원경에서 87배율로 봤을 때 한 시야에 들어옵니다만 백조자리 P 성단의 별들은 아주 조금만 볼 수 있습니다. 10인치(254밀리미터) 반사망원경에서 249배율로 바라보면 백조자리 P 성단에서 11개의 별들을 볼 수 있죠. 이 별들 대부분은 3분의 길이로 뻗은 곡선을 형성하고 있습니다.

이 곡선은 백조자리 34 별의 주위를 북북동쪽에서 남남서쪽으로 시계방향으로 돌고 있습니다. 백조자리 P 성단은 자신이 거느리고 있는 가장 밝은 별 **백조자리 P 별**(P Cygni, P Cyg)을 이름으로 삼고 있습니다. 백조자리 P 별은 백조자리 34 별의 또 다른 이름이죠. 요한 바이어 Johann Bayer가 1603년 펴낸 별지도인 『우라노메트리아』에 따르면 요한 바이어는 별을 등재하는 데 있어서 희랍어 철자를 쓰고 나서 로마자를 소문자로 표기하였습니다. 그는 로마 철자 대문자를 그의 목록에서 특별한 대상으로 분류된 천체를 표시하는 데만 사용했죠. 바이어는 대문자 P를 독일 지도 제작자인 빌럼 블라우Wilem Blaeu가 1600년에 발견한 별에 할당했습니다. 이때 이 별의 밝기는 거의 보이지 않는 상태에서 갑자기 3등급까지 치솟아 올랐죠. 백조자리 P 별은 이후 점점 희미해져서 6등급 아래까지 떨어졌는데 유사한 갑작스런 밝기 상승이 1655년 발생하고 나서 훨씬 적은 폭의 밝기변화가 이어졌습니다. 이 별의 밝기는 17세기 말에서야 안정되었고 지금은 약 4.8등급을 유지하고 있으며 약간은 불규칙한 주기로 미세한 빛의 밝기변화가 계속되고 있습니다.

백조자리 P 별 및 이와 연관된 성단은 약 7,500광년

떨어져 있습니다. 백조자리 P 별은 맨눈으로 볼 수 있는 별로서는 가장 멀리 떨어진 별 중 하나이며 미리내에서 고유밝기가 가장 밝은 별 중 하나입니다. 이 별의 질량은 태양 대비 30배 정도이며 그 밝기는 무려 35만 배에 달합니다. 백조자리 P 별과 같이 밝게 빛나는 청색변광성은 물질의 분출이 발생할 때 어마어마한 양의 물질들을 우주 공간으로 쏟아냅니다. 백조자리 P 별도 결국에는 울프-레이에 별로 진화해갈지도 모릅니다.

이맘때 볼만한 인상적인 변광성은 백조자리 키(x) 별입니다. 이 별은 9월의 온하늘별지도에 표시되어 있죠.

백조자리 키 별은 매 204일마다 맨눈으로도 보이는 밝기에서 벗어나 6인치(152.4밀리미터) 구경으로나 볼 수 있는 14등급까지 잦아듭니다. 비록 밝기가 떨어졌다가 올라가는 주기가 시계처럼 정확하게 일어나지만 가장 밝을 때의 밝기는 3등급에서 5등급까지의 편차를 보입니다. 백조자리 키 별은 가을의 별자리인 고래자리에 있는 그 유명한 별인 미라(Mira)와 같은 맥동거성입니다. 백조자리 키 별의 현재 밝기는 미국 변광성 관측가 협회의 인터넷 사이트인 https://www.aavso.org/historic-light-curves에서 확인할 수 있습니다.

백조와 함께 유유히 날아다니기

대상	분류	밝기	각크기/각분리	적경	적위	MSA	U2
NGC 6819	산개성단	7.3	5'	19시 41.3분	+40° 12'	1129	48R
NGC 6888	밝은 성운	8.8	18'×8'	20시 12.0분	+38° 23'	1149	48L
오토스트루베 401 (OΣ 401)	이중별	7.3, 10.6	13.0"	20시 12.2분	+38° 27'	1149	48L
요정의 반지 (Fairy Ring)	자리별	-	22'	20시 04.1분	+38° 10'	(1149)	(48L)
IC 4996	산개성단	7.3	5'	20시 16.5분	+37° 39'	1149	48L
번헴 422 Aa (β422 Aa)	이중별	9.7, 10.8	4.2"	20시 16.5분	+37° 38.6'	1149	48L
백조자리 P 성단	산개성단	-	5'	20시 17.7분	+38° 02'	(1149)	(48L)
백조자리 P 별	변광성	4.8 var.	-	20시 17.8분	+38° 02'	1149	48L
백조자리 키(x) 별	변광성	3.3 - 14.2	-	19시 50.6분	+32° 55'	1150	48R

각크기 및 각분리는 최근 천체 목록을 참고한 것입니다. 대상의 크기에 대한 시각적 느낌은 목록에 기재된 크기보다는 작게 보이며, 망원경의 구경 및 배율에 따라 다양하게 느껴집니다. MSA와 U2는 각각 『밀레니엄 스타 아틀라스』와 『우라노메트리아 2000.0』 2판에 기재된 차트 번호를 의미합니다. 괄호상의 번호는 해당 별지도의 해당 차트에는 존재하나 별도로 표시가 되어 있지는 않음을 의미합니다. 이번 달에 등장하는 모든 천체들은 《스카이 앤드 텔레스코프》 호주머니 별지도 62장에 모두 표시되어 있습니다.

별 아래 마법의 밤

궁수자리에서 잘 알려지지 않은
매혹적인 천체들을 살펴봅시다.

사실 당신과 즐긴 이는 팀피녠이었습니다.
하지만 그런 일은 요정이 벌이는 으스스한 일이죠
당신은 별들이 빛나는 여름밤을 계속 사랑하게 될 것이고
별들이 연출하는 마법은 당신의 가슴에 멈출 수 없는 아픔을 만들어낼 것입니다.

– J. R. R. 톨킨*J. R. R. Tolkien*, 『사라진 이야기들의 책*The book of Lost Tales*』

매혹적인 여름밤, 거품 이는 미리내의 폭포가 궁수자리로 떨어져 내리고 머나먼 별들이 만드는 포말이 피어오릅니다. 이 천상의 거품은 매혹적인 딥스카이 천체로 가득 차 있죠. 그러나 별지기들은 이 별보라 샘에 있는 15개 메시에 목록만을 살펴보고 다른 매혹적인 대상들은 간과하곤 합니다.

메시에 천체가 아니면서 궁수자리에서 가장 멋진 천체 중 하나가, 나란히 자리 잡은 산개성단 NGC 6520과, 잉크자국으로 알려진 암흑성운 **바너드 86**(Barnard 86, B86)입니다. 이 2개 천체는 상대적으로 간단하게 찾아볼

딥스카이 천체를 많이 가지고 있는 얼마 되지 않는 지역 중 하나가 궁수자리입니다.

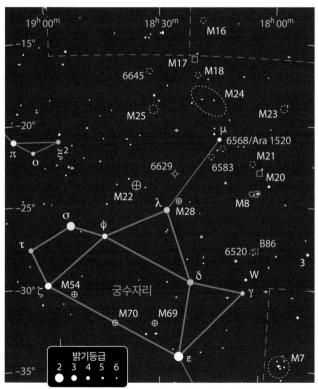

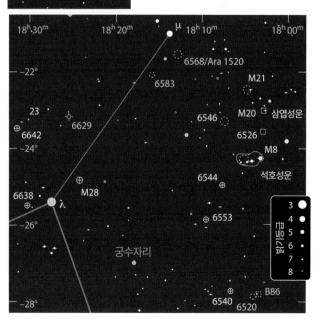

왼쪽 : 애리조나 플래그스테프의 제레미 페레츠(Jeremy Perez)가 그린 NGC 6520과 바너드 86. 8인치(203.2밀리미터) 망원경에서 120배율로 바라본 모습입니다.

오른쪽 : 바너드 86이 마치 NGC 6520의 검은 쌍둥이처럼 보이는 이 사진은 키트 피크의 첨단관측프로그램에 의해 촬영된 것입니다.

사진 : 프레드 캘버트(Fred Calvert) / 애덤 블록 / NOAO / AURA / NSF

수 있습니다. 궁수자리 3 별에서 동쪽으로 3.5도 지점을 살펴보거나 궁수자리 감마(γ) 별에서 W 별까지 가상의 선을 그어 이 선이 2배 연장된 지점을 살펴보세요. 궁수자리 W 별은 7.5일을 주기로 5.1등급과 4.3등급 사이에서 밝기 변화를 보이는 세페이드 변광성입니다.

14×70 쌍안경으로 바라본 NGC 6520은 아주 작은 보풀이 인 점으로 보입니다. 그 안쪽으로 2개의 희미한 점이 마치 반짝반짝 빛나는 눈처럼 자리 잡고 있죠. 이 2개의 별은 비슷한 밝기를 가지고 있으며 이 2개 별이 도열한 선을 따라 측면에 연무가 끼어 있습니다. 105밀리미터 굴절망원경에서 87배율로 바라보면 2개 별과 연무는 NGC 6520의 바깥쪽 모서리를 표시하고 있습니다. 이곳에는 총 23개의 별이 있으며 5.5분의 너비로 퍼져 있죠. 바너드 86은 NGC 6520의 서쪽 가까이에 있으며 성단의 별들을 푹 떠낸 것처럼 보입니다. 이 검은 벨벳과 같은 성운은 5분×3분 크기이며 북서쪽 모서리에는 노란빛이 감도는 주황색 별이 장식하고 있습니다.

10인치(254밀리미터) 반사망원경에서 213배율의 광시야 접안렌즈를 사용하면 이 한 쌍의 천체가 한 시야에 멋지게 들어오죠. NGC 6520은 35개에서 40개 정도의 별들로 밝게 빛나고 있으며 바너드 86은 선명하게 그 모습을 드러내고 있습니다. 이곳을 촬영한 사진은 바너드 86으로부터 뻗어 나온 검은 덩굴이 요람처럼 성단을 담아내고 있는 모습을 보여줍니다. 하지만 이 검은 덩굴을 중간 정도의 빛공해를 가진 북쪽의 제 관측지에서는 잘 볼 수 없었습니다. 여러분은 이 덩굴을 잘 볼 수 있겠죠?

서로 얽혀 있는 듯이 보이는 이 성운과 성단은 이들이 물리적으로도 연관되어 있음을 말해줍니다. 어떤 연구에 따르면 이 성단은 6,200광년 거리에 있으며 나이는 1억 5,000만 년 정도라고 합니다. 그러나 바너드 86과 같은 암흑분자구름의 나이는 고작 수천만 년 정도밖에 되지 않습니다. 따라서 만약 이 천체들이 서로 연관되어 있다면 이는 또 하나의 수수께끼가 되고 말죠.

또 다른 매력적인 천체는 궁수자리 뮤(μ) 별로부터 남남서쪽 34분 지점에 있는 산개성단 **NGC 6568**입니다. NGC 6568은 화려한 성단은 아니지만 흥미로운 형태를 하고 있죠. 몇 년 전 버몬트주 스텔라페인 모임이 있었을 때, 제 옆에서 관측을 진행하던 천체작가 조 버게론 Joe Ber-geron은 자신의 6인치(152.4밀리미터) 반사망원경에서 62배율로 NGC 6568을 살펴보고 있었습니다. 그는 NGC 6568을 30여 개의 별이 흩뿌려진 큰 덩어리처럼 묘사했고 별들이 만들고 있는 아치를 활짝 펼친 새의 날개로 상상했죠.

저는 10인치(254밀리미터) 망원경에서 68배율로 관측했을 때 12분에 걸쳐 펼쳐져 있는 40개의 별을 보았으며 가장 밝은 별들이 한쪽 측면에서 동서로 가로지르는 6분 길이의 S자 모양을 형성하고 있는 모습을 보았습니다. 이 S자의 중앙에는 이중별 **아라 1520**(Ara 1520)이 있습니다. 이 이중별은 인도 니자미아 천문대 Nizamiah Observatory에서 S. 아라바뮤단 S. Ara-vamudan에 의해 발견되었습니다. 아라 1520은 11등급의 으뜸별과 으뜸별로부터 북북동쪽 13초 지점에 있는 이보다는 약간 희미한 짝꿍별로 구성되어 있습니다.

버게론은 다음으로 남동쪽 54분 지점에서 '유령과 같은 별들의 작은 무리'라고 부르는 **NGC 6583**을 겨냥했습니다. 이 별 무리는 카시오페이아자리에 있는 NGC 7789처럼 별들을 매우 많이 거느리고 있지만 아마도 먼지에 의해 그 빛이 차단당하고 있는 것으로 보입니다. 사실 이 성단은 6,700광년 거리에 있으며 성간먼지로 인한 소광현상으로 1.6등급 흐리게 보이고 있습니다. 10인치(254밀리미터) 반사망원경에서 213배율로 관측해보면 희미한 별부터 대단히 희미한 별들까지 수많은 별들이 3.5분의 연무를 만들고 있으며 남쪽 경계로는 3개의 비교적 밝은 별들이 만드는 곡선이 있습니다.

근처의 밝은 구상성단에 의해 가려진 작은 보석 **NGC 6629**는 자주 간과되곤 하는 천체입니다. 이 행성상성운을 북쪽 7분 지점에 있는 8등급의 별을 이용하

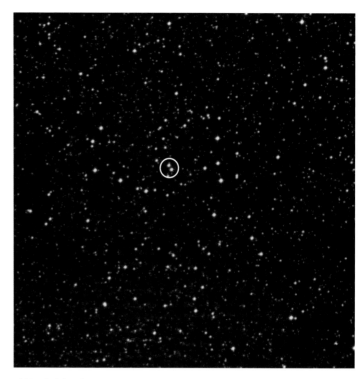

이 붉은색 필터 사진에서 보이는 바와 같이 이중별 아라 1520(Ara 1520)은 NGC 6568의 중심에 있습니다.
사진: POSS-II / 캘테크 / 팔로마

여 궁수자리 23 별의 서쪽 1.1도 지점에서 찾아보세요. NGC 6629는 105밀리미터 굴절망원경에서 47배율로 봤을 때 별이 아니라는 것을 간신히 알 수 있을 정도입니다. 그러나 127배율에서는 중앙에 희미한 별을 거느린 작고 둥근 청회색의 원반을 보여줍니다.

이 행성상성운의 선명한 색깔은 10인치(254밀리미터) 반사망원경에서 저배율로 꽤 쉽게 찾아볼 수 있게 해줍니다. 213배율에서는 상대적으로 크고 중심으로 갈수록 더 밝아지는, 거의 남북으로 도열한 타원형을 보여주죠. 이 행성상성운은 협대역성운필터나 산소III필터를 탑재하고 300배 배율에서 관측했을 때 훨씬 더 도드라진 모습을 보여줍니다.

윌리엄 허셜이 NGC 6629를 발견한 것은 1784년입니다. 이로부터 53년 후 윌리엄 허셜의 아들인 존 허셜은 이 행성상성운을 "매우 멀리 떨어져 있는, 그리고 매우 촘촘하게 몰려 있는 구체의 천체일 것"이라고 기록하고

다음과 같은 기록을 남겼습니다. "내가 기억하는 한 성운기를 가진 가장 작은 천체는 아니더라도 성운기를 가진 가장 작은 천체 중 하나이다. 이 천체는 매우 인상적인 천체이다."

우리의 마지막 관측 대상은 이보다는 훨씬 쉬운 대상인 산개성단 NGC 6645입니다. 이 성단을 찾아가는 가장 간단한 방법은 거대하고 밝은 성단인 M25로부터 북쪽 방향 2도 지점을 확인해보는 것입니다. 제 작은 굴절망원경에서 17배율로 바라본 NGC 6645는 대단히 아름다운 다이아몬드 가루처럼 보입니다. 점, 선, 선으로 이어지는 재미있는 모양의 별들이 동쪽 측면으로 이어져

있죠. 87배율에서는 35개의 별이 보이며 작은 점과 선의 모습이 8.5분×10분 크기의 별 무리를 채우고 있습니다. 10인치(254밀리미터) 망원경에서 115배율로 관측해보면 중심 근처의 텅 빈 지역과 함께 무작위로 흩어져 있는 70개의 사랑스러운 별들이 나타납니다.

밝은 별들이 촘촘히 들어박힌 여름의 밤은 주목하지 않을 수 없는 마력을 가지고 있습니다. "별들 아래 마법의 세계"에 대한 열망이 가득한 당신을 발견하게 된다면 아마도 당신은 팀피넨의 피리 소리에 홀린 것일 겁니다.

잘 알려져 있지 않은 궁수자리의 보석들

대상	분류	밝기	각크기/각분리	적경	적위
NGC 6520	산개성단	7.6	6.0′	18시 03.4분	- 27° 53′
바너드 86 (B86)	암흑성운	-	5.0′	18시 03.0분	- 27° 52′
NGC 6568	산개성단	8.6	12′	18시 12.8분	- 21° 35′
아라 1520 (Ara 1520)	이중별	11.2, 11.7	13″	18시 12.7분	- 21° 35′
NGC 6583	산개성단	10.0	4.0′	18시 15.8분	- 22° 09′
NGC 6629	행성상성운	11.3	16″	18시 25.7분	- 23° 12′
NGC 6645	산개성단	8.5	10′	18시 32.6분	- 16° 53′

각크기 및 각분리는 최근 천체 목록을 참고한 것입니다. 시각적으로 보이는 천체의 크기는 대부분 목록상에 있는 크기보다는 작게 느껴지며 장비의 구경과 배율에 따라 다양하게 느껴집니다.

궁수자리 별의 도시들

놀랍도록 다양한 구상성단들이
미리내 중심 부근을 떠돌고 있습니다.

궁수자리는 수백만 개의 찬란한 별들을 품고 있는 구상성단을 다른 별자리보다 더 많이 품고 있습니다. 별의 눈보라 같은 모양부터 하늘의 돔에 내린 서리와 같은 모양까지, 다양한 모습을 보여주는 이 웅장한 별들의 도시에 다 같이 경의를 표합시다.

우리가 첫 번째로 방문할 곳은 NGC 6522와 NGC 6528입니다. 이들은 궁수자리 감마 별로부터 북서쪽 0.5도 지점에서 쉽게 찾을 수 있습니다(더 상세한 정보는 아래의 별지도를 참고하세요).

이 구상성단들은 16분밖에 떨어져 있지 않습니다. 105밀리미터 굴절망원경에서 87배율로 보면 한 시야에 들어오죠. NGC 6522는 중간 정도의 밝기를 가지고 있으며 3분 직경에 선명한 과립상을 보여줍니다. 중심 쪽

으로는 확연하게 밝아지는 양상을 보여주죠.

10인치(254밀리미터) 반사망원경에서 219배율로 바라보면 헤일로에 있는 여러 희미한 별들이 그 모습을 드러냅니다. 반면 NGC 6528은 그저 얼룩진 모습만을 보여주죠. 이러한 현상은 NGC 6522에서 가장 밝은 별의 밝기등급이 14등급임에 반해 NGC 6528에서 가장 밝은 별은 15.5등급이기 때문에 발생합니다.

NGC 6522는 약 2만 5,000광년 거리에 있으며, 지름은 70광년입니다. 반면 NGC 6528은 이보다는 약간 더 멀리 있으며, 지름은 37광년입니다. NGC 6522와 NGC 6528은 중심에서 중심까지 서로 500광년도 떨어져 있지 않은 진정한 이중성단입니다. 두 성단 모두 서로의 하늘에서 본다면 대단히 인상적인 모습을 보여주고 있

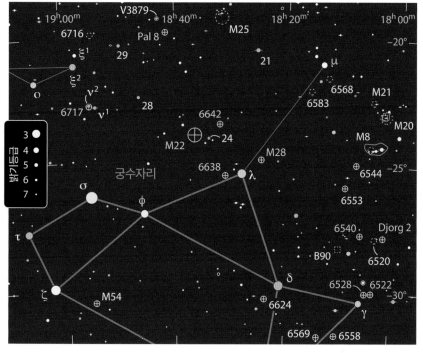

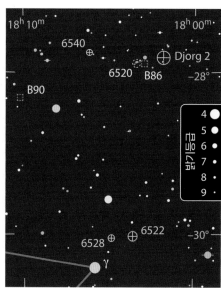

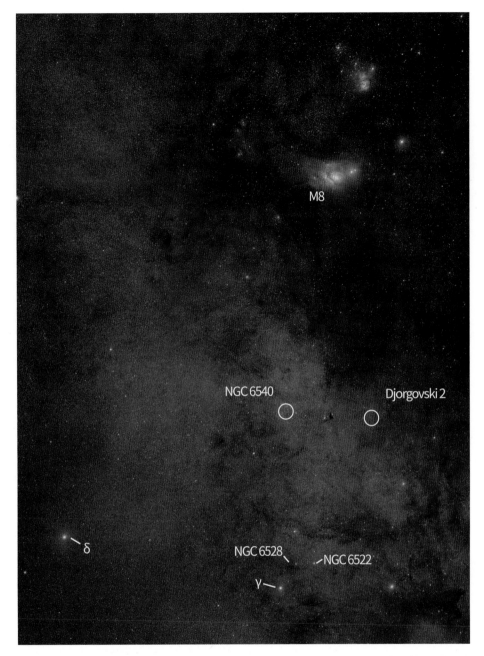

M8
NGC 6540
Djorgovski 2
δ
NGC 6528
NGC 6522
γ

로버트 젠들러가 촬영한 미리내 모자이크 사진의 한 부분인 이 사진은 341쪽 별지도의 오른쪽 아래 모서리 부분을 담고 있습니다. 입체적으로 보이는 느낌은 전혀 착시가 아닙니다. 밝은 별들은 지구 쪽으로 가까이 있는 별들입니다. M8 주변과 그 뒤쪽으로는 미리내의 거대한 균열부를 만들고 있는 검은 구름들이 있습니다. 사진 중앙에서 왼쪽으로 장막을 치듯이 빽빽하게 늘어선 별들은 근처에 있는 나선팔의 일부입니다. 이 나선팔과 균열부 사이에서 '거대한 궁수자리 별구름'을 볼 수 있습니다. 바로 이곳을 통해 우리 미리내의 팽대부가 보이죠. 구상성단 NGC 6540과 조르고브스키 2(Djorgovski 2)는 이 거대한 균열부를 만들고 있는 먼지의 외곽부에 의해 많이 가려져 있습니다.

표한 논문에서 3개 구상성단의 발견을 보고하였습니다. 그의 목록상에 있는 세 번째 구상성단이 지금은 조르고브스키 3(Djorgovski 3)으로 알려져 있는 NGC 6540입니다. 그러나 당시 조르고브스키는 자신이 발견한 성단이 NGC 6540과 같은 것이라고 생각하지 않았습니다.

눈으로 보면 NGC 6540은 부분적으로 별들이 분해되는 산개성단으로 잘못 생각할 수 있다는 것을 쉽게 알 수 있습니다. NGC 6540은 제 작은 굴절망원경에서 높은 배율을 사용하면 몇몇 별과 같은 점들이 떠돌고 있는 그저 희뿌연 안개처럼 보입니다. 그러나 10인치(254밀리미터) 망원경에서는 1.2분 크기의 연무와 함께 그 전면을 파도모양으로 동서로 가로지르는 별들을 볼 수 있죠. 몇몇 별들은 아마도 우리 시야 중간에 있는 별들일 것입니다.

조르고브스키 2(Djorgovski 2, Djorg 2)는 1978년 '유럽남부천문대(B) 남반구 별지도의 ESO/웁살라 관측조사(the ESO/Uppsala Survey of the ESO (B) Atlas of the Southern Sky)' 4편에 ESO 456-SC 38이라는 천체로 처음 등장하는데 여기서도 산개성단으로 잘못 분류되었던 성단입니다. 이 구상성단은 NGC 6540으로부터 서쪽으로 1도 지점에 있습니다. 그 반대편으로는 암흑성운 바너드 86(Barnard 86)과 매력적인 산개성단 NGC 6520이

을 것입니다.

궁수자리 감마 별로부터 북쪽으로 2.7도 지점에서 발견되는 NGC 6540은 오랫동안 산개성단으로 생각되어 왔습니다. 1987년, 캘테크의 S. 조지 조르고브스키 S. George Djorgovski는 《아스트로피지컬 저널》을 통해 발

NGC 6540   Djorgovski 2   M28   Palomar 8

만약 모든 구상성단들이 똑같다고 생각한 적이 있다면 이 사진들이 당신의 생각을 바꿔줄 수 있을 것입니다. 이 사진들은 모두 동일한 노출하에 적색필터를 통해 촬영된 것입니다. 재처리 역시 동일한 스케일로 처리되었습니다.

사진: POSS-II / 캘테크 / 팔로마

있죠.

저는 아직 조르고브스키 2를 보지 못했습니다. 그러나 캘리포니아의 별지기인 다나 패치크Dana Patchick는 1981년, 16인치(406.4밀리미터) 반사망원경으로 관측을 진행하던 중 이 성단을 발견했다고 합니다. 그의 기록은 다음과 같습니다. "매우 희미하고 둥근, 성운기를 보여주는 천체가 있다. 지름은 2분에서 3분 사이인 것 같고, 대상은 전혀 분해되지 않는 상태이다. 전반적으로 밝기는 동일하다. 아마도 매우 멀리 떨어져 있는 희미한 산개성단이거나 구상성단인 것 같다." 그다음 달 페치크는 8인치(203.2밀리미터) 망원경으로 조르고브스키 2를 찾아보는 데 성공했다고 합니다.

NGC 6540과 조르고브스키 2는 매우 희미하게 보입니다. 그도 그럴 것이 이 별 무리로부터 나온 빛은 사진 3에서와 같이 미리내의 거대한 균열과 연관된 성간우주 공간의 먼지들로 인해 적색소광 현상을 보이기 때문입니다. 사실 조르고브스키 2는 2만 2,000광년 거리에 위치하고 있습니다. 그 사이에 전혀 차폐물이 없었다면 조르고브스키 2는 NGC 6522나 NGC 6528보다 훨씬 더

밝게 보였을 것입니다. NGC 6540은 가장 가까운 구상성단 중 하나입니다. 고작 1만 2,000광년밖에 떨어져 있지 않죠.

다음으로 궁수자리 람다(λ) 별 근처에 도열해 있는 별 무리 사총사를 찾아가보겠습니다. 이 4인조 별 무리 중 단연 으뜸가는 별 무리는 **메시에 22**(Messier 22, M22)입니다. 밤하늘에서 가장 인상적인 모습을 뽐내는 구상성단 중 하나죠. M22에서 가장 밝은 별들의 밝기는 거의 10.5등급에 육박합니다. 그래서 대부분의 망원경에서 부분적으로 이들을 분해해 볼 수 있죠. 노스캐롤라이나의 별지기인 데이비드 엘로서는 자신의 4인치(101.6밀리미터) 망원경으로 바라본 M22가 마치 주먹밥처럼 보인

M22까지의 거리는 1만 500광년으로서 우리로부터 네 번째로 가까이 있는 구상성단입니다. 따라서 이 구상성단은 대단히 크고 밝게 보입니다.

사진: 짐 미스티(Jim Misti)

다고 말했습니다. 메릴랜드의 별지기인 피터 거트슨Peter Gertson은 "황혼의 구상성단필터"를 통해 M22를 보는 것을 즐긴다고 합니다. 거트슨은 M22가 몇 안 되는 별들로 경계가 그어진 희미한 안개처럼 보이는 황혼 녘에 가능한 한 빨리 M22를 찾는 시도를 한다고 합니다. 하늘이 점점 어두워지면서 가장 밝은 별들이 톡톡 튀어나오듯이 눈에 들어온다고 하죠. 거트슨의 설명은 다음과 같습니다. "바로보기 상태에서 별들이 깜빡거리며 나타나기 시작하다가 이내 곧 안정된 상태를 유지하게 됩니다. 별들이 상당히 확실하게 나타나기 때문에 개개의 별들을 구분해 볼 수 있습니다. 약 25개의 별이 나타난 후 별들이 작은 무리를 짓기 시작하고 곧이어 큰 성단이 됩니다." 거트슨은 이러한 방법을 통해 구상성단이 "바로 눈앞에서 역동적으로 변화하는 듯한 모습"을 볼 수 있기 때문에 특별히 더 매력적으로 느껴진다고 합니다.

M22는 105밀리미터 굴절망원경에서 저배율을 이용하면 NGC 6642와 한 시야에 들어옵니다. NGC 6642는 밝은 핵과 북동쪽 모서리에 별 하나를 거느린 매우 작은 천체로 보입니다. 10인치(254밀리미터) 반사망원경에서 고배율을 사용하면 이 1.5분의 구상성단은 중심으로 갈수록 급격하게 밝아지는 모습을 보여줍니다. 과립상의 중심부와 헤일로, 그리고 헤일로에서 매우 희미한 별 몇 개가 그 모습을 드러내죠. 북북서쪽으로 늘어진 작은 꼬리에 영감을 받은 캘리포니아의 별지기 론 바누키트시리Ron Bhanukitsiri는 NGC 6642에 올챙이 성단이라는 별명을 지어주었습니다.

4인조 별 무리에서 두 번째로 밝은 구상성단은 **메시에 28**(Messier 28, M28)입니다. 애리조나의 별지기이자 천문작가인 스티븐 코는 자신의 6인치(152.4밀리미터) 막스토프-뉴토니언 망원경에서 135배율로 바라본 M28의 모습을 저에게 다음과 같이 열광적으로 설명해주었습니다. "5개의 별이 시종일관 분해되어 보이고 또 다른 8개의 별은 보였다 안 보였다 하지요. 비껴보기를 했을 때 독특한 효과가 나타납니다. 이 별 무리의 바깥쪽 경계를 보면 제가 마치 그 별들을 비껴보기로 우연히 본 것처럼 서로 다른 별들이 나타났다가 사라진답니다. 정말 환상적이에요."

점점 밝아지는 중심부를 가지고 작고 보풀이 인 점처럼 보이는 NGC 6638은 제 작은 굴절망원경에서 28배율로 봤을 때 M28과 같은 시야에 들어옵니다. 뉴욕의 별지기인 조 버게론Joe Bergeron은 6인치(152.4밀리미터) 반사망원경에서 94배율로 본 이 구상성단을 "작고, 응축된, 찾기 쉬운 이 깔끔하고 작은 천체에는 굵은 불꽃이 섞여 있다"라고 묘사했습니다.

이제 동쪽으로 멀리 이동하여 NGC 6717을 만나보겠습니다. NGC 6717은 황금빛 궁수자리 뉴^2(v^2) 별 바로 남쪽에 있습니다. 팔로마 9(Palomar 9)로도 알려져 있는 이 성단은 1950년대 '내셔널지오그래픽협회의 팔로마 천문대 관측 프로그램the National Geographic Society-Palomar Observatory Sky Survey'에 의해 획득한 사진 건판에서 발견되거나 재발견된 15개 팔로마 별 무리 중 하나입니다.

대부분의 팔로마 구상성단들은 눈에 잘 띄지 않습니다만 NGC 6717은 그중에서 가장 밝은 구상성단입니다. 저는 105밀리미터 굴절망원경에서 NGC 6717을 찾아보았을 때 의외로 얼마나 찾기 쉬웠던지 깜짝 놀랐던 적이 있습니다. 구름이 많이 낀 어느 날 밤에 저는 구름 사이로 공들여 이 성단을 살펴봤습니다. 87배율 접안렌즈를 사용했을 때 구름 사이로 3/4분의 이 성단을 쉽게 찾아볼 수 있다는 것에 놀란 적이 있습니다.

10인치(254밀리미터) 망원경에서 213배율을 사용하면 북북서로 기울어진 중심부에 매우 작고 밝은 부분을 가지고 있는 NGC 6717을 볼 수 있습니다. 심지어는 이것보다도 더 작은 빛 조각이 북동쪽 바로 옆에 북서쪽으로 누워 있는 모습도 볼 수 있습니다. 이 성단에서 가장 밝은 별들은 약 14등급 정도입니다. 따라서 관측 조건만 좋다면 10인치(254밀리미터) 망원경에서 개개 별들을 분해해 볼 수 있죠.

이보다는 좀 더 찾기 어려운 구상성단 **팔로마 8**(Palomar 8)은 궁수자리 29 별의 서북서쪽으로 정확히 2도 지점에 있습니다. 팔로마 8로부터 북북동쪽 38분 지점에는 붉은빛이 감도는 주황색으로 눈길을 잡아끄는 준규칙변광성 궁수자리 V3879가 있습니다. 이 변광성의 밝기 범위는 6등급에서 6.5등급 사이이며 변광주기는 평균 50일입니다.

105밀리미터 망원경에서 122배율을 사용하면 비껴보기를 통해 팔로마 8을 볼 수 있습니다. 팔로마 8은 밝기 등급 10.5등급에서 11등급 사이의 3개 별이 만드는 4분 크기의 삼각형 바로 남쪽에 있습니다. 팔로마 8의 희미한 빛은 1분 정도 크기입니다. 서북서쪽으로 아주 작은 점이 분리되어 있는 모습을 볼 수 있죠.

10인치(254밀리미터) 망원경에서 170배율로 바라본 팔로마 8은 3배 크기로 보이며 수많은 희미한 별들이 뿌려져 있는 별밭에 어여쁘게 자리 잡은 모습을 보여줍니다. 이 성단은 아주 약간 얼룩진 모습을 보여줍니다만 중심으로 갈수록 조금 더 밝아지는 모습을 보여주기도 하죠. 성단의 연무 위로는 대단히 희미한 별들이 아주 조금 눈에 들어옵니다. 심지어는 14.5인치(368.3밀리미터) 반사망원경에서 고배율로 관측해도 구분해낼 수 있는 별은 8개에 지나지 않습니다. 그런데 이처럼 별들이 가득 들어차 있는 곳이라면 이 별들 중 일부는 성단에 속한 별이 아니라 앞쪽에 우연히 자리 잡은 별일 수도 있을 것입니다. 팔로마 8에서 가장 밝은 별들은 채 15등급도 되지 않는 미약한 빛을 뿜어내고 있습니다.

다양한 밝기의 구상성단들

대상	밝기	각크기/각분리	적경	적위
NGC 6522	8.3	9.4'	18시 03.6분	- 30° 02'
NGC 6528	9.6	5.0'	18시 04.8분	- 30° 03'
NGC 6540	9.3	1.5'	18시 06.1분	- 27° 46'
조르고브스키 2 (Djorg 2)	9.9	9.9'	18시 01.8분	- 27° 50'
M22	5.1	32.0'	18시 36.4분	- 23° 54'
NGC 6642	9.1	5.8'	18시 31.9분	- 23° 29'
M28	6.8	13.8'	18시 24.5분	- 24° 52'
NGC 6638	9.0	7.3'	18시 30.9분	- 25° 30'
NGC 6717	9.3	5.4'	18시 55.1분	- 22° 42'
팔로마 8 (Palomar 8)	11.0	5.2'	18시 41.5분	- 19° 50'

각크기 및 각분리는 최근 천체 목록을 참고한 것입니다. 시각적으로 보이는 천체의 크기는 대부분 목록상에 있는 크기보다는 작게 느껴지며 장비의 구경과 배율에 따라 다양하게 느껴집니다.

9월

우주적 본뜨기

궁수자리의 남쪽은 자잘한 성단과 성운들을
많이 거느리고 있습니다.

우리 미리내가 동족을 잡아먹는 괴물이라는 것은 의심의 여지가 없는 사실입니다. 미리내와 같은 거대은하들은 가까이 접근하는 수많은 위성은하들을 집어삼키고, 이렇게 희생된 위성은하들로 인해 밝게 빛나곤 합니다. 미리내는 지금 궁수자리 회전타원체왜소은하(the Sagittarius Dwarf Sphe-roidal Galaxy, SGr dSph)를 집어삼키는 중

허블우주망원경이 촬영한 이 사진에서 볼 수 있는 바와 같이 구상성단 M54는 고밀도로 뭉쳐진 특이한 중심부를 보여줍니다.
사진: NASA / STScI / 위키스카이

입니다. 이 왜소은하의 중심부는 미리내를 중심으로 정반대 방향으로 8만 7,000광년 거리에 자리 잡은 구상성단 M54와 똑같은 형상을 하고 있습니다. 이로 인해 천문학자들은 M54가 어떤 왜소은하의 중심부였을 수 있다고 생각하고 있습니다. 그러나 새로운 연구에 따르면 궁수자리 회전타원체왜소은하는 핵을 가지고 있으며 이는 M54와는 명백히 구분되는 현상이라고 합니다. M54는 원래 자신을 품고 있던 왜소은하의 헤일로에서 형성되었으나 공전 운동력이 상실되면서 왜소은하의 중심부로 잦아든 것일 수 있습니다. 또 M54는 태양의 1만 배 질량을 가진 블랙홀이 있는 곳일 수도 있죠. 그렇다면 삼켜진 천체 안에 삼켜버리는 자가 도사리고 있는 셈입니다.

저의 9×50 파인더에서 바라본 M54는 궁수자리 제타(ζ) 별과 한 시야에 들어오며 별상의 중심부를 지닌 작고 보풀이 인 점으로 보입니다. 이 성단은 130밀리미터 굴절망원경에서 117배율로 봤을 때 꽤 밝은 모습을 보여줍니다. 매우 희미한 6분 크기의 헤일로와 얼룩진 1과 3/4분의 중심부, 그리고 밝게 보이는 0.5분의 안쪽 중심부가 보이죠.

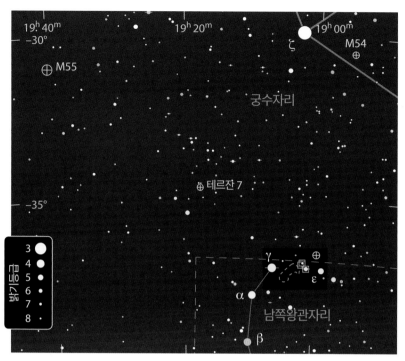

이번 장에서 묘사하고 있는 천체들의 대부분은 별지도 하단 우측 모서리의 네모 상자 안에 있습니다. 대상을 좀 더 선명하게 보여주기 위해 몇몇 천체명은 제거된 상태입니다.

10인치(254밀리미터) 반사망원경에서 213배율로 바라보면 헤일로에 겹쳐진 희미한 별 몇 개가 보입니다. M54에서 가장 밝은 별들은 15등급의 미약한 빛을 냅니다. 이는 M54까지의 거리가 우리로부터 상당히 멀리 떨어져 있기 때문이죠. 그래서 14.5인치(368.3밀리미터) 반사망원경에서 고배율을 사용해야만 각 별들이 분리되는 듯한 느낌을 받게 됩니다.

여기서 동쪽으로 약 10도 지점에는 130밀리미터 망원경에서 M54보다 2배의 크기로 보이는 사랑스러운 구상성단 M55가 있습니다. 117배율에서는 다양한 밝기로 빛나는 수많은 별이 저마다의 빛을 뿜내고 있습니다. 가장 두드러지게 보이는 별은 중심에서 남동쪽 5.5분 지점에 있는 11등급의 별입니다.

화려한 구상성단 M55는 10인치(254밀리미터) 망원경에서 19분의 크기로 보이며 셀 수 없이 많은 별을 보여줍니다. 이 수많은 별들은 성단의 중심을 가로지르며 작은 사슬을 만드는 가장 밝은 별들과 함께 여기저기 뭉쳐 있는 모습을 보여주죠. 이 별들은 직경 12.5분 이내

에만 몰려 있는 것처럼 보이며, 이 이상의 폭에서는 매우 희미한 헤일로만이 보입니다. 14.5인치(368.3밀리미터) 반사망원경에서 200배율로 바라본 M55는 숨이 막힐 듯한 환상적인 모습을 보여줍니다. 수백 개의 별들이 중심부에 몰려 있으며 중심으로부터 마치 폭발하듯 뻗어 나오는 모습을 볼 수 있죠. 반면 그 배경으로는 분해되지 않는 별들이 부드러운 연무를 형성하고 있습니다.

『관측을 위한 안내서 및 딥스카이 천체 목록Observing Handbook and Catalogue of Deep-Sky Objects』에서 저자인 크리스티안 루긴불Christian Luginbuhl과 브라이언 스키프는 M55를 둘러싸고 있는 헤일로의 남동쪽 부분에 '크게 물려 뜯긴 부분'이 있다고 기록했습니다.

M55는 M54보다 절대 밝기가 훨씬 낮음에도 불구하고 M55에서 가장 밝은 별은 11등급으로 빛나고 있습니다. M55는 상대적으로 가까운 거리인 1만 7,000광년 거리에 위치하고 있어 별들을 분해해 보기도 쉽습니다. 이 거리는 M54 대비 5분의 1 거리에 해당하죠.

M55로부터 남쪽왕관자리 감마 별까지 이어진 선상의 약 3분의 2 지점에서 **테르잔 7**(Terzan 7)이라는 구상성단을 만날 수 있습니다. 이 성단은 1968년, 프랑스 오트프로방스 천문대에 재직 했던 아고프 테르잔Agop Terzan이 발견하였습니다. 당시 그는 먼지들이 심하게 시선을 가로막고 있는 미리내 중심부에 대한 근적외선촬영연구를 이끌고 있었습니다. 테르잔 7은 테르잔의 이름이 달린 11개의 구상성단 중 아마추어 망원경으로 가장 찾기 쉬운 성단입니다.

NGC 6723

NGC 6727   NGC 6726

NGC 6729

γ CrA   FeSt 1-446/7   IC 4812   ε CrA

이 사진은 346쪽의 별지도 상자 내에서 2도 폭을 차지하는 한 부분을 자세하게 보여주고 있습니다.
칠레의 별지기인 스테판 가이저드(Stephane Guisard)가 촬영하였으며 후처리는 로버트 젠들러가 담당하였습니다.

우리가 만나볼 마지막 구상성단은 **NGC 6723**입니다. 이 구상성단은 궁수자리의 남쪽 경계 바로 위 지점이자 남쪽왕관자리 엡실론(ε) 별로부터 북북동쪽 0.5도 지점에 있습니다.

버몬트주 스텔라페인 관측회에서 6인치(152.4밀리미터) 반사망원경으로 이 별 무리를 관측한 조 버게론(Joe Bergeron)의 기록은 다음과 같습니다. "놀랍도록 밝은 이 구상성단은 지평선에서 고작 8도 위에서도 쉽게 그 모습을 찾을 수 있다. 94배율에서는 약 3분의 지름을 보여준다. 둥글고 과립상을 보여주는 이 성단에는 일순간 보였다가 사라지는 몇몇 별들이 있다. 이 성단은 50밀리미터 파인더로도 찾을 수 있다."

NGC 6723은 10인치(254밀리미터) 반사망원경에서 213배율로 바라봤을 때 매우 아름다운 모습을 보여줍니다. 10분의 폭에서 다양한 밝기가 뒤섞인 많은 별들을 보여주죠. 이 성단의 고밀도 중심부는 2개의 밝기 단계를 보여주는 것처럼 느껴집니다. 중심부의 외곽은 타원형에 4분에 걸쳐 펼쳐져 있으며 거의 분해되지 않는 안개처럼 보입니다. 반면 중심부 안쪽의 폭은 2와 1/4분입니다. 희박하게 퍼져 있는 헤일로의 북동쪽에 10등급의 별 하나가 있으며 이보다 약간 더 희미한 별 하나가 헤일로의 동쪽 모서리에 있습니다.

몇몇 흥미로운 성운들이 궁수자리의 경계 바로 아래 남쪽왕관자리에 있죠. 가장 인상적인 것은 수천 개의 이중별 중 하나인 **보스 967**(B 967)을 감싸고 있는 성운입니다. 이곳의 이중별들은 동료와 함께 매우 주의 깊고 인상적인 작업을 진행한 빌렘 핸드릭 반덴 보스Willem Hendrik van den Bos에 의해 발견되었습니다. 1926년, 남아

저는 관측조건이 괜찮은 밤하늘이라면 105밀리미터 굴절망원경으로도 테르잔 7을 찾아볼 수 있습니다. 이때 테르잔 7은 별들이 만들어낸 타원형 고리 안에 매우 희미한 안개조각처럼 보입니다. 별들로 이루어진 고리는 남북으로 10분의 크기를 이루고 있죠. 별들이 만들고 있는 고리에서 가장 밝은 2개의 별은 밝기 등급이 8.5등급으로서 타원형 고리의 북쪽 끄트머리에 있습니다. 반면 테르잔 7은 이 타원형 고리의 남쪽 끄트머리에 있죠. 이 머나먼 성단의 겉보기 크기를 근처 별들 간의 간격과 비교해봤을 때, 그 직경은 약 0.6분 정도로 생각됩니다. 10인치(254밀리미터) 망원경에서 테르잔 7은 꽤 쉽게 찾을 수 있습니다. 이 성단은 약 1분의 크기에 중심으로 약간 밝아지는 모습을 보여주죠.

비록 상당히 다르게 보이긴 하지만 테르잔 7은 M54와 약간의 공통점이 있습니다. 테르잔 7 역시 궁수자리 회전타원체왜소은하의 일부로 생각되는데 거리는 1만 2,000광년 정도 더 가깝죠. 결국 테르잔 7이나 M54 모두 왜소은하로부터 남겨진 화석이 될 것입니다. 좀 더 느슨하게 묶여 있는 별들은 우주공간으로 폭넓게 퍼져 나가게 되겠죠.

이 확대 사진은 348쪽 사진보다는 덜 짙은 모습을 보여줍니다. 따라서 NGC 6726과 NGC 6727의 안쪽에 각각 자리 잡은 밝은 이중별 보스 957의 두 별을 매우 선명하게 보여주고 있죠. IC 4812의 중심에 있는 브리즈번천문대 14(BrsO 14)가 이중 회절상을 보여주고 있는데 이는 이 별이 이중별임을 말해주는 단서가 됩니다.

사진: 베른드 플라크-필켄(Bernd Flach-Wilken) / 볼커 벤델(Volker Wendel)

9월

프리카연방 천문대의 수석 천문학자였던 로버트 이네스Robert Innes는 수석비서가 은퇴를 할 때, 보좌역을 반덴 보스가 맡아주기를 강력하게 요청했습니다. 당시 이네스가 쓴 요청내용은 다음과 같습니다. "만약 그가 임명되지 않는다면 26인치(660.4밀리미터) 망원경과 이중별들은 불구덩이로 가버릴 것입니다."

NGC 6726은 이 이중별의 으뜸별인 7등급의 청백색 별을 감싸고 있으며 NGC 6727은 여기서 북북동쪽 57초로 넓게 떨어져 있는 짝꿍별을 감싸고 있습니다. 2개 모두 105밀리미터 굴절망원경에서 76배율로 봤을 때도 꽤 밝게 보이는 반사성운입니다. 이 2개 성운은 전반적으로 4.5분 너비로 뒤섞여 있습니다.

NGC 6727을 비추고 있는 별은 식이중별인 남쪽왕관자리 TY 별입니다. 이 이중별의 총 밝기는 매 2.9일마다 9.4등급에서 9.8등급까지 떨어지죠. 이 이중별은 또한 성운 내의 먼지구름에 의해 단속적으로 별빛이 차단되고 있습니다. 또한 이중별 중 더 밝은 별은 그 밝기가 불규칙적으로 변하고 있기도 하죠. 이 이중별은 한때 그 밝기가 12등급까지 떨어진 상태가 목격되기도 했습니다.

이 이중별이 머무르고 있는 동일 시야에는 서로 연관성이 있는 2개의 반사성운이 함께 자리 잡고 있습니다. 작은 반사성운 NGC 6729는 NGC 6726과 NGC 6727의 남남동쪽 5분 지점에 있습니다. 제가 이 성운을 보았을 때 그 직경은 약 1분이었습니다. NGC 6729는 외뿔소자리의 그 유명한 허블의 변광성운인 NGC 2261과 상당히 많이 닮은 변광성운입니다. NGC 6729는 태어난 지 얼마 안 된 어린 별인 남쪽왕관자리 R 별(R CrA)에 의해 에너지를 공급받고 있습니다. 이 변덕스러운 변광성은 대개 10등급과 14등급 사이를 오가고 있죠. 이 성운의 형태에 있어서 눈에 띄게 나타나는 변화들은 별로부터 아주 가까이 이동하는 먼지 구름들이 반사성운에 그림자를 드리우기 때문으로 생각되고 있습니다. NGC 6729는 자주 혜성과 같은 모습을 보여줍니다. 이 성운 내에 파묻혀 있는 별인 남쪽왕관자리 R 별이 북서쪽 끄트머리에 자리 잡은 머리처럼 보이죠. IC 4812는 NGC 6726과 NGC 6727에서 남서쪽으로 12분 지점에 있습니다. IC 4812는 NGC 6726및 NGC 6727 전체를 합친 것과 비슷한 크기를 하고 있지만 밝기는 훨씬 희미합니다. IC 4812는 어렴풋한 삼각형 모양을 하고 있으며 남쪽 측면에 **브리즈번천문대 14**(Brisbane Ob-servatory 14, BrsO 14)라는 별을 거느리고 있습니다. 이 별은 1800년대 호주 브리즈번 천문대에서 기록된 이중별 중 하나죠. 브리즈번천문대 14는 6.3등급의 청백색 으뜸별과 으뜸별로부터 서쪽 13초 지점에 약간 희미한 6.6등급의 짝꿍별로 구성되어 있습니다.

밝은 성운이 가득 들어차 있는 곳에서는 암흑성운이 발견되는 경우가 많습니다. 130밀리미터 망원경에서 37배율로 바라본 암흑성운결합체 **파이트징거-스튀베 1-446**과 **파이트징거-스튀베 1-447**(Feitzinger-Stüwe 1-446/FeSt 1-446, Feitzinger-Stüwe 1-447/FeSt 1-447)은 NGC 6729의 남쪽을 장식하며 남동쪽으로 40분 정도 뻗어 있습니다. 이 암흑성운의 너비는 다소 불분명합니다만 평균 12분 정도인 것 같습니다. 남쪽으로 낮은 고도의 하늘이 괜찮은 투명도를 보이는 날이면 서로 뒤섞여 있는 이 성운은 꽤 선명한 모습을 보여줍니다.

우리가 방문한 모든 성운은 총체적으로 남쪽왕관자리 R구름(the R Coronae Australis cloud)으로 알려져 있으며 거리는 약 400광년으로 추정됩니다. 이들과는 대조적으로 그 옆으로 보이는 NGC 6723은 훨씬 더 먼 2만 8,000광년 거리에 위치하고 있습니다.

궁수자리와 남쪽왕관자리의 보석들

대상	분류	밝기	각크기/각분리	적경	적위
M54	구상성단	7.6	12.0'	18시 55.1분	- 30° 29'
M55	구상성단	6.3	19.0'	19시 40.0분	- 30° 58'
테르잔 7	구상성단	12.0	2.6'	19시 17.7분	- 34° 39'
NGC 6723	구상성단	7.0	13.0'	18시 59.6분	- 36° 38'
NGC 6726/7	반사성운	-	9'×7'	19시 01.7분	- 36° 53'
NGC 6729	변광성운	-	1'	19시 01.9분	- 36° 57'
IC 4812	반사성운	-	10'×7'	19시 01.1분	- 37° 02'
파이트징거-스튀베 1-447/7 (FeSt 1-446/7)	암흑성운	-	50'×17'	19시 03.5분	- 37° 14'

각크기 및 각분리는 최근 천체 목록을 참고한 것입니다. 시각적으로 보이는 천체의 크기는 대부분 목록상에 있는 크기보다는 작게 느껴지며 장비의 구경과 배율에 따라 다양하게 느껴집니다.

페가수스자리와 물병자리의 메시에 천체

페가수스자리 및 물병자리에 있는 구상성단과 행성상성운들은
메시에 목록상의 천체를 찾는 별지기들에게 더 많은 천체를 만날 기회를 제공해줍니다.

모든 메시에 천체를 관측하는 것은 수많은 별지기들의 목표이며 관측기술을 연마할 수 있는 좋은 방법입니다. 괜찮은 80밀리미터 망원경이라면 중간 정도의 어두운 하늘 아래에서 모든 메시에 천체를 보기에 충분합니다. 이번 장에서는 페가수스자리와 물병자리의 4개 메시에 천체를 만나보겠습니다. 이 중 2개는 작은 망원경으로도 충분히 찾아볼 수 있습니다만 다른 2개는 도전적인 대상임이 밝혀질 것입니다. 페가수스자리에서부터 시작해보죠. 여기에는 4개의 대상 중 가장 밝고 가장 찾기 쉬운 메시에 천체가 자리 잡고 있습니다.

18세기 천문학자인 얀-도미니크 마랄디Jean-Dominique Maraldi는 1746년 8월에 출현한 드 슈조(de Cheseaux)의 혜성에 관심을 가지고 있었으며 이를 추적하던 중 2개의 구상성단 M15와 M2를 발견했습니다. 1746년 9월 7일, 마랄디는 M15를 관측하며 "여러 별로 구성된, 꽤 밝고 성운기를 보이는 별"이라는 다소 난해한 묘사를 달았습니다.

페가수스의 코 바로 바깥쪽에 자리 잡은 M15를 찾아보세요. 이 별 무리는 미리내의 모든 구상성단 중 가장 밀도가 높은 중심부를 가지고 있는 것으로 추정됩니다. 120억 년의 나이를 가진 이 구

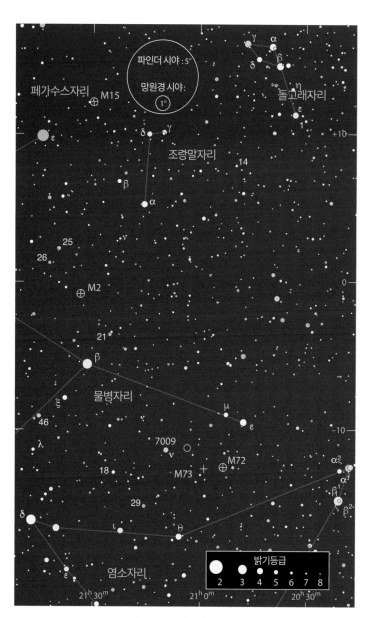

이 별지도에서 북쪽은 위쪽이며 동쪽은 왼쪽입니다. 위의 2개 동그라미는 전형적인 파인더의 시야와 작은 망원경에서 저배율을 이용했을 때 들어오는 시야를 표시하고 있습니다. 접안렌즈에서 북쪽을 찾으려면 망원경을 살짝 북극성을 향해 움직여보면 됩니다. 새로운 영역이 들어오는 방향이 북쪽이죠(직각 천정미러를 사용하고 있다면 상은 좌우가 반전되어 보일 것입니다. 이 지도를 함께 가지고 나가 대상을 이 지도와 맞춰보세요).

별지도 : 『밀레니엄 스타 아틀라스』에서 발췌.

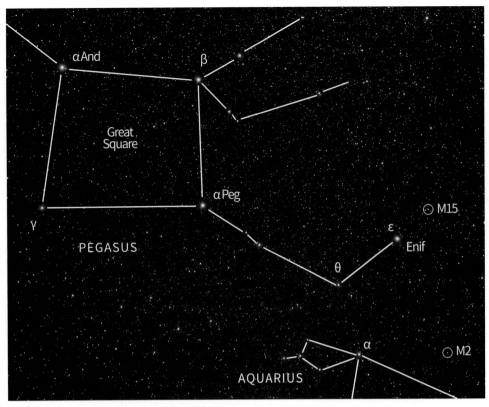

이번 달의 딥스카이 천체는 거대한 사각형을 만드는 페가수스자리의 남서쪽에서 페가수스의 코를 장식하는 에니프 근처의 M15를 찾아내는 것에서 시작합니다.

사진: 아키라 후지

세요. 황금색의 페가수스자리 엡실론 별은 에니프(Enif)라는 이름을 가지고 있으며 페가수스의 코를 표시하는 별입니다. M15의 밝기는 6.4등급입니다. 대단히 깜깜한 하늘 아래에서 좋은 시력을 가지고 있는 관측자들은 맨눈으로 보기도 하죠. 제 작은 파인더에서는 초점이 나가버린 별처럼 보입니다.

70밀리미터 망원경에서 20배율을 사용하면 매우 작고 밝은 핵을 보풀이 인 듯 감싸고 있는 꽤 밝고 둥근 구상성단의 모습을 볼 수 있습니다. 105밀리미터 굴절망원경에서 47배율을 사용하면 헤일로의 얼룩이 보입니다. 200배 언저리에서는 약간 타원이 진 모습을 볼 수 있으며 외곽의 별 몇 개가 구분되어 보입니다만 중심부의 별들은 여전히 분해되지 않은 채로 뭉쳐 보이죠.

우리가 다음에 만나볼 구상성단은 M15로부터 남쪽으로 13도 지점에 자리 잡고 있는 **M2**입니다. M2는 물병자리 알파(α) 별 및 베타(β) 별과 함께 거의 직각삼각형에 가까운 형태를 구성하고 있습니다. M2는 M15와 크기나 밝기, 거리가 거의 비슷한 쌍둥이 구상성단입니다. 다만 별들의 밀도는 훨씬 낮죠. 70밀리미터 망원경에서 20배율을 이용하면 별상의 중심부를 희미하게 감싸고 있는 둥근 대역을 볼 수 있습니다. 105밀리미터 굴절망원경에서 저배율을 사용하면 밝은 핵이 좀 더 선명하게 보이며 거의 별상으로 보입니다. 200배율에서는 명확한 타원형의 모습과 함께 대단히 희미한 별들이 모습을 드러내죠.

상성단은 처음 수백만 년 동안 중심부로 수많은 별들이 추락해서 집중되는 양상이 만들어졌다는 학설이 존재합니다. 명백하게 그 중심에 블랙홀을 품고 있는 것으로 알려진 구상성단은 없습니다만 M15의 경우는 블랙홀을 품고 있을 가능성이 있는 구상성단으로서 최상의 후보에 해당하며 중심에 태양의 2,000배 질량을 가진 블랙홀이 있는 것으로 추정되고 있습니다. 물론 M15의 집중양상은 단순히 M15를 구성하는 20만 개 별들의 상호 중력 때문일 수도 있습니다. M15는 또한 행성상성운이 발견된 첫 번째 구상성단이기도 합니다. M15에서 발견된 행성상성운은 피스 1(Pease 1)이라 합니다. 이 행성상성운은 10인치(254밀리미터) 망원경에서 관측된 적도 있지만 대구경 장비로도 관측이 쉽지 않은 천체로 알려져 있습니다.

M15를 찾으려면 페가수스자리 세타(θ) 별에서 엡실론(ε) 별까지 선을 긋고 이 선을 반 정도 더 늘려가 보

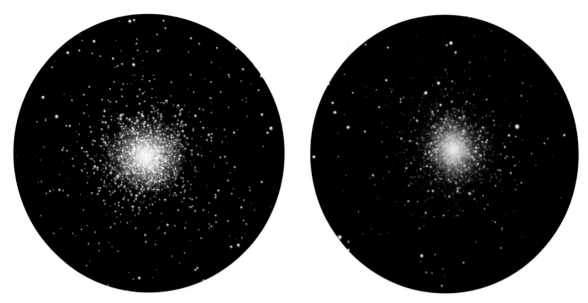

페가수스자리에서 M15를 찾고 그 아래 물병자리 쪽으로 쭉 뻗은 팔 끝의 주먹 너비 정도(약 10도) 떨어져 있는 M2를 찾아봅시다. 이 구상성단들은 비슷한 밝기를 보이는 라이벌 성단입니다만 M2가 약간 더 희미하고 약간 더 멀리 떨어져 있습니다.

사진: 왼쪽-아드리아노 데프라이타스(Adriano Defreitas) / 오른쪽-밥 페라(Bob Fera)와 제니스 페라(Janice Fera)

희미한 메시에 천체인 M72와 M73은 물병자리의 남서쪽에 자리 잡고 있습니다. 전체 메시에 목록을 모두 관측하고자 한다면 찾기가 훨씬 더 어려운 이들을 반드시 잡아내야만 하죠. M72는 3.8등급의 별인 물병자리 엡실론(ε) 별에서 남남동쪽으로 3.3도 떨어져 있습니다. M72는 메시에 목록에서 가장 희미한 구상성단으로서 그 밝기 등급은 9.4등급입니다. 5만 5,000광년이라는 거리로 인해 작은 망원경으로는 M72의 별들을 식별해내기가 쉽지 않죠. 저배율의 70밀리미터 망원경으로는 매우 작고 희미하며 보풀이 인 듯한 모습을 볼 수 있습니다. 동남동쪽 5분 지점에는 9.4등급의 별 하나가 보이죠. 105밀리미터 굴절망원경에서 127배율로 관측해보면 과립상이 나타나기 시작합니다만 실제 별들이 분해되어 보이기 시작하는 것은 아닙니다.

우리의 마지막 메시에 천체는 M72에서 동쪽으로 1.3도 떨어져 있는 M73입니다. 눈을 깜빡이지 마세요. 그러면 M73을 놓치게 됩니다. M73은 일반적으로 서로 전혀 연관성이 없는 별들이 모여 만들어진 자리별로 간주됩니다만 어떤 이들은 다중별계이거나 성단의 별들

이 흩어진 후 남겨진 별들로 생각하고 있습니다. M73은 4개의 별로 구성되어 있습니다.

각각 10.4등급, 11.3등급, 11.7등급, 11.9등급이며 1분이 채 되지 않는 영역 안에서 Y자 형태를 이루고 있습니다. 배경 하늘을 좀 더 어둡게 만드는 100배 언저리의 배율을 이용하면 좀 더 희미한 별들을 불러낼 수 있습니다.

M73이 충분히 도전적인 대상이라고 생각하지 않는다면 그 근처에 있는 행성상성운 NGC 7009를 찾아보세요. NGC 7009는 토성성운이라는 이름으로 불리기도 합니다. M73에서부터 시야각 1도를 보여주는 접안렌즈를 이용하여 찾아볼 수 있습니다. 우선 M73을 시야의 서쪽 모서리에 두면 반대 방향으로 7.1등급의 별을 볼 수 있습니다. 이번에는 이 별을 시야의 남쪽 부분에 두세요. 그러면 북쪽 모서리에서 7등급의 별을 볼 수 있습니다. 이 별을 시야의 남서쪽 모서리 근처에 둡니다. 그러면 북동쪽에서 가장 밝은 천체가 들어오는데 바로 이 천체가 8.3등급의 NGC 7009입니다. 이 행성상성운을 105밀리미터 굴절망원경에서 30배율로 관측해보면 별처럼

보입니다만 150배율로 관측해보면 청회색의 작은 타원형을 보게 됩니다. 희미한 확장부가 NGC 7009를 토성처럼 보이게 만듭니다만 10인치(254밀리미터) 이하의 구경을 가진 망원경에서는 이러한 모습을 보기가 쉽지 않죠.

메시에 천체를 모두 섭렵하는 것은 인기 있는 목표이

긴 합니다만, 이들은 작은 망원경으로 볼 수 있는 천체들 중 일부에 지나지 않습니다. 여기서 망원경을 북쪽으로 돌려 깜찍한 별자리이지만 희미한 별자리이기도 한 도마뱀자리를 살펴보면 여기에는 전혀 메시에 천체가 없다는 것을 알게 될 것입니다.

메시에 15에서 토성성운까지

대상	유형	밝기	거리(광년)	적경	적위
M15	구상성단	6.4	34,000	21시 30.0분	+ 12° 10'
M2	구상성단	6.5	37,000	21시 33.5분	- 0° 49'
M72	구상성단	9.4	55,000	20시 53.5분	- 12° 32'
M73	자리별	9.0	-	21시 00.0분	- 12° 38'
NGC 7009	행성상성운	8.3	3,000	21시 04.0분	- 11° 22'

고니의 날개 위에서

백조자리는 저배율에서 가장 멋진 모습을 볼 수 있는
많은 밤보석을 가지고 있습니다.

10월의 온하늘별지도를 보면 천정을 가로질러 가는 백조자리를 볼 수 있습니다. 활짝 편 양 날개는 백조자리 요타(ι) 별과 델타(δ) 별, 감마(γ) 별과 엡실론(ε) 별, 제타(ζ) 별이 장식하고 있습니다. 이 별들이 그리는 선명한 선을 따라 작은 망원경으로도 잡아낼 수 있는 수많은 밤보석들이 자리 잡고 있습니다.

우리의 여행을 C15로도 알려져 있는 행성상성운 NGC 6826으로부터 시작해보겠습니다. 이 행성상성운은 백조의 북쪽 날개 끝을 장식하고 있는 백조자리 요타 별 근처에 자리 잡고 있습니다. 백조자리 요타 별은 4등급의 백조자리 세타(θ) 별, 그리고 6등급의 **백조자리 16** 별과 함께 파인더 시야에 들어옵니다. 백조자리 16

별을 가운데에 두고 저배율 접안렌즈로 관측해보면 거의 비슷한 노란색 별 한 쌍이 어여쁘게 모습을 드러냅니다. 여기서 3분 정도 기다리면 별들이 천천히 서쪽으로 향해가면서 한가운데 NGC 6826이 들어옵니다. 이 행성상성운은 아주 작지만, 50배율에서 별이 아니라는 것을 알 수 있습니다. 105밀리미터 굴절망원경에서 배율을 127배율로 높이면 약간의 타원형을 띤, 녹색 빛이 감도는 청색 원반과 함께 10등급의 중심별이 모습을 드러냅니다. 이 별을 똑바로 응시한다면 성운은 눈에서 사라지는 듯이 보일 것입니다. 하지만 다시 눈을 약간만 옆으로 돌리면 성운이 다시 밝아지죠(성운의 부드러운 빛은 서로 다른 감도를 가진 망막 위에 고루 떨어집니다). 눈을 왔다 갔

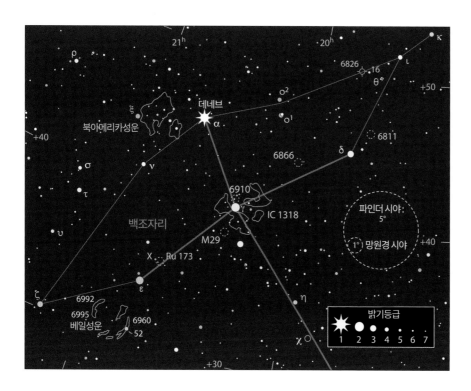

았다는 소감도 있었습니다. 작은 망원경은 별들이 감싸고 있는 어두운 내부에 쉽게 주목할 수 있게 만들어줍니다. 여러분에게 이 성단은 어떤 모습으로 보이시나요?

파인더상에서 백조자리 델타 별과 같은 시야에 들어오는 NGC 6866은 백조자리 델타 별로부터 서북서쪽으로 3.5도 지점에 자리 잡고 있습

다 하다 보면 NGC 6826은 자신의 별명인 깜빡이 행성상성운에 걸맞은 인상을 만들어냅니다.

이번에는 파인더상에서 동일한 시야에 들어와 있으며 백조자리 델타 별로부터 북서쪽으로 1.8도 지점에 자리 잡고 있는 산개성단 **NGC 6811**로 이동해보겠습니다. 제 작은 굴절망원경에서 87배율로 관측해보면 대략 40개의 매우 희미한 별들이 15분의 폭에 거의 정삼각형에 가까운 형태로 모여 있는 것을 볼 수 있습니다. 이 성단은 서남서쪽을 향해 가는 두툼한 머리와 날씬한 화살대를 가진 화살 모양을 닮았습니다. 별들이 만드는 삼각형의 중심부에는 별들이 결핍된 지역이 있습니다. 저명한 별지기이자 작가인 월터 스콧 휴스턴Walter Scott Houston은 NGC 6811이 그 중심을 가로지르는 검은 띠와 함께 별들이 만든 담배연기 고리처럼 보인다는 덴마크 독자의 말을 듣고 NGC 6811을 관측해볼 것을 여러 별지기들에게 요청한 바 있습니다. 이어 각종 보고에는 NGC 6811이 자유의 종, 나비, 개구리, 세잎 클로버, 네잎 클로버 등을 닮았다는 이야기들이 있었으며 심지어는 옛날 이집트의 여왕인 네페르티티의 머리장식을 닮

니다. 서쪽으로 24분 지점에는 가장 밝은 별이 하나 자리 잡고 있죠. 제 작은 망원경에서 87배율로 관측해보면 30여 개의 대단히 희미한 별들이 모습을 드러냅니다. 10분의 폭으로 늘어서 있는 모습에서 저는 꼬리가 뭉툭한 가오리연을 떠올리곤 하죠. 이 가오리연은 북서쪽을 향해 날고 있으며 남쪽 측면의 날개 끝은 구부러져 있습니다. 17개의 별로 구성된 6분 크기의 점은 가오리연의 몸통을 구성하며 비교적 밝은 별들이 남북으로 가로지르는 막대기를 만들고 있습니다.

작고 깜찍한 성단 **NGC 6910**은 백조자리 감마 별의 북북동쪽 33분 지점인 백조의 양 날개 가운데 지점에 자리 잡고 있습니다. 87배율에서는 7등급의 노란 별 2개가 보이며 진주와 같은 8개의 10등급 별들이 만드는 끊어진 사슬 모양이 합쳐져 약 5분 길이의 Y자 형태를 만들고 있습니다. 시야에는 이보다 훨씬 더 희미한 별들 6개가 같이 보입니다.

NGC 6910은 **IC 1318**의 차폐된 부분에 파묻혀 있습니다. 깨져나간 성운기가 복잡하게 퍼져 있는 부분은 백조자리 감마 별을 감싸고 있죠. 제 작은 망원경에서

숨이 턱 막힐 듯 아름다운 풍경을 담아낸 이 사진은 백조자리 감마 별, 사드르와 그 주변으로 3도에 걸쳐 펼쳐져 있는 하늘을 담은 것입니다. 사진 중앙에서 찬란한 별빛을 뿜어내고 있는 별이 사드르입니다. 사드르 위쪽(북쪽), 사진 경계 바로 아래에 보이는 별 무리가 NGC 6910입니다. 사드르 아래쪽에서 서쪽으로 검은 균열이 이어져 있습니다. 이 균열의 위아래로 마치 대칭을 이루듯 성운이 자리 잡고 있는데 그 모습이 나비를 닮아 나비성운(IC 1318)이라는 이름을 가지고 있습니다. 이 사진은 제천에서 촬영되었습니다.

사진: 이지수

17배율에 3.6도의 시야를 보여주는 광각 접안렌즈를 이용하면 정말 놀라운 복합체가 모습을 드러냅니다. 3개의 가장 밝은 조각이 백조자리 감마 별의 북서쪽 1.9도, 동북동쪽 0.8도, 동남동쪽 1.1도 지점에 자리 잡고 있습니다. 각각의 조각은 북동쪽에서 남서쪽으로 늘어서 있으며 약 30분에서 40분의 길이를 보여주죠. 저에게 이 지역의 별들은 백조자리 감마 별로 갈수록 점점 희미해지는 것처럼 보이며 백조자리 감마 별이 마치 깔때기의 바닥에 자리 잡고 있는 것처럼 보입니다.

저배율에서 백조자리 감마 별을 서쪽에 두고 남쪽으로 1.8도를 훑어 내려가면 **M29**를 만나게 됩니다. 저는 87배율에서 6개의 9등급 별들이 작고 깜찍하게 모여 있는 모습을 보았습니다. 별들이 3개씩 연달아 이어진 2개의 괄호를 만들고 있죠. 별 무리 전반에는 10개의 더 희미한 별들이 뿌려져 있습니다. 몇몇 관측 지도서들은 M29를 소형 국자 또는 아주 작은 플레이아데스로 묘사해왔습니다. 애리조나의 별지기인 빌 페리스Bill Ferris는 플레이아데스와 닮은 점을 찾고는 너무나 놀라 M29를 "작은 자매들"이라 불렀습니다. 이 성단의 컬러 사진들은 파란색과 노란색 별들이 멋지게 뒤섞인 모습을 보여줍니다.

우리의 다음 목표는 백조자리 감마 별로부터 엡실론 별까지 4분의 3 지점에 자리 잡고 있는 **루프레크트**

백조자리 감마 별 바로 북쪽에는 산개성단 NGC 6910이 자리 잡고 있습니다(사진에서 백조자리 감마 별은 아래쪽 경계 바로 바깥에 자리 잡고 있습니다). 조지 R. 비스콤이 촬영한 가로, 세로 0.5도의 이 사진에서는 별들로 이뤄진 끈에서 7등급 별 2개가 두드러지게 보입니다.

M29 in Cyg
Open cluster
14.5" Dobsonian
f 4.3 = Paracorr
Ethos 10mm (182x)
Seeing 7
Trans. 8
2018. 7. 14
심양모

이 스케치는 M29가 왜 작은 플레이아데스라고 불리는 이유를 유감없이 보여주고 있습니다.

그림: 박한규

173(Ruprecht 173, Ru 173)입니다. 매우 거대하고 결이 거친 이 산개성단은 오직 저배율에서만 제대로 볼 수 있죠. 저는 17배율에서 50분의 폭에 담겨 있는 6등급 및 이보다 희미한 밝기를 가지고 있는 별 60개를 보았습니다. 비교적 밝은 별들 중 많은 수가 거의 성단 전체의 크기로 퍼져 있는 8자 모양을 구성하고 있습니다. 남쪽의 반은 비교적 뚱뚱하고 희미한 모습을 하고 있죠. 별들이 풍부히 들어차 있는 미리내의 별밭이 이 성단을 두르고 있으며 부분적으로 이 성단의 동쪽 모서리로 파고 들어가고 있습니다. 이 지점에 변광성 **백조자리 X** 별이 자리 잡고 있습니다. 주기적인 변광 양상을 보이는 이 노란색의 초거성은 5.9등급과 6.9등급 사이에서 16.4일을 주기로 변화하는 밝기를 보여줍니다. 가장 밝을 때의 백조자리 X 별은 성단에서 가장 밝은 별이 됩니다.

우리의 마지막 정거장은 아름다운 **베일성운**입니다. 이 초신성 잔해는 작은 망원경에서 사랑스러운 모습을 보여줍니다. 그러나 대단히 어두운 하늘이 아니라면 이 성운을 볼 수는 없죠. 좀 더 좋은 모습을 보려면 초록색을 제외한 모든 빛을 차단하는 산소III필터가 필요할 겁니다.

1997년 10월 5일 저자가 그린 베일성운 전체를 담고 있는 이 그림은 105밀리미터 아스트로-피직스 트레블러(Astro-Physics Traveler)에 17배율을 만드는 35밀리미터 접안렌즈와 산소III필터를 이용한 관측을 통해 그려졌습니다. 다카하시 106밀리미터 f/5 아스트로그래프를 이용하여 촬영한 사진들을 합성한 로버트 젠들러의 아래 사진과 비교해보세요. 작은 망원경은 거대한 성운의 전체 모습과 확장부를 모두 추적하는 데 좋은 수단이 됩니다. 그러나 인간의 눈은 그 세세한 구조를 모두 담아내기에는 역부족입니다.

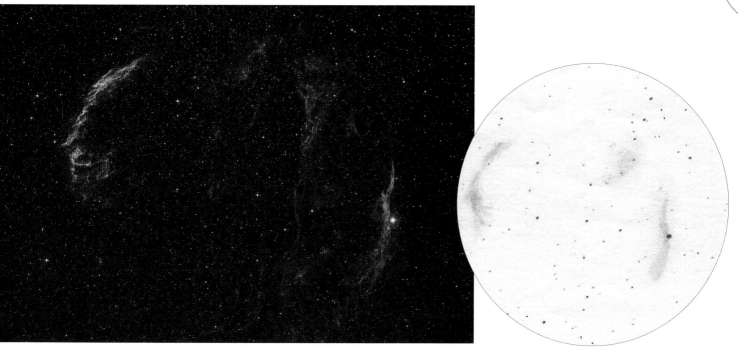

베일성운에서 가장 밝은 부분은 NGC 6992와 NGC 6995를 담고 있습니다. 이 2개 천체는 합쳐서 C33으로 등재되어 있기도 합니다. 이 부분은 백조자리 엡실론 별과 제타 별의 중간 지점에서 약간 남서쪽에 자리 잡고 있습니다. 가냘픈 빛이 그리는 부드러운 아치는 1도 이상의 길이로 거의 남북을 가로지르고 있습니다. 남쪽 끝은 넓게 퍼지며 서쪽을 향해 뻗어나간 희미한 덩굴 속으로 차츰 사라져갑니다.

베일성운의 또 다른 주요 부분은 맨눈으로도 보이는 별인 백조자리 52 별을 품고 있습니다. 이런 이유로 많은 별지기들이 이곳에서 베일성운 관측을 시작하죠. NGC 6960 또는 C34라 불리는 이 부분은 NGC 6992 및 NGC 6995보다 약간 더 희미합니다만 대단히 매력적인 모습을 보여줍니다. 백조자리 52 별의 남쪽으로는 폭이 더 넓어지면서 두 갈래로 갈라지는 데 반해 북쪽은 점점 얇아지는 양상을 보여줍니다. 이 북쪽 끄트머리

를 시야의 한가운데 두고 동쪽을 훑으면 NGC 6992와 NGC 6995를 찾을 수 있습니다.

광각 접안렌즈는 이 거대한 아치 2개를 모두 담아내면서 아마도 가장 매력적인 광경을 제공해줄 것입니다. 357쪽 아래 사진은 17배율로 바라보며 그려낸 베일성운의 모습으로서, 전체 베일성운의 모습을 담고 있는 3.6도의 화각을 보여주고 있습니다. 매우 희미한 쐐기 모양의 성운기가 상대적으로 더 밝은 아치의 북쪽 끄트머리 사이에서 끊긴 부분은 시마이스 229(Simeis 229) 또는 피커링의 삼각형(Pickering's Triangular Wisp)으로 알려져 있습니다. 하버드의 천문학자인 에드워드 C. 피커링 Edward C. Pickering이 1906년 장시간으로 노출을 통해 담아낸 이 부분은 천체사진 건판을 다루는 이 천문대의 첫 번째 큐레이터였던 윌리어미나 플레밍에 의해 확인되었습니다.

고니의 날개 위에서

대상	밝기	밝기	각크기/각분리	거리(광년)	적경	적위	MSA	U2
NGC 6826	행성상성운	8.8	27"×24"	5,100	19시44.8분	+50° 32'	1019	33L
백조자리 16 별	이중별	6.0, 6.2	40"	71	19시41.8분	+50° 32'	1019	33L
NGC 6811	산개성단	6.8	12'	4,000	19시37.2분	+46° 22'	1109	33L
NGC 6866	산개성단	7.6	10'	4,700	20시03.9분	+44° 10'	1128	33L
NGC 6910	산개성단	7.4	7'	3,700	20시23.1분	+40° 47'	1128	32R
IC 1318	발광성운	-	4.0°	3,700	20시22분	+40.3°	1127/28	32R/48L
M29	산개성단	6.6	6'	3,700	20시24.0분	+38° 30'	1127	48L
루프레크트 173 (Ru 173)	산개성단	-	50'	4,000	20시41.8분	+35° 33'	1148	47R
백조자리 X 별	변광성	5.9-6.9	-	4,000	20시43.4분	+35° 35'	1148	47R
베일성운	초신성 잔해	-	2.9°	1,400	20시51분	+30.8°	1169	47R

MSA와 U2는 각각 『밀레니엄 스타 아틀라스』와 『우라노메트리아 2000.0』 2판에 기재된 차트 번호를 의미합니다. 광년으로 표시된 거리정보는 최근의 연구논문들을 기반으로 하고 있습니다. 대강의 각크기는 여러 천체목록 또는 사진으로부터 발췌한 것입니다. 대부분의 천체들은 망원경을 통해 봤을 때 조금은 더 작게 보입니다.

북아메리카 항해

당신이 머문 곳의 지형을 알면 이 거대한 성운 속에서
길을 찾는 당신의 첫걸음을 뗄 수 있게 될 것입니다.

북아메리카성운은 밤하늘에서 빛나고 있는 가장 인상적인 성운 중 하나입니다. 이 성운은 북아메리카륙을 닮은 외형으로 인해 '북아메리카성운'이라는 이름으로 더 잘 알려져 있습니다. 이 이름은 북미에 거주하는 사람이 지은 것이 아니라 독일의 천문학자인 막스 볼프가 지은 것입니다. 1890년 볼프는 북아메리카성운을 처음으로 촬영한 사람이 되었습니다. 그리고 여러 해 동안 이 사진은 이 성운 특유의 모습을 완전히 이해할 수 있는 유일한 수단으로 남아 있었습니다. 그러나 짧은 초점거리와 넓은 시야를 보장해주는 망원경이 많아진 오늘날, 우리는 좀 더 쉽게 이 거대한 성운의 모습을 즐길 수 있게 되었죠.

NGC 7000, 또는 콜드웰 20(Caldwell 20)으로 등재된 북아메리카성운은 확실히 그 위치를 찾기가 쉬운 성운입니다. 3.7등급의 백조자리 크시(ξ) 별로부터 데네브까지 선을 긋고 여기서 4분의 1에 해당하는 지점에 망원경을 겨냥해 보세요. 그러면 당신이 바라보는 그 하늘에 멕시코만이 보이게 될 것입니

다. 당신이 가지고 있는 접안렌즈 중에 가장 배율이 낮은 접안렌즈를 사용해야 하는 것은 필수입니다. 2도 이상에 걸쳐 펼쳐져 있는 이 성운은 작은 망원경으로 관측하는 것이 확실히 이점이 있습니다. 최신 접안렌즈들과 큰 망원경으로는 이 성운 전체를 볼 수 있을 만큼 충분한 시야를 제공받지 못하며 이 성운의 일부만을 볼 수 있을 뿐이죠.

361쪽의 스케치는 제 105밀리미터 굴절망원경에서 17배율로 관측하면 그린 것입니다. 105밀리미터 굴절망원경에 17배율로 관측했을 때 북아메리카성운 전체의 모습뿐 아니라 동쪽 해변 바깥쪽(하늘에서 서쪽 방향입니다)에 자리 잡은 IC 5070, 펠리칸성운의 부드러운 빛도 함

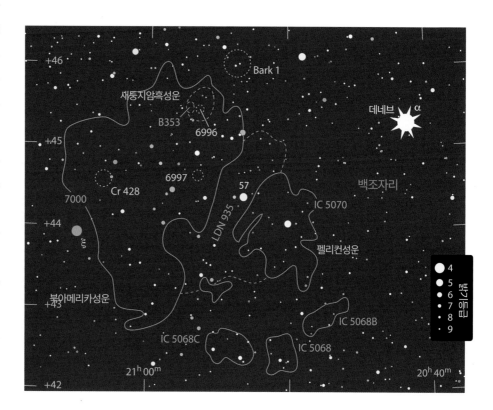

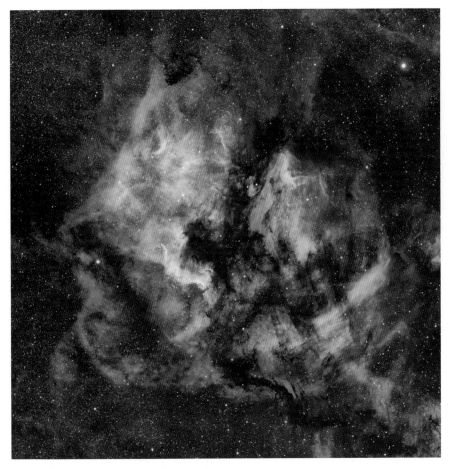

이 사진은 39시간에 걸쳐 촬영된 156장의 사진을 합성한 것입니다. 사진 촬영에는 이온화된 수소와 산소, 황의 복사선을 담아낼 수 있는 필터가 사용되었습니다. 사진 상단의 움푹 패인 지점 약간 아래 오른쪽으로 검은 타원체가 있습니다. 이곳을 '새둥지'라 합니다. 359쪽의의 별지도와 비교해보세요. 6도의 폭을 담고 있는 이 사진은 제천에서 촬영되었습니다.

사진: 이지수

아직 이 성운들은 찾아보기에 어렵지 않습니다. 저는 이 성운을 대중을 상대로 한 별파티에서 많은 사람에게 보여준 적이 있습니다. 몇몇 사람들은 NGC 7000을 보기도 어려워했지만, 대부분의 사람들은 IC 5070까지 볼 수 있었습니다. 선천적으로 부끄러움을 많이 타는 세 번째 성운이 시야의 상당부분을 차지하고 있죠. 그게 무엇인지 알아볼 수 있나요? 동쪽 해안과 그 바깥쪽에 자리 잡고 있는 펠리칸성운 사이 공간과 멕시코만 사이에는 암흑성운 LDN 935가 자리 잡고 있습니다.

저는 이 성운을 보기 위해 중간 정도의 빛공해가 있는 저의 집에서 산소III필터를 이용합니다. 협대역필터 역시 대상을 잘 보여주죠. 훨씬 더 어두운 하늘을 볼 수 있는 축복받은 지

게 볼 수 있었습니다. 저는 이 성운이 제가 그린 그림과 정말 닮았는지 다른 분들에게 묻곤 했습니다. 그 답은 항상 긍정적이었죠. 만약 당신이 이 그림을 애초에 이 그림이 그려지던 때와 같은 조건인 어두운 상태의 빨간색 랜턴 아래서 본다면 더더욱 동의하게 될 것입니다.

코네티컷의 별지기인 로버트 젠들러가 촬영한 이 사진은 다카하시 FSQ-106 f/5 굴절망원경과 SBIG STL-11000M CCD 카메라를 이용하여 촬영한 북아메리카성운과 그 주변의 사진을 모자이크한 것입니다. 북쪽이 위쪽이며 사진의 폭은 5도의 하늘을 담고 있습니다. 사진 상단으로부터 약 1~2센티미터 사이 지점의 약간 왼쪽에 있는 검은 타원체의 '새둥지'에 주목해보세요(사진으로는 '새둥지'가 명확하게 구분되지 않습니다. 359쪽의 별지도와 비교하여 위치를 확인하세요_옮긴이). 이 사진은 성운을 장악하고 있는 붉은색 복사 내에서 더 미세한 구조를 나타내기 위해 다른 이들이 촬영한 수소-알파 복사선의 전형적인 색채를 보여주고 있는 사진들과 합성되었습니다. 사진 촬영 기법에 대한 보다 자세한 정보는 다음의 웹사이트를 방문하여 확인해볼 수 있습니다. www.robgendlerastropics.com

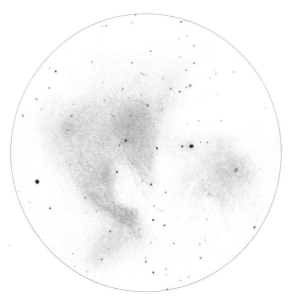

북아메리카성운을 포함하여 3.6도 폭을 담고 있는 이 스케치를 위해 저자는 젠들러의 디지털 사진촬영에 사용된 장비와 동일한 구경인 105밀리미터 아스트로-피직스 트레블러(Astro-Physics Traveler) 망원경에 17배율을 구현하는 접안렌즈를 사용하였습니다.

역에서는 필터가 필요 없을 것입니다. 비록 저는 이 지역에 잔뜩 몰려 있는 별들을 그려보려고 시도하지는 않았습니다만 이곳의 모습은 너무나 인상적이고 심지어는 몇몇 별 무리들도 담겨 있죠.

NGC 6997은 북아메리카성운이 차지하고 있는 영역에서 가장 선명하게 그 모습을 보여주는 성단입니다. 제게 이 성단은 오하이오와 웨스트버지니아의 경계에 털썩 주저앉은 성단처럼 보입니다. 저배율 접안렌즈 시야에서 4.8등급의 백조자리 57 별을 서쪽 모서리에 두면 NGC 6997이 시야에 들어옵니다. 105밀리미터 굴절망원경에서 17배율로 관측하면 매우 희미한 별들이 먼지처럼 뿌려져 있는 모습을 볼 수 있습니다. 47배율에서 이 성단은 매우 어여쁜 모습을 보여줍니다. 희미한 별들이 10분의 폭에 걸쳐 잔뜩 몰려 있는 모습을 보여주죠. 10인치(254밀리미터) 반사망원경에서는 대개 11등급 및 12등급인 별 40개를 볼 수 있습니다. 많은 별들이 2개의 불완전한 원을 그리며 늘어서 있죠. 하나는 성단 안에, 그리고 나머지 하나는 성단 바깥에 자리 잡고 있습니다. NG 6997은 정말 북아메라카성운 품에 안겨 있

는 성단일까요? 이 천체들까지의 거리가 잘 알려져 있지 않기 때문에 답하기는 쉽지 않습니다. 2004년 《천문학 및 천체물리학 저널the Journal Astronomy and Astrophysics》에 개재된 글에서는 NGC 6997까지의 거리가 약 2,500광년이며 북아메리카성운에 대해서는 3,300광년이라는 거리가 대체로 인정되고 있는 거리로 기술되었습니다. 이러한 수치는 이전에 언급된 여러 추정치보다 훨씬 더 먼 거리에 해당합니다. 만약 이러한 결과가 맞다면 NGC 6997은 훨씬 앞쪽에 자리 잡고 있는 성단입니다.

조지아의 열정 넘치는 별지기인 데이비드 리들David Riddle는 이곳에서 '새둥지(Bird's Nest)'라는 걸 보여주었습니다. 이것은 제 관심을 끌기에 충분했죠. 이 천체는 그 이후 줄곧 제가 즐겨 찾는 대상이 되었습니다. 이 천체의 이름은 대니얼 월터 모어하우스Daniel Walter Morehouse가 출간한 대중천문잡지의 1927년 글에서 유래합니다. '백조자리의 고리성운'이라는 이름이 붙어 있는 이 천체는 북아메리카성운을 촬영하는 사진에 나타나는 흥미로운 천체입니다. 모어하우스는 "이 천체가 지난 오랫동안 '허드슨만' 지역에 자리 잡고 있는 '새둥지'로 언급되어 왔다"라고 기록하고 있습니다. 105밀리미터 굴절망원경에서 47배율로 관측해보면 이 새둥지의 어두운 테두리는 북북서쪽에서 남남동쪽으로 뻗은 23분의 타원형 고리를 만들고 있습니다.

암흑성운인 **바너드 353**(Barnard 353, B353)은 이 새둥지의 동쪽 경계를 구성하고 있는데 이 부분은 해당 천체에서 가장 어두운 지역입니다. 저는 이곳에서 새둥지를 가득 채우고 있는 27개의 별로 만들어진 새알을 볼 수 있습니다. 15인치(381밀리미터) 뉴턴식 반사망원경으로는 새둥지의 중심에 몰려 있는 수많은 별을 볼 수 있죠. 이 지역 또는 최소한 이 지역의 남쪽 지역은 **NGC 6996**을 구성하고 있는 한 부분으로서 주위를 두르고 있는 암흑성운들에 의해 고립되어 있는 미리내의 밀집구역 중 하나입니다.

NGC 6997은 윌리엄 허셜에 의해 발견되었으며 NGC

6996은 그의 아들인 존 허셜에 의해 발견되었습니다. 두 사람 모두 2세기 전 영국에서 관측을 수행했던 천문학자들입니다. 이 부자가 지목한 이 성단들의 위치가 꽤 명확함에도 불구하고 이 성단들은 여러 별지도들과 전문 서적에서 종종 뒤섞인 채로 소개되었습니다. 수년 후 독일의 천문학자인 칼 라인무스Karl Reinmuth와 프랑스의 천문학자인 기욤 비고르당Guillaume Bigourdan, 그리고 미국의 천문학자인 헤롤드 코윈Harold Corwin과 브랜트 아카이널Brent Archinal 등, 이 천체에 주목한 학자들은 각 성단들의 정체를 정확히 식별해냈습니다.

만약 허드슨만에 새둥지가 있다면 **바크하토바 1**(Barkhatova 1, Bark 1) 역시 배핀섬의 어딘가에는 반드시 있어야 합니다. 허드슨만의 새둥지를 똑바로 가리키고 있는 한 쌍의 7등급 별은 좀 더 멀리 있는 별이 황금색, 좀 더 가까이 있는 별이 백색을 띠고 있습니다. 105밀리미터 굴절망원경에서 47배율로 바라보면 중간 정도의 희미한 밝기와 아주 희미한 밝기를 가진 30개의 별들이 어여쁘게 뿌려진 모습을 볼 수 있습니다. 이 성단의 남쪽 부근에는 가장 밝게 빛나는 별 2개가 자리 잡고 있죠. 동쪽 측면에 자리 잡고 있는 거대한 타원형 간극에는 대단히 희미한 별 하나가 외롭게 자리 잡고 있습니다. 바크하토바 1의 동쪽 측면에는 붉은빛의 별 하나가 자리 잡고 있으며 서쪽 경계 너머로는 황금색의 별 하나가 자리 잡고 있습니다. 10인치(254밀리미터) 망원경은 20분의 폭 안에 약 60개의 별들을 보여줍니다.

지금까지 우리는 북아메리카의 동쪽 해안과 캐나다 지역을 살펴봤습니다. 이제 아이다호 북부로 자리를 옮겨보죠. 이곳에서 우리는 **콜린더 428**(Collinder 428, Cr 428)을 만날 수 있습니다. 저배율 접안렌즈의 남쪽 모서리에 3.7등급의 백조자리 크시 별을 놓으면 콜린더 428 성단이 시야에 들어옵니다. 제 작은 굴절망원경은 12분의 크기로 퍼져 있는 12개의 희미한 별들을 보여줍니다. 서쪽 모서리에는 7등급의 별 하나가 자리 잡고 있죠. 10인치(254밀리미터) 반사망원경에서는 밝은 별이 주황색으로

나타나고 별의 숫자는 2배로 늘어납니다. 이 성단은 사다리꼴의 암흑성운들에 의해 고립되어 있는 파편화된 미리내의 일부인 것처럼 보입니다.

펠리칸성운의 남쪽으로는 관측을 위해서 어느 정도 노력이 필요한 성운기를 가지고 있는 지역이 3군데 존재합니다. 이 지역은 남아메리카의 북부 해안으로 간주할 수 있을 만한 곳입니다. 이 중에서 가운데 자리 잡은 부분이 IC 5068입니다. 제 105밀리미터 굴절망원경에서 산소III필터를 사용하면 희미하긴 하지만 선명하게 그 모습을 볼 수 있죠. 색깔이 고르지 않게 보이는 이 성운의 동쪽 측면으로는 2개의 9등급 별이 자리 잡고 있습니다. 하나는 북쪽 모서리 근처에 자리 잡고 있고 다른 하나는 남쪽 모서리 근처에 자리 잡고 있습니다.

15인치(381밀리미터) 망원경에서 이 천체의 각크기는 남북으로 0.5도, 동서로 3분의 1 정도로 보입니다. 이 성운에서 가장 밝은 별은 중심부의 남쪽에 자리 잡고 있는 7등급의 별입니다.

아틀라스 메가스타 5.0(atlas MagaStar 5.0)이라는 프로그램에서 IC 5068B로 표시되어 있는 천체는 여기서 바로 북서쪽에 자리 잡고 있습니다. NGC/IC 프로젝트(www.ngcicproject.org)의 헤롤드 코윈은 임시로 이 천체를 IC 5067로 구분한 바 있습니다. 제 작은 망원경에서 이 천체는 약간 불분명하게 보입니다만 좀 더 큰 망원경에서는 꽤 밝게 그 모습을 볼 수 있습니다.

산소III필터를 이용하여 57배율로 관측해보면 남동쪽에서 북서쪽으로 3/4도의 길이에 폭은 길이 대비 3분의 1 정도인 모습을 볼 수 있습니다. 7등급에서 9등급 사이의 별 3개가 만드는 선이 북쪽 모서리와 거의 나란하게 도열해 있습니다. 필터를 제거해 보면 이 별들은 동쪽에서 서쪽으로 차례로 청백색, 주황색, 노란색으로 보입니다.

세 번째 성운기를 가진 천체는 IC 5068의 바로 동쪽에 자리 잡고 있습니다. 메가스타 프로그램에서 이 천체는 IC 5068C로 표시되어 있죠. 제 작은 망원경으로는

이 천체를 관측하는 데 실패했지만 15인치(381밀리미터) 망원경으로는 관측이 가능했습니다. 여러분은 어느 정도 크기의 망원경으로 이 천체를 찾아볼 수 있을까요? IC 5068C의 폭은 약 25분이며 중심에서 서쪽으로 치우쳐진 남북으로 약간 더 희미한 띠를 두르고 있습니다.

남쪽 모서리로는 2개의 7등급별이 넓은 간격을 두고 도열해 있죠.

다음번 청명한 하늘을 만난다면 이 천상의 대륙을 한번 탐험해보시는 게 어떨까요?

고니가 품고 있는 북아메리카성운의 마당

대상	분류	밝기	각크기/각분리	적경	적위	MSA	U2
NGC 7000	발광성운	4	120'×100'	20시 58.8분	+44° 20'	1126	32L
IC 5070	발광성운	8	60'×50'	20시 51.0분	+44° 00'	1126	32L
LDN 935	암흑성운	-	90'×20'	20시 56.8분	+43° 52'	1126	32L
NGC 6997	산개성단	10	8'	20시 56.5분	+44° 39'	1126	32L
새둥지(Bird's Nest)	암흑성운, 별구름	-	23'×18'	20시 56.3분	+45° 32'	1126	32L
바너드 353(B353)	암흑성운	-	12'×6'	20시 57.4분	+45° 29'	1126	32L
NGC 6996	별구름	10	5'	20시 56.4분	+45° 28'	1126	32L
바크하토바 1(Bark 1)	산개성단	-	20'	20시 53.7분	+46° 02'	1126	32L
콜린더 428(Cr 428)	산개성단	8.7	13'	21시 03.2분	+44° 35'	1126	32L
IC 5068	발광성운	-	25'	20시 50.3분	+42° 31'	1126	32L
IC 5068B	발광성운	-	42'×14'	20시 47.3분	+43° 00'	1126	32L
IC 5068C	발광성운	-	25'×18'	20시 54.2분	+42° 36'	1126	32L

각크기 및 각분리는 최근 천체 목록을 참고한 것입니다. 망원경을 통해 본 대부분의 천체들은 이보다는 약간 더 작게 보입니다. MSA와 U2는 각각 『밀레니엄 스타 아틀라스』와 『우라노메트리아 2000.0』 2판에 기재된 차트 번호를 의미합니다.

10월

백조자리의 보석들 I

찬란한 별 데네브의 동쪽으로는 천상의 고니를 쫓아가는
수많은 보석들이 자리 잡고 있습니다.

그대, 은빛 고니여, 누가 그처럼 고요히 하늘을 가로질러 갈 수 있는가?
선명한 미리내 물결 한가운데
그대의 우아함은 일곱 개의 찬란한 별들과 백여 개의 별들로 만들어져 있다네.

카펠 로프트Capel Lloffi, 〈유도시아Eudosia〉, 1781

안개가 자욱한 미리내의 강물 위를 미끄러지듯이 날아가고 있는 백조자리는 크고 작은 별들로 수놓아진 별자리입니다. 현대에 와서 수립된 백조자리 경계 내에서 100개 이상의 별을 세는 데는 5.8등급 이하의 별들만으로도 충분합니다. 어두운 밤하늘이라면 정말 이것만으로도 충분하죠. 달이 없는 청명한 밤하늘의 백조자리는 관측할 수 있는 것보다도 훨씬 더 많은 밤보석들을 과시합니다. 윌리엄 노블William Noble은 76밀리미터 망원경으로 관측을 진행했던 짧은 기간 동안 이곳을 백조의 "영광스러움"이 장식하고 있는 지역이라 부르면서 다음과 같은 기록을 남겼습니다. "백조자리의 모든 부분은 모호함이라고는 전혀 없어 수많은 아름다운 천체들을

백조자리의 북동쪽을 훑어보는 관측자들은 아주 작은 망원경부터 구경이 큰 망원경까지 어떤 장비를 사용하든 빽빽하게 들어선 별들의 인사를 받게 됩니다. 7과 1/2도 너비의 이 사진에는 오른쪽으로 찬란하게 빛나는 별 데네브가 담겨 있으며 365쪽의 별지도에서 묘사하고 있는 지역 거의 대부분을 담고 있습니다.
사진: 《스카이 앤드 텔레스코프》 / 데니스 디 치코 / 숀 워커

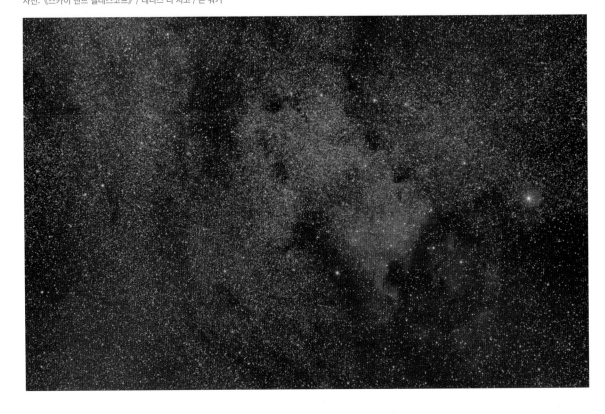

살펴보는데 곤란을 겪을 이유가 없다."

대상을 꼽아보자면 너무나 많긴 하지만, 백조의 북동쪽에서 제가 선호하는 천체들을 추려내는 것으로 이번 우리의 여행을 한정해보고자 합니다. 먼저 산개성단 NGC 6991부터 시작해보겠습니다. 이 성단은 쉽게 찾을 수 있습니다. 백조의 꼬리 뒤쪽으로 데네브의 북동쪽에서 5등급과 7등급 사이의 밝기를 유지하며 1도 크기의 V자를 그리고 있는 별들을 찾아보세요. 이 V자가 NGC 6991을 가리키고 있습니다. NGC 6991은 V자가 가리키는 방향으로 1도 떨어져 있으며 동쪽 모서리에 6등급의 별 하나를 거느리고 있습니다.

105밀리미터 굴절망원경에서 17배율로 바라본 NGC

별들이 느슨하게 모여 있는 거대한 성단 NGC 6991의 동쪽 모서리에는 18세기, 윌리엄 허셜에 의해 발견된 희미한 푸른빛의 성운기가 자리 잡고 있습니다. 이 천체는 IC 5076입니다. 작게 무리지어 있는 하단 우측의 별들은 윌리엄 허셜의 아들인 존 허셜이 언급한 천체의 일부분인 것으로 생각됩니다. 사진의 폭은 1/4도입니다.
사진: 크리스 데포라이트(Chris Deforeit)

6991은 외롭게 보이는 밝은 별 하나와 나란히 도열해 있는 여러 희미한 별들을 보여줍니다. 87배율에서는 연속으로 도열해 있으면서 여러 개의 고리 모양을 연출하는 약 35개의 별들을 볼 수 있습니다. 이 별들은 마치 인위적으로 그렇게 세워놓은 것처럼 보이는데 마치 성단을 가로지르는 거대한 문서상에 외계의 문자로 어떤 메시지를 남겨놓은 것처럼 보입니다. 밝은 별의 동남동쪽으로 희미한 부분이 보이는데 이곳은 IC 5076이라는 성운을 찾을 수 있는 곳이기도 합니다. 하지만 제 경우 이곳에서 IC 5076을 봤다기보다는 그저 흐릿한 별뭉치를 본 것은 아닐까 생각하곤 합니다.

성운필터는 IC 5076을 찾는데 아무런 도움이 되지 못하죠. NGC 6991을 10인치(254밀리미터) 반사망원경에서 70배율로 관측해보면 오른손잡이 키클롭스처럼 보입니다. 동쪽 측면에 있는 밝은 별이 키클롭스의 외눈박이 눈이 되죠. 또 다른 별들은 키클롭스의 팔과 다리의 윤곽을 구성하고 있는데 오른손에 해당하는 남쪽 지역이 훨씬 더 튼튼하게 보이죠. 전반적으로 이곳은 28분 안에 밝고 희미한 별들 100여 개가 뒤섞여 있는 모습을 보여줍니다. 마치 분해되지 않은 별들처럼 보이는 이 희미한 지역은 이 '눈'의 남서쪽에서 서쪽으로 바짝 다가앉아 있습니다. 희미한 광채를 뿜어내는 별 하나가 그 안에 자리 잡고 있죠. 배율을 118배로 올리면 유령과 같은 빛을 뿌리는 매우 희미한 별을 볼 수 있습니다. 그러나 이 안개와 같은 모습이 그저 분해되지 않는 별들 때문인지 알 수가 없어 저는 제 접안렌즈에 협대역필터를 추가했죠.

한결 나은 시상을 보여주는 이 상태에서는 최소한 몇몇 연무들이 성운기임에 틀림없음을 말해주고 있습니다. IC 5076은 반사성운으로 등재되기도 했고, 발광성운으로 등재되기도 했으며 이들 모두의 특징을 가진 복합성운으로 등재되기도 하는 등 다양한 유형으로 등재되었습니다. 사실 이처럼 별들이 가득 들어차 있는 지역에는 혼란이 있을 수밖에 없다는 것을 알면 그다지 놀라운 일도 아니죠. 제가 NGC 6991이라고 부르는 이 일련의 천체들은 윌리엄 허셜이 18세기 후반에 작성한 Ⅷ 76목록상의 묘사와 딱 들어맞습니다. 19세기 초반, 윌리엄의 아들인 존 허셜은 이 천체를 관측하고는 그의 목록상에 2091번째로 기록하였습니다. 그는 이 천체를 자신의 아버지가 분류한 것처럼 성단이라 생각했습니다. 그러나 그의 묘사는 명백하게 서로 다른 일련의 별 무리들을 언급하고 있죠. 존 허셜의 2091번째 천체는 훨씬 더 규모가 큰 성단에서 남쪽으로 6분의 폭으로 몰려 있는 별들을 지목한 것으로 보입니다. 이 별 무리들이 확실하게 NGC 6991이라는 제목으로 묶일 수 있는 것인지는 논란의 여지가 있습니다. 어쨌든 아버지인 윌리엄 허셜의 목록상에 등장하는 별 무리가 훨씬 더 구체적이죠.

우리의 다음 목표는 행성상성운 NGC 7026입니다. 켄터키의 별지기인 제인 맥네일Jay McNeil은 이 성운에 '치즈버거성운'이라는 이름을 붙였습니다. NGC 6991에 있는 밝은 별로부터 동쪽으로 1.8도를 이동하다 보면 2개의 5등급 별을 지나게 됩니다. 여기서 두 번째 별은 황금색인데 NGC 7026은 이 별에서 북북서쪽 12.5분 지점에 자리 잡고 있습니다. 제 작은 굴절망원경에서 87배율로 관측해본 이 행성상성운은 상대적으로 밝은 중심부를 거느린 작고 둥근 천체로 나타납니다. 동북동쪽 모서리 바로 바깥으로는 9.6등급의 별이 하나 자리 잡고 있죠. 산소Ⅲ필터를 통해 바라본 이 성운은 별보다 훨씬 더 밝게 보이며 127배율에서는 약간 타원이 진 모습을 보여줍니다.

10인치(254밀리미터) 반사망원경에서 70배율로 바라본 NGC 7026은 청록색 색조를 보여주며 219배율에서는 매우 독특한 형태를 보여줍니다. 동쪽과 서쪽 측면에 보이는 거대하고 밝은 부분은 빵에 해당하는 부분이고 남북을 가로지르고 있는 검고 얇은 선은 패티 부분에 해당합니다. 이보다 훨씬 희미하게 뻗어 있는 확장부들이 이 성운을 남북으로 좀 더 길쭉하게 만들어주고 있죠.

제 작은 굴절망원경에서 47배율로 이 지역을 훑어 나가던 중, NGC 7026에서 동쪽으로 1도 지점에 있는 희미한 점에 주목한 적이 있었습니다. 이 천체는 산개성단 IC 1369였죠. 배율을 87배로 올렸을 때 4분 크기의 연무 속에서 매우 희미한 별 몇 개를 구분해 볼 수 있었습니다. 이 성단의 바로 남쪽에는 암흑성운 바너드 361(Barnard 361, B361)이 자리 잡고 있습니다. 바너드 361은 둥근 점들을 거느린 삼각형으로서, 꽤 크고 완전히 검은 모습을 보여주고 있죠. 북동쪽 모서리로 이 검은 성운의 지류가 뻗어나가고 있으며 북서쪽 모서리에서 서쪽으로 불규칙한 검은 지역이 퍼져 있습니다. 10인치(254밀리미터) 반사망원경에서 70배율로 바라본 IC 1369는 뿌연 연무 위로 희미한 별들이 아름답게 뿌려져 있는 모습을 보여줍니다.

저자가 10인치(254밀리미터) 반사망원경으로 '쉽게' 찾을 수 있었다는 행성상성운 NGC 7048은 시골 하늘에서 105밀리미터 망원경에 산소Ⅲ필터를 이용하면 딱 알맞게 찾을 수 있는 천체입니다. 이 행성상성운의 겉보기 크기는 대략 목성 정도입니다.

사진: 리처드 로빈슨(Richard Robinson) / 비버리 어드먼(Beverly Erdman) / 애덤 블록 / NOAO / AURA / NSF

IC 1369는 검은 밤하늘 아래에서라면 미리내를 가로지르는 거대한 암흑성운의 서쪽 모서리 근처에서 그 모습을 보여주죠. **르 장띠 3**(Le Gentil 3)은 아마도 목록으로 등재된 암흑성운으로는 첫 번째 성운일 것입니다. 프랑스의 천문학자인 기욤 르 장띠Guillaume Le Gentil는 1749년에 이 천체를 기록하였으며 이 기록물은 1755년 출간되었습니다. 교외에 자리 잡은 저의 집에서 하늘의 투명도가 괜찮은 날에는 백조의 호수에 자리 잡은 이 검은 틈이 맨눈으로도 쉽게 보입니다.

바너드 361로부터 남남동쪽 1도 지점에서는 또 다른 흥미로운 행성상성운 **NGC 7048**을 만날 수 있습니다. NGC 7048은 NGC 7026보다 크지만 그 표면밝기는 훨씬 더 어둡습니다. 제 105밀리미터 굴절망원경을 이용하여 이 행성상성운의 남남동쪽 모서리에 자리 잡은 10등급의 별을 찾는 연습을 할 때 여기서 일체의 성운기를 볼 수 없었기 때문에 처음에는 이 행성상성운이

제 망원경으로 보기에는 너무 희미한 천체일 것으로 생각했었습니다. 그러나 전혀 그렇지 않았죠! 산소Ⅲ필터를 이용하자 모든 것이 달라졌습니다. 필터를 통해 바라본 이 행성상성운은 꽤 밝게 보였으며 87배율에서 쉽게 그 모습을 볼 수 있었습니다. 이 행성상성운은 1분 지름의 둥근 형태를 하고 있었으며 고른 표면 밝기를 가지고 있었습니다.

NGC 7048은 10인치(254밀리미터) 망원경에서는 필터 없이도 찾기 쉬운 대상이었으며 이때 밝기는 조금은 더 불규칙하게 보였습니다. 14.5인치(368.3밀리미터) 반사망원경에서 245배율로 바라본 이 행성상성운은 약간은 더 밝은 테두리에 어렴풋한 기운을 가진 내부모습을 보여줍니다. 중심에서 북서쪽으로는 대단히 희미한 별 하나가 겹쳐져 있죠. 『밀레니엄 스타 아틀라스』는 NGC 7048의 기호를 실제 위치보다 남남서쪽 2분 지점에 표시하고 있습니다.

저배율을 이용하여 NGC 7048의 남서쪽 50분 지점을 훑어보면 중간 정도 밝기를 가진 별들이 40분 크기로 만들어놓은 자리별이 눈에 들어옵니다. 이 자리별은 제 작은 굴절망원경에서 서쪽을 향해 꼭대기를 두고 있는 크리스마스트리처럼 보입니다. 배율을 87배율로 올리면 이 크리스마스트리의 북쪽 측면에 파묻혀 있는 산개성단 **NGC 7039**를 보게 되죠. 이 성단은 남쪽으로 20분 거리까지 늘어서 있는 상당히 많은 희미한 별들로 구성되어 있습니다. 북동쪽 모서리로는 황백색의 7등급 별 하나가 자리 잡고 있죠. 이 성단은 10인치(254밀리미터) 망원경에서 커다란 공을 꼭짓점에 얹어놓고 있는 삼각형으로 보입니다. 이 공의 한가운데에는 밝은 별 하나가 자리 잡고 있죠. 삼각형의 밑변에도 7등급의 별 하나가 자리 잡고 있으며 동쪽 측면으로는 8등급의 별이 위치하고 있습니다. 이 외의 별들은 대개 13등급에서 14등급의 밝기를 가지고 있습니다. 115배율로 관측해보면 별들이 가장 많이 몰려 있는 지역은 성단의 북쪽 측면이며 그 폭은 가로 10분, 세로 5분 정도입니다. 이 성단

의 위치는 종종 황백색 별의 좌표로 표현되곤 합니다. 한편 아래 표에서는 성단의 중심을 좌표로 기록하고 있습니다.

우리의 마지막 여행지는 산개성단 NGC 7062입니다. 이 성단은 NGC 7048로부터 동쪽으로 1.6도 지점에 자리 잡고 있습니다. 제 작은 굴절망원경에서 87배율로 바라본 NGC 7062는 약간 희미한 밝기부터 대단히 희미한 밝기를 가진 20개의 별들이 4와 1/2의 크기로 멋지게 집중해 있는 모습을 보여줍니다. 10인치(254밀리미터) 반사망원경에서 166배율로 관측해보면 30개의 별들을 식별해낼 수 있습니다. 이 성단은 동남동쪽에서 서북서쪽으로 5분으로 길게 늘어져 있으며 남쪽 측면으로는 가장 밝은 별 3개가 성단을 받치듯 자리 잡고 있습니다. 『밀레니엄 스타 아틀라스』에서 NGC 7026을 표기하고 있는 원은 동쪽으로 3분 이동되어야 합니다.

이 아름다운 별밭에는 여러분들과 나누고 싶은 천체들이 훨씬 더 많이 있습니다. 그 이야기는 11월 4장 '백조자리의 보석들 Ⅱ'에서 계속 이어가보도록 하겠습니다.

백조의 호수 Ⅰ

대상	분류	밝기	각크기/각분리	적경	적위	SA	U2
NGC 6991	산개성단	~ 5	25'	20시 54.9분	+47° 25'	9	32L
IC 5076	무정형성운	-	7'	20시 55.6분	+47° 24'	9	32L
NGC 7026	행성상성운	10.9	29"×13"	21시 06.3분	+47° 51'	9	32L
IC 1369	산개성단	8.8	5'	21시 12.1분	+47° 46'	9	32L
바너드 361 (B361)	암흑성운	-	20'	21시 12.4분	+47° 24'	9	32L
르 장띠 3 (Le Gentil 3)	암흑성운	-	7°×2.5°	21시 08분	+51° 40'	9	32L
NGC 7048	행성상성운	12.1	62"×60"	21시 14.3분	+46° 17'	9	32L
NGC 7039	산개성단	7.6	20'	21시 10.7분	+45° 34'	9	32L
NGC 7062	산개성단	8.3	5'	21시 23.5분	+46° 23'	9	32L

각크기 및 각분리는 최근 천체 목록을 참고한 것입니다. 대상의 크기에 대한 시각적 느낌은 목록에 기재된 크기보다는 작게 보이며, 망원경의 구경 및 배율에 따라 다양하게 느껴집니다. SA와 U2는 각각 『스카이아틀라스(Sky Atlas) 2000.0』과 『우라노메트리아 2000.0』 2판에 기재된 차트 번호를 의미합니다.

여우자리로 돌아오다

그 유명한 아령성운은 여우자리가 품고 있는
여러 보석 중 하나에 지나지 않습니다.

9월의 다섯 번째 장 '여우불이 빛나는 밤'에서 여우자리에 있는 몇몇 밤보석 여행을 안내해드린 적이 있습니다. 이번 여행에서는 M27에서 우리의 탐험을 계속 이어나가겠습니다. M27은 **아령성운**이라는 이름으로 잘 알려져 있죠. 화살자리 감마(γ) 별에서 정북쪽으로 3.2도 지역을 찾아보세요. 8×50 파인더에서도 작지만 확실히 별이 아닌 점 하나를 볼 수 있을 것입니다.

아령성운은 세세한 모습을 우리에게 보여주는 크고 밝은 행성상성운입니다. 거의 대부분의 망원경에서 멋진 모습을 볼 수 있죠. 105밀리미터 굴절망원경에서 127배율로 바라본 M27의 모습은 정말 매력적입니다. 확연히 그 모습을 드러내는 부분은 마치 모래시계 또는 씨만 남은 사과처럼 보이죠. 상대적으로 더 밝은 테두리가 사과 씨의 위와 아래 부분을 밝히고 있습니다. 이 양쪽 테두리에서 사선으로 줄이 이어져 나오는데 이들이 직각으로 교차하는 부분에서는 좀 더 밝은 빛덩이가 보입니다. 희미한 확장부가 가운데만 남아 있는 사과의 양옆을 채우면서 그 모습을 미식축구공과 같은 모습으로 만들고 있습니다.

6인치(152.4밀리미터) 또는 그 이상의 구경을 가진 망원경을 이용하면 배율을 약 200배까지 올릴 수 있으며 아령 형태를 구성하는 희뿌연 배경을 바탕으로 빛나는 앞쪽의 별들을 볼 수 있습니다. 몇몇 별들은 14등급의 밝기를 가진 이 성운의 중심별보다 더 쉽게 찾아볼 수 있죠. 비록 조건이 아주 좋은 하늘에서 6인치(152.4밀리미터) 이상의 망원경이 있어야만 중심별을 볼 수 있긴 하지만 10인치(254밀리미터) 구경의 망원경이라면 무리 없이 이 중심별을 볼 수 있습니다.

이미 많은 관측이 이루어진 유명한 천체에서 뭔가 새로운 것을 발견할 수 있으리라는 생각은 결코 할 수 없을 것입니다. 그러나 1991년 체코의 별지기인 레오스 온드라Leos Ondra는 아령성운의 사진을 비교하는 동안 아무도 알지 못했던 변광성을 발견했습니다. 날카로운 집중력으로 사진을 면밀히

체코의 별지기인 레오스 온드라는 1991년 변광성을 발견하고 골디락스라는 이름을 붙였습니다. 선명한 붉은빛을 보여주는 이 별은 오랜 주기를 가지고 14등급에서 18등급을 왔다 갔다 하는 미라형변광성으로 추정됩니다. 북쪽이 위쪽이며 사진의 폭은 12분입니다.
사진:《스카이 앤드 텔레스코프》/ 데니스 디 치코 / 숀 워커

살핀 그는 한 장의 사진에서는 명백히 그 모습을 드러내고 있는 별이 다른 사진에서는 완전히 보이지 않는다는 사실을 알아냈습니다. 이 별은 추가 연구를 통해 미라형변광성일 가능성이 있으며 최대 겉보기밝기는 약 14.3등급임이 밝혀졌습니다(변광성 중 수 개월 이상의 주기를 가지는 변광성을 장주기 변광성이라 합니다. 장주기 변광성은 예외 없이 적색거성이나 초거성입니다. 이들은 주로 은하의 중심핵과 헤일로에서 관측되는 늙은 별인 종족 II에 속하는 별들입니다. 변광성으로 인식된 최초의 별인 고래자리 오미크론 별의 이름을 따서 이러한 유형의 별들을 미라형변광성이라 합니다_옮긴이). 온드라는 이 변광성에 골디락스 변광성(the Goldilocks Variable)이라는 별명을 붙였습니다. 이 별은 최대 밝기에 도달했을 때 중간 정도의 구경을 가진 망원경으로도 볼 수 있습니다. 하지만 저는 아직까지 이 별을 관측하지는 못했습니다. 여러분은 어떤가요?

5등급의 별인 여우자리 12 별은 아령성운으로부터 서쪽으로 정확히 2도 지점에 자리 잡고 있습니다. 이 별을 저배율 시야에서 남쪽에 놓으면 산개성단 NGC 6830을 만나게 되죠. 105밀리미터 망원경에서 17배율

로 바라보면 몇몇 희미한 별들과 함께 작고 희뿌연 대역이 눈에 들어옵니다만 87배율로 바라보면 6분의 폭 안에서 20개의 별을 볼 수 있게 됩니다. 대부분의 별들은 귀여운 버섯 모양으로 뭉쳐 있습니다. 서쪽으로 버섯의 머리가 보이고 줄기는 동북동쪽으로 뻗어 있죠. 배율을 28배율로 낮춰 서쪽으로 1.8도 지역을 살펴보면 NGC 6823을 만날 수 있습니다. 이 성단은 그 중심부에 멋진 모습을 보여주는 3개의 별을 포함하여 희미한 별 30개가 어여쁘게 모여 있는 성단입니다. 얇은 S자 모양을 구성하고 있는 9등급과 10등급의 별들이 북쪽 모서리에서 서쪽으로 3/4도 뻗어나가고 있습니다. 이 성단의 동쪽 측면에는 보일 듯 말 듯한 성운인 샤프리스 2-86(Sharpless 2-86, Sh 2-86)의 흔적이 퍼져 있습니다. 10인치(254밀리미터) 망원경에서 68배율로 관측했을 때, 중심에 있는 3개의 별은 2개의 꽤 밝은 별과 이 2개 별 사이를 수직으로 가로지르는 2개의 비교적 희미한 별들로 이루어진 사중별로 분해되었습니다.

저는 킹 별 무리 목록의 모든 대상을 관측하기 위한 노력의 일환으로 NGC 6823에서 남쪽으로 2.1도 지점에 있는 킹 27(King 27)을 방문했습니다. 이 천체는 체르닉 40(Czernik 40)으로 더 잘 알려진 희미한 별 무리죠. 10인치(254밀리미터) 반사망원경에서 118배율로 관측해 보면 8등급에서 9.5등급의 별 4개로 이루어진 7분 크기의 사다리꼴 서쪽에 3분 크기의 희미한 대역이 서려 있는 모습을 볼 수 있습니다. 이 근처에서 좀 더 눈에 두드러지게 보이는 별 무리는 카시오페이아자리에 위치한 NGC 457성단을 떠올리게 만듭니다. 그래서 저는 이 별

무리를 '작은 잠자리(Mini-Dragonfly)'라고 부릅니다. 이 작은 잠자리의 꼬리는 체르닉 40의 동북동쪽 모서리 바로 너머에 있는 6개의 별들로 이루어져 있습니다. 동쪽에 있는 2개의 별은 약간 어긋난 잠자리의 두 눈을 나타내죠. 이 잠자리의 날개는 남북을 가로지르고 있는데 각각의 날개는 비교적 밝은 별들이 장식하고 있습니다. 극도로 희미한 별들이 뿜어내는 빛무리가 잠자리의 몸과 날개를 가득 채우고 있죠. 이 자리별은 5분의 크기로 뻗어 있으며 여기서 가장 밝은 별의 밝기는 11등급입니다. 체르닉 40의 별들은 스스로를 드러내는 데 좀 더 주저하는 편이지만 14.5인치(368.3밀리미터) 반사망원경에서 170배율을 이용하면 그 모습을 드러낼 수밖에 없게 됩니다.

이제는 여우자리의 북쪽 경계로 훌쩍 넘어가보죠. 여기서 우리는 3개의 성운을 쫓아가보겠습니다. 첫 번째 성운은 NGC 6813입니다. 이 성운은 여우자리 10 별에서 북북서쪽 1.7도 지점에 자리 잡고 있습니다. 제 작은 굴절망원경에서 87배율로 바라본 NGC 6813은 고작 1분의 폭도 되지 않는 작은 조각의 성운으로 보입니다. 9등급의 주황색 별이 북북서쪽 2.3분 지점에 자리 잡고 있으며 희미한 별 하나를 품고 있죠. 10인치(254밀리미터) 망원경에서 311배율로 관측하면 이 희미한 별은 이중별임이 드러납니다. 이 한 쌍의 별은 성운의 밝은 중심부에서 남서쪽으로 자리 잡고 있으며 북쪽으로는 세 번째 별이 눈에 들어옵니다. NGC 6813은 자신이 품고 있는 별빛을 받아 빛나는 뜨거운 성간가스가 자리 잡고 있는 지역입니다.

다음으로 방문할 성운에서 가장 밝은 부분은 성운에 묶인 성단의 빛을 반사하면서 만들어진 것입니다. 이 성단은 **로스런드 4**(Roslund 4)입니다. 여우자리 15 별에서 북북동쪽 1.7도 지점을 살펴보세요. 105밀리미터 망원경은 대략 남북으로 도열해 있는 9개의 희미한 별들이 희뿌연 성운기에 잠겨 있는 모습을 보여줍니다. 10인치(254밀리미터) 반사망원경에서 118배율로 바라보면 6분

의 폭 안에 있는 15개의 별을 셀 수 있죠. 성운기는 이 성단의 남쪽 부근에서 가장 두드러져 보이는데 이 부분은 IC 4955를 품고 있습니다. 한편 북쪽 부분으로 파편화된 성운기는 IC 4954로 등재되어 있죠.

3개의 성운 중 마지막으로 만나볼 성운인 NGC 6842는 여기서 서쪽으로 2.1도 지점에서 볼 수 있습니다. 저는 제 작은 굴절망원경으로 이 행성상성운을 잡아내기 위해서 협대역성운필터나 산소III필터를 사용합니다. 비껴보기 역시 도움이 되죠. 이 행성상성운은 87배율에서 약 1분 크기의 둥근 원반을 보여줍니다. 10인치(254밀리미터) 망원경에서 213배율로 바라보면 어렴풋하게 남서쪽 경계가 깨져나간 고리의 모습을 볼 수 있습니다. 저 배율에서 바라본 NGC 6842는 거의 완벽한 9분 지름의 반원형을 그리고 있는 별들과 한 시야에 들어옵니다. 이 별들은 NGC 6842에서 동북동쪽 11분 지점에 중심을 두고 있죠.

다음으로 만나볼 천체는 그 정체를 식별하기가 매우 어려운 천체입니다. 이 천체는 하나의 성단으로 간주되다가도 또 어떤 때는 2개의 성단으로 간주되기도 하죠. 각 천체의 크기와 위치, 그리고 등재명은 자료마다 각각 다르게 나타납니다. 저는 브렌트 A. 아카이널Brent A. Archinal과 스티븐 J. 하인스Steven J. Hynes가 쓴 멋진 책인 『성단Star Clusters(Willmann-Bell, 2003)』이라는 책의 데이터를 사용하겠습니다. 이 책의 저자들은 NGC 6885를 여우자리 20 별을 중심에 두고 있는 거대한 성단으로 묘사하며 **콜린더 416**(Collinder 416, Cr 416)은 NGC 6885에 살짝 겹쳐진 천체로 다루고 있습니다. 이 지역을 105밀리미터 망원경에서 28배율로 관측했을 때 30개의 별이 모여 있는 깜찍한 천체를 본적이 있습니다. 푸른빛의 여우자리 20 별을 포함하고 있는 이 별들은 9등급 또는 이보다 어두운 밝기를 가지고 있었습니다. 성단의 북쪽에서 곡선을 그리고 있는 3개의 밝은 별들은 파란색과 황금색으로 빛나고 있습니다. 이 성단을 153배로 관측해보면 커다란 전체 성단에서 북서쪽 8분 지역에 몰

려 있는 대단히 희미한 여러 개의 별들을 볼 수 있습니다. 10인치(254밀리미터) 망원경에서는 수많은 희미한 별들이 그 모습을 드러내죠. 이 별들은 NGC 6885의 겉보기 중심부를 서쪽으로 이동하게 만듭니다. 각자의 망원경을 이용하여 이곳을 한번 방문해보세요. 그리고 그 모습이 어떻게 보이는지 확인해보세요.

이번 여행의 대미를 장식하는 천체는 NGC 6940입니다. 반짝반짝 빛을 내는 이 성단은 중심 가까이에 붉은빛의 변광성인 **여우자리 FG** 별을 품고 있습니다.

105밀리미터 굴절망원경에서 28배율로 관측해보면 35분의 폭 안에 아름답게 빛나는 70개의 별들을 볼 수 있죠. 이 성단에서 상대적으로 별들이 많지 않은 북동쪽 부분은 8등급의 황백색 별이 가장 밝은 빛을 뿜어내며 장악하고 있습니다. 그 근처에는 주황색 색조를 뿜어내는 짝꿍별이 느긋하게 앉아 있죠. 이곳에는 거의 관측 한계에 도달해 있는 수많은 희미한 별들이 마치 다이아몬드 가루처럼 뿌려져 있습니다.

또 한 번의 여우사냥

대상	분류	밝기	각크기/주기	적경	적위	MSA	PSA
아령성운	행성상성운	7.4	8.0′×5.7′	19시 59.6분	+22° 43′	1195	64
골디락스 변광성	변광성	~14-18	~213 일	19시 59.5분	+22° 45′	(1195)	(64)
NGC 6830	산개성단	7.9	6′	19시 51.0분	+23° 06′	1195	64
NGC 6823	산개성단	7.1	12′	19시 43.2분	+23° 18′	1195	64
샤프리스 2-86 (Sh 2-86)	밝은성운	-	40′×30′	19시 43.1분	+23° 17′	1195	64
체르닉 40 (Chernik 40)	산개성단	-	4′	19시 42.6분	+21° 09′	(1195)	(64)
작은 잠자리 (Mini-Dragonfly)	자리별	-	5′	19시 43.1분	+21° 11′	(1195)	(64)
NGC 6813	밝은성운	-	1′	19시 40.4분	+27° 19′	1195	64
로스런드 4 (Roslund 4)	산개성단	10.0	6′	20시 04.8분	+29° 13′	(1171)	(64)
IC 4954/5	밝은성운	-	3′×2′	20시 04.8분	+29° 13′	1171	64
NGC 6842	행성상성운	13.1	57″	19시 55.0분	+29° 17′	1172	(64)
NGC 6885	산개성단	8.1	20′	20시 12.0분	+26° 29′	1171	64
콜린더 416 (Cr 416)	산개성단	-	8′	20시 11.6분	+26° 32′	(1171)	(64)
NGC 6940	산개성단	6.3	30′	20시 34.6분	+28° 18′	1170	64
여우자리 FG 별	변광성	9.0-9.5	86 일	20시 34.6분	+28° 17′	1170	(64)

각크기 및 각분리는 최근 천체 목록을 참고한 것입니다. 대상의 크기에 대한 시각적 느낌은 목록에 기재된 크기보다는 작게 보이며, 망원경의 구경 및 배율에 따라 다양하게 느껴집니다. MSA와 PSA는 각각 『밀레니엄 스타 아틀라스』와 《스카이 앤드 텔레스코프》 호주머니 별지도에 기재된 차트 번호를 의미합니다. 괄호상의 번호는 해당 별지도의 해당 차트에는 존재하나 별도로 표시가 되어 있지 않음을 의미합니다.

백조자리의 잘 알려지지 않은 보석들

사람들이 그다지 많이 찾지 않는 곳에 펼쳐진 환상적인 풍경.

9월 여섯 번째장, '우아한 고니'에서 우리는 백조자리에 있는 잘 알려지지 않은 대상들을 만나봤습니다. 이번에도 별빛은 가득하지만 찾는 이 얼마 없는 한산한 길목으로 접어들어 우리의 여행을 이어나가 보겠습니다. 우선 제가 알고 있는 별에서 시작하여 딥스카이 천체들의 위치를 짚어나가겠습니다. 그리고 상세하게 설명된 별지도를 언급한 다음 저만의 순서대로 별들의 패턴을 따라가보겠습니다.

대상을 자동으로 찾아가는 고투망원경이 대세인 시대이지만 옛날처럼 호핑을 통해 대상을 찾아가는 망원경도 나름대로의 강점이 있습니다. 길을 짚어가다가 우연히 만나게 되는 멋진 풍경들도 그중의 하나죠. **웹 9**(Webb 9)라는 이름의 멋진 사중별을 우연히 만날 수 있었던 것이 그 단적인 예입니다.

10인치(254밀리미터) 반사망원경에 44배율 접안렌즈를 부착하여 하늘을 훑어가다가 백조자리 25 별로부터 남남동쪽 29분 지점에서 이 사중별을 만났습니다. 이 사중별은 6.7등급의 청백색 으뜸별과 남남서쪽으로 작은 곡선을 긋는 3개의 별로 구성되어 있습니다. 이 3개의 별들 중 가장 밝게 빛나는 별은 붉은빛이

미리내를 따라 남쪽으로 날아가고 있는 백조자리는 구태여 그 형태를 그려보려는 노력이 필요 없는 몇 안 되는 별자리 중 하나입니다. 하지만 많은 천체들을 찾아보기 위해서는 조금의 노력이 필요하죠. 저자는 5도 폭의 이 사진에 담긴, 잘 알려지지 않은 여러 밤보석들을 안내하고 있습니다. 사진 중앙 오른쪽에 빛나고 있는 별은 백조자리 에타(η) 별입니다. 사진에서 북쪽은 위쪽입니다.

사진: 데이비드 드 마틴(Davide de Martin) / POSS-II / 캘테크 / 팔로마

10월

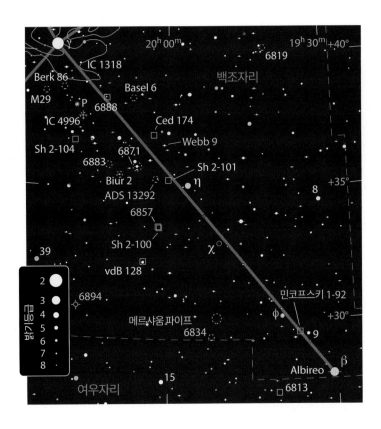

도는 주황색을 보여주고 있었죠. 『워싱턴 이중별 목록The Washington Double Star Catalog, WDS』에 따르면 가장 희미한 짝꿍별은 가장 서쪽에 자리 잡고 있는 10.6등급의 별이라고 합니다. 그러나 저는 이 별의 밝기가 최소한 0.5등급 정도 더 희미하게 느껴졌습니다.

이 사중별은 좀 더 넓은 화각에서도 그 모습을 드러냅니다. 105밀리미터 굴절망원경에서 동일한 44배율로 관측해도 짝꿍별들과 그 색채가 선명히 모습을 드러내죠. 이 아름다운 사중별이 처음으로 발견된 것은 1878년 토마스 윌리엄 웹Thomas William Webb에 의해서입니다. 그는 영국의 유명한 아마추어 천문학자였으며 관측지도서의 고전이기도 한 『보통 망원경을 위한 천체목록Celestial Objects for Common Telescopes』의 저자이기도 하죠.

만약 4개의 별들이 각각 다중별들로 구성되어 있다고 가정해봅시다. 그러면 이 이 다중별은 성단으로 구분될 수 있는 걸까요? 『워싱턴 이중별 목록』에 15개의 별들로 구성된 것으로 기록되어 있는 ADS 13292의 경우

는 성협과 성단의 경계를 불분명하게 만들고 있습니다. 이 별 무리를 찾기 위해서는 먼저 백조자리 에타(η) 별에서 시작하여 동북동쪽으로 1도를 이동한 후 날씬한 삼각형을 이루는 대략 7.5등급의 별들을 만나야 합니다. 이 삼각형의 동쪽 꼭짓점으로부터 동남동쪽 4.5분 지점에서 ADS 13292를 구성하는 별들 중 가장 밝게 빛나는 별인 9.2등급의 별을 만날 수 있습니다. 제 작은 굴절망원경에서 127배율로 관측해보면 오리온대성운에 자리 잡고 있는 그 유명한 트라페지움과 비슷한, 가장 밝은 4개의 별을 볼 수 있습니다. 10인치(254밀리미터) 망원경에서 311배율로 관측해보면 14개의 별을 구분해 볼 수 있죠. 『워싱턴 이중별 목록』에는 제가 잡아내지 못한 나머지 별 하나가 이 별 무리를 구성하는 별들 중 가장 밝은 별의 남남동쪽 4.1초 지점에 자리 잡고 있다고 하며 그 밝기는 14.3등급이라고 기록되어 있습니다. 이 별 무리 전체의 폭은 2분이 채 되지 않습니다.

2000년 10월, 헬무트 압트Helmut Abt와 크리스토퍼 코르발리Christopher Corbally는 트라페지움과 같이 사다리꼴의 다중별계일 가능성이 있는 285개 다중별계에 대한 연구결과를 《아스트로피지컬 저널》에 발표했습니다. 이 논문에는 트라페지움 748이 포함되어 있는데, 제가 본 것과 같은 14개의 별이 묘사되어 있습니다. 저자들은 여기서 6개의 별들이 물리적으로 서로 연관이 있는 별들이고 나머지 별들은 그저 동일한 시선상에 우연히 자리 잡고 있는 별들이라고 결론지었습니다(서로 물리적으로 연관된 6개 별은 제 스케치에서 A~F로 표시된 별들입니다). 이 연구에 포함되지 않은 비교적 희미한 별들이 이 별 무리에 포함된 것이 아니라면 이 별 무리의 별들은 아주 성기게 분포하고 있었을 것입니다. 그러나 시각적으로 봤을 때는 전혀 그렇게 보이지 않죠.

우리가 다음으로 만나볼 천체 역시 유명한 딥스카이를 닮은 천체입니다. ADS 13292에서 남쪽으로 1.8도 지점에서 발견되는 발광성운 NGC 6857이 바로 그것입니다. NGC 6857은 대단히 작은 성운입니다만 꽤 밝게

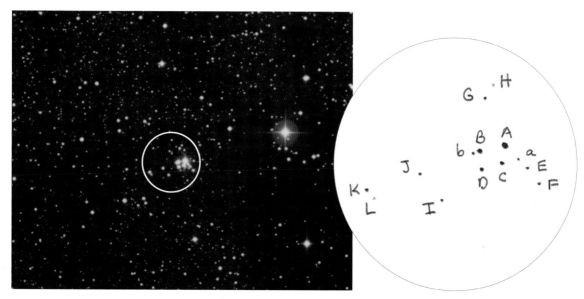

별들이 많이 있는 다중별계와 별들이 성기게 있는 성단을 구분할 수 있으신가요? 이 환상적인 별 무리는 ADS 13292라는 다중별계로 기록되어 있습니다. 그리고 최근의 연구에 따르면 저자의 스케치에서 A부터 F로 표시되어 있는 6개 별들이 물리적인 연관관계가 있음이 밝혀졌죠. 나머지 별들은 우연히 시선상에 겹쳐 보이는 것들인데 마치 성긴 산개성단처럼 보입니다. 사진의 폭은 1/4도이며 북쪽이 위쪽입니다.

보이기 때문에 105밀리미터 망원경에서 28배율로 관측해도 모서리에 희미한 별 하나를 거느린 작은 보풀처럼 그 모습을 드러냅니다. 배율을 87배로 올리면 좀 더 두드러지게 보이는 성운의 모습을 볼 수 있고 2개의 희미한 별을 모서리 부근에서, 그리고 대단히 희미한 별 하나를 중심부에서 볼 수 있습니다.

그러나 제가 NGC 6857을 처음 본 것이 10인치(254밀리미터) 망원경을 통해서이다 보니 그 모습 자체가 제 인식 속에 각인된 것일 수도 있습니다. 166배율에서는 연 모양을 한 4개의 별들이 이 작은 성운을 감싸고 있습니다. 이 4개의 별은 성운 안에 담겨 있어 중심이 되는 별과 함께 백조자리의 주요 별들이 그려내고 있는 북반구의 십자가를 생각나게 합니다. 북반구의 십자가에서 백조자리 감마 성운이라 불리는 IC 1318이 그 중심부에 안겨 있듯이 이 자리별의 작은 십자가도 NGC 6857을

품고 있습니다.

NGC 6857은 관측을 위해서는 좀 더 노력이 필요한 성운인 **샤프리스 2-100**(Sharpless 2-100, Sh 2-100) 안에 자리 잡고 있다고 들었습니다. 그러나 제가 이 성운을 본 것은 NGC 6857보다 2년 더 앞서서였습니다. 10인치(254밀리미터) 망원경에 311배율의 접안렌즈와 산소III성

작은 망원경에서 상대적으로 밝은 성운기를 보여주는 NGC 6857(왼쪽)을 볼 수 있는 반면 이 성운의 모서리에서 남서쪽으로 뻗어나가고 있는 더 희미한 성운기를 보려면 더 큰 구경과 괜찮은 관측 조건이 필요합니다. 사진의 폭은 1/2도이며 북쪽이 위쪽입니다.
사진: POSS-II / 캘테크 / 팔로마

운필터를 장착하고 NGC 6857의 서쪽 및 남서쪽에 주로 퍼져 있는 샤프리스 2-100의 희미한 연무기를 잡아낼 수 있었죠. 이 성운은 둥근 외형을 가지고 있으며 그 지름은 약 2와 1/2분입니다. 그리고 필터를 통해서는 거의 보이지 않는 희미한 별들을 테두리에 두르고 있죠.

이제 남쪽으로 방향을 돌려 행성상성운 **NGC 6894**를 만나보겠습니다. 이 행성상성운은 맨눈으로도 볼 수 있는 별인 백조자리 39 및 41 별과 함께 이등변삼각형을 구성하고 있습니다. 이 행성상성운을 제 작은 굴절망원경에서 47배율로 관측하려면 비껴보기를 통해서만 관측이 가능합니다. 배율을 87배율로 올리고 산소Ⅲ필터나 협대역성운필터를 이용하면 둥근 1분 크기의 성운을 확실히 더 쉽게 볼 수 있죠. 그러나 그 모습이 세밀하게 보이지는 않습니다. 153배율에 협대역필터를 이용하면 중심부에 약간은 더 어둡게 보이는 지역이 있다는 것을 추측할 수 있습니다. 10인치(254밀리미터) 망원경에서 213배율과 필터를 사용하면 비로소 고리형을 가진 모습을 볼 수 있죠. 고리는 좀 더 넓고 누덕누덕한 모습을 보여줍니다. 저는 간혹 필터가 없는 상태에서 테두리에 파묻혀 있는 희미한 별 하나를 보곤 합니다.

우리의 다음 방문 대상은 산개성단 **NGC 6834**입니다. 이 성단은 여우자리 15 별에서 북서쪽으로 2.6도 지점인 백조자리와 여우자리 경계에 자리 잡고 있죠. 105밀리미터 굴절망원경에서 17배율로 이 지역을 살피다 보면 희미한 별 하나를 안고서 확연히 눈에 띄는 희뿌연 연무를 만나게 됩니다. 127배율에서는 이 연무의 거미줄에 걸려든 것처럼 보이는 약 20개의 희미한 별들과 상대적으로 밝게 빛나는 5개의 별들이 만들어내는 동서로 뻗은 선이 보입니다. 10인치(254밀리미터) 반사망원경에서 115배율로 관측한 이 성단의 모습은 대단히 아름답게 보입니다. 밝은 선 하나가 다이아몬드 가루처럼 반짝반짝 빛을 내는 50개의 희미한 별들을 가로질러 가는 모습을 보여주죠.

이제 북북서쪽으로 3/4도 이동하여 캘리포니아의 별

지기인 로버트 더글라스Robert Douglas가 '**메르샤움 파이프**(the Meerschaum Pipe)'라 부른 자리별을 찾아가보겠습니다. 이 자리별은 밤하늘에서 22분의 길이로 똑바로 서 있습니다. 가장 눈에 띄는 부분은 이 자리별에서 가장 밝게 빛나는 별인 9.6등급의 HIP 97624로부터 시작하는 길게 뻗은 몸통 부분입니다. 이 몸통은 남동쪽 방향으로 부드럽게 곡선을 그리며 내려와 약간 곡선을 그리고 있는 깊은 V자 모양을 그리면서 희미하게 담배통 부분을 만들어내고 있죠. 제 작은 굴절망원경에서도 이 자리별을 구성하는 10등급에서 12등급의 별들이 보이지만 좀 더 구경이 큰 망원경이 이 자리별의 모습을 더 잘 보여주죠.

이번 우리의 마지막 여행지는 백조자리의 남서쪽에 자리 잡고 있는 매우 독특한 천체입니다. 독일계 미국 천문학자인 루돌프 민코프스키Rudolph Minkowski가 발견하여 1946년 보고한 '**민코프스키의 발자국**(Minkowski's Footprint)', 또는 '**민코프스키 1-92**(Minkowski 1-92)'라 부르는 이 천체는 행성상성운입니다. 행성상성운은 천문학적 기준에서는 짧은 시간만 존재하는 천체들이기 때문에 밤하늘에 그리 많이 존재하는 천체는 아닙니다. 대략 태양 정도의 질량을 가진 별이 나이를 먹어 수소 연료를 모두 써버리게 되면 가장 바깥쪽의 표피층을 우주 공간으로 쏟아냅니다. 그동안 핵은 응축되면서 뜨겁고 밀도가 높은 백색왜성으로 변해가죠. 백색왜성으로부터 쏟아져 나오는 자외선은 주위 가스를 이온화시키고 이로서 행성상성운 고유의 빛이 뿜어져 나옵니다. 그러나 이러한 과정은 대단히 짧아서 고작 수천 년 정도만 지속하고 중심에 잠긴 별은 자신을 품고 있는 먼지에서 빛을 뿜어내게 만드는 열을 더 이상 유지하지 못하게 됩니다. 이 기간 동안 우리는 주로 별빛을 반사해내고 있는 원시행성상성운을 보게 됩니다.

민코프스키의 1-92 행성상성운은 대단히 작은 천체이지만 다행히도 그 위치를 찾아내는 것은 어렵지 않습니다. 백조자리 9 별은 동쪽으로 6.5등급에서 8등급 사이의 별 3개를 거느리면서 한쪽으로 치우쳐진 38분의 연 모양을 구성하고 있습니다. 이 연 모양의 남쪽 측면으로 희미한 별들이 어여쁘게 흩뿌려져 있으며 바로 북쪽으로는 10등급의 별 한 쌍이 자리 잡고 있죠. 민코프스키 1-92는 이 한 쌍의 별에서 남쪽에 있는 별의 바로 동쪽에 자리 잡고 있습니다.

11.7등급의 민코프스키 1-92는 105밀리미터 굴절망원경에서도 쉽게 볼 수 있습니다. 87배율에서는 별과는 다른 모습을 보여주기 시작하며 220배율에서는 남동쪽에서 북서쪽으로 길쭉한 모습을 보여주죠. 10인치(254밀리미터) 반사망원경에서 394배율로 관측해보면 어떻게 발자국이라는 이름이 붙었는지를 알 수 있습니다. 작은 타원형이 구두의 밑창 형태를 하고 있고, 이보다는 더 작고 희미하며 동그랗게 보이는 부분이 남서쪽에서 뒷굽을 구성하고 있죠.

행성상성운이나 원시행성상성운 중 상당수가 중앙부분을 가로지르는 고리에 분리된 양극성 돌출부를 보여줍니다. 민코프스키의 발자국에서는 북서쪽에 있는 돌출부가 더 밝게 보이는데 이것은 이 돌출부가 우리 쪽을 향해 있기 때문입니다. 그 반대편 돌출부는 원환체를 이루고 있는 먼지에 차폐되어 좀 더 희미하게 보입니다.

계속되는 백조자리 여행

대상	분류	밝기	각크기/각분리	적경	적위	MSA	U2
웹 9 (Webb 9)	다중별	6.7, 9.0, 9.8, ~ 11	1.2′, 1.4′, 1.3′	20시 00.7분	+36° 35′	1149	48L
ADS 13292	성단?	8.7	19′	20시 02.4분	+35° 19′	1149	48L
NGC 6857	밝은성운	11.4	38″	20시 01.8분	+33° 32′	(1149)	48L
샤프리스 2-100(Sh 2-100)	밝은성운	-	3.0′	20시 01.7분	+33° 31′	(1149)	(48L)
NGC 6894	행성상성운	12.3	60″	20시 16.4분	+30° 34′	1171	48L
NGC 6834	산개성단	7.8	6.0′	19시 52.2분	+29° 25′	1172	48R
메르샤움 파이프 (Meerschaum Pipe)	자리별	-	22′	19시 51.2분	+30° 07′	(1172)	(48R)
민코프스키 1-92	원시 행성상성운	11.7	20″×4″	19시 36.3분	+29° 33′	1173	48R

각크기 및 각분리는 최근 천체 목록을 참고한 것입니다. 대상의 크기에 대한 시각적 느낌은 목록에 기재된 크기보다는 작게 보이며, 망원경의 구경 및 배율에 따라 다양하게 느껴집니다. MSA와 U2는 각각 『밀레니엄 스타 아틀라스』와 『우라노메트리아 2000.0』 2판에 기재된 차트 번호를 의미합니다. 괄호상의 번호는 해당 별지도의 해당 차트에는 존재하나 별도로 표시가 되어 있지 않음을 의미합니다. 이번 달에 등장하는 모든 천체들은 《스카이 앤드 텔레스코프》 호주머니 별지도 62장에 모두 표시되어 있습니다.

아리온의 돌고래

작지만 선명한 형태를 띤 돌고래자리는
많은 보석을 품고 있습니다.

그러자 — 누가 믿을 수 있겠습니까? — 돌고래 한 마리가
등을 구부려 자신에게는 익숙지 않은 짐을 실었다고 합니다.

그는 키타라를 들고 거기 앉아 노래로 뱃삯을 치르고
노래로 바닷물을 잔잔하게 만듭니다.

경건한 행위는 신들께서 보고 계십니다. 유피테르께서는 돌고래를
별자리들 사이로 받아들이고 그에게 아홉 개의 별을 덧붙여주셨습니다.

오비디우스, 『로마의 축제들 *Fasti*』

아리온 Arion 은 기원전 7세기 그리스의 시인이자 음악가였으며 생애 대부분을 코린트의 지배자인 페리안드로스의 궁정에서 보냈습니다. 전설에 따르면 아리온은 시실리와 이탈리아 공연에서 많은 돈을 벌었는데 코린트로 돌아오던 중 뱃사람들이 아리온의 돈을 빼앗고 그를 죽일 생각을 했다고 합니다. 마지막으로 노래를 부를 수 있도록 허락받은 아리온은 리라를 손에 들고 노래를 불렀는데 이 노래가 짐승들과 신들을 감동시켰습니다. 구슬픈 노래를 마친 그는 바다로 뛰어들었으나 돌고래에게 구조되어 안전하게 물 위로 떠오를 수 있었습니다. 신들은 이 일에 대단히 만족하여 돌고래에게 별자리를 주었는데, 바로 그 별자리가 돌고래자리입니다. 어떤 이들은 돌고래자리의 9개 별들이 아리온의 시와 음악에 감명을 받은 9명의 뮤즈를 나타낸다고도 합니다. 비록 초기 별목록에는 돌고래자리에 10개의 별이 기록되어 있었지만 우주왕복선 콜롬비아호의 20번째 비행인 STS-78에서 착용한 배지에서도 돌고래자리를 구성하는 별들이 9개로 기록된 것을 볼 수 있습니다.

그러면 이제부터 돌고래자리를 장식하는 별들의 왕국을 방문하여 어떤 천체들이 이곳에 담겨 있는지 살펴보도록 하겠습니다. 우선 돌고래자리 서쪽에 있는 작고 밝은 행성상성운 NGC 6891에서 시작해보겠습니다. 이 행성상성운의 위치를 찾기 위해서는 돌고래자리 에타 (η) 별에서 정서 방향으로 3.5도를 이동해야 합니다. 이곳에서는 잠시 쉬어 갈 수 있는 아름다운 이중별 **스트루베 2664**(Struve 2664, Σ 2664)를 만날 수 있죠. 거의 비슷한 형태를 갖춘 황금색 별들이 저배율에서도 쉽게 눈에 들어옵니다. 여기서 서남서쪽 1.1도 지점에 행성상성운 NGC 6891이 있습니다.

NGC 6891은 47배율의 접안렌즈를 장착한 제 105밀리미터 굴절망원경에서 0.5도 길이로 도열하고 있는 8등급에서 10등급의 별들이 만드는 일직선상에서 가장 남쪽에 위치한 '별'의 모습으로 보입니다. 그러나 배율을 153배로 올리면 작고 밝은 중심부를 갖춘 매우 작은 원반의 모습이 나타나기 시작하죠. 10인치(254밀리미터) 반사망원경에서 저배율을 이용하면 행성상성운 본연의 색이 나타나면서 주위를 둘러싸고 있는 별들과 구분되기 시작합니다.

299배율에서 밝은 하늘색의 원반은 북서쪽에서 남동쪽으로 늘어진 타원형을 보여주죠. 이 원반은 쉽게 눈에

보이는 중심별을 두르고 있으며 약간은 더 어두운 지역이 이 중심별 주위를 감싸고 있습니다. 매우 희미하고 둥근 헤일로가 원반을 감싸고 있으며 동쪽 측면 바로 바깥쪽에는 희미한 별 하나가 있습니다. NGC 6891은 삼중 껍데기 구조를 갖춘 행성상성운입니다. 이러한 구조는 이 행성상성운을 만들어낸 늙은 별이 서로 다른 시기에 질량분출을 겪었다는 사실을 말해주죠. 이 껍데기의 크기는 수소알파복사선을 이용하여 측정 가능합니다. 가장 안쪽에 있는 껍데기는 9초×6초 크기이며 이 껍데기를 직경 18초 크기의 희미한 껍데기가 둘러싸고 있죠. 또한 제가 직접 보지는 못했지만 이 구조들과 분리되어 있는 헤일로가 80초 크기로 펼쳐져 있다고 합니다. 1만 2,400광년 거리의 행성상성운으로는 드물게도 그 형태가 잘 알려져 있는 이 행성상성운의 전체 직경은 약 5광년에 달하는 것으로 추정되고 있습니다.

파란섬광성운(the Blue Flash Nebula)이라 불리는 **NGC 6905**는 『신판일반천체목록the New General Catalogue』에 따르면 돌고래자리에 있는 행성상성운입니다. 돌고래자리는 NGC 6891과 NGC 6905, 이렇게 딱 2개의 행성상성운을 품고 있죠. 이 행성상성운은 화살자리 에타(η) 별에서 동쪽으로 4도 지점인 돌고래자리의 북서쪽 경계선에 있습니다. NGC 6905는 NGC 6891과 총밝기는 거의 비슷합니다만 표면 밝기는 좀 더 낮습니다. 이는 NGC 6905의 전체 면적이 더 넓기 때문입니다.

이 행성상성운을 제 105밀리미터 망원경에서 153배율로 관측해 보면 남남동쪽 16분 지점에 있는 노란색의 7등급 별이 한 시야에 들

어옵니다. 둥근 형태에 거의 동일한 빛을 뿜어내는 이 행성상성운은 별들이 만들어내는 작은 삼각형의 한쪽 측면을 차지하고 있습니다. 이 삼각형은 10등급과 12등급의 별들로 구성되어 있으며 이 행성상성운의 북쪽과 남쪽, 동쪽에 있습니다.

NGC 6905는 10인치(254밀리미터) 망원경에서 저배율로 관측했을 때 작고 보풀이 인 모습을 드러내기 시작합니다. 311배율에서는 어느 정도 누덕누덕한 모습을 보여주고 희미한 중심별이 모습을 드러내기 시작하죠 이 행성상성운은 남북으로 약간은 더 긴 형태를 띠고 있습니다. 이에 반해 밝기는 동서로 더 밝게 보이죠. 이러한 형태는 저로 하여금 아령성운(M27)을 떠올리게 만듭니다. 그러나 이 2개 영역 사이의 밝기 차이는 M27보

아키라 후지가 촬영한 이 사진에서 돌고래자리 세타 별 무리(사진에 원으로 표시되어 있음)가 꽤 선명하게 보입니다. 날뛰고 있는 야생마와 깡마른 카우보이의 모습을 나타내는 일련의 별들을 그려볼 수 있나요?

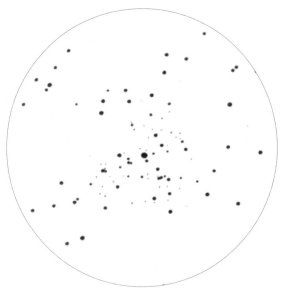

핀란드의 별지기인 야코 살로란타는 8인치(203.2밀리미터) 망원경에 71배율의 접안 렌즈를 장착하여 NGC 6950을 "별들이 아름답게 흩뿌려져 있는 성단"으로 보았습니다. 그가 그린 이 스케치에는 이곳에서 가장 밝게 보이는 별들이 담겨 있습니다.

다 훨씬 더 미묘하게 나타나죠. 저는 파란섬광성운이라는 별명이 무색하게도 일체의 파란색 빛을 보지는 못했습니다. 그러나 다른 별지기들은 12인치(304.8밀리미터) 또는 그 이상의 구경을 가진 망원경에서 파란색의 단서를 잡아냈다고 합니다.

NGC 6905의 중심부에는 대개의 행성상성운에서 발견되는 백색왜성이 존재하지는 않습니다. 그 대신 울프-레이에 유형의 핵을 가지고 있죠. 이러한 유형에 해당하는 작은 별들은 훨씬 거대한 몸집을 가진 울프-레이에 별들과 비슷한 분광유형을 가지고 있는 별들입니다. 모든 울프-레이에 별들은 그 크기나 기원과는 상관없이 수소가 결핍되고 매우 뜨거운 온도를 가지고 있습니다. NGC 6905의 중심별은 매우 희귀한 유형인 WO 유형의 행성핵을 가지고 있습니다. 이러한 유형의 핵은 강력한 산소복사선을 가지고 있죠. 또 이 유형의 별은 절대온도 15만 K라는 엄청나게 뜨거운 온도를 가지고 있습니다. 참고로 태양의 경우 그 표면온도는 절대온도 5,780K입니다.

토마스 윌리엄 웹은 『보통 망원경을 위한 천체목록 the Celestial Objects for Common Telescopes, 1859』 초판에서 돌고래자리 세타(θ) 별을 '아름다운 별밭에 잠겨 있다'라고 기록했습니다. 매사추세츠의 별지기인 존 데이비스 John Davis는 **돌고래자리 세타 별 무리**(Theta Delphini Group)를 '날뛰는 야생마'의 모습으로 촬영했습니다. 저는 'The Conjunction'이라는 이름으로 불리는 뉴잉글랜드의 연례천문학회에서 1도 폭의 이 자리별에 대한 설명을 데이비스로부터 들은 후 제 작은 굴절망원경을 이용하여 17배율에서 관측을 진행한 적이 있습니다. 황금색의 돌고래자리 세타 별은 말과 맞닥뜨린 카우보이의 위치에 있죠. 북쪽으로 흐르고 있는 별들의 곡선과 북동쪽의 오목한 면은 불멸의 용감한 기수를 그려내고 있습니다. 돌고래자리 세타 별의 동쪽에 3개의 밝은 별이 만들고 있는 삼각형은 뻗어 올린 말의 앞다리를 형성하고 있으며 여기서 북쪽에 있는 몇몇 별들은 말의 머리를 형성하고 있습니다. 몇몇 별들은 돌고래자리 세타 별의 남서쪽으로 뻗어나가는데 이 부분은 야생마의 하체와 꼬리를 형

디지털온하늘탐사(the Digitized Sky Survey, DSS)에서 촬영된 이 사진에는 하늘의 파리채인 포스쿠스 1의 모습이 멋지게 담겨 있습니다. 돌고래자리 감마 별은 마치 하나의 밝은 별처럼 보이지만 두 겹으로 나타나는 회절상을 통해 이중별임을 알 수 있습니다.

사진: POSS-II / 캘테크 / 팔로마

성하고 있습니다.

이제 돌고래자리 알파(α) 별에서 북북동쪽으로 49분을 이동하여 사진보다는 맨눈으로 보았을 때 훨씬 더 잘 보이는 천체인 **NGC 6950**을 만나보겠습니다. 사실잭 W. 슐렌틱은 『개정일반천체목록(The Revised New General Catalogue, 1973)』을 편집하던 중 해당 지역의 사진 건판을 검사했을 때 이 성단이 실제 존재하는 것은 아니라는 결론을 내렸습니다. NGC 6950의 별들은 실제 성단을 형성하고 있지는 않습니다. 그러나 망원경의 시야로 해당 천체를 보게 되면 성단이라는 인상을 주죠. 윌리엄 허셜이 이 천체를 발견하여 기록을 남긴 200년 전에는 천체의 분류기준이라고는 오직 시각적으로 보이는 외

형뿐이었습니다.

2006년 콜로라도의 별지기인 버니 포스쿠스Bernie Poskus는 돌고래의 코를 구성하고 있는 **돌고래자리 감마**(γ) 별의 북서쪽 15분 지점에서 만난 자리별에 대해 저에게 말해준 적이 있습니다. 딥스카이 천체를 찾아다니는 별지기들의 데이터베이스에 **포스쿠스 1**(Poskus 1)로 알려져 있는 이 자리별은 류트나 만돌린, 파리채 등으로 알려져 있죠.

비록 가장 매력적이지 않게 들릴지 몰라도 제 생각에는 파리채라는 표현이 가장 정확한 묘사가 아닐까 생각합니다. 10인치(254밀리미터) 망원경에서 68배율로 관측해보면 11.5등급에서 12.8등급의 별들이 멋지게 그 모습을 드러내죠. 이 자리별의 길이는 6.5분입니다. 손잡이를 구성하는 4개의 별에 연이어 나타나는 남동쪽의 사각형 별들은 마치 돌고래자리 감마 별을 후려칠 기세로 보입니다. 아마도 우리는 이곳에 '파리'채가 아닌 '별'채를 걸어놓은 것인지도 모르겠습니다. 같은 시야에 담겨 들어오는 돌고래자리 감마 별은 황금색 으뜸별이 서쪽으로 황백색의 짝꿍별을 거느리고 있는 아름다운 이중별의 모습을 보여줍니다.

10월

이름의 의미

돌고래를 의미하는 라틴어 델피누스(delphinus)는 그리스어 델피스(delphis)에서 왔습니다. 델피스는 '자궁'을 의미하죠. 그리스인들이 이러한 이름을 돌고래에게 부여한 것은 돌고래가 사람처럼 새끼를 낳는 '물고기'였기 때문입니다.

대상	분류	밝기	각크기/각분리	적경	적위
NGC 6891	행성상성운	10.4	18"	20시 15.2분	+12° 42'
스트루베 2664 (Σ2664)	이중별	8.1, 8.3	28"	20시 19.6분	+13° 00'
NGC 6905	행성상성운	10.9	47"×37"	20시 22.4분	+20° 06'
돌고래자리 세타 별 무리	자리별	-	1°	20시 38.3분	+13° 15'
NGC 6950	산개성단?	-	14'	20시 41.2분	+16° 39'
포스쿠스 1(Poskus 1)	자리별	9.6	6.5'	20시 46.0분	+16° 20'
돌고래자리 감마 별	이중별	4.4, 5.0	9.1"	20시 46.7분	+16° 07'

각크기 및 각분리는 최근 천체 목록을 참고한 것입니다. 시각적으로 보이는 천체의 크기는 대부분 목록상에 있는 크기보다는 작게 느껴지며 장비의 구경과 배율에 따라 다양하게 느껴집니다.

돌고래 주위에서 찰랑거리는 보석들

돌고래자리는 작은 별자리지만 놀랍도록
다양한 딥스카이 천체를 품고 있습니다.

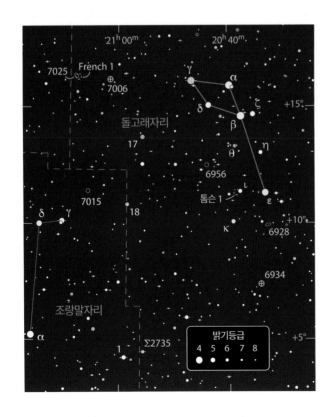

가을 하늘은 물과 관련된 별자리들이 넘쳐나는 시기입니다. 10월의 온하늘별지도를 보면 남동쪽으로 펼쳐져 있는 지역에 강과 바다가 범람하고 있다고 생각될 정도죠. 동쪽에서 시작하여 남쪽으로 흘러가다 보면 고래자리, 물고기자리, 물병자리, 남쪽물고기자리, 염소자리, 돌고래자리를 차례로 만나게 됩니다. 이 중에서 가장 작은 별자리인 돌고래자리는 형태와 이름이 가장 가까운 별자리이기도 합니다. 돌고래가 마치 별빛이 가득한 바다를 박차고 솟아오르는 듯 보이죠.

처음 우리가 건져 올릴 대상은 돌고래자리에서 남동쪽으로 멀리 위치하고 있습니다. 서로 촘촘하게 붙어 있는 이중별 **스트루베 2735**(Σ2735)는 돌고래자리의 이웃 별자리인 조랑말자리 1 별의 서북서쪽 53분 지점에서 찾을 수 있습니다. 스트루

NGC 6934는 메시에 목록에는 포함되어 있지 않지만 천구의 적도 북쪽에서 가장 밝게 빛나는 구상성단입니다. 중간 이상의 구경을 가진 망원경이라면 이 구상성단을 대단히 멋지게 볼 수 있습니다. 이 사진은 허블우주망원경이 촬영한 사진입니다. 눈으로 볼 때는 이처럼 분해된 모습을 볼 수는 없습니다.
사진: NASA / STScI / 위키스카이

실론(ε) 별에서 남쪽으로 3.9도를 다이빙해 내려오면 쉽게 찾을 수 있죠. 이 구상성단은 떨림방지장치가 부착된 12×36 쌍안경에서 부드럽게 빛나는 공처럼 보입니다. 성단에 서려 있는 9등급의 별 하나로 인해 얼핏 보면 타원형으로 보이죠. 이 구상성단을 105밀리미터 망원경에서 153배율로 관측해보면 북북동쪽으로 약간 불룩한 모습으로 볼 수 있습니다. 헤일로에는 대단히 희미한 별들 몇 개가 뿌려져 있는데 이들은 밝은 핵을 넓게 감싸고 있죠. 10인치(254밀리미터) 반사망원경에서 219배율로 바라본 NGC 6934는 3분의 폭에 부분부분 얼룩덜룩한 연무의 모습으로 분해됩니다. 15인치(381밀리미터) 반사망원경에서는 4분의 크기로 커지며 정중앙에 자리 잡고 있는 별들을 포함하여 수많은 별들이 반짝거리는 모습을 볼 수 있죠.

다음으로 우리가 방문할 밤보석은 NGC 6928입니다. 돌고래의 꼬리 바로 아래 1.4도 지점에서 찾을 수 있는 작은 은하군에서 가장 밝게 빛나는 은하죠. 105밀리미터 굴절망원경에서 127배율로 관측해보면 오직 NGC 6928만이 보입니다. NGC 6928은 동남동쪽으로 곧추서

베 2735를 구성하는 별들이 서로 떨어져 있는 정도는 2초밖에 되지 않습니다. 그러나 130밀리미터 굴절망원경에서 117배율로 관측해보면 서로 분리되어 있는 모습을 선명하게 볼 수 있습니다. 6.5등급의 으뜸별이 북서쪽에 있는 7.5등급의 짝꿍별과 바짝 붙어 있죠. 으뜸별은 진한 노란색으로, 그리고 짝꿍별은 하얀색으로 보입니다.

여기서 서북서쪽으로 6.1도를 헤엄쳐 가면 NGC 6934를 만나게 됩니다. 이 구상성단은 돌고래의 꼬리 끝부분에 자리 잡고 있는 돌고래자리 엡

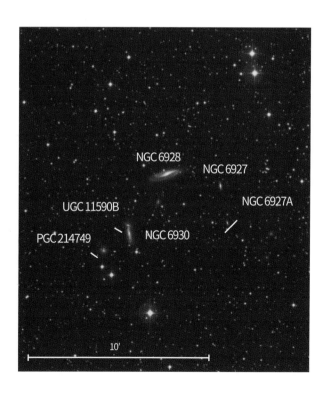

NGC 6928, NGC 6930, NGC 6927은 이 은하군에서 가장 밝은 은하들로서 그 밝기는 각각 12.2등급, 12.8등급, 14.5등급입니다. NGC 6927A는 약간 더 희미한 15.2등급의 밝기를 가지고 있습니다. 이 은하는 때때로 PGC 64924 또는 MCG 2-52-15로 표기되기도 합니다. 사진: POSS-II / 캘테크 / 팔로마

있는 흐릿한 물렛가락처럼 보이죠. 비슷한 간격을 유지하면서 6분 크기의 갈매기 모양을 하고 있는 12등급 밝기의 5개 별들이 이 은하의 동쪽 끝머리에서 나와 북동쪽에서 북북서쪽으로 구부러져 흐르고 있습니다.

5.1인치(130밀리미터) 망원경에서 117배율로 관측할 경우 비껴보기를 통해 NGC 6928의 타원형 중심부를 좀 더 밝고 쉽게 구분해 볼 수 있습니다. 이 은하의 북쪽 측면은 희미한 별 하나가 장식하고 있죠. 배율을 164배율로 높이면 비록 지속적으로 그 모습을 포착하지는 못하지만 남북으로 서 있는 NGC 6930의 빛을 잡아낼 수 있습니다. 이 은하는 자신의 동반은하인 NGC 6928에서 남남동쪽으로 3.8분 지점에 자리 잡고 있습니다. 그리고 북쪽 끝머리에는 10.2등급에서 12.6등급 사이의 별들이 만드는 2분 크기의 삼각형을 거느리고 있죠. 대구경 망원경을 사용하는 별지기들이라도 다른 여분의 별들을 찾으려면 집중적인 관측이 필요합니다. 2004년에 최대 밝기 15.3등급까지 도달한 바 있는 초신성이 NGC 6928에서 포착된 적이 있습니다. 그 전 해에 NGC 6930에서는 반 정도 더 어두웠을 것으로 추정되는 초신성이 포착된 바 있죠. 이 2개 은하는 모두 약 2억 광년 거리에 있습니다.

저는 10인치(254밀리미터) 망원경에서 저배율로 NGC 6928을 잡아낼 수 있습니다. 그러나 가장 괜찮은 모습은 299배율에서 만나볼 수 있었죠. 299배율에서는 중심으로 갈수록 점점 밝아지는 모습과 함께 얼룩진 모습을 볼 수 있습니다. 여기서 서남서쪽 3.1분 지점에서 매우 작고 희미한 NGC 6927의 중심부를 볼 수 있습니다. 이 은하는 중간 정도 배율에서 NGC 6928의 서쪽 5.6분 지점으로 별

하나를 품고 있는 성운과 같은 모습을 보여줍니다. 이 별은 299배율에서 2개의 별로 분해되어 보입니다. 남동쪽으로는 2개의 별이 더 모습을 드러내고 북쪽으로도 별 하나가 더 나타나죠. 이 지역을 촬영한 사진들을 보면 여러 개의 별들이 위아래가 뒤집힌 깜찍한 물음표를 그리는 듯한 모습을 보여줍니다. 그래서 구경이 큰 망원경이라면 충분히 흥미로운 모습을 보여줄 거란 생각을 하게 되죠.

15인치(381밀리미터) 반사망원경을 통해 바라본 NGC 6927은 남북으로 볼록한 작은 타원형의 모습을 보여줍니다. 그리고 여기서 은하 3개가 살포시 보이게 되죠. 247배율을 이용하면 NGC 6927의 남쪽 2분 지점에서 아주 작은 NGC 6927A가 희미하게 그 모습을 드러냅니다. 15등급의 별 하나가 남쪽 경계 바깥쪽에 자리 잡고 있으며 북쪽으로는 이보다 약간은 더 희미한 별이 자리 잡고 있죠. PGC 214749는 매우 희미하고 둥근 형태를 보여줍니다. NGC 6930 근처에는 삼각형을 이루는 별들이 있습니다. 이 별들 중 가장 동쪽에 자리 잡은 별에서 북쪽으로 51초 지점에 PGC 214749가 자리 잡고 있

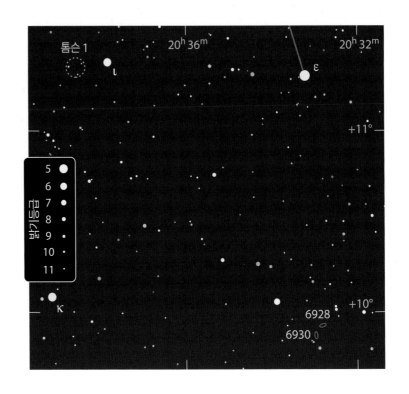

죠. 저는 이따금 이 은하의 북쪽 모서리에서 극단적으로 희미한 별의 자취를 흘끔 보곤 합니다. 이 은하의 위치는 이 은하가 삼각형을 이루는 별들과 함께 조각파이상자 모양을 형성하고 있다고 생각하면 쉽게 찾을 수 있습니다. 세 번째 은하인 **UGC 11590B**는 NGC 6930의 북쪽 끄트머리에 언뜻언뜻 충돌하듯이 자리 잡고 있습니다. 저는 UGC 11590B를 NGC 6930과 떨어진 천체로 보지는 못했습니다. NGC 6930의 호리호리한 외형은 희미한 헤일로와 이보다는 약간 더 밝은 기다란 축, 그리고 작은 타원형의 핵으로 구성되어 있습니다. 반면 UGC 11590B는 그저 NGC 6930에서 가장 밝은 한쪽 끄트머리처럼 보이죠.

만약 당신이 좀 더 도전적인 천체관측을 즐기는 별지기라면 이 지역의 사진을 내려받아 이 천상의 물속에 얇게 잠겨 있는 희미한 은하들을 찾아내는 데 사용해보세요.

이제 자리를 옮겨 384쪽 별지도에서 상단 왼쪽에 3개의 가장 밝은 별로 나타나고 있는 **톰슨 1**(Thompson 1)로 가보겠습니다. 이 자리별이 제 관심을 끌게 된 것은 캐나다의 별지기 존 톰슨John Thompson 덕분입니다. 130밀리미터 굴절망원경에서 63배율로 관측해보면 돌고래자리 요타(ι) 별이 함께 시야에 들어옵니다. 돌고래자리 요타별은 톰슨1로부터 서북서쪽 10.4분 지점에서 빛나고 있죠. 저는 여기서 10등급에서 13등급 사이의 밝기를 가진 13개 별들을 셀 수 있었습니다. 이 별들이 그리고 있는 길이 5.7분 삼각형의 뾰족한 꼭짓점은 남남서쪽 방향을 향하고 있죠.

우리가 다음으로 정박할 곳은 흥미로운 구조를 보여주는 은하입니다. **NGC 6956** 은하는 황금색으로 빛나는 돌고래자리 세타(θ) 별에서 동남동쪽 1.5도 지점에 자리 잡고 있습니다. 105밀리미터 굴절망원경에서 47배율로 관측한 NGC 6956은 희미한 연무처럼 나타납니다. 동쪽 모서리의 12등급 별 하나가 만들어내는 빛무리에 잠겨든 것처럼 보이죠. 이 은하는 127배율에서 북북서

쪽으로 기울어진 모습을 보여줍니다. 10인치(254밀리미터) 망원경에서 고배율로 관측해도 동쪽에 겹쳐 보이는 희미한 이중별 외에 추가로 눈에 들어오는 것은 거의 없습니다. 그러나 15인치(381밀리미터) 반사망원경에서 247배율로 바라보면 훨씬 더 많은 것을 보여주죠. 비교적 작은 장비를 이용했을 때 길쭉한 은하를 감싸고 있는 희미한 타원형 헤일로를 볼 수 있는데 이 헤일로는 동쪽 방향에서 약간 남쪽으로 기울어져 있습니다. NGC 6956의 중심에는 남북으로 정렬해 있는 타원형 중심부가 안겨 있습니다.

돌고래의 코에서 동쪽으로 3.6도를 배 저어 가면 구상성단 **NGC 7006**이 나타납니다. 이 구상성단은 NGC 6934보다 작고 희미하지만 130밀리미터 굴절망원경에서 37배율을 이용해도 쉽게 찾을 수 있습니다. 이 구상성단은 중심으로 갈수록 점점 더 밝아지는 양상을 보여주죠. 지름은 약 2분이며 동서로 약간 불룩한 모습을 하고 있습니다. 14등급 별 2개가 경계 너머에 자리 잡고 있으며 남서쪽으로 어두운 부분이 보이지만 구상성단을 구성하는 별들이 구분되어 보이지는 않습니다. 15인치(381밀리미터) 반사망원경에서 216배율로 바라본 NGC 7006은 3분의 길이에 그 반 정도 되는 얼룩덜룩한 중심부를 보여줍니다. 앞쪽에 자리 잡고 있는 희미한 별들이 성단의 북쪽과 북서쪽, 남쪽과 동쪽에 스치듯 자리 잡고 있죠. 극도로 희미한 별들이 구상성단의 중심부 외곽과 헤일로에서 희미하게 빛나고 있습니다.

NGC 7006은 NGC 6934보다 어둡고 별들을 구분해 내기가 훨씬 더 어렵습니다. 그 주된 이유는 NGC 7006이 NGC 6934보다 멀기 때문입니다. NGC 6934까지의 거리가 5만 1,000광년임에 반해 NGC 7006은 13만 5,000광년 거리에 위치하고 있죠. NGC 7006에서 동쪽으로 1.4도를 더 배 저어 가면 **프렌치 1**(French 1)을 만나게 됩니다. 이 천체는 9등급에서 12등급 사이의 별 13개가 만들고 있는 자리별이죠. 저는 이 천체를 독버섯(the Toadstool)이라 부릅니다. 왜냐하면 그 모습이 북동쪽

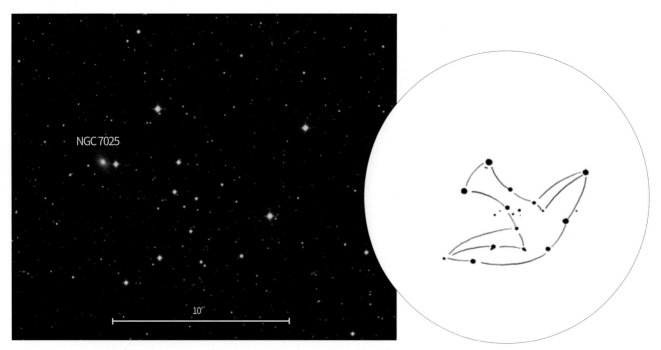

이 사진은 캘테크의 POSS-II 탐사 프로그램에서 촬영된 것으로 프렌치 1을 구성하는 별들과 가장 동쪽의 별 근처를 떠다니고 있는 NGC 7025의 모습을 보여주고 있습니다. 이 사진을 시계반대방향으로 135도 돌려보면 왜 이 자리별이 독버섯으로 불리는지 알 수 있을 것입니다. 오른쪽 스케치는 핀란드의 별지기인 야코 살로란타가 8인치 (203.2밀리미터) 망원경에서 96배율로 관측한 프렌치 1을 그린 것입니다.

으로 뻗은 줄기와 12.5분의 너비로 남서쪽으로 펼쳐진 모자를 둘러쓴 버섯처럼 보이기 때문이죠. 이 독버섯의 뿌리 부분을 훑다 보면 NGC 7025를 구성하고 있는 약간의 부유물을 찾게 됩니다. 105밀리미터 굴절망원경에서 153배율로 바라본 이 창백한 은하는 대체로 더 밝게 보이는 작은 타원형 중심부와 함께 이 중심부를 감싸며 북동쪽으로 곧추서 있는 45초 길이의 얇고 희미한 헤일

로를 보여줍니다. 15인치(381밀리미터) 반사망원경에서 216배율로 바라본 NGC 7025는 1.5분×1분의 크기를 보여줍니다. 동쪽 측면으로는 13등급의 별 하나를 거느리고 있으며 서쪽 측면으로는 독버섯의 바닥 부분과 함께 공유하고 있는 황금색 별을 볼 수 있죠.

돌고래자리는 작은 별자리이지만 많은 딥스카이 천체를 거느린 부자 별자리입니다.

천상의 돌고래가 품고 있는 보석들

대상	분류	밝기	각크기/각분리	적경	적위
스트루베 2735(Σ2735)	이중별	6.5, 7.5	2.0"	20시 55.7분	+ 4° 32'
NGC 6934	구상성단	8.8	7.1'	20시 34.2분	+ 7° 24'
NGC 6928(은하군)	은하	12.2	2.2'×0.6'	20시 32.8분	+ 9° 56'
톰슨 1(Thompson 1)	자리별	9.0	5.7'	20시 38.5분	+11° 20'
NGC 6956	은하	12.3	1.9'×1.3'	20시 43.9분	+12° 31'
NGC 7006	구상성단	10.6	3.6'	21시 01.5분	+16° 11'
프렌치 1(French 1)	자리별	7.1	12.5'	21시 07.4분	+16° 18'
NGC 7025	은하	12.8	1.9'×1.2'	20시 07.8분	+16° 20'

각크기 및 각분리는 최근 천체 목록을 참고한 것입니다. 시각적으로 보이는 천체의 크기는 대부분 목록상에 있는 크기보다는 작게 느껴지며 장비의 구경과 배율에 따라 다양하게 느껴집니다.

나사성운을 찾아서

이런저런 평가들이 있지만 길만 제대로 쫓아간다
이 행성상성운을 쉽게 찾을 수 있을 것입니다.

의심할 여지 없이 나사성운은 하늘에서 가장 아름다운 천체 중 하나입니다. 이 성운의 이름이 '나사(Helix)'인 이유는 마치 스프링을 위에서 내려다볼 때처럼 이중으로 고리를 두른 모습을 보이기 때문입니다. 오랫동안의 노출을 이용하여 촬영한 사진들은 고리를 구성하는 먼지들이 손가락처럼 성운의 중심을 가리키는 듯한 모습을 보여주고 있습니다. 허블우주망원경이 촬영한 아름다운 사진은 방사상으로 뻗어 있는 먼지다발의 모습을 상세히 보여주고 있는데 각각의 먼지다발은 머리와 가냘픈 꼬리를 가진 혜성과 같은 모습을 하고 있습니다.

NGC 7293, 콜드웰 63(Caldwell 63)으로도 등재되어 있는 **나사성운**은 행성상성운으로서는 가장 가까운 거리에서, 가장 밝게 빛나는 성운 중 하나입니다. 행성상성

운은 늙은 별이 자신의 핵연료를 모두 소진하고 바깥층을 우주로 쏟아내면서 생겨나는 천체입니다. 성운이 팽창을 계속해나갈수록 별의 핵도 점점 노출됩니다. 고밀

위: 이 놀라운 확대 사진은 1996년 허블우주망원경이 촬영한 것으로 "혜성형구체(Cometary knots)"의 모습을 유감없이 보여주고 있습니다. 이 혜성형구체의 머리는 하나같이 성운 중심의 백색왜성을 향하고 있습니다.
사진: C. 로버트 오델(C. Robert O'Dell) / STScI.

아래: 이 스케치는 1995년 9월 27일, 브루클린 위스콘신 근처 매디슨 천문 동아리에서 관측을 진행한 빌 페리스(Bill Ferris)가 그린 것입니다. 당시 사용 장비는 지름 10인치(254밀리미터), f/4.5의 뉴턴식 반사망원경이었습니다. 여기에 루미콘 산소III필터를 미드의 슈퍼와이드앵글 접안렌즈에 장착하여 63배율로 관측했다고 합니다. 빌 페리스는 당시를 투명도가 정말 좋았던 밤이라고 기록하고 있습니다. 북쪽은 위쪽입니다.

나사성운을 담고 있는 이 사진의 폭은 1/2도입니다. 상단에 그려진 선은 허블우주망원경을 통해 확대 촬영된 지역을 보여주고 있습니다.
사진: 로버트 젠들러

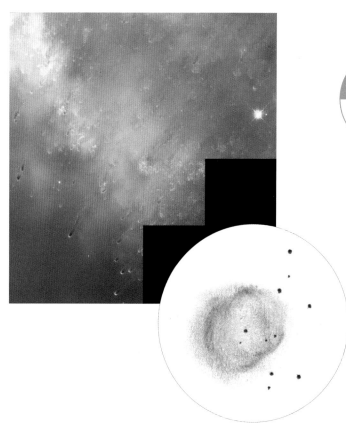

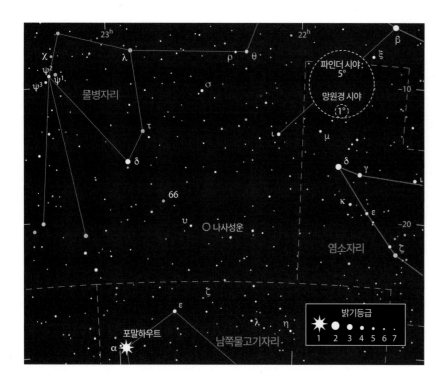

도로 뭉쳐져 있는 이 뜨거운 잔해는 백색왜성으로 진화한 후 수십억 년에 걸쳐 천천히 식어가게 됩니다.

관측이라는 측면에서 보면, 나사성운은 밝은 행성상성운으로서 가장 찾기 쉬운 대상 중 하나이면서도 가장 형체를 잡기 어려운 천체 중 하나이기도 합니다. 이 성운은 쌍안경을 이용해 관측했다는 경우도 있고, 큰 망원경을 이용했지만 못 봤다는 경우도 있죠. 이런 주장들이 모순처럼 보이지만 이는 일관되게 낮은 표면 밝기를 가진 이 천체의 정체를 설명해줍니다. 만약 나사성운의 모든 빛을 하나의 점으로 모은다면 그 밝기는 7.3등급의 별과 맞먹을 겁니다. 하지만 실제 이 빛들은 0.5도 정도의 넓은 지역에 걸쳐 퍼져 있죠. 이 폭은 보름달의 지름과 맞먹는 폭입니다! 낮은 배율은 오히려 이 성운의 빛을 더 많이 모으는 작용을 하고, 광대역 시야는 성운의 주위를 둘러싼 검은 하늘을 대조적으로 보여줍니다. 나사성운이 작은 망원경에서 오히려 이상적인 관측 대상이 되는 이유는 바로 이 때문입니다.

나사성운을 찾아보고자 한다면 이처럼 파악하기 어려운 특성으로 인해 주의를 기울여야 할 필요가 있습니다. 물론 망원경이 정확한 지점을 겨냥하고 있을 거라는 점은 확실해야 합니다. 뉴욕 변두리의 시골과 같은 느낌이 풍기는 저의 집에서는 나사성운이 결코 높이 떠오르지 않습니다. 하지만 간혹 나사성운에 인접해 있는 별인 물병자리 엡실론(υ) 별이 맨눈으로 보이기는 하죠. 이 별만 잘 지목해내면 나사성운을 찾아가는 것은 대단히 쉽습니다. 하지만 지금 여러분이 있는 곳이 이 별을 보기 어려울 만큼 충분히 어둡지 않다면 3.3등급 별인 물병자리 델타(δ) 별로부터 시작해야 합니다. 물병자리 델타 별로부터 남서쪽으로 4도 정도를 내려오면 4.7등급의 물병자리 66별이 보입니다. 이 별은 가이드망원경의 시야를 물병자리 델타 별과 거의 똑같이 채우며 빛깔 역시 물병자리 델타 별처럼 주황색 빛을 뿜어냅니다. 지금까지 내려온 선을 따라 다시 2.8도를 더 내려가면 그 지점에서 백색과 노란색 빛이 섞여 5.2등급으로 가장 밝게 빛나는 물병자리 입실론 별을 드디어 만나게 됩니다. 바로 이 지점에서 서쪽으로 1.2도 지점에 나사성운이 있습니다. 이 성운은 저배율 접안렌즈에서 자신의 모습을 가장 아름답게 드러내죠. 2개의 10등급 별들이 나사성운을 사이에 두고 늘어서 있는데, 이 별들을 이용하여 쉽게 나사성운을 겨냥할 수도 있죠.

저는 제 집에서 50밀리미터 쌍안경으로 나사성운을 찾아낼 수 있습니다. 처음에 흘긋 바라보면 이 작은 망원경에 등장하는 나사성운은 형태라곤 찾아볼 수 없는 타원형 원반처럼 보입니다. 하지만 포기하지 말고 계속 대상을 바라보세요. 그러면 자신의 모습을 서서히 드러내는 나사성운을 볼 수 있을 겁니다.

투명도가 좋은 밤이라면 중저배율의 105밀리미터 망원경은 북서쪽에서 남동쪽으로 길쭉하게 뻗은 타원형 성운의 빛을 14분×11분의 크기로 보여줍니다. 중심부는 테두리보다 약간 더 어둡게 보이죠. 비껴보기를 이용한다면 성운의 모습을 더 잘 알아볼 수 있습니다. 산소Ⅲ필터와 협대역광해필터는 관측에 도움을 주죠. 아무런 필터 없이 고배율을 쓴다면 성운기 안에 파묻힌 희미한 별들이 드러납니다.

그런데 사진에서 보이는 아름다운 구조들은 눈으로는 어떻게 보일까요? 깊은 노출을 통해 담아낸 아름다운 세부 모습은 눈으로는 볼 수 없습니다. 하지만 생각보다 많은 것을 볼 수 있기도 하죠. 저는 수많은 관측기들을 봐왔고, 다양한 구조들을 직접 볼 수 있었다는 관측자들의 사소한 장비들까지도 모두 기록했습니다.

놀랍게도 마이클 백키치Micheal Bakich의 관측기에는 다음과 같은 기록이 적혀 있었습니다. "2000년 8월 26일, 관측을 진행한 텍사스주 엘패소 동쪽 80킬로미터 지점의 어두운 지역에서 우리 중 무려 세 명이 나사성운을 맨눈으로 볼 수 있었다." 또한 나사성운이 거의 천정에 위치하는 서호주의 경우 마우리스 클라크Maurice Clark와 그의 친구들이 하늘 상태를 고려한 안내에 따라 맨눈으로 이 성운을 보곤 했다고 합니다. 또 어떤 사람들은 6×30 파인더를 통해 나사성운을 발견했으며 작은 쌍안경을 이용하여 쉽게 찾을 수 있는 대상으로 묘사하기도 했습니다.

나사성운의 고리형 구조는 60밀리미터 망원경에서 그 모습을 드러냅니다. 그리고 중심에 있는 별은 6인치(152.4밀리미터) 망원경에서 그 위치를 식별해낼 수 있습니다. 이제 소구경 망원경의 영역을 벗어나보죠. 저는 많은 별지기들이 실제 꽤 큰 구경의 망원경을 사용한다는 것을 알고 있습니다. 이들에게 나사성운은 그다지 도전거리가 되지 않습니다.

8인치(203.2밀리미터) 망원경을 통해 바라본 나사성운은 청록 빛으로 보입니다. 사람의 눈은 사진을 가득 채우는 붉은빛보다 이 청록색에 더 민감하게 반응하죠. 이는 산소Ⅲ필터가 대상을 훨씬 더 보기 좋게 만드는 이유이기도 합니다. 산소Ⅲ필터는 이온화산소(OⅢ로 분류됩니다)에서 방출되는 청록색 빛을 통과시키는 반면 다른 여러 빛공해로부터 발생한 색깔은 차단합니다. 항상 그런 것은 아니지만 고리의 밝기 역시 8인치(203.2밀리미터) 망원경에서 훨씬 더 두드러지게 보이기 시작합니다.

2개의 '스프링 코일' 구조는 10인치(254밀리미터) 반사망원경과 산소Ⅲ필터로 무장한 애리조나 플래그스테프의 빌 페리스에게 그 모습을 확실히 드러냈습니다. 다른 여러 행성상성운들과 마찬가지로 나사성운 역시 희미한 헤일로를 거느리고 있습니다. 그러나 이 헤일로는 대부분의 사진에서도 보이지 않죠. 헤일로에서 가장 밝은 부분은 남동쪽 모서리로부터 뻗어져 나와 시계방향으로 돌며 북쪽에서 사라지는 헤일로입니다. 10인치(254밀리미터) 망원경에서도 이 헤일로는 보이지 않으며 20인치(508밀리미터) 망원경이 그 모습을 확실하게 느낄 수 있는 가장 작은 크기에 해당합니다.

또 다른 도전할 만한 천체는 고리의 북서쪽 끄트머리에 파묻혀 있는 16등급의 은하입니다. 이 은하는 고리의 끝자락에 9.9등급으로 밝게 빛나는 별에서 남쪽 1.2분 지점에 위치하고 있습니다. 이 은하는 17.5인치(444.5밀리미터) 망원경으로 관측된 바 있습니다. 방사상으로 뻗어나간 바퀴살 구조는 어떨까요? 이 방사상 구조는 16인치(406.4밀리미터) 망원경에서부터 관측할 수 있으며 혜성형구체를 이루고 있는 부분은 22인치(558.8밀리미터) 망원경에서부터 관측할 수 있습니다.

여기에 기록된 여러 관측내용들은 온라인 별지기 모임인 Amastro 회원들에 의해 관측된 것입니다. 이들 중 몇몇은 우리보다 훨씬 어두운 하늘에서 관측을 진행하였으며, 대부분 우리보다 더 남쪽 위도에 살고 있습니다. 그러나 이들의 성과는 우리를 심기일전하게 만듭니다. 이러한 구조 중 어떤 것이라도 잡아내려 노력할 때, 그리고 투명도 높은 밤과 가장 어두운 하늘을 고르려 노력할 때, 바로 그때 여러분도 이 성운의 세세한 모습을 만나볼 수 있을 것입니다.

11월

등재명	적경	적위	각크기	총 겉보기밝기	중심별의 밝기	거리(광년)
NGC 7293, 콜드웰 63 (Caldwell 63)	22시 29.6분	-20° 48'	16'×12'	7.3	13.5	300

좌표는 『이퀴녹스(equinox)』 2000.0에서 발췌한 것입니다. 적시된 각크기에는 외곽의 헤일로가 어느 정도 포함되어 있습니다.

왕의 보석함

11월의 하늘 높은 곳에는 왕을 장식하는
아름다운 보석들이 우리를 기다립니다.

가을밤 케페우스자리는 높은 고도에서 매력적인 자태를 뽐냅니다. 케페우스자리의 남쪽은 미리내에 잠겨 있는데 이곳은 아름다운 천체들이 많이 있죠. 하늘에서 가장 매혹적인 장면을 보여주는 케페우스자리의 남서쪽 모서리부터 우리의 여행을 시작해보겠습니다. 이곳에서 우리는 고작 2/3도 정도 떨어져 있는 산개성단과 은하를 보게 됩니다. 이들의 거리는 너무나 가까워서 저배율 망원경에서 한 시야에 쏙 들어올 정도죠. 하지만 이들이

가까이 자리 잡고 있는 것처럼 보이는 것은 착시일 뿐입니다. 은하가 성단보다 5,000배는 더 멀리 자리 잡고 있죠. 이러한 사실은 우리에게 우주의 깊이에 대한 감각을 일깨워줍니다.

이 중에서 더 밝게 보이는 천체가 산개성단 NGC 6939입니다. NGC 6939를 겨냥하기 위해서는 저배율 시야에서 먼저 케페우스자리 세타(θ) 별을 들어오게 만든 후 남쪽으로 2.3도를 내려오면 됩니다. 이 성단을 찾

이달의 관측 대상으로 선정된 2개의 찬란한 성단을 담은 이 사진은 뉴욕 플라시드 호수에서 조지 R. 비스콤에 의해 촬영된 것입니다. NGC 7235(왼쪽)는 밝은 별인 케페우스자리 엡실론(ε) 별과 한 시야에 들어옵니다. NGC 7510(오른쪽)은 특이하게 타원형으로 보입니다. 이 사진들은 각각 12분과 10분간의 노출을 통해 촬영한 것으로 14.5인치(368.3밀리미터) 구경의 f/6 뉴턴식 반사망원경을 이용하여 3M 1000 슬라이드 필름으로 촬영된 것입니다. 각 사진이 담고 있는 폭은 2/3도입니다. 왼쪽 사진에서 북쪽은 위쪽이고, 오른쪽 사진에서 북쪽은 왼쪽 위입니다.

는 데 성공했다면 바로 남동쪽에 있는 **NGC 6946**을 찾아보세요.

105밀리미터 굴절망원경에서 47배율로 관측하면 아름다운 짝을 이루고 있는 이 한 쌍의 천체가 시야에 들어옵니다. NGC 6939는 희미한 연무를 배경으로 아주 희미하게 보이는 점들을 많이 보여줍니다. NGC 6946은 약간 더 크고 약간은 더 타원형에 가까운 형태를 띠고 있습니다. 전반적으로 일관된 희미한 빛을 뿜어내고 있지만 중심 쪽으로는 약간 밝기가 증가하는 모습을 보여주죠. 10등급에서 12등급의 작은 삼각형을 이루고 있는 별들이 이 은하의 남쪽에 부분적으로 파묻혀 있는 듯 보입니다.

배율을 87배로 늘리면 이 한 쌍의 천체는 간신히 한 시야에 남아 있게 됩니다. 희미한 별들을 아주 많이 품고 있는 성단은 8분의 폭으로 보이죠. 북동쪽에서 남서쪽으로 10분×8분의 타원형으로 뻗어 있는 은하를 대단히 희미한 몇몇 별들이 가로지르고 있는 모습을 볼 수 있습니다. 4인치(101.6밀리미터) 망원경과 인내심으로 무장한 저명한 별지기 스테판 제임스 오미라는 검은 하늘을 배경으로 이 은하의 나선구조를 볼 수 있었다고 합니다.

NGC 6946은 9개의 초신성이 발견된 은하입니다. 이

는 그 어느 은하보다도 초신성이 많이 발견된 사례에 해당하죠. 이 은하에서 처음으로 초신성이 발견된 것은 1917년입니다. 그리고 가장 최근에 발견된 것은 2008년이었죠.

이는 한 사람의 수명 폭에 들어오는 대단히 짧은 기간입니다. 이런 은하라면 관측을 계속할 가치가 충분하죠. 이 은하의 이웃 천체 역시 독특함을 자랑하는 천체입니다. 대부분의 산개성단들은 서로 느슨하게 묶여 있고, 그래서 산개성단을 구성하는 별들은 수백만 년 내에 모두 흩어지게 됩니다. 하지만 NGC 6939는 무려 20억 살이나 된 성단이죠.

이제 작은 산개성단을 연달아 가로지르며 케페우스자리의 동쪽으로 이동해보겠습니다. 우선 **NGC 7160**이 케페우스자리 뉴(ν) 별로부터 크시(ξ) 별 쪽으로 5분의 2 지점에 있습니다. 이 성단은 7등급과 8등급인 2개의 밝은 별 때문에 쉽게 찾아낼 수 있습니다. 이 2개 별은 사우스 800(South 800)이라 불리는, 폭을 넓게 벌리고 있는 이중별을 형성하고 있죠. 14×70 쌍안경을 이용하면 이 2개의 별과 함께 몇몇 희미한 별들이 마치 반짝이는 눈을 가진 뭉툭한 애벌레처럼 보입니다. 105밀리미터 굴절망원경에서 87배율로 바라보면 명확한 형태를 이루고 있는 6개의 꽤 밝은 별을 볼 수 있습니다. 사우

스 800과 북동쪽에 있는 별 하나는 화살촉 모양을 만들고 있으며 서남서쪽으로 약간 구부러지며 도열해 있는 별들은 휘어진 화살대 모양을 만들고 있죠. 이 지역에는 희미한 별 10개가 더 흩뿌려져 있습니다.

우리의 다음 목표는 케페우스자리 엡실론(ε) 별의 북서쪽으로 25분 지점에 위치하고 있는 NGC 7235입니다. 이 성단은 14×70 쌍안경으로 보면 작고 희미한 빛무리를 두르고 있는 하나의 별처럼 보입니다. 제 굴절망원경에서 87배율로 관측했을 때 중간 정도의 밝기부터 희미한 밝기를 가진 별들, 그리고 이보다도 훨씬 더 희미한 별 7개가 작은 뭉치를 이루는 모습을 볼 수 있었습니다. 3개의 가장 밝은 별이 얇은 삼각형을 만들고 있는데 이 삼각형은 별 무리 전체 폭과 비슷하게 뻗어 있습니다.

이제 저배율 접안렌즈를 이용하여 노란색 별과 파란색 별이 함께 만든 인상적인 이중별인 케페우스자리 델타(δ) 별을 겨냥해 보세요. 케페우스자리 델타 별을 한가운데 놓은 상태에서 동쪽으로 2.4도를 움직여 6등급의 청백색 별을 찾아봅니다. 이 별은 가느다란 삼각형의 한쪽 꼭짓점을 차지하고 있다는 사실에 주목하세요. 이 삼각형의 짧은 밑변에서 한쪽 꼭짓점은 비슷한 밝기를 가진 별 하나가 장식하고 있으며 그 반대쪽 꼭짓점은 오토스트루베 480 (OΣ480)이라는 이중별이 차지하고 있습니다. NGC 7380은 이 이중별의 동쪽 가까이에 있죠. 87배율에서는 중간에서 희미한 밝기를 가지는 30개의 별이 마치 마녀의 모자와 같은 형태로 깜찍한 무리를 이루고 있는 모습을 볼 수 있습니다. 이 모자의 헐렁헐렁한 테두리가 동쪽 측면을 형성하고 있으며 오토스트루베 480은 모자의 꼭대기를 차지하고 있죠. 이 성단은 희미한 연무를 배경에 깔고 있습니다. 그런데 이 연무는 과연 분해되지 않은 별인 걸까요? 아니면 성운기인 걸까요? NGC 7380은 사실 샤프리스 2-142(Sharpless 2-142)라는 매우 희미한 성운 내에 파묻혀 있습니다. 초록색 산소Ⅲ 필터를 이용하여 28배율로 바라보면 필터를 사용하지 않았을 때와 비교하여 약간은 더 색깔이 진하고

더 넓게 퍼져 있는 연무가 보이는 것 같습니다. 빛공해 필터를 이용한다면 소구경 망원경으로 이 성운을 잡아낼 수 있을까요?

우리의 마지막 발걸음은 케페우스자리의 동쪽으로 멀리 나갑니다. 이곳에는 여러 개의 흥미로운 천체들이 올망졸망 모여 있죠. 이 중에서 가장 밝은 성단은 NGC 7510입니다. NGC 7510을 발견하려면 먼저 맨눈으로 카시오페이아자리 1 별을 찾아야 합니다. 그리고 저배율 시야에서 동쪽으로 6등급의 별을 찾아야 하죠. 이 별을 중앙에 두고 1.2도 북쪽으로 움직이면 별들이 만든 점 하나가 눈에 들어올 겁니다. 제 작은 망원경에서 153배율로 관측하면 매우 희미한 10개의 별들이 작은 무리를 이룬 모습을 볼 수 있습니다. 이 별들 중 그나마 가장 밝은 별들이 동북동쪽에서 서남서쪽으로 가로지르는 막대 모양을 구성하고 있습니다. 나머지 별들은 이 막대의 북쪽에 위치하면서 전체적인 모양을 삼각형으로 만들고 있죠.

케페우스 왕을 알현하는 동안 1949년 2월 하버드 천문대 회보에 이반 R. 킹Ivan R. King이 보고한 성단 중 하나를 보는 것도 적절한 일일 것 같습니다. 케페우스자리에는 이반 R. 킹이 보고한 천체 4개가 있습니다. 작은 망원경으로는 그다지 인상적으로 보이지 않는 천체들이죠. 그러나 킹 19(King 19)는 쉽게 찾을 수 있어 이러한 문제를 보상하고 있습니다. 이 성단은 저배율에서 NGC 7510과 한 시야에 들어옵니다. NGC 7510의 서쪽 1/3도 지점에 별들이 만든 희미한 점으로 보이죠. 저는 153배율에서 느슨하고 불규칙하게 묶여 있는 희미한 별과 매우 희미한 별 10개를 보았습니다. 이 중에서 가장 밝은 별들은 성단의 동쪽 측면에서 삼각형을 이루고 있고, 서쪽으로 3개의 별이 줄지어 있으며, 그 사이에는 별 하나가 홀로 콕 박혀 있습니다.

NGC 7510으로부터 동쪽으로 1/2도 지점에서 약간 남쪽으로는 마카리안 50(Makarian 50, Mrk 50)이 작지만 밝은 점으로 빛나고 있습니다. 저는 127배율에서 북쪽왕

관자리의 축소판을 연상시키는, 5개의 별이 만드는 굴곡을 볼 수 있었습니다. 열정적인 딥스카이 탐험가이자 작가인 톰 로렌친은 이 성단을 연약한 티아라(Tiny Tiara)라고 부르더군요. 마카리안 50은 거대 성운인 **샤프리스 2-157**(Sharpless 2-157, Sh 2-157)의 가장 밝은 아치에서 북서쪽으로 모서리에 있습니다. 비록 필터의 도움 없이 볼 수 있는 것은 거의 없지만 산소Ⅲ필터만 있다면 17배율에서도 성운기를 꽤 명확하게 볼 수 있습니다. 이 성운은 서쪽방향으로 오목하게 휘어져 있으며 남쪽에서 더

넓게 퍼져 있고 남북으로 약 1도 길이로 뻗어있습니다. 로렌친은 이 성운의 모습이 페르세우스자리에 있는 캘리포니아성운의 모습을 상당히 많이 닮았다는 이유로 캘리포니에또 성운(Californietto Nebula)이라는 이름을 붙여 주었습니다.

지금까지 우리는 케페우스자리를 동서로 훑으며 이 왕의 별자리를 장식하고 있는 보석들을 살펴보았습니다. 청명하고 어두운 밤하늘이라면 이 아름다운 보석들은 모두 이곳을 살펴보는 별지기의 것이 될 것입니다.

케페우스를 장식하는 보석들

대상	분류	밝기	각크기/각분리	거리(광년)	적경	적위	MSA	U2
NGC 6939	산개성단	7.8	7'	3,900	20시 31.5분	+60° 39'	1074	20L
NGC 6946	나선은하	8.8	11'×10'	1,900만	20시 34.9분	+60° 09'	1074	20L
NGC 7160	산개성단	6.1	7'	2,600	21시 53.8분	+62° 36'	1072	19R
NGC 7235	산개성단	7.7	4'	9,200	22시 12.5분	+57° 17'	1072	19L
NGC 7380	산개성단	7.2	12'	7,200	22시 47.4분	+58° 08'	1071	19L
NGC 7510	산개성단	7.9	4'	6,800	23시 11.1분	+60° 34'	1070	18R
킹 19(King 19)	산개성단	9.2	6'	6,400	23시 08.3분	+60° 31'	1070	18R
마카리안 50 (Mrk 50)	산개성단	8.5	2'	6,900	23시 15.2분	+60° 27'	1070	18R
샤프리스 2-157 (Sh 2-157)	방사성운	-	60'×10'	6,900	23시 16분	+60° 3'	1070	18R

MSA와 U2는 각각 『밀레니엄 스타 아틀라스』와 『우라노메트리아 2000.0』 2판 상에 기재된 차트 번호를 의미합니다. 거리정보는 최신 연구 결과를 근거로 하였습니다. 각크기는 천체목록이나 사진집에서 따온 것입니다. 망원경으로 봤을 때 대부분의 천체들은 실제보다 조금 더 작게 보입니다.

11월

별빛 도마뱀

도마뱀자리는 수수하면서도
인상적인 천체들을 품고 있습니다.

도마뱀자리는 케페우스의 머리와 페가수스의 앞다리 사이로 흐르는 미리내의 부드러운 빛무리 속에 자리 잡고 있습니다. 도마뱀자리가 하늘에 자리를 잡게 된 것은 오늘날 그단스크(Gdansk)라는 이름으로 불리는 폴란드 단치히의 유명한 천문학자 요하네스 헤벨리우스Johannes Hevelius 덕분입니다. 헤벨리우스는 그의 생에서 마지막 해였던 1687년, 불후의 역작인 『소비에스키의 창공』을 완성하였습니다. 그는 여기서 도마뱀자리를 비롯한 몇몇 작은 별자리들을 소개했죠. 이 별지도는 1690년까지 한정적으로만 배포되다가 헤벨리우스가 남긴 별목록

및 보충문구가 추가된 후 헤벨리우스의 미망인이자 동료 관측가였던 엘리자베타Elisabetha에 의해 정식으로 출판되었습니다. 오늘날 헤벨리우스의 이 저작물은 대단히 희귀한 책이 되었습니다. 헤벨리우스의 별지도에 그려진 도마뱀은 쥐와 같은 꼬리에 위로 쳐든 다리 등, 전혀 도마뱀 같지 않은 모습을 하고 있습니다.

이 괴상한 생명체에는 '라체르타 지베 스텔리오(Lacerta sive Stellio)'라는 이름이 붙어 있습니다. 오늘날 '스텔리오(stellio)'라는 단어는 별모양 점을 가진 도마뱀의 한 종을 말합니다. 그러나 옛날 이 단어는 도롱뇽과 같은 말이었죠. 따라서 '라체르타 지베 스텔리오'는 '도마뱀 또는 도롱뇽'이라는 뜻이 됩니다. 도마뱀자리의 희미한 별들 가운데서 이와 같은 생명체의 모습을 그려내기는 쉽지 않습니다. 그러나 어두운 밤하늘이라면 미리내를 가로지르며 지그재그를 긋고 있는 선을 볼 수 있습니다.

이번 우리의 밤하늘 여행은 도마뱀의 코 부근에 자리 잡은 약간의 산개성단에서부터 시작해보겠습니다. 여기서 가장 선명한 모습을 보이는 것은 IC 1434입니다. 이 성단은 4등급의 주황색 별인 도마뱀자리 베타(β) 별에서 서북서쪽 2.1도 지점에 있습니다. 도마뱀자리 베타 별에

헤벨리우스의 별지도 표지에는 새로 임명받은 별자리들이 천문학의 전당으로 행진하는 모습이 그려져 있습니다. 이 별자리 중에서 가장 앞서 들어오는 별자리가 도마뱀자리입니다.

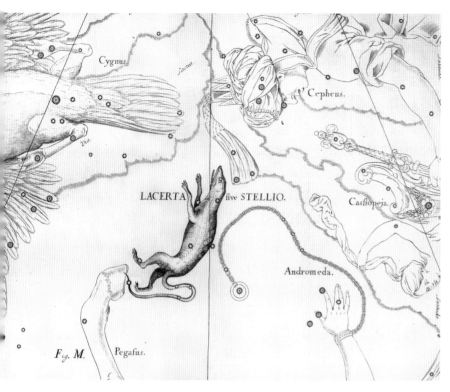

헤벨리우스의 별지도에 등장하는 도마뱀자리입니다. 헤벨리우스 별지도의 다른 모든 별자리와 마찬가지로 별의 패턴은 위에서 내려다본, 반대의 모습으로 그려져 있습니다.

사진: 미해군천문대도서관(US Naval Observatory Library)

서 파인더를 이용하여 6등급과 7등급의 밝기를 가지고 있는 4개 별이 그리는 곡선을 따라가세요. 이 별들은 성단 위쪽으로 아치를 그리며 줄지어 있습니다. 이 4개 별들은 각각 앞쪽에 있는 별보다 약간씩 더 밝아지며 1도가 채 안 되는 거리를 두고 고르게 배열되어 있습니다. IC 1434는 중간에 있는 2개 별 사이에서 남쪽으로 자리 잡고 있죠.

105밀리미터 굴절망원경에서 17배율로 관측해보면 가오리연 모양을 하고서 남쪽으로 날아 내려오는 듯한 형태의 10등급에서 11등급의 밝기를 가진 4개의 별을 볼 수 있습니다. 이 연은 남동쪽 모서리에 10등급의 별을 끼고 있는 희뿌연 별들의 연무 위에 겹쳐져 있습니다. 배율을 153배율로 올리면 이곳에서 수많은 희미한 별들을 볼 수 있게 되죠. 이 깜찍한 성단을 10인치(254밀리미터) 뉴턴식 반사망원경에서 115배율로 관측해보면 7분의 지름에 수많은 희미한 별을 거느리고 있는 모습

을 볼 수 있습니다. 별들이 만들어내고 있는 몇몇 기다란 선들이 성단으로부터 뿜어져 나오는 듯한 모습을 볼 수 있죠.

IC 1434에서 북북동쪽으로 1.5도 지점에는 3개의 별 무리가 더 있습니다. 이들은 도마뱀자리 알파(*a*) 별에서 베타 별을 잇는 선을 그린 후, 그려진 선만큼 한 번 더 이동한 지점에서 찾아볼 수 있습니다. 이 별 무리 삼총

사에서 가운데에 있는 성단이 **NGC 7245**입니다. 이 성단은 작은 굴절망원경에서 저배율로 봤을 때 더 쉽게 찾을 수 있죠. 87배율에서는 3분 크기의 연무조각을 볼 수 있습니다. 이 연무조각은 11등급의 별 2개와 9등급의 별 하나가 만드는 삼각형 내에 있습니다. 서쪽과 남쪽 모서리에는 11등급의 별이, 북동쪽 경계 바깥쪽에는 9등급의 별이 위치하고 있죠. NGC 7245는 10인치(254밀리미터) 반사망원경에서 170배율로 봤을 때 아름다운 자태를 보여줍니다. NGC 7245의 중심에는 분해되지 않는 별들의 연무가 약간 들어서 있고, 희미한 별들을 약 4분 지름의 폭에 풍부하게 담아내고 있죠. 같은 시야에서 북북동쪽으로 **킹 9**(King 9)라는 이름의 성단을 찾아볼 수 있습니다. 과립상의 얼룩과 같은 모습을 보여주는 이 성단은 중심에서 북쪽으로 희미한 별 하나를 거느리고 있습니다. 킹 9. 역시 87배율과 153배율 사이의 작은 굴절망원경으로 볼 수 있습니다.

별 무리 삼총사의 마지막 구성원은 **IC 1442**입니다. NGC 7245에서 남남동쪽으로 22분 지점에 있죠. 저는 이 성단을 10인치(254밀리미터) 망원경으로 찾아내기 전까지 제가 가진 작은 굴절망원경으로는 찾아내지 못했습니다. 10인치(254밀리미터) 망원경에서 관측을 하고서야 제 별지도에 점찍어둔 지점에서 5.5분 남서쪽에 위치하고 있는 이 성단을 찾아낼 수 있었죠. 118배율에서는 5분의 폭 안에 자리 잡은 11등급의 별을 약 30개 정도 볼 수 있었습니다. 이 성단의 북동쪽 경계 바로 위로는 붉은빛이 도는 주황색의 9등급 별이 있으며 남동쪽 모서리에는 이보다는 약간 더 밝은 주황색 별이 있습니다. 나중에 이 지역을 105밀리미터 망원경으로 관측했을 때 중심에 텅 빈 공간을 품고 있는 일련의 천체들 사이에서 20개의 희미한 별들을 볼 수 있었습니다. 브랜트 A. 아카이널과 스티븐 J. 하인스가 2003년 펴낸 『성단』이라는 책을 통해서 제가 지목한 것이 IC 1442가 확실하다는 것을 알 수 있었습니다.

다음은 행성상성운 **IC 5217**을 찾아가보겠습니다. 이 행성상성운은 도마뱀자리 베타 별에서 남쪽으로 1.3도 지점에 있습니다. 파인더를 이용하면 도마뱀자리 베타 별의 남쪽으로 보이는 2개의 7.5등급 별과 함께 남북을 잇는 선을 구성하는 IC 5217의 모습을 볼 수 있습니다. 이 행성상성운은 이 2개 별 중 남쪽에 있는 별로부터 남남동쪽으로 14분 약간 못 미치는 지점에 있죠. 이곳에서 비슷한 밝기를 지닌 작은 별들의 조각보 속에 숨겨져 있는 행성상성운을 보게 될 것입니다. IC 5217은 제 작은 굴절망원경에서 127배율로 관측해도 별처럼 보이죠. 이 행성상성운은 성운필터를 통해서 깜빡이는 성운의 모습을 관측하기에 딱 알맞은 관측 대상입니다. 이 행성상성운은 산소Ⅲ필터를 이용했을 때 가장 밝게 보이죠. 이 필터를 시야에 넣었다 뺐다 하다 보면 행성상성운이 깜빡이는 모습을 보게 됩니다.

이 방법은 대단히 작은 행성상성운을 찾아내는 데 사용되는 아주 유용한 방법이죠(필터를 빼낼 때 나타나는 미약한 반사광을 없애기 위해서 검은 천으로 머리부터 접안렌즈까지 가리고 시도하도록 하세요). 10인치(254밀리미터) 망원경에서 170배율을 이용하면 녹청색을 띠고 약간 타원이 진 모습을 보여주는 이 작은 행성상성운을 한결 더 쉽게 찾아볼 수 있습니다.

메릴 2-2(Merrill, PN G100,0-8.7) 역시 깜빡임을 보여주는 아주 작은 행성상성운입니다. 도마뱀자리 5 별의 동북동쪽 23분 지점에서 불규칙한 간격으로 작고 얕은 곡선을 그리고 있는 12등급의 별 3개를 찾아보세요. 이 곡선에서 가운데 있는 별이 바로 이 행성상성운입니다. 메릴 2-2는 아주 작긴 하지만 매우 밝은 표면밝기를 가지고 있어서 산소Ⅲ필터에서 드라마틱한 반응을 보여줍니다. 저는 8인치(203.2밀리미터)보다 작은 구경에서는 이 행성상성운을 찾아보려는 시도를 하지 않았습니다. 그러나 이보다 작은 구경에서도 틀림없이 메릴 2-2를 볼 수 있을 겁니다. 8인치(203.2밀리미터)에서 314배율로 바라본 이 행성상성운은 청회색의 작고 둥근 형태로 보입니다. 메릴 2-2와 IC 5217 모두 약 1만 광년 거리에 위

NGC 7243으로 알려진 천체의 별들이 조지 R. 비스콤이 촬영한 이 사진에서 다채로운 색깔을 뽐내고 있습니다. 조지 R 비스콤은 뉴욕 플라시드 호수에서 14.5인치(368.3밀리미터) 뉴턴식 반사망원경에 3M 1000 슬라이드 필름을 이용하여 10분간 노출하여 이 사진을 촬영하였습니다. 사진에서 북쪽은 위쪽이며 사진의 폭은 0.8도입니다.

치하고 있죠.

산개성단 NGC 7243은 이보다 훨씬 손쉬운 대상입니다. 심지어 이 성단은 8×50 파인더에서도 볼 수 있죠. NGC 7243은 도마뱀자리 4 별에서 서북서쪽 1.5도 지점에 있습니다. 도마뱀자리 알파 별, 4 별, 5 별이 만드는 화살표 모양이 바로 이 산개성단을 지목하고 있는 듯 보이죠. 105밀리미터 망원경에서 47배율로 관측해보면 20분의 폭 안에서 9등급 및 이보다 어두운 밝기를 가진 별 45개를 볼 수 있습니다. 성단의 중심 부근에 있는 중간 정도의 밝기를 가진 별들이 작은 삼각형을 만들고 있는데 이 삼각형의 남동쪽 꼭짓점은 서로 넓은 간격을 두고 있는 이중별 스트루베 2890(Σ2890)입니다. 10인치(254밀리미터) 망원경에서 43배율로 관측해보면 75개의 별들이 매우 어지럽게 뭉쳐 있거나 간격을 벌리고 있거나 너덜너덜한 모서리를 만들고 있는 모습을 볼 수 있

죠. 저는 이 성단이 북북서쪽으로 집게발을 치켜든 게를 닮았다고 생각합니다. 중심의 작은 삼각형에서 북쪽 꼭짓점에 있는 별은 주황색 색조를 보여주죠.

NGC 7209는 도마뱀자리에서 가장 멋진 모습을 보여주는 천체입니다. 이 산개성단은 도마뱀자리 2 별에서 정서 방향으로 2.7도 지점에 있으며 바로 북쪽으로 주황색의 6등급 별 하나를 이고 있습니다. 이 산개성단은 도마뱀자리 4 별, 5 별, 2 별로 이어져 나오는 반원을 그렸을 때, 이 반원이 끝나는 지점에서 찾아볼 수 있습니다. 제 작은 굴절망원경에서 68배율로 바라보면 23분의 폭 안에 9등급 및 이보다 희미한 별 50개를 볼 수 있죠. 이 별들 중 가장 밝은 별들은 성단을 남북으로 가로지르는 뱀모양을 하고 있습니다. 약 8.5등급의 밝기를 가진 3개의 별들이 이 성단의 가장자리 남서쪽 3분의 1을 품고 있습니다. 이 3개의 별들 중 가장 동쪽에 있는 별은 주황색을 보여주죠.

10인치(254밀리미터) 반사망원경에서 115배율로 관측해보면 약 100개의 별들이 그 모습을 드러냅니다. 이 중 많은 별이 꼬불꼬불 흐르는 체인처럼 도열해 있죠. 중심에서 바로 동쪽에 있는 7.5등급의 별은 황금색을 보여주며 동쪽 모서리에 있는 9등급의 별은 주황색을 보여줍니다. 남서쪽 모서리에 있는 8.5등급 별의 동쪽으로는 멋진 집중양상을 보여주는 희미한 별들이 있습니다. 그 모습이 마치 이 성단 안의 또 다른 작은 성단처럼 보이죠. NGC 7209와 NGC 7243을 보기 위해 우리는 거의 3,000광년을 가로질러 왔습니다.

도마뱀자리는 주변의 밝은 별자리들에 가려져 있긴 하지만 참을성 있게 북반구의 높은 하늘을 지키고 있습니다. 자신이 가지고 있는 수수한 밤보석들을 찾아보려는 호기심 많은 별지기들을 꾸준히 기다리면서 말이죠.

대상	분류	밝기	각크기	적경	적위	MSA	U2
IC 1434	산개성단	9.0	7'	22시 10.5분	+52° 50'	1086	19L
NGC 7245	산개성단	9.2	5'	22시 15.3분	+54° 20'	1086	19L
킹 9 (King 9)	산개성단	9 1/2?	2.5'	22시 15.5분	+54° 25'	1086	19L
IC 1442	산개성단	9.1	5'	22시 16.0분	+53° 59'	1086	19L
IC 5217	행성상성운	11.3	8"×6"	22시 23.9분	+50° 58'	1086	31L
메릴 2-2 (Merrill 2-2)	행성상성운	11.5	5"	22시 31.7분	+47° 48'	1102	31L
NGC 7243	산개성단	6.4	21'	22시 15.3분	+49° 53'	1103	31R
NGC 7209	산개성단	6.7	24'	22시 05.2분	+46° 30'	1103	31R

각크기는 목록 또는 사진집에서 따온 것입니다. 대부분의 천체들은 망원경을 통해 봤을 때 조금은 더 작게 보입니다. MSA와 U2는 각각 『밀레니엄 스타 아틀라스』와 『우라노메트리아 2000.0』, 2판에 기재된 차트 번호를 의미합니다.

백조자리의 보석들 Ⅱ

가을밤, 북반구 하늘의 미리내를 따라 수놓아진
아름다운 풍경이 별지기를 유혹합니다.

10월의 네 번째 장 '백조자리의 보석들 Ⅰ'에서 백조자리 북동쪽의 별 밭에 빠져들었던 적이 있습니다. 그러나 아직 더 많은 별 밭이 남아 있죠. 이 경이로운 별 밭은 그저 딥스카이 천체의 숫자로만 우리를 압도하는 것이 아니라, 그 다양성으로도 우리를 놀라게 하죠. 그럼 이제부터 하나하나 담아보겠습니다.

먼저 화려하기 그지없는 **M39**에서 시작해보겠습니다. 교외에 있는 저의 집에서 하늘의 상태가 괜찮은 날이라면 M39를 희미한 연무조각처럼 맨눈으로도 볼 수 있습니다. 쌍안경이나 파인더로도 찾아보기 쉬운 M39는 4등급의 별인 백조자리 파이² (π^2)로부터 서남서쪽 2.5도 지점에서 찾아볼 수 있습니다. 떨림방지장치가 부착된 저의 15×45 쌍안경을 이용하면 25개의 별들이 연출하는 매우 어여쁜 별 무리를 볼 수 있습니다. 대부분 꽤 밝게 빛나는 별들이죠.

M39는 0.5도에 걸쳐 퍼져 있기 때문에 별 무리 전체의 모습을 즐기려면 저배율로 관측할 필요가 있습니다. 10인치(254밀리미터) 반사망원경에서 35밀리미터 광각 접안렌즈를 사용하면 44배율에 1.5도의 화각을 볼 수 있습니다. 이 조건에서 바라본 M39는 밝은 별들이 만들어낸 깜짝 놀랄 만한 삼각형을 연출하죠. M39의 별들은 대부분 백색이거나 청백색을 띠지만 극히 일부의 별에서 또 다른 색깔을 볼 수 있습니다. 서쪽 측면에는 노란색 별이 하나 있고, 삼각형에서 북쪽 꼭짓점에 해당하는 지점에서 바로 동쪽으로는 황금빛 별이 하나 있습니다. 이 성단의 가장 밝은 별에서 남남동쪽 방향으로는 주황색 별이 하나 있죠. 별들이 만들어내는 삼각형에서 동쪽 측면을 따라 9등급의 별이 하나 있는데 이 별은 북

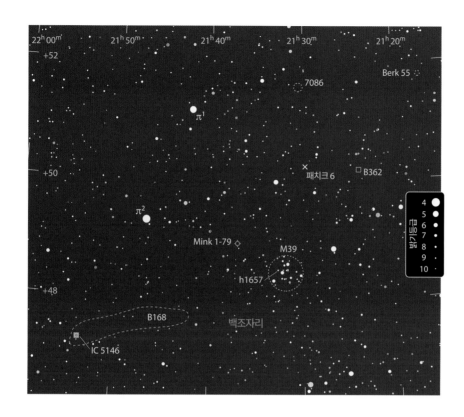

리를 가진 별'이라고 언급한 바 있다"라고 기록하였습니다.

행성상성운 민코프스키 1-79(Minkowski 1-79, Mink 1-79)는 M39로부터 가까운 곳에 있습니다. 이 행성상성운을 찾으려면 우선 삼각형 별 무리의 북쪽 꼭짓점 근처에서 가장 밝게 빛나는 별로부터 동북동쪽으로 1/2도 지점을 훑어봐야 합니다. 그 지역에서 가장 밝게 빛나는 8등급의 별을 먼저 찾아야 하죠. 그리고 다시 동일한 방향으로 동일한 거리를 한 번 더 이동해야 합니다. 그러면 이 행성상성운을 바로 만날 수 있죠. 10인치(254밀리미터) 망원경에서 115배율로 관측한 민코프스키 1-79는 약 1분이 채 안 되는 길이에 동서로 뻗어 있는 타원형의 모습을 보여줍니다. 서쪽 끄트머리 바로 바깥쪽으로는 13등급의 별이 하나 있으며 배율을

북동쪽 23초 지점에 12등급의 별 하나를 거느리면서 **허셜 1657**(h1657)이라는 이중별을 형성하고 있습니다. 삼각형의 남쪽 측면에서 비어져 나온 몇몇 별들은 M39를 짧은 줄기를 가지고 넓고 밝게 빛나는 크리스마스트리로 만들어주고 있습니다. 저는 이곳에서 미리내에 담겨 있는 수많은 희미한 별들 위로 겹쳐져 있는 6.5등급에서 10.5등급 사이의 별 25개를 셀 수 있습니다. 배경의 희미한 별들은 이보다 3배는 더 많이 깔려 있죠.

일반적으로 M39는 샤를 메시에가 발견한 것으로 인정되고 있지만, 맨눈으로도 볼 수 있는 성단이다 보니 그 전에 이미 누군가에 의해 발견되었을 가능성은 충분히 있습니다. 영국천문학회 1925년 2월 회지에서 피터 도이그Peter Doig는 "아일랜드의 천문학자 존 엘라드 고어John Ellard Gore에 따르면 아리스토텔레스가 M39를 '꼬

백조자리에 있는 2개의 메시에 천체 중 하나인 산개성단 M39는 쌍안경이나 저배율 망원경으로 봤을 때 더 잘 보이는 천체입니다. 이 사진은 3/4도 폭을 담고 있는 광각사진으로서 배경에 있는 미리내의 희미한 별들을 강조한 반면 성단에 속하는 중간 밝기 별들은 약하게 처리되어 있습니다.
사진: 로버트 젠들러

백조자리의 북동쪽에 있는 고치성운 IC 5146은 궁수자리의 삼엽성운인 M20의 발광지역을 생각나게 합니다. 고치성운은 2도 길이로 굽이쳐 흐르는 암흑성운인 바너드 168(Barnard 168)의 동쪽 끄트머리에 있습니다. 0.5도의 폭을 담고 있는 이 사진에서 바너드 168은 화각 바깥쪽에 위치하고 있습니다.

사진: 숀 워커, 셸던 파보르스키

213배로 늘려보면 동쪽 끄트머리에서 더 희미한 별 하나를 볼 수 있게 됩니다. 이 행성상성운은 산소Ⅲ필터와 협대역성운필터에 잘 반응합니다. 민코프스키 1-79는 거의 모로 누워 있는 원환체를 품고 있으며 북쪽에서 약간 동쪽으로 기울어져 있습니다. 이 원환체의 바깥쪽 모서리로는 행성상성운의 테두리에 밝기를 더해주고 있는 지역이 존재합니다. 이 행성상성운은 약 9,000광년 거리에 위치하고 있습니다.

105밀리미터 굴절망원경에서 M39의 동남동쪽 1.5도 지점을 17배율로 훑어보면 인상적인 암흑성운 **바너드 168**(Barnard 168, B168)이 연출하는 아름다운 풍경이 들어옵니다. M39로부터 가장 가까운 지점에 자리 잡은 이

암흑성운의 끝부분은 광활하고 불규칙하게 펼쳐져 있습니다. 그러나 이 암흑성운에서 가장 인상적인 구조는 검은 벨벳 리본을 형성하고 있는 구조입니다. 이 구조는 동남동쪽으로 거의 2도에 걸쳐 펼쳐져 있죠. 이 구조는 고치성운이라 불리는 **IC 5146**이 있는 바너드 168의 끝부분까지 따라갈 수 있도록 도와줍니다. 처음에 저는 고치성운을 찾을 수 없었습니다. 그러나 수소베타필터를 부착하자 바로 그 모습을 볼 수 있었죠. 그 중심에는 10등급의 별이 하나 안겨 있었으며 또 다른 10등급의 별 하나가 남쪽 모서리에 있었습니다. 수소베타필터만큼은 아니지만 산소Ⅲ필터 역시 도움이 됩니다. 47배율에서는 더 이상 필터가 필요 없으며 필터가 없을 때 이

성운 속에 파묻혀 있는 별들이 훨씬 더 잘 보이죠. 10등급의 별들 사이에는 2개의 희미한 별들이 더 있습니다. 그리고 중심에서 동쪽으로 2개의 별이 더 있으며 서쪽 모서리로도 별 하나가 모습을 드러내죠. IC 5146은 배율을 68배율까지 올렸을 때 누덕누덕한 모습을 보여줍니다.

10인치(254밀리미터) 반사망원경에서 118배율로 관측해보면 이 성운에서 가장 밝은 부분은 북쪽을 향해 뻗은 2~3개의 손가락 모양으로 정렬한 모습을 보여줍니다. 그중 가운데 부분은 중심 별을 통과하며 뻗어 있고 동쪽 부분은 아치를 그리고 있는 12등급의 별 3개를 통과하며 뻗어 있지만 서쪽 부분은 그다지 선명하게 보이지 않죠. 이 가지들은 2개의 10등급 별 사이에서 합쳐져 좀 더 넓게 확장된 대역을 그리며 성운의 남동쪽 사분면을 장악하고 있습니다. 그 전반적인 모습이 제게는 마치 포수글러브처럼 느껴집니다.

고치성운에 담겨 있는 별들은 발생기를 보내고 있는 별 무리 콜린더 470(Collinder 470)을 구성하고 있습니다. IC 5146 역시 수많은 별들의 육아실과 마찬가지로 별들에 의해 만들어지는 복사와 반사광으로 밝게 빛나고 있죠.

이보다 훨씬 작은 규모를 가진 암흑성운 **바너드 362**(Barnard 362, B362)는 M39에서 북서쪽으로 2도 지점에 있습니다. 이 암흑성운을 제 작은 굴절망원경에서 47배율로 관측해보면 북동쪽으로 기울어지고 길게 늘어진 12분의 검은 천조각처럼 보입니다. 이 암흑성운에서 북쪽 1/4도 지점에는 7.5등급 및 7.9등급의 별 한 쌍이 있습니다. 2개 별 중 더 밝은 별은 노란색을 띠고 있고 어두운 별은 약간 진한 노란색을 띠고 있죠.

잘 알려져 있지 않은 자리별 **패치크 6**(Patchick 6)은 바너드 362에서 동쪽 1도 지점에 있습니다. 105밀리미터 망원경에서 127배율로 관측해 보면 북북동쪽 모서리에서 가장 밝은 1.1분의 점 안에 모여 있는 6개의 별들을 볼 수 있습니다. 캘리포니아의 별지기 다나 패치크는 이 작고 밀도 높은 별 무리를 자신의 13인치(330.2밀리미터)

반사망원경으로 발견해냈죠. 다나 패치크는 200배율에서 V자 모양의 곡선을 채우고 있는 9개의 별들을 봤다고 합니다.

패치크 6에서 북쪽으로 1.4도를 이동하면 산개성단 **NGC 7086**을 만날 수 있습니다. 제 작은 굴절망원경에서 47배율로 바라본 이 성단은 매우 깜찍하게 보입니다. 12개의 비교적 밝은 별들 위로 아주 고운 다이아몬드 가루가 뿌려져 있는 듯한 모습을 연출하고 있죠. 87배율에서는 8분의 얼룩덜룩한 연무 위로 얹어져 있는 30개의 별을 볼 수 있습니다. 10인치(254밀리미터) 반사망원경에서 118배율로 바라보면 50개의 별이 모습을 드러냅니다. 여기에는 중심 3분 범위에 몰려 있는 가장 밝은 별들의 모습도 포함되어 있고 북서쪽 모서리에서 빛나는 10등급의 황금색 별도 포함되어 있죠.

버클리 55(Berkeley 55, Berk 55)는 NGC 7086에서 서쪽으로 2도 지점에 있습니다. 대구경 망원경을 이용한다면 매우 흥미로운 관측 대상이 되는 성단이죠. 105밀리미터 망원경에서 87배율로 바라보면 그저 3.5분의 희미한 연무 사이에 있는 한 쌍의 희미한 별들이 보일 뿐입니다. 그러나 10인치(254밀리미터) 구경에 166배율로 바라보면 전혀 분해되지 않는 밝은 빛덩어리 위로 매우 희미한 별 12개가 눈에 들어옵니다. 그 빛덩어리는 좀 더 큰 구경으로 관측해보라고 유혹하는 듯하죠. 1960년대에 버클리의 천문학자였던 헤롤드 위버Harold Weaver와 아서 세테듀카티Arthur Setteducati는 내셔널 지오그래픽 협회의 팔로마 천문대 관측 프로그램에서 체계적인 사진 검토 작업을 수행하던 중 104개의 '새로운' 산개성단을 발견하였습니다. 버클리 55는 당시 처음으로 발견된 것으로 보이는 85개의 버클리 성단 중 하나입니다.

이제 다음 천체를 만나기 위해 좀 길게 움직여보겠습니다. 이 밤보석은 이렇게 길게 움직여 만나볼 만한 충분한 가치가 있는 천체입니다. 버클리 55에서 북서쪽으로 2.5도 지점에 있는 6등급의 황금색 별을 찾아봅니다. 그리고 그곳에서 북북서쪽으로 1과 1/3도를 이동하면 독특한 행성상성운 NGC 7008에 파묻혀 있는 10등급의 별을 만나게 됩니다. 105밀리미터 굴절망원경에서 47배율로 바라보면 동쪽으로 오목한 곡선을 그리고 있는 두툼한 타원형 천체를 볼 수 있습니다. 87배율에서 이 행성상성운은 남북으로 1.5분의 길이로 뻗어 있으며 확연하게 얼룩진 모습을 보여줍니다. 10등급의 별은 짝꿍별로 12등급의 별 하나를 거느리면서 **허셜 1606**(h1606)이라는 이중별을 형성하고 있습니다.

행성상성운의 서쪽 모서리로는 대단히 희미한 별 하나가 반짝이고 있습니다. 10인치(254밀리미터) 망원경에서 68배율로 관측해보면 이중별 허셜 1606의 으뜸별은 황금색을 드러내고 그 짝꿍별은 푸른빛을 보여줍니다. 행성상성운은 두툼하면서도 남동쪽으로 열린 약간의 곡선을 그리고 있죠. 북북동쪽과 남남서쪽으로는 비교적 밝은 지역이 존재합니다. 이 중에서 북쪽에 있는 지역이 좀 더 고밀도로 뭉쳐진 모습을 보여주죠.

NGC 7008은 166배율에서 매우 깜찍하고 섬세한 모습을 보여줍니다. 중심별이 보이기 시작하며 중심에서 동북동쪽에 있는 아치에도 또 다른 별 하나가 파묻혀 있죠. 산소III필터와 협대역필터는 타원형의 윤곽을 드러내 주는 반면 별들의 모습은 감추면서 이 행성상성운의 특징을 드러나게 해줍니다. NGC 7008을 담고 있는 많은 사진은 중심별에서 서북서쪽 22초 지점에 별상의 천체를 보여주고 있죠. 이 천체는 한때는 코호테크 4-44(Kohoutek 4-44)라는 별도의 행성상성운으로 분류되었지만, 요즘은 NGC 7008에 속하는 하나의 점으로 간주되고 있습니다. 최근 연구에 따르면 NGC 7008의 중심별은 비슷한 밝기를 가진 짝꿍별과 바짝 붙어 있다고 합니다. NGC 7008은 민코프스키 1-79보다 훨씬 더 작게 보이지만 그 거리는 3분의 1이 채 되지 않습니다.

백조의 호수 II

대상	분류	밝기	각크기/각분리	적경	적위	SA	U2
M39	산개성단	4.6	31'	21시 32.2분	+48° 27'	9	32L
허셜 1657 (h1657)	이중별	9.0, 12.1	23"	21시 32.7분	+48° 29'	9	32L
민코프스키 1-79 (Mink 1-79)	행성상성운	13.2	60"×42"	21시 37.0분	+48° 56'	9	31R
바너드 168	암흑성운	-	1.7°×0.2°	21시 47.8분	+47° 31'	9	31R
IC 5146	밝은성운	9.0	11'×10'	21시 53.5분	+47° 16'	9	31R
바너드 362	암흑성운	-	12'×8'	21시 24.0분	+50° 10'	9	32L
패치크 6 (Patchick 6)	자리별	10.5	1.6'	21시 29.8분	+50° 14'	9	32L
NGC 7086	산개성단	8.4	9'	21시 30.5분	+51° 36'	9	32L
버클리 55 (Berk 55)	산개성단	11.4	5'	21시 17.0분	+51° 46'	9	32L
NGC 7008	행성상성운	10.7	86"	21시 00.6분	+54° 33'	9	19R
허셜 1606 (h1606)	이중별	9.6, 11.7	19"	21시 00.6분	+54° 32'	9	19R

각크기 및 각분리는 최근 천체 목록을 참고한 것입니다. 각 천체의 크기에 대한 인상은 대부분 목록상에 있는 크기보다는 작게 느껴지며 장비의 구경과 배율에 따라 다양하게 느껴집니다. SA와 U2는 각각 『스카이 아틀라스』 2000.0과 『우라노메트리아』 2000.0, 2판에 기재된 차트 번호를 의미합니다.

왕이 거느린 화려한 보석들

가을밤 북반구의 하늘에는 천상의 아름다움이 장식된
왕가의 태피스트리가 당신을 기다리고 있습니다.

케페우스께서 빛나시는도다.
왕께서는 여전히 여왕에게 신의를 다하고 계시는도다.

카펠 로프트*Capel Lloffi*, 〈유도시아*Eudosia*〉, 1781.

케페우스 왕과 카시오페이아 여왕은 북쪽 하늘을 다스리고 있는 천상의 부부입니다. 제가 사는 북위 43도의 하늘에서는 나란히 자리 잡은 이 2개 별자리가 북극을 감싸고 있죠. 그러나 카시오페이아자리가 훨씬 더 많이 우리의 눈길을 끄는 것 같습니다. 아마도 매우 허영심 많았던 인물이었다는 점이 관심을 끄는 요소가 아닌가 싶습니다. 그럼에도 불구하고 케페우스 역시 자신의 몫으로 할당된 왕가의 보석을 움켜쥐고 있습니다. 저는 왕의 보석이 가득한 이곳으로 여러분을 빨리 안내하고 싶습니다.

우리 여정의 첫머리는 북극성에서 케페우스자리 감마(γ) 별 사이 4분의 1 지점에서 약간 비껴 자리 잡은 4등급의 주황색 별에서 시작합니다. 이 별은 해당 지역에서 가장 밝게 빛나고 있으며 어떤 별지도에는 작은곰자리 2 별(2 Ursa Minoris, 2 UMi)로 기록되어 있습니다. 비록 한때는 작은곰자리에 속하는 별로 간주되기도 했지만 1930년 발간된 국제천문연맹의 공식 별자리 경계에 따르면 이 별은 엄연히 케페우스자리 경계 안에 있습니다.

산개성단 NGC 188이 이 별에서 남남서쪽 1.1도 지점에 있죠. 105밀리미터 굴절망원경에서 87배율로 바라보면 극히 희미한 30개의 별들이 1/4도 폭으로 펼쳐져 있는 모습을 볼 수 있습니다. 얼룩덜룩한 배경은 이곳에 잘 분해되지 않는 별들이 있다는 것을 알려주죠. 10인치(254밀리미터) 반사망원경에서

68배율로 관측해보면 밝은 별들이 펼쳐져 있는 아름다운 마당 한가운데에 40개의 다이아몬드 조각이 얇은 그물에 걸려든 듯이 박혀 있는, 아름다운 메달의 모습이 나타납니다.

대략 70억 살로 추정되는 NGC 188은 미리내에서 가장 오래된 산개성단 중 하나입니다. 이 성단은 지구로부터 5,400광년 거리에 위치하며 미리내 평면 위로 2,000광년 정도 떠 있습니다. 이 성단의 공전궤도는 미리내 원반 안쪽을 아주 가끔 통과합니다. 따라서 거대 분자구름과의 파괴적인 충돌 가능성은 크지 않죠. NGC 188의 거대한 중력 역시 별들의 묶음을 유지하는 데 일조하고 있습니다. 1,000개 이상의 별들이 몰리면서 만들어내는 전체 구조는 느슨한 구상성단에 견줄 만합니다.

이제 남쪽으로 멀리 이동하여 행성상성운 **NGC 40**을 만나보겠습니다. 이 행성상성운은 케페우스자리 감마 별로부터 카시오페이아자리 카파(κ) 별 사이 3분의 1 지점, 밝은 별이 거의 없는 지역에 있습니다. 케페우스자리 감마 별로부터 정남 방향으로 2.3도를 이동하여 백색의 6등급 별을 찾은 후 여기서 1.3도를 더 이동하면 6등급의 노란색 별을 만나게 됩니다. 파인더로도 확실하게 눈에 띄는 1도 크기의 V자 형태를 구성하고 있는 별들이 동쪽으로 1.5도 지점에 있죠. 여기서 남쪽으로 7등급의 별이 하나 보이는데 바로 이 별에서 남동쪽 1도 지점에 NGC 40이 있습니다. 낮은 배율을 구현하는 접안렌즈를 이용하여 9등급에서 11등급의 밝기를 가진, 지그재그를 그리고 있는 4개의 별을 찾아보세요. 여기서 가장 희미한 별이 행성상성운의 중심에 있는 별입니다.

제 작은 굴절망원경으로 127배율로 관측해보면 이 별을 둘러싸고 있는 꽤 작은 빛을 볼 수 있으며 이 행성상성운의 남서쪽 경계 바로 바깥에 있는 희미한 별 하나도 볼 수 있습니다. 10인치(254밀리미터) 망원경에서 43배율로 바라본 NGC 40은 푸른빛을 보여주기 시작하며 115배율에서는 약간 타원이 진 고리형태를 보여줍니

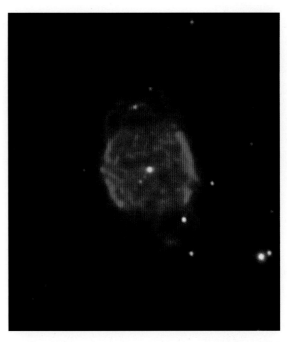

작은 망원경으로 관측할 때 중간 정도의 난이도를 가진 행성상성운 NGC 40은 카시오페이아자리와 북극성 사이 중간지점에 별들이 상대적으로 비어 있는 지점에 있습니다. 북쪽은 위쪽이며 사진의 폭은 2분입니다.
사진: 스티브 멘델(Steve Mandel), 폴 멘델(Paul Mandel) / 애덤 블록 / AURA / NSF

다. 231배율에서는 그 모습을 가장 세밀하게 뜯어볼 수 있죠. 이 타원형 고리는 북동쪽으로 약간 기울어져 있으며 장축의 양 측면이 양 끝단보다 더 밝게 보입니다. 이 행성상성운은 협대역성운필터에 제대로 반응하지만, 제가 사는 뉴욕주 북부의 한적한 지역에서 관측할 때는 오히려 필터를 사용하지 않았을 때 보이는 모습을 개인적으로 더 좋아합니다.

NGC 40의 중심별은 WC 울프-레이에 별의 후기 유형에 해당하는 별입니다. 이 유형의 별들에서 나타나는 분광유형은 일반적인 울프-레이에 별과 비슷하긴 하지만 그 유사점은 그저 겉보기만 그렇게 느껴질 뿐입니다. 일반적인 울프-레이에 별은 수명이 짧은 무거운 별들이며 그 외곽을 두르고 있는 수소껍질들은 맹렬한 별폭풍에 의해 모두 우주공간으로 밀려나가죠. 결국 울프-레이에 별들은 초신성 폭발로 파국을 맞이합니다. 반면 NGC 40의 중심에는 이와는 대조되는 상대적으로 작은 별 하나가 있습니다. 이 별은 나이가 오래된 적색거성으

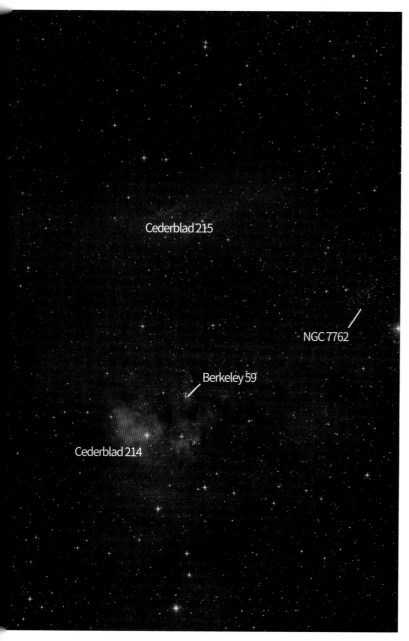

케페우스자리와 카시오페이아자리에서 미리내에 총총히 박혀 있는 수많은 거대 발광성운 중 하나입니다. 이번 장에서 설명되고 있는 밤하늘 여행의 일부는 이 사진을 이용하여 따라갈 수 있을 것입니다. 사진의 폭은 2.6도이며 북쪽은 위쪽입니다.

사진: 로버트 젠들러

꺼지며 남서쪽에 있는 7등급의 짝꿍별은 황금색으로 보입니다. 그러나 많은 별지기들이 이 짝꿍별을 푸른색으로 보곤 합니다. 여러분은 어떤 색으로 보이시나요? 케페우스자리 오미크론 별은 1,505년을 주기로 상호공전을 계속하고 있는 진짜 이중별입니다. 이 두 별 사이의 거리는 2011년 3.3초였으며 2046년에는 북동쪽에서 남서쪽으로 늘어선 정렬양상을 유지하며 3.5초로 벌어지게 되죠.

케페우스자리 오미크론 별에서 동쪽으로 2.9도를 이동하면 산개성단 NGC 7762를 만나게 됩니다. 105밀리미터 망원경에서 87배율로 관측해보면 매우 흐끔흐끔 보이는 희미한 별들이 13분의 지름 안에 꽉 차 있는 모습을 볼 수 있죠. 남서쪽 17분 지점에는 5등급의 별 하나가 있습니다. 이 성단은 10인치(254밀리미터) 반사망원경에서 매우 어여쁜 모습을 보여줍니다. 남북으로 막대 모양을 만들고 있는 두드러지게 눈에 띄는 별들이 그 중심을 장악하고 있죠. NGC 7762는 약 2,400광년 거리에 있으며, 나이는 2억 7,000만 년 정도입니다.

NGC 7762의 남동쪽 1.7도 지점에는 폭넓게 간격을 벌리고 있는 6등급의 별 한 쌍이 있습니다. 이 한 쌍의 별들 중 북쪽에 있는 별은 황금색으로 빛나고 있고 남쪽에 있는 별은 주황색으로 빛나고 있죠. 어두운 하늘을 간직하고 있는 애디론댁 산맥의 북쪽 지역에서 제 작은 굴절망원경으로 이 별들을 휘감고 있는 희미하고 거대한 성운을 볼 수 있었습니다. **시더블라드 214**(Cederblad 214 . Ced 214)라는 이름의 이 성운은 남북 45분의 크기로 펼쳐져 있죠. 북쪽으로 가장 폭넓게 펼쳐져 있는 부분은 35분의 크기로 펼쳐져 있습니다. 그리고 점점 가늘어지다가 주황색 별에 의해 그 끝이 하늘에 꽂혀 있는 듯한 모습을 연출하고 있죠. 성운필터는 이 성운의 다양한 밝기를 강조해서 보여줍니다. 가장 두드러진 밝기를 가진 부

로서 외곽 표피층이 부풀어 오른 상태죠. 이 별은 차츰 백색왜성으로 진화해갈 것입니다.

우리의 다음 관측 대상은 **케페우스자리 오미크론**(*o*) 별입니다. 다채로운 색감을 뿜내는 이 이중별까지의 거리는 고작 210광년밖에 되지 않습니다. 제게 5등급 으뜸별은 반짝반짝 윤이 나는 노란 수정의 원석처럼 느

분은 황금색 별을 감싸고 있으며 서쪽보다 동쪽으로 좀 더 멀리까지 퍼져나가고 있습니다. 두 번째로 밝게 보이는 지역은 서쪽에 있는 노란색의 8등급 별 주위로 접혀져 있는 듯 보입니다. 시더블라드 214의 북서쪽에 있는 2개의 9등급 별들은 산개성단 **버클리 59**(Berkeley 59, Berk 59)가 위치한 지역을 표시해주고 있습니다. 그러나 여기서 이 성단을 구분해내기 위해서는 10인치(254밀리미터) 구경의 망원경이 필요하죠. 이 한 쌍의 별은 21개의 별들이 대략 8분×4분의 크기로 동서로 뻗어 있는 직사각형의 한가운데에 있습니다. 몇몇 별들은 북쪽으로 동떨어진 덩굴 모양을 만들고 있으며 몇 안 되는 적은 수의 별들은 남쪽 방향으로 뿌려져 있습니다.

시더블라드 214는 몇몇 천문데이터베이스에서 NGC 7822와 동일한 천체로 간주되고 있습니다. 그러나 가장 최근에 발행된 아마추어 별지도에 의하면 NGC 7822는 북쪽으로 1과 1/2도 떨어진 지점에 그려져 있죠. 이러한 혼동이 발생한 원인은 NGC 7822의 발견자인 존 허셜이 북쪽에 있는 성운으로 NGC 7822를 발견하고서는 그 위치를 남쪽에 있는 성운의 위치로 기술했기 때문으로 추정됩니다. 저는 북쪽에 자리 잡은 성운을 **시더블라드 215**(Ced 215)로 기술함으로써 이러한 혼동을 피하고자 합니다. 버클리 59에서 북쪽으로 1.1도 지점에서 8등급의 별 한 쌍을 찾아보세요. 105밀리미터 망원경에서 28배율로 관측해보면 이 별들을 감싸고 있는 보일 듯 말 듯한 성운기를 볼 수 있습니다.

이 성운기는 동쪽으로 별들이 가득한 지역을 통과하며 1/2도 정도 뻗어 있죠. 시더블라드 215를 14.5인치(368.3밀리미터) 망원경에서 성운 필터를 이용하여 관측하면 훨씬 더 기다란 한 덩어리의 성운으로 볼 수 있습니다. 좀 더 바라보고 있으면 아름답게 뒤엉킨 태피스트리의 모습을 볼 수 있죠.

우리의 마지막 목적지는 산개성단 **피스미스-모레노 1**(Pismis-Moreno 1)입니다. 케페우스자리 25 별에서 북쪽으로 28분 지점에 있죠. 이 깜찍한 성단은 몇 년 전 캘리포니아의 별지기인 다나 패치크가 소개시켜주었습니다. 패치크는 이 성단을 유쾌한 성단으로 묘사했습니다. 이 성단이 마치 고요한 바다위에 떠 있는 배처럼 보인다고 했죠. 제 굴절망원경으로 87배율로 관측해 보면 약 16분의 길이를 가지고 동서 방향으로 놓인 배 위에서 11개의 별을 볼 수 있습니다. 여기서 가장 밝은 별 2개가 **스트루베 2896**(Σ2896)이라는 이중별을 형성하고 있죠. 각 별의 밝기는 7.8등급과 8.6등급이며 21초 거리로 벌어져 있습니다. 북쪽에 있는 8개의 희미한 별들은 삼각형 돛을 형성하고 있으며 배의 아래쪽으로 매달린 별 하나는 닻을 만들고 있죠. 10인치(254밀리미터) 반사망원경은 숨겨진 **샤프리스 2-140**(Sharpless 2-140, Sh 2-140)을 보여줍니다. 이 천체는 그 모습을 돛의 동쪽 측면을 질러 가는 가냘픈 성운기로 드러내고 있습니다. 그 모습이 마치 닻을 들어 올리기를 기다리는 접힌 지브(배의 선수에 달려 있는 삼각형 돛)처럼 보이죠.

대상	분류	밝기	각크기/각분리	적경	적위	MSA	U2
NGC 188	산개성단	8.1	15′	00시 47.5분	+85° 15′	6	71
NGC 40	행성상성운	12.3	48″	00시 13.0분	+72° 31′	24	71
케페우스자리 오미크론(o) 별 (o Cephei)	이중별	5.0, 7.3	3.3″	23시 18.6분	+68° 07′	1057	71
NGC 7762	산개성단	10.3	15′	23시 49.9분	+68° 01′	1057	(71)
시더블라드 214 (Ced 214)	밝은성운	-	50′	00시 03.5분	+67° 13′	1057	71
버클리 59 (Berkeley59, Berk 59)	산개성단	-	10′	00시 02.2분	+67° 25′	1057	(71)
시더블라드 215 (Ced 215)	밝은성운	-	72′×20′	00시 01.2분	+68° 34′	1057	71
피스미스-모레노 1 (Pismis-Moreno1)	산개성단	-	19′	22시 18.8분	+63° 16′	(1059)	(71)
스트루베 2896 (Σ2896)	이중별	7.8, 8.6	21″	22시 18.5분	+63° 13′	1059	71
샤프리스 2-140 (Sh2-140)	밝은성운	-	11′×4′	22시 19.0분	+63° 18′	(1059)	(71)

각크기는 최근 천체 목록을 참고한 것입니다. 각 천체의 크기에 대한 인상은 대부분 목록상에 있는 크기보다는 작게 느껴지며 장비의 구경과 배율에 따라 다양하게 느껴집니다. MSA와 U2는 각각 『밀레니엄 스타 아틀라스』와 『우라노메트리아 2000.0』, 2판에 기재된 차트 번호를 의미합니다. 괄호로 표시된 차트 번호는 해당 천체가 차트상에는 별도 표시로 기록되어 있지 않음을 의미합니다.

날개 달린 말

페가수스자리에 있는 환상적인 딥스카이 천체들은
당신에게 즐거움과 동시에 도전이 될 것입니다.

그것은 전에는 날개를 저어 하늘로 오르려 했지만 지금은 하늘을 즐기며
열하고도 다섯 개의 별과 함께 반짝반짝 빛나고 있습니다.

오비디우스, 『로마의 축제들 Fasti』

11월

그리스 신화에 따르면 페가수스는 페르세우스에 의해 살해된 메두사의 피에서 탄생한 날개 달린 준마라고 합니다. 대단한 무공을 세운 그리스의 영웅 벨레로폰 (Bellerophon)의 이야기를 비롯하여 추한 것에서부터 탄생한 아름다운 인물들에 관한 이야기는 여러 이야기로 남아 있습니다.

벨레로폰의 경우 자신의 업적을 너무나도 과신한 나머지 페가수스를 타고 신들의 거처까지 도달하려 했죠. 이 대담한 행동에 화가 난 제우스는 등에를 보내 페가수스를 쏘게 합니다. 이로 인해 벨레로폰은 말에서 떨어

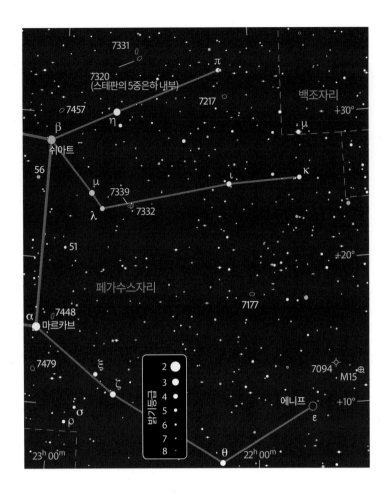

된 12×36 쌍안경으로도 희미한 구체를 형성하고 있는 M15를 쉽게 찾을 수 있습니다. 8등급의 별 하나가 한쪽 측면 바깥쪽에 있으며 동쪽으로는 2~3개의 별이 각 꼭짓점을 차지하며 0.5도 크기의 네모난 상자를 만들고 있습니다.

105밀리미터 굴절망원경에서 17배율로 관측해보면 별들이 집중된 핵을 볼 수 있습니다. 작고 밝은 중심부와 외곽으로 갈수록 희미해지는 거대한 헤일로도 볼 수 있죠. 이 성단의 핵은 87배율에서 얼룩덜룩한 모습을 보여주며 헤일로에서 반짝이고 있는 많은 별을 보여줍니다. 153배율에서는 설탕 알갱이와 같은 모습의 여러 별이 중심부에 집중하고 있는 모습을 볼 수 있으며 훨씬 더 밝지만, 여전히 분해되지 않고 뭉그러져 있는 핵을 볼 수 있습니다. 헤일로로 퍼져 있는 별들은 지름 9분의 구형으로 흩어져 있습니다.

M15는 10인치(254밀리미터) 망원경에서 매우 아름다운 모습을 볼 수 있습니다. 166배율에서는 찬란한 빛을 뿜어내는 중심부가 확연히 드러나는데 이 빛은 지름

지지만, 페가수스는 그대로 날아올라 하늘에 도달하죠. 페가수스자리는 이렇게 만들어졌습니다.

하늘을 날아다니는 이 말은 자신의 앞에 사탕을 하나 놓고 있는 듯이 보입니다. 북반구 하늘에서 가장 아름다운 구상성단 중 하나인 메시에 15(M15)가 바로 그것이죠. 페가수스의 귀에 위치하고 있는 페가수스자리 세타(θ) 별로부터 페가수스의 코 쪽에 있는 엡실론(ε) 별을 통과하는 가상의 선을 그으면 바로 M15를 만나게 됩니다. 교외에 있는 저의 집에서는 떨림방지장치가 부착

약 3만 5,000광년 거리에 자리 잡고 있는 M15는 가장 오래된 구상성단 중 하나로서 그 연령은 약 120억 년으로 추정되고 있습니다. M15의 질량은 대부분 중심부에 몰려 있는데 천문학자들은 이 구상성단이 중심부에 블랙홀을 품고 있을 것으로 추정하고 있습니다. 이 구상성단에서 발견된 행성상성운 피스 1은 구상성단 내에서 행성상성운이 발견된 것으로는 최초의 사례에 해당합니다. 이 스케치는 중심부에 빽빽하게 몰려 있는 별들과 중심으로부터 불가사리처럼 풀어져 나오는 헤일로의 모습을 멋지게 표현하고 있습니다.
그림: 박한규

12분 지점에서 칼로 벤 듯이 어두워지는 양상을 보여주죠. 헤일로에서 가장 확실하게 그 모습을 보여주고 있는 별들은 마치 4~5개의 불가사리 팔과 같은 형태를 연출하고 있습니다.

성단의 밝기가 갑자기 증가하는 안쪽 지점에서부터는 확연하게 많은 별이 있으며 찬란한 빛을 뿜어내는 중심부 쪽으로 별들의 숫자는 점점 증가하는 양상을 보여줍니다. M15는 가장 높은 밀도를 자랑하는 미리내의 구상성단 중 하나입니다. 이 성단은 3만 3,600광년 거리에 있으며, 미리내 평면에서 아래쪽으로 1만 5,400광년 지점에 있죠.

M15를 특별한 구상성단으로 만들어주는 또 다른 특징은 이곳에 아마추어 망원경으로도 볼 수 있는 행성상성운이 있다는 것입니다. **피스 1**(Pease 1)이라는 행성상성운이 M15의 안쪽 깊숙이 있는데 무수하게 많은 별들로 인해 그 위치를 잡아내기는 쉽지 않죠. 다행히 행성상성운 관측자들의 홈페이지에서 상세한 별지도를 다운받아 이용할 수 있습니다(원서에 기록되어 있는 주소 www.blackskies.org/peasefc.htm는 현재 유효한 사이트가 아니어서, 해당 정보를 볼 수 없습니다. 대신 국내 아마추어천문단체인 '야간비행'의 김경식 선생님께서, 해당 사이트에 남아 있는 메일을 통해 연락하여 받아두신 세부 별지도가 야간비행 홈페이지에 게시되어 있습니다. http://www.nightflight.or.kr/xe/observation/31539 이 링크를 확인하십시오_옮긴이). 저는 이 별지도와 1시간 정도의 시간을 들여 피스 1이 있는 작은 별뭉치를 찾아낼 수 있었습니다.

15인치(381밀리미터) 반사망원경에서 284배율을 이용해도 산소Ⅲ필터를 사용하기 전까지는 이 행성상성운을 구분해낼 수 없었죠. 산소Ⅲ필터는 우리가 겨냥하고 있는 지점에서 딱 하나의 대상만을 걸러내 주었습니다. 의심할 바 없이 그 천체가 행성상성운이었죠. 그러나 걱정하지 마세요. 피스 1을 보기 위해 꼭 15인치(381밀리미터) 망원경이 필요한 것은 아닙니다. 저보다 훨씬 더 조건이 좋은 하늘 아래서 관측을 진행한 별지기들에 따르면 8인치(203.2밀리미터) 망원경에서도 이 행성상성운을

볼 수 있었답니다.

이 행성상성운을 찾는 데 너무나 진을 많이 빼셨다면 그냥 건너뛰고 NGC 7094를 찾아보세요. M15에서 동북동쪽 1.8도 지점에 있는 이 행성상성운은 10인치(254밀리미터) 반사망원경에서 115배율로 봤을 때 꽤 희미하게 보입니다. 그러나 그 중심에 있는 13.6등급의 별은 쉽게 찾아낼 수 있죠. 저는 이따금 이 행성상성운의 모서리 안쪽에서 극도로 희미한 별 하나를 흘끔 보곤 합니다. 협대역필터 또는 산소Ⅲ필터를 이용하면 NGC 7094의 모습을 훨씬 더 확실하게 볼 수 있죠. 1.5분의 둥근 원형을 보여주는 이 행성상성운의 밝기는 다소 균등하지 않으며 어렴풋하게 고리 모양을 하고 있습니다.

이제 우리은하를 벗어난 우주로 약간 나가보죠. 페가수스의 다리 쪽, 람다 별 근처에 있는 어여쁜 한 쌍의 은하 NGC 7332와 NGC 7339를 향해보겠습니다. 이 한 쌍의 은하는 람다 별의 서쪽 2.1도 지점에서 남북으로 자리 잡은 한 쌍의 7등급 별 사이에 있습니다.

NGC 7332를 제 작은 굴절망원경에서 87배율로 바라보면 타원형 중심부와 별상을 띤 핵을 보듬고 북북서쪽으로 기울어진 얇은 방추체처럼 보입니다. 역시 호리호리한 몸집에 비껴보기 관측이 필요한 NGC 7339는 NGC 7332의 남쪽 끄트머리에서 동쪽 5분 지점에 동서로 가로지르며 자리 잡고 있습니다. 두 은하 사이에는 희미한 별 하나가 있죠. 122배율에서는 NGC 7339를 바로보기로 볼 수 있습니다. 고른 표면 밝기를 가지고 있는 이 은하는 2와 1/4분의 길이로 뻗어 있죠. NGC 7332의 헤일로는 중심부의 북쪽보다는 남쪽에서 더 멀리 퍼져 있으며 2와 3/4분의 길이로 뻗어 있습니다.

여기서 북쪽으로 12도를 이동하면 황금색과 주황색으로 빛나며 페가수스자리와 도마뱀자리 경계를 장식하고 있는 6등급의 별 한 쌍을 만나게 됩니다. 이 별들에서 남쪽 1.2도 지점에 아름다운 은하 NGC 7331이 있죠. 이 은하는 제 105밀리미터 망원경에서 47배율로도 쉽게 찾아볼 수 있습니다. 타원형을 그리고 있는 중심부

밝은 나선은하. 중간 정도의 크기와 밝기를 가지고 있으며 쌍안경으로도 충분히 그 모습을 찾아볼 수 있는 나선은하 NGC 7331(콜드웰 30, Caldwell 30)은 페가수스자리에 위치하고 있으며 별을 오래보고 적게 보고에 상관없이 많은 별지기들의 방문을 받고 있는 은하입니다. 통틀어 '벼룩 떼'라고도 불리는 근처 4개의 은하들을 보려면 훨씬 더 많은 노력이 필요하지만 이들은 여전히 중간 구경의 망원경으로 볼 수 있는 은하들에 속하죠. 사진의 폭은 1/4도이며 북쪽은 위쪽입니다.

사진: 러셀 크로먼

와 헤일로는 북서쪽으로 약간 기울어져 있으며 밀도가 높은 별상의 핵이 담겨 있죠.

이 은하는 87배율에서 매우 깜찍한 모습을 보여줍니다. 그 크기는 6분×1.5분의 크기로 보이죠. 동쪽 측면을 따라 자리 잡은 빛은 바깥쪽으로 갈수록 점점 희미해지는 데 반해, 반대쪽은 갑작스럽게 빛이 줄어드는 것으로 보아 이곳에 먼지 대역이 있음을 짐작할 수 있습니다.

이 먼지 대역은 10인치(254밀리미터) 망원경에서 166배율로 봤을 때 사랑스러운 모습을 보여줍니다. 이

때 은하는 9분×2.5분의 크기로 보이죠. 3분 크기의 중심부는 작은 중심핵으로 갈수록 현저하게 밝아지는 양상을 보여줍니다. NGC 7331의 동쪽 측면으로는 '벼룩 떼(the Fleas)'라는 별칭으로 불리는 희미한 4개의 은하들이 있습니다. 이 중에서 가장 눈에 띄는 은하는 NGC 7335로서 이 은하의 크기는 1과 1/4분×1/2분이며 북북서쪽으로 기울어져 있습니다. 이 은하는 꽤 고른 표면 밝기와 함께 흐릿한 모서리를 보여주는 은하입니다. NGC 7331 중심부의 북쪽 끝단에서 동쪽으로 3.5분 지점을 살펴보세요.

10등급과 11등급의 별 한 쌍에서 4분 더 동쪽에 있는 별이 가리키는 남쪽 방향으로 NGC 7335보다 더 작고 더 둥근 형태를 가진 **NGC 7340**을 만날 수 있습니다. 12등급에서 13등급 사이의 4개 별이 남북으로 가로지르며 그리고 있는 선은 NGC 7340과 NGC 7331 사이를 가로질러 갑니다. **NGC 7337**은 여기서 가장 남쪽에 있는 별로부터 서남서쪽 1분 지점에 있죠. 여기서는 아주 작지만 상대적으로 밝은 중심부를 가진 은하 하나를 볼 수 있습니다. 희미한 별 하나가 이 은하의 남동쪽 경계를 장식하고 있죠.

NGC 7336은 역시 몸집은 작지만 세련된 은하로서 비껴보기를 통해서만 그 모습을 볼 수 있습니다. 이 은하는 4개 별들이 그리고 있는 선상에서 찾을 수 있는데 가장 북쪽에 있는 별에서 그다음 별 사이 3분의 2 지점에 있습니다.

페가수스자리에 관한 내용을 준비하는 동안, 저는 과연 이 벼룩 떼를 구성하는 은하들을 제 작은 굴절망원경으로 볼 수 있을지가 궁금해졌습니다. 그래서 날씨가 맑은 밤에 이 지역을 주의 깊게 공부했죠. 저는 이 은하들을 찾고 너무 즐거워했답니다. 비록 이 은하들을 찾기가 쉽지는 않았지만, NGC 7336을 제외한 나머지 은하들은 모두 비껴보기를 통해 눈으로 볼 수 있었죠. 이 벼룩

논란의 은하무리. 스테판의 5중 은하는 이 은하군을 구성하고 있는 각 은하의 거리에 대한 논쟁 덕에 가장 잘 알려진 은하군 중 하나입니다. 사진의 폭은 8분이며 북쪽은 위쪽입니다.
사진: 요하네스 셰들러

딱 맞게 들어옵니다. 이 2개 은하는 각각의 동쪽 헤일로와 서쪽 헤일로를 나눠 가지고 있는 듯이 보이죠. 그러나 좀 더 자세히 관측해보면 중심부는 서로 떨어져 있다는 것을 알 수 있습니다. 남동쪽으로는 이 2개 은하를 합친 것과 비슷한 크기와 비슷한 밝기를 가지고 있는 NGC 7320이 있습니다. 이 은하는 남동쪽에서 북서쪽으로 타원형으로 뻗어 있으며 은하 중심부로 갈수록 약간 밝아지는 모습을 보여줍니다.

여기서 정북쪽으로 희미하게 보이는 NGC 7319가 비슷한 기울기를 보여주고 있습니다. 이는 제가 이 나선은하의 중심부와 막대만을 보고 있음을 말해주는 단서이기도 하죠. NGC 7320의 서쪽으로는 작은 은하 NGC 7317이 북북서쪽에 13등급의 별 하나를 이고 있습니다.

떼를 구성하는 은하들은 NGC 7331과는 전혀 물리적인 연간관계가 없는 은하들입니다. 그저 그 배경이 되는 우주에 있을 뿐이죠. NGC 7331은 지구로부터 약 5,000만 광년 거리에 있습니다. 그러나 벼룩 떼를 구성하는 은하 중 은하군을 구성하고 있는 은하들까지의 거리는 NGC 7331보다 6배는 더 멀리 떨어져 있죠. NGC 7336은 여기서 1억 광년 더 멀리 떨어져 있는 은하입니다.

그런데 NGC 7331의 경우는 근처에 있는 스테판의 5중 은하의 일원인 **NGC 7320**과 물리적인 연관관계를 가지고 있을 것으로 생각되고 있습니다. NGC 7331로부터 남남서쪽 24분 지점에서 동서로 짝지어 있는 10등급의 이중별을 찾아보세요. **스테판의 5중 은하**(Stephan's Quintet)는 이 이중별 중 서쪽별의 남쪽 6분 지점에 옹기종기 모여 있습니다. 10인치(254밀리미터) 반사망원경에서 311배율로 관측해보면 **NGC 7318A**와 **NGC 7318B**가

저는 벼룩 떼 은하의 관측 성공에 힘입어 역시 똑같은 105밀리미터 망원경으로 스테판의 5중 은하를 관측해보았죠. 203배율에서는 NGC 7318A와 NGC 7318B를 하나의 연무와 같은 천체로 볼 수 있었습니다. 이때 NGC 7320도 구분할 수는 있었지만 그 모습은 좀 더 미묘하게 나타났죠. 저는 밤보석을 관측하는 데 있어서 작은 망원경을 선호하는 편입니다. 작은 망원경들이 보여주는 관측 성능은 저를 이따금씩 깜짝깜짝 놀라게 만들죠.

대부분의 천문학자들은 NGC 7320까지의 거리가 NGC 7331과 비슷할 것으로 생각하고 있습니다. 반면 스테판의 5중 은하를 구성하는 나머지 은하들은 벼룩 떼를 구성하는 은하들 중 멀리 떨어져 있는 3개 은하들과 비슷한 지역에 있는 것으로 추정하고 있죠. 그런데

몇몇 소수의 학자들은 스테판의 5중 은하를 구성하는 모든 은하들이 서로 물리적 연관관계를 가지고 있다는 입장을 견지하고 있습니다. 그들은 이 은하들 간의 거리에 대한 증거 중 하나인 적색편이가 은하 간 우주공간의 거리를 산정하는 데 있어서 그다지 신뢰할 만한 지표는 아니라고 주장하고 있죠. 오늘날까지 이어지는 이 천문학적 논쟁에 대한 정보는 제프 캐나이프Jeff Kanipe와 데니스 웹Dennis Webb의 『특이은하에 대한 아프 목록Arp Atlas of Peculiar Galaxies, Willmann-Bell, 2006』에 잘 설명되어 있습니다.

페가수스와 함께 하늘 날기

대상	분류	밝기	각크기/각분리	적경	적위	MSA	U2
M15	구상성단	6.2	18.0′	21시 30.0분	+12° 10′	1238	83R
피스 1 (Pease 1)	행성상성운	14.7	1″	21시 30.0분	+12° 10′	1238	83R
NGC 7094	행성상성운	13.4	94″	21시 36.9분	+12° 47′	1238	83L
NGC 7332	은하	11.1	4.1′×1.1′	22시 37.4분	+23° 48′	1187	64R
NGC 7339	은하	12.2	3.0′×0.7′	22시 37.8분	+23° 47′	1187	64R
NGC 7331	은하	9.5	10.5′×3.5′	22시 37.1분	+34° 25′	1142	46R
NGC 7320	은하	12.6	2.2′×1.1′	22시 36.1분	+33° 57′	1142	46R

각크기는 최근 천체 목록을 참고한 것입니다. 각 천체의 크기에 대한 인상은 대부분 목록상에 있는 크기보다는 작게 느껴지며 장비의 구경과 배율에 따라 다양하게 느껴집니다. MSA와 U2는 각각 『밀레니엄 스타 아틀라스』와 『우라노메트리아』 2000.0, 2판에 기재된 차트 번호를 의미합니다. 이 지역에 위치하는 이번 달의 모든 천체들은 《스카이 앤드 텔레스코프》 호주머니 별지도 표 74 및 75에 기재되어 있습니다.

프리드리히의 영광

지금은 사라져버린 별자리가 가지고 있는
다양한 천상의 보석들.

요한 엘레르트 보데Johann Elert bode는 '프리드리히의 영광(Frederick's Glory)'이라는 별자리를 만들고, 1787년 1월 25일 베를린에서 열린 과학아카데미 특별총회에서 이를 기록한 논문을 발표했습니다. 이 별자리는 바로 1년 전 사망한 프러시아의 왕 프리드리히 2세를 기리기 위해 만들어진 것이었습니다. 보데가 펴낸 간행물에는 '프리드리히의 명예(Friedrichs-Ehre)'라는 이름이 붙은 지도가 포함되어 있습니다. 이 별자리는 1795년 장 포르텡Jean Fortin이 펴낸 『플램스티드의 하늘지도Atlas Celeste de Flamsteed』에까지 지속적으로 등장하고 있습니다. 이 책에서는 '트로피(Trophee)'라는 이름으로 등장하고 있죠. 한편 보데가 1801년 펴낸 『우라노그라피아Uranographia』에서는 그 이름이 '호노레스 프리데리치(Honores Friderici, 프리드리히의 명예)'라는 라틴어로 표기되어 있습니다.

보데는 이 별자리를 역시 지금은 사라진 별자리인 '왕관자리', '왕검자리', '깃펜자리', '생명의 나뭇가지자리'와 함께 묘사하고 있는데, 이들은 모두 하나같이 위대한 지도자이자, 영웅, 지식인이자 평화의 사도인 프리드리히를 상징하는 것들이었습니다. 이들은 오늘날 기준으로 보면 안드로메다자리와 카시오페이아자리, 도마뱀자리의 별들로 구성된 별자리들이었습니다. 여기서 가장 빛나는 별은 왕검의 칼집에 자리한 안드로메다자리 오미크론(o) 별입니다. 동쪽으로는 안드로메다 요타(ι) 별과 카파(κ) 별, 람다(λ) 별과 프시(ψ) 별로 이루어진 찌그러진 Y자 형태가 왕검의 칼자루를 만들고 있죠.

이 Y자 모양은 떨림방지장치가 부착되어 있는 제 15×45 쌍안경의 시야에 꼭 맞게 들어옵니다. 안드로메다 프시 별과 람다 별은 짙은 노란색을 띠고 있죠. 안드로메다 람다 별로부터 북북동쪽 1.1도 지점에는 흥미로운 자리별 TPK 1이 있습니다(이 자리별은 딥스카이 천체를 찾는 데 주된 노력을 기울인 필립 토이시phillip Teusch와 다나 패치

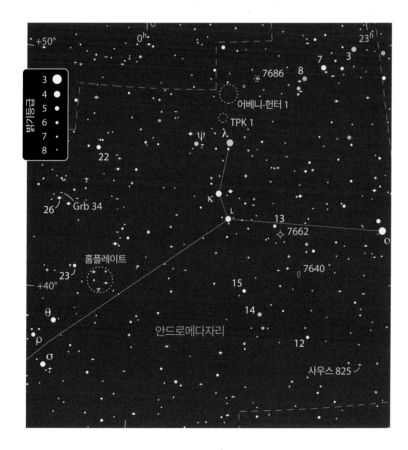

발광성운 LBN 534가 산개성단 어베니-헌터 1을 깊숙이 베어내며 통과하고 있습니다.
사진 : 토마스 V. 데이비스(Tomas V. Davis)

크 매사이어스 크론버거Matthias Kronberger에 의해 목록화된 자리별입니다). 105밀리미터 굴절망원경에서 17배율로 관측해봤을 때 약 1/4도 지역을 차지하고 있는 12개의 별들이 사다리꼴 형태로 모여 있는 모습을 볼 수 있습니다. 배율을 87배로 늘리면 더 많은 희미한 별들이 나타나면서 별 무리와 같은 모습이 연출됩니다. 1/3도로 펼쳐져 있는 자리별 안에서는 45개의 별을 볼 수 있죠. 10인치(254밀리미터) 반사망원경에서 70배율로 관측해보면 평행사변형을 채우는 50개의 별들을 셀 수 있습니다. 이 자리별의 장축지름은 23분이며 단축 지름은 15분입니다.

동쪽 반 정도에 있는 몇몇 별들은 선명한 주황색을 보여주죠.

여기서 북북서쪽으로 1도를 움직이면 **어베니-헌터 1**(Aveni-Hunter 1)이라는 산개성단을 만나게 됩니다. 천체목록에서 이 성단의 지름은 47분으로 기록되어 있지만 제 작은 굴절망원경에서 선명하게 나타나는 부분은 중심부에서 폭 15분의 덩어리였습니다. 47배율에서는 8등급에서 12등급에 속하는 14개의 별이 모습을 드러내는데 이 별 중 일부는 산개성단과는 상관이 없는 별들입니다. 전체 47분의 폭을 차지하고 있는 94개의 별 중 실제 이 성단을 구성하고 있는 별일 가능성이 50퍼센트를 넘는 별은 18개밖에 되지 않습니다.

어베니-헌터 1은 천체사진가들에게는 흥미로운 촬영대상이 됩니다. 이 성단의 중심에는 삼각형을 띠고 있는 깊은 황금색의 별 하나와 청백색 별 2개가 자리 잡고 있습니다. 이 별들은 북동쪽으로 1.5도 정도 뻗어 있는 혜성모양의 성운 LBN 534의 머리에 말려들어 간 것처럼 보이죠. 이 성운에서 가장 밝은 부분은 삼각형의 별들 중 남동쪽에 있는 별을 감싸고 있는 작은 반사성운 반덴버그 158(van den Berg 158)입니다. 이 반사성운이 감싸고 있는 별은 이 성운이 빛을 반사해내게 만드는 원인이 되기도 하죠.

2007년 《아스트로피지컬 저널》에 발표된 논문에서 리슈타이Hsu-Tai Lee와 첸웬핑Wen-Ping Chen은 LBN 534의 형성 및 어베니-헌터 1을 구성하고 있는 어린 별들의 생성원인과 관련된 두 가지 시나리오를 발표한 바 있습니다. 그중 한 가지는 도마뱀자리 OB1로 알려져 있는 가까운 거리의 어린 성협에서 초신성이 폭발하면서 촉발된 충격파의 결과로 가정하고 있습니다. 이보다는 비교적 덜 과격한 가능성으로는 LBN 534로부터 410광년 거리에 있는, 분광유형 09V의 별인 도마뱀자리 10 별로부터 쏟아져나오는 이온화 충격파 전면부에 성운의 물질들이 압축되면서 촉발된 현상으로 가정하고 있습니다.

34분×25분을 담고 있는 이 사진에서 산개성단 NGC 7686은 중앙 3분의 1을 차지하고 있습니다.

사진: 안토니 아이오마미티스(Anthony Ayiomamitis)

성상성운은 안드로메다자리 13 별에서 남남서쪽 26분 지점에 있습니다. 50년 전인 1960년 2월, 레런드 S. 코프랜드는 《스카이 앤드 텔레스코프》에 기고한 글에서 NGC 7662를 "밝은 청백색 눈뭉치처럼 보인다"라고 묘사했습니다. 오늘날 '코프랜드의 청백색 눈뭉치(Copeland's Blue Snowball)'라는 별명을 가지고 있는 이 작은 성운은 105밀리미터 굴절망원경에서 153배율로 봤을 때 희미한 청백색의 성운으로 보입니다. 이 눈뭉치는 약간의 타원형을 띠고 있으며 좀 더 어두운 중심부의 흔적을 보여주죠.

10인치(254밀리미터) 반사망원경에서 44배율로 관측해본 이 창백한 눈뭉치는 청록색의 헤일로에 의해 둘러싸인 작지만 매우 밝은 중심부를 보여줍니다. 220배율에서는 희미한 타원형 천체에 겹쳐져 있는 밝은 고리의 모습을 보게 됩니다. 헤일로와 고리 모두 북동쪽으로 약간씩 더, 또는 약간씩 덜 기울어져 있죠.

고리의 안쪽과 바깥쪽의 비교적 희미한 지역들은 비슷한 밝기를 가지고 있으며 협대역성운필터를 사용했을 때 그 모습이 더 두드러지게 보입니다. 이 성운에서 북동쪽으로 1분이 채 되지 않는 거리에는 13.4등급 및 14.7등급, 14.9등급으로 빛나는 3개의 별이 작은 아치를 만들고 있습니다. 308배율에서는 가장자리의 고리가 가장 밝게 보이는데 북서쪽 측면은 가장 희미하게 보이죠. 이 배율에서는 확실하게 청록색을 보여주는데 이보다 약간 희미한 부분에서 그 색감은 좀 더 미묘하게 나타납니다.

NGC 7662에서 남남서쪽 1도 지점에 자리 잡고 있는 6등급의 주황색 별로 이동한 후 남남서쪽으로 약

보다 더 잘알려진 성단인 **NGC 7686**은 어베니-헌터 1로부터 서북서쪽 1.4도 지점에 자리 잡고 있습니다. 이 성단의 중심부는 밝기등급 6등급의 불타오르는 듯한 주황색의 별로 장식되어 있습니다. 이 별로 인해 NGC 7686을 쉽게 찾을 수 있죠. 105밀리미터 망원경에서 28배율로 관측해보면 서남서쪽 모서리에서 선황색의 별을 거느리고 있는, 성단 주위를 둘러싼 약간은 덜 밝은 8개의 별을 볼 수 있습니다. 67배율에서는 2개의 밝은 별 사이에 몰려 있는 몇몇 별들을 포함하여 이 성단을 장식하는 비교적 희미한 별 25개를 볼 수 있죠.

이제 프리드리히의 영광에서 남쪽으로 이동하여 **NGC 7662** 행성상성운으로 가보겠습니다. 이 행

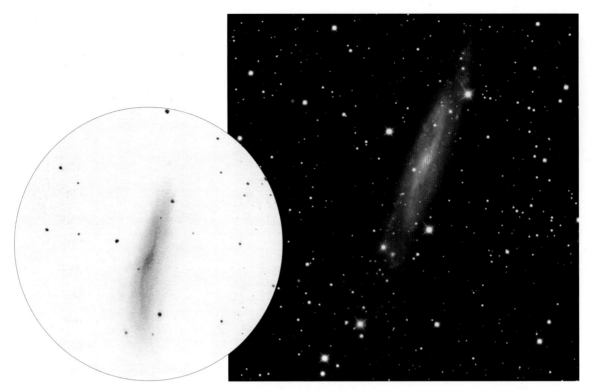

위: 저자가 10인치(254밀리미터) 망원경에서 220배율로 관측하며 그린 NGC 7640의 모습. 중심 부분만 모습이 보입니다.
오른쪽: 켄 크로포드(Ken Crawford)가 20인치(508밀리미터) 망원경으로 촬영한 NGC 7640의 사진. 막대나선은하로서의 세밀한 부분들이 그 모습을 드러내고 있습니다.

간 더 짧게 한 번 더 이동하면 NGC 7640 은하를 만날 수 있습니다. 이 은하는 별들이 풍부한 하늘을 배경으로 위치하고 있으며 위의 스케치에서 볼 수 있는 바와 같이 11등급의 별들이 만들고 있는 5분 크기의 삼각형을 가로지르고 있습니다. 이러한 특징들로 인해 제 작은 굴절망원경에서 저배율로는 이 은하를 찾기가 쉽지 않습니다. 그러나 68배율에서는 6분×1과 1/4분의 크기로 북서쪽으로 약간 기울어져 있으며 약간은 더 밝은 타원형의 중심부를 보여주는 삐침선을 볼 수 있습니다. 이 은하의 남쪽 끄트머리 바로 바깥쪽에는 희미한 별 하나가 자리 잡고 있습니다.

10인치(254밀리미터) 망원경에서 118배율로 바라본 NGC 7640은 미묘한 곡률을 보여줍니다. 이 은하의 헤일로는 7.5분의 길이를 보여주며, 2분의 중심부에는 남동쪽 경계로 희미한 별 하나가 있습니다. 220배율에서 이 은하는 매우 어여쁜 모습을 보여줍니다. 부드럽게 S자를 그리며 휘어진 모습이 좀 더 선명하게 모습

을 드러내죠.

다음으로 우리가 만나볼 대상은 매력적인 이중별 사우스 825(South 825)입니다. 이 이중별은 안드로메다자리 11 별에서 서남서쪽으로 2.5도 지역을 저배율로 훑어가다 보면 만날 수 있죠. 제 작은 굴절망원경에서 17배율로 관측해보면 거의 서로 맞닿아 있는 듯한 황금색 별 한 쌍을 볼 수 있습니다. 7.8등급의 으뜸별과 북서쪽에 자리 잡고 있는 8.3등급의 짝꿍별을 볼 수 있죠. 사우스 825는 영국의 천문학자인 제임스 사우스James South가 1825년 발견한 이중별입니다. 이 이중별은 제임스 사우스의 이름이 홀로 붙어 있는 152개의 다중별 중 하나에 불과하죠. 사우스와 허셜(South & Herschel), 또는 SHJ라는 이름이 붙은 다른 다중별들은 당대의 위대한 천문학자인 존 허셜과의 협업을 통해 발견된 별들입니다.

이제 프리드리히의 영광에서 서쪽 경계 바깥쪽으로 이동하여 쌍안경으로 만나볼 수 있는 자리별을 방

문해 보겠습니다. 이 자리별을 저에게 알려준 이는 미네소타의 별지기 팻 티볼트Pat Thibault입니다. 이 자리별은 야구경기의 홈플레이트와 비슷한 오각형의 형태를 가지고 있습니다. 각 모서리는 6.7등급에서 6.9등급의 밝기를 가지고 있는 5개의 별들이 장식하고 있죠. 티볼트의 **홈플레이트**(Home Plate)는 안드로메다자리 23 별에서 서남서쪽 1.2도 지점에 자리 잡고 있습니다. 안드로메다 23 별과 티볼트의 홈플레이트는 쌍안경에서 동일 시야에 꼭 맞게 들어오죠. 이 자리별은 44분의 크기를 가지고 있습니다. 오각형의 꼭짓점은 남쪽을 가리키고 있죠. 떨림방지장치가 부착된 제 15×45 쌍안경에서 오각형의 꼭짓점을 차지하고 있는 별과 북동쪽 모서리를 차지하고 있는 별은 희미한 짝꿍별을 거느리고 있는 모습을 볼 수 있습니다.

티볼트는 **그룸브릿지 34**(Groombridge 34, Grb 34)를 향해 가던 중, 이 홈플레이트 자리별을 만났다고 합니다. 11.6광년밖에 떨어져 있지 않은 그룸브릿지 34는 가장 가까운 별 중 하나입니다. 안드로메다자리 26 별로부터 북북서쪽 14분 지점에 자리 잡고 있는 주황색의 8등급 별을 찾아보세요. 105밀리미터 망원경에서 47배율로 바라본 그룸브릿지 34는 8등급의 주황색 으뜸별이 동북동쪽 35초 지점에 11등급의 짝꿍별을 거느리고 있는 멋진 모습을 보여줍니다. 10인치(254밀리미터) 망원경에서는 짝꿍별의 색깔이 드러나는데 제 경우는 붉은빛이 감도는 주황색을 볼 수 있었습니다. 실제 이 두 별은 모두 비슷한 분광유형을 가진 적색왜성입니다. 으뜸별의 분광유형은 M1.5V이며 짝꿍별의 분광유형은 M3.5V로서 약간 더 붉은 색깔을 띠죠. 이 2개 별 모두 아주 작은 편차를 보여주는 변광성입니다.

만약 대상을 중첩해서 볼 수 있는 '스카이 아틀라스' 프로그램을 사용하더라도 근처에 위치한 별들을 이용하여 그룸브릿지 34의 위치를 찾아보려는 시도는 하지 마세요. 그룸브릿지 34는 매우 빠른 고유운동을 가지고 있습니다. 따라서 그룸브릿지 34의 위치는 멀리 떨어진 배경 별에 대해서 빠르게 바뀝니다. 이 별의 위치는 10년에 29초의 변화를 보여줍니다. 따라서 10년 차의 관측에서조차도 명백하게 그 위치가 바뀌죠. 간혹 11.8등급의 별 하나를 세 번째 짝꿍별로 보는 경우가 있습니다만 이는 단순한 시각현상입니다. 물리적으로는 전혀 상관이 없는 별이죠. 세 번째 짝꿍별로 간주된 별은 1904년에는 으뜸별로부터 고작 35초밖에 떨어져 있지 않았습니다. 그러나 지금 그 거리는 4.5분까지 벌어져 있어 겉보기상으로도 더 이상 다중별의 일원으로 보이지 않죠.

이중별의 아름다움

이중별은 깔끔하게 분해해 볼 수 있는 가장 낮은 배율에서 가장 인상적인 모습을 볼 수 있습니다. 그 이상의 배율은 각 별이 마치 서로 상관이 없는 별처럼 떨어져 보이게 만들죠. 어느 정도의 배율에서 각 별의 색채가 가장 또렷하게 구분되는지 한번 살펴보세요.

11월

프리드리히가 품은 영광의 밤보석들

대상	분류	밝기	각크기/각분리	적경	적위
TPK 1	자리별	-	23'×11'	23시 39.3분	+47° 31'
어베니-헌터 1 (Aveni-Hunter 1)	산개성단	-	47'	23시 37.8분	+48° 31'
NGC 7686	산개성단	5.6	15'	23시 30.1분	+49° 08'
NGC 7662	행성상성운	8.3	29"×26"	23시 25.9분	+42° 32'
NGC 7640	나선은하	11.3	11.6'×1.9'	23시 22.1분	+40° 51'
사우스 825 (South 825)	이중별	7.8, 8.3	67"	23시 10.0분	+36° 51'
홈플레이트 (Home Plate)	자리별	-	44'×31'	0시 07.5분	+40° 35'
그룸브릿지 34 (Grb 34)	이중별	8.1, 11.0	35"	0시 18.4분	+44° 01'

각크기 및 각분리는 최근 천체 목록을 참고한 것입니다. 시각적으로 보이는 천체의 크기는 대부분 목록상에 있는 크기보다는 작게 느껴지며 장비의 구경과 배율에 따라 다양하게 느껴집니다.

하늘을 가로지르는 말과 물고기

●

페가수스자리와 물고기자리의 경계는 주목할 만한
수많은 별들과 은하단을 보듬고 있습니다.

페가수스가 밤하늘을 가로질러 갈 때 수상한 이웃 별자리가 페가수스를 호위하며 따라갑니다. 물고기자리를 구성하고 있는 두 마리의 물고기 중 서쪽에 있는 물고기는 페가수스의 날개 바로 남쪽에서 하늘을 가로질러 가죠. 그러나 물고기가 페가수스와 함께 밤하늘을 가로질러 가는 것이 그저 이상하게만 보이지는 않을 것입니다. 저는 이 물고기자리를 페가수스자리보다 더 자주 관측하곤 하죠.

페가수스자리와 물고기자리의 경계는 **페가수스 I** 은하단의 밀도 높은 중심부가 있는 지역입니다. 이 은하단의 중심부는 우리로부터 1억 7,000만 광년 거리에 있으며 크고 작은 다양한 구경의 망원경으로 도전해볼 만한 대상을 품고 있습니다.

저는 105밀리미터 굴절망원경으로 페가수스 I 은하단에 속하는 은하 중 5개를 찾아볼 수 있었습니다. 10등급 별에서 남남서쪽 6분 지점에 있는 **NGC 7619**는 작고 둥근 형태를 가지고 있으며 47배율에서 꽤 쉽게 찾을 수 있는 11.1등급의 은하입니다. 동일한 10등급의 별에서 남동쪽으로 비슷한 거리로 떨어져 있는 **NGC 7626**의 모습은 NGC 7619와 비슷하지만 약간은 더 희미하게 보입니다. 이 은하들은 모두 가운데로 갈수록 밝아지는 양상을 보여주는데 그 정도는 NGC 7619에서 더 강하게 나타납니다. 나선은하들을 가득 싣고 있는 이 은하단에서 타원은하는 이 2개가 전부입니다.

이 한 쌍의 은하는 87배율에서 훨씬 더 나은 모습을 보여주죠. NGC 7619에서는 별상의 핵이 나타나는데 반해 NGC 7626은 좀 더 미묘한 핵을 품고 있습니다. NGC 7626은 동북동쪽 2.5분 지점에 12등급

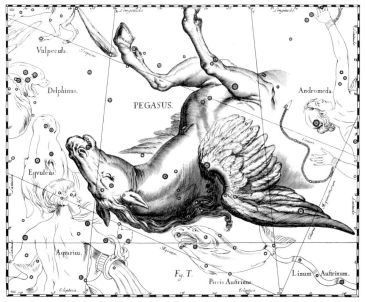

가을밤의 페가수스는 위아래가 뒤집힌 채로 하늘을 가로질러 갑니다. 물고기자리를 구성하는 2개 물고기 중 서쪽 물고기가 바로 그 아래에 있죠. 요하네스 헤벨리우스(Johannes Hevelius)의 『우라노그라피아(Uranographia)』에 등장하는 이 도판은 좌우가 바뀐 모습으로 그려져 있습니다. 이는 하늘을 천구의 바깥쪽에서 내려다보는 모습으로 그렸기 때문입니다.

NGC 7611은 매우 작고 밝은 중심부를 가지고 있으며 이 중심부는 북서쪽에서 남동쪽으로 뻗어 있는 회색빛 외벽에 둘러싸여 있습니다.

이 은하단의 중심에서 북쪽 끄트머리 쪽으로는 12.8등급의 은하 NGC 7612가 있습니다. 이 은하는 매우 작고 대단히 희미하지만 바로보기를 통해 볼 수 있는 천체입니다. 이보다 약간 더 희미한 NGC 7623은 배율을 122배로 올리기 전까지는 비껴보기를 통해서만 볼 수 있죠. 122배율에서는 남북으로 뻗은 타원형 형태를 볼 수 있게 됩니다.

의 별 하나를 품고 있으며 서북서쪽으로는 이와 대칭이 되는 13등급의 별 하나가 있습니다. 이 2개 은하는 12.5등급의 은하인 **NGC 7611**과 한 시야에 들어옵니다. NGC 7611은 오각형을 그리고 있는 별들 사이에서 서쪽 측면에 있죠. 이 오각형을 만드는 별 중 가장 북쪽에 있는 별과 가장 남쪽에 있는 별은 서로 넓게 떨어져 있는 희미한 짝꿍별을 거느리고 있습니다.

2차 팔로마 천문대 하늘탐사프로그램(the Second Palomar Observatory Sky Survey)에서 촬영된 적색 건판과 청색건판을 합성하여 만든 이 사진에는 페가수스I 은하단에서 가장 밝게 빛나는 은하들이 담겨 있습니다. 18인치(457.2밀리미터) 또는 그 이상의 구경을 가진 망원경에서는 이보다 더 희미한 은하들을 볼 수 있을 것입니다.
사진 : POSS-II / 캘테크 / 팔로마

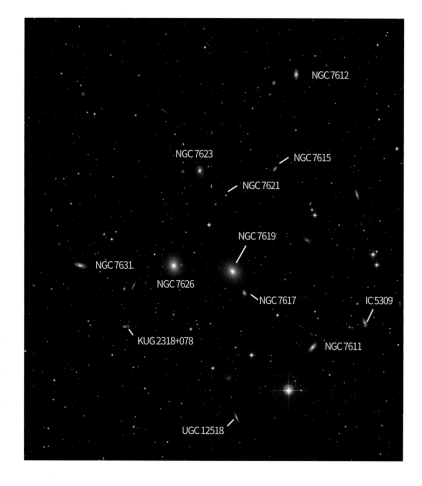

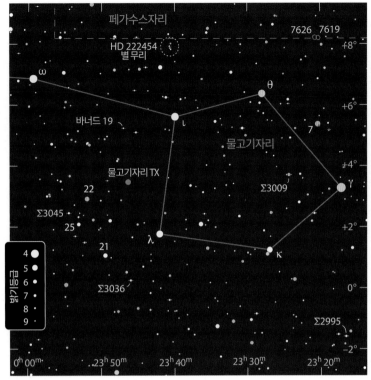

10인치(254밀리미터) 반사망원경에서 이 은하들은 더 밝게 보이며 크기도 더 크게 보입니다. 놀라울 것이라곤 전혀 없는 일이죠. 게다가 몇몇 구조들은 더 선명하게 눈에 들어옵니다. NGC 7619는 220배율에서 약간의 타원형 형태를 드러내며 NGC 7623의 서쪽 측면 바깥에서는 희미한 별이 모습을 드러냅니다. NGC 7612는 약간 더 밝은 중심부를 품고 있으며 별상을 하고 있는 은하핵을 단속적으로 보여줍니다.

10인치(254밀리미터) 망원경에서는 4개의 은하가 더 눈에 들어옵니다. 2개의 타원은하를 잇는 일직선상에서는 13등급의 **NGC 7631**이 보입니다. 이 은하는 동북동쪽으로 기울어진 상당히 희미한 타원형 빛무리로 볼 수 있습니다. NGC 7619의 서쪽 아래로 매달려 있는 13.8등급의 **NGC 7617**은 작고 투명하게 보입니다. 반면, 이 은하군의 북서쪽에 있는 14.2등급의 **NGC 7608**은 그저 한 터럭의 연기처럼 보이죠. 비껴보기로만 볼 수 있는 14.6등급의 은하 하나는 NGC 7626 및 NGC 7631과 함께 정삼각형을 이루고 있습니

다. 이 은하는 그중 남쪽 꼭짓점을 차지하고 있죠. NASA/IPAC 외계은하 데이터베이스(the NASA/IPAC Extragalactic Database)에 가장 처음으로 등재된 이 천체는 KUG 2318+078입니다. 여기서 KUG는 '키소자외선은하목록(Kiso Ultraviolet Galaxy Catalogue)'의 약자입니다. 이 천체는 별지기들을 위한 별지도나 안내 문서에는 다른 이름으로 나타나곤 합니다. CGCG 406-79(CGCG: Catalogue of Galaxies and of Clusters of Galaxies, 은하와 은하단 목록) 또는 MCG+01-59-58(Morphological Catalogue of Galaxies, 형태에 따른 은하 목록)로 주로 기록되어 있죠.

동일한 배율을 유지하고 있는 상태에서 구경을 15인치(381밀리미터)로 올려 대상을 관측해보겠습니다. NGC 7619을 비롯하여 우리가 이미 살펴보았던 타원형 중심부를 품고 있는 은하들은 좀 더 세세한 모습을 보여줍니다. NGC 7626의 서쪽 모서리에서는 14등급의 별 하나가 더 눈에 들어오죠. 타원형을 띠고 있는 NGC 7623은 전에 보이던 너비보다 반 정도 더 넓어진 폭을 보여주며 별상의 핵을 보여줍니다. 반면 NGC 7608은 북북동쪽으로 기울어진 대단히 희미한 삐침선으로 그 모습을 보여주죠.

15인치(381밀리미터) 망원경은 4개의 은하를 더 보여줍니다. NGC 7615는 14등급의 별 바로 서쪽에 희미한 얼룩처럼 보입니다. 반면 나머지 3개 은하는 아무리 잘 보아도 흐릿한 대상으로 남아 있죠. IC 5309는 남동쪽 측면에 희미한 별 하나를 보듬고서 북동쪽에서 남서쪽으로 뻗어 있습니다. UGC 12518은 눈을 돌리는 순간 사라지는 미묘한 신기루처럼 보입니다. (여기서 UGC는 웁살라 일반 은하 목록Uppsala General Catalogue of Galaxies의 약자입니다.) 제가 처음 15인치(381밀리미터) 망원경으로 페가수스 I 은하단을 관측했을 때는 NGC 7621을 간과했었습니다. 당시 제가 사용하던 별지도에 이 은하는 기록되어 있지 않았기 때문이죠. 나중에 저는 이 은하를 비껴보기를 통

해 차근차근 살펴볼 수 있었습니다. 심지어 제가 사는 곳의 하늘을 부드러운 오로라의 불빛이 감싸고 있을 때도 관측이 가능했죠.

페가수스 I 은하단과 그 주위에는 더 많은 은하가 있습니다만, 쉬었다 가는 의미로 우리 은하가 품고 있는 딥스카이 천체들을 방문해보겠습니다. 물고기자리의 별들이 만드는 둥근 고리 주변에 있는 이중별들을 한번 만나보도록 하지요. 먼저 폭을 넓게 벌리고 있는 이중별에서부터 시작하여 점점 가까이 붙어 있는 이중별들로 관측을 진행해보겠습니다. 이 이중별들은 130밀리미터 굴절망원경을 통해 관측할 수 있죠.

우리의 첫 번째 관측 대상은 **스트루베 3009**(Σ 3009)로서 물고기자리 감마(γ) 별에서 동북동쪽 1.8도 지점에 있는 이중별입니다. 7.1초의 간극을 가지고 있는 이 이중별은 63배율에서 분해해 볼 수 있죠. 이 이중별은 7등급의 주황색 으뜸별과 남서쪽에서 이 으뜸별을 호위하고 있는 9등급의 짝꿍별로 구성되어 있습니다. 이 이중별이 눈에 담기는 시야에서 동쪽 4.5분 지점은 붉은 오렌지 빛의 별이 장식하고 있죠. 이중별의 앞쪽에 등장하는 시그마(Σ) 기호는 이 이중별이 19세기의 유명한 독일계 러시아 천문학자인 프리드리히 게오르그 빌헬름 본 스트루베에 의해 발견되었음을 의미합니다. 스트루베는 스트루베 3009의 으뜸별을 노란색으로, 그리고 짝꿍별을 파란색으로 기록했죠. 여러분 눈에는 어떤 색으로 보이시나요?

이제 물고기자리 카파(κ) 별로부터 남서쪽 3.8도 지점에 있는 **스트루베 2995**(Σ 2995)를 만나보겠습니다. 이 이중별은 5.3초의 간극을 가지고 있죠. 이 이중별은 7등급과 8등급의 별들이 만드는 1/3도 크기의 삼각형 안에 있으며 남동쪽으로부터 출발하여 약간은 어둡고 균일한 간격을 유지하며 이 이중별을 가리키고 있는 3개의 별들이 만드는 선상에 있습니다. 102배율에서는 사랑스러운 노란빛의 으뜸별과 북북동쪽으로 이보다는 약간 희미한 황금색의 짝꿍별을 볼 수 있습니다. 스트루베

는 이 2개 별을 모두 백색의 별로 기록했습니다.

물고기자리 람다(λ) 별에서 남남동쪽으로 1.8도를 이동하면 2.8초의 간극을 가지고 있는 이중별 **스트루베 3036**(Σ 3036)을 만나게 됩니다. 164배율에서 이 이중별은 약간 서로 다른 별로 구성된 모습을 드러냅니다. 8.2등급의 노란색 으뜸별과 함께 남서쪽에 9.6등급의 짝꿍별을 볼 수 있죠. 스트루베는 으뜸별을 노란색 별로 보았습니다. 반면 짝꿍별의 색깔은 기록하지 않았죠.

스트루베 3045(Σ 3045)를 구성하는 이중별들은 스트루베 3036과 비슷한 밝기를 가지고 있습니다. 그러나 동일 배율에서 양 별 간의 간극은 훨씬 더 조밀한 양상을 보여주죠. 여기서 으뜸별은 백색이며 짝꿍별은 서쪽으로 1.7초의 간격을 유지하고 있습니다. 이 이중별은 물고기자리 25 별에서 북동쪽으로 30분 지점에서 찾아볼 수 있죠. 스트루베 3036과 마찬가지로 스트루베는 스트루베 3045의 으뜸별을 노란색으로 기록했지만, 짝꿍별의 색깔은 기록하지 않았습니다.

이제 선명한 색깔을 자랑하는 물고기자리 19 별을 찾아보겠습니다. 이 별은 **물고기자리 TX** 별로 등재되어 있는 변광성입니다. 이 탄소별은 불규칙한 변광주기를 가지고 있으며 4.8등급과 5.2등급 사이에서 천천히 변화하는 밝기를 보여주죠. 이 차가운 거성은 진한 붉은색을 띠고 있습니다. 이는 짧은 파장의 빛들이 대기상의 탄소분자 및 탄소화합물인 에틸렌(C_2)과 시안화물(CN)에 의해 걸러지기 때문입니다.

우리가 마지막으로 만나볼 이중별은 **바너드 19**(Barnard 19)입니다. 이 이중별은 미국의 천문학자 에드워드 에머슨 바너드가 캘리포니아 산호세 근처에 있는 릭 천문대에서 12인치(304.8밀리미터) 굴절망원경을 이용하여 1889년에 발견하였습니다. 9등급으로 거의 비슷한 밝기 등급을 가지고 있는 이 별들의 간극은 1.1초에 지나지 않습니다. 164배율에서는 그야말로 머리카락 한 올 정도의 간극만을 보여주죠. 제 경

11월

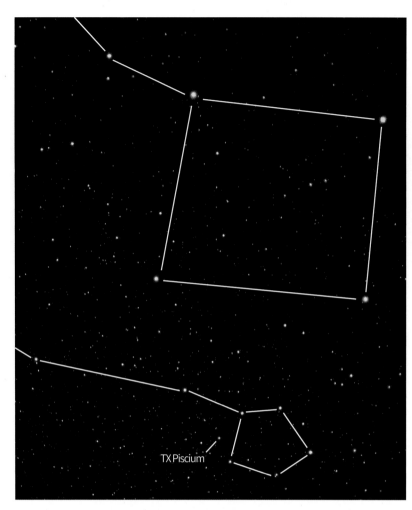

입니다.

이번에는 **HD 222454** 자리별로 이동해보겠습니다. 이 자리별의 이름은 자리별을 구성하는 별들 중 가장 밝은 별의 이름을 따서 지어졌습니다. 130밀리미터 굴절망원경에서 63배율로 관측해보면 8.2등급에서 8.8등급 사이의 4개 별들이 서쪽으로 오목한 아치를 그리며 뻗어 있는 모습을 볼 수 있습니다. 이 아치는 동쪽으로 향하고 있는 5개의 희미한 별들로 인해 삐뚤어진 L자 모양을 그리고 있죠(좌우가 뒤바뀐 모습으로 나타납니다). 이 자리별은 브루노 삼파이오 알레시Bruno Sampaio Alessi가 설립한 야후그룹 딥스카이 헌터스Deep Sky Hunters에 처음으로 기록되었습니다.

TX Piscium

이 사진은 P. K. 첸(P. K. Chen)의 별자리 앨범에서 발췌한 페가수스자리의 대사각형과 물고기자리의 고리 부분 사진입니다. 눈에 띄는 탄소별인 물고기자리 TX별의 구릿빛에 주목하세요.

우 으뜸별은 황백색으로 그리고 짝꿍별은 백색으로 보

페가수스자리와 물고기자리의 서쪽에서 만나는 천상의 향연

대상	분류	밝기	각크기/각분리	적경	적위
페가수스 I	은하단	-	-	23시 20.5분	+8° 11'
스트루베 3009 (Σ3009)	이중별	6.9, 8.8	7.1"	23시 24.3분	+3° 43'
스트루베 2995 (Σ2995)	이중별	8.2, 8.6	5.3"	23시 16.6분	-1° 35'
스트루베 3036 (Σ3036)	이중별	8.2, 9.6	2.8"	23시 46.0분	+0° 16'
스트루베 3045 (Σ3045)	이중별	8.0, 9.3	1.7"	23시 54.4분	+2° 28'
물고기자리 TX 별	탄소별	4.8-5.2	-	23시 46.4분	+3° 29'
바너드 19	이중별	9.2, 9.5	1.1"	23시 47.0분	+5° 15'
HD 222454 별 무리	자리별	6.8	14'×8'	23시 40.7분	+7° 57'

각크기 및 각분리는 최근 천체 목록을 참고한 것입니다. 시각적으로 보이는 천체의 크기는 대부분 목록상에 있는 크기보다는 작게 느껴지며 장비의 구경과 배율에 따라 다양하게 느껴집니다.

미리내 남극에 자리 잡은 조각가의 방

여기 미리내에 방해받지 않고
깊은 우주를 들여다볼 수 있는 창문이 있습니다

12월의 온하늘별지도를 보면 조각실자리는 남쪽 하늘 낮은 곳에 자리 잡고 있습니다. 이 별자리는 상대적으로 최근 만들어진 별자리로서 프랑스의 천문학자 니콜라 루이 드 라카유Nicolas Louis de Lacaille가 미술도구 및 과학 장비를 기리기 위해 창안한 13개 별자리 중 하나입니다. 조각실자리는 1752년 기록되어 1756년 발간된 『프랑스 한림원 학술논문the Memoires of the Royal Academy of Sciences』의 도표에 '조각가의 작업실'로 처음 등장합니다. 이 도표에는 작업대 위에 조각되고 있는 흉상과 테이블 위에 놓인 3개의 조각 도구가 묘사되어 있었죠.

그런데 사실 별지기들이 이곳의 별들 사이에서 조각가의 작업실을 보기란 쉽지 않습니다. 조각실자리에는 5.0등급과 이보다 약간 밝은 별 6개만이 존재하는데 이 별들은 자신의 이름을 갖고 있지도 않습니다. 이 중에서 가장 밝은 별이 4.3등급의 조각실자리 알파(a) 별이죠. 이 별은 고래자리를 구성하는 비교적 밝은 별인 요타(ι) 별과 베타(β) 별을 향해 가다 보면 찾아낼 수 있습니다.

이 청백색의 알파 별로부터 여행을 시작하겠습니다. 우선 북북서쪽으로 1.7도를 움직이면 6등급의 붉은 주황빛을 띤 별을 만날 수 있습니다. 그리고 동일한 선상

12월의 딥스카이 천체를 찾기 위해서는 1등급의 밝은 별 포말하우트의 바로 동쪽 조각실자리를 확인합니다. 맨눈으로는 텅 빈 듯 보이지만 작은 망원경이라도 가지고 있다면 훨씬 더 많은 천체를 볼 수 있을 것입니다.

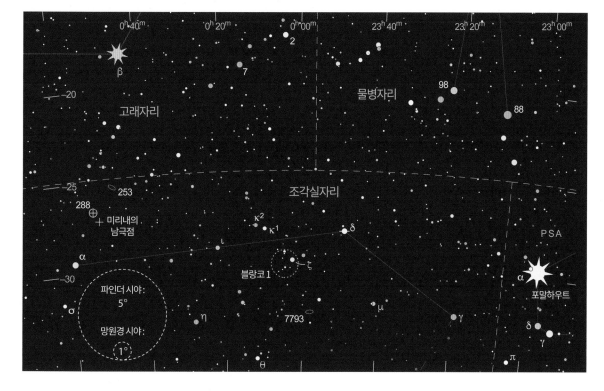

사진을 촬영하면 눈으로 보는 것보다 구상성단 NGC 288을 구성하는 별들을 쉽게 볼 수 있습니다. 사진의 폭은 0.4도이며 여기서 가장 밝은 별은 중심 왼쪽으로 보이는 10.3등급의 별입니다. 이 장에서 다루고 있는 모든 사진에서 북쪽은 위쪽입니다.

사진: POSS-II / 캘테크 / 팔로마

으로 1.4도를 더 움직이면 구상성단 NGC 288을 만나게 됩니다. 105밀리미터 굴절망원경에서 저배율로 바라봐도 작고 둥그런 빛을 쉽게 지목해낼 수 있습니다. 배율을 87배로 높이면 NGC 288은 더욱 선명하게 보입니다. 이 성단은 중심 쪽으로 갈수록 약간씩 더 밝아지며 약간 더 얼룩덜룩하게 보이기도 합니다. 이 성단의 지름은 약 9분 각입니다. 유명한 별지기인 월터 스콧 휴스턴은 이 성단의 헤일로를 구성하는 별들 중 몇몇을 5인치(127밀리미터) 구경의 거대한 쌍안경을 이용하여 20배로 분해한 적이 있습니다.

NGC 288의 남남서쪽으로 고작 37분 거리에 미리내의 남극이 있습니다. 이곳은 별과 먼지를 가득 이고 있는 미리내 원반으로부터 가장 멀리 떨어진 두 지점 중 한 곳이죠. 바로 이곳에 깊은 우주를 들여다

볼 수 있는 깨끗한 창문이 존재합니다. 이곳에서 우리는 미리내에 의해 가려지지 않은 가장 머나먼 은하들을 볼 수 있죠. 이 중에서 가장 인상적인 천체 중 하나가 바로 은화은하(the Silver Coin Galaxy)라는 이름으로 불리는 NGC 253입니다.

NGC 288의 북서쪽으로 1.8도를 훑어보면 이 은화은하를 찾을 수 있을 것입니다. 이 은하는 검은 하늘이라면 쌍안경이나 약간 큰 파인더 정도로도 볼 수 있습니다. 105밀리미터 굴절망원경에서 87배율로 바라보면 선명하고 밝게 나타나죠. 이 은하는 북동쪽에서 남서쪽으로 20분×4분에 걸쳐 펼쳐져 있습니다. 장축방향을 따라 대체로 더 밝게 보이며 밝은 빛과 검은 지역이 미묘한 얼룩무늬를 이루고 있습니다. 남동쪽에는 한 쌍의 9등급 별이 이 은하를 감싸 안듯이 자리 잡고 있죠.

NGC 253 은하의 거대한 크기는 은하 위로 보이는 9등급의 별과 중심에서 아래로 보이는 2개 별 간의 각거리가 1/3도라는 사실에서 명확하게 드러납니다.

사진: 로버트 젠들러

NGC 253은 1783년 캐롤라인 허셜(Caroline Herschel)에 의해 발견되었습니다. 그녀는 혜성을 찾기 위해 하늘을 살펴보던 중 이 은하를 발견했죠. 이 은하는 그녀가 살던 영국에서는 12도 이상 올라가지 않는 은하이기 때문에 그만큼 더 값진 발견이기도 했습니다. NGC 253은 우리 시선 방향으로 모서리를 드러내며 많이 기울어져 있는 막대나선은하입니다. 조각실자리 은하군으로 알려진 소규모 은하단에서 가장 밝은 은하이기도 하죠. 1,000만 광년 거리에 위치하는 이 은하군은 국부하군에서 가장 가까운 곳에 있는 은하군이기도 합니다. 은화은하는 또한 폭발적으로 별을 생성해내는 은하로서는 가장 가까운 곳에 있는 은하이기도 합니다. '폭발적으로 별을 생성해내는 은하(starburst galaxy)'란 그 중심에서 별의 생성 비율이 비정상적으로 높은 양상을 보일 때 부여되는 이름입니다.

이제 방향을 4.6등급의 **조각실자리 델타**(δ) 별로 돌려보죠. 423쪽 별지도에서 거의 중앙에 보이는 것이 조각실자리 델타 별입니다. 조각실자리 델타 별이 포말하우트로부터 고래자리 베타 별까지 연결한 가상의 선의 5분의 2 지점에 있음을 주목하세요. 조각실자리 델타 별은 그 지점에서 약간 아래쪽에 있습니다. 이 별은 이 지역에서 가장 밝게 빛나는 별이며 작은 망원경으로도 쉽게 분해해 볼 수 있는 이중별입니다. 이 중에 백색의 으뜸별은 9등급의 밝기를 가지고 있으며 짝꿍별은 이 별로부터 서북서 방향으로 74초 거리에 위치하고 있습니다. 짝꿍별의 경우 그 빛이 너무나 희미하여 색깔을 구분하기가 쉽지 않죠. 이 짝꿍별의 분광 유형은 G유형의 노란색 별로 구분됩니다. 그런데 '웹 학회의 맨눈으로 보는 이중별 지도(the Webb Society's Visual Atlas of Double Star)'에서는 강렬한 푸른색으로 묘사되어 있습니다. 여러분은 어떤 색으로 보이시나요?

조각실자리 델타 별을 봤다면 동남동쪽으로 3.3도를 이동하여 5등급의 조각실자리 제타(ζ) 별로 이동해보죠. 조각실자리 제타 별은 거대한 규모로 펼쳐져 있는 산개성단 **블랑코 1**(Blanco 1)의 전면에 있습니다. 105밀리미터 굴절망원경에서 17배율로 보면 명확하게 밝게 빛나는 12개의 별을 볼 수 있죠. 이 별들 대부분은 한쪽이 휘어진 V자 모양으로 정렬해 있습니다. 또 다른 12개의 희미한 별들이 1도 정도의 너비를 가진 V자의 안팎으로 흩어져 있으며 전반적인 크기를 1.4도 크기로 만들고 있습니다.

비록 블랑코 1은 그 주변 별들과 잘 구분되지 않지만 블랑코 1은 실제 하나의 성단입니다. 이 성단은 1949년 빅터 M. 블랑코(Victor M. Blanco)에 의해 발견되었습니다. 그는 이곳에서 분광유형 A0에 해당하는 9등급의 별들이 동일한 은하 위도에서 발견되는 다른 별들의 일반적인 집중 양상보다 5배 더 집중된 지역이 있다는 것에 주목했죠. 연구결과 이 산개성단은 9,000만 년의 나이를 가지고 있는 성단임이 밝혀졌는데 이는 플레이아데스성단과 유사한 나이입니다. 블랑코 1은 880광년 거리에 위치하며 약 200여 개의 별들이 몰려 있는 것으로 생각됩니다. 블랑코 1은 다른 성단과 비교할 때 독특하게도 은하평면으로부터 멀리 떨어져 있기 때문에 근처에 있는 다른 성단과는 다른 원인에 의해 만들어졌을 것으로 추측되고 있습니다.

블랑코 1에 있는 조각실자리 제타 별로부터 남남서쪽으로 정확하게 3도 떨어진 지점에 조각실자리의 마지막 보석이라 할 수 있는 **NGC 7793**이 있습니다. 제가 있는 곳에서 이 은하는 지평선으로부터 14도 이상 올라오지 않습니다. 그러나 이 은하가 근처 도시의 빛무리에 잠겨 든다 하더라도 저는 105밀리미터 망원경으로 무리 없이 NGC 7793을 찾아볼 수 있습니다. 87배율에서 이 은하는 전반적으로 희미하지만 약간은 더 밝은 빛을 내는 작은 중심부를 가진 천체로 보입니다. 6분×4분의 타원 형태를 한 이 은하는 거의 동서 방향으로 정렬해 있습니다.

NGC 7793은 조각실자리 은하군을 구성하는 또 하나의 나선은하입니다. 이 은하는 전형적인 나선은하에

점점이 들어찬 불꽃을 보여주는 NGC 7793은 그 주변에 길잡이가 될 만한 별을 가지고 있지는 않습니다.

사진: 유럽남부천문대(European Southern Observatory)

선팔은 아마도 짧은 기간 동안 별들을 생성해낸 지역에 의해 만들어진 것으로 보입니다. 짧은 기간 동안 생성된 별들이 은하의 회전에 의해 나선 모양으로 뿔뿔이 흩어져 늘어지면서 만들어진 것으로 추정되죠. 이러한 나선팔의 형성은 천문학적 견지에서는 짧은 순간에 지나지 않는 1억 년 상관에 이뤄진 것입니다.

조각실자리는 작은 망원경으로 찾아볼 만한 적당한 은하들을 몇 개 더 가지고 있습니다. 저는 뉴욕주 북부의 저희 집 근처에서 조각실자리의 북쪽 변방에서 가장 밝게 빛나는 은하들을 찾아보곤 합니다. 좀 더 남쪽으로 자리 잡은 별지기라면 좋은 별지도 책을 들고 나가 미리내 남극의 조각실자리가 담아내고 있는 또 다른 하늘의 보석들을 찾아볼 수 있을 것입니다.

서 보이는 기다랗고 아름다운 나선팔 대신에 짧고 전혀 대칭적이지 않은 팔들을 가지고 있죠. 이러한 나

조각실자리의 보석들

대상	분류	밝기	각크기/각분리	거리(광년)	적경	적위
NGC 288	구상성단	8.1	12'	27,000	0시 52.8분	-26° 35'
NGC 253	은하	7.6	26'×6'	1,000만	0시 47.6분	-25° 17'
조각실자리 델타(δ) 별	이중별	4.6, 9.3	74''	144	23시 48.9분	-28° 08'
블랑코 1(Blanco 1)	산개성단	4.5	89'	880	0시 4.2분	-29° 56'
NGC 7793	은하	9.3	9'×7'	900만	23시 57.8분	-32° 35'

W 아래 보석들

미리내에 집중을 빼앗기지 않는다면
카시오페이아자리에서 멋진 산개성단을 만날 수 있습니다

12월의 온하늘별지도에는 카시오페이아자리의 밝은 별들이 만드는 선명한 W 모양이 중심 바로 위에 있습니다. 쉽게 알아볼 수 있는 이 패턴은 남쪽에 있는 멋진 천체들을 찾아가는 이정표가 되어줄 것입니다.

아름다운 이중별인 **카시오페이아자리 에타**(η) 별

이 우리의 첫 번째 정거장입니다. 이 별은 카시오페이아자리 알파(α) 별과 감마(γ) 별을 잇는 선의 3분의 1 지점 남쪽에 있습니다. 카시오페이아자리 에타 별은 각각 3.5등급과 7.4등급의 별로 구성되어 있으며 이미 19세기 이중별 관측자들에게 잘 알려져 다양

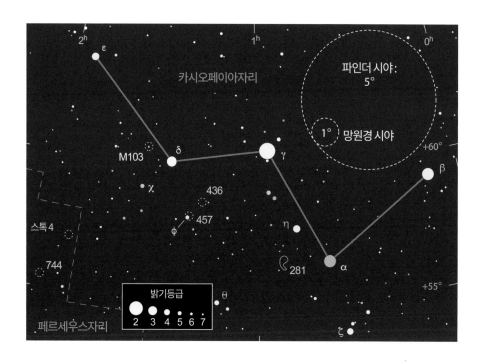

우 유사한 별이죠.

카시오페이아자리 에타 별에서 남남동 방향으로 1.3도만 내려오면 NGC 281 성운을 찾을 수 있으며 이와 연결된 IC 1590 성단도 볼 수 있습니다. 이 성운은 카시오페이아자리 에타 별 및 알파 별과 함께 정확한 이등변삼각형을 만들고 있습니다. 이 성운의 희미

하게 묘사된 별입니다. 영국의 성직자였던 토마스 W. 웹은 이 별을 노란색과 창백한 석류색 한 쌍이라고 불렀습니다. 프리드리히 게오르그 빌헬름 폰 스트루베는 이 별들이 노란색과 보라색으로 보인다고 했죠. 존 허셜과 제임스 사우스는 붉은색과 초록색으로 기록하고 있습니다! 105밀리미터 굴절망원경에서는 노란빛의 밝은 별과 이보다는 침침한 붉은 기운이 도는 주황색의 별을 볼 수 있습니다. 이러한 색은 이 별들의 분광 유형인 G0 V와 M0 V에 딱 맞는 색이죠(각 별의 분광 유형 끝에 붙는 V는 해당 별이 중심에서 수소를 태우고 있음을 의미합니다).

이 한 쌍의 별은 29배율에서 분리되기 시작하며 36배율에서는 넓은 간격으로 떨어지는 양상을 볼 수 있습니다. 으뜸별은 맨눈으로도 볼 수 있는 별이며 그 짝꿍별은 찾아보기 쉽지 않은 적색왜성 중 하나입니다. 태양 밝기의 6퍼센트 수준으로 빛나는 이 붉은 별은 19광년이라는 상대적으로 가까운 거리에 위치해, 작은 망원경으로도 쉽게 볼 수 있습니다. 만약 우리 태양이 19광년 거리에서는 어떻게 보일지 궁금하다면 바로 이 카시오페이아 에타 별의 으뜸별을 보면 됩니다. 이 별은 태양과 매

하고 불규칙한 빛은 제 굴절망원경의 68배율에서 화각의 1/3도 영역을 차지하며 쉽게 찾아볼 수 있습니다. 협대역빛공해필터는 이 성운의 모습을 조금은 더 두드러지게 보여줍니다. 산소Ⅲ필터는 약간 더 나은 모습을 보여주죠.

이 성운은 19세기 말 미국의 천문학자 에드워드 에머슨 바너드에 의해 발견되었습니다. 바로 뒤에 프랑스의 천문학자 기욤 비고르당이 이 성운 내에 있는 산개성단을 찾아냈죠. 이것은 조금 이상한 일입니다. IC 1590은 망원경으로는 전혀 명확하게 그 모습이 잡히지 않기 때문입니다. 하지만 중심에 있는 번헴 1(Burnham 1)이라는 매우 아름다운 다중별계로 흐릿함이 벌충되기는 하죠. 번헴 1은 성운 내에 파묻혀 있는 가장 밝은 별입니다. 87배율에서는 서로 가깝게 붙어 있는 3개 별을 모두 볼 수 있습니다. 이 별들은 모두 청백색의 별로서 밝기는 각각 8.6등급, 8.9등급, 9.7등급입니다. 만약 대기가 안정되어 있다면 이 3개 별 중 가장 밝은 별을 200배 또는 그 이상의 배율로 관측해보세요. 동쪽으로 1.4초 약간 못 미치는 거리에 9.3등급의 별이 있는데, 이 별은 작은 망원경의 성능을 점검하는 기준별

12월

이온화 산소의 선명한 파란색 빛이 NGC 281을 감싸고 있지만, 맨눈으로는 그 색을 볼 수 없습니다. 사진에서 북쪽은 왼쪽 위 모서리이며 사진의 폭은 약 2도입니다.
사진: 김도익

이 될 수 있습니다. 이 네 번째 별이 번헴 1을 오리온 성운 내에 있는 트라페지움의 축소판 천체로 만들어주고 있죠. 훨씬 더 거대한 규모를 자랑하는, 대단히 유명한 트라페지움성단과 마찬가지로, 번헴 1의 트라페지움 역시 강력한 복사를 방출하면서 자신을 둘러싼 성운을 밝게 빛나게 만듭니다.

카시오페이아자리 엡실론(ε) 별로부터 카시오페이아자리 델타(δ) 별까지 연결선을 따라가면 카시오페이아자리 피(φ) 별을 만날 수 있습니다. 이 별은 중간 정도의 어두움을 유지해주는 하늘이라면 맨눈으로도 볼 수 있는 별이죠. 카시오페이아자리 피 별은 쌍안경으로도 분해가 가능한 아름다운 이중별입니다. 카시오페이아자리 피 별을 구성하는 2개의 밝은 별들은 마치 산개성단 NGC 457을 구성하는 별들인 것처럼 보이지만, 사실은 훨씬 앞쪽에 있는 별들입니다. 제 작은 망원경에서 87배율로 관측할 경우 5등급 밝기를 가진 으뜸별은 노란색으로 보이고, 7등급의 짝꿍별은 청백색으로 보입니다. 배경을 이루는 성단에는 45개의 희미한 별들이 있는데 마치 화려하게 날아오르는 한 무리의 새 떼처럼 보입니다.

『1000+: 별지기들을 위한 딥스카이 관측 가이드 1000+:The Amateur Astronomer's Field Guide to Deep Sky Observing』의 저자인 톰 로렌친은 이 성단을 영화 〈ET〉에서 따와서 ET성단이라고 불렀습니다. 로렌친은 "ET가 당신을 향해 손을 흔들며 윙크하고 있다"라고 썼죠. 2개의 밝은 별이 ET의 눈이고 북동쪽과 남서쪽으로 흩뿌려져 있는 별들이 ET의 쭉 뻗은 팔이며 북서쪽으로 ET의 발이 뻗어 있다고 했죠.

이 커다란 눈은 자연스럽게 올빼미성단이라는 별명을 떠오르게 만듭니다. 이 이름은 데이비드 J. 아이허 David J. Eicher가 지었습니다. 동일한 느낌으로 저는 항상 NGC 457에서 잠자리를 봅니다. 캘리포니아의 별

NGC 436(왼쪽)과 NGC 457(오른쪽)을 담은 이 사진은 14인치 뉴턴식 반사망원경으로 촬영된 것입니다. 사진은 조지 R. 비스콤에 의해 뉴욕주 레이크 플래시드에서 촬영되었습니다. 각 사진의 너비는 2/3도입니다. 이 책의 저자는 NGC 457에서 잠자리를 보았다고 합니다(2개의 눈에 주목하세요).

지기 로버트 리런드Robert Leyland는 좀 더 창의적입니다. 그는 "성단 양쪽으로 퍼져 있는 2개의 날개처럼 보이는 별들의 전체 모습이 F/A-18 호넷 전투기처럼 보이게 한다. 이 비행기는 카시오페이아 피 별을 엔진처럼 달고 있다"라고 했습니다.

이 성단의 공식 등재명은 콜드웰 13(C13)입니다. 스테판 제임스 오미라는 자신의 책『콜드웰 목록The Caldwell Objects』에서 102밀리미터 망원경에서 바라본 잊을 수 없는 인상을 다음과 같이 기록하였습니다. "이 성단의 밝은 '눈'은 먼지와 거미줄이 가득한 우주의 회랑에서 불쑥 튀어나와 불빛을 뿜어내며 밤하늘을 꿰뚫어 보는 유령의 눈인 듯하다. 이 유령의 옷이 뼈만 남은 몸뚱이에 너덜너덜 매달려 있다."

잠자리 뒤쪽으로 꼬리를 따라 0.5도 북서쪽으로 이동하면 산개성단 NGC 436이 솜털로 된 작은 공처럼 희미하게 보입니다. 105밀리미터 굴절 망원경에서 28배율로 보면 핀으로 찍은 듯한 몇 개의 별이 희미하게 보입니다. 배율을 153배로 올리면 희뿌연 안개 속에 파묻힌 매우 희미한 별 10개를 볼 수 있죠. 대부분의 밝은 별들은 약 4분 길이로 서로 갈라져 있는 팔처럼 줄지어 있습니다. 리런드는 NGC 436이 자신의 전투기가 겨냥하고 있는 목표물일지도 모른다고 했습니다. 그의 전투기가 딱 이 방향을 향하고 있죠.

이제 카시오페이아자리 델타 별로부터 카시오페이아자리 키(x) 별을 통과하는 가상의 선을 그어봅시다. 이 두 별 간격의 2.5배 정도를 더 이어보면 깜찍한 산개성단 스톡 4(Stock 4)를 만나게 됩니다. 저는 68배율을 사용했을 때, 대략 20분×12분의 폭을 갖는 직사각형 구획에서 50여 개의 희미한 별들을 볼 수 있었습니다. 이 별들은 서북서쪽에서 동남동쪽으로 늘어서 있었죠. 꽤 밝은 별들로부터 희미한 별들로 이루어진 이 직사각형 막대기는 성단 북동쪽에 놓여 있으며 북서쪽에서 남동쪽을 가로지르고 있습니다. 그 동쪽으로 광활하게 펼쳐진 우주공간에 자리 잡은 8등급의 별 한 쌍을 볼 수 있죠.

스톡 4는 유르겐 스톡Jurgen Stock에 의해 발견된 성단 중 하나입니다. 1958년 프라하에서 초판 발행된『성단 및 성협 목록Catalogue of Star Clusters and Associations (Prague, 1958)』에 수록되어 있죠. 아직까지 이 책은 아마추어나 프로천문학자들 모두에게 그다지 주목받지 못하고 있습니다. 오늘날 발행되는 별지도 및 별지도 프로그램들은 좀 더 흐릿한 천체들을 포함하고 있습니다. 따라서 스톡 4와 같이 멋진 대상들이 호기심 많은 별지기들의 눈길을 기다리고 있죠.

스톡 4에서 남남동쪽으로 1.8도를 내려오면 NGC 744라는 작고 매력적인 성단을 만날 수 있습니다. 제 작은 망원경에서 87배율로 바라보면 희미한 연무를 배경으로 매우 희미한 별 15개를 볼 수 있습니다. 서로 떨어져 있는 이 별들은 남서쪽과 남쪽, 동남동쪽과 동북동쪽으로 한 무리씩 자리 잡고 있습니다.

이 성단을 바라볼 때는 인공위성을 자주 보게 됩니다. 한번은 NGC 744를 관측하는 동안 삼각형을 이룬 3개의 위성을 본 적이 있죠. 저뿐 아니라 많은 별지기들이 망원경이나 쌍안경, 심지어는 맨눈으로도 삼각편대를 이룬 인공위성을 봤다고 합니다. 이 위성은 미 해군의 해양 감시 시스템인 3개의 정찰 위성으로서 바다에서 배의 움직임을 추적하는 위성이라고 합니다.

높은 하늘에 자리 잡은 매력적인 보석들

대상	분류	밝기	각크기/각분리	거리(광년)	적경	적위	MSA	U2
카시오페이아자리 에타(η) 별	이중별	3.5, 7.4	13''	19	0시 49.1분	+57° 49'	49	18L
NGC 281	무정형성운	8	28'×21'	9,600	0시 53분	+56° 38'	49	18L
NGC 457	산개성단	6.4	13'	7,900	1시 19.6분	+58° 17'	49	29R
NGC 436	산개성단	8.8	5'	9,800	1시 16분	+58° 49'	49	29R
스톡 4 (Stock 4)	산개성단	-	20'	-	1시 52.7분	+57° 04'	49	29R
NGC 744	산개성단	7.9	11'	3,900	1시 58.5분	+55° 29'	49	29R

각크기는 목록 또는 사진집에서 따온 것입니다. 대부분의 천체들은 망원경을 통해 봤을 때 조금 더 작게 보입니다. 거리는 빛이 1년 동안 가는 거리인 광년으로 표시합니다. MSA와 U2는 각각 『밀레니엄 스타 아틀라스』와 『우라노메트리아 2000.0』 2판에 기재된 차트 번호를 의미합니다.

불리지 않은 별 무리들

흥미로운 별 무리들이 미리내를 따라 자리 잡고 있습니다

제가 밤하늘의 매력에 처음 빠져들었을 때, 제가 가지고 있던 유일한 별지도는 안토닌 베츠바Antonin Bečvář의 지도였습니다. 스카르나떼호 천문대(the Skalnate Pleso Observatory)에서 기획된 이 기념비적인 별지도는 1948년 세상에 나왔고 이후 33년 동안 계속 출판됐죠. 저는 그 책을 다시 훑어보면서 많은 천체가 메시에나 NGC, IC 등재목록에 포함되어 있는 반면, 극히 일부의 천체들은 그 정체가 밝혀지지 않은 채로 남아 있다는 것을 알게 되었습니다. 1983년 슬로바키아의 대중 과학잡지《코스모스Kozmos》에 실린 글에서는 이 책을 전문 천체관측기관이나 열정적인 별지기들 모두에게 필수적인 별지도라고 평가했습니다.

오늘날 많은 별지기들은 광범위한 내용을 담고 있는 다양한 별지도를 접할 수 있습니다. 그중 어떤 별지

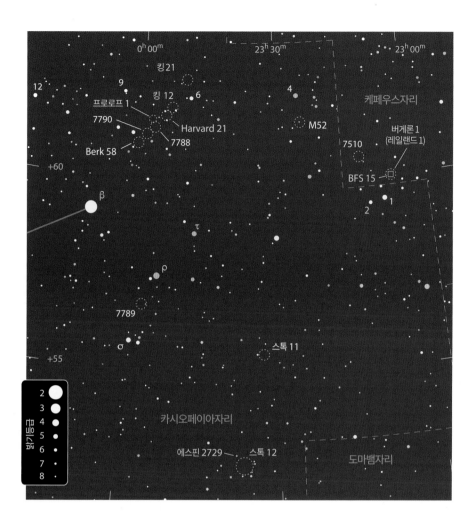

급의 **카시오페이아
자리 2** 별과 한 시야
에 들어오며 3개의 밝
은 별들로 구성된 다
중별입니다. 황백색
의 으뜸별은 남남동
쪽으로 8등급의 백
색 별을 거느리고 있
으며 서쪽으로는 11등
급의 붉은색 별을 거
느리고 있습니다. 이
들은 간격을 매우 넓
게 벌리고 서 있으
며 찌그러진 이등변삼
각형을 이루고 있죠.

저는 『우라노메트
리아 2000.0』 재판본
을 사용하던 중 카시
오페이아자리 1 별
로부터 북북서쪽으

도들은 100가지가 넘는 천체 목록을 담고 있죠. 모호
한 이름을 달고 있는 많은 천체는 분명 대구경 망원경
에서만 관측할 수도 있겠지만, 작은 장비로도 충분히 관
측할 수 있는 천체들이 놀랍도록 많습니다. 이러한 사실
은 특별히 미리내를 따라 흩뿌려져 있는 수많은 별 무
리들에 대해서 적용될 수 있죠. 여기에 새로 등장하
는 천체들은 무엇일까요? 그리고 이들은 어떻게 알아
볼 수 있을까요?

4.8등급의 카시오페이아자리 1 별로부터 여행을 시
작하겠습니다. 이 청백색 별은 카시오페이아자리 베
타(β) 별로부터 델타(δ) 별 사이 3분의 2 지점에 있습
니다. 만약 맨눈으로 이 별을 찾지 못하겠다면 파인더
를 이용하여 카시오페이아자리 베타 별로부터 서쪽 방
향 8도 지점을 훑어보세요. 이 별은 저배율에서 5.7등

로 42분 지점에 있는 **버게론 1**(Bergeron 1)이라는 이름
의 작은 성단에 주목했던 적이 있습니다. 105밀리미
터 굴절망원경에서 153배율로 관측한 버게론 1은 극
히 희미한 별 몇 개를 거느린 작은 연무조각처럼 보였
습니다. 10인치(254밀리미터) 망원경에서 213배율로 바
라보면 1분이 채 안 되는 범위 내에 촘촘하게 모여 있
는 4~5개의 희미한 별들을 볼 수 있습니다. 이 별 무
리는 동서로 약간 길쭉하게 모여 있으며 희미한 성운
에 걸쳐있죠.

버게론 1은 뉴욕의 별지기인 조 버게론
이 1997년 6인치(152.4밀리미터) 굴절망원경으로 우연
히 발견한 이후 『우라노메트리아』에 기재되었습니다.
조 버게론은 후에 『우라노메트리아』를 제작하는 데 도
움을 준 사람들에게 자신의 발견을 이야기해주었죠. 그

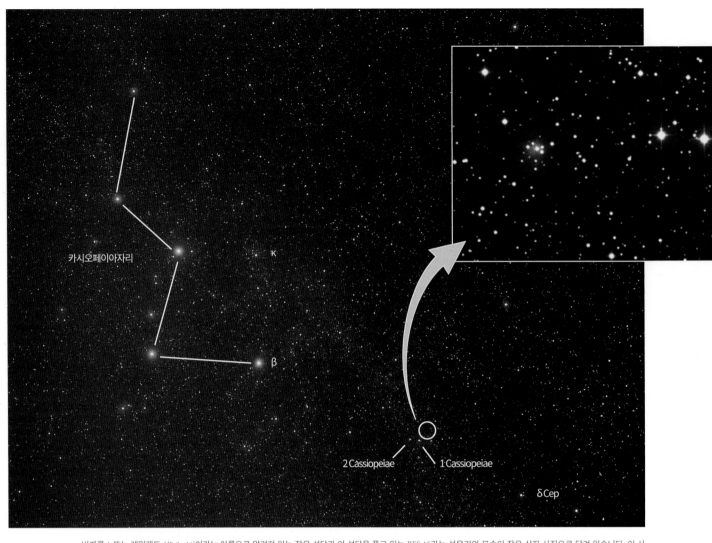

버게론 1 또는 레일랜드 1(Reiland 1)이라는 이름으로 알려져 있는 작은 성단과 이 성단을 품고 있는 BFS 15라는 성운기의 모습이 작은 상자 사진으로 담겨 있습니다. 이 사진은 캘리포니아 팔로마 천문대의 48인치(1,219.2밀리미터) 슈미트 망원경으로 촬영되었습니다. 이 사진의 폭은 10분에 지나지 않습니다. 북쪽은 위쪽이며 오른쪽에 가장 밝게 빛나는 2개 별의 밝기 등급은 10등급입니다. 광대역 사진에서 해당 지역이 1도 폭의 원으로 표시되어 있습니다.

광대역 사진: 아키라 후지

작은 상자 사진: POSS-II / 캘테크 / 팔로마

러나 이 천체에 대한 앞선 설명이 1988년 《스카이 앤드 텔레스코프》 11월 호에 등장합니다. 월터 스콧 휴스턴은 펜실베니아에서 8인치(203.2밀리미터) 뉴턴식 반사망원경을 이용하여 관측을 진행한 톰 레일랜드Tom Reilan에 의해 이 천체가 성단이라는 사실이 증명되었다고 기록했습니다. 레일랜드는 당시 성운기를 두르고 30초의 폭에 모여 있는 6개의 별을 봤다고 합니다. 휴스턴은 협대역필터를 이용하여 레일랜드가 이 성운을 찾아내는 데 도움을 주었다고 합니다. 휴스턴의 이 글로 인해 이 성단의 이름은 레일랜드의 천체, 레일랜드의 성

운상성단, 레일랜드 1 등의 이름으로도 알려지게 되었습니다. 이 성단이 두르고 있는 성운이 처음 전문과학잡지에 기재된 것은 1982년의 일이었습니다. 해당 과학잡지에서는 이 성운의 이름을 BFS 15로 적고 있습니다. 이 이름은 천문학자 레오 블리츠Leo Blitz, 미셸 피치Michel Fich, 안토니 A. 스타르크Antony A. Stark에 의해 등재된 15번째 천체임을 의미합니다. 이들은 이 성단이 북북동쪽 10분 지점에서 약간 밝게 빛나고 있는 IC 1470을 비롯한 더 복잡한 천체의 일부분일 것이라고 가정했습니다(IC 1470은 431쪽의 별지도에는 빠져 있습니다).

이 이야기가 주는 교훈은 세심하게 하늘을 살펴본다면 당신의 이름도 충분히 하늘에 새길 수 있다는 것입니다. 만약 당신이 찾아본 대상이 아직 어떤 목록에도 등재되어 있지 않았다는 것을 확인해 보려면 SIMBAD 검색 엔진(http://simbad. u-strasbg.fr/simbad/sim-fcoo)에 그 좌표를 입력해보세요. 이 검색 엔진은 당신이 입력한 좌표에 해당하는 천체가 존재하는지 여부를 바로 알려줄 것입니다.

5.4등급의 카시오페이아자리 6 별 부근에서도 공식적으로 등재되지 않은 몇몇 별 무리

1도 폭을 담아낸 이 사진에서 미리내의 풍부한 별들을 배경으로, 저자가 언급하고 있는 5개의 성단을 볼 수 있습니다.
사진: POSS-II / 캘테크 / 팔로마

를 잡아낼 수 있습니다. 카시오페이아자리 6 별은 카시오페이아자리 베타 별로부터 북서쪽 4도 지점에 있으며 해당 지역에서 가장 밝게 빛나는 별입니다. 우선 카시오페이아자리 6 별에서 북북동쪽 30분 지점에서 킹 21(King 21)을 만날 수 있습니다. 105밀리미터 굴절망원경에서 153배율로 관측하다 보면 희미한 별 3개와 이보다 훨씬 더 희미한 별 여러 개로 구성된 작은 별 무리가 눈에 들어옵니다. 살짝 보이는 연무기는 이 별 무리 내에 여전히 분해되지 않은 별들이 있음을 말해주죠. 10인치(254밀리미터) 망원경에서 118배율로 관측해보면 3분의 폭 안에 꽤 희미한 별 20개가 모습을 드러냅니다.

1940년 하버드대학 천문대의 신입회원이었던 이

반 R. 킹은 16인치(406.4밀리미터) 메트칼프 망원경과 24인치(609.6밀리미터) 브루스 굴절망원경에 의해 촬영된 사진 건판을 볼 수 있었습니다. 킹은 당시 회원들이 사진 건판 보는 것에 흥미가 있었고, 자신은 특정 목록에 기재된 적이 없는 별 무리들에 주목하기 시작했다고 말했죠. 그가 처음 발견한 21개 천체들은 1949년 하버드대학 천문대 게시판에 공개되었습니다. 그중에는 이미 기존에 발견된 천체도 섞여 있었죠. NGC 609로 등재되어 있었던 킹 3(King 3)이 이러한 경우에 해당합니다.

킹의 또 다른 성단은 카시오페이아자리 6 별로부터 동남동쪽 33분 지점에 있습니다. 제 작은 굴절망

12월

원경에서 153배율로 볼 수 있는 **킹 12**는 매우 희미한 별 6개가 북동쪽에서 남서쪽으로 길쭉한, 작은 타원형으로 모여 있는 성단입니다. 중심에서 남동쪽으로는 가장 밝은 2개의 별이 한 쌍을 이루며 북북서쪽에서 남남동쪽으로 정렬해 있습니다. 이 성단 역시 망원경의 분해능을 넘어서는, 희미하게 연무처럼 뭉쳐진 별들을 보여주고 있는 것 같습니다.

킹 12에서 남동쪽 16분 지점에는 **하버드 21**(Harvard 21)이 있습니다. 하버드 21은 제 작은 망원경에서 127배율로 바라보면 5개의 희미한 별로 만들어진 작은 U자로 보입니다. 좀 더 구경이 큰 망원경은 약간의 별들을 더 보여주죠. 하버드 성단은 하버드대학 천문대에서 발견된 성단이며 할로우 샤플리Harlow Shapley의 1930년 논문인 「성단Star Clusters」에 처음으로 소개되었습니다. 다른 천문학자들이 이 성단 중 몇 개를 이미 예전에 발견했지만, 하버드 21의 경우는 하버드대학 천문대의 발견이 최초 발견인 것처럼 보입니다. 베츠바의 별지도에는 21개의 모든 하버드 성단이 기록되어 있습니다. 이 별지도가 샤플리의 목록을 기반으로 하고 있기 때문에 이는 사실 특이한 일은 아닙니다.

하버드 21로부터 동남동쪽 23분 지점에는 **프로로프 1**(Frolov 1)로 알려진 작은 별들의 점이 있습니다. 105밀리미터 망원경에서 127배율로 바라본 이 천체는 5개의 희미한 별로 만들어진 체크 표시처럼 보입니다. 체크 표시에서 좀 더 긴 선은 남북으로 도열해 있죠. 짧은 선은 긴 선의 북쪽 끝에서 시작하여 동남동쪽으로 비껴 내려갑니다. 10인치(254밀리미터) 망원경에서 219배율로 바라보면 이 체크표시 내에 11등급에서 12등급의 별 6개가 더 드러납니다. 여기에 더해 2분의 폭으로 뿌려진 매우 희미한 별들이 모습을 드러내죠. 이 성단은 매우 성기게 보이지만 꽤 선명하게 보이기도 하죠. 러시아 천문학자인 블라디미르 프로로프Vladimir Frolov는 지근거리의 성단인 NGC 7788과 NGC 7790, 버클리 58(Berkeley 58)의 고유 운동에 대한 연구를 진행하던 중 프로로프 1을 발견하였습니다.

우리의 마지막 관측 대상은 **스톡 12**(Stock 12)입니다. 이 성단은 지금까지 우리가 관측해온 별 무리들의 남쪽에 매달리듯 자리 잡고 있죠. 카시오페이아자리 카파(κ) 별에서 베타 별을 통과하는 선을 그리고 여기서 1과 2/3배를 더 그려나가다 보면 자연스럽게 스톡 12를 만나게 됩니다. 제 작은 굴절망원경에서 47배율로 바라보면 밝은 별과 희미한 별들 60개가 거칠게 뒤섞여 있는 모습을 볼 수 있습니다. 이 중 많은 별이 여러 개의 곡선을 그리듯 도열해 있죠. 이 별 무리는 35분의 폭으로 펼쳐져 있습니다만 불분명한 경계에 매우 흐트러진 모습을 하고 있습니다. 남서쪽 경계에는 황금색 별 하나가 있죠. 북동쪽 경계를 벗어나면 **에스핀 2729**(Espin 2729)라는 이중별이 눈에 띕니다. 8등급의 주황색 으뜸별이 남동쪽으로 10등급의 짝꿍별을 거느리고 있죠.

몇몇 별지도에는 스톡 12의 위치가 잘못 표시되어 있습니다. 스톡 12는 유르겐 스톡이 1954년 소개한 성단 중 하나입니다. 그는 워너 스웨시 천문대Warner and Swasey Observatory에서 촬영한 분광 건판을 조사하던 중 이 목록을 발표했죠. 스톡은 자신의 성단에 대해 "별의 집중 양상이 그다지 보이지 않으며 이들을 동일한 별 무리라고 할 수 있는 단서는 오직 비슷한 분광 유형과 겉보기밝기뿐"이라고 말했습니다.

우리는 왜 천문학사의 초기 관측에서 이처럼 많은 별 무리들이 누락되었는지를 알 수 있게 되었습니다. 이들은 너무나 성기고 느슨한 양상을 보이거나 너무 크고 넓게 퍼져 있어 별들이 가득 들어차 있는 배경에 대해 따로 구분해내기가 쉽지 않았던 것입니다. 저는 이 별 무리들을 볼 때마다 과연 이 별들을 하나의 성단으로 단정할 수 있었던 누군가의 결정에 대해 놀라곤 합니다. 이제 우리는 그러한 별 무리들 중 몇몇에 대해서 그 이유를 알게 되었습니다.

대상	분류	밝기	각크기/각분리	적경	적위	MSA	U2
카시오페이아 2 별	다중별	5.7, 9.2, 10.9	168", 163"	23시 09.7분	+ 59° 20′	1070	18R
버게론 1 (Bergeron 1)	별들로 만들어진 작은 점	-	1′	23시 04.8분	+ 60° 05′	1070	18R
BFS 15	성운기	-	-	23시 04.8분	+ 60° 05′	1070	18R
킹 21 (King 21)	산개성단	9.6	4′	23시 49.9분	+ 62° 42′	1069	18R
킹 12 (King 12)	산개성단	9.0	3′	23시 53.0분	+ 61° 51′	1069	18R
하바드 21 (Harvard 21)	산개성단	9.0	3′	23시 54.3분	+ 61° 44′	1069	18R
프로로프 1 (Frolov 1)	산개성단	9.2	2′	23시 57.4분	+ 61° 37′	1069	18R
스톡 12 (Stock 12)	산개성단	-	35′	23시 36.6분	+ 52° 33′	1083	18R
에스핀 2729 (Espin 2729)	이중별	8.1, 9.5	19.8"	23시 38.0분	+ 52° 49′	1083	18R

각크기는 또는 각분리 값은 최근 천체 목록에서 따온 것입니다. MSA와 U2는 각각 『밀레니엄 스타 아틀라스』와 『우라노메트리아 2000.0』 2판에 기재된 차트 번호를 의미합니다.

섬 우주

우리 이웃 은하를 감싸고 있는 환상적인 천체들

안드로메다의 희미한 후광을 바라보라,
저 머나먼 하늘에 잠겨 있는 우주섬을 보라
백만 년 전 저곳을 떠나
지금 막 우리 눈에 닿은 그 빛을 바라보라

조지 브루스터 갤럽*George Brewster Gallup*, 〈안드로메다〉

12월

이 시는 논란의 '나선형 성운'이 미리내 바깥에 자리 잡은 방대한 별세계라는 것이 알려지던 20세기 초에 쓰인 것입니다. 그중 첫손에 꼽히는 천체가 안드로메다자리의 거대한 성운 M31이었죠. 오늘날 우리는 이 천체를 안드로메다은하라고 부릅니다. 천문학자들은 안드로메다은하까지의 거리를 250만 광년으로 보고 있지만 20세기 초 사람들이 생각한 M31까지의 예상 거리는 이보다 훨씬 짧았습니다. 어마어마한 거리에도 불구하고 M31은 거대 은하로서는 우리와 가장 가까운 은하입니다.

안드로메다은하는 교외에 있는 저의 집에서도 부드러운 타원형 빛무리로 맨눈으로도 볼 수 있습니다. 하늘에서 안드로메다은하의 위치를 찾아내기는 아주 쉽죠. 안드로메다자리 베타(β) 별에서 뮤(μ) 별을 통과하는 가상의 선을 긋고 그 거리만큼 한 번 더 이동하면 바로 안드로메다은하를 만나게 됩니다. 14×70 쌍안경으로 바라본 안드로메다은하는 화려한 모습을 자랑합니다. 작지만 빛들이 강도 높게 뭉쳐 있는 둥근 중심부가, 가

밥 페라와 제니스 페라가 촬영한 이 사진은 안드로메다은하와 안드로메다은하의 위성은하인 M110 및 M32를 보여주고 있습니다. 위쪽에 있는 은하가 M110이고 아래에 있는 은하가 M32입니다. NGC 206은 오른쪽 아래 끄트머리에서 가장 밝게 빛나는 별구름입니다. 육안으로는 NGC 206의 푸른 색조를 알아볼 수는 없습니다.

장자리로 갈수록 점점 희미해지는 1도 길이의 매우 밝은 빛무리에 휘감겨 있죠. M31은 희미한 말단까지 합치면 거의 3도×0.5도의 크기로 퍼져 있습니다.

105밀리미터 굴절망원경에서 47배율로 바라본 화각으로도 안드로메다은하를 다 담아내지 못하죠. 별상의 핵은 은하 중심부에 고정되어 있으며, 이 중심부는 3개로 확연히 구분되는 밝기 단계를 보여줍니다. 남동쪽 부분은 배경 하늘에 부드럽게 사그라지고 있죠. 북서쪽 측면은 갑작스럽게 어두운 하늘과 맞닿아 있는데 이곳 너머로는 아주 작은 연무 자락이 하늘을 채우고 있습니다. 이와 같은 세세한 구조들은 이 은하가 가지고 있는 암흑대역 및 나선팔에 의해 표현되는 것입니다. 10인치(254밀리미터) 반사망원경에서 저배율과 중배율까지를 활용하여 이 구조 너머로 또 하나의 암흑대역

과 나선팔을 볼 수 있었습니다. 이 구조들은 은하의 끝단으로 갈수록 점점 흐릿해져 가죠.

다음으로 만나볼 천체는 **NGC 206**입니다. 안드로메다은하 내에 있는 거대한 별 구름이죠. 저는 제 오래된 10인치(254밀리미터) 망원경으로 약간 흐리게 보이는 이 천체를 찾아보곤 했습니다. 그래서 작은 굴절망원경으로도 NGC 206을 얼마나 쉽게 찾아낼 수 있는지를 알게 되었을 때 정말 깜짝 놀랐었죠. NGC 206은 안드로메다은하의 핵 및 지근거리에 있는 M32와 함께 납작한 이등변삼각형을 형성하고 있습니다. NGC 206을 찾는 비결은 정신을 산만하게 만들 정도로 밝은 이 천체들이 만드는 납작한 이등변삼각형 형태를 유지하는 것입니다. 87배율에서 NGC 206은 3분×1분 크기에 남북으로 늘어진 희미한 타원형으로 보입

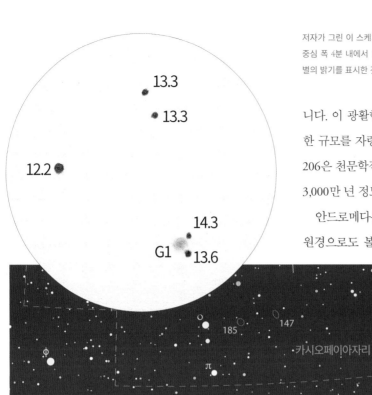

저자가 그린 이 스케치는 15인치(381밀리미터) 망원경에서 221배율로 바라봤을 때 중심 폭 4분 내에서 13.5등급 밝기로 빛나는 G1을 그린 것입니다. 각 숫자는 각 별의 밝기를 표시한 것입니다.

니다. 이 광활한 별덩어리는 국부은하군에서 가장 거대한 규모를 자랑하는 별 생성 구역 중 하나입니다. NGC 206은 천문학적 견지에서 말하자면 대단히 어린 나이인 3,000만 년 정도밖에 되지 않은 천체입니다.

안드로메다은하는 별지기들이 가지고 있는 보통 망원경으로도 볼 수 있는 구상성단들을 상당히 많이 거느리고 있습니다. 이 중에서 가장 밝은 것이 G1 또는 메이올 II(Mayall II)라는 이름의 구상성단입니다. 이 구상성단은 5인치(127밀리미터) 망원경으로도 볼 수 있다고 알려져 있죠. 이 구상성단은 M31의 남서쪽 끄트머리 바깥쪽으로, 별들이 특이하게 많이 있는 부분에 위치하고 있습니다. 따라서 이 구상성단을 보려면 왼쪽 별지도의 도움을 받아 주의 깊게 별들을 짚어나가야 합니다. 437쪽의 스케치에 그려진 바와 같이, G1은 15인치(381밀리미터) 반사망원경에서 221배율로 관측했을 때 별과는 확연하게 다른 모습을 보여주며 2개의 희미한 별 사이에 있습니다.

작은 망원경에서도 G1이 목격되었다는 이야기를 듣고, 저는 제 10인치(254밀리미터) 망원경으로 관측을 시도했었습니다. 118배율을 이용하여 바로 그 자리에서 별과는 다른 모습을 보여주는 천체를 볼 수 있었죠. 이때 관측된 모습은 구상성단과 2개의 별이 서로 뒤섞여 있는 모습이었습니다. 171배율에서는 흐릿한 뭉텅이 내에 빛나는 2개의 별을 볼 수 있었습니다만 각각의 천체가 분리되어 보이지는 않았죠. 제가 이 관측을 진행할 당시 G1은 고도가 낮았고 아침이 밝아오고 있었습니다. 그래서 안드로메다가 좀 더 높은 고도로 올라오기만 한다면 더 나은 모습을 볼 수 있을 거라는 희망을 갖게 되었죠. 여러분은 G1과 2개의 별을 각각 따로 구분해서 볼 수 있으신가요?

안드로메다은하는 중력으로 서로 얽혀 있는 작은 위성은하들을 거느리고 있습니다. 그중 2개는 저배율에서 안드로메다은하와 동일한 시야에 담아볼 수 있죠. M32는 안드로메다은하의 위성은하 중에서는 가장 밝은 표면 밝기를 가지고 있으며 M31의 핵에서 남쪽 24분 지점에 있습니다. M32는 저배율 쌍안경에서 8등급의 별로 잘못 알게 될 수도 있습니다. 그러나 14×70 쌍안경에서는 중심으로 갈수록 점점 밝아지는 천체로 그 모습을 볼 수 있죠. 제 105밀리미터 굴절망원경에서 17배율로 바라본 M32는 안드로메다은하의 가장자리에 꽂아놓은 핀처럼 보입니다. 68배율에서는 별상의 핵이 드러나기 시작하며 북쪽에서 서쪽으로 약간 기울어진 타원형 형태를 볼 수 있습니다. 10인치(254밀리미터) 반사망원경에서 171배율로 바라본 M32의 밝기는 안드로메다은하와 거의 비슷하게 보입니다. 희미한 M32의 헤일로는 3분×4분의 크기로 보이죠. 이보다 반 정도 크기의 비교적 더 밝은 안쪽 헤일

로는 작은 타원형 중심부와 반짝이는 작은 은하핵을 향해 다가갈수록 현저하게 밝아지는 양상을 보여줍니다. M32는 M31과 달리 타원은하로 분류됩니다.

안드로메다은하핵에서 북서쪽 36분 지점에 자리 잡은 M110은 M32보다 크지만, 표면 밝기는 훨씬 낮습니다. 이 은하는 14×70 쌍안경에서 꽤 크고 희미한 타원체로 보입니다. 제 작은 굴절망원경은 68배율에서 M32와 같은 방향으로 도열한 M110의 모습을 15분×7분의 크기로 보여줍니다. 또한 중심으로 갈수록 살짝 밝아지다가 은하의 북쪽 끝단에서 다시 잠겨 드는 모습을 볼 수 있습니다. 이 지역을 10인치(254밀리미터) 망원경에서 70배율로 관측해보면 M110으로부터 뻗어 나와 안드로메다은하 방향으로 매우 희미하게 잠겨 들어가는 빛을 볼 수 있는데 이것은 M110의 헤일로가 팽창하다가 약간 꺾어지면서 만들어진 현상인 것 같습니다. 이 부분은 약 8분에서 9분에 걸쳐 뻗어 있으며 M31에 다가갈수록 폭이 좁아지고 희미해집니다. 이 가냘픈 선은 M110의 별들에게 영향을 주는 안드로메다은하의 중력조석작용에 의해 만들어진 것입니다. M110은 4.7인치(119.38밀리미터) 구경의 망원경에서까지 관측할 수 있습니다.

안드로메다은하에서 더 멀리 나가면 2개의 위성은하를 추가로 만나게 됩니다. M31에서 북쪽으로 카시오페이아자리 경계에 막 들어서는 지점에서 카시오페이아자리 파이(π) 별과 오미크론(o) 별을 만날 수 있습니다. 카시오페이아자리 오미크론 별에서 서쪽 1도 지점에 NGC 185가 있죠. 이 은하를 제 작은 굴절망원경으로 47배율로 관측해보면 북동쪽에서 남서쪽으로 기울어진 타원형에 작고 비교적 밝은 중심부와 북동쪽 끄트머리 바로 바깥쪽에 12등급의 별을 거느린 상당히 희미한 은하로 보입니다. 87배율에서는 4분의 길이로 보이며 1.5분 크기의 중심부를 향해 부드럽게 밝아지는 양상을 보여주죠. 10인치(254밀리미터) 망원경에서 118배율로 바라본 NGC 185는 7분×6분의 크기에 서쪽 모서리

팀 헌터(Tim Hunter)와 제임스 맥게하(James McGaha)는 왼쪽 NGC 185와 오른쪽 NGC 147을 포함하여 애리조나에 있는 자신들의 천문대에서 관측 가능한 모든 메시에 천체와 콜드웰 천체에 대한 3원색 사진을 촬영하였습니다. 콜드웰 목록상에서 이 은하들은 각각 18번과 17번으로 등록되어 있습니다. NGC 185와 NGC 147을 찾아보는 데 문제가 있다면 해당 지점을 제대로 겨냥하고 있는지를 다시 한 번 확인해보세요.

로 아주 희미한 별을 거느린 모습을 보여줍니다.

두 번째 위성은하인 **NGC 147**은 이곳에서 서쪽 1도 지점 약간 북쪽에 있습니다. 7.5등급의 별이 2개 은하를 잇는 선의 중간에서 약간 북쪽에 있다는 사실을 고려하면 이 은하의 위치를 찾아가는 데 도움이 될 것입니다. 특히 작은 망원경을 가졌다면 이렇게 위치를 찾아가는 것이 정말 중요한데 이는 NGC 147의 표면 밝기가 아주 낮기 때문입니다. 제 105밀리미터 망원경에서 47배율로 바라본 NGC 147의 희미한 타원체는 비껴보기를 통해서만 볼 수 있었습니다. 87배율에서는 바로보기를 통해서 볼 수 있게 되었지만, 여전히 불분명하게 보였습니다. 흐릿한 타원체는 북북동쪽으로 기울어져 있으며 4분의 길이와 길이 대비 3분의 1 수준의 너비를 가지고 있습니다. 10인치(254밀리미터) 망원경에서도 여전히 희미하게 보이긴 하지만 44배율에서는 확실히 쉽게 이 은하를 찾아볼 수 있었습니다. 배율을 118배로 올리면 약간은 더 밝게 보이는 중심부와 이를 수놓고 있는 매우 희미한 별들을 몇 개 볼 수 있죠. 저는 대략 5분×1과 1/2분의 크기로 보이는 은하

의 모습을 식별해 볼 수 있었습니다.

NGC 185와 NGC 147은 생각과는 달리 M32 및 M110보다 훨씬 더 우리와 가까운 거리에 위치하고 있습니다.

우리는 안드로메다자리 베타 별로부터 뮤 별로 이동하는 동안 그다지 자주 찾지는 않는 2개의 밤보석을 지나쳐 왔습니다. 낮을 가리는 듯한 천체 **NGC 404**는 안드로메다자리 베타 별(미라크)의 광채 속에 숨어

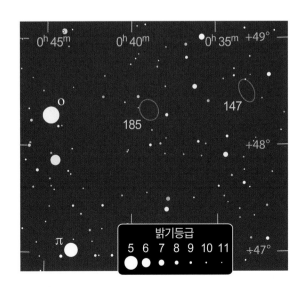

있습니다. NGC 404가 미라크로부터 남남동쪽으로 고작 7분 지점에 있다 보니 때때로 '미라크의 유령'이라는 별칭으로 불립니다. 그럼에도 불구하고 이 은하는 제 작은 굴절망원경에서 69배율로도 관측이 가능합니다. 둥근 빛무리에 중심으로 갈수록 부드럽게 밝아지는 모습을 보여주죠.

자리별 NGC 272는 안드로메다자리 베타 별 및 뮤 별과 함께 이등변삼각형을 구성하고 있습니다. 10인치(254밀리미터) 망원경에서 171배율로 바라보면 9등급에서 13등급 사이의 밝기를 가진 9개의 별이 5분의 크기로 모여 있는 모습을 볼 수 있습니다. 이 중 서로 바짝 붙어 있는 이중별을 포함한 5개의 별은 촘촘하고 작은 아치를 구성하고 있습니다. 반면 나머지 4개 별은 아치에서 북쪽에 있습니다. NGC 272의 좌표는 자리별의 중심지점이 아니라 대개 이 아치의 중심지점으로 표시됩니다.

안드로메다은하를 둘러싼 보석들

대상	분류	밝기	각크기/각분리	적경	적위	MSA	U2
M31	나선은하	3.4	3.2°×1°	0시 42.7분	+41° 16′	105	30L
NGC 206	M31 내의 별구름	11.9(파란색)	4.0′×2.5′	0시 40.6분	+40° 44′	105	30L
G1	M31 안의 구상성단	13.5	0.6′	0시 32.8분	+39° 35′	105	45L
M32	소규모고밀도 타원은하	8.1	8.7′×6.5′	0시 42.7분	+40° 52′	105	30L
M110	타원은하	8.1	22′×11′	0시 40.4분	+41° 41′	105	30L
NGC 185	왜소타원은하	9.2	8.0′×7.0′	0시 39.0분	+48° 20′	85	30L
NGC 147	왜소타원은하	9.5	13′×7.8′	0시 33.2분	+48° 30′	85	30L
NGC 404	렌즈형 은하	10.3	3.5′	1시 09.5분	+35° 43′	125	62R
NGC 272	자리별	8.5	5′	0시 51.4분	+35° 49′	126	62R

각크기 및 각분리는 최근 천체 목록을 참고한 것입니다. 각 천체의 크기에 대한 인상은 대부분 목록상에 있는 크기보다는 작게 느껴지며 장비의 구경과 배율에 따라 다양하게 느껴집니다. MSA와 U2는 각각 『밀레니엄 스타 아틀라스』와 『우라노메트리아 2000.0』 2판에 기재된 차트 번호를 의미합니다.

고래 이야기

고래 철을 맞은 별지기들이 고래자리 사냥에 나섭니다

오, 온갖 폭풍우를 견뎌낸 늙은 고래여

그대가 품은 바다에서

권능에 휩싸인 위대한 왕이 되리니

그곳에서 권능은 정의가 되고

그대는 가없는 바다의 왕이 되리.

헨리 테오도르 치버*Henry Theodore Cheever*

「고래와 사냥꾼들*The Whale and His Captors*」, 1849

많은 고지도에서 고래자리는 바다에서 결코 목격될 것 같지 않은 바다 괴물로 묘사됩니다. 그러나 오늘날 이 별자리는 말 그대로 고래를 상징하는 것으로 여겨지죠. 고래자리를 말하는 용어 'Cetus'에 대한 이러한 인식의 변화는 고래를 포함한 포유동물의 종 분류에 있어서 고래목(Cetacea)이라는 용어의 영향을 받았기 때문입니다. 1년 중 이맘때, 고래자리는 남쪽 지평선 위로 솟아올라 저녁 시간 동안 가장 높은 고도에 도달합니다. 고래자리를 이끄는 별은 데네브 카이토스(Deneb Kaitos)라는 이름으로 불리는 고래자리 베타(β) 별입니다. 이 별은 고래의 꼬리를 상징하며 고래사냥을 떠난 우리가 발을 담그게 될 천상의 바다가 이곳에 있습니다.

우리의 첫 번째 사냥대상은 인상적인 행성상성운 NGC 246입니다. 이 행성상성운은 고래자리 베타 별과 에타(η) 별, 요타(ι) 별이 만드는 삼각형 내에 있죠. 파인더를 이용하면 황금색의 고래자리 에타 별로부터 피^4(ϕ^4), 피^3(ϕ^3), 피^2(ϕ^2), 피^1(ϕ^1) 별들이 만들어내는 파도를 따라갈 수 있습니다. NGC 246은 이 별들의 남쪽에서 고래자리 피^2 별 및 피^1 별과 함께 정삼각형을 이루고 있죠. 고래자리 피^1 별은 고래자리 베타 별에서 북쪽으로 7.4도를 이동하여 찾아볼 수도 있습니다.

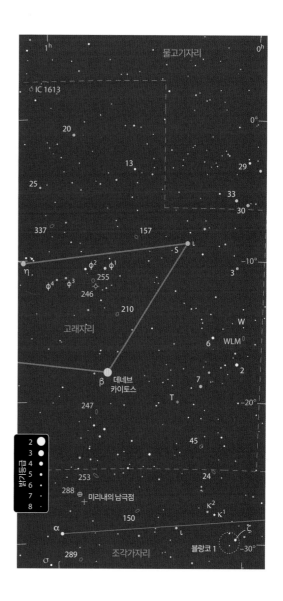

별지기들이 즐겨 찾는 NGC 253은 낮은 고도에도 불구하고 북반구 온대지역에서 쉽게 찾아볼 수 있는 은하입니다. 이 은하는 안드로메다은하 다음으로 쉽게 찾아볼 수 있는 나선은하로 언급되곤 하죠. 작은 망원경으로도 얼룩이 가득한 모습을 볼 수 있을 것입니다. 사진의 폭은 25분이며 북쪽은 위쪽입니다.

사진: R. 제이 가바니(R. Jay GaBany)

NGC 246은 105밀리미터 굴절망원경에서 17배율을 이용해도 보풀이 인 작은 점으로 찾아볼 수 있습니다. 47배율에서는 3.5분으로 펼쳐진 둥그런 천체로 보이죠. 이 행성상성운의 한가운데에는 날씬한 이등변 삼각형을 이루는 약 11.5등급의 별 3개가 있습니다. 각 별은 성운의 중심 및 중심으로부터 서남서쪽과 북서쪽 경계에 있죠. NGC 246은 산소Ⅲ필터나 협대역필터를 사용했을 때 그 모습을 좀 더 뚜렷하게 볼 수 있습니다. 특히 협대역필터를 사용했을 때 별의 모습도 그대로 볼 수 있어 전반적으로 더 나은 모습을 볼 수 있죠. 배율을 87배로 올리면 중심으로부터 동남동쪽으로 겹쳐져 있는 희미한 별이 모습을 드러냅니다. 10인치(254밀리미터) 반사망원경에서 115배율로 관측해보면 별 주변의 성운은 매우 희미하게 보이며 미약한 고리 구조를 보여줍니다. 여기서 북북동쪽 26분 지점에서는 희미한 은하 NGC 255를 만날 수 있죠. 낮은 표면밝기를 가지고 있는 이 은하는 행성상성운에 비해 반 정도의 크기로 보입니다.

이제 고래자리 베타 별로 돌아가서 남남동쪽 2.9도 지점으로 이동하여 좀 더 인상적인 은하 NGC 247을 만나보겠습니다. 5.5등급의 별들이 만드는 삼각형의 동쪽 끄트머리에서 1도 북쪽으로 이동하여 이 은하를 찾아보세요. 제 굴절망원경에서 47배율로 관측해보면 약간 북서쪽으로 기운 14분 크기의 방추체가 모습을 드러냅니다. 이 은하는 비교적 밝은 중심부를 가지고 있으며 남쪽 끄트머리에는 9.5등급의 별이 핀처럼 꽂혀 있습니다. 이 은하는 87배율에서 좀 더 자세하게 볼 수 있습니다. 특히 중심 부분을 좀 더 세밀하게 볼 수 있으며 남쪽 반은 더 밝게 보이죠. NGC 247 역시 낮은 표면밝기를 가지고 있습니다. 그래서 그 구조를 하나하나 알아보려면 주의 깊은 공부가 필요합니다.

NGC 247은 약 700만 광년 거리에 있으며 조각실자리 은하군에 속하는 은하입니다. 이 은하군은 마페이I 은하군(the Maffei I Group)과 함께 국부은하군과 가장 가까운 은하군의 타이틀을 놓고 경쟁하는 은하군입니다. 1,000만 광년 거리에 있는 **NGC 253**은 조각실자리 은하군에서 좀 더 멀리 있는 은하입니다. 이 은하는 NGC 247에서 정남 방향으로 4.5도 지점인 조각실자리 경계 내에 있습니다. 이 정도 위치라면 조각가가 고래의 모습을 조망하며 조각하기에 아주 좋은 위치인 것 같습니다.

NGC 253은 상당히 먼 거리로 떨어져 있음에도 불구하고 자신의 친척들보다 훨씬 더 밝게 보이죠. 저는 언젠가 겨울에 리틀 케이맨Little Cayman의 어둡고 평온한 하늘 밑에서 이 은하를 마음껏 관측한 적이 있습니다. NGC 253은 제가 사는 뉴욕주 북부보다 훨씬 높은 고도인 23도까지 올라왔죠. 심지어 4.5인치(114.3밀리미터) 반사망원경에서 35배율로 관측해도 아주 크고 아름답게 보였습니다! 이 은하는 24분×5분의 타원형에 북동쪽으로 기울어져 있죠. 은하의 중심부는 6분 길이에 매우 얼룩덜룩한 모습을 보여주며 남서쪽 끝자락에는 희미한 별 하나를 거느리고 있습니다. 중심에서 남쪽으로는 꽤 밝은 별 한 쌍이 있습니다. 이 중에서 은하에 더 가까운 별은 은하의 끝자락에 있죠. 그 반대편, 은하의 중심에서 서쪽으로는 희미한 별 하나가 있습니다.

이제 다시 고래자리로 돌아와 외딴곳에 자리 잡은 2개의 천체에 도전해보겠습니다. 이 2개 천체는 모두 국부은하군의 일원입니다. 이 중에서 더 밝은 은하가 안드

로메다은하보다 약간 더 가까운 곳에 있는 IC 1613입니다. 240만 광년 거리의 왜소불규칙은하죠. 이 은하는 고래자리 북쪽 물고기자리 경계에서 만날 수 있습니다. IC 1613의 위치를 특정하기 위해서는 물고기자리 엡실론(ε) 별에서 출발하는 것이 더 쉬울 수 있습니다. 여기서 남남동쪽으로 2.5도를 내려와 6등급의 별들이 만드는 3/4도 크기의 삼각형을 찾아갑니다. 이 삼각형의 남쪽 꼭짓점에서 남쪽으로 2도를 내려오면 동일한 간격을 유지하며 얕은 곡선을 그리고 있는 황금색의 7등급 별 3개를 만나게 됩니다. IC 1613은 이 별 중 남쪽 마지막 별의 바로 남쪽에 있습니다.

애리조나의 별지기인 브라이언 스키프가 자신의 70밀리미터 굴절망원경에서 저배율로 이 은하를 본 적이 있다고 했기 때문에, 저는 105밀리미터 망원경에서 쉽게 이 은하를 찾을 수 있을 것이라고 생각했습니다. 그러나 이 흐린 은하를 찾기까지 아주 많은 시간이 걸렸죠. 게다가 저는 이 은하의 일부만을 볼 수 있었습니다. 관측 당시 상대적으로 온기가 있는 제 얼굴이 차가운 접안렌즈에 자꾸 김을 서리게 만들면서 방해를 많이 받았습니다. 접안렌즈를 충분히 데운 후에야 간신히 희미하게 보이는 이 은하의 일부를 잡아낼 수 있었죠. 하지만 당시 제가 관측한 지점은 꽤 큰 규모를 가진 이 은하의 중심부가 아니었습니다. 저는 주의 깊게 이 은하를 그린 후 이 은하를 촬영한 사진과 비교해보았습니다. 제가 본 작은 얼룩은 사진에서 나타난 이 은하의 북동쪽 밝은 부분과 확실하게 대응되었습니다. 이러한 경험으로 인해 다시 한 번 이 은하에 도전하고 싶어졌습니다.

총겉보기밝기가 9.2등급이라는데 왜 그렇게 관측이 어려웠던 것일까요? 그 답은 이 은하의 표면 밝기 때문이라는 것을 알게 되었습니다. 그 빛이 커다란 표면에 골고루 퍼져 있다 보니, 평균적으로 분 크기의 정사각형으로 분할했을 때 각 지점의 밝기는 15등급 정도밖에 되지 않았던 것입니다. 이에 반해 NGC 247이나 NGC

253은 그 표면 밝기가 14등급 및 12.8등급입니다.

우리가 만나볼 또 다른 국부은하군의 구성원은 **볼프-룬드마크-멜로테**(Wolf-Lundmark-Melotte, WLM) 또는 MCG-3-1-15라는 이름으로 불리는 3,100만 광년 거리의 왜소불규칙은하입니다. 이 '성운'은 1909년 천문학자 막스 볼프와 1926년 크누트 룬드마크Knut Lundmark 및 필리버트 자크 멜로테Philibert Jacques Melotte의 사진 건판에서 각각 독립적으로 발견되었습니다.

WLM은 4.9등급의 고래자리 6 별에서 정서 방향으로 2.2도 지점에 있습니다. 저배율 접안렌즈를 이용하여 고래자리 6 별에서 서쪽을 훑어가다 보면 8.6등급의 황금색 별을 만나게 됩니다. WLM은 여기서 서쪽으로 55분 지점에 있죠. 넓게 간격을 벌리고 선 9등급의 별 한 쌍을 남북으로 잇는 선을 그린 후 그 중간지점에서 약간 서쪽을 살펴보세요. 이 은하는 10인치(254밀리미터) 반사망원경으로는 찾기가 매우 힘든 은

하였습니다. 68배율에서는 꽤 크고 남북으로 서 있는 희미한 이 은하를 볼 수 있었죠. 매우 작고 상대적으로 밝은 점 하나가 중간지점과 남쪽 끄트머리에 있었습니다. 그런데 저는 이 점이 과연 이 은하의 일부분인지 아니면 앞쪽에 위치한 별들인지를 구분할 수 없었습니다. 나중에 사진을 통해 중심 근처에서 보였던 점이 HM8과 HM9로 등재되어 있는 별생성구역이었을 거라고 짐작하게 되었습니다. 하지만 남쪽에 있는 점의 경우 그 정체를 식별할 수 있을 만큼의 정보는 존재하지 않았죠.

WLM을 촬영한 사진은 서쪽 측면 바깥에 2개의 별을 보여줍니다. 이 중에 남쪽에 있는 것이 WLM-1로서 유일하게 알려져 있는 이 은하의 구상성단이죠. 이 구상성단은 18인치(457.2밀리미터) 망원경으로도 관측이 어려운 천체입니다.

고래의 선물

대상	분류	밝기	각크기/각분리	적경	적위	MSA	U2
NGC 246	행성상성운	10.9	4.1'	00시 47.1분	-11° 52'	316	7
NGC 255	나선은하	11.9	3.0'×2.5'	00시 47.8분	-11° 28'	316	(7)
NGC 247	조각실자리 은하군 은하	9.1	19.2'×5.5'	00시 47.1분	-20° 46'	340	7
NGC 253	조각실자리 은하군 은하	7.2	29.0'×6.8'	00시 47.6분	-25° 17'	364	7
NGC 288	구상성단	8.1	13.0'	00시 52.8분	-26° 35'	364	7
IC 1613	국부은하군 은하	9.2	16.2'×14.5'	01시 04.8분	+02° 07'	267	5
볼프-룬드마크-멜로테 (WLM)	국부은하군 은하	10.6	9.5'×3.0'	00시 01.9분	-15° 27'	318	7

각크기는 최근 천체 목록을 참고한 것입니다. 각 천체의 크기에 대한 인상은 대부분 목록상에 있는 크기보다는 작게 느껴지며 장비의 구경과 배율에 따라 다양하게 느껴집니다. MSA와 U2는 각각 『밀레니엄 스타 아틀라스』와 『우라노메트리아 2000.0』 2판에 기재된 차트 번호를 의미합니다. 차트 번호가 괄호로 표시된 것은 해당 천체가 차트상에는 기록되어 있지 않음을 의미합니다.

천상의 무도회장

12월의 밤하늘을 높이 가로질러 가는 페가수스자리 대사각형에는
가장자리를 따라 아름다운 보석들이 자리 잡고 있습니다.

이맘때의 초저녁에는 페가수스의 몸통을 차지하는 거대한 사각형이 높은 하늘을 가로질러 갑니다. 뚜렷하게 보이는 이 자리별은 가레트 P. 세르비스가 자신의 고전적 저작인 『오페라글라스와 함께하는 천문학Astronomy with an Opera Glass』에서 언급한 바와 같이 "사각형 안에 눈에 띄는 별이 거의 없고, 그 주변에 주목받을 만한 커다란 자리별이 없기 때문에, 한 번에 눈길을 잡아끄는" 자리별입니다. 이 천상의 사각형 경계를 따라가다 보면 멋진 딥스카이 천체들을 만나게 됩니다.

페가수스자리 베타(β) 별에서 마르카브(Markab)이라는 이름으로 알려진 페가수스자리 알파(α) 별 사이 5분의 2 지점의 서쪽에는 작은 자리별 하나가 자리 잡고 있습니다. 이 자리별은 이웃 별자리인 돌고래자리를 빼닮은 자리별입니다. 심지어는 그 방향도 같죠. 4개의 별이 돌고래자리의 다이아몬드형 머리를 그리고 2개의 별이 남쪽으로 뻗어나가며 꼬리를 만들고 있습니다.

이 자리별은 1980년 다나 패치크가 11×80 쌍안경으로 하늘을 관측하던 중 우연히 발견하였습니다. 그는 이 자리별을 로스앤젤레스 천문학회의 일원인 스티브 쿠펠드Steve Kufeld에게 보여주었고, 스티브 쿠펠드는 '작은 돌고래자리(Delphinus Minor)'라는 이름을 지어주었습니다. 12×36 쌍안경으로는 이 자리별에 있는 7등급과 8등급의 별을 더 볼 수 있습니다. 이 별들은 돌고래의 뺨 부분에 숨겨져 있죠. 이 자리별은 코끝에서부

페가수스자리의 몸통이 그리는 대사각형은 밤하늘에서 가장 눈에 잘 띄는 자리별 중 하나입니다. 이 자리별이 눈에 잘 띄는 이유는 그 주변 하늘에 이 자리별의 형태를 흐트릴 만큼 밝은 별이 거의 없기 때문이죠. 그러나 이 사각형을 따라가다 보면 경계를 따라 줄지어 있는 재미있는 풍경들을 만날 수 있습니다. 이번 장에서 저자는 작은 쌍안경으로 쉽게 찾아볼 수 있는 천체들과 대구경 망원경에서도 다소 도전적인 대상이 되는 천체들을 소개하고 있습니다.
사진: 《스카이 앤드 텔레스코프》 / 리처드 트레시 핀버그 (Reichard Tresch Fienberg)

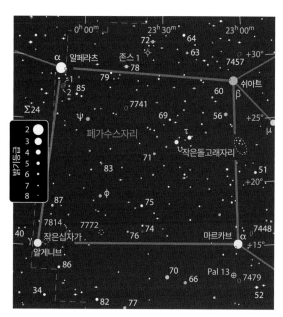

터 꼬리 끝까지 1.1도에 걸쳐 펼쳐져 있습니다.

우리의 다음 방문 대상은 거대한 행성상성운 **존스 1**(Jones 1, PNG 104.2-29.6)입니다. 이 행성상성운은 대사각형의 북쪽 면 중간쯤에 있습니다. 이 행성상성운은 페가수스자리 72 별에서 시작하여 남동쪽으로 2개의 7등급 별을 통과하여 1도를 이동하면 찾아볼 수 있습니다. 이 지점에서 남서쪽으로 12분 지점을 훑어보며 11등급의 별을 찾아보세요. 여기서 같은 방향으로 8분을 더 이동하면 존스 1의 중심에 도달하게 됩니다.

성운의 모습이 바로 보이지 않는다고 놀라지 마세요. 이 행성상성운은 5.3분의 폭을 가지고 있으며 표면 밝기는 매우 낮습니다. 105밀리미터 굴절망원경에서 28배율로 바라본 존스 1은 산소Ⅲ필터나 협대역성운필터를 이용해도 비껴보기를 통해서만 희미하게 볼 수 있습니다. 10인치(254밀리미터) 반사망원경에서도 희미하게 보이기는 매한가지죠. 산소Ⅲ필터를 달고 44배율로 바라보면 희미한 중심부와 한쪽이 끊어진 거대한 고리의 모습을 볼 수 있습니다. 이 고리는 북서쪽과 남남동쪽에서 좀 더 밝은 아치로 보입니다. 그러나 동쪽은 끊어져 있죠. 이 행성상성운은 1941년 레베카 B. 존스(Rebecca B. Jones)에 의해 처음 발견되었습니다. 그녀는 매사추세츠 오크리지 천문대 16인치(406.4밀리미터) 매트칼프 카메라가 촬영한 사진에서 이 천체를 처음으로 발견했죠.

사각형의 동쪽으로 넘어가면『성운과 성단에 대한 신판일반천체목록』(the New General Catalogue of Nebulae and Clusters of Stars)의 처음을 장식하는 2개 천체, **NGC 1**과 **NGC 2**를 만날 수 있습니다. 이들은 안드로메다자리 알파(α) 별 알페라츠(Alpheratz)에서 남쪽으로 1.4도 지점에 있습니다. 알페라츠는 대사각형의 한쪽 꼭짓점을 차지하고 있긴 하지만 공식적으로는 안드로메다자리에 속하는 별입니다. 알페라츠로부터 남남서쪽으로 1.6도 정도 이어져 있는 6.5등급의 별 3개를 따라

가 보세요. 그러면 마지막 별에서 정동쪽 30분 지점에서 이 2개 은하를 만날 수 있습니다.

10인치(254밀리미터) 망원경에서 68배율로 바라본 NGC 1은 북북동쪽에 자리 잡은 11.6등급의 별과 그 반대편에 있는 13.2등급 별 사이 중간지점에서 희미하게 그 모습을 드러냅니다. 115배율에서는 훨씬 더 쉽게 찾을 수 있습니다. 그리고 동일한 배율에서 NGC 1의 남쪽 및 좀 더 희미한 별의 동쪽에 있는 NGC 2를 비껴보기로 만나볼 수 있죠. NGC 2는 166배율에서 아주 작고 희미하게 보입니다. 바로보기를 통해 보면 그 밝기가 일정치 않게 보이죠. 이 은하는 동남동쪽으로 기울어진 타원형으로 보입니다. 살짝 타원형의 모습을 보이는 NGC 1 역시 동일한 방향으로 기울어져 있으며 매우 작고 희미한 핵을 거느리고 있습니다. 213배율에서는 상대적으로 크고 약간 더 밝은 중심부가 도드라져 보이죠.

NGC 1은『신판일반천체목록』오리지널 판에서 00시 00분 4초라는 가장 낮은 적경 값으로 첫 번째 천체가 되는 영광을 차지했습니다. 그러나 해당 좌표는 1860.0 춘분 좌표계의 값이었고, 세차운동으로 인해 오늘날 적경상의 시발점은 NGC 1에서 훨씬 더 멀리 벗어났습니다. 2000.0 춘분좌표계 기준으로는 NGC 1보다 훨씬 낮은 적경 값을 보이는 NGC 은하들이 10여 개 더 존재합니다.

이제 남동쪽 꼭짓점에 있는 페가수스자리 감마(γ) 별로 이동해보겠습니다. 페가수스자리 감마 별에서 서쪽으로 40분 지점의 약간 북쪽으로는 별자리를 흉내 내고 있는 또 다른 자리별이 있습니다. 4.5인치(114.3밀리미터) 반사망원경에서 저배율로도 쉽게 찾을 수 있는 이 자리별은 백조자리의 한가운데에 있는 북반구의 십자가를 생각나게 만듭니다. 16.5분 크기의 **작은 십자가**(Mini-Cross) 자리별은 8등급에서 10.5등급 사이의 밝기를 가진 5개의 별로 구성되어 있습니다. 십자가의 가로선은 거의 남북으로 정렬해 있고 세로선은 동

모서리은하 NGC 7814의 중심을 깔끔하게 자르며 가로지르는 얇은 먼지 띠는 눈으로 보기가 쉽지 않습니다. 사진의 폭은 10분이며 북쪽은 상단 오른쪽입니다. 사진: 애덤 블록 / NOAO / AURA / NSF

서를 가로지르고 있죠. 가장 밝은 별을 머리에 이고 있는 북반구의 십자가와 달리 이 작은 십자가의 머리에 있는 별은 가장 희미한 별입니다.

여기서 서북서쪽으로 2도를 이동하면 NGC 7814 은하를 만나게 됩니다. 이 은하는 7등급 별에서 남동쪽 12분 지점에 있습니다. 타원형의 이 은하는 이 7등급의 별을 가리키고 있는 듯 보이죠. NGC 7814는 105밀리미터 굴절망원경에서도 꽤 밝게 보입니다. 87배율에서는 약간의 얼룩기를 보여주며 4분의 길이에 길이 대비 3분의 1 정도의 너비로 보입니다. 이 은하는 타원형의 중심부에 매우 작고 밝은 은하핵을 가지고 있습니다. 몇몇 별지기들은 8인치(203.2밀리미터) 망원경에서 고배율을 이용하면 이 은하를 가로지르고 있는 아주 얇은 먼지 띠를 볼 수 있다고 합니다. 하지만 이 먼지 띠는 이보다 2배 이상의 구경에서도 상당히 도전적인 관측 대상입니다.

여기서 멀리 서쪽으로 2.8도를 이동하면 작은 산개성단 NGC 7772를 만날 수 있습니다. 제 작은 굴절망원경에서 17배율로 바라보면 10등급의 별에서 바로 북동쪽에 있는 작은 보풀을 볼 수 있습니다. 이 산개성단의 폭은 153배율에서 훨씬 더 넓어집니다. 납작한 W형태를 구성하고 있는 5개의 별과 남동쪽에 거느린 별 하나가 눈에 들어오죠. 이 별들의 밝기는 11.3등급에서 13.5등급 사이입니다. 10인치(254밀리미터) 망원경에서 166배율로 관측해보면 일곱 번째 별이 모습을 드러내면서 전체적인 모양을 남북으로 서 있는 지그재그 형태로 만들어줍니다. 이 지그재그의 총 길이는 2분이며 폭은 더 넓게 보이지만 남쪽으로는 좀 더 좁아지는 모습을 보여주죠. NGC 7772는 아마도 늙은 산개성단이 남겨놓은 잔해일지도 모릅니다. 예전에는 자신이 거느리고 있던 상당수의 별을 더 이상 중력으로 묶어놓을 수 없어 잃어버리고 만 성단이죠.

이제 페가수스자리 알파 별로 돌아가서 우리의 사각형 여행을 마무리 짓겠습니다. 페가수스자리 알파 별에서 남쪽으로 2.9도를 내려오면 막대나선은하 NGC 7479를 만날 수 있습니다. 이 은하는 8등급에서 11등급의 별 5개가 만들고 있는 0.5도 길이 선의 북동쪽 끄트머리에 있습니다. 제 작은 굴절망원경에서 28배율로 바라보면 약 2분 길이에 길이 대비 3분의 1의 폭으로 남북으로 서 있는 타원형 빛을 볼 수 있습니다. 127배율에서는 북쪽 끄트머리를 장식하고 있는 희미한 별이 보이죠. 10인치(254밀리미터) 반사망원경에서 115배율로 바라본 이 은하의 길이는 2.5분이며 너비는 길이 대비 반 정도입니다. 밝고 얼룩이 있는 막대가 세로로 은하의 전반을 가로지르고 있죠. 애리조나의 별지기인 빌 페리스Bill Ferris는 10인치(254밀리미터) 망원경으로 막대의 양끝에 매

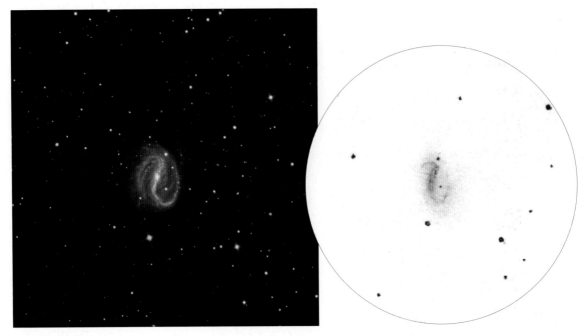

갈고리를 찾아보세요. 막대나선은하 NGC 7479는 작은 망원경으로도 충분히 볼 수 있을 정도로 밝은 은하입니다. 하지만 중심 막대의 끝부분에서 튀어나온 나선팔을 보고자 한다면 꽤 큰 구경의 망원경이 필요합니다. 애리조나의 별지기인 빌 페리스(Bill Ferris)의 스케치는 10인치(254밀리미터) 반사망원경에서 191배율로 관측하며 그려진 것입니다. 사진의 폭은 1/8도이며 북쪽은 위쪽입니다.

사진: 돈 골드만

달린 고리 모양의 나선팔을 볼 수 있었다고 합니다.

여기서 북동쪽으로 38분을 이동하면 보일 듯 말 듯 한 구상성단 팔로마 13(Palomar 13, Pal 13)을 만날 수 있습니다. 동서로 얇은 연 모양을 하고서 13분의 길이로 늘어서 있는 7.5등급에서 10.5등급의 별 5개를 찾아보세요. 이 연의 북쪽에서 부드러운 곡선을 그리고 있는 11등급과 12등급의 별이 팔로마 13을 향하고 있습니다. 팔로마 13은 이 지역에서 가장 밝은 별의 서쪽 1.7분 지점에 있죠. 10인치(254밀리미터) 반사망원경에서 213배율을 이용하면 비껴보기를 통해 작은 안개와 같은 점을 볼 수 있습니다. 북쪽 경계로는 대단히 희미한 별 하나가 시선을 가로막고 있죠. 놀랍게도 버지니아의 별지기인 켄트 블랙웰은 팔로마 13을 4인치(101.6밀리미터) 굴절망원경으로 찾아내곤 합니다. 켄트 블랙웰은 자신의 망원경을 거치한 시계식 회전 장치를 달

고 있는 가대가 이 희미한 구상성단을 잡아내는 데 필요한 여분의 모서리를 준다고 합니다.

팔로마 13은 미리내의 헤일로 속으로 높은 고도까지 올라갔다가 다시 그 중심부에 깊게 잠겨 드는 다축 공전 궤도를 가지고 있습니다. 이 구상성단은 이미 그 형태가 상당히 망가진 상태입니다. 따라서 미리내의 중심을 통과하는 다음번 공전주기에서 살아남지 못할 수도 있습니다.

페가수스자리의 대사각형 주변으로 환상적인 빛의 여행을 만끽할 때, 과연 어떤 음악이 어울릴지 고민할지도 모르겠습니다. 만약 그렇다면 www.musiccentre.ca라는 웹사이트에 있는 재스퍼 우드Jasper Wood의 〈페가수스의 위대한 사각형The Great Square of Pegasus〉이라는 음악을 한 번 들어보세요.

페가수스와 춤을

대상	분류	밝기	각크기/각분리	적경	적위	MSA	U2
작은 돌고래자리 (Delphinus Minor)	자리별	-	1.1°	23시 01.9분	+22° 53′	1185	64L
존스 1 (Jones 1)	행성상성운	12.1	5.3′	23시 35.9분	+30° 28′	1162	45R
NGC 1	은하	12.9	1.7′×1.1′	00시 07.3분	+27° 42′	150	63L
NGC 2	은하	14.2	1.1′×0.6′	00시 07.3분	+27° 41′	150	63L
작은 십자가 (Mini-Cross)	자리별	-	16.5′	00시 10.5분	+15° 18′	198	(81L)
NGC 7814	은하	10.6	5.5′×2.3′	00시 03.2분	+16° 09′	198	81L
NGC 7772	산개성단	9.6	5′	23시 51.8분	+16° 15′	(1207)	81R
NGC 7479	은하	10.9	4.1′×3.1′	23시 04.9분	+12° 19′	1233	82L
팔로마 13 (Pal 13)	구상성단	13.5	1.5′	23시 06.7분	+12° 46′	1233	82L

각크기는 최근 천체 목록을 참고한 것입니다. 각 천체의 크기에 대한 인상은 대부분 목록상에 있는 크기보다는 작게 느껴지며 장비의 구경과 배율에 따라 다양하게 느껴집니다. MSA와 U2는 각각 『밀레니엄 스타 아틀라스』와 『우라노메트리아 2000.0』 2판에 기재된 차트 번호를 의미합니다. 차트 번호가 괄호로 표시된 것은 해당 천체가 차트상에는 기록되어 있지 않음을 의미합니다. 이 지역에 위치하는 이번 달의 모든 천체들은 《스카이 앤드 텔레스코프》 호주머니 별지도 표 74에 기재되어 있습니다.

어둠 속의 물고기

물고기자리는 희미한 별자리이지만
멋진 은하와 이중별들로 가득 차 있는 별자리입니다

이 길은 야생염소가 뛰노는 곳,
그리고 이곳에 환상 속 물고기들이 어슴푸레 떠다니고 있다네.

엘리자베스 배렛 브라우닝*Elizabeth Barrett*, 「바빌론 유수*A Drama of Exile*」

비록 물고기자리는 어스름하게 하늘을 떠가는 별자리이긴 하지만 시골 하늘에서는 별문제 없이 이 별자리 중 서쪽에 있는 물고기를 잡아낼 수 있습니다. 서쪽 물고기는 페가수스자리 대사각형 바로 아래를 지나가며 '물고기의 고리(the Circlet of Pisces)'라고 알려진 자리별을 담고 있습니다. 하지만 동쪽 물고기의 형태는 그다지 확실하게 나타나지 않습니다. 안드로메다자리의 허리를 찌르며 들어가는 형태가 살짝 보일 뿐이죠. 기준점이 될 만한 밝은 별이 거의 없음에도 불구하고 이 천상의 물줄기에는 수많은 딥스카이 천체들이 담겨 있습니다.

우리의 여정을 두 물고기를 함께 묶고 있는 리본에

서 시작하여 동쪽 물고기를 향하는 것으로 구성해보겠습니다. 아름다운 이중별인 **물고기자리 제타**(ζ) 별이 우리의 발판이 될 것입니다. 물고기자리 제타 별을 105밀리미터 굴절망원경에서 17배율로 관측해보면 6등급의 노란색 짝꿍별을 동북동쪽으로 거느리고 있는 5등급의 백색 으뜸별로 분해해 볼 수 있습니다.

물고기자리 제타 별에서 북동쪽 3.4도 지점에 **NGC 524** 은하가 있습니다. 이 은하는 9등급과 12등급의 별들 뒤로 숨어 들어가는 듯 보입니다만 제 작은 굴절망원경에서 47배율로도 쉽게 찾을 수 있는 은하입니다. 은하의 동쪽으로는 쐐기 모양으로 늘어선 별들이 보이고 은하 근처와 서쪽으로는 두서없이 흩뿌려진 별들을 볼 수 있습니다. 이 별들의 남서쪽 경계 바깥으로는 폭을 넓게 벌리고 선 황백색과 주황색의 별 한 쌍을 볼 수 있죠. 작고 둥근 NGC 524는 중심으로 갈수록 밀도가 높아지는 양상을 보여주며 남쪽 모서리 근처에는 11등급의 별 하나가 모습을 드러내고 있습니다. 87배율에서는 북북동쪽과 남동쪽에 있는 별 2개가 눈에 들어옵니다. 이 2개 별은 앞서 봤던 남쪽 모서리 근처의 11등급 별과 함께 이등변삼각형을 만들고 있습니다. NGC 524는 여기서 서쪽 빗면에 걸터앉아 있죠. 이 은하는 작은 중심핵으로 갈수록 날카롭게 밝아지

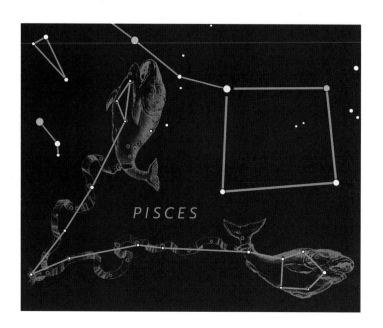

전통적으로 물고기자리는 한 쌍의 물고기로 그려집니다 . 각각의 물고기는 낚싯줄 또는 리본에 매달려 있습니다.

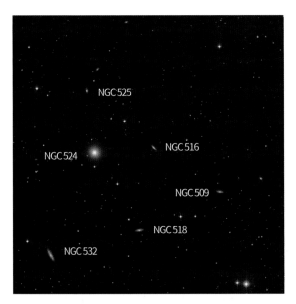

25분의 폭을 담고 있는 이 사진에는 NGC 524와 NGC 524 은하군의 5개 은하가 담겨 있습니다. 빨강, 파랑, 초록의 3원색 건판 사진을 합성하여 만든 이 사진은 『신판일반천체목록』을 만들 당시에는 눈으로 볼 수 없었던 희미한 천체들도 함께 담겨 있습니다.

사진: POSS-II / 캘테크 / 팔로마

는 양상을 보여줍니다.

10인치(254밀리미터) 반사망원경에서 115배율로 관측한 NGC 524는 약 2.5분의 크기로 펼쳐져 있으며 동남동쪽 모서리에 희미한 별 하나를 거느리고 있습니다. 이때 아마도 같은 시야에는 서쪽을 지목하며 V자 모양으로 줄지어 있는 5개의 비교적 희미한 은하들이 담겨 있을 것입니다. 그러나 115배율에서는 이 은하 중 3개가 작은 얼룩처럼 보일 뿐이죠. NGC 524에서 북쪽으로 10분 지점에는 NGC 525가 있습니다. NGC 516은 서쪽으로 동일한 거리에 있죠. NGC 518은 NGC 524로부터 남남서쪽 15분 지점에 있습니다. 배율을 213배율로 올려보면 V자의 꼭짓점을 차지하고 있

는 NGC 509를 찾아낼 수 있습니다. V자의 남쪽 끝에는 NGC 532가 있죠. 하지만 이 배율은 6개 은하를 모두 담아내기에는 좁은 시야가 되고 말죠. NGC 524 은하군은 약 9,000만 광년 거리에 있으며 인근 지역에 있는 몇 개 은하들을 더 포함하고 있습니다.

물고기의 리본에서 반대쪽 방향으로 자리를 옮겨 물고기자리 95 별에서 서쪽으로 1.5도를 이동해보겠습니다. 이곳에서는 NGC 488을 찾을 수 있죠. 제 작은 굴절망원경에서 47배율로 바라본 이 은하는 부드럽게 빛나면서 남북으로 늘어선 타원체로 보입니다. 이 은하는 중심 쪽으로 갈수록 현저하게 밝아지는 양상을 보여주죠. 87배율에서는 흐릿한 별상의 은하핵을 흘끗 볼 수 있습니다. 10등급에서 13등급 사이의 밝기를 가지고 있는 4개의 별들이 NGC 488과 접선을 그리며 동북동쪽으로 사선을 만들고 있죠. 이 사선에서 두 번째로 밝은 별이 NGC 488의 남남동쪽 모서리와 맞닿아 있습니다. 애석하게도 저는 10인치(254밀리미터) 망원경으로도 이 은하가 가지고 있는 사랑스러운 나선팔의 흔적을 볼 수 없었습니다. 여러분은 어떠신가요?

기술적 분류체계에서 고리나선은하로 분류되는 NGC 488은 유별나게 미묘하고 촘촘하게 감긴 나선팔을 가지고 있습니다.

사진: 애덤 블록

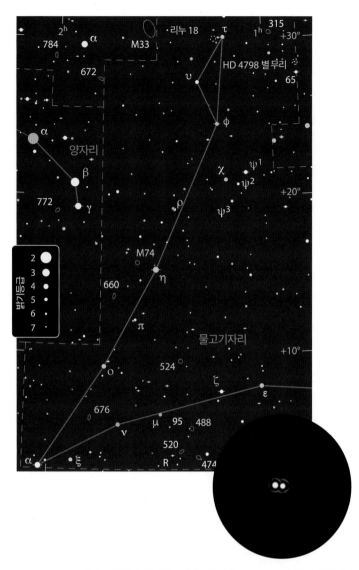

애리조나의 별지기인 제레미 페레즈가 6인치(152.4밀리미터) 뉴턴식 반사망원경으로 바라본 물고기자리 알파 별은 240배율에서 간신히 분리되었다고 합니다. 확대 사진에서 나타나는 회절 고리에 주목하세요.

물고기자리 뉴(ν) 별로부터 동북동쪽으로 1.9도를 이동하면 NGC 676 은하를 만나게 됩니다. 이 은하는 동북동쪽으로 30분, 남남동쪽으로 19분 떨어져 있는 황금색 8등급의 별들과 함께 멋진 이등변삼각형을 그리고 있습니다. 이 은하는 한복판에 10.5등급의 별이 있어 그저 쉽게 스쳐 지나가버리는 은하이기도 합니다. 이번 장의 천체목록표에 표기된 이 은하의 밝기는 이 별이 제외된 수치입니다. 105밀리미터 망원경에서 87배율로 관측한 NGC 676은 북서쪽으로 약간 기

울어진 2분 길이의 희미한 삐침선처럼 보입니다. 동남동쪽 5분 지점에는 11등급의 별 하나가 있으며 이보다 약간 더 희미한 별이 약간 더 가까운 거리에서 북동쪽으로 미묘한 차이를 만들고 있습니다. 10인치(254밀리미터) 망원경에서 216배율로 바라본 NGC 676은 중심 쪽이 더 밝게 보이며 중심으로부터 동쪽 측면 경계 바로 바깥쪽으로는 희미한 별 하나가 간간이 그 모습을 드러냅니다.

물고기자리 알파(α) 별은 두 물고기를 묶고 있는 리본이 꺾인 지점에 위치하고 있습니다. 이 별은 한 쌍의 백색 별로 이루어져 있습니다. 4.1등급과 5.2등급의 별이 1.8초 간격으로 떨어져 있죠. 제 작은 굴절망원경에서 122배율로 관측해보면 고작 머리카락 하나 두께로 떨어져 있는 별들을 보게 됩니다. 짝꿍별이 으뜸별의 서쪽에 있죠. 여기서 서쪽으로 14분 지점에는 8.1등급의 주황색 별이 있으며 동북동쪽 6.7분과 북북서쪽 7.2분 지점에는 이보다 약간 희미한 노란색 별들이 보입니다. 이 3개 별들은 일직선을 그리고 있는데, 뒤의 2개 별들은 『워싱턴 이중별 목록』에 각각 물고기자리 알파 별을 구성하는 C와 D 별로 기록되어 있습니다. 그런데 이 별들이 중력적으로 서로 얽혀 있는 별들인지는 확실치 않죠.

물고기자리가 품고 있는 유일한 메시에 천체는 바로 M74 은하입니다. M74는 물고기자리 에타(η) 별에서 동북동쪽 1.3도 지점에 있는 총 밝기 9.4등급의 은하입니다. 초보자들은 M74를 쉽게 찾아낼 수 있을 것이라고 생각하죠. 하지만 전혀 그렇지 않습니다. 이 은하의 빛은 상대적으로 넓은 영역에 걸쳐 퍼져 있기 때문에, 그 표면밝기가 상당히 낮습니다. 상당한 크기로 퍼져 있는 가냘픈 빛무리를 주의해서 바라보세요. 제 경우 교외에 있는 저의 집에서 여러 번 관측을 하고 나서야 이 은하를 찾아보기 어렵게 만드는 희뿌연 보풀들에 더 이상 얽매이지 않게 되었습니다. 105밀리미터 굴절망원경에서 17배율로 관측해보면 상대적으로 크

물고기자리에서 가장 빼어난 미모를 자랑하는 은하 M74가 하와이에 있는 북반구 제미니 8.1미터 망원경으로 30분간의 노출을 통해 담아낸 이 사진에서 아름다운 나선팔을 과시하고 있습니다. 그러나 아마추어 별지기들의 망원경으로 이 나선팔을 구분해내기는 쉽지 않습니다.

사진: 제미니 천문대 / GMOS 팀

고 밝은 중심부를 품고 있는 희미한 헤일로를 볼 수 있습니다. 47배율에서는 동쪽 모서리에 있는 희미한 별을 볼 수 있었죠. 이 별은 M74의 겉보기 크기를 8분으로 확장해주고 있습니다. 87배율에서는 첫번째 별의 남쪽 1.5분 지점에 있는 두 번째 별을 볼 수 있습니다. 이 별은 은하의 중심에서 남서쪽 3분 지점에 포개어져 있죠. M74는 대단히 미묘한 질감을 보여줍니다. 그래서 주의 깊게 관측해보면 나선 구조를 따라가 볼 수 있게 되죠. 특히 그 나선팔은 북쪽에서 시작하여 동쪽 외곽으로 휘어져 감기는 듯합니다.

10인치(254밀리미터) 망원경에서 213배율로 관측해보면 처음에 볼 수 있었던 나선팔과 반대방향에 있는 나선팔을 볼 수 있습니다. M74의 헤일로는 남북으로 약간 더 길게 퍼져 있으며 중심으로 갈수록 점진적

으로 밝아지는 양상을 보여줍니다. 이 중심부의 한가운데로는 역시 동일한 남북 방향으로 서 있는 매우 짧은 막대가 있습니다. 그러나 이 중심부로 휘감아 들어오는 나선팔은 이 막대가 동서로 좀 더 길쭉하게 퍼진 듯한 모습을 만들어주죠. 거의 평행을 이루고 있는 3개의 별로 만들어진 2개의 선이 M74의 서쪽과 북동쪽 외곽을 스쳐 지나가며 줄지어 있습니다. 은하의 중심부에 더 가까이 다가가 있는 2개의 별이 만든 선은 이 중에서 북동쪽을 스쳐 지나가는 선과 평행선을 이루고 있습니다. 여기서 북쪽에 있는 별이 바로 나선팔에 있죠.

삽화가 그려진 별지도들에 따르면 우리는 물고기자리 에타 별에서 동쪽 물고기의 꼬리에 도달하게 됩니다. 그런데 또 다른 버전의 별지도에서는 물고기자리 로(ρ) 별이나 키(x) 별에서 꼬리가 시작되는 것으로 그려져 있죠. 하지만 어떤 경우든 간에 다중별인 물고기자리 **프시**[1](ψ^1)**별**과 **피**($\mathcal{l}$) **별**은 확실히 동쪽 물고기의 몸통 안에 있습니다. 물고기자리 프시[1] 별을 제 작은 굴절망원경에서 17배율로 관측해보면 한 쌍의 백색 별로 볼 수 있습니다. 짝꿍별을 남남동쪽으로 넓게 간격을 두고 거느린 5등급의 으뜸별을 볼 수 있죠. 세 번째 별인 11등급의 별은 동남동쪽으로 3배 더 멀리 떨어져 있습니다. 피 별은 68배율에서 9등급의 짝꿍별을 거느린 짙은 노란색의 5등급 별로 그 모습을 드러냅니다. 짝꿍별은 아마도 붉은빛을 띠는 것으로 보이며 남서쪽에 가깝게 붙어 있죠.

캘리포니아의 별지기인 로버트 더글러스는 동쪽 물고기에서 서쪽으로 멀리 거리를 벌리고 있는 매력적인 자리별을 저에게 소개해 준 적이 있습니다. 이 자리별의 이름은 가장 밝은 별의 이름을 따서 **HD 4798 별무리**라 불립니다. 그러나 더글러스는 이 자리별을 전익형 비행기(the Flying Wing)라고 불렀습니다. 물고기자리 65 별에서 북쪽 40분 지점을 살펴보세요. 105밀리미터 망원경에서 47배율로 관측해보면 남쪽을 지목하는 삼각형의 외곽선을 구성하는 7개의 별들을 볼 수 있

습니다. 이 전익형 비행기의 날개는 끝에서 끝까지 5.6분의 길이로 뻗어 있으며 7.2등급에서 12.8등급까지의 밝기를 가진 별들로 구성되어 있습니다. 이 자리별의 이름이 되고 있는 HD 4798이라는 별은 짙은 노란색으로 빛나고 있죠. 빛공해가 있는 밤하늘이라면 서쪽 날개 끝을 장식하고 있는 가장 희미한 별을 보기 위해 좀 더 큰 구경이 필요할지도 모릅니다.

우리의 마지막 관측 대상은 **리누 18**(Renou 18)이라는 이름의 자리별입니다. 이 자리별은 프랑스 천문잡지의 작가인 알렉상드르 리누Alexandre Renou의 이름을 딴 것입니다. 이 자리별은 물고기자리 타우(τ) 별에서 동쪽 37분 지점에 있으며 6.2등급 및 6.7등급의 노란색 별과 함께 20분 크기의 삼각형을 구성하고 있죠. 이 자리별은 그중 서쪽 꼭짓점에 있습니다. 저는 제 작은 굴절망원경에서 15분 크기로 흩뿌려져 있는 25개의 별을 볼 수 있었습니다. 10인치(254밀리미터) 망원경으로 바라본 모습은 제 상상력을 자극했죠. 이 별 중 반이 모여 있는 양상은 슈퍼맨을 상징하는 S자 모양을 떠오르게 만듭니다. 이 S자는 10분×8.5분 크기로 보이며 상단(좀 더 크게 퍼져 있는 S자의 윗부분)은 동쪽을 향하고 있습니다. 아마도 크립톤 행성이 이 별 중 하나를 돌고 있을지도 모르겠습니다.

비껴보기로 관측하기

희미하고 넓게 퍼져 있는 은하들은 저배율에서 가장 부풀어 오른 모습을 보여주곤 합니다만 부풀어 오른 모습이 최상의 모습은 아닙니다. 고배율로 가게 되면 빛이 넓게 퍼져나가면서 훨씬 더 흐릿한 모습을 보게 됩니다. 하지만 이들을 비껴보기로 주의 깊게 관측해보면, 즉 관측하고자 하는 대상에서 약간 떨어진 곳을 바라보면 대상을 가장 자세하게, 그리고 가장 희미한 구조들을 놀라우리만치 높은 배율로 볼 수 있습니다.

물고기자리의 보석들

대상	분류	밝기	각크기/각분리	적경	적위
물고기자리 제타(ζ) 별	다중별	5.2, 6.2	23″	1시 13.7분	+7° 35′
NGC 524	은하	10.3	2.8′	1시 24.8분	+9° 32′
NGC 488	은하	10.3	5.2′×3.9′	1시 21.8분	+5° 15′
NGC 676	은하	11.9	4.0′×1.0′	1시 49.0분	+5° 54′
물고기자리 알파(α) 별	다중별	4.1, 5.2, 8.3, 8.6	1.8″, 6.7′, 7.2′	2시 02.0분	+2° 46′
M74	은하	9.4	10.5′×9.5′	1시 36.7분	+15° 47′
물고기자리 프시[1](ψ[1]) 별	다중별	5.3, 5.5, 11.2	30″, 91″	1시 05.7분	+21° 28′
물고기자리 피(Φ) 별	다중별	4.7, 9.1	7.8″	1시 13.7분	+24° 35′
HD 4798 별 무리	자리별	-	5.6′	0시 50.1분	+28° 22′
리누 18 (Renou 18)	자리별	7.0	18′	1시 14.5분	+30° 00′

각크기 및 각분리는 최근 천체 목록을 참고한 것입니다. 시각적으로 보이는 천체의 크기는 대부분 목록상에 있는 크기보다는 작게 느껴지며 장비의 구경과 배율에 따라 다양하게 느껴집니다.

적경 0시의 카시오페이아자리

찾는 이는 드물지만 카시오페이아자리의 눈부신 별 무리 사이로
환상적인 보석들이 숨어 있습니다.

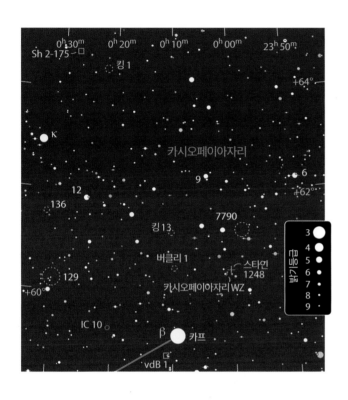

카시오페이아자리 별들의 왕국은 수백 개의 딥스카이 천체들로 넘쳐나고 있습니다. 너무나 아름다운 천체들이 넘쳐나다 보니 비교적 잘 알려지지 않은 천체들은 무시되기 십상이죠. 말 그대로 적경 0시의 원점으로 돌아가 이 보석들을 하나씩 만나보겠습니다.

먼저 카프(Caph)라 불리는 카시오페이아자리 베타(β) 별 근처의 적경 0시 지역에서 시작해보겠습니다. 이 별에서 남남

반덴버그 1과 같은 반사성운들은 사진에서 대단히 인상적인 푸른색을 보여줍니다. 그러나 이 색깔은 맨눈으로는 보이지 않습니다. 반덴버그 1의 북동쪽에 훨씬 더 희미하게 보이는 2개의 성운에 주목하세요.
사진: 토마스 V. 데이비스

동쪽으로 고작 26분 지점에서 반사성운 **반덴버그 1**(van den Bergh 1, vdB 1)을 감싸고 있는 8등급과 9등급의 별들로 만들어진 작고 날씬한 삼각형을 볼 수 있습니다. 대부분의 반사성운들은 작은 망원경으로는 대단히 희미하게 보입니다. 그러나 반덴버그 1은 105밀리미터 굴절망원경에서도 상대적으로 밝게 보이죠. 저는 반덴버그 1을 시야의 중심 근처에 위치시키면서 휘황찬란한 별 카프를 시야 바깥으로 밀어낼 수 있는 배율을 선호합니다. 이 성운은 약 3분의 폭을 차지하고 있으며 성운을 빛나게 만들어주는 성운 안쪽에 파묻힌 별 근처에서 가장 높은 밀도를 보여줍니다. 반덴버그 1은 독일계 캐나다 천문학자인 시드니 반덴버그Sidney van den Bergh가 1966년 완성한 158개 반사성운목록에서 첫 번째로 등장하는 성운입니다.

깊은 노출을 이용하여 촬영한 반덴버그 1의 사진은

미리내 평단면 근처에 있는 IC 10은 성간먼지들에 의해 차단되는 적색소광 현상을 보입니다.
사진: 애덤 블록 / NOAO / AURA / NSF

북동쪽에 있는 2개의 작은 반사성운을 보여줍니다. 이 중에서 몸집이 더 큰 성운은 독특한 타원형 고리 모양을 하고 있죠. 이 성운이 빛을 반사해내도록 만드는 별은 여기서 북서쪽에 있는 별입니다. 그러나 이 성운은 근처에 있는 또 다른 별에서 뿜어져 나오는 별 폭풍에 의해 다듬어지고 있는 것으로 보입니다. 남동쪽의 희미한 고리는 그보다 훨씬 전에 별 폭풍의 영향을 받은 부분으로 보입니다. 이 성운을 밝히고 있는 별은 LkH*a* 198(릭 천문대의 수소-알파 복사별, a Lick Observatory hydrogen-alpha emission star)로 등재되어 있습니다. 이 성운은 이 별의 이름을 공유하고 있죠. 저는 이 성운의 관측에 대해서는 아는 바가 없습니다. 그러나 오늘날 많이 사용되는 대구경 아마추어 망원경이라면 충분히 관측에 도전할 만하다고 생각합니다.

이제 방향을 돌려 카프로부터 동쪽 1.4도 지점에 있는 국부은하군의 은하 IC 10을 방문해보겠습니다. 105밀리미터 굴절망원경은 서쪽 끄트머리에 매우 희미

한 별이 있는 1분 크기의 작은 보풀을 보여줍니다. 비껴보기를 이용하면 이 보풀의 크기는 2배로 커져 보이죠. 10인치(254밀리미터) 반사망원경은 이 은하의 남동쪽에서 가장 밝은 부분을 보여줍니다. IC 10은 저배율에서 고르지 않은 빛을 내는 천체로 쉽게 찾을 수 있습니다. 7등급에서 12등급까지의 밝기를 가진 별들로 구성된 12분 크기 사슬의 북쪽 끄트머리에 있죠. 118배율에서는 3.5분 길이에 북서쪽으로 기울어진 천체로 보입니다. 이 은하의 북쪽 끝단에는 2개의 희미한 별들이 겹쳐져 있습니다. 북쪽 각 측면에 하나씩 있죠. 별처럼은 보이지 않는 밝은 점들이 동쪽 측면에 있는 별의 남동쪽과 밝은 지역에 있는 별의 동쪽으로 보입니다. 이곳을 촬영한 사진들은 이 점들이 은하의 별생성구역과 겹쳐져 있는 앞쪽에 위치한 별들이라는 사실을 알려주죠. IC 10은 260만 광년 거리에 있으며 미리내와 안드로메다 은하가 장악하고 있는 작은 은하군 내에 속합니다. 불규칙왜소은하인 이 은하는 미리내의 먼지 가득한 평단면

카시오페이아자리 WZ 별과 같은 탄소별의 선명한 붉은색은 일반적인 적색거성의 상대적으로 미묘한 색조와는 확실히 다른 색감을 보여줍니다. 이는 탄소별의 대기에서 발생하는 차별흡수 때문에 나타나는 현상입니다.

사진: POSS-II / 캘테크 / 팔로마

을 통해서만 볼 수 있기 때문에 상당 부분이 많이 가려져 있습니다.

카프로부터 북서쪽으로 1.6도를 이동하면 준규칙변광성인 **카시오페이아자리 WZ** 별(WZ Cas)을 만나게 됩니다. 이 별은 겹치는 변광주기를 가지는 것으로 생각되고 있습니다. 대략 1년 반 정도 기간에 해당하는 두 번의 주요 주기가 있는데 이는 이 별의 동경맥동과 연관이 있는 것으로 생각되고 있습니다. 카시오페이아자리 WZ 별은 깊은 붉은색을 보여주는 탄소별입니다. 이러한 특성은 이 별의 밝기측정을 어렵게 만들기 때문에 어떤 별지기들은 이 별을 붉은 야수라고 부르기도 하죠. 대개 이 별의 겉보기밝기 범주는 7등급에서 8.5등급 사이입니다.

카시오페이아자리 WZ 별에 있어 반가운 점 하나는 이 별이 8.3등급의 청백색 별을 동쪽 58분 지점에 거느리고 있는 이중별이라는 사실입니다. 이 한 쌍의 별은 오토스트루베 254(OΣΣ 254)로 등재되어 있습니다. 여기서 그리스 철자가 의미하는 것은 이 목록이 풀코보 목록(the Pulkovo catalog)에 오토 스트루베가 추가한 천체임을 의미합니다. 비록 이 2개 별은 서로 전혀 상관이 없는, 우연히 시각적으로 이중별처럼 보이는 별들이지만 망원경을 통해 본 이 별들의 모습은 멋진 한 쌍으로 보입니다.

이 별들의 멋진 색깔 대조는 제 작은 굴절망원경에서

28배율로 봤을 때도 멋지게 그 모습을 드러내죠. 10인치(254밀리미터) 망원경에서 44배율로 바라보면 오토스트루베 254에서 북서쪽 7.6분 지점에서 거의 비슷한 이중별 **스타인 1248**(Stein 1248)을 볼 수 있습니다. 스타인 1248은 10등급의 노란색 으뜸별과 북동쪽 12초 지점에 있는 주황색 짝꿍별로 구성되어 있습니다.

카시오페이아자리 WZ 별에서 동쪽으로 1도 지점에는 산개성단 **버클리 1**(Berkeley 1)이 있습니다. 105밀리미터 굴절망원경에서 127배율로 바라보면 극도로 희미한 별들이 흩뿌려져 있는 작은 별 무리로 보이죠. 이 별 무리의 서쪽 측면으로는 11등급의 비교적 밝은 별 2개가 있습니다. 10인치(254밀리미터) 반사망원경에서 115배율로 관측해보면 이 별 무리의 동쪽 측면에 주로 몰려 있으면서 북쪽으로 열려 있는 U자 형태를 만드는 별들을 볼 수 있죠. 11등급의 별 2개는 이 U자 모양의 일부를 구성하고 있습니다. 이 U자 모양은 희미한 별들이 만들어내는 4분 크기의 안개와 같은 빛무리 위에 얹어져 있습니다. 10등급에서 12등급의 별들로 만들어진 그릇모양의 일단의 별들이 성단의 꼭대기에서 균형을 잡고 있죠.

버클리 1은 아서 세테듀카티와 헤롤드 위버, 그리고

희미하고 작은 발광성운 샤프리스 2-175가 왼쪽 위에 보입니다. 보통 이하의 낮은 배율에서는 산개성단 킹 1(오른쪽 아래)이 한 시야에 들어오면서 좀처럼 볼 수 없는 독특한 한 쌍의 천체를 연출해냅니다.

버클리대학의 천문학자들이 1960년 발표한 천체목록에 첫 번째로 등재된 천체입니다. 목록상에 등장하는 104개의 천체 중 85개가 새로 발견된 천체들이죠.

여기서 북쪽으로 42분을 올라가면 킹 13(king 13)이라는 산개성단을 만나게 됩니다. 제 작은 굴절망원경에서 127배율로 바라보면 희미한 7개의 별들을 담고 있는 5분 크기의 연무 지역을 볼 수 있죠. 이 연무는 3개의 별들이 늘어서면서 만든 줄과 서로 반대편에 자리 잡은 2개의 별로 이루어진 평행사변형 내에 고이 놓여 있습니다. 이 별들은 모두 10등급 또는 11등급의 밝기를 가지고 있습니다.

지금까지 반덴버그의 첫 번째 천체와 버클리성단의 첫 번째 천체를 만나봤습니다. 이제 북북동쪽으로 3.5도를 이동하여 킹 목록의 첫 번째 천체인 킹 1(King 1)을 만나보겠습니다. 105밀리미터 망원경에서 76배율로 바라본 이 산개성단은 매우 희미하고 약간의 얼룩이 보이는

5.5분 크기의 연무처럼 보입니다. 10등급의 별이 북동쪽 모서리에서 이 성단을 호위하고 있으며 또 다른 10등급의 별 하나가 반대편에 있죠. 122배율로 관측해보면 이 반대편에 있는 별은 이중별이라는 사실이 드러납니다. 남동쪽 13초 지점에 12분의 짝꿍별을 거느리고 있는 스타인 40(Stein 40)이라는 이중별이죠. 이 연무 안에는 작은 점과 같은 별들이 최소 5개 이상 담겨 있습니다.

10인치(254밀리미터) 망원경에서 115배율로 바라본 킹 1은 대단히 섬세한 아름다움을 보여줍니다. 수많은 작은 반점들이 7.5분 폭에 불규칙하게 흩뿌려져 있죠. 187배율에서는 13등급 및 이보다 어두운 별들 45개를 볼 수 있습니다.

킹 1과 킹 13은 이반 R. 킹에 의해 발견되었습니다. 그는 하버드대학 천문대에서 16인치(406.4밀리미터) 매트 칼프와 24인치(609.6밀리미터) 브루스 굴절망원경을 이용하여 촬영한 건판에서 이 성단들을 발견하였습니다. 킹은 촬영건판을 살펴보는 것을 즐기곤 하다가 어디에도 기록되어 있지 않은 별 무리들에 주목하기 시작했죠. 1949년에 킹은 21개의 성단목록을 발표했습니다. 이 성단들은 자기가 직접 찾거나 전임자들이 찾아낸 별 무리들이었습니다. 연이어 발표된 2개의 논문을 통해 6개의 성단이 추가되었죠. 이곳에 등재된 27개의 별 무리들 중 22개가 이 목록에서 처음으로 발표된 성단입니다.

우리의 마지막 관측 대상은 샤프리스 2-175(Sharpless 2-175, Sh 2-175)라는 이름의 작은 발광성운입니다. 이 성운은 킹 1로부터 동북동쪽 40분 지점에 있죠. 이 성운은

서남서쪽 14분 지점에 있는 황금색의 8등급 별과 동북 동쪽 20분 지점에 있는 7등급 및 8등급 별 한 쌍에 의해 구획되어 있습니다. 105밀리미터 망원경에서 47배율로 관측해보면 작은 빛무리를 두른 11등급의 별을 볼 수 있습니다. 샤프리스 2-175는 협대역성운필터를 이용했을 때 두드러진 모습을 볼 수 있습니다. 이 필터를 이용하면 별은 희미해지는 대신 성운은 약간 더 나은 모습을 보여주죠. 배율을 76배율로 올렸을 때 보이는 성운의 크기는 대략 1.5분 정도입니다. 이 가냘픈 빛무리를 10인치(254밀리미터) 망원경에서 187배율로 관측해보면

북서쪽에서 남동쪽으로 길쭉한 형태에 북동쪽 측면으로 약간 더 밝아지는 모습을 볼 수 있습니다.

두 번째 샤프리스(Sh 2) 목록은 플레그스태프 미 해군 천문대의 스튜어트 샤프리스Stewart Sharpless에 의해 1959년 발표되었습니다. 여기에는 H II 지역(이온화 수소 구름이 뒤덮고 있는 지역)으로 추정되는 313개 천체가 담겨 있죠. 겉으로 보기에는 분리된 것으로 보이는 성운기가 동일한 별들에 의해 이온화 된 것으로 추정되면 이 지역은 하나의 H II 지역으로 간주됩니다.

카시오페이아자리의 잘 알려지지 않은 보석들

대상	분류	밝기	각크기/각분리	적경	적위
반덴버그 1(vdB 1)	반사성운	-	5'	0시 10.7분	+58° 46'
IC 10	국부은하군의 은하	10.4	6.3'×5.1'	0시 20.3분	+59° 18'
카시오페이아자리 WZ 별	탄소별/이중별	6.9-8.5, 8.3	58"	0시 01.3분	+60° 21'
스타인 1248 (Stein 1248)	이중별	10.4, 10.8	12"	0시 00.4분	+60° 26'
버클리 1 (Berkeley 1)	산개성단	-	5'	0시 09.7분	+60° 29'
킹 13 (King 13)	산개성단	-	5'	0시 10.2분	+61° 11'
킹 1 (King 1)	산개성단	-	9'	0시 21.9분	+64° 23'
샤프리스 2-175 (Sh 2-175)	발광성운	-	2'	0시 27.3분	+64° 42'

각크기 및 각분리는 최근 천체 목록을 참고한 것입니다. 시각적으로 보이는 천체의 크기는 대부분 목록상에 있는 크기보다는 작게 느껴지며 장비의 구경과 배율에 따라 다양하게 느껴집니다.

12월

온하늘별지도 사용법

초보자라도 대개 북두칠성이나 오리온자리는 쉽게 찾을 수 있습니다. 그렇다면 돌고래자리나 화살자리, 외뿔소자리처럼 잘 알려지지 않은 별자리는 어떨까요?

밤하늘에 아직 익숙하지 않다면 여기 등장하는 12개의 별지도가 도움이 될 것입니다. 각 장은 한 달에 대응되죠. 이 별지도를 통해 밝은 별의 위치를 확인하고 주요 별자리를 알아볼 수 있을 것입니다. 별지도가 복잡하게 보일지 모르겠지만 이 별지도들은 밤하늘을 그저 평평한 종이에 그려낸 것뿐입니다.

시작하기

우선 관측하고자 하는 시기를 선택해서 그때에 해당하는 별지도를 찾아보세요. 각 별지도에 기록된 시간을 참고하세요. 별지도가 하늘과 일치하는 시간은 기록된 시간 기준 한 시간 정도입니다. 별지도에 기록된 시간은 표준 시간입니다. 만약 일광절약시간이 적용되고 있다면 현재 시간에서 한 시간을 더해야 합니다. 관측 시간이 너무 늦은 밤이나 자정 이후라면 앞뒤에 있는 다른 달의 별지도를 봐야 합니다. 예를 들어 자정에 8월 초의 하늘을 보고 싶다면 10월 별지도를 사용해야 하죠.

낯선 지역에서 관측을 진행한다면 방향을 알아야 합니다(방향을 확신할 수 없다면 태양이 지는 방향인 서쪽을 바라보세요. 그러면 오른쪽이 북쪽입니다). 별지도를 정면으로 들고 테두리에 기록되어 있는 글자가 여러분이 바라보는 방향과 일치하도록 맞추세요. 원의 테두리는 지평선을 의미합니다. 방향이 일치하면 하늘과 별들의 배열이 지도와 일치하게 되죠. 별지도의 한가운데는 천정, 즉 머리 꼭대기 위의 하늘입니다.

왼쪽 아래에는 별의 밝기에 따른 크기가 기록되어 있습니다. 각 지도에는 밝기 4.5등급까지의 별들이 기록되어 있습니다. 이 정도 밝기는 교외지역에서 볼 수 있는 별들의 한계 밝기에 해당하죠. 별지도의 오른쪽 아래에는 천체 기호가 표시되어 있습니다. 천체 기호에 해당하는 천체들과 또 다른 유형의 천체들이 이 책 전반에 걸쳐 소개되고 있습니다. 또한 각 장에 추가되어 있는 상세한 별지도들은 다양한 천체들을 좀 더 찾기 쉽게 만들어줄 것입니다.

북두칠성 찾기

온하늘별지도의 실제 활용 예시로 북두칠성 찾기를 진행해보겠습니다. 우선 9월의 별지도로 가서 북두칠성을 확인해보세요. 별지도를 돌려 북서 방향이 눈앞에 오도록 합니다. 그러면 지평선으로부터 천정까지의 1/4지점에 북두칠성이 위치하게 됩니다.

별지도 아래에 기록된 시기에 하늘을 보면 별지도에 표시된 바로 그 지점의 그 높이에서 북두칠성을 만날 수 있습니다. 물론 그 방향에 집이나 나무 등 시야를 가리는 것이 없고 구름도 끼어 있지 않아야겠죠.

별지도의 성공적인 활용을 위한 쏠쏠한 팁

처음 밤하늘을 접하는 거라면 우선 지도에서 가장 밝은 별을 찾아보세요. 지도에서 가장 큰 점이 가장 밝은 별입니다. 그보다 희미한 별들은, 처음에는 무시하세요. 특히 여러분이 도시 혹은 도시 외곽에 살고 있거나, 달이 밝게 빛나고 있다면 희미한 별들은 전혀 보이지 않을 겁니다.

기억하셔야 할 점이 있습니다. 밝은 별과 흐린 별들 간의 차이는 별지도에 기록된 것보다 실제 하늘에서 훨씬 더 크게 나타난다는 점입니다. 또 한 가지 기억해야 할 것은 별들이 늘어선 형태입니다. 실제 하늘에서 별들

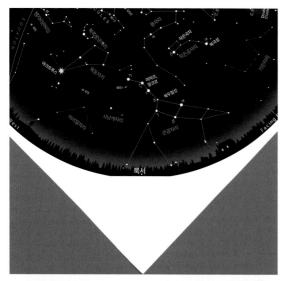

이 늘어선 형태는 별지도에 기록된 것보다 훨씬 더 크게 보이죠. 얼마나 큰 차이가 있는지 직접 보면서 확인해보세요. 4월의 별지도에서 북두칠성을 찾아보세요. 별지도를 손에 쥐고 팔을 쭉 뻗어보세요. 다른 팔 역시 팔을 쭉 펴고 손가락을 가능한 한 넓게 쫙 펴보세요. 이때 엄지손가락 끝에서 새끼손가락 끝까지의 길이는 약 20도에 해당합니다. 밤하늘에서 북두칠성이 차지하는 면적보다 약간 적은 수준이죠. 이제 다른 팔에 든 별지도상의 북두칠성을 보세요. 비교가 안 될 정도로 작게 보일 겁니다.

이 별지도는 북반구에서 북위 35도~45도 사이에 살고 있는 별지기라면 누구든 활용 가능하도록 제작된 것입니다. 하지만 여러분이 있는 곳이 여기서 벗어난다 해

도 이 별지도를 무리 없이 사용하실 수 있을 겁니다. 만약 여러분이 북위 35도 아래쪽에 살고 있다면 별지도에서 남쪽에 있는 별들이 약간 더 높게 보이고 북쪽에 있는 별들은 약간 더 낮게 보일 겁니다. 북위 45도 위쪽에 살고 있다면 반대로 북쪽의 별이 약간 더 높게 보이고 남쪽의 별이 더 낮게 보이겠죠.

별지도에는 상대적으로 밝은 메시에 천체들의 위치가 기록되어 있습니다. 반면 이보다 훨씬 밝은 행성들은 기록되어 있지 않죠. 행성은 항상 그 위치가 변하기 때문에 별지도에는 표시되지 않습니다. 대신 각 별지도를 가르고 있는 초록색 선을 주목해보세요. 이 선은 바로 태양과 달, 행성이 움직이는 경로인 황도입니다. 별지도에 기록되어 있지 않은 밝은 별이 이 황도 근처에서 보인다면 그건 틀림없이 행성입니다.

별지도에 쓰인 그리스 알파벳

이 책에 수록된 큰 별지도부터 작은 별지도까지, 많은 별에 그리스 알파벳이 함께 적혀 있습니다. 별자리에서 가장 밝은 별에는 대개 그리스 알파벳의 첫 번째 철자인 알파(α)가 쓰이죠. 두 번째로 밝은 별에는 베타(β)가 표시됩니다. 즉, 알파벳 순서는 밝은 별의 순서를 나타내죠.

α 알파(Alpha)	ι 요타(Iota)	ρ 로(Rho)
β 베타(Beta)	κ 카파(Kappa)	σ 시그마(Sigma)
ɣ 감마(Gamma)	λ 람다(Lambda)	τ 타우(Tau)
δ 델타(Delta)	μ 뮤(Mu)	υ 입실론(Upsilon)
ε 엡실론(Epsilon)	ν 뉴(Nu)	φ 피(Phi)
ζ 제타(Zeta)	ξ 크시(Xi)	χ 키(Chi)
η 에타(Eta)	ο 오미크론(Omicron)	ψ 프시(Psi)
θ 세타(Theta)	π 파이(Pi)	ω 오메가(Omega)

여러 밝은 별들은 아라비아식 이름을 가지고 있으며, 이 이름은 오늘날에도 일반적으로 쓰이고 있습니다. 예를 들어 백조자리에서 가장 밝은 백조자리 알파 별(α Cygni)은 '데네브'라는 이름으로 잘 알려져 있습니다.

1월

이 별지도는 서울 기준 1월의 밤하늘을 표현한 것으로 1월 하순이라면 오후 8시를, 1월 상순이라면 오후 9시를 기준으로 작성된 것입니다.

1월이 아닌 다른 때의 기준 시간은 다음과 같습니다.

12월 하순 오후 10시	10월 하순 오전 2시
12월 상순 오후 11시	10월 상순 오전 3시
11월 하순 자정	9월 하순 오전 4시
11월 상순 오전 1시	9월 상순 오전 5시

2월

이 별지도는 서울 기준 2월의 밤하늘을 표현한 것으로 2월 하순이라면 오후 8시를, 2월 상순이라면 오후 9시를 기준으로 작성된 것입니다.

2월이 아닌 다른 때의 기준 시간은 다음과 같습니다.

1월 하순 오후 10시	11월 하순 오전 2시
1월 상순 오후 11시	11월 상순 오전 3시
12월 하순 자정	10월 하순 오전 4시
12월 상순 오전 1시	10월 상순 오전 5시

3월

이 별지도는 서울 기준 3월의 밤하늘을 표현한 것으로 3월 하순이라면 오후 9시를, 3월 상순이라면 오후 10시를 기준으로 작성된 것입니다.

3월이 아닌 다른 때의 기준 시간은 다음과 같습니다.

2월 하순 오후 11시   12월 하순 오전 3시

2월 상순 자정   12월 상순 오전 4시

1월 하순 오전 1시   11월 하순 오전 5시

1월 상순 오전 2시   11월 상순 오전 6시

4월

이 별지도는 서울 기준 4월의 밤하늘을 표현한 것으로 4월 하순이라면 오후 9시를, 4월 상순이라면 오후 10시를 기준으로 작성된 것입니다.

4월이 아닌 다른 때의 기준 시간은 다음과 같습니다.

3월 하순 오후 11시

3월 상순 자정

2월 하순 오전 1시

2월 상순 오전 2시

1월 하순 오전 3시

1월 상순 오전 4시

12월 하순 오전 5시

12월 상순 오전 6시

북

북동   북서

동   서

남동   남서

남

밝기등급

-1 0 1 2 3 4

변광성 이중별 산개성단 구상성단 은하 행성상성운 무정형성운

5월

이 별지도는 서울 기준 5월의 밤하늘을 표현한 것으로 5월 하순이라면 오후 10시를, 5월 상순이라면 오후 11시를 기준으로 작성된 것입니다.

5월이 아닌 다른 때의 기준 시간은 다음과 같습니다.

4월 하순 자정   2월 하순 오전 4시

4월 상순 오전 1시   2월 상순 오전 5시

3월 하순 오전 2시   1월 하순 오전 6시

3월 상순 오전 3시

밝기등급
-1 0 1 2 3 4

변광성 이중별 산개성단 구상성단 은하 행성상성운 무정형성운

6월

이 별지도는 서울 기준 6월의 밤하늘을 표현한 것으로 6월 하순이라면 오후 10시를, 6월 상순이라면 오후 11시를 기준으로 작성된 것입니다.

6월이 아닌 다른 때의 기준 시간은 다음과 같습니다.

5월 하순 자정

5월 상순 오전 1시

4월 하순 오전 2시

4월 상순 오전 3시

3월 하순 오전 4시

3월 상순 오전 5시

2월 하순 오전 6시

7월

이 별지도는 서울 기준 7월의 밤하늘을 표현한 것으로 7월 하순이라면 오후 10시를, 7월 상순이라면 오후 11시를 기준으로 작성된 것입니다.

7월이 아닌 다른 때의 기준 시간은 다음과 같습니다.

6월 하순 자정   5월 상순 오전 3시

6월 상순 오전 1시   4월 하순 오전 4시

5월 하순 오전 2시   4월 상순 오전 5시

8월

이 별지도는 서울 기준 8월의 밤하늘을 표현한 것으로 8월 하순이라면 오후 9시를, 8월 상순이라면 오후 10시를 기준으로 작성된 것입니다.

8월이 아닌 다른 때의 기준 시간은 다음과 같습니다.

7월 하순 오후 11시   6월 상순 오전 2시

7월 상순 자정   5월 하순 오전 3시

6월 하순 오전 1시   5월 상순 오전 4시

9월

이 별지도는 서울 기준 9월의 밤하늘을 표현한 것으로 9월 하순이라면 오후 8시를, 9월 상순이라면 오후 9시를 기준으로 작성된 것입니다.

9월이 아닌 다른 때의 기준 시간은 다음과 같습니다.

8월 하순 오후 10시

8월 상순 오후 11시

7월 하순 자정

7월 상순 오전 1시

6월 하순 오전 2시

6월 상순 오전 3시

5월 하순 오전 4시

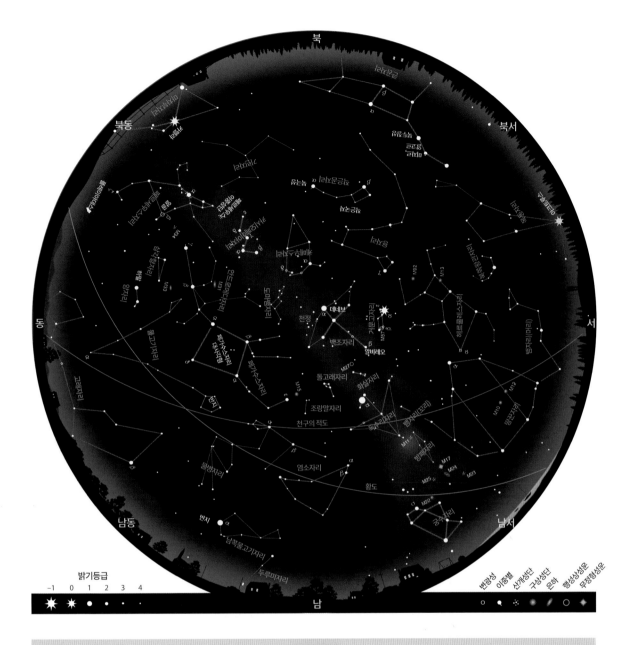

10월

이 별지도는 서울 기준 10월의 밤하늘을 표현한 것으로 10월 하순이라면 오후 8시를, 10월 상순이라면 오후 9시를 기준으로 작성된 것입니다.

10월이 아닌 다른 때의 기준 시간은 다음과 같습니다.

9월 하순 오후 10시

9월 상순 오후 11시

8월 하순 자정

8월 상순 오전 1시

7월 하순 오전 2시

7월 상순 오전 3시

6월 하순 오전 4시

밝기등급

-1 0 1 2 3 4

변광성 이중별 산개성단 구상성단 은하 행성상성운 무정형성운

11월

이 별지도는 서울 기준 11월의 밤하늘을 표현한 것으로 11월 하순이라면 오후 8시를, 11월 상순이라면 오후 9시를 기준으로 작성된 것입니다.

11월이 아닌 다른 때의 기준 시간은 다음과 같습니다.

10월 하순 오후 10시   8월 하순 오전 2시

10월 상순 오후 11시   8월 상순 오전 3시

9월 하순 자정   7월 하순 오전 4시

9월 상순 오전 1시

12월

이 별지도는 서울 기준 12월의 밤하늘을 표현한 것으로 12월 하순이라면 오후 8시를, 12월 상순이라면 오후 9시를 기준으로 작성된 것입니다.

12월이 아닌 다른 때의 기준 시간은 다음과 같습니다.

11월 하순 오후 10시   9월 하순 오전 2시

11월 상순 오후 11시   9월 상순 오전 3시

10월 하순 자정   8월 하순 오전 4시

10월 상순 오전 1시

우주를 바라보는 설렘을 전해드립니다

제가 『딥스카이 원더스』를 만나게 된 것은 2015년 9월입니다. 국내 최대 규모의 온라인 별지기 동호회인 네이버 카페 '별하늘지기'에서 '구로별사랑'이라는 이름으로 활발한 활동을 하고 계시는 정성훈 선생님께서 『딥스카이 원더스』를 한번 번역해보면 어떻겠냐는 의견을 주셨습니다.

딥스카이 원더스는 미국의 아마추어천문잡지 《스카이 앤드 텔레스코프》에 실리는 칼럼을 모은 책입니다. 칼럼 〈딥스카이 원더스〉가 시작된 것은 1940년대로 알려져 있습니다. 오랜 시간이 흐르는 동안 여러 명의 고정 칼럼니스트가 있었습니다. 최초의 칼럼니스트였던 레런드 S. 코프랜드, 이 책 이전에 묶여 출판된 동명의 책 『딥스카이 원더스』의 저자 월터 스콧 휴스턴, 그리고 이번에 번역된 두 번째 『딥스카이 원더스』 단행본의 저자 수 프렌치와 같은 분들은 이 칼럼을 통해 세계적으로 유명한 별지기가 되었습니다.

천체관측에 있어 바이블과도 같은 이 책을 만나본 시간은 단순히 번역만으로 채워진 시간은 아니었습니다. 그 시간은 어두운 밤을 찾아 멀리까지 여행을 해야 했던 시간이었고, 관측지에서 묵묵하게 달이 지기를 기다리거나 구름이 걷히기를 기다린 시간이었으며 문장으로만 보던 천체를 현장에서 직접 만나 검증해야 했던 시간이었습니다. 그 시간 중에는 관측지에서 우연히 만나 대상 천체를 이야기하고 검증에 함께했던 이름 모를 별지기분들의 시간도 함께 녹아 있습니다. 그러다 보니 처음 책을 번역하기 시작한 이후 4년의 세월이 흘렀습니다.

『딥스카이 원더스』를 번역하는 데 있어 특별히 두 가지를 신경 썼습니다.

첫째, 책에 등장하는 용어들을 최대한 읽기 쉽고 이해하기 쉬운 우리말로 번역하고자 노력했습니다. 이 책에는 국내외에서 번역에 참고할 만한 자료를 찾기 어려운 천체들이 많이 등장합니다. 이러한 천체들은 되도록 약어가 아닌 원래 이름을 밝혀 적어, 대한민국 별지기들이 하나의 용어로 하나의 대상을 지목하며 이야기 나눌 수 있는 발판이 되고자 했습니다.

또 이 책에는 유명한 천문학자가 아닌, 저와 같은 아마추어 별지기가 많이 등장합니다. 일반인들에게는 낯설지 몰라도 아마추어 천문계에서는 저마다 일가를 이루신 분들입니다. 이분들의 이름 역시 최대한 원어에 가깝게 표기하여 정확한 이름으로 그분들을 알리고자 했습니다.

천체의 이름, 분류명 및 여러 천문학 용어는 한국천문학회에서 발행하는 『천문학용어집』의 용어를 우선하여 사용했습니다.

한편 개인적으로 꼭 지키고 싶었던 번역 원칙도 있었습니다. 저 스스로 '미리내별찾기'라는 이름을 붙여 만든 법칙입니다. '은하수'의 순우리말이지만 여전히 표준어로 인정받지 못하는 '미리내'라는 이름을 사용하였고, '성로'이라는 한자어도 가능한 한 '별'이라는 우리말로 표현했습니다. 일본식 한자어도 대치 가능한 우리말이 있다면 최대한 바꾸고자 했습니다.

하지만 우리말로 바꾸어 쓴 단어들 중에서도 문제가 있다고 생각되는 단어들은 과감하게 제외하기도 했습니다. 이 책을 보시면서 간혹 색다르게 느껴지는 우리말을 만나시게 될 것입니다. 그 단어들은 모두 이러한 노력으로 만들어진 결과입니다. 모쪼록 그 단어들이 이 책을 접하시는 분들께 큰 거부감 없이 쉽게 다가설 수 있기를 감히 바라봅니다.

둘째, 원서가 가지고 있는 천체사진들에 더하여 대한민국 별지기들이 촬영한 사진과 스케치를 추가하였습니다. 『딥스카이 원더스』에는 애써 찾아보려 노력하기 전에는 쉽게 찾아볼 수 없는 다양한 천체사진이 가득합니다. 그 천체사진 중 상당수는 미국을 비롯한 여러 나라의 별지기가 촬영한 사진들입니다. 하지만 천체사진이라면 대한민국 별지기들의 수준 역시 전 세계 어느 나라에 못지않습니다. 이 책에는 대한민국에서 대한민국의 별지기들이 촬영한 사진을 추가로 게재하여 대한민국에서 멋진 천체사진들이 촬영되고 있음을 알 수 있도록 했습니다. 제가 어렸을 때 그랬듯 호기심 가득한 어린이는 도서관에서, 서점에서, 서재에서 화려한 우주 사진이 가득한 책을 꺼내 보게 될 것입니다. 그 아이가 펴본 책이 바로 이 책이라면 화려한 천체사진 중에 우리나라에서, 우리나라 사람에 의해 촬영된 사진이 있음을 보게 될 것입니다. 바로 그 경험이 그 아이에게 대한민국 사람으로서의 자부심을 심어주게 될 것입니다. 아름다운 사진과 스케치를 제공해주신 김도익 선생님, 박한규 선생님, 이지수 선생님께 감사드립니다.

밤하늘을 만나는 것은 어려운 일은 아니지만, 관측을 위해 제대로 된 밤하늘을 만나는 것은 그다지 쉬운 일이 아닙니다. 낯선 용어와 비싼 가격의 광학 장비들에 위축되기도 하고, 처음 접하는 산속의 어둠은 공포를 불러일으키기도 하죠. 이럴 때는 함께 다닐 수 있는 별친구가 간절해집니다. 대한민국에는 다양한 별지기 동호회들이 있습니다. 그 동호회에 참여하셔서 경험도 쌓으시고 평생을 함께할 별친구도 만나시길 바랍니다.

네이버카페 '별하늘지기(cafe.naver.com/skyguide)'는 국내 최대 규모의 온라인 동호회입니다. 온라인 동호회답게 관측과 관련 다종다양한 정보를 직접 검색을 통해 찾아보실 수 있으며, 간혹 열리는 관측회를 통해 오프라인 모임에도 참여하실 수 있습니다. 올해 창립 30주년을 맞는 '서울천문동호회(www.sac-club.co.kr)'는 역사가 말해주듯 대한민국 아마추어천문학을 이끌어오신 많은 별지기분들이 계시는 동호회입니다. 현재도 천체사진 촬영 및 전시, 안시관측, 스타파티 등 다양한 천문활동을 진행하고 있습니다. '야간비행(www.nightflight.or.kr)'은 안시관측에 특화된 동호회입니다. 이 책의 내용과 가장 가까운 천문활동을 하고 싶으시다면 야간비행을 찾아보시는 것이 많은 도움이 될 겁니다. 제가 몸담은 한국아마추어천문학회(www.kaas.or.kr)는 전국 단위 조직을 갖추고 있으며, 천문지도사라는 민간자격 교육을 통해 아마추어천문인으로서 기초부터 체계화된 교육을 받으실 수 있는 곳입니다. 특히 경남지부, 광주지부, 충북지부, 충남지부 등 수도권을 제외한 지역에서도 활발한 활동을 진행하고 있어 각 지역에서 아마추어천문활동을 하시고자 하시는 분에게 도움이 되실 것입니다.

『딥스카이 원더스』가 출판될 수 있도록 허락해주신 동아시아 출판사 한성봉 대표님께 감사드립니다. 트렌드가 아닌 어젠다를 바라보는 대표님의 시각이 없었다면 아름다운 밤하늘의 천체들을 더 널리 알릴 방법을 찾지 못했을 것입니다.

『딥스카이 원더스』를 처음 접했던 4년 전부터 지금까지 이 책을 통해 새로운 하늘을 만나왔고, 지금도 관측지에 나가면 새로운 하늘을 만나게 되리라는 생각에 가슴이 떨려옵니다. 이 책을 읽는 분들께 그 설렘이 전달될 수 있기를 간절히 바랍니다.

옮긴이 이강민

추천의 말

이 책『딥스카이 원더스』는 잡지《스카이 앤드 텔레스코프》의 칼럼에 수 프렌치 여사가 연재한 내용을 책으로 엮은 것이다. 원서는 관측 대상이 되는 천체를 계절과 월별로 나누어, 별지기가 이들을 관측하는 데 필요한 내용을 그림과 사진, 표를 이용하여 다양한 설명과 함께 담아내고 있다.

밤하늘에 꼭꼭 숨어 있는 천체들을 찾아 진득하게 관측하고 있노라면 딱 나태주 시인의 〈풀꽃〉이라는 시가 떠오른다.

자세히 보아야
예쁘다

오래 보아야
사랑스럽다

너도 그렇다.

하늘에 있는 천체도 자세히, 오래 보면 사랑스럽게 느껴진다. 이 어여쁘고 사랑스러운 친구들을 만나는 데 이 책,『딥스카이 원더스』는 다음과 같은 도움을 줄 것이다. 첫째, 한 대상을 오랜 시간 관측하여 정리해놓은 자료를 통해 다양한 관측 대상을 어떤 점에 주목하여 바라볼지 기준을 잡을 수 있을 것이다. 둘째, 다양한 구경의 망원경과 적당한 배율 그리고 필터 사용에 대한 설명이 되어 있어 관측을 준비하는 데 많은 도움을 받을 수 있을 것이다. 셋째, 대상을 찾아가는 저자의 노하우와 상세한 별지도를 통해, 관측 대상을 더욱더 쉽고 정확하게 찾아갈 수 있을 것이다.

별지기인 이강민 천문지도사가『딥스카이 원더스』를 오랜 노력 끝에 드디어 번역서로 내놓게 되었다. 어려운 전문 용어를 쉽게 풀어, 별지기들이 관측 대상을 찾는 데 도움이 될 것이다. 이 책을 통해서 관측 대상을 미리 정하고 관측 준비를 하여, 맑은 날 아름다운 밤하늘 아래서 관측의 즐거움을 느껴보기 바란다.

한국아마추어천문학회장
원치복

"Deep-sky wonders." 이 얼마나 익숙하고 또 아름다우며, 심장을 뛰게 하는 단어들의 조합인가?『딥스카이 원더스』는 원제가 갖는 의미만큼이나 우리 별지기들을 설레게 하는, 멀고 가까운 밤하늘의 보석들을 마치 눈앞에 끌어놓은 듯한 착각을 불러일으키는 내용으로 가득 차 있다. 이 책은 1년 동안 초속 30킬로미터로 부지런히 태양을 돌며 여행하는 지구에 사는, 우리 지구인에 의한 지구인을 위한 여행기다. 그 과정에서 우리는 별의 탄생과 죽음을 이야기하고, 서사적이며 뭉클한 우주의 이야기들을 느낄 수 있다.

입추를 지나 아침저녁으로 선선한 바람이 불고 하늘이 맑으면, 밤에는 여름부터 가을의 별자리가 밤하늘을 수놓는다. 새벽녘에는 안드로메다가 떠오르고 눈을 북쪽으로 돌리면 보석 가루 같은 페르세우스 이중성단이 눈에 들어온다. 이 광경을 망원경으로 보면 어떨까? 눈으로 보는 것보다 훨씬 많은, 보석 같은 천체들이 망원경 저 너머에 있다. 우리가 망원경을 통해 관측한 대상들은 불과 열두세 시간 후면 지구 반대편인 미국의 애리조나에서 만날 수 있다.

이 책은 밤하늘을 장식하는 아름다운 천체들을 수 프렌치 여사가 아름답게 담아낸 글이다. 그리고 지금, 대한민국의 별지기가 한국적인 감성을 덧입혀 대한민국 사람 누구라도 아름다운 밤하늘의 친구들을 부담 없이 만나볼 수 있도록 번역해냈다.

맑은 밤하늘을 앞두고 관측을 나설 준비에 잔뜩 들뜬 '다락방별지기' 이강민 씨의 모습이 떠오른다. 이제『딥스카이 원더스』를 통해 대한민국의 많은 별지기들도 잔뜩 들뜨게 되리라. 이 책을 통해 많은 사람이 편안한 우주여행을 즐기게 되기를 바란다.

별빛방랑자 황인준

참고자료

별지도

『캠브리지 스타 아틀라스The Cambridge Star Atlas』 3판
윌 티리온Wil Tirion 지음, 캠브리지대학출판부Cambridge University Press
별자리를 기반으로 관측을 진행하는 별지기에게 적합한 별지도입니다. 이 별지도에는 달의 지형도와 월별 천구도, 그리고 밝기 등급 6.5등급까지의 별들과 900개에 육박하는 천체가 담겨 있습니다. 각 장에는 망원경으로 볼 만한 천체를 기록한 표가 함께 실려 있습니다.

메가스타 5MegaStar 5, Willmann-Bell
이 별지도 프로그램에는 20만 8,000개에 달하는 천체가 담겨 있습니다. 사진이 함께 제공되는 천체도 상당히 많습니다. 이 프로그램에는 1,500만 개 이상의 별이 기록되어 있으며 각 별들을 프로그램 내에 포함된 서로 다른 3개 유형의 별지도 위에 표시할 수 있습니다. 또, 쉽게 활용할 수 있는 필터 기능을 이용하여 별지도를 필요에 따라 잘라볼 수 있습니다(컴퓨터 필요사양: 운영체제 윈도95~윈도7, 메모리 32MB, 하드디스크 차지 용량 40MB, CD-ROM 드라이브).

『노톤 스카이 아트라스 및 참고용 핸드북Norton's Star Atlas and Reference Handbook』 20판
이안 리드패스Ian Ridpath 지음, Dutton
이 참고서는 월별 별지도가 없다는 것만 빼면 『캠브리지 스타 아틀라스』와 거의 비슷합니다. 이 참고서에는 천문학 핸드북도 포함되어 있습니다.

『스카이 아틀라스 2000.0Sky Atlas 2000.0』 2판
윌 티리온Wil Tirion, 로저 W. 시노트Roger W. Sinnott 지음, Sky Publishing
『딥스카이 원더스』와 함께 보기 좋은 별지도입니다. 이 별지도에는 8.5등급까지의 별들과 2,700개의 천체가 담겨 있습니다. 대상이 몰려 있는 지역은 확대본 별지도가 추가되어 있습니다.

『스카이 아틀라스 2000.0 편람Sky Atlas 2000.0 Companion』 2판
로버트 A. 스트롱Robert A. Strong, 로저 W. 시노트Roger W. Sinnott 지음, Sky Publishing
이 편람에는 『스카이 아틀라스 2000.0』에 기록된 모든 천체에 대한 간략한 설명이 담겨 있습니다.

『스카이 앤드 텔레스코프의 호주머니 별지도Sky & Telescope's Pocket Sky Atlas』
로저 W. 시노트Roger W. Sinott, Sky Publishing
이 별지도는 152밀리미터×228밀리미터의 작은 크기에 스프링철로 되어 있어, 망원경을 보면서 사용하기 아주 좋은 별지도입니다. 이 별지도는 80장의 지도로 구성되어 있으며, 7.6등급까지의 별 3만 개와 1,500개의 천체가 담겨 있습니다. 오리온성운과 플레이아데스성단, 처녀자리은하단과 대마젤란은하에 대해서는 확대판 별지도가 추가되어 있습니다.

『스카이 앤드 텔레스코프의 스타 휠Sky & Telescope's Star Wheel』, Sky Publishing
이 평면 천구도는 단순화된 '별지도'입니다. 이 평면 천구도를 이용하면 날짜와 시간에 맞는 별자리를 볼 수 있습니다. 또 이 평면 천구도는 위도가 달라지더라도 유용하게 사용할 수 있습니다.

『우라노메트리아 2000.0: 딥스카이 아틀라스Uranometria 2000.0: Deep Sky Atlas』, 2판
윌 티리온Wil Tirion, 베리 라파포트Barry Rappaport, 윌 리마클루스Will Remaklus 지음, Willmann-Bell
이 별지도는 밝기 등급 9.75등급까지의 별과 3만 개의 천체를 기록한 첨단 별지도입니다. 또 희미한 천체를 찾는데 대단히 유용하게 사용할 수 있는 별지도죠. 이 별지도는 찾고자 하는 대상을 담고 있는 부분으로 가기까지 활용할 수 있는 5등급 및 6등급 별들에 대한 표와, 대상이 빽빽하게 몰려 있는 지역을 확대한 26개의 세부지도, 그리고 메시에 및 NGC, IC 목록상에 실린 천체를 찾을 수 있는 찾아보기가 제공됩니다(밝은 별과 천체들에 대해서는 일반적으로 사용되는 명칭도 함께 제공됩니다).

『우라노메트리아 2000.0: 딥스카이 필드 가이드Uranometria 2000.0: Deep Sky Field Guide』
머레이 크레긴Murray Cragin과 에밀 보나노Emil Bonnano 지음, Willmann-Bell
이 책에는 『우라노메트리아 2000.0』에 기록된 천체에 대한 유용한 데이터 및 색인표가 기록되어 있습니다.

관측안내서

『깊은 우주의 친구들: 메시에 천체Deep-sky Companions: The Messier Objects』
스테판 제임스 오미라Stephen James O'Meara
Sky Publishing
상세한 안내가 수록된 이 책을 통해 메시에 천체를 완벽하게 마스터할 수 있습니다.

『깊은 우주의 친구들: 콜드웰 천체들Deep-Sky Companions: The Caldwell Objects』
스테판 제임스 오미라Stephen James O'Meara 지음, Sky Publishing
가장 흥미로운 천체들을 깊이 있게 안내하는 이 책을 통해 메시에 천체 그 이상을 만나보세요.

『딥스카이 원더스Deep-Sky Wonders』
월터 스콧 휴스턴Walter Scott Houston 지음,
스테판 제임스 오미라Stephen James O'Meara 편집, Sky Publishing
월터 스콧 휴스턴은 헤어 나올 수 없는 밤하늘의 매력 속으로 우리는 안내하는 사람입니다. 이 책은 월터 스콧 휴스턴이 48년에 걸쳐 《스카이 앤드 텔레스코프》에 게재한 동명의 칼럼을 선별하여 만들어진 책입니다.

『관측을 위한 안내서 및 딥스카이 천체 목록Observing Handbook and Catalogue of Deep-Sky Objects』

크리스티안 루긴불Christian B. Luginbuhl과 브라이언 A. 스키프Brain A. Skiff 지음, 캠브리지대학출판부Cambridge University Press

이 훌륭한 관측 안내서에는 60밀리미터 구경부터 304.8밀리미터 구경에 이르기까지 다양한 망원경으로 바라본 2,000개 이상의 천체들이 담겨 있습니다.

『별지기들을 위한 안내서The Night Sky Observer's Guide』

조지 로버트 케플George Robert Kepple, 글렌 W.스캐너Glen W. Sanner 지음, Willmann-Bell

이 두 권짜리 안내서에는 북반구에서 볼 수 있는 64개 별자리에 담긴 여러 이중별과 변광성, 일반 천체 등 5,500개 이상의 천체를 50밀리미터 구경에서부터 559밀리미터 구경까지 다양한 망원경으로 관측하면서 기록한 묘사와 스케치가 담겨 있습니다. 하지만 이 책에 수록된 천체 중 상당수가 작은 망원경으로는 볼 수 없는 천체라는 점은 유의하세요.

『쌍안경을 이용한 우주여행Touring the Universe through Binoculars』

필립 S. 헤링턴Philip S. Harrington 지음, Wiley

이 책에는 1,100개 이상의 천체에 대한 안내서가 담겨 있습니다. 이 중에서 상세한 묘사를 담고 있는 천체는 400개가 넘습니다. 이 책에 담긴 천체들 중 상당수는 작은 망원경으로도 볼 수 있는 천체들입니다.

『오리온자리에서 왼쪽으로Turn Left at Orion』

가이 콘솔매그노Guy Consolmagno, 댄 M. 데이비스Dan M. Davis 지음, 캠브리지대학출판부Cambridge University Press

한국어판은 『오리온자리에서 왼쪽으로』, 최용준 옮김, 해나무, 2003.

이 책은 작은 망원경을 이용한 안내 책자로서는 완벽한 책이라고 할 수 있습니다. 이 책에는 100개의 천체에 대한 안내가 스케치와 함께 접안렌즈에서 어떻게 보이는지 알려줍니다.

일반 참고 서적

『밤하늘을 보다: 우주를 바라보는 실전 가이드NightWatch: A Practical Guide to Viewing the Universe』, 4판

테렌스 디킨슨Terence Dickinson 지음, Firefly Books

광범위한 천체들을 다루고 있는, 밤하늘 관측 입문서로서는 가장 훌륭한 책 중 하나입니다.

『뒷마당 천문학자의 안내서The Backyard Astronomer's Guide』, 3판

테렌스 디킨슨Terence Dickinson, 앨런 다이어Alan Dyer 지음, Firefly Books

여러 관측 장비에 대한 상세한 설명을 포함하여, 아마추어 천문학의 세계에 대해 깊이 있게 다루고 있는 책입니다.

『메시에 천체 지도: 밤하늘의 보석 특선Atlas of the Messier objects: Highlights of the Deep Sky』

로널드 스토얀Ronald Stoyan 지음, 캠브리지대학출판부Cambridge University Press

가장 잘 알려진 밤하늘의 천체들에 얽힌 역사와 과학적 사실, 관측기록을 담은 아름다운 책입니다.

웹사이트

미국변광성관측자협회American Association of Variable Star Observers, AAVSO

www.aavso.org

변광성들의 비교도표와 변광 양상을 담은 그래프 등, 변광성에 대한 다양한 정보를 담고 있습니다.

스카이차트Cartes du Ciel

www.ap-i.net/skychart

이 사이트에서는 별지도 소프트웨어를 무료로 다운로드 받을 수 있습니다.

아마추어천문학자들의 천체목록 인터넷판Internet Amateur Astronomers Catalog, IAAC

www.visualdeepsky.org

이 사이트에서는 여러 가지 장비와 다양한 경험을 가진 여러 별지기들이 남긴 관측기록을 접해 볼 수 있습니다. 여러분의 관측기도 남겨보시기를 권합니다.

Messier45.com

http://messier45.com

50만 개의 딥스카이 천체와 2백만 개 이상의 별에 대한 정보가 제공됩니다. 각 천체에 대한 별지도와 사진들이 제공되며, 강력한 검색 기능도 제공되고 있습니다.

우주탐사와 개발을 위한 학생들SEDS, Students for the Exploration and Development of Space

www.seds.org/messier

http://spider.seds.org/ngc/ngc.html

SEDS에는 메시에 목록 및 NGC 목록에 해당하는 천체에 대한 매혹적인 정보들이 있습니다.

스카이 앤드 텔레스코프Sky & Telescope Publishing

www.skyandtelescope.com

이 사이트는 스카이앤텔레스코프 잡지사의 사이트로서 아마추어천문학자들이 관심을 기울이고 있는 다양한 주제들에 대한 정보를 풍부하게 다루고 있습니다.

워싱턴 이중별 목록The Washington Double Star Catalog

http://ad.usno.navy.mil/wds/wds.html

이 목록에는 10만 개 이상의 다중별계를 담고 있는 목록으로서 이중별계 및 다중별계에 대한 정보를 가지고 있는 주요 데이터베이스입니다.

찾아보기

딥스카이 원더스

초판 1쇄 펴낸날	2019년 9월 25일
초판 3쇄 펴낸날	2021년 8월 30일
지은이	수 프렌치
옮긴이	이강민
펴낸이	한성봉
편집	안상준·하명성·이동현·조유나·최창문·김학제
디자인	전혜진·김현중
마케팅	박신용·오주형·강은혜·박민지
경영지원	국지연·강지선
펴낸곳	도서출판 동아시아
등록	1998년 3월 5일 제1998-000243호
주소	서울시 중구 퇴계로30길 15-8 [필동1가 26]
페이스북	www.facebook.com/dongasiabooks
전자우편	dongasiabook@naver.com
블로그	blog.naver.com/dongasiabook
인스타그램	www.instagram.com/dongasiabook
전화	02) 757-9724, 5
팩스	02) 757-9726
ISBN	978-89-6262-303-1 93440

이 도서의 국립중앙도서관 출판예정도서목록(CIP)은
서지정보유통지원시스템 홈페이지(http://seoji.nl.go.kr)와
국가자료종합목록 구축시스템(http://kolis-net.nl.go.kr)에서
이용하실 수 있습니다. (CIP제어번호 : CIP2019036559)

만든 사람들

책임편집	이동현
크로스교열	안상준
디자인	손소영
본문조판	손소영

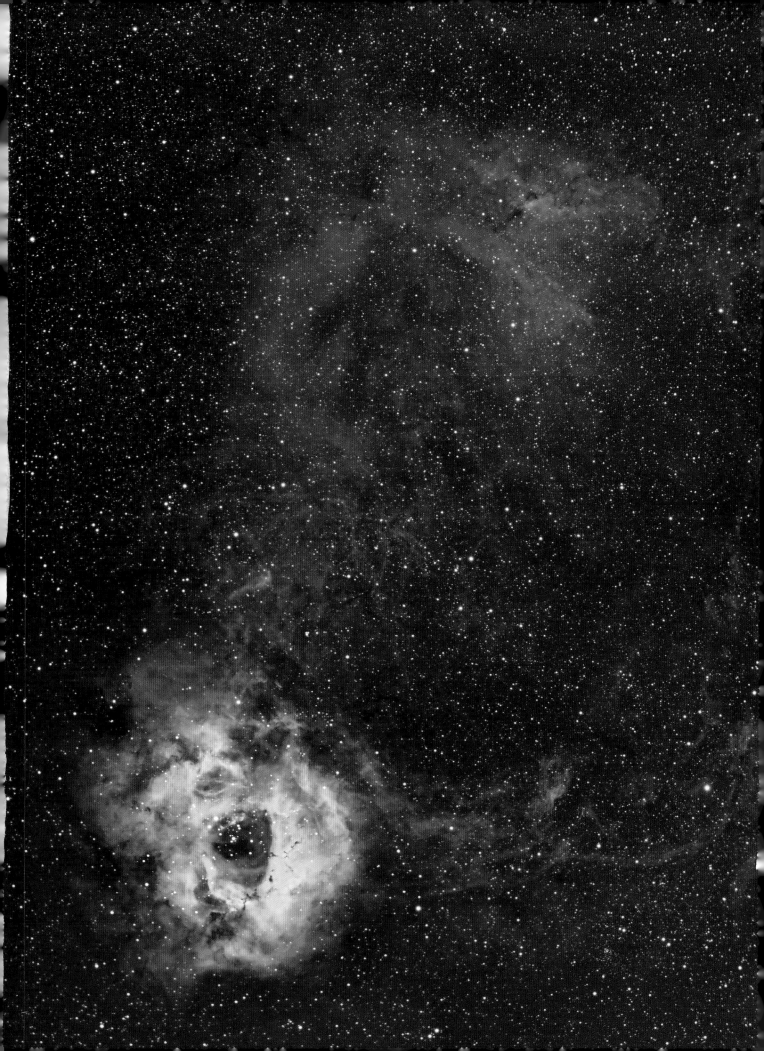